전기자기학

전기기사 · 산업기사
필기

머리말

> "지금 잠을 자면 꿈을 꾸지만 공부를 하면 꿈을 이룬다."

하버드대학 도서관에 쓰여 있는 너무나 유명한 이 문구는 학창시절부터 누구나 한번은 들어봤을 것입니다. 목표를 세우고 정진하는 사람들에게 있어 절제와 노력은 반드시 필요한 것이며, 이를 기본으로 하여 효율적인 방법이 더해질 때 확실한 결실을 거두게 될 것입니다.

이 책의 전기시리즈는 국가 기초산업의 근간이 되는 전기 분야에서 뜻을 세우고 그 목적을 이루기 위해 노력하는 모든 수험생들에게 보다 효율적이고 수월한 목표 달성을 위해 가장 최적화된 교재를 제공하기 위한 목적으로 기획되었습니다.

본 시리즈의 각 과목들은 모두 15년 이상의 강의경험을 가진 최고의 강사들의 노하우를 토대로 어려운 수식들은 가능한 배제하고 기초가 부족한 수험생들도 쉽게 접근할 수 있도록 다음과 같이 구성되었습니다.

◆ 본서의 특징

- 어렵고 복잡한 수식을 최대한 간결하게 표현하여 쉽게 이해할 수 있도록 하였습니다.
- 각 단원별 핵심공식을 식별하기 쉽게 정리하였습니다.
- 수년간 시행된 기사·산업기사 문제를 수록하여 다양한 문제를 풀어보도록 하였습니다.

부디 이 교재가 목표를 위해 정진하는 모든 수험생들이 아름다운 결실을 거두는 데 좋은 길잡이가 되기를 기원하며, 출간을 위해 애써주신 예문사에 진심으로 감사드립니다.

인천대산전기직업학교 대표이사 송우근

수험정보

직무분야	전기·전자	중직무분야	전기	자격종목	전기기사	적용기간	2024.1.1.~2026.12.31.

직무내용 : 전기설비에 관한 이론을 기반으로 전기기계·기구의 선정, 전기설비의 계획, 에너지 절약기술 적용, 용량산정, 재료선정 등 설계도서 작성, 감리, 유지관리 및 운용 등 시설관리 등의 업무를 수행

필기검정방법	객관식	문제수	100	시험시간	2시간 30분

필기과목명	문제수	주요항목	세부항목	세세항목
전기자기학	20	1. 진공 중의 정전계	1. 정전기 및 전자유도	1. 정전기의 개념 2. 대전현상 3. 도체와 부도체 4. 전기량 5. 정전유도 등
			2. 전계	1. 전계의 정의 2. 전계의 세기 3. 벡터와 스칼라 4. 진공 중에 있는 점전하에 의한 전계 등
			3. 전기력선	1. 전기력선의 정의 2. 전기력선의 성질 3. 전기력선의 방정식 4. 전기력선의 밀도와 전계의 세기 등
			4. 전하	1. 전하의 성질 2. 검전기 3. 쿨롱의 법칙 4. 진공 중의 유전율 등
			5. 전위	1. 전위 및 전위차의 정의 2. 보존장 3. 등전위면 4. 전위경도 5. 푸아송·라플라스의 방정식 등
			6. 가우스의 정리	1. 가우스의 정리 2. 입체각 3. 전계의 발산정리 4. 전기력선의 발산 등
			7. 전기쌍극자	1. 전기쌍극자의 정의 2. 전기쌍극자에 의한 전위 3. 전기쌍극자에 의한 전계 4. 전기이중층 등

필기 과목명	문제수	주요항목	세부항목	세세항목
전기자기학	20	2. 진공 중의 도체계	1. 도체계의 전하 및 전위분포	1. 도체계의 대전 현상 등 2. 전하 및 전위분포의 일의성 3. 중첩의 원리 등
			2. 전위계수, 용량계수 및 유도계수	1. 전위계수, 용량계수 및 유도계수의 정의 2. 전위계수의 성질 및 계산 3. 용량계수 및 유도계수의 성질 및 계산 등
			3. 도체계의 정전에너지	1. 도체계의 정전에너지 2. 도체면에 작용하는 힘 등
			4. 정전용량	1. 정전용량의 정의 2. 정전용량과 전위계수, 용량계수 및 유도계수와의 관계 3. 콘덴서의 정의 및 접속 4. 콘덴서에 축적된 정전에너지 5. 등가용량 등
			5. 도체 간에 작용하는 정전력	1. 도체 간에 작용하는 정전력 2. 도체계가 가진 정전에너지 등
			6. 정전차폐	1. 정전차폐 등
		3. 유전체	1. 분극도와 전계	1. 유전체의 유전율 및 비유전율 2. 전기분극 3. 분극의 세기 등
			2. 전속밀도	1. 전속 2. 분극과 전속밀도 등
			3. 유전체 내의 전계	1. 유전체 내의 전계 2. 유전체 중의 전계와 가우스 정리 3. 유전체의 절연파괴 등
			4. 경계조건	1. 두 종류의 유전체 내의 경계조건 2. 전속 및 전기력선의 굴절 3. 유전율과 전속밀도와의 관계 등
			5. 정전용량	1. 유전체를 가진 도체계의 정전용량 등
			6. 전계의 에너지	1. 유전체 내의 도체계의 에너지 2. 유전체 내의 정전 에너지 등
			7. 유전체 사이의 힘	1. 유전체 내의 도체 표면에 작용하는 힘 2. 유전체에 작용하는 힘 등

수험정보

필 기 과목명	문제수	주요항목	세부항목	세세항목
전기자기학	20	3. 유전체	8. 유전체의 특수현상	1. 접촉전기 2. 파이로전기 3. 압전기 등
		4. 전계의 특수 해법 및 전류	1. 전기영상법	1. 전기영상법 2. 도체평면과 점전하 3. 접지구형 도체와 점전하 4. 절연구형 도체와 점전하 5. 유전체와 점전하 6. 평등전계 내의 유전체구 7. 2개의 도체구 등
			2. 정전계의 2차원 문제	1. 2차원 전계의 성질 2. 전기력선과 등전위선과의 관계 등
			3. 전류에 관련된 제 현상	1. 전류와 전류밀도 2. 옴의 법칙 3. 키르히호프의 법칙 4. 중첩의 정리 5. 상반 정리 6. 등가 전원 정리 7. 전력, 줄열 8. 열전현상 9. 전류의 화학작용 등
			4. 저항률 및 도전율	1. 저항률 2. 저항의 온도계수 3. 컨덕턴스 4. 도전율 등
		5. 자계	1. 자석 및 자기유도	1. 자성체 2. 자기유도 3. 쿨롱의 법칙 등
			2. 자계 및 자위	1. 자계 2. 자위 3. 자화 4. 자속과 자속밀도 5. 자계에너지 등
			3. 자기쌍극자	1. 자기쌍극자의 자계 2. 판자석 및 등가판자석 등

필기 과목명	문제수	주요항목	세부항목	세세항목
전기자기학	20	5. 자계	4. 자계와 전류 사이의 힘	1. 전류의 자기 작용 2. 비오·샤바르의 법칙 3. 암페어의 오른손 법칙 4. 직선 전류에 의한 자계 5. 원형 전류 중심축상의 자계 6. 솔레노이드에 의한 자계 7. 진공 중에 있는 원형 코일 중심축상의 자속밀도 8. 벡터의 적 9. 암페어의 주회적분 법칙 10. 주회적분 법칙에 의한 자속 분포 계산 11. 벡터의 회전 12. 평행 전류 간의 작용력 13. 자계 중의 전류에 작용하는 힘 14. 전류에 의한 기계적 일과 기계적 동력 등
			5. 분포전류에 의한 자계	1. 스토크스의 정리 2. 플레밍의 법칙 3. 로렌츠의 법칙 4. 핀치효과 및 홀 효과 등
		6. 자성체와 자기회로	1. 자화의 세기	1. 자화작용 2. 자화의 세기 3. 자화전류 등
			2. 자속밀도 및 자속	1. 자성체가 있는 자계 2. 자속분포의 법칙 3. 벡터 포텐셜 4. 정자계와 정전계 5. 자극 등
			3. 투자율과 자화율	1. 투자율 2. 자화곡선 3. 자화율 등
			4. 경계면의 조건	1. 자계의 경계면 조건 2. 자속밀도의 경계면 조건 3. 자속선의 굴절법칙 등
			5. 감자력과 자기차폐	1. 감자력 2. 감자율 3. 자기차폐 등

수험정보

필기 과목명	문제수	주요항목	세부항목	세세항목
전기자기학	20	6. 자성체와 자기회로	6. 자계의 에너지	1. 자계의 에너지 밀도 등
			7. 강자성체의 자화	1. 자화곡선 2. 히스테리시스 곡선 3. 히스테리시스 손실 등
			8. 자기회로	1. 기자력 2. 투자율 3. 자기저항 4. 누설자속 5. 자기회로의 옴의 법칙 6. 자기회로의 키르히호프 법칙 7. 공극을 가진 자기회로 8. 포화특성 철심의 자기회로 등
			9. 영구자석	1. 감자력 2. 자화의 세기 3. 보자력 4. 자석재료 등
		7. 전자유도 및 인덕턴스	1. 전자유도 현상	1. 자속변화에 의한 기전력 발생 2. 전자유도법칙 3. 패러데이의 법칙 4. 와전류 5. 표피효과 등
			2. 자기 및 상호유도작용	1. 자기유도작용 2. 상호유도작용 등
			3. 자계에너지와 전자유도	1. 자계에너지와 전자유도 등
			4. 도체의 운동에 의한 기전력	1. 렌츠의 법칙 2. 플레밍의 오른손 법칙 3. 자계 속을 운동하는 도체에 생기는 기전력 4. 도체의 운동과 자속의 시간적 변화가 있 는 경우의 기전력 등
			5. 전류에 작용하는 힘	1. 전류에 작용하는 힘 2. 자속변화 등
			6. 전자유도에 의한 전계	1. 전자유도에 의한 전계 등
			7. 도체 내의 전류 분포	1. 일정 주파수의 교류일 때 2. 표피효과 3. 도체표면에 평행한 자계일 때 4. 표피효과를 고려할 수 있는 한계 등

필기 과목명	문제수	주요항목	세부항목	세세항목
전기자기학	20	7. 전자유도 및 인덕턴스	8. 전류에 의한 자계에너지	1. 자계에너지 2. 전류에 의한 자계에너지 등
			9. 인덕턴스	1. 자기인덕턴스와 상호인덕턴스 2. 노이만의 공식 3. 상호인덕턴스의 상반성 4. 누설자속과 결합계수 5. 인덕턴스의 계산 6. 기하학적 평균거리 등
		8. 전자계	1. 변위전류	1. 변위전류 등
			2. 맥스웰의 방정식	1. 맥스웰의 전자파방정식 2. 인가전압이 있는 경우의 전자방정식 등
			3. 전자파 및 평면파	1. 전자파 2. 평면파 3. 파동방정식 4. 전파속도 5. 도체 내의 전자파 6. 전자파의 방사 7. 전자파의 반사와 굴절 8. 전자파의 전송선로 9. 포인팅벡터 등
			4. 경계조건	1. 경계면에 전류가 존재하지 않을 때 2. 완전 도체 표면 등
			5. 전자계에서의 전압	1. 전압의 정의 2. 평행도체에 있어서의 전압 3. 단위 길이당 전압 강하 4. 도체전류의 변화 등
			6. 전자와 하전입자의 운동	1. 전자와 하전입자의 운동 등
			7. 방전현상	1. 방전현상 등

수험정보

직무분야	전기·전자	중직무분야	전기	자격종목	전기산업기사	적용기간	2024.1.1.~2026.12.31.

직무내용 : 전기설비에 관한 이론을 기반으로 전기기계·기구의 선정, 전기설비의 계획, 에너지 절약기술 적용, 용량산정, 재료선정 등 설계도서 작성, 감리, 유지관리 및 운용 등 시설관리 등의 업무를 수행

필기검정방법	객관식	문제수	100	시험시간	2시간 30분

필기과목명	문제수	주요항목	세부항목	세세항목
전기자기학	20	1. 진공 중의 정전계	1. 정전기 및 전자유도	1. 정전기의 개념 2. 대전현상 3. 도체와 부도체 4. 전기량 5. 정전유도 등
			2. 전계	1. 전계의 정의 2. 전계의 세기 3. 벡터와 스칼라 4. 진공 중에 있는 점전하에 의한 전계 등
			3. 전기력선	1. 전기력선의 정의 2. 전기력선의 성질 3. 전기력선의 방정식 4. 전기력선의 밀도와 전계의 세기 등
			4. 전하	1. 전하의 성질 2. 검전기 3. 쿨롱의 법칙 4. 진공 중의 유전율 등
			5. 전위	1. 전위 및 전위차의 정의 2. 보존장 3. 등전위면 4. 전위경도 5. 푸아송·라플라스의 방정식 등
			6. 가우스의 정리	1. 가우스의 정리 2. 입체각 3. 전계의 발산정리 4. 전기력선의 발산 등
			7. 전기쌍극자	1. 전기쌍극자의 정의 2. 전기쌍극자에 의한 전위 3. 전기쌍극자에 의한 전계 4. 전기이중층 등

필기 과목명	문제수	주요항목	세부항목	세세항목
전기자기학	20	2. 진공 중의 도체계	1. 도체계의 전하 및 전위분포	1. 도체계의 대전 현상 등 2. 전하 및 전위분포의 일의성 3. 중첩의 원리 등
			2. 전위계수, 용량계수 및 유도계수	1. 전위계수, 용량계수 및 유도계수의 정의 2. 전위계수의 성질 및 계산 3. 용량계수 및 유도계수의 성질 및 계산 등
			3. 도체계의 정전에너지	1. 도체계의 정전에너지 2. 도체면에 작용하는 힘 등
			4. 정전용량	1. 정전용량의 정의 2. 정전용량과 전위계수, 용량계수 및 유도계수와의 관계 3. 콘덴서의 정의 및 접속 4. 콘덴서에 축적된 정전에너지 5. 등가용량 등
			5. 도체 간에 작용하는 정전력	1. 도체 간에 작용하는 정전력 2. 도체계가 가진 정전에너지 등
			6. 정전차폐	1. 정전차폐 등
		3. 유전체	1. 분극도와 전계	1. 유전체의 유전율 및 비유전율 2. 전기분극 3. 분극의 세기 등
			2. 전속밀도	1. 전속 2. 분극과 전속밀도 등
			3. 유전체 내의 전계	1. 유전체 내의 전계 2. 유전체 중의 전계와 가우스 정리 3. 유전체의 절연파괴 등
			4. 경계조건	1. 두 종류의 유전체 내의 경계조건 2. 전속 및 전기력선의 굴절 3. 유전율과 전속밀도와의 관계 등
			5. 정전용량	1. 유전체를 가진 도체계의 정전용량 등
			6. 전계의 에너지	1. 유전체 내의 도체계의 에너지 2. 유전체 내의 정전 에너지 등
			7. 유전체 사이의 힘	1. 유전체 내의 도체 표면에 작용하는 힘 2. 유전체에 작용하는 힘 등
			8. 유전체의 특수현상	1. 접촉전기 2. 파이로전기 3. 압전기 등

수험정보

필기 과목명	문제수	주요항목	세부항목	세세항목
전기자기학	20	4. 전계의 특수 해법 및 전류	1. 전기영상법	1. 전기영상법 2. 도체평면과 점전하 3. 접지구형 도체와 점전하 4. 절연구형 도체와 점전하 5. 유전체와 점전하 6. 평등전계 내의 유전체구 7. 2개의 도체구 등
			2. 정전계의 2차원 문제	1. 2차원 전계의 성질 2. 전기력선과 등전위선과의 관계 등
			3. 전류에 관련된 제 현상	1. 전류와 전류밀도 2. 옴의 법칙 3. 키르히호프의 법칙 4. 중첩의 정리 5. 상반 정리 6. 등가 전원 정리 7. 전력, 줄열 8. 열전현상 9. 전류의 화학작용 등
			4. 저항률 및 도전율	1. 저항률 2. 저항의 온도계수 3. 컨덕턴스 4. 도전율 등
		5. 자계	1. 자석 및 자기유도	1. 자성체 2. 자기유도 3. 쿨롱의 법칙 등
			2. 자계 및 자위	1. 자계 2. 자위 3. 자화 4. 자속과 자속밀도 5. 자계에너지 등
			3. 자기쌍극자	1. 자기쌍극자의 자계 2. 판자석 및 등가판자석 등
			4. 자계와 전류 사이의 힘	1. 전류의 자기 작용 2. 비오·샤바르의 법칙 3. 암페어의 오른손 법칙

필 기 과목명	문제수	주요항목	세부항목	세세항목
전기자기학	20	5. 자계	4. 자계와 전류 사이의 힘	4. 직선 전류에 의한 자계 5. 원형 전류 중심축상의 자계 6. 솔레노이드에 의한 자계 7. 진공 중에 있는 원형 코일 중심축상의 자속밀도 8. 벡터의 적 9. 암페어의 주회적분 법칙 10. 주회적분 법칙에 의한 자속 분포 계산 11. 벡터의 회전 12. 평행 전류 간의 작용력 13. 자계 중의 전류에 작용하는 힘 14. 전류에 의한 기계적 일과 기계적 동력 등
			5. 분포전류에 의한 자계	1. 스토크스의 정리 2. 플레밍의 법칙 3. 로렌츠의 법칙 4. 핀치효과 및 홀 효과 등
		6. 자성체와 자기회로	1. 자화의 세기	1. 자화작용 2. 자화의 세기 3. 자화전류 등
			2. 자속밀도 및 자속	1. 자성체가 있는 자계 2. 자속분포의 법칙 3. 벡터 포텐셜 4. 정자계와 정전계 5. 자극 등
			3. 투자율과 자화율	1. 투자율 2. 자화곡선 3. 자화율 등
			4. 경계면의 조건	1. 자계의 경계면 조건 2. 자속밀도의 경계면 조건 3. 자속선의 굴절법칙 등
			5. 감자력과 자기차폐	1. 감자력 2. 감자율 3. 자기차폐 등
			6. 자계의 에너지	1. 자계의 에너지 밀도 등

수험정보

필기 과목명	문제수	주요항목	세부항목	세세항목
전기자기학	20	6. 자성체와 자기회로	7. 강자성체의 자화	1. 자화곡선 2. 히스테리시스 곡선 3. 히스테리시스 손실 등
			8. 자기회로	1. 기자력 2. 투자율 3. 자기저항 4. 누설자속 5. 자기회로의 옴의 법칙 6. 자기회로의 키르히호프 법칙 7. 공극을 가진 자기회로 8. 포화특성 철심의 자기회로 등
			9. 영구자석	1. 감자력 2. 자화의 세기 3. 보자력 4. 자석재료 등
		7. 전자유도 및 인덕턴스	1. 전자유도 현상	1. 자속변화에 의한 기전력 발생 2. 전자유도법칙 3. 패러데이의 법칙 4. 와전류 5. 표피효과 등
			2. 자기 및 상호유도작용	1. 자기유도작용 2. 상호유도작용 등
			3. 자계에너지와 전자유도	1. 자계에너지와 전자유도 등
			4. 도체의 운동에 의한 기전력	1. 렌츠의 법칙 2. 플레밍의 오른손 법칙 3. 자계 속을 운동하는 도체에 생기는 기전력 4. 도체의 운동과 자속의 시간적 변화가 있는 경우의 기전력 등
			5. 전류에 작용하는 힘	1. 전류에 작용하는 힘 2. 자속변화 등
			6. 전자유도에 의한 전계	1. 전자유도에 의한 전계 등
			7. 도체 내의 전류 분포	1. 일정주파수의 교류일 때 2. 표피효과 3. 도체표면에 평행한 자계일 때 4. 표피효과를 고려할 수 있는 한계 등

필기 과목명	문제수	주요항목	세부항목	세세항목
전기자기학	20	7. 전자유도 및 인덕턴스	8. 전류에 의한 자계에너지	1. 자계에너지 2. 전류에 의한 자계에너지 등
			9. 인덕턴스	1. 자기인덕턴스와 상호인덕턴스 2. 노이만의 공식 3. 상호인덕턴스의 상반성 4. 누설자속과 결합계수 5. 인덕턴스의 계산 6. 기하학적 평균거리 등
		8. 전자계	1. 변위전류	1. 변위전류 등
			2. 맥스웰의 방정식	1. 맥스웰의 전자파방정식 2. 인가전압이 있는 경우의 전자방정식 등
			3. 전자파 및 평면파	1. 전자파 2. 평면파 3. 파동방정식 4. 전파속도 5. 도체 내의 전자파 6. 전자파의 방사 7. 전자파의 반사와 굴절 8. 전자파의 전송선로 9. 포인팅벡터 등
			4. 경계조건	1. 경계면에 전류가 존재하지 않을 때 2. 완전 도체 표면 등
			5. 전자계에서의 전압	1. 전압의 정의 2. 평행도체에 있어서의 전압 3. 단위 길이당 전압 강하 4. 도체전류의 변화 등
			6. 전자와 하전입자의 운동	1. 전자와 하전입자의 운동 등
			7. 방전현상	1. 방전현상 등

이책의 차례

제1장 Vector의 해석

1. 스칼라와 벡터 … 1
2. 벡터의 도시(圖示) 및 표기 … 1
3. 직각좌표계의 벡터 … 2
4. 벡터 가감법(합과 차) … 3
5. 두 벡터양의 곱 … 5
6. 벡터의 미분 … 7
- 실전문제 … 11

제2장 진공 중의 정전계

1. 정전계의 정의 … 16
2. 정전계의 기초사항 … 16
3. 쿨롱의 법칙 … 18
4. 전계(전장)의 세기 … 20
5. 전기력선의 성질 … 23
6. 전기력선 수 … 24
7. 전속과 전속밀도 … 24
8. 가우스의 법칙에 의한 전계의 세기 … 25
9. 전위(전기적인 위치에너지) … 30
10. 도체 모양에 따른 전위 계산 … 32
11. 전위의 기울기 … 35
12. 전기 쌍극자 … 36
13. 전기 2중층 … 37
14. 전기력선의 방정식 … 38
15. 가우스의 발산 정리 … 39
- 실전문제 … 40

제3장 도체계와 정전용량

1. 정전용량 : $C[\text{F}]$ 65
2. 정전용량의 계산 65
3. 전위계수 68
4. 용량계수와 유도계수 69
5. 도체계의 에너지 70
6. 도체에 작용하는 힘 71
7. 합성 콘덴서 접속시 정전용량 계산 72
■ 실전문제 74

제4장 유전체

1. 유전체 92
2. 분극현상 93
3. 패러데이관 96
4. 유전체의 경계조건 96
5. 단절연 100
6. 복합 유전체에 의한 콘덴서의 정전 용량 100
7. 유전체의 특수현상 102
■ 실전문제 104

제5장 전기 영상법(전계의 특수해법)

1. 무한평면에 의한 영상 전하(=접지무한평판과 점전하) 121
2. 접지 무한 평판과 선전하(=선과 대지 사이) 122
3. 접지 도체구와 점전하에 의한 전기영상 123
■ 실전문제 125

이 책의 차례

제6장 전류

1. 전기이론 — 132
2. 전류의 연속성과 불연속성(키르히호프의 전류 법칙) — 134
3. 저항과 정전용량의 식 — 134
4. 전력, 전력량, 줄열 — 137
5. 전기의 여러 가지 현상 — 138
- 실전문제 — 140

제7장 진공 중 정자계

1. 정전계와 정자계의 대응관계 — 148
2. 쿨롱의 법칙 — 149
3. 자계(자장)의 세기 — 150
4. 자기력선의 성질 — 150
5. 자기력선의 수 — 151
6. 지속(수) ϕ[Wb]와 자속밀도 B[Wb/m²] — 151
7. 자위 U[A] — 152
8. 자기 쌍극자 — 153
9. 자기 2중층(= 판자석의 세기) — 154
10. 전류에 의한 자계(1) — 156
11. 전류에 의한 자계의 세기 계산 — 157
12. 전류에 의한 자계(2) — 160
13. 솔레노이드에 의한 자계 — 163
14. 전류에 의한 자위 — 164
15. 스토크스(Stoke's) 정리 — 165
16. 자계 내에 작용하는 전자력과 회전력 — 165

17. 자계효과	169
■ 실전문제	170

제8장 자성체와 자기회로

1. 자성체	198
2. 자성체의 종류	198
3. 자성체의 자기 쌍극자 배열(스핀 배열)	199
4. 히스테리시스 곡선(B-H 곡선)	199
5. 자성체 자화의 세기	201
6. 자화 시 필요한 자계 내에 축적되는 에너지	203
7. 자성체(자계) 경계면의 조건	204
8. 자기회로	206
■ 실전문제	209

제9장 전자유도현상

1. 전자유도(유기기전력)에 관한 법칙	226
2. 직사각형 코일에 유기되는 기전력(자속의 변화가 정현파인 경우)	228
3. 플레밍의 오른손 법칙	229
4. 원판 회전 시 발생되는 유기기전력(단극발전기의 원리)	229
5. 표피효과	230
6. 와전류(Eddy Current)=맴돌이 전류	231
■ 실전문제	232

이책의 차례

제10장 인덕턴스

1. 자기인덕턴스 $L[\mathrm{H}]$ — 241
2. 솔레노이드의 인덕턴스 계산 — 243
3. 동심(동축) 원통 사이의 인덕턴스 — 245
4. 평행도선 사이의 인덕턴스 — 246
5. 상호인덕턴스 — 247
6. 인덕턴스의 접속(합성 인덕턴스) — 249
 ■ 실전문제 — 250

제11장 전자계

1. 전류의 종류 — 266
2. 맥스웰의 방정식(전자방정식) — 268
3. 전자파 — 269
4. 전자파(평면파)의 특징 — 272
5. 전자파의 경계 조건 — 273
 ■ 실전문제 — 275

부록 과년도 기출문제

■ 전기기사
- 2020년도 1·2회 … 295
- 2020년도 3회 … 303
- 2020년도 4회 … 310

- 2021년도 1회 … 317
- 2021년도 2회 … 324
- 2021년도 3회 … 332

- 2022년도 1회 … 340
- 2022년도 2회 … 348
- 2022년도 3회 … 357

- 2023년도 1회 … 364
- 2023년도 2회 … 372
- 2023년도 3회 … 379

- 2024년도 1회 … 387
- 2024년도 2회 … 395
- 2024년도 3회 … 402

- 2025년도 1회 … 409
- 2025년도 2회 … 417
- 2025년도 3회 … 424

■ 전기산업기사
- 2020년도 1·2회 … 433
- 2020년도 3회 … 440

- 2021년도 1회 … 446
- 2021년도 2회 … 452
- 2021년도 3회 … 458

이책의 차례

- 2022년도 1회 　　　　　　　　　　　　　　465
- 2022년도 2회 　　　　　　　　　　　　　　472
- 2022년도 3회 　　　　　　　　　　　　　　478

- 2023년도 1회 　　　　　　　　　　　　　　485
- 2023년도 2회 　　　　　　　　　　　　　　492
- 2023년도 3회 　　　　　　　　　　　　　　499

- 2024년도 1회 　　　　　　　　　　　　　　506
- 2024년도 2회 　　　　　　　　　　　　　　513
- 2024년도 3회 　　　　　　　　　　　　　　521

- 2025년도 1회 　　　　　　　　　　　　　　528
- 2025년도 2회 　　　　　　　　　　　　　　536
- 2025년도 3회 　　　　　　　　　　　　　　544

Chapter 01 Vector의 해석

1 스칼라와 벡터

1) 스칼라 : 크기만을 가진 양
    - 예) 길이, 질량, 온도, 전위, 자위, 에너지 등

2) 벡터 : 크기와 방향을 가지고 있는 성분 ➡ 운동계
    - 예) 힘, 속도, 가속도, 전계, 자계, 토크(회전력) 등

2 벡터의 도시(圖示) 및 표기

1) 벡터의 도시(圖示)

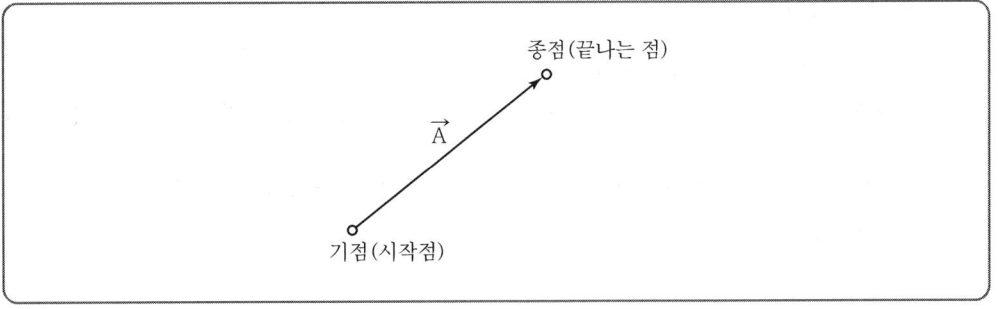

2) 벡터의 표기

$$A = \dot{A} = \vec{A} = A\vec{n} = 크기 \times 단위벡터(방향)$$

∴ 단위벡터($\vec{n}$) : 크기가 1이면서 방향성을 나타내는 벡터

3 직각좌표계의 벡터

1) 직각좌표계의 정의
x, y, z축이 각각 90°의 각을 이루는 공간좌표를 표시하는 좌표계

2) 기본벡터
각 x, y, z축의 방향을 나타내는 크기가 1인 성분벡터

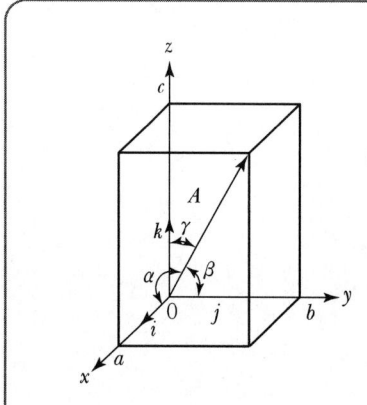

좌표계 방향	x축	y축	z축
표기(i, j, k)	i	j	k
표기(a_x, a_y, a_z)	a_x	a_y	a_z
원점으로 종점좌표	(1,0,0)	(0,1,0)	(0,0,1)

3) 벡터의 표기
벡터($\vec{A}$)를 도시하거나 표기할 경우,

① 벡터($\vec{A}$)의 각 x, y, z 성분의 크기(스칼라)를 나타낼 때 각각 A_x, A_y, A_z로 표기

② 벡터($\vec{A}$)를 표기할 때 각 x, y, z 성분의 크기(스칼라)와 기본벡터(i, j, k)로 표기
  - 예) $\vec{A} = A_x i + A_y j + A_z k$

③ 벡터($\vec{A}$)의 전체 크기(스칼라)를 나타낼 때 절댓값($|\vec{A}|$)으로 표기
  - 예) $|\vec{A}| = \sqrt{A_x^2 + A_y^2 + A_z^2}$

4) 단위벡터(Unit Vector)

크기가 1인 벡터를 말하며 i, j, k를 포함한다.

임의의 벡터 $\vec{A} = A_x i + A_y j + A_z k$라 하고, 크기는 $|\vec{A}| = \sqrt{A_x^2 + A_y^2 + A_z^2}$ 이므로

$$\vec{n} = \frac{벡터}{스칼라} = \frac{\vec{A}}{|\vec{A}|} = \frac{A_x i + A_y j + A_z k}{\sqrt{A_x^2 + A_y^2 + A_z^2}} = \frac{A_x}{|A|} i + \frac{A_y}{|A|} j + \frac{A_z}{|A|} k$$

$|\vec{n}| = 1$

» 예제 ①

문제 $A = 2i + 3j + k$일 때 A의 크기와 방향벡터는?

풀이
벡터 A의 크기는 $|A| = \sqrt{2^2 + 3^2 + 1^2} = \sqrt{14}$ 가 된다.
방향벡터는 $\vec{n} = \frac{A}{|A|} = \frac{2i + 3j + k}{\sqrt{14}} = \frac{2}{\sqrt{14}} i + \frac{3}{\sqrt{14}} j + \frac{1}{\sqrt{14}} k$ 이다.

4 벡터 가감법(합과 차)

1) 벡터의 도시

① 평행 사변형법

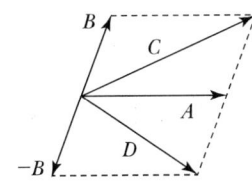

$$\vec{A} + \vec{B} = \vec{C}, \quad \vec{A} - \vec{B} = \vec{A} + (-\vec{B}) = \vec{D}$$

② 삼각형법

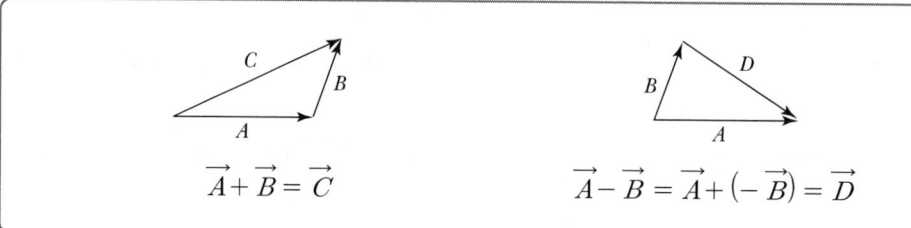

2) 벡터 연산 방법

합·차를 한 후 연산된 값은 항상 벡터이다.

$A = A_x i + A_y j + A_z k,$
$B = B_x i + B_y j + B_z k$ 일 때
$A \pm B = (A_x \pm B_x)i + (A_y \pm B_y)j + (A_z \pm B_z)k$ 이다.

* 각 방향(x축, y축, z축)의 크기(스칼라)만 더하고 빼주어 나타낸다.

3) 거리 벡터 계산법

① 1개의 좌표만 주어진 경우(원점을 기점으로 한 벡터)

$A = (x, y, z)$ 일 때 $\vec{r} = \vec{A} = (x)i + (y)j + (z)k$

② 두 개의 좌표가 주어진 경우(벡터의 차)

기점 : $A = (x_1, y_1, z_1)$, 종점 : $B = (x_2, y_2, z_2)$ 일 때
$\vec{r} = \vec{B} - \vec{A} = (x_2 - x_1)i + (y_2 - y_1)j + (z_2 - z_1)k$

≫ 예제 ❷

문제 두 벡터 $A = 2i + 3j + 5k$, $B = 3i + 4j + 5k$ 일 때 두 벡터의 합과 차는?

풀이
$A + B = (2+3)i + (3+4)j + (5+5)k = 5i + 7j + 10k$
$A - B = (2-3)i + (3-4)j + (5-5)k = -i - j$

5) 평행사변형의 원리

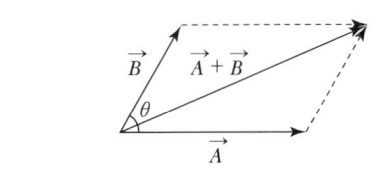
$$|\vec{A}+\vec{B}| = \sqrt{A^2+B^2+2AB\cos\theta}$$

5 두 벡터양의 곱

1) 벡터의 내적(· = dot) : 벡터 ➡ 스칼라(스칼라 곱, dot 곱)

① 내적의 정의식 : $\vec{A}\cdot\vec{B} = |\vec{A}||\vec{B}|\cos\theta$

② 내적의 성질
  ㉠ 같은 성분끼리 내적을 하면 1이다. $i\cdot i = |i||i|\cos 0° = 1$이므로
    $i\cdot i = j\cdot j = k\cdot k = 1$이다.
  ㉡ 수직 성분끼리 내적을 하면 0이다. $i\cdot j = |i||j|\cos 90° = 0$이므로
    $i\cdot j = j\cdot k = k\cdot i = 0$

③ 내적의 계산
  $A\cdot B = (A_x i + A_y j + A_z k)\cdot(B_x i + B_y j + B_z k) = A_x B_x + A_y B_y + A_z B_z$
  즉, 각 성분마다 벡터의 크기(스칼라)만 곱하여 모두 합산한다.

④ 연산법칙
  ㉠ $A\cdot B = B\cdot A$: 교환법칙
  ㉡ $A\cdot(B+C) = A\cdot B + A\cdot C$: 분배법칙

TIP

물리적 에너지를 힘과 이동하는 거리로 구할 때, 벡터의 내적으로 구한다.
$$W = \vec{F} \cdot \vec{l} = |\vec{F}||\vec{l}|\cos\theta$$
$$= F_x \times l_x + F_y \times l_y + F_z \times l_z \,[J]$$

》예제 ❸

[문제] $A = A_x i + 2j + 3k$, $B = -2i + j + 2k$의 두 벡터가 서로 직교 시 A_x의 값은?

[풀이]
두 벡터가 서로 직교하므로 두 벡터의 사이각은 90°이다. 따라서,
$A \cdot B = |A||B|\cos 90° = 0$
$A \cdot B = (A_x i + 2j + 3k) \cdot (-2i + j + 2k)$
$\quad\quad = (A_x \cdot -2) + (2 \cdot 1) + (3 \cdot 2) = 0$

∴ $8 = 2A_x$ ∴ $A_x = \dfrac{8}{2} = 4$

2) 벡터의 외적(× = Cross) : 벡터를 벡터로(벡터곱)

① 외적의 정의식 : $\vec{A} \times \vec{B} = |\vec{A} \times \vec{B}|\vec{n} = |\vec{A}||\vec{B}|\sin\theta\,\vec{n}$

② 외적의 크기 활용 : 평행사변형의 넓이(면적)을 구할 때 사용한다.

③ 기본벡터의 외적 계산
  ㉠ 같은 성분끼리 외적을 하면 0이다. $i \times i = j \times j = k \times k = 1 \times 1 \times \sin 0 = 0$
  ㉡ 수직 성분끼리 외적을 하면 이들 벡터의 또 다른 수직 벡터가 된다.

$$\underset{\leftarrow\;-}{\overset{+\;\rightarrow}{i \cdot j \cdot k \quad i \cdot j \cdot k}}$$

왼쪽 ➡ 오른쪽 (+) : $i \times j = k$, $j \times k = i$, $k \times i = j$
오른쪽 ➡ 왼쪽 (−) : $j \times i = -k$, $k \times j = -i$, $i \times k = -j$

④ 연산법칙 : 교환법칙과 결합법칙은 성립치 않으나 분배법칙 성립
  ㉠ 교환법칙 : $\vec{A} \times \vec{B} \neq \vec{B} \times \vec{A}$
  ㉡ 결합법칙 : $(\vec{A} \times \vec{B}) \times \vec{C} \neq \vec{A} \times (\vec{B} \times \vec{C})$
  ㉢ 분배법칙 : $\vec{A} \times (\vec{B} + \vec{C}) = \vec{A} \times \vec{B} + \vec{A} \times \vec{C}$

⑤ 외적의 계산 : 행렬식으로 계산한다.

$$\vec{A} \times \vec{B} = |\vec{A}||\vec{B}|\sin\theta = \begin{vmatrix} i & j & k \\ A_x & A_y & A_z \\ B_x & B_y & B_z \end{vmatrix}$$

$$= (A_y B_z - A_z B_y)i - (A_x B_z - A_z B_x)j + (A_x B_y - A_y B_x)k$$

$$= (A_y B_z - A_z B_y)i + (A_z B_x - A_x B_z)j + (A_x B_y - A_y B_x)k$$

>> 예제 ❹

문제 두 벡터 $A = 2i + 2j + 4k$, $B = 4i - 2j + 6k$일 때 $A \times B$는?(단, i, j, k는 x, y, z 방향의 단위벡터이다.)

풀이
$$A \times B = \begin{bmatrix} i & j & k \\ 2 & 2 & 4 \\ 4 & -2 & 6 \end{bmatrix} = i(12+8) + j(16-12) + k(-4-8) = 20i + 4j - 12k$$

6 벡터의 미분

1) 벡터의 미분연산자(∇ = nabla) : 헤밀턴의 미분연산자

각 성분을 편미분하여 방향 성분 벡터를 곱한 것

$$\nabla = \frac{\partial}{\partial x}i + \frac{\partial}{\partial y}j + \frac{\partial}{\partial z}k$$

벡터를 미분할 때는 $\frac{\partial}{\partial x}$, $\frac{\partial}{\partial y}$, $\frac{\partial}{\partial z}$ 로 표기

① $\frac{\partial}{\partial x}$ ➡ x에 대해서만 미분, 나머지는 상수 취급

② $\frac{\partial}{\partial y}$ ➡ y에 대해서만 미분, 나머지는 상수 취급

③ $\frac{\partial}{\partial z}$ ➡ z에 대해서만 미분, 나머지는 상수 취급

* 경도(Gradient), 발산(Divergence), 회전(Rotation), 푸아송의 방정식, 라플라스 방정식 등을 연산하기 위해서는 벡터의 미분 연산자를 이용하여 해석한다.

2) 기울기 벡터(= 스칼라의 기울기, 경도, 구배, gradient)

임의의 스칼라 함수에 ∇ (=grad)를 취하면 그 함수의 기울기 벡터가 된다.(스칼라 ➡ 벡터)

스칼라 함수 전위 V의 기울기 벡터는 다음과 같다.

$$\nabla V = \mathrm{grad}\, V = \frac{\partial V}{\partial x} i + \frac{\partial V}{\partial y} j + \frac{\partial V}{\partial z} k$$

» 예제 ❺

문제 $V(x, y, z) = 3x^2 y - y^3 z^2$ 에 대해 grad V의 점 $(1, -2, -1)$에서의 값은?

풀이
$$\begin{aligned}\mathrm{grad}\, V &= \frac{\partial V}{\partial x} i + \frac{\partial V}{\partial y} j + \frac{\partial V}{\partial z} k \\ &= (3 \cdot 2xy)i + (3x^2 - 3y^2 \cdot z^2)j + (-y^3 \cdot 2z) \Rightarrow \text{대입} (1, -2, -1) \\ &= -12i + (3 \cdot 1 - 3 \cdot 4 \cdot 1)j + (8 \cdot -2)k = -12i - 9j - 16k\end{aligned}$$

3) 발산(Divergence)

임의의 벡터 함수에 $\nabla \cdot$ (=div)를 취하면 발산되는 스칼라 함수가 된다.(벡터 ➡ 스칼라)

① 직각좌표계의 발산

$$\mathrm{div}\, E = \nabla \cdot E = \left(\frac{\partial}{\partial x} i + \frac{\partial}{\partial y} j + \frac{\partial}{\partial z} k\right) \cdot (E_x i + E_y i + E_z k) = \frac{\partial E_x}{\partial x} + \frac{\partial E_y}{\partial y} + \frac{\partial E_z}{\partial z}$$

(내적 스칼라의 곱이므로 같은 벡터 연산자끼리 곱하고 각각 미분 후 스칼라 값을 산출하면 된다.)

② 원통좌표계의 발산 및 회전

$$\operatorname{div} A = \nabla \cdot A = \frac{1}{r}\frac{\partial A_r}{\partial r} + \frac{1}{r}\frac{\partial A_\phi}{\partial \phi} + \frac{\partial A_z}{\partial z}, \quad \nabla \times A = \frac{1}{r} \cdot \begin{vmatrix} a_r & ra_\phi & a_z \\ \frac{\partial}{\partial r} & \frac{\partial}{\partial \phi} & \frac{\partial}{\partial z} \\ A_r & rA\phi & A_z \end{vmatrix}$$

③ 구좌표계의 발산

$$\operatorname{div} A = \nabla \cdot A = \frac{1}{r^2}\frac{\partial A_r}{\partial r} + \frac{1}{r\sin\theta}\frac{\partial}{\partial \theta}(\sin\theta A_\theta) + \frac{1}{r\sin\theta}\frac{\partial A_\phi}{\partial \phi}$$

>> 예제 ⑥

[문제] 전계 $E = i\,3x^2 + j\,2xy^2 + k\,x^2yz$ 의 $\operatorname{div} E$ 는 얼마인가?

[풀이]
$$\operatorname{div} E = \nabla \cdot E = \frac{\partial E_x}{\partial x} + \frac{\partial E_y}{\partial y} + \frac{\partial E_z}{\partial z}$$
$$= \frac{\partial}{\partial x}(3x^2) + \frac{\partial}{\partial y}(2xy^2) + \frac{\partial}{\partial z}(x^2yz) = 6x + 4xy + x^2y$$

4) 회전(Rotation)(rot, $\nabla \times$, curl)

임의의 벡터 함수에 $\nabla \times$(rot, curl)를 취하면 회전하는 벡터 함수가 된다.(벡터 ➡ 벡터)

$\nabla \times E = \operatorname{rot} E = \operatorname{curl} E$ 로 표기

$E = E_x i + E_y j + E_z k$ 일 때 $\quad \nabla \times E = \begin{vmatrix} i & j & k \\ \frac{\partial}{\partial x} & \frac{\partial}{\partial y} & \frac{\partial}{\partial z} \\ E_x & E_y & E_z \end{vmatrix}$

$$= \left(\frac{\partial E_z}{\partial y} - \frac{\partial E_y}{\partial z}\right)i + \left(\frac{\partial E_x}{\partial z} - \frac{\partial E_z}{\partial x}\right)j + \left(\frac{\partial E_y}{\partial x} - \frac{\partial E_x}{\partial y}\right)k$$

* $\nabla \times E = 0$: 시간적으로 변화하지 않는 보존적이며 비회전성이라는 의미를 나타냄

5) 라플라스 연산자(= 라플라시안(Laplacian))

$$\nabla \cdot \nabla = \left(\frac{\partial}{\partial x}i + \frac{\partial}{\partial y}j + \frac{\partial}{\partial z}k\right) \cdot \left(\frac{\partial}{\partial x}i + \frac{\partial}{\partial y}j + \frac{\partial}{\partial z}k\right)$$

$$= \frac{\partial^2}{\partial x^2} + \frac{\partial^2}{\partial y^2} + \frac{\partial^2}{\partial z^2} = \nabla^2$$

6) $\nabla \times \nabla$ (기울기 함수의 회전 = 0)

$$\nabla \times \nabla = \left(\frac{\partial^2}{\partial z \partial y} - \frac{\partial^2}{\partial z \partial y}\right)i + \left(\frac{\partial^2}{\partial x \partial z} - \frac{\partial^2}{\partial x \partial z}\right)j + \left(\frac{\partial^2}{\partial x \partial y} - \frac{\partial^2}{\partial x \partial y}\right)k = 0$$

7) 발산 정리

임의의 폐곡면에서 발산하는 전기력선의 총수는 이 폐곡면의 미소 체적에서 발산하는 전기력선의 총수를 합한 것과 같다.

$$\int_s E \cdot ds = \int_{vol} div \cdot E \, dv \qquad \text{면 } ds \Leftrightarrow \text{체적(공간) } dv$$

8) Stoke's의 정리

폐경로인 임의의 벡터 A에 대해 접선 방향에 대한 선적분한 값은 이 벡터를 회전시켜 나타나는 법선 성분을 면적분한 값과 같다.

$$\oint_c A \, dl = \int_s rot \, A \, dS = \int_s \nabla \times A \, dS \qquad \text{선 } dl \Leftrightarrow \text{면 } ds$$

Chapter 01 실·전·문·제

01 어떤 물체에 $F_1 = -3i + 4j - 5k$ 와 $F_2 = 6i + 3j - 2k$ 의 힘이 작용하고 있다. 이 물체에 F_3 을 가했을 때 세 힘이 평형이 되기 위한 F_3은?

① $F_3 = -3i - 7j + 7k$
② $F_3 = 3i + 7j - 7k$
③ $F_3 = 3i - j - 7k$
④ $F_3 = 3i - j + 3k$

해설 $F_1 = -3i + 4j - 5k$, $F_2 = 6i + 3j - 2k$ 일 때 세 힘을 모두 합하여 0이 되면 평형이 되었다고 한다. 그러므로 $F_1 + F_2 + F_3 = 0$ 에서
$F_3 = -(F_1 + F_2) = -\{(-3i + 4j - 5k) + (6i + 3j - 2k)\}$ 이며 벡터의 합과 차는 같은 벡터 연산자의 크기끼리 더하고 빼주는 것이므로 $F_3 = -3i - 7j + 7k$ [N]이 된다.

02 벡터에 대한 계산식으로 옳지 않은 것은?

① $i \cdot i = j \cdot j = k \cdot k = 0$
② $i \cdot j = j \cdot k = k \cdot i = 0$
③ $A \cdot B = AB\cos\theta$
④ $i \times i = j \times j = k \times k = 0$

해설 $i \cdot i = j \cdot j = k \cdot k = 1 \times 1 \times \cos 0° = 1$

03 두 단위 벡터 간의 각을 θ 라 할 때 벡터 곱(vector product)과 관계없는 것은?

① $i \times j = -j \times i = k$
② $k \times i = -i \times k = j$
③ $i \times i = j \times j = k \times k = 0$
④ $i \times j = 0$

해설 $i \times j = k = -j \times i$, $j \times k = i = -k \times j$, $k \times i = j = -i \times k$
$i \times i = j \times j = k \times k = 1 \times 1 \times \sin 0° = 0$

04 벡터 A, B 값이 $A = i + 2j + 3k$, $B = -i + 2j + k$ 일 때 $A \cdot B$는 얼마인가?

① 2
② 4
③ 6
④ 8

해설 $A \cdot B = A_x B_x + A_y B_y + A_z B_z = (1 \cdot -1) + (2 \cdot 2) + (3 \cdot 1) = 6$

Answer ○ 01 ① 02 ① 03 ④ 04 ③

05 한 질점이 $F = 5i + 2j - k$ [N]의 힘을 받아서 $A(1, 0, 3)$[m]에서 점 $B(3, -1, -6)$[m]까지 이동했을 때 힘 F가 한 일은 몇 [J]인가?

① 10　　　　　② 12　　　　　③ 17　　　　　④ 20

해설 한 일 $W = Fl = Fl\cos\theta$[J]일 때 한 일은 벡터의 내적으로 구할 수 있다.
움직인 거리
$l = \vec{B} - \vec{A} = (3-1)i + (-1-0)j + (-6-3)k = 2i - j - 9k$
$W = F \cdot l = (5i + 2j - k) \cdot (2i - j - 9k)$
$= (5 \cdot 2) + (2 \cdot (-1)) + ((-1) \cdot (-9)) = 17$

06 $A = -7i - j$, $B = -3i - 4j$의 두 벡터가 이루는 각은 몇 도인가?

① 30　　　　　② 45　　　　　③ 60　　　　　④ 90

해설 $A = -i7 - j$, $B = -3i - 4j$일 때 벡터가 이루는 각은 내적의 정의식에 의해서 구한다.
- 벡터 A의 크기 $|A| = \sqrt{(-7)^2 + (-1)^2} = 5\sqrt{2}$
- 벡터 B의 크기 $|B| = \sqrt{(-3)^2 + (-4)^2} = 5$
- 내적의 계산 $A \cdot B = (-i7 - j) \cdot (-3i - 4j) = 25$이므로 내적의 정의식
$A \cdot B = |A||B|\cos\theta$에서
$\cos\theta = \dfrac{A \cdot B}{|A||B|} = \dfrac{25}{5\sqrt{2} \times 5} = \dfrac{1}{\sqrt{2}}$가 된다.
그러므로 $\theta = \cos^{-1}\left(\dfrac{1}{\sqrt{2}}\right) = 45°$가 된다.

07 $A = 10x - 10y + 5z$, $B = 4x - 2y + 5z$는 어떤 평행사변형의 두 변을 표시하는 벡터일 때 이 평행사변형의 면적의 크기는?(단, x : x축 방향의 기본 벡터, y : y축 방향의 기본 벡터, z : z축 방향의 기본 벡터이며, 좌표는 직각 좌표이다.)

① $5\sqrt{3}$　　　　　　　　② $7\sqrt{19}$
③ $10\sqrt{29}$　　　　　　　④ $14\sqrt{7}$

해설 $A \times B = \begin{bmatrix} i & j & k \\ 10 & -10 & 5 \\ 4 & -2 & 5 \end{bmatrix}$

$= i(-50 + 10) + j(20 - 50) + k(-20 + 40)$
$= -40i - 30j + 20k$
평행사변형의 면적 $= |A \times B| = \sqrt{40^2 + 30^2 + 20^2} = 10\sqrt{29}$

05 ③　06 ②　07 ③　**Answer**

08 위치함수로 주어지는 벡터량이 $E_{(xyz)} = iEx + jEy + kEz$ 나블라(∇)와의 내적 $\nabla \cdot E$와 같은 의미를 갖는 것은?

① $\dfrac{\partial Ex}{\partial x} + \dfrac{\partial Ey}{\partial y} + \dfrac{\partial Ez}{\partial z}$
② $\int \dfrac{\partial}{\partial x} + \int \dfrac{\partial Ey}{\partial y} + k\dfrac{\partial Ez}{\partial z}$
③ $\int \dfrac{\partial Ex}{\partial x} + \int \dfrac{\partial Ey}{\partial y} + k\dfrac{\partial Ez}{\partial z}$
④ $\dfrac{\partial E}{\partial x} + \dfrac{\partial E}{\partial y} + \dfrac{\partial E}{\partial z}$

해설 $\text{div} E = \triangle \cdot E = \left(\dfrac{\partial}{\partial x}i + \dfrac{\partial}{\partial y}j + \dfrac{\partial}{\partial z}k\right) \cdot (E_x i + E_y j + E_z k)$

같은 성분끼리 계수만 곱해서 모두 합산
$= \dfrac{\partial E_x}{\partial x} + \dfrac{\partial E_y}{\partial y} + \dfrac{\partial E_z}{\partial z}$

➡ div는 벡터를 스칼라로 변화시킨다.

09 V를 임의의 스칼라라고 할 때 $\text{grad} V$의 직각 좌표의 표현은?

① $\dfrac{\partial V}{\partial x} + \dfrac{\partial V}{\partial y} + \dfrac{\partial V}{\partial z}$
② $i\dfrac{\partial V}{\partial x} + j\dfrac{\partial V}{\partial y} + k\dfrac{\partial V}{\partial z}$
③ $\dfrac{\partial^2 V}{\partial x^2} + \dfrac{\partial^2 V}{\partial y^2} + \dfrac{\partial^2 V}{\partial z^2}$
④ $i\dfrac{\partial^2 V}{\partial x^2} + j\dfrac{\partial^2 V}{\partial y^2} + k\dfrac{\partial^2 V}{\partial z^2}$

해설 $\text{grad} V = \nabla V = \left(\dfrac{\partial}{\partial x}i + \dfrac{\partial}{\partial y}j + \dfrac{\partial}{\partial z}k\right)V$

$= \dfrac{\partial V}{\partial x}i + \dfrac{\partial V}{\partial y}j + \dfrac{\partial V}{\partial z}k$

➡ grad는 스칼라를 벡터로 변화시킨다.

10 해밀턴의 미분 연산자를 $\nabla = \dfrac{\partial}{\partial x}i + \dfrac{\partial}{\partial y}j + \dfrac{\partial}{\partial z}k$ 라고 할 때 스칼라량 T와 ∇의 곱 $\nabla \cdot T$를 나타낸 물리적 의미는 다음 중 어느 것인가?

① $\text{grad } T$
② $\text{div } T$
③ $\text{rot } T$
④ $\text{vector } T$

해설 $\nabla \cdot T = \text{grad } T$

Answer ➡ 08 ① 09 ② 10 ①

11 $f = xyz$, $A = xi + yj + zk$일 때, 점 $(1, 1, 1)$에서의 $\text{div}(fA)$는?

① 3   ② 4   ③ 5   ④ 6

해설
- $fA = xyz(xi+yj+zk) = x^2yzi + xy^2zj + xyz^2k$
- $\text{div}(fA) = (\frac{\partial}{\partial x}i + \frac{\partial}{\partial y}j + \frac{\partial}{\partial z}k) \cdot (x^2yzi + xy^2zj + xyz^2k)$

$= 2xyz + 2xyz + 2xyz = 6xyz|_{x=1, y=1, z=1 \text{대입}} = 6$이 된다.

12 모든 장소에서 $\nabla \cdot D = 0$, $\nabla \times \dfrac{D}{\varepsilon} = 0$와 같은 관계가 성립하면 D는 어떤 성질을 가져야 하는가?

① x의 함수   ② y의 함수
③ z의 함수   ④ 상수

해설 $\nabla = \dfrac{\partial}{\partial x}i + \dfrac{\partial}{\partial y}j + \dfrac{\partial}{\partial z}k$인 미분연산자이므로 미분하여 0인 D는 상수인 경우이다.

13 $\int_s E\,ds = \int_{vol} \nabla \cdot E\,dv$은 다음 중 어느 것에 해당되는가?

① 발산의 정리   ② 가우스의 정리
③ 스토크스의 정리   ④ 암페어의 정리

해설 가우스 발산정리는 면적적분과 체적적분의 변환식이다.
$\int_s E\,ds = \int_v \nabla \cdot E\,dv = \int_v \text{div}E\,dv$ 면적적분을 체적적분으로 변환 시 div를 추가

14 스토크스의 정리를 표시하는 일반식은?

① $\int_v \text{rot}E\,dv = \int_s \text{div}E\,ds$
② $\int_s E\,ds = \int_v \text{div}E\,dv$
③ $\oint_c E\,dl = \int_s \text{rot}E\,ds$
④ $\oint_c E\,dl = \int_v \text{div}E\,dv$

11 ④   12 ④   13 ①   14 ③   **Answer**

해설 스토크스 정리는 선적분과 면적적분의 변환식

$$\oint_c E\,dl = \int_s \mathrm{rot}\,E\,ds$$ 선적분을 면적적분으로 변환 시 rot를 추가

15 시간적으로 변화하지 않는 보존적(conservative)인 전하가 비회전성(非回轉性)이라는 의미를 나타낸 식은?

① $\nabla E = 0$
② $\nabla \cdot E = 0$
③ $\nabla \times E = 0$
④ $\nabla^2 E = 0$

해설 보존장을 의미하며
적분형 $\int_l E\,dl = \int_s \mathrm{rot}\,E\,ds = 0$
미분형 $\mathrm{rot}\,E = \mathrm{curl}\,E = \nabla \times E = 0$

Answer ▶ 15 ③

Chapter 02 진공 중의 정전계

1 정전계의 정의

1) 정지한 두 전하 사이에 작용하는 힘의 영역
2) 전계에너지가 최소가 되는 전하 분포의 전계

전계 내의 전하는 자신의 에너지가 최소가 되는 가장 안정된 전하분포를 가지는 정전계를 형성한다.

2 정전계의 기초사항

1) 물질의 기본구성

물질 > 분자 > 원자 > 입자(전자, 양자, 중성자 등)

2) 전기의 본질

① 전하(Electric Charge, 電荷) : 전기현상의 근원이 되는 실체(전자, 양자)
② 전하량($Q[C]$) : 전하가 가지는 전기현상을 나타내는 양을 말하며, 단위는 쿨롬[C(Coulomb)] 사용
③ 전하의 성질 : 동종의 전하 사이에는 반발력이 작용하며 이종의 전하 사이에는 흡인력이 작용한다.

④ 양자 : 양전하(+전하)
　　㉠ 양자 하나당 질량=1.672×10^{-27}[kg]
　　㉡ 양자 하나당 전하량=1.602×10^{-19}[C]

⑤ 전자 : 음전하(-전하)
　　㉠ 전자 하나당 질량=9.109×10^{-31}[kg]
　　㉡ 전자 하나당 전하량=-1.602×10^{-19}[C]

3) 도체와 부도체

① 자유전자

원자핵 주변을 회전하고 있는 전자가 최외곽 궤도에 존재하거나 옮겨져 원자핵과의 결합력이 약할 때 외부에 에너지가 가해지면 궤도로부터 이탈할 수 있는 전자를 자유전자(Free Electron)라고 한다. 자유전자의 이동으로 인한 부족(양전하) 또는 과잉(음전하)으로 인해 전기 현상이 발생된다.

② 도체

자유전자가 존재하는 금, 구리, 은과 같은 금속에 외부에서 전하를 가하면 전하의 이동이 발생하는 물질

③ 부도체 및 절연체

고무, 운모, 유리 등 전자에 대한 원자핵의 구속력이 강해 외부로부터 전하를 공급해도 자유전자가 존재하지 않아 전하의 이동이 어려운 물질을 말한다. 그러나, 진공이 아닌 상태에서는 전류가 완전히 흐르지 않는 부도체는 존재하지 않는다.

4) 전기의 발생

① 정전 유도 현상

중성 상태($Q=0$[C])인 도체 가까이에 대전된 도체($+Q$[C])를 놓으면 이 도체로 인하여 중성 상태의 도체가 가까운 쪽에는 대전된 도체의 전하량만큼 동량이면서 부호가 반대 극성인 전하($-Q'$[C])가 몰리며 반대쪽에는 동량이면서 같은 극성의 전하($+Q'$[C])가 몰리게 된다. 이러한 현상을 정전 유도라고 한다.

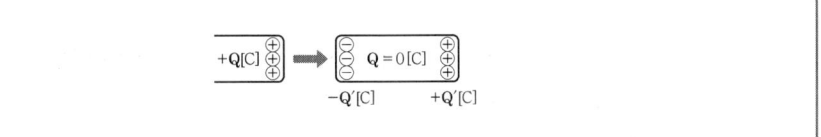

② 마찰전기

유전체나 도체를 서로 마찰시키면 자유전자가 이동하여 발생하는 전기로서 마찰전기 계열 순서(좌측으로 갈수록 +극성이며 우측으로 갈수록 −극성의 전기를 띤다.)는 다음과 같다.
(+) 모피 > 유리 > 운모 > 명주 > 면 > 나무 > 호박수지 > 금속 > 황 (−)

③ 전기의 발생원인 : 전자의 과부족 현상

④ 전류 I[A] : 단위시간당 이동한 전기량의 크기

$$I = \frac{Q}{t} = \frac{ne}{t} \text{ [C/sec=A]}$$

여기서, n : 전자의 개수
e[C] : 전자의 전하량($= 1.602 \times 10^{-19}$)
t[sec] : 시간

⑤ 전압 V[V] : 전기량이 어떤 도선 내를 이동 시 잃거나 얻는 에너지의 비

$$V = \frac{W}{Q} \text{ [J/C=V]}, \quad W = QV \text{[J]}$$

여기서, V[V] : 전압
W[J] : 전하 이동 시 발생 에너지
Q[C] : 전하량

❸ 쿨롱의 법칙

정지한 두 전하 사이에 작용하는 힘 F[N]

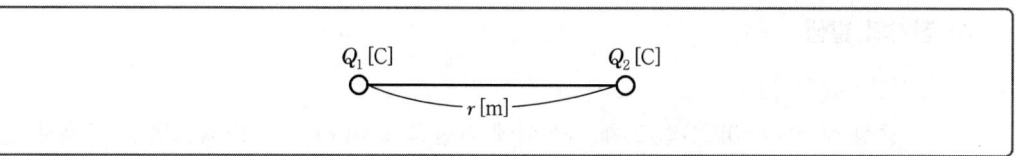

1) 쿨롱의 법칙의 특성

① 동종의 전하 사이에는 반발력이 작용하며 이종의 전하 사이에는 흡인력이 작용한다.
② 힘의 크기는 두 전하량의 곱에 비례한다.
③ 힘의 크기는 두 전하 사이의 떨어진 거리의 제곱에 반비례한다.
④ 힘의 방향은 두 전하를 연결하는 일직선 상에 존재한다.
⑤ 힘의 크기는 매질과 관계 있다.

2) 두 전하 사이에 작용하는 힘(쿨롱의 힘의 관계식)

$$F = k\frac{Q_1 Q_2}{r^2} [\text{N}] \Rightarrow k(\text{쿨롱상수}) : k = \frac{1}{4\pi\varepsilon_0} = 9 \times 10^9$$

$$F = \frac{Q_1 Q_2}{4\pi\varepsilon_o r^2} = 9 \times 10^9 \times \frac{Q_1 Q_2}{r^2} [\text{N}]$$

여기서, $Q_1[\text{C}]$, $Q_2[\text{C}]$: 대전체의 전하량
$r[\text{m}]$: 두 전하 사이의 거리

TIP
- $1[\text{N}] = 10^5 [\text{dyne}]$
- $1[\text{dyne}] = 10^{-5}[\text{N}] = 1[\text{esu}]$
- $1[\text{C}] = 3 \times 10^9 [\text{esu}]$

3) 유전율 : 전하를 유도하는 능력을 나타내는 정도

① 매질에 따른 유전율($\varepsilon[\text{F/m}]$)

$\varepsilon = \varepsilon_0 \varepsilon_s [\text{F/m}]$

여기서, ε : 유전율
ε_0 : 진공 중의 유전율
ε_s : 매질에 따른 비유전율

② 진공이나 공기의 유전율

$$\varepsilon_0 = \frac{1}{\mu_0 C_0^2} = \frac{10^7}{4\pi C_0^2} = \frac{10^{-9}}{36\pi} = \frac{1}{120\pi C_0} = 8.855 \times 10^{-12} [\text{F/m}]$$

여기서, 진공 중 전자파(광) 속도 : $C_0 = \frac{1}{\sqrt{\varepsilon_0 \mu_0}} = 3 \times 10^8 [\text{m/sec}]$

진공 중 투자율 : $\mu_0 = 4\pi \times 10^{-7} [\text{H/m}]$

③ 비유전율 : $\varepsilon_s = \frac{\varepsilon}{\varepsilon_0}$, ε_0에 대한 다른 매질의 유전율의 비율

진공이나 공기 $\varepsilon_s = 1$, 그 외 매질은 $\varepsilon_s > 1$

» 예제 ❶

문제 1[C]의 전하량을 갖는 두 점전하가 공기 중에 1[m] 떨어져 놓여 있을 때 두 점전하 사이에 작용하는 힘은 몇 [N]인가?

풀이
$$F = 9 \times 10^9 \times \frac{Q_1 Q_2}{r^2} = 9 \times 10^9 \times \frac{1 \times 1}{1^2} = 9 \times 10^9 \,[\text{N}]$$

❹ 전계(전장)의 세기

1) 정의

Q[C]의 전하가 단위 정전하 +1[C]과 작용하는 힘의 세기

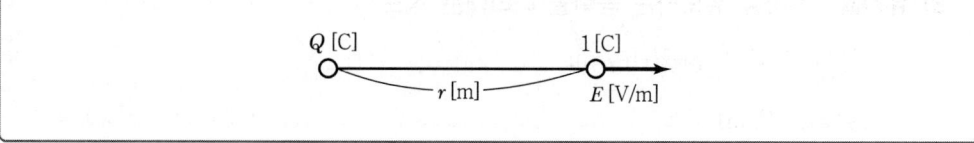

$$E = \frac{Q}{4\pi\varepsilon_0 r^2} = 9 \times 10^9 \times \frac{Q}{r^2} \,[\text{V/m} = \text{A} \cdot \Omega/\text{m} = \text{N/C}]$$

여기서, Q[C] : 임의의 전하량
r [m] : +1[C] 사이의 거리

» 예제 ❷

문제 진공 중 놓인 1[μC]의 점전하에서 3[m] 되는 점의 전계[V/m]는?

풀이
$$E = 9 \times 10^9 \times \frac{Q}{r^2} = 9 \times 10^9 \times \frac{10^{-6}}{3^2} = 10^3 \,[\text{V/m}]$$

2) 전계 내에 전하 Q[C]를 놓았을 때 전하가 전계에 의하여 받는 힘

$$F = QE \text{ [N]}, \quad E = \frac{F}{Q} \text{ [N/C]}, \quad Q = \frac{F}{E} \text{ [C]}$$

여기서, F[N] : 힘
E[V/m] : 전계의 세기
Q[C] : 임의의 전하량

★ 단, 양전하일 때는 전계와 힘은 방향이 서로 같은 방향이나, 전자(음전하)가 주어지는 경우 전계와 힘은 방향이 서로 반대이다.

3) 전계의 세기 계산법

지정된 지점에 단위 정전하 +1[C]을 두고 계산한다.

① 두 전하가 일직선 상일 때 중점의 전계의 세기
  ㉠ 일직선 상 두 전하의 극성이 같으면 : 임의의 전하와 단위 정전하 +1[C] 사이로 각각 전계를 계산 후 전계의 방향은 큰 전계의 방향으로 선정하고, 큰 전계와 작은 전계의 차로 크기를 구한다.
  ㉡ 일직선 상 두 전하의 극성이 다르면 : 임의의 전하와 단위 정전하 +1[C] 사이로 각각 전계를 계산 후 전계의 방향은 큰 전계의 방향으로 선정하고, 큰 전계와 작은 전계의 합으로 크기를 구한다.

② 정삼각형 정점의 전계의 세기(평형사변형의 원리 이용)
  ㉠ 정삼각형 각 정점에 전하 존재 시 주어진 두 전하의 극성과 전하량이 같다면

$$E = \sqrt{E_1^2 + E_1^2 + 2E_1 E_1 \cos 60°} = \sqrt{3}\, E_1$$

  ㉡ 정삼각형 각 정점에 전하 존재 시 주어진 두 전하의 극성은 다르고 전하량이 같다면

$$E = \sqrt{E_1^2 + E_1^2 + 2E_1 E_1 \cos(180° - 60°)} = E_1$$

》 예제 ❸

[문제] 한 변의 길이가 1[m]인 정삼각형의 두 정점 B, C에 10^{-4}[C]의 점전하가 있을 때 다른 또 하나의 정점 A의 전계[V/m]는?

[풀이] 정삼각형에서 전하량의 크기가 같고 부호가 동일할 시 다른 정점 A의 전계는
$$E = \sqrt{3}\, E_1 = \sqrt{3} \times 9 \times 10^9 \frac{Q}{r^2} = \sqrt{3} \times 9 \times 10^9 \frac{10^{-4}}{1^2} = 15.58 \times 10^5\,[\text{V/m}]$$

4) 전계의 세기가 0이 되는 점 : $E_1 = E_2$

　① 두 전하의 극성이 같으면 : 절댓값이 작은 전하 기준 두 전하 사이
　② 두 전하의 극성이 다르면 : 절댓값 크기가 작은 전하의 외측

5) 전계의 세기 벡터 표시방법

$$\vec{E} = E|\vec{n}| = E \frac{\vec{r}}{|\vec{r}|}$$

》 예제 ❹

[문제] 진공 내의 점 (3, 0, 0)[m]에 4×10^{-9}[C]의 전하가 있다. 점 (6, 4, 0)[m]의 전계의 크기는 몇 [V/m]이며, 전계의 방향을 표시하는 단위벡터는 어떻게 표시되는가?

[풀이]
① 점 (3, 0, 0)에서 점 (6, 4, 0)에 대한 거리벡터 : $\vec{r} = (6-3)a_x + (4-0)a_y = 3a_x + 4a_y$
② 거리벡터의 크기 : $|\vec{r}| = \sqrt{3^2 + 4^2} = 5\,[\text{m}]$
③ 점전하 $Q = 4 \times 10^{-9}$[C]에 의한 전계의 세기
　: $E = 9 \times 10^9 \times \dfrac{Q}{r^2} = 9 \times 10^9 \times \dfrac{4 \times 10^{-9}}{5^2} = \dfrac{36}{25}\,[\text{V/m}]$
④ 전계방향의 단위벡터 : $\vec{n} = \dfrac{\vec{r}}{|\vec{r}|} = \dfrac{3a_x + 4a_y}{5} = \dfrac{1}{5}(3a_x + 4a_y)$

5 전기력선의 성질

1) 정의
전계의 모양을 나타내기 위한 선으로 전계를 쉽게 규정하기 위하여 가시화시킨 가상의 선

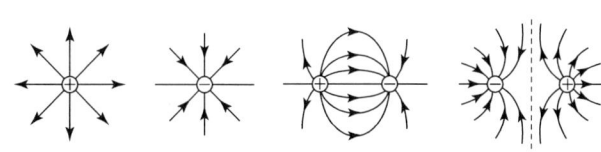

① 전하가 없는 곳에서는 전기력선의 발생 및 소멸이 없다
② 정전하(+)에서 시작해서 음전하(−)에서 끝난다.(불연속)
③ 전기력선은 그 자신만으로 폐곡선을 이루지 않는다.
④ 임의 점에서의 전계의 방향은 전기력선의 접선방향과 같다.
⑤ 임의 점에서의 전계의 세기는 전기력선의 밀도와 같다.(가우스의 법칙)
⑥ 전기력선은 전위가 높은 점에서 낮은 점으로 향한다.
⑦ 두 개의 전기력선은 서로 반발하며 교차하지 않는다.
⑧ 대전 평형 상태 시 도체 내부의 전하는 0이다.
⑨ 도체 내부 전위와 표면 전위는 같다.
⑩ 전기력선은 도체 표면(등전위면)과 외부에만 존재하며 수직으로 출입한다.
⑪ Q[C]에서 발생하는 전기력선의 총수는 $\dfrac{Q}{\varepsilon_0}$개다.
⑫ 전하 밀도는 곡률이 큰 곳 또는 곡률 반경이 작은 곳에 밀도를 이룬다.
⑬ 서로 다른 매질의 경계면에서는 굴절한다.

≫ 예제 ⑤

문제 그림과 같은 등전위면에서 전계의 방향은?

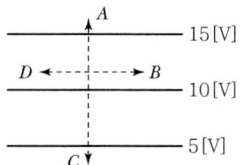

풀이
전기력선은 전위가 높은 곳에서 낮은 곳으로 간다. 따라서 정답은 C가 된다.

6 전기력선 수

$Q[\text{C}]$에서 발생하는 전기력선의 총수는 $N = \dfrac{Q}{\varepsilon_0}$ [개]다.

▼ 매질과 반비례관계

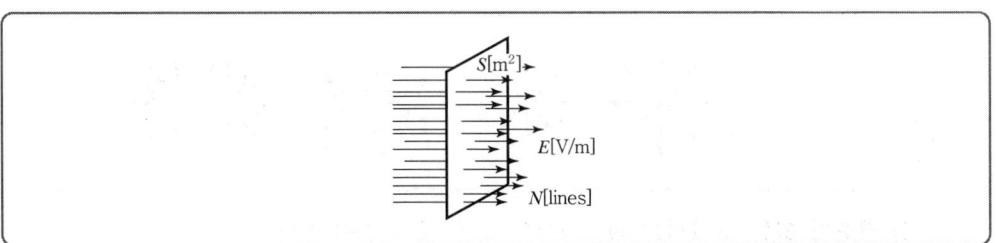

1) 진공 시($\varepsilon_s = 1$) $N = \dfrac{Q}{\varepsilon_0}$ [개]

2) 유전체 내($\varepsilon_s > 1$) $N = \dfrac{Q}{\varepsilon} = \dfrac{Q}{\varepsilon_0 \varepsilon_s}$ [개]

7 전속과 전속밀도

1) **전속(유전속)** $\psi = Q[\text{C}]$: 매질(유전율)과 관계없이 전하량만큼 발생

   매질(유전율)의 영향을 무시하고 오직 전하량만으로 나타내는 가상의 선이다. 1[C]의 전하에서 1개의 전속선이 발생한다고 할 때 $Q[\text{C}]$의 전하에서는 Q개의 전속선이 발생한다. 이때 전속(선)은 전기력선과 같은 방향을 나타낸다.

2) **전속밀도**

$$\sigma = \rho_s = D = \frac{\psi}{S} = \frac{Q}{S} = \frac{Q}{4\pi r^2}\ [\text{C}/\text{m}^2]$$

   여기서, $S = 4\pi r^2\,[\text{m}^2]$: 구의 표면적

3) **전속밀도와 전계의 관계(진공 시)**

$$E = \frac{Q}{4\pi\varepsilon_0 r^2}[\text{V}/\text{m}],\ D = \frac{Q}{4\pi r^2}[\text{C}/\text{m}^2]\ \text{이므로}$$

$$D = \varepsilon_0 E\,[\text{C}/\text{m}^2] = \sigma\,[\text{C}/\text{m}^2] = \rho_s\,[\text{C}/\text{m}^2]\ \text{이다.}$$

   여기서, $\sigma = \rho_s$: 면전하밀도$[\text{C}/\text{m}^2]$

예제 ⑥

문제 자유공간 중에서 점 $P(5, -2, 4)$가 도체면 상에 있으며 이 점에서 전계 $E = 6a_x - 2a_y + 3a_z \,[\text{V/m}]$이다. 점 P에서의 면전하 밀도 $\rho_s \,[\text{C/m}^2]$는?

풀이
① 전계의 크기 $E = \sqrt{6^2 + (-2)^2 + 3^2} = 7 \,[\text{V/m}]$
② 면전하 밀도 $\rho_s = \varepsilon_0 E = 7\varepsilon_0 \,[\text{C/m}^2]$

8 가우스의 법칙에 의한 전계의 세기

1) 가우스 정리의 적분형

진전하가 존재하는 경우 전하로부터 발산하는 모든 전계를 폐곡면에 대해 면적분하면 전기력선의 총수를 구할 수 있으며, 이를 통해 내부 전하의 크기를 구할 수 있다.

$$\int_S E \cdot dS = \frac{Q}{\varepsilon_0} \;\Rightarrow\; \text{전기력선의 총수}$$

$D = \varepsilon_0 E \,[\text{C/m}^2]$이므로

$$\int_S D \cdot dS = Q \;\Rightarrow\; \text{전속의 총수}$$

* 폐곡면을 통과하는 전속과 폐곡면 내부의 전하와의 상관관계를 나타낸 식

2) 도체 모양에 따른 전하분포

① 전체전하량(점전하의 크기) : $Q\,[\text{C}]$

② 선전하 밀도 : $\lambda = \rho_l = \dfrac{Q}{l}\,[\text{C/m}]$

③ 면전하 밀도 : $\sigma = \rho_S = D = \dfrac{Q}{S}\,[\text{C/m}^2]$

④ 체적전하 밀도 : $\rho = \rho_v = \dfrac{Q}{v}\,[\text{C/m}^3]$

여기서, $l\,[\text{m}]$: 선의 길이
$S\,[\text{m}^2]$: 면적
$v\,[\text{m}^3]$: 체적(=부피)

3) 점전하에 의한 전계의 세기

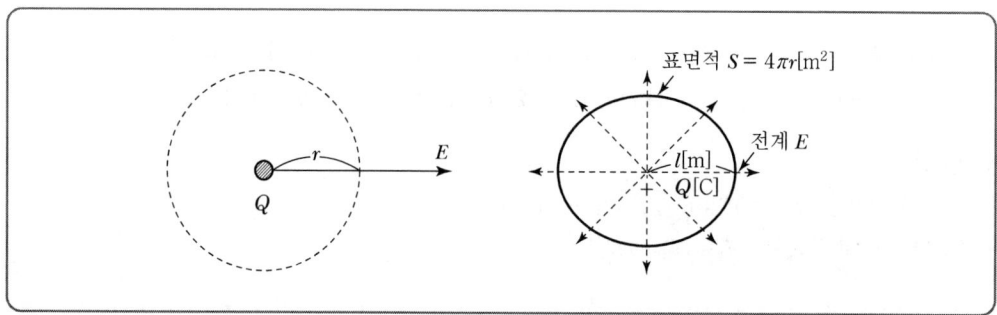

가우스 법칙 $\left(N = \dfrac{Q}{\varepsilon_0} = \int_S E \cdot dS = ES\right)$을 이용하여 점전하에 의한 전기력선이 구형태의 모든 방향으로 발산할 때 폐곡면의 면적을 구면적으로 상정하여 전계의 세기를 구한다.

$E = \dfrac{Q}{\varepsilon_0 S}$ 에서 반지름 $r[\text{m}]$에 의한 구의 표면적 $S = 4\pi r^2 [\text{m}^2]$을 대입하면

$E = \dfrac{Q}{4\pi \varepsilon_o r^2} = 9 \times 10^9 \times \dfrac{Q}{r^2} [\text{V/m}]$ 가 된다.

4) 구도체에 의한 전계의 세기

(1) 대전구도체

일반적인 대전체는 구도체로 보고 전하가 표면에 균일하게 존재하는 것으로 본다.(단, 내부에는 전하가 존재하지 않는다.)

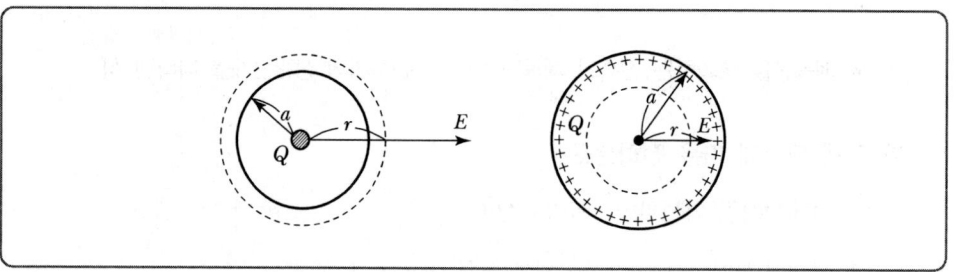

① 떨어진 거리가 구의 반지름보다 큰 경우($r > a$)

외부 $E = \dfrac{Q}{4\pi \varepsilon_0 r^2} [\text{V/m}]$

② 떨어진 거리가 구의 반지름보다 작은 경우($r < a$)

내부 $E_i = 0 [\text{V/m}]$

(2) 전하가 대전체에 균등하게 대전되었을 때(내부에도 전하가 존재한다.)

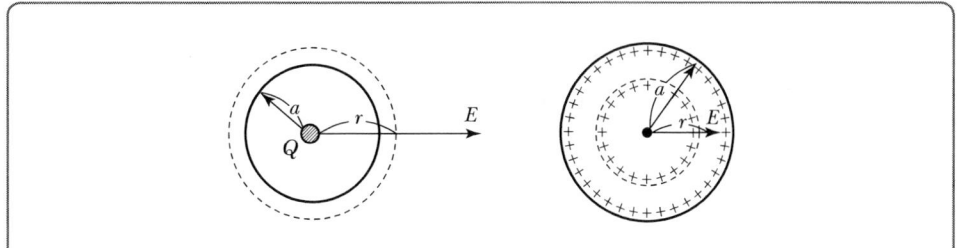

① 떨어진 거리가 구의 반지름보다 큰 경우

외부 $E = \dfrac{Q}{4\pi\varepsilon_0 r^2}$ [V/m]

② 떨어진 거리가 구의 반지름보다 작은 경우

내부 $E_i = \dfrac{Q}{4\pi\varepsilon_0 r^2} \times \dfrac{\text{구 내부 체적}\left(\dfrac{4}{3}\pi r^3\right)}{\text{구 외부 체적}\left(\dfrac{4}{3}\pi a^3\right)} = \dfrac{Qr}{4\pi\varepsilon_0 a^3}$ [V/m]

(3) 전계와 거리의 관계

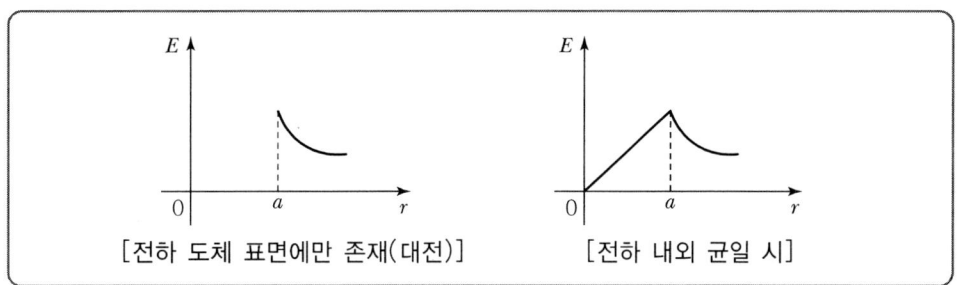

예제 ❼

문제 진공 중에서 Q[C]의 전하가 반지름 a[m]인 구의 내부까지 균일하게 분포되어 있는 경우 구의 중심으로부터 $\dfrac{a}{2}$인 거리에 있는 점의 전계의 세기[V/m]는?

풀이
전하가 균일하고 구도체이며, $r = \dfrac{a}{2} < a$(내부)일 때 내부 전계는

$$E = \dfrac{Qr}{4\pi\varepsilon_0 a^3}\bigg|_{r=\frac{a}{2}} = \dfrac{Q \times \dfrac{a}{2}}{4\pi\varepsilon_0 a^3} = \dfrac{Q}{8\pi\varepsilon_0 a^2}\,[\text{V/m}]\text{가 된다.}$$

5) 무한장 직선 전하에 의한 전계

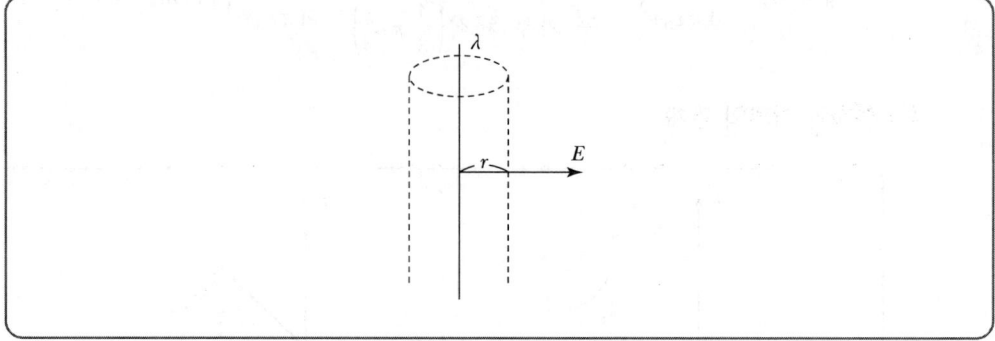

무한장 직선도체의 전하(Q[C])가 존재하는 경우 가우스 법칙 $\left(N = \dfrac{Q}{\varepsilon_0} = \displaystyle\int_S E \cdot dS = ES\right)$을 이용하여 선전하에 의한 전기력선이 원통형의 모든 방향으로 발산할 때 폐곡면의 면적을 단위길이당 선전하밀도 $\left(\lambda = \rho_l = \dfrac{Q}{l}[\text{C/m}]\right)$를 기준한 원통의 면적으로 산정하여 전계의 세기를 구한다.

$E = \dfrac{Q}{\varepsilon_0 S}$에서 반지름 r[m]에 의한 원통의 표면적 $S = 2\pi r l\,[\text{m}^2]$,

$Q = \lambda$을 대입하면 $E = \dfrac{\lambda \cdot l}{2\pi\varepsilon_o r l} = \dfrac{\lambda}{2\pi\varepsilon_0 r} = 18 \times 10^9 \times \dfrac{\lambda}{r}[\text{V/m}]$가 된다.

6) 원통(= 원주, 동축)

(1) 대전된 원주 도체(내부에는 전하가 존재하지 않는다.)

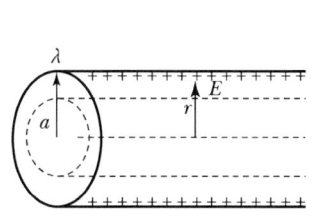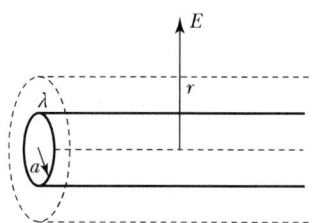

① 외부 $E = \dfrac{\lambda}{2\pi\varepsilon_0 r}$ [V/m] $(r > a)$

② 내부 $E = 0$ $(r < a)$

(2) 전하 균일 시(내부에도 전하가 존재한다.)

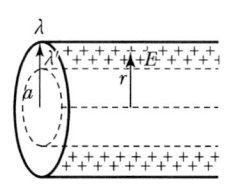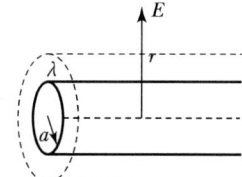

① 외부 $E = \dfrac{\lambda}{2\pi\varepsilon_0 r}$ [V/m] $(r > a)$

② 내부 $E_i = \dfrac{\lambda}{2\pi\varepsilon_0 r} \times \dfrac{\text{원주 내부 체적}\,(\pi r^2 l)}{\text{원주 외부 체적}\,(\pi a^2 l)} = \dfrac{r\lambda}{2\pi\varepsilon_0 a^2}$ [V/m] $(r < a)$

(3) 전계와 거리의 관계

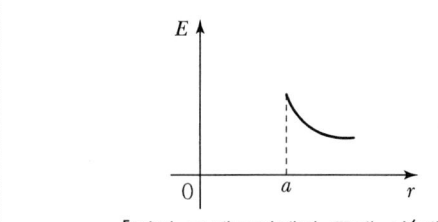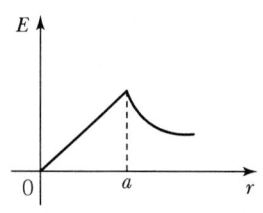

[전하 도체표면에만 존재 시(대전)]   [전하 내외 균일 시]

7) 무한평면

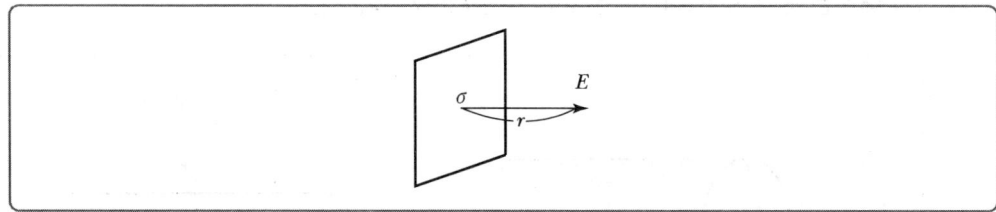

① $E = \dfrac{\sigma}{2\varepsilon_0}$ [V/m] 〈얇은 평판〉

② $E = \dfrac{\sigma}{\varepsilon_0}$ [V/m] 〈두꺼운 평판, 평행판, 구도체 표면에 면전하 존재〉

  * 면전하밀도에 의한 전계의 세기는 거리와 무관하다.

8) 원형(원환) 도체전하에 의한 전계

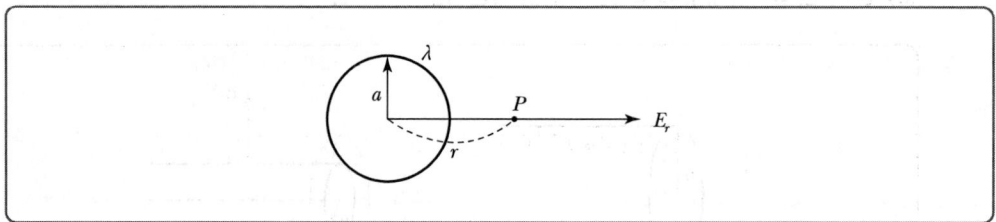

① $E_r = \dfrac{Qr}{4\pi\varepsilon_0(a^2+r^2)^{\frac{3}{2}}}$ [V/m]

② 선전하 λ [C/m]로 표현 시 전계의 세기 $E_r = \dfrac{\lambda ar}{2\varepsilon_0(a^2+r^2)^{\frac{3}{2}}}$ [V/m]

9 전위(전기적인 위치에너지)

1) 전위

전위란 진전하가 존재하는 전계에서 단위 정전하(+1[C])를 무한원점(출발점)에서 진전하와 떨어진 거리(r)인 임의 점(관측점)까지 이동시키는 데 필요한 일의 양을 나타내는 크기값(스칼라)이다. 이때 전위가 증가하는 방향은 전계와 반대방향이다.

$$V = -\int_{\infty}^{r} E\,dr = \int_{r}^{\infty} E\,dr \,[\text{V}]$$

여기서, ∞ : 출발점
r : 관측점

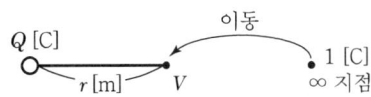

2) 전위차 : B점(출발점)에 대한 A점(관측점)의 전위

$$V = V_A - V_B = -\int_{B}^{A} E\,dr \,[\text{V}]$$

3) 점전하 $Q[\text{C}]$에 의한 전위

$$V = -\int_{\infty}^{r} E\,dr = -\int_{\infty}^{r} \frac{Q}{4\pi\varepsilon_0 r^2}\,dr = \frac{Q}{4\pi\varepsilon_0}\left[\frac{1}{r} - \left(\frac{1}{\infty}\right)\right]$$

$$= \frac{Q}{4\pi\varepsilon_0 r} = 9\times 10^9 \frac{Q}{r}\,[\text{V}]$$

★ 전계와의 관계식

$$V = Er = El = Ed = Gr\,[\text{V}]$$

$$E = \frac{V}{r} = [\text{V/m}]$$

여기서, $r = l = d\,[\text{m}]$: 거리, 길이, 간격
$G\,[\text{V/m}]$: 절연내력

≫ 예제 ❽

문제 원점에 전하 $0.01[\mu C]$이 있을 때, 두 점 $A(0, 2, 0)[m]$와 $B(0, 0, 3)[m]$ 간의 전위차 V_{AB}는 몇 [V]인가?

풀이
$$V_A = \frac{Q}{4\pi\varepsilon_0 r} = 9\times 10^9 \times \frac{10^{-8}}{2}, \quad V_B = \frac{Q}{4\pi\varepsilon_0 r} = 9\times 10^9 \times \frac{10^{-8}}{3}$$
$$V = V_A - V_B = 9\times 10^9 \times 10^{-8} \times \left(\frac{1}{2} - \frac{1}{3}\right) = \frac{9}{6} \times 10 = 15\,[V]$$

10 도체 모양에 따른 전위 계산

1) 점전하 또는 구도체 내외의 전위

① 내부 전위 : $V = \dfrac{Q}{4\pi\varepsilon_0 a}[V]\,(r < a,\ r = a)$

② 대전구도체의 내부전위와 표면전위는 같다.

③ $V = \dfrac{Q}{4\pi\varepsilon_0 r}[V]\,(r > a)$

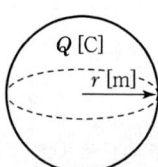

 ※ 대전구도체의 내부 특성 : $E = 0[V/m]$, $V = $ 표면전위 $\neq 0[V]$

2) 동심구 전위

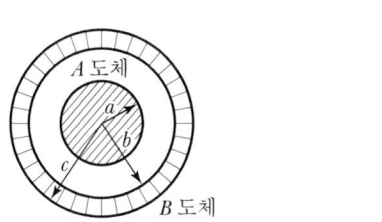

① A 도체에 $+Q[C]$, B 도체에 $Q=0[C]$ 인 경우의 A 도체의 전위 V_A
 (= B 도체가 접지되지 않았을 때)

$$V_A = \frac{Q}{4\pi\varepsilon_0}\left(\frac{1}{a} - \frac{1}{b} + \frac{1}{c}\right)[V]$$

② A 도체에 $+Q[C]$, B 도체에 $-Q[C]$ 인 경우의 A 도체의 전위 V_A
 (= B 도체가 접지되었을 때)

$$V_{AB} = V_A - V_B = \frac{Q}{4\pi\varepsilon_0}\left(\frac{1}{a} - \frac{1}{b}\right)[V] \text{이다.}$$

3) 무한장 직선, 원통, 원주, 동축

① $V = \infty$
② 동축원통 : a와 b 사이의 전위차

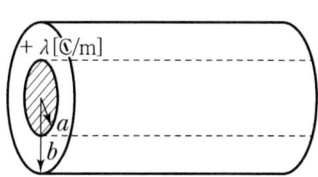

$$V = -\int_b^a E\,dr = -\frac{\lambda}{2\pi\varepsilon_0}\int_b^a \frac{1}{r}\,dr = -\frac{\lambda}{2\pi\varepsilon_0}[\ln r]_b^a$$

$$= \frac{\lambda}{2\pi\varepsilon_0}[\ln b - \ln a] = \frac{\lambda}{2\pi\varepsilon_0}\ln\frac{b}{a}\,[V]$$

여기서, $a\,[\mathrm{m}]$: 내 원통 반지름
$b\,[\mathrm{m}]$: 외 원통 반지름

4) 평행 두 도선 간의 전위(왕복도선) : $+\lambda,\ -\lambda(a<d)$

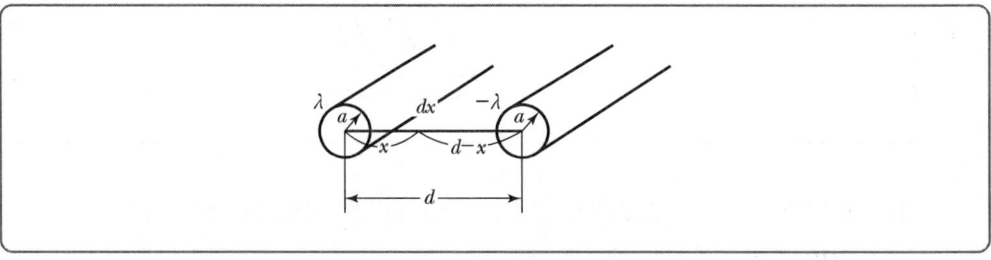

$$V=\int_a^{d-a} E\,dr=\int_a^{d-a}\frac{\lambda}{2\pi\varepsilon_0}\left(\frac{1}{x}+\frac{1}{d-x}\right)dr=\frac{\lambda}{\pi\varepsilon_0}\ln\frac{d}{a}\ [\mathrm{V}]$$

여기서, $d\,[\mathrm{m}]$: 도선 사이 간격
$a\,[\mathrm{m}]$: 도선의 반지름

두 도선 간의 일직선 상 전위는 도체와의 거리(x)와는 관계가 없다.

5) 무한평면(＝무한평판)

① 얇은 판(기본식)

전위 $V=\infty$

② 두꺼운 판(＝평행판, 구도체 표면에 면전하 존재)

전계 $E=\dfrac{\sigma}{\varepsilon_0}\,[\mathrm{V/m}]$ 전위 $V=Ed=\dfrac{\sigma}{\varepsilon_0}\cdot d\,[\mathrm{V}]$

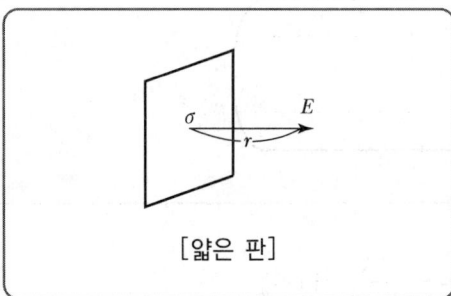

[얇은 판]

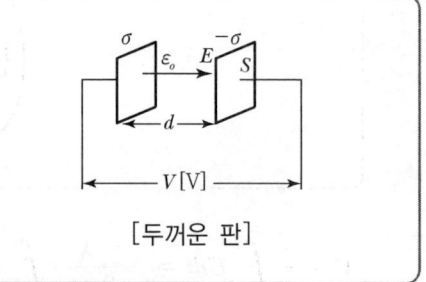

[두꺼운 판]

6) 한 변의 길이가 $a\,[\mathrm{m}]$인 각 정점에 $Q\,[\mathrm{C}]$인 정사각형 중심 전위

$$V = \frac{\sqrt{2}\,Q}{\pi\,\varepsilon_0\,a}\,[\mathrm{V}], \quad 전계\ E = 0\,[\mathrm{V/m}]$$

7) 한 변의 길이가 $a\,[\mathrm{m}]$인 각 정점에 $Q\,[\mathrm{C}]$인 정육각형 중심 전위

$$V = \frac{3\,Q}{2\,\pi\,\varepsilon_0\,a}\,[\mathrm{V}], \quad 전계\ E = 0\,[\mathrm{V/m}]$$

⑪ 전위의 기울기

전위함수(스칼라)를 가지고 전계의 세기(벡터)를 구할 때 기울기 벡터(∇)를 이용하여 계산한다.

1) 전위의 기울기(경도)

$$\mathrm{grad}\,V = \nabla V = \left(\frac{\partial}{\partial x}i + \frac{\partial}{\partial y}j + \frac{\partial}{\partial z}k\right)V$$

$$= \frac{\partial V}{\partial x}i + \frac{\partial V}{\partial y}j + \frac{\partial V}{\partial z}k$$

2) 전계

전위경도의 크기는 같으나 방향은 반대이다.

$$E = -\,\mathrm{grad}\,V = -\,\nabla V = -\left(\frac{\partial}{\partial x}i + \frac{\partial}{\partial y}j + \frac{\partial}{\partial z}k\right)V$$

$$= -\left(\frac{\partial V}{\partial x}i + \frac{\partial V}{\partial y}j + \frac{\partial V}{\partial z}k\right)$$

12 전기 쌍극자

크기가 같고 극성이 다른 두 점전하가 아주 미소한 거리에 있을 때 전기 쌍극자 상태라고 한다.

1) 전기 쌍극자에 의한 P점의 전위

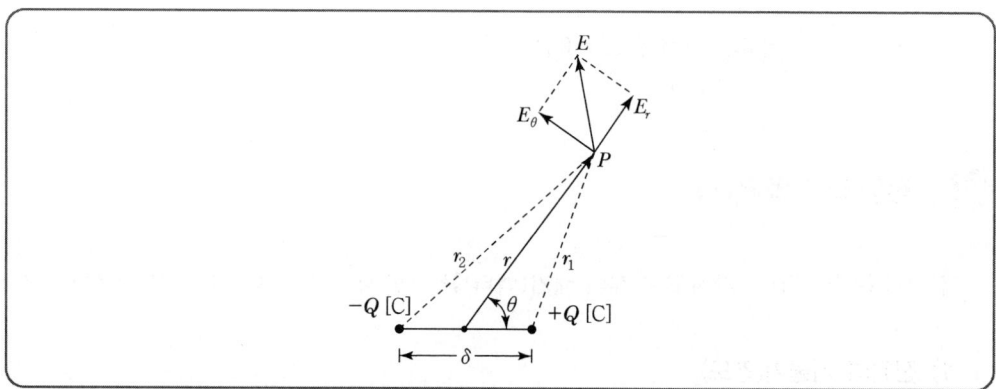

① 전체 전위

$$V = V_1 + V_2 \,[\text{V}]$$
$$= \frac{Q}{4\pi\varepsilon_0 r_1} + \frac{-Q}{4\pi\varepsilon_0 r_2} = \frac{Q}{4\pi\varepsilon_0}\left(\frac{1}{r_1} - \frac{1}{r_2}\right)$$
$$= \frac{Q}{4\pi\varepsilon_0}\left(\frac{r_2 - r_1}{r_1 r_2}\right)$$

② P점의 전위 $V_p = \dfrac{M}{4\pi\varepsilon_0 r^2}\cos\theta\,[\text{V}] \propto \dfrac{1}{r^2}$ ($\theta = 0°$: 최대, $\theta = 90°$: 최소)

여기서, 전기 쌍극자 모멘트 $M = Q \cdot \delta\,[\text{C}\cdot\text{m}]$ 단, δ : 두 전하 사이의 거리

2) 전기 쌍극자에 의한 P점의 전계의 세기

① 중심축 $E_r = -\dfrac{\partial V}{\partial r} = -\dfrac{M\cos\theta}{4\pi\varepsilon_0} \times \left(-\dfrac{2}{r^3}\right) = \dfrac{2M\cos\theta}{4\pi\varepsilon_0 r^3} = \dfrac{M\cos\theta}{2\pi\varepsilon_0 r^3}$

② $E_\theta = -\dfrac{1}{r}\dfrac{\partial V}{\partial \theta} = -\dfrac{1}{r} \cdot \dfrac{M(-\sin\theta)}{4\pi\varepsilon_0 r^2} = \dfrac{M\sin\theta}{4\pi\varepsilon_0 r^3}$

③ $E = E_r + E_\theta = \dfrac{2M\cos\theta}{4\pi\varepsilon_0 r^3}\hat{r} + \dfrac{M\sin\theta}{4\pi\varepsilon_0 r^3}\hat{\theta}$

$E = \dfrac{M}{4\pi\varepsilon_0 r^3}\sqrt{(2\cos\theta)^2 + \sin^2\theta} = \dfrac{M}{4\pi\varepsilon_0 r^3}\sqrt{1 + 3\cos^2\theta}\,[\text{V/m}] \propto \dfrac{1}{r^3}$

⑬ 전기 2중층

극히 얇은 판의 양면에 크기가 같고 극성이 다른 두 전하가 분포되어 있는 것을 전기이중층이라고 한다.

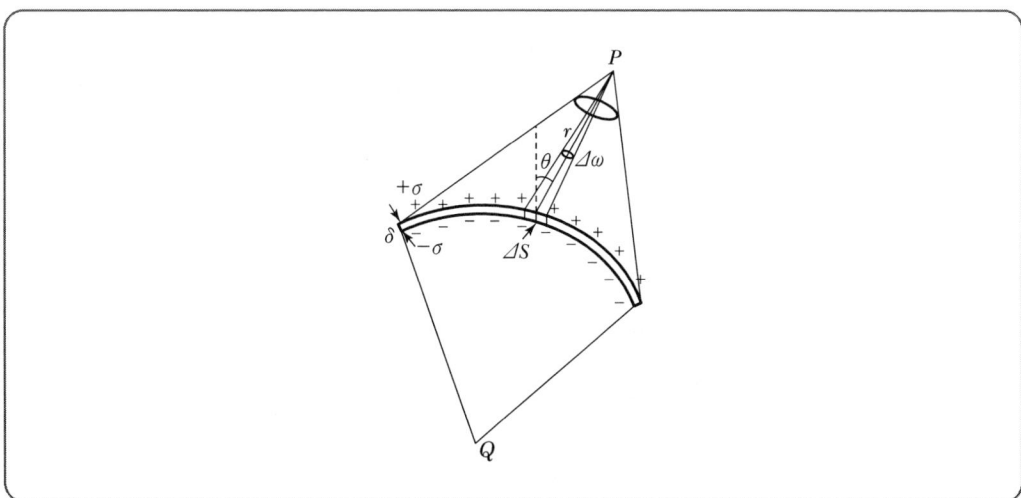

1) P점의 전위(정전하 측의 전위) $V_P = \dfrac{M}{4\pi\varepsilon_0}\omega_1\,[\text{V}]$

   Q점의 전위(부전하 측의 전위) $V_Q = \dfrac{-M}{4\pi\varepsilon_0}\omega_2\,[\text{V}]$

   여기서, $M = \sigma\delta\,[\text{C/m}]$: 2중층 세기 또는 판의 세기
   $\omega = 2\pi(1-\cos\theta)$: 입체각

2) P, Q점에서 무한히 접근

   ① P에서만 무한히 접근 또는 Q에서만 무한히 접근($\omega = 2\pi$)

   $V_P = V_q = \dfrac{M}{2\varepsilon_0}\,[\text{V}]$

   ② P와 Q 동시에 무한히 접근($\omega = 4\pi$)

   $V_{PQ} = \dfrac{M}{\varepsilon_0}\,[\text{V}]$

3) 원판형 구조의 전기 2중층(입체각이 원뿔형)

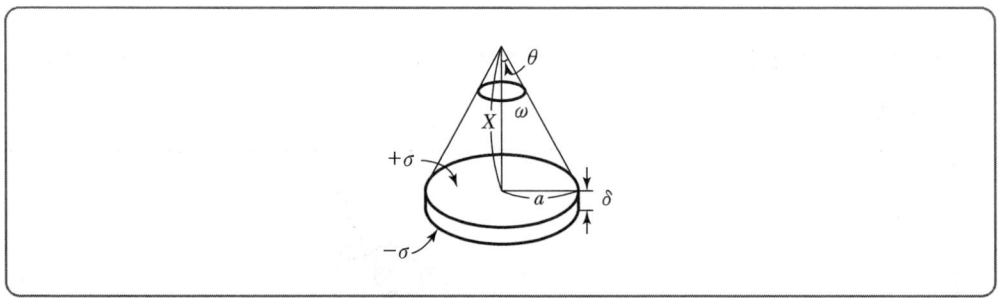

$$V = \frac{M}{4\pi\varepsilon_0} \times \omega \ [\text{V}]$$

여기서, $\omega = 2\pi(1-\cos\theta) = 2\pi\left(1 - \frac{x}{\sqrt{a^2+x^2}}\right)$ 이므로

$$V = \frac{M}{4\pi\varepsilon_0} \times 2\pi(1-\cos\theta) = \frac{M}{4\pi\varepsilon_0} \times 2\pi\left(1 - \frac{x}{\sqrt{a^2+x^2}}\right)$$

$$= \frac{M}{2\varepsilon_0} \times \left(1 - \frac{x}{\sqrt{a^2+x^2}}\right) [\text{V}]$$

여기서, $a\,[\text{m}]$: 원판의 반지름
$x\,[\text{m}]$: 중심에서 떨어진 거리

14 전기력선의 방정식

전계함수로 전기력선을 표시하는 방정식

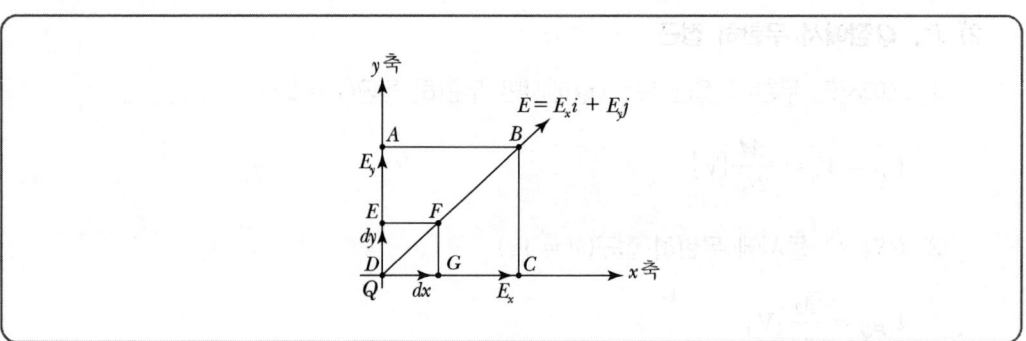

방정식 성립식 $\quad \dfrac{dx}{E_x} = \dfrac{dy}{E_y} = \dfrac{dz}{E_z}$

$E = E_x i + E_y j$ 일 경우

① E_x, E_y가 동일 부호이면 $y = Cx$　　　여기서, C : 임의 상수

② E_x, E_y가 다른 부호이면 $y = \dfrac{C}{x}$

③ (x, y) 한 점(좌표값)이 주어지면 보기의 각 식에 대입하여 등식이 성립하면 답

15 가우스의 발산 정리

1) 가우스의 발산정리(적분형)

$$\int_S E \cdot dS = \int_V \mathrm{div}\, E \cdot dv = \frac{1}{\varepsilon_0} \int_v \rho \cdot dv$$

2) 가우스정리의 미분형

전계함수($\vec{E}$) 또는 전속밀도함수($\vec{D}$)로 전하밀도 $\rho[\mathrm{C/m^3}]$를 구하는 식

$\mathrm{div}\, E = \dfrac{\rho}{\varepsilon_0} \to \rho = \varepsilon_0 \mathrm{div}\, E$

$\mathrm{div}\, D = \rho$

3) 포아손(푸아송)의 방정식

전위함수(V)로 체적전하밀도 $\rho[\mathrm{C/m^3}]$를 구하는 식(∇^2 두 번 미분의 의미)

$\mathrm{div}\, E = \dfrac{\rho}{\varepsilon_0}$를 변형

$\mathrm{div}\, E = \mathrm{div}\,(-\mathrm{grad}\, V) = \dfrac{\rho}{\varepsilon_0}$, $-\nabla \cdot \nabla V = \dfrac{\rho}{\varepsilon_0}$

$-\nabla^2 V = \dfrac{\rho}{\varepsilon_0}$, $\nabla^2 V = -\dfrac{\rho}{\varepsilon_0}$

4) 라플라스 방정식

$\nabla^2 V = 0$: 전하가 분포되지 않은 곳에서만 성립된다.

Chapter 02 실·전·문·제

01 정전계의 설명으로 가장 적합한 것은?

① 전계에너지가 최대가 되는 전하 분포의 전계이다.
② 전계에너지와 무관한 전하 분포의 전계이다.
③ 전계에너지가 최소가 되는 전하 분포의 전계이다.
④ 전계에너지가 일정하게 유지되는 전하 분포의 전계이다.

해설 정전계의 정의
- 정지한 두 전하 사이에 작용하는 힘의 영역
- 전계에너지가 최소가 되는 전하 분포의 전계이다. ➡ 톰슨(Thomson)의 정의

02 광속도를 C[m/s]로 표시하면 진공의 유전율[F/m]은?

① $\dfrac{10^7}{4\pi C^2}$ ② $\dfrac{10^{-7}}{C^2}$ ③ $\dfrac{4\pi C^2}{10^7}$ ④ $\dfrac{10^{-7}}{4\pi C}$

해설 진공이나 공기의 유전율

$$\varepsilon_0 = \frac{1}{\mu_0 C_0^{\,2}} = \frac{10^7}{4\pi C_0^{\,2}} = \frac{10^{-9}}{36\pi} = \frac{1}{120\pi C_0} = 8.855 \times 10^{-12} \text{ [F/m]}$$

여기서, 진공 중 전자파(광) 속도 : $C_0 = \dfrac{1}{\sqrt{\varepsilon_0 \mu_0}} = 3 \times 10^8$ [m/sec],

진공 중 투자율 : $\mu_0 = 4\pi \times 10^{-7}$ [H/m]

03 +10[nC]의 점전하로부터 100[mm] 떨어진 거리에 +100[pC]의 점전하가 놓인 경우 이 전하에 작용하는 힘의 크기는 몇 [nN]인가?

① 100 ② 200 ③ 300 ④ 900

해설 $Q_1 = 10$ [nC], $Q_2 = 100$ [pC], $r = 100$ [mm]일 때,
두 전하 사이에 작용하는 힘 F[nN]는 다음과 같다.

$$F = \frac{Q_1 \cdot Q_2}{4\pi\varepsilon_0 r^2} = 9 \times 10^9 \times \frac{10 \times 10^{-9} \times 100 \times 10^{-12}}{(100 \times 10^{-3})^2} \times 10^9 = 900 \text{ [nN]}$$

01 ③ 02 ① 03 ④ Answer

04 그림과 같은 $Q_A = 4 \times 10^{-6}$ [C], $Q_B = 2 \times 10^{-6}$ [C], $Q_C = 5 \times 10^{-6}$ [C]의 전하를 가진 작은 도체구 A, B, C가 진공 중에서 일직선 상에 놓여질 때 B구에 작용하는 힘[N]은?

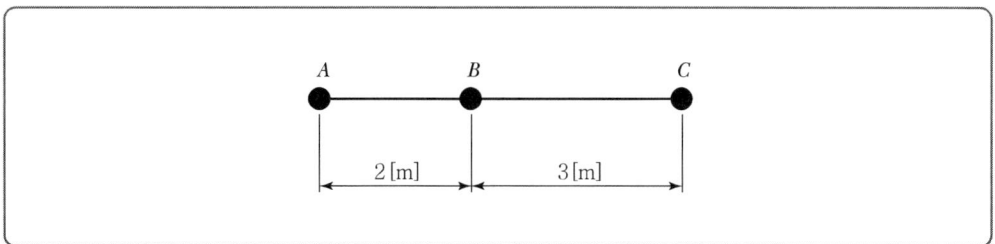

① 1.8×10^{-2}
② 1×10^{-2}
③ 0.8×10^{-2}
④ 2.8×10^{-2}

해설

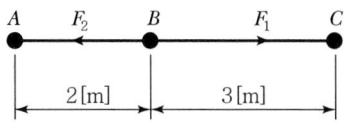

그림에서 Q_A와 Q_B 사이의 거리는 $r = 2$ [m]이고 전하량의 부호가 동일하므로 반발력 F_1는

$$F_1 = \frac{Q_A \cdot Q_B}{4\pi\varepsilon_0 r^2} = 9 \times 10^9 \times \frac{4 \times 10^{-6} \times 2 \times 10^{-6}}{2^2} = 18 \times 10^{-3} \text{[N]}이다.$$

Q_B와 Q_C 사이의 거리는 $r = 3$ [m]이고 전하량의 부호가 동일하므로 반발력 F_2는

$$F_2 = \frac{Q_B \cdot Q_C}{4\pi\varepsilon_0 r^2} = 9 \times 10^9 \times \frac{2 \times 10^{-6} \times 5 \times 10^{-6}}{3^2} = 10 \times 10^{-3} \text{[N]}이 된다.$$

따라서, B점에 작용하는 힘 F_B는 F_1과 F_2의 힘의 방향이 반대이므로 빼주어야 한다.
$$F_B = F_1 - F_2 = 18 \times 10^{-3} - 10 \times 10^{-3} = 0.8 \times 10^{-2} \text{[N]}$$

05 전계 중에 단위 전하를 놓았을 때 그것에 작용하는 힘을 그 점에 있어서의 무엇이라 하는가?

① 전계의 세기
② 전위
③ 전위차
④ 변화 전류

해설 Q[C]의 전하가 단위 정전하 $+1$[C]과 작용하는 힘의 세기

Answer ➡ 04 ③ 05 ①

06 전계의 단위가 아닌 것은?

① [N/C]
② [V/m]
③ [C/J · $\frac{1}{m}$]
④ [A · Ω/m]

해설 전계의 단위 $E\left[\frac{N}{C} = \frac{V}{m} = \frac{A \cdot \Omega}{m}\right]$

07 전계의 세기 1,500[V/m]의 전장에 5[μC]의 전하를 놓으면 얼마의 힘[N]이 작용하는가?

① 4.5×10^{-3}
② 5.5×10^{-3}
③ 6.5×10^{-3}
④ 7.5×10^{-3}

해설 전계 내 전하를 놓았을 때 작용하는 힘 $F = QE$[N]이므로
$F = 5 \times 10^{-6} \times 1,500 = 7.5 \times 10^{-3}$ [N]

08 전하 e [C], 질량 m [kg]인 전자가 전계 E [V/m] 내에 놓여 있을 때 최초에 정지해 있었다고 한다면 t [s] 후에 전자는 어떠한 속도를 얻게 되는가?

① $v = meEt$
② $v = \frac{me}{E}t$
③ $v = \frac{mE}{e}t$
④ $v = \frac{eE}{m}t$

해설 전계 내 전하를 놓았을 때 작용하는 힘은
$F = QE = ma$ [N] ➡ 전하량을 e [C]으로 표현 $F = eE = ma$ [N]이므로
먼저 가속도를 구하면 $a = \frac{eE}{m}$ [m/sec²]이 된다.
전자의 이동속도 $v = \int \frac{eE}{m}dt = \frac{eE}{m}t$ [m/sec]가 된다.

09 1[μC] 및 2[μC]의 두 점전하가 진공 중에서 2[m] 떨어져 있을 때 두 점전하 중점의 전계의 세기 [V/m]는?

① 9×10^3
② 27×10^3
③ 10^3
④ 3×10^3

06 ③ 07 ④ 08 ④ 09 ① Answer

해설 전계의 세기 계산법 : 지정된 지점에 단위 정전하 +1[C]을 두고 계산
두 전하가 일직선상일 때 중점의 전계의 세기
㉠ 일직선 상의 두 전하의 극성이 같을 경우 : 임의의 전하와 단위 정전하 +1[C] 사이로 각각 전계를 계산한 후 큰 전계에서 작은 전계를 빼준다.
㉡ 일직선 상의 두 전하의 극성이 다를 경우 : 임의의 전하와 단위 정전하 +1[C] 사이로 각각 전계를 계산한 후 큰 전계에서 작은 전계를 더해준다.

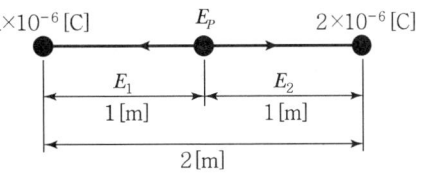

• 그림에서 $Q_1 = 1 \times 10^{-6}$ [C]이고 거리는 $r = 1$ [m]인 전계

$$E_2 = \frac{1}{4\pi\varepsilon_0} \frac{Q_1}{r^2} = 9 \times 10^9 \frac{10^{-6}}{1^2} = 9 \times 10^3 \text{ [V/m]}$$

• $Q_2 = 1 \times 10^{-6}$ [C]이고 거리는 $r = 1$ [m]인 전계

$$E_1 = \frac{1}{4\pi\varepsilon_0} \frac{Q_2}{1^2} = 9 \times 10^9 \frac{2 \times 10^{-6}}{1^2} = 18 \times 10^3 \text{ [V/m]}$$

따라서, 중점의 전계 E_P는 E_1과 E_2의 방향이 반대이므로 빼주어야 한다.
$$E_P = E_1 - E_2 = 18 \times 10^3 - 9 \times 10^3 = 9 \times 10^3 \text{ [V/m]}$$

10 3[μC]과 −7[μC]의 두 점전하가 공기 중에서 10[cm] 떨어져 있을 때 두 점전하를 연결하는 직선상에서 전계가 0인 점이 존재하는 범위는?

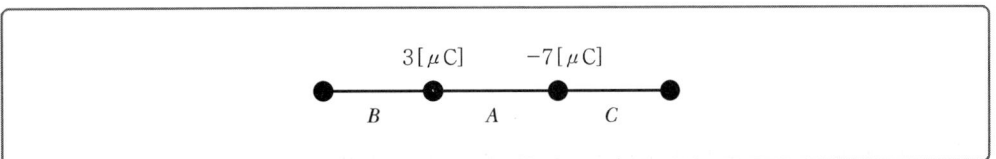

① 두 전하 사이의 A부분 3[μC]
② 3[μC]의 외측인 B부분
③ −7[μC]의 외측인 C부분
④ 존재하지 않는다.

해설 전계의 세기가 0이 되는 점 : 크기가 같고 방향이 반대 $E_1 = E_2$
• 두 전하의 극성이 같을 경우 : 두 전하 사이(내부)
• 두 전하의 극성이 다를 경우 : 절댓값 작은 쪽의 외측

Answer ▶ 10 ②

11 점전하 $+2Q$[C]이 $x=0$, $y=1$인 점에 놓여 있고 $-Q$[C]의 전하가 $x=0$, $y=-1$인 점에 위치할 때 전계의 세기가 0이 되는 점은?

① $-Q$쪽으로 5.83 $\begin{bmatrix} x=0 \\ y=-5.83 \end{bmatrix}$ ② $+2Q$쪽으로 5.83 $\begin{bmatrix} x=0 \\ y=5.83 \end{bmatrix}$

③ $-Q$쪽으로 0.17 $\begin{bmatrix} x=0 \\ y=-0.17 \end{bmatrix}$ ④ $+2Q$쪽으로 0.17 $\begin{bmatrix} x=0 \\ y=0.17 \end{bmatrix}$

해설 두 전하의 극성이 다르므로 전계의 세기가 0인 점은 전하의 절댓값이 큰 반대편 외측에 존재한다. 그림에 전계의 세기가 0인 점을 x라 하면

$$\frac{Q}{4\pi\varepsilon_0 x^2} = \frac{2Q}{4\pi\varepsilon_0(2+x)^2}$$

$2x^2 = (2+x)^2$, $\sqrt{2}x = 2+x$, $(\sqrt{2}-1)x = 2$

$x = \dfrac{2}{\sqrt{2}-1} = 4.83$ [m]

즉, 전계의 세기가 0인 점의 좌표는 $x=0$
$y = -1-4.83 = -5.83$ [m]이다.

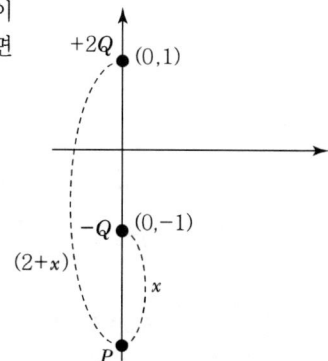

12 원점에 $-1[\mu C]$의 점전하가 있을 때 점 $P(2, -2, 4)$[m]인 전계 세기 방향의 단위벡터[m]는?

① $0.41a_x - 0.41a_y + 0.82a_z$
② $-0.33a_x + 0.33a_y - 0.66a_z$
③ $-0.41a_x + 0.41a_y - 0.82a_z$
④ $0.33a_x - 0.33a_y + 0.66a_z$

해설 원점에서 P점까지의 거리 $\vec{r} = 2i - 2j + 4k$ 가 되므로 전계의 세기방향의 단위벡터 $\vec{n}$는 전하량이 부전하이므로

$$\vec{n} = -\frac{\vec{r}}{|\vec{r}|} = -\frac{2i-2j+4k}{\sqrt{2^2+2^2+4^2}} = -0.41i + 0.41j - 0.82k \text{ 이다.}$$

13 전기력선의 기본 성질에 관한 설명으로 옳지 않은 것은?

① 전기력선의 방향은 그 점의 전계의 방향과 일치한다.
② 전기력선은 전위가 높은 점에서 낮은 점으로 향한다.
③ 전기력선은 그 자신만으로 폐곡선이 된다.
④ 전계가 0이 아닌 곳에서 전기력선은 도체 표면에 수직으로 만난다.

해설 전기력선의 성질
• 전하가 없는 곳에서는 전기력선의 발생 및 소멸도 없다.
• 정전하(+)에서 시작해서 음전하(-)로 끝난다.(불연속)

11 ① 12 ③ 13 ③ Answer

제2장 · 진공 중의 정전계

- 임의 점에서의 전계방향은 전기력선의 접선방향과 같다.
- 임의 점에서의 전계의 세기는 전기력선의 밀도와 같다.(가우스의 법칙)
- 전기력선은 전위가 높은 점에서 낮은 점으로 향한다.
- 전기력선은 그 자신만으로 폐곡선을 이루지 않는다.
- 두 개의 전기력선은 서로 반발하며 교차하지 않는다.
- 전기력선은 도체 표면(등전위면)과 외부에만 존재하며 수직으로 출입한다.
- Q[C]에서 발생하는 전기력선의 총수는 $\frac{Q}{\varepsilon_0}$개다.
- 대전 평형 상태 시 도체 내부의 전하는 0이다.
- 도체 내부 전위와 표면 전위는 같다.
- 전하밀도는 곡률이 큰 곳 또는 곡률 반경이 작은 곳에 밀도를 이룬다.
- 서로 다른 매질의 경계면에서는 굴절한다.

14 전기력선의 성질로 옳지 않은 것은?

① 전기력선은 정전하에서 시작하여 부전하에서 그친다.
② 전기력선은 도체 내부에만 존재한다.
③ 전기력선은 전위가 높은 점에서 낮은 점으로 향한다.
④ 단위전하에서는 $\frac{1}{\varepsilon_0}$개의 전기력선이 출입한다.

[해설] 문제 13번 해설 참고

15 그림과 같이 전계가 어디서나 x의 (+)방향으로 $E = 5$[V/m]인 평등 전계 중에서 원점의 전위 $V_0 = 10$[V]이었다. $\Delta y = 0.1$[m]인 P점의 전위[V]는?

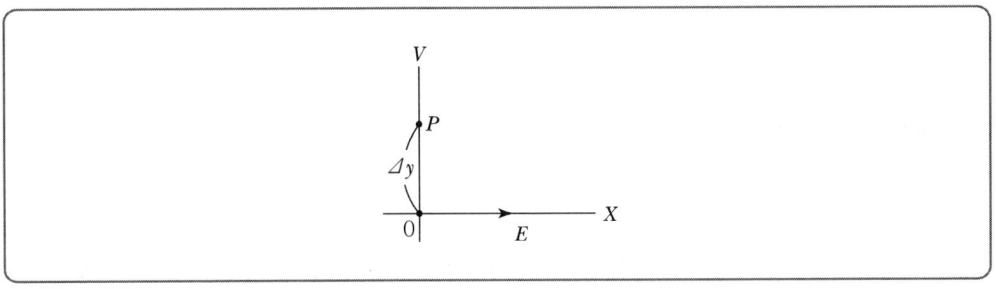

① 9.5
② 10.5
③ 0
④ 10

[해설] 전기력선은 도체 표면(등전위면)과 외부에만 존재하며 수직으로 출입한다.

Answer ▶ 14 ② 15 ④

16 대전된 도체 표면의 전하밀도는 도체 표면의 모양에 따라 어떻게 되는가?

① 곡률이 크면 작아진다. ② 곡률이 크면 커진다.
③ 평면일 때 가장 크다. ④ 표면 모양에 무관하다.

해설 전하밀도는 곡률이 큰 곳 또는 곡률 반경이 작은 곳에 밀도를 이룬다.

17 진공 중에 있는 구도체에 일정 전하를 대전시켰을 때 정전 에너지가 존재하는 것으로 다음 중 옳은 것은?

① 도체 내에만 존재한다. ② 도체 표면에만 존재한다.
③ 도체 내외에 모두 존재한다. ④ 도체 표면과 외부 공간에 존재한다.

해설 도체 내부에는 전하가 존재하지 않으므로 내부 정전에너지는 없으며 정전에너지는 도체 표면과 외부 공간에만 존재한다.

18 정전계 내에 있는 도체 표면에서 전계의 방향은 어떻게 되는가?

① 임의 방향 ② 표면과 접선방향
③ 표면과 45° 방향 ④ 표면과 수직방향

해설 전기력선은 도체 표면(등전위면)과 외부에만 존재하며 수직으로 출입한다.

19 단위 구면을 통해 나오는 전기력선의 수[개]는?(단, 구 내부의 전하량은 Q[C]이다.)

① 1 ② 4π ③ ε_0 ④ $\dfrac{Q}{\varepsilon_0}$

해설 Q[C]에서 발생하는 전기력선의 총수는 $\dfrac{Q}{\varepsilon_0}$개다.

20 폐곡면으로부터 나오는 유전속(dielectric flux)의 수가 N일 때 폐곡면 내의 전하량은 얼마인가?

① N ② $\dfrac{N}{\varepsilon_0}$ ③ $\varepsilon_0 N$ ④ $\dfrac{N}{2\varepsilon_0}$

해설 폐곡면을 통해서 나오는 유전속의 수는 매질과 관계없이 내부 전하량과 같다.

16 ② 17 ④ 18 ④ 19 ④ 20 ① Answer

21
10[cm³]의 체적에 3[μC/cm³]의 체적전하 분포가 있을 때, 이 체적 전체에서 발산하는 전속은 몇 [C]인가?

① 3×10^5 ② 3×10^6 ③ 3×10^{-5} ④ 3×10^{-6}

해설 $v = 10[\text{cm}^3]$, $\rho_v = 3[\mu\text{C/cm}^3]$일 때 전속 ψ[C]는
$\psi = \rho_v \cdot v = 3 \times 10^{-6} \times 10 = 3 \times 10^{-5}$[C]가 된다.

22
반지름 a[m]인 도체구에 전하 Q[C]을 주었을 때, 구 중심에서 r[m] 떨어진 구 밖($r > a$)의 전속밀도 D[C/m²]는?

① $\dfrac{Q}{2\pi\varepsilon r}$ ② $\dfrac{Q}{4\pi r^2}$ ③ $\dfrac{Q}{4\pi\varepsilon a^2}$ ④ $\dfrac{Q}{4\pi\varepsilon r^2}$

해설 전속밀도 : $D = \dfrac{\psi}{S} = \dfrac{Q}{S} = \dfrac{Q}{4\pi r^2}$[C/m²]
여기서, $S = 4\pi r^2$[m²] : 구의 표면적

23
지구의 표면에 있어서 대지로 향하여 $E = 300$ [V/m]의 전계가 있다고 가정하면 지표면의 전하밀도는 몇 [C/m²]인가?

① 1.65×10^{-9} ② -1.65×10^{-9}
③ 2.65×10^{-9} ④ -2.65×10^{-9}

해설 지구로 향하여 ($-$)전계가 들어오므로 지구 표면의 전하밀도
$D = -\varepsilon_0 E = -8.855 \times 10^{-12} \times 300 = -2.65 \times 10^{-9}$[C/m²]

24
전기력선 밀도를 이용하여 주로 대칭 정전계의 세기를 구하기 위하여 이용되는 법칙은?

① 패러데이의 법칙 ② 가우스의 법칙
③ 쿨롱의 법칙 ④ 톰슨의 법칙

해설 $\int_S E \cdot dS = \dfrac{Q}{\varepsilon_0}$ → 전기력선의 총수 $D = \varepsilon_0 E$[C/m²]이므로
※ 대칭 정전계의 세기를 계산

$\int_S D \cdot dS = Q$ → 전속의 총수
※ 폐곡면을 통과하는 전속과 폐곡면 내부 전하의 상관관계를 나타낸 식

Answer ● 21 ③ 22 ② 23 ④ 24 ②

25 폐곡면을 통하는 전속과 폐곡면 내부의 전하와의 상관관계를 나타내는 법칙은?

① 가우스법칙
② 쿨롱의 법칙
③ 푸아송의 법칙
④ 라플라스 법칙

해설 문제 24번 해설 참고

26 그림과 같이 반지름 a [m]인 원형 도선에 전하가 선밀도 λ [C/m]로 균일하게 분포되어 있다. 그 중심에 수직한 z 축 상의 한 점 P의 전계의 세기는 몇 [V/m]인가?

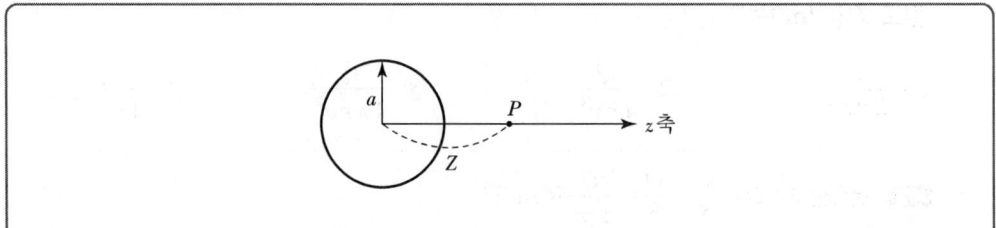

① $\dfrac{\lambda z a}{2\varepsilon_0(a^2+z^2)^{\frac{3}{2}}}$
② $\dfrac{\lambda z a}{2\pi\varepsilon_0(a^2+z^2)^{\frac{3}{2}}}$
③ $\dfrac{\lambda z a}{4\pi\varepsilon_0(a^2+z^2)^{\frac{3}{2}}}$
④ $\dfrac{\lambda z a}{4\varepsilon_0(a^2+z^2)^{\frac{3}{2}}}$

해설
- $E_z = \dfrac{Qz}{4\pi\varepsilon_0(a^2+z^2)^{\frac{3}{2}}}$ [V/m]

- 선전하 λ [C/m]로 표현 시 전계의 세기 $E_z = \dfrac{\lambda a z}{2\varepsilon_0(a^2+z^2)^{\frac{3}{2}}}$ [V/m]

27 무한장 직선 도체에 선밀도 λ [C/m]의 전하가 분포되어 있는 경우, 이 직선 도체를 축으로 하는 반지름 r [m]의 원통면 상의 전계는 몇 [V/m]인가?

① $\dfrac{\lambda}{2\pi\varepsilon_0 r^2}$
② $\dfrac{\lambda}{2\pi\varepsilon_0 r}$
③ $\dfrac{\lambda}{4\pi\varepsilon_0 r^2}$
④ $\dfrac{\lambda}{4\pi\varepsilon_0 r}$

해설 무한장 직선에 의한 전계 $E = \dfrac{\lambda}{2\pi\varepsilon_0 r} = 18 \times 10^9 \dfrac{\lambda}{r}$ [V/m]이므로 거리에 반비례한다.

25 ① 26 ① 27 ② Answer

28 축이 무한히 길며 반경이 a [m]인 원주 내에 전하가 축대칭이며 축방향으로 균일하게 분포되어 있을 경우, 반경 $r(>a)$ [m] 되는 동심 원통면 상의 한 점 P의 전계 세기[V/m]는?(단, 원주의 단위길이당 전하를 λ [C/m]라 한다.)

① $\dfrac{\lambda}{2\varepsilon_0}$ ② $\dfrac{\lambda}{2\pi\varepsilon_0}$

③ $\dfrac{\lambda}{2\pi a}$ ④ $\dfrac{\lambda}{2\pi\varepsilon_0 r}$

해설 전하 균일 시(내부에도 전하가 존재한다.)$(r<a)$

- 외부 $E = \dfrac{\lambda}{2\pi\varepsilon_0 r}$ [V/m]

- 내부 $E_i = \dfrac{\lambda}{2\pi\varepsilon_0 r} \times \dfrac{\text{원주 내부 체적}(\pi r^2 l)}{\text{원주 외부 체적}(\pi a^2 l)} = \dfrac{r\lambda}{2\pi\varepsilon_0 a^2}$ [V/m]

29 자유공간 내에 밀도가 10^{-9} [C/m]인 균일한 선전하가 $x=4$, $y=3$인 무한장 선상에 있을 때 점(8, 6, -3)에서 전계 E [V/m]는?

① $2.88 a_x + 2.16 a_y$ [V/m] ② $2.16 a_x + 2.88 a_y$ [V/m]

③ $2.88 a_x - 2.16 a_y$ [V/m] ④ $2.16 a_x - 2.88 a_y$ [V/m]

해설 전계의 세기벡터 표시방법 $\vec{E} = E|\vec{n}| = E\dfrac{\vec{r}}{|\vec{r}|}$

- 거리벡터 $\vec{r} = (x_2 - x_1)a_x + (y_2 - y_1)a_y = (8-4)a_x + (6-3)a_y = 4a_x + 3a_y$
- 거리벡터의 크기 $|\vec{r}| = \sqrt{4^2 + 3^2} = 5$ [m]
- 방향벡터 $\vec{n} = \dfrac{\vec{r}}{|\vec{r}|} = \dfrac{4a_x + 3a_y}{5} = 0.8 a_x + 0.6 a_y$
- 무한장 직선에 의한 전계

$$E = \dfrac{\lambda}{2\pi\varepsilon_0 r}\vec{n} = \dfrac{10^{-9}}{2\pi\varepsilon_0 \times 5} \times (0.8 a_x + 0.6 a_y) = 2.88 a_x + 2.16 a_y \text{ [V/m]}$$

Answer ◯ 28 ④ 29 ①

30 그림과 같이 진공 중에 서로 평행인 무한 길이 두 직선 도선 A, B가 d [m] 떨어져 있다. A, B의 선전하 밀도를 각각 λ_1 [C/m], λ_2 [C/m]라 할 때, A로부터 $\dfrac{d}{3}$ [m]인 점의 전계의 세기가 0이었다면 λ_1과 λ_2의 관계는?

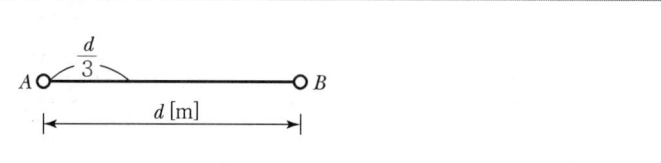

① $\lambda_2 = \dfrac{1}{2}\lambda_1$ ② $\lambda_2 = 2\lambda_1$ ③ $\lambda_2 = 3\lambda_1$ ④ $\lambda_2 = 9\lambda_1$

해설 무한장 직선 도체에 의한 전계의 세기 E[V/m] P점에 단위전하(1[C])를 놓았을 때 작용하는 전계의 세기는

- 선전하 λ_1에 의한 전계 $E_1 = \dfrac{\lambda_1}{2\pi\varepsilon_0 r_1} = \dfrac{\lambda_1}{2\pi\varepsilon_0 \dfrac{d}{3}} = \dfrac{3\lambda_1}{2\pi\varepsilon_0 d}$

- 선전하 λ_2에 의한 전계 $E_2 = \dfrac{\lambda_2}{2\pi\varepsilon_0 r_2} = \dfrac{\lambda_2}{2\pi\varepsilon_0 \dfrac{2d}{3}} = \dfrac{3\lambda_2}{4\pi\varepsilon_0 d}$ 이고 P점의 전계의 방향이 반대이므로

크기가 같으면 전계는 0이 된다.

그러므로 $E_1 = E_2 \Rightarrow \dfrac{3\lambda_1}{2\pi\varepsilon_0 d} = \dfrac{3\lambda_2}{4\pi\varepsilon_0 d}$ 에서 $\lambda_2 = 2\lambda_1$이 된다.

31 진공 중에 선전하 밀도 $+\lambda$[C/m]의 무한장 직선전하 A와 $-\lambda$[C/m]의 무한장 직선전하 B가 d[m]의 거리에 평행으로 놓여 있을 때, A에서 거리 $\dfrac{d}{3}$ [m] 되는 점의 전계의 크기는 몇 [V/m]인가?

① $\dfrac{3\lambda}{4\pi\varepsilon_0 d}$ ② $\dfrac{9\lambda}{4\pi\varepsilon_0 d}$ ③ $\dfrac{3\lambda}{8\pi\varepsilon_0 d}$ ④ $\dfrac{9\lambda}{8\pi\varepsilon_0 d}$

해설
- 선전하 $+\lambda$에 의한 전계 $E_1 = \dfrac{\lambda}{2\pi\varepsilon_0 r_1} = \dfrac{\lambda}{2\pi\varepsilon_0 \dfrac{d}{3}} = \dfrac{3\lambda}{2\pi\varepsilon_0 d}$

- 선전하 $-\lambda$에 의한 전계 $E_2 = \dfrac{\lambda}{2\pi\varepsilon_0 r_2} = \dfrac{\lambda}{2\pi\varepsilon_0 \dfrac{2d}{3}} = \dfrac{3\lambda}{4\pi\varepsilon_0 d}$

이므로 P점의 전계 방향이 동일하므로 전체 전계는
$E = \dfrac{3\lambda}{2\pi\varepsilon_0 d} + \dfrac{3\lambda}{4\pi\varepsilon_0 d} = \dfrac{9\lambda}{4\pi\varepsilon_0 d}$ [V/m]가 된다.

30 ② 31 ② Answer

32 반지름이 a 인 원주 대전체에 전하가 균등하게 분포되어 있을 때 대전체 내외 전계의 세기 및 축으로부터의 거리와 관계되는 그래프는?

①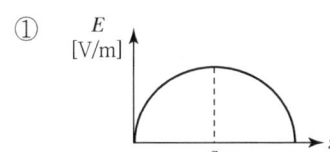
②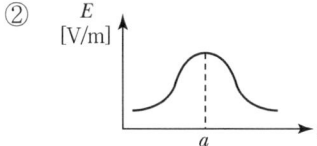
③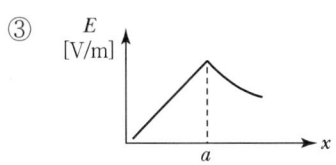
④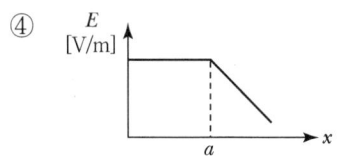

해설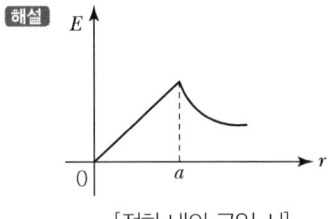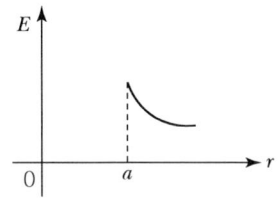

[전하 내외 균일 시]   [전하 도체표면에만 존재 시 또는 대전 시]

33 무한히 넓은 평면에 면밀도 $\sigma[\text{C/m}^2]$의 전하가 분포되어 있는 경우 전계의 세기는 몇 [V/m]인가?

① $\dfrac{\sigma}{\varepsilon_0}$ ② $\dfrac{\sigma}{2\varepsilon_0}$ ③ $\dfrac{\sigma}{2\pi\varepsilon_0}$ ④ $\dfrac{\sigma}{4\pi\varepsilon_0}$

해설
- 얇은 평판 : $E = \dfrac{\sigma}{2\varepsilon_0}$ [V/m]
- 두꺼운 평판=평행판=구도체 표면에 면전하 존재 : $E = \dfrac{\sigma}{\varepsilon_0}$ [V/m]

면전하밀도에 의한 전계의 세기는 거리와 무관하다.

Answer ▶ 32 ③   33 ②

34 진공 중에서 있는 임의의 구도체 표면 전하밀도가 σ일 때의 구도체 표면의 전계 세기[V/m]는?

① $\dfrac{\varepsilon_0 \sigma^2}{2}$ ② $\dfrac{\sigma}{2\varepsilon_0}$ ③ $\dfrac{\sigma^2}{\varepsilon_0}$ ④ $\dfrac{\sigma}{\varepsilon_0}$

해설 문제 33번 해설 참고

35 전하밀도 ρ_s[C/m²]인 무한 판상 전하분포에 의한 임의 점의 전장에 대하여 틀린 것은?

① 전장은 판에 수직방향으로만 존재한다.
② 전장의 세기는 전하밀도 ρ_s에 비례한다.
③ 전장의 세기는 거리 r에 반비례한다.
④ 전장의 세기는 매질에 따라 변한다.

해설 문제 33번 해설 참고

36 진공 중에서 전하밀도 $\pm\sigma$[C/m²]의 무한 평면이 간격 d[m]로 떨어져 있다. $+\sigma$의 평면으로부터 r[m]만큼 떨어진 점 P의 전계의 세기 [N/C]는?

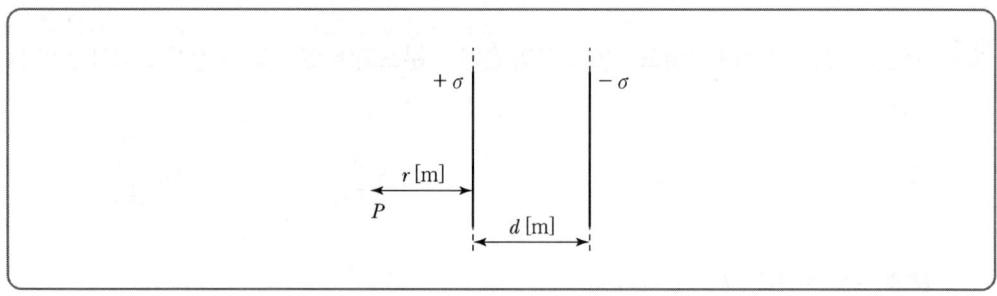

① 0   ② $\dfrac{\sigma}{\varepsilon_0}$ ③ $\dfrac{\sigma}{2\varepsilon_0}$ ④ $\dfrac{\sigma}{2\varepsilon_0}\left(\dfrac{1}{r}-\dfrac{1}{r+d}\right)$

해설 그림과 같이 작용하는 방향이 서로 반대이므로

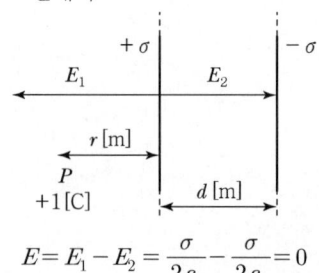

$E = E_1 - E_2 = \dfrac{\sigma}{2\varepsilon_0} - \dfrac{\sigma}{2\varepsilon_0} = 0$

34 ④ 35 ③ 36 ① Answer

37 정전계 E 내에서 점 B에 대한 점 A의 전위를 결정하는 식은?

① $-\int_B^A E\,dl$
② $-\int_A^B E\,dl$
③ $-\int_\infty^A E\,dl$
④ $-\int_\infty^B E\,dl$

해설 임의의 점 P의 전위는 무한원점으로부터 단위정전하를 임의의 점 P까지 운반하는 데 요하는 일이므로 $V_P = \int_P^\infty E\,dl = -\int_\infty^P E\,dl$

따라서 $V = \int_A^B E\,dl = -\int_B^A E\,dl$

38 대전도체의 내부 전위는?

① 항상 0이다.
② 표면 전위와 같다.
③ 대지전압과 전하의 곱으로 표시한다.
④ 공기의 유전율과 같다.

해설
- $V = \dfrac{Q}{4\pi\varepsilon_0 a}$ [V] ($r < a,\ r = a$)
  (대전구도체의 내부전위와 표면전위는 같다.)
- $V = \dfrac{Q}{4\pi\varepsilon_0 a}$ [V] ($r > a$)
- 대전도체 내부전계는 0이다.

39 반지름 a[m]인 구도체에 Q[C]의 전하가 주어졌을 때 구심에서 $5a$[m] 되는 점의 전위[V]는?

① $\dfrac{1}{24\pi\varepsilon_0} \cdot \dfrac{Q}{a}$
② $\dfrac{1}{24\pi\varepsilon_0} \cdot \dfrac{Q}{a^2}$
③ $\dfrac{1}{20\pi\varepsilon_0} \cdot \dfrac{Q}{a}$
④ $\dfrac{1}{20\pi\varepsilon_0} \cdot \dfrac{Q}{a^2}$

해설 구도체에 의한 외부전위는 $V = \dfrac{Q}{4\pi\varepsilon_0 a}$[V]이므로, 거리 $a = 5a$[m]를 대입하면 전위는

$V = \dfrac{Q}{4\pi\varepsilon_0 5a} = \dfrac{Q}{20\pi\varepsilon_0 a}$[V]가 된다.

Answer ▶ 37 ① 38 ② 39 ③

40 그림과 같은 동심구에서 도체 A에 $Q[C]$를 줄 때 도체 A의 전위는 몇 [V]인가?(단, 도체 B의 전하는 0이다.)

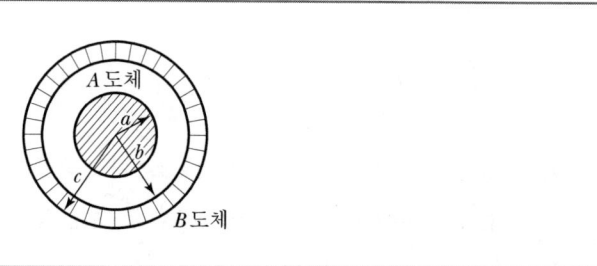

① $\dfrac{Q}{4\pi\varepsilon_0}\dfrac{}{C}$

② $\dfrac{Q}{4\pi\varepsilon_0}\left(\dfrac{1}{a}-\dfrac{1}{b}\right)$

③ $\dfrac{Q}{4\pi\varepsilon_0}\left(\dfrac{1}{a}+\dfrac{1}{b}\right)$

④ $\dfrac{Q}{4\pi\varepsilon_0}\left(\dfrac{1}{a}-\dfrac{1}{b}+\dfrac{1}{c}\right)$

해설
- A도체에 $+Q[C]$, B도체 $Q=0[C]$인 경우의 A도체의 전위 V_A

$$V_A = \dfrac{Q}{4\pi\varepsilon_0}\left(\dfrac{1}{a}-\dfrac{1}{b}+\dfrac{1}{c}\right)[V]$$

- A도체에 $+Q[C]$, B도체 $-Q[C]$인 경우의 A도체와 B도체 사이의 전위차 V_{AB}

$$V_{AB} = V_A - V_B = \dfrac{Q}{4\pi\varepsilon_0}\left(\dfrac{1}{a}-\dfrac{1}{b}\right)[V] \text{이다.}$$

41 무한장 직선전하, 대전된 무한평면 도체로부터 일정 거리 r[m]만큼 떨어진 점의 전전위[V]는?

① 0이다.
② 무한대의 값이다.
③ 거리 r에 반비례한다.
④ r이다.

해설 무한장 직선 $V = -\int_\infty^r E\,dr = -\dfrac{\lambda}{2\pi\varepsilon_0}\int_\infty^r \dfrac{1}{r}dr = -\dfrac{\lambda}{2\pi\varepsilon_0}[\ln r]_\infty^r$

$= \dfrac{\lambda}{2\pi\varepsilon_0}[\ln\infty - \ln r] = \infty$

무한평면 도체 $V = -\int_\infty^r E\,dr = \int_r^\infty E\,dr = \int_r^\infty \dfrac{\sigma}{2\varepsilon_0}dr = \dfrac{\sigma}{2\varepsilon_0}[r]_r^\infty$

$= \dfrac{\sigma}{2\varepsilon_0}[\infty - r] = \infty\,[V]$

40 ④ 41 ② **Answer**

42 간격이 2[mm], 단면적이 10[mm²]인 평행 전극에 500[V]의 직류 전압을 공급할 때 전극 사이의 전계의 세기[V/m]는?

① 2.5×10^5
② 5×10^5
③ 2.5×10^7
④ 5×10^7

해설 전계와의 관계식

$$V = Er = El = Ed = Gr[V], \quad E = \frac{V}{r}=[V/m]$$

여기서, $r = l = d[m]$: 거리, 길이, 간격, $G[V/m]$: 절연내력

$$E = \frac{V}{d} = \frac{500}{2 \times 10^{-3}} = [V/m]$$

43 무한 평행판 평행전극 사이의 전위차 $V[V]$는?(단, 평행판 전하밀도 $\sigma[C/m^2]$, 판 간 거리 $d[m]$라 한다.)

① $\dfrac{\sigma}{\varepsilon_0}$
② $\dfrac{\sigma}{\varepsilon_0}d$
③ σd
④ $\dfrac{\varepsilon_0 \sigma}{d}$

해설 두꺼운 판=평행판=구도체 표면에 면전하 존재

전계 $E = \dfrac{\sigma}{\varepsilon_0}[V/m]$ 전위 $V = Ed = \dfrac{\sigma}{\varepsilon_0} \cdot d[V]$

44 50[V/m]인 평등전계 중의 80[V] 되는 A 점에서 전계방향으로 80[cm] 떨어진 B 점의 전위는 몇 [V]인가?

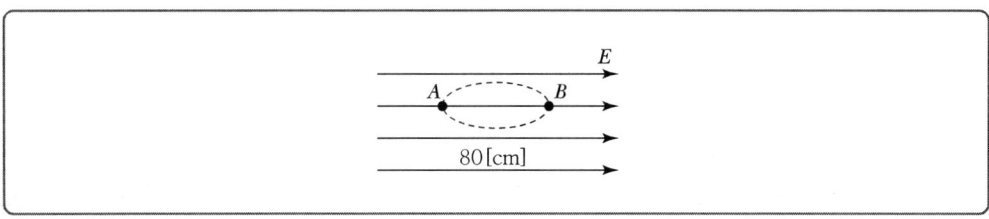

① 20 ② 40 ③ 60 ④ 80

해설 전위차 $V_{AB} = E \cdot r = 50 \times 0.8 = 40[V]$이고, 전계의 방향은 전위가 감소하는 방향이므로
$V_B = V_A - V_{AB} = 80 - 40 = 40[V]$가 된다.

Answer ● 42 ① 43 ② 44 ②

45 도체를 접지시킬 때 도체의 전위는 어떤 전위에 해당되는가?

① 영전위 ② 정전위
③ 부전위 ④ ∞전위

해설 도체를 접지시킬 때 도체의 전위는 영전위이다.

46 정전유도에 의해서 고립 도체에 유기되는 전하는?

① 정전하만 유기되며 도체는 등전위이다.
② 정·부 동량의 전하가 유기되며 도체는 등전위이다.
③ 부전하만 유기되며 도체는 등전위가 아니다.
④ 정·부 동량의 전하가 유기되며 도체는 등전위가 아니다.

해설 정전유도현상
중성상태인 도체 가까이 대전된 도체를 놓으면 이 도체로 인하여 중성상태의 도체가 대전된 도체의 전하량만큼 동량이면서 부호가 반대인 도체와 가까운 쪽에 몰리며, 반대쪽에는 동량이면서 같은 극성의 전하가 몰리는 현상이다.

47 한 변의 길이가 $\sqrt{2}$ [m] 되는 정사각형의 4개의 정점에 $+10^{-9}$[C]의 점전하가 각각 있을 때 이 사각형의 중심에서의 전위[V]는?(단, $\dfrac{1}{4\pi\varepsilon_0} = 9 \times 10^9$이다.)

① 0   ② 18   ③ 36   ④ 25.2

해설 정사각형 중심점 전계 : $E = 0$
정사각형 중심점 전위 : $V = \dfrac{\sqrt{2}\,Q}{\pi\varepsilon_0 a} = \dfrac{\sqrt{2} \times 10^{-9}}{3.14 \times 8.855 \times 10^{-12} \times \sqrt{2}} = 35.9$[V]

48 원점에 전하 $0.4[\mu C]$이 있을 때 두 점(4, 0, 0)[m]과 (0, 3, 0)[m] 간의 전위차 V[V]는?

① 300   ② 150   ③ 100   ④ 30

해설 (4,0,0) 지점의 전위 $V_1 = 9 \times 10^9 \dfrac{Q}{r} = 9 \times 10^9 \times \dfrac{0.4 \times 10^{-6}}{4} = 900$[V]이고,

(0,3,0) 지점의 전위 $V_2 = 9 \times 10^9 \dfrac{Q}{r} = 9 \times 10^9 \times \dfrac{0.4 \times 10^{-6}}{3} = 1,200$[V]이다.

따라서, 전위차 $V_{12} = V_2 - V_1 = 1,200 - 900 = 300$[V]이 된다.

45 ① 46 ② 47 ③ 48 ① **Answer**

49 등전위면을 따라 전하 Q[C]를 운반하는 데 필요한 일은?

① 전하의 크기에 따라 변한다.
② 전위의 크기에 따라 변한다.
③ QV
④ 0

해설 등전위면은 전위차가 0이므로 전하 이동 시 필요한 일에너지는 0이 된다.

50 그림과 같이 진공 중에 전하량 Q[C]인 점전하 Q를 둘러싸는 경로 C_1과 둘러싸지 않은 폐곡선 C_2가 있다. +1[C]에 전하를 화살표 방향으로 경로 C_1을 따라 일주시킬 때 요하는 일을 W_1, 경로 C_2를 따라 일주시키는 데 요하는 일을 W_2라고 할 때, 옳은 것은?

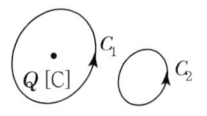

① $W_1 < W_2$
② $W_2 < W_1$
③ $W_1 \neq 0$, $W_2 = 0$
④ $W_1 = W_2 = 0$

해설 전하 일주 시 에너지 보존의 법칙에 의해 일에너지는 0이 된다.

51 크기가 같고 부호가 반대인 두 점전하 $+Q$[C]와 $-Q$[C]가 극히 미소한 거리 δ[m]만큼 떨어져 있을 때 전기 쌍극자 모멘트는 몇 [C·m]인가?

① $\dfrac{1}{2}Q\delta$
② $Q\delta$
③ $2Q\delta$
④ $4Q\delta$

해설 전기 쌍극자 모멘트 $M = Q \cdot \delta$ [C·m]

52 전기 쌍극자 모멘트 $M[\text{C}\cdot\text{m}]$인 전기 쌍극자에 의한 임의의 점의 전위는 몇 [V]인가?(단, 전기 쌍극자 간의 중심점에서 임의 점까지의 거리는 $R[\text{m}]$, 이들 간에 이루어진 각은 θ이다.)

① $9 \times 10^9 \dfrac{M\cos\theta}{R}$ ② $9 \times 10^9 \dfrac{M\cos\theta}{R^2}$

③ $9 \times 10^9 \dfrac{M\sin\theta}{R}$ ④ $9 \times 10^9 \dfrac{M\sin\theta}{R^2}$

해설 전기 쌍극자 전위 $V = \dfrac{M\cos\theta}{4\pi\varepsilon_0 R^2} = 9 \times 10^9 \dfrac{M\cos\theta}{R^2}$ [V]

53 다음 그림은 전기 쌍극자로부터 일정한 거리를 표시한 반지름 $R[\text{m}]$의 원이다. 원주상에서 가장 전위가 높은 점은?

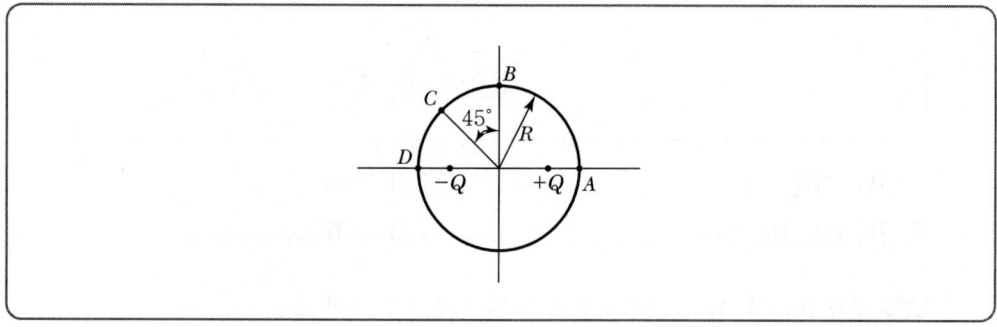

① A ② B
③ C ④ D

해설 전기 쌍극자의 전위 V는 $\cos\theta = 1$일 때($\theta = 0°$) 최대가 된다.

54 쌍극자 모멘트가 $M[\text{C}\cdot\text{m}]$인 전기 쌍극자에 의한 임의의 점 P의 전계의 크기는 전기 쌍극자의 중심에서 축방향과 점 P를 잇는 선분 사이의 각 θ가 어느 때 최대가 되는가?

① 0 ② $\pi/2$ ③ $\pi/3$ ④ $\pi/4$

해설 전기 쌍극자 전계 $E = \dfrac{M}{4\pi\varepsilon_o r^3}\sqrt{1 + 3\cos^2\theta}$ [V/m]이므로 전계가 가장 높을 때는 $\cos^2\theta = 1$일 때이다. 따라서 $\theta = 0°$일 때이다.

55. 그림과 같은 전기 쌍극자에서 P점의 전계의 세기는 몇 [V/m]인가?

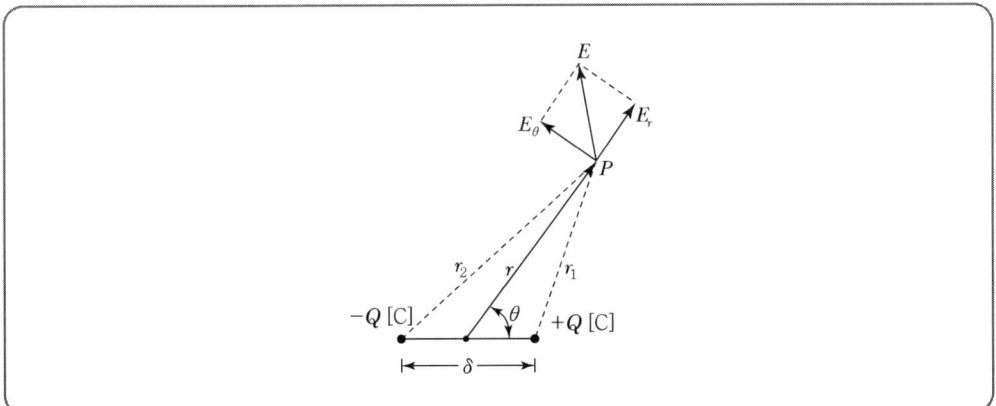

① $a_r \dfrac{Q\delta}{2\pi\varepsilon_0 r^3}\sin\theta + a_\theta \dfrac{Q\delta}{4\pi\varepsilon_0 r^3}\cos\theta$
② $a_r \dfrac{Q\delta}{4\pi\varepsilon_0 r^3}\sin\theta + a_\theta \dfrac{Q\delta}{4\pi\varepsilon_0 r^3}\cos\theta$
③ $a_r \dfrac{Q\delta}{2\pi\varepsilon_0 r^3}\cos\theta + a_\theta \dfrac{Q\delta}{4\pi\varepsilon_0 r^3}\sin\theta$
④ $a_r \dfrac{Q\delta}{4\pi\varepsilon_0 r^3}\omega + a_\theta \dfrac{Q\delta}{4\pi\varepsilon_0 r^3}(1-\omega)$

해설 전기 쌍극자

- r 성분 전계의 세기 $E_r = \dfrac{M}{2\pi\varepsilon_0 r^3}\cos\theta = \dfrac{Ql}{2\pi\varepsilon_0 r^3}\cos\theta$ [V/m]

- θ성분의 전계의 세기 $E_\theta = \dfrac{M}{4\pi\varepsilon_0 r^3}\sin\theta = \dfrac{Ql}{4\pi\varepsilon_0 r^3}\sin\theta$ [V/m]

- 전체 전계의 세기
$E = \dfrac{M}{4\pi\varepsilon_0 r^3}\sqrt{1+3\cos^2\theta} = \dfrac{Ql}{4\pi\varepsilon_0 r^3}\sqrt{1+3\cos^2\theta}$ [V/m]

(단, $M = Q \cdot l$ [C·m] : 쌍극자 모멘트)

56. 전기 쌍극자로부터 임의의 점의 거리가 r이라 할 때, 전계의 세기는 r과 어떤 관계에 있는가?

① $\dfrac{1}{r}$에 비례
② $\dfrac{1}{r^2}$에 비례
③ $\dfrac{1}{r^3}$에 비례
④ $\dfrac{1}{r^4}$에 비례

해설 문제 54번 해설 참고

Answer ▶ 55 ③ 56 ③

57 반지름 a인 원판형 전기 2중층(세기 M)의 축상 x 되는 거리에 있는 점 P(정전하측)의 전위 [V]는?

① $\dfrac{M}{2\varepsilon_0}\left(1-\dfrac{a}{\sqrt{x^2+a^2}}\right)$ ② $\dfrac{M}{\varepsilon_0}\left(1-\dfrac{a}{\sqrt{x^2+a^2}}\right)$

③ $\dfrac{M}{2\varepsilon_0}\left(1-\dfrac{x}{\sqrt{x^2+a^2}}\right)$ ④ $\dfrac{M}{\varepsilon_0}\left(1-\dfrac{x}{\sqrt{x^2+a^2}}\right)$

해설 전기 2중층

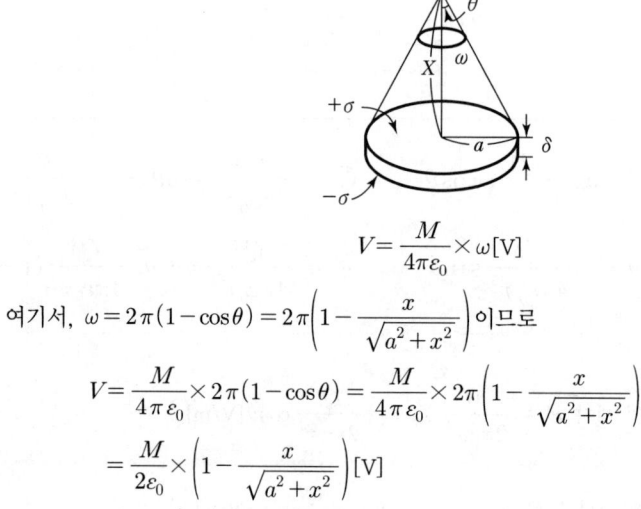

$$V = \dfrac{M}{4\pi\varepsilon_0} \times \omega \,[\text{V}]$$

여기서, $\omega = 2\pi(1-\cos\theta) = 2\pi\left(1-\dfrac{x}{\sqrt{a^2+x^2}}\right)$ 이므로

$$V = \dfrac{M}{4\pi\varepsilon_0} \times 2\pi(1-\cos\theta) = \dfrac{M}{4\pi\varepsilon_0} \times 2\pi\left(1-\dfrac{x}{\sqrt{a^2+x^2}}\right)$$
$$= \dfrac{M}{2\varepsilon_0} \times \left(1-\dfrac{x}{\sqrt{a^2+x^2}}\right) [\text{V}]$$

58 전위경도 V와 전계 E의 관계식은?

① $E = \text{grad}\, V$ ② $E = \text{div}\, V$
③ $E = -\text{grad}\, V$ ④ $E = -\text{div}\, V$

해설 전위의 기울기(경도) : 전계와 크기는 같고 방향이 반대

$$E = -\text{grad}\, V = -\nabla V = -\left(\dfrac{\partial}{\partial x}i + \dfrac{\partial}{\partial y}j + \dfrac{\partial}{\partial z}k\right)V$$
$$= -\left(\dfrac{\partial V}{\partial x}i + \dfrac{\partial V}{\partial y}j + \dfrac{\partial V}{\partial z}k\right)$$

57 ③   58 ③   Answer

59 전계 E와 전위 V 사이의 관계, 즉 $E = -\text{grad } V$에 관한 설명으로 잘못된 것은?

① 전계는 전위가 일정한 면에 수직이다.
② 전계의 방향은 전위가 감소하는 방향으로 향한다.
③ 전계의 전기력선은 연속적이다.
④ 전계의 전기력선은 폐곡면을 이루지 않는다.

해설 전계의 전기력선은 (+)전하에서 (-)전하로 끝나므로 불연속이다.

60 전위함수가 $V = 3xy + z + 1$[V]일 때 점(4, -4, 4)에 있어서 전계의 세기는?

① $i12 + j12 - k$
② $-i12 + j12 + k$
③ $i - j - k$
④ $i12 - j12 - k$

해설 전위 $V = 3xy + z + 1$[V], $(4, -4, 4)$일 때 전계의 세기는
$$E = -\text{grad } V = -\nabla V = -\left(\frac{\partial V}{\partial x}i + \frac{\partial V}{\partial y}j + \frac{\partial V}{\partial z}k\right) = -3yi - 3xj - k \text{[V/m]}$$
이므로 주어진 수치를 대입하면 $E = 12i - 12j - k$[V/m]가 된다.

61 도체 표면에서 전계 $E = E_x a_x + E_y a_y + E_z a_z$[V/m]이고 도체면과 법선 방향인 미소 길이 $dL = dx\, a_x + dy\, a_y + dz\, a_z$[m]일 때 다음 중 성립되는 식은?

① $E_x dx = E_y dy$
② $E_y dz = E_z dy$
③ $E_x dy = -E_y dz$
④ $E_y dy = E_z dz$

해설 방정식 성립조건식 $\dfrac{dx}{E_x} = \dfrac{dy}{E_y} = \dfrac{dz}{E_z}$

62 $E = i\left(\dfrac{x}{x^2 + y^2}\right) + j\left(\dfrac{y}{x^2 + y^2}\right)$인 전계의 전기력선의 방정식을 옳게 나타낸 것은?(단, c는 상수이다.)

① $y = c \ln x$
② $y = \dfrac{c}{x}$
③ $y = cx$
④ $y = cx^2$

Answer ➡ 59 ③ 60 ④ 61 ② 62 ③

해설 전계의 세기가 $E = \dfrac{x}{x^2+y^2}i + \dfrac{y}{x^2+y^2}j$ [V/m]일 때

전기력선의 방정식을 구하면 전기력선의 방정식 $\dfrac{dx}{Ex} = \dfrac{dy}{Ey}$ 이므로

$\dfrac{dx}{\dfrac{x}{x^2+y^2}} = \dfrac{dy}{\dfrac{y}{x^2+y^2}}$ ➡ $\dfrac{1}{x}dx = \dfrac{1}{y}dy$ 에서 양변을 적분하면

$\ln x = \ln y + \ln A$, $\ln x - \ln y = \ln A$, $\ln \dfrac{x}{y} = \ln A$, $\dfrac{x}{y} = A$ 가 되므로

$y = \dfrac{1}{A}x = cx$ 가 된다.

63 $E = \dfrac{3x}{x^2+y^2}i + \dfrac{3y}{x^2+y^2}j$ [V/m]일 때 점(4, 3, 0)을 지나는 전기력선의 방정식은?

① $xy = \dfrac{4}{3}$　　　　　　　　② $xy = \dfrac{3}{4}$

③ $x = \dfrac{4}{3}y$　　　　　　　　④ $x = \dfrac{3}{4}y$

해설 전계의 세기가 $E = \dfrac{3x}{x^2+y^2}i + \dfrac{3y}{x^2+y^2}j$ [V/m]일 때 (4, 3, 0)을 지나는 전기력선의 방정식을 구하면

전기력선의 방정식 $\dfrac{dx}{Ex} = \dfrac{dy}{Ey}$ 이므로

$\dfrac{dx}{\dfrac{3x}{x^2+y^2}} = \dfrac{dy}{\dfrac{3y}{x^2+y^2}}$ ➡ $\dfrac{1}{x}dx = \dfrac{1}{y}dy$ 에서 양변을 적분하면

$\ln x = \ln y + \ln c$, $\ln x - \ln y = \ln c$, $\ln \dfrac{x}{y} = \ln c$, $\dfrac{x}{y} = c$ 가 되므로

$(x=4,\ y=3,\ z=0)$을 대입하면 $\dfrac{x}{y} = c = \dfrac{4}{3}$ 에서 $x = \dfrac{4}{3}y$ 가 된다.

64 $\mathrm{div} D = \rho$ 와 관계가 가장 깊은 것은?

① Ampere의 주회적분 법칙　　　② Faraday의 전자유도 법칙

③ Laplace의 방정식　　　　　　④ Gauss의 정리

해설 가우스 정리의 미분형 : E[V/m], D[C/m²]를 알고 ρ[C/m³]를 구하는 식

$\mathrm{div} E = \dfrac{\rho}{\varepsilon_0}$ ➡ $\varepsilon_0 \mathrm{div} E = \rho$

$\mathrm{div} D = \rho$ (전속밀도 D 함수로 체적 전하밀도를 계산 시 이용)

63 ③　64 ④　Answer

65 Poisson의 방정식은?

① $\text{div}\dot{E} = \dfrac{\rho}{\varepsilon_0}$
② $\nabla^2 V = -\dfrac{\rho}{\varepsilon_0}$
③ $\dot{E} = \text{grad}\, V$
④ $\text{div}\dot{E} = \varepsilon_0$

해설 푸아송(Poisson)의 방정식 : V함수로 체적 전하밀도 ρ를 구하는 식
(여기서, ∇^2는 2회 미분함을 의미)

$\text{div}E = \dfrac{\rho}{\varepsilon_0}$를 변형

$\text{div}E = \text{div}(-\text{grad}\, V) = \dfrac{\rho}{\varepsilon_0},\ -\nabla \cdot \nabla V = \dfrac{\rho}{\varepsilon_0}$

$-\nabla^2 V = \dfrac{\rho}{\varepsilon_0},\ \nabla^2 V = -\dfrac{\rho}{\varepsilon_0}$

66 다음 중 옳지 않은 것은?

① $V_p = \displaystyle\int_p^\infty E \cdot d\ell$
② $E = -\text{grad}\, V$
③ $\text{grad}\, V = i\dfrac{\partial V}{\partial x} + j\dfrac{\partial V}{\partial y} + k\dfrac{\partial V}{\partial z}$
④ $\displaystyle\oint E \cdot ds = Q$

해설 $N = \displaystyle\oint E \cdot ds = \dfrac{Q}{\varepsilon_0}$

67 진공 내에서 전위함수 $V = x^2 + y^2$ [V]와 같이 주어질 때 점(2, 2, 0)[m]에서 체적전하밀도 ρ [C/m³]를 구하면?

① $4\varepsilon_0$
② $-2\varepsilon_0$
③ $-4\varepsilon_0$
④ $2\varepsilon_0$

해설 푸아송의 방정식을 이용하면 $-\nabla^2 V = \dfrac{\rho}{\varepsilon_0}$이므로

$-\nabla^2 V = -\left(\dfrac{\partial^2}{\partial^2 x} + \dfrac{\partial^2}{\partial^2 y} + \dfrac{\partial^2}{\partial^2 z}\right)V = \left(\dfrac{\partial^2 V}{\partial^2 x} - \dfrac{\partial^2 V}{\partial^2 y} - \dfrac{\partial^2 V}{\partial^2 z}\right)$

$= -(2+2) = -4 = \dfrac{\rho}{\varepsilon_0}$에서 공간전하밀도 ρ [C/m³]를 구하면

$\rho = -4\varepsilon_0 = -4 \times 8.855 \times 10^{-12} = -35.4 \times 10^{-12}$ [C/m³]가 된다.

Answer ○ 65 ② 66 ④ 67 ③

01 전기자기학

68 질점이 $F = 5i + 10j + 15k$ [N]의 힘을 받아 $P(1, 0, 3)$으로부터 $Q(3, -1, 6)$까지 이동했을 때 힘 F가 한 일은?

① 15[J]   ② 25[J]   ③ 35[J]   ④ 45[J]

해설
- 거리벡터
$$\vec{r} = (x_2 - x_1)i + (y_2 - y_1)j + (z_2 - z_1)k$$
$$= (3-1)i + (-1-0)j + (6-3)k = 2i - j + 3k$$
- 한 일
$$W = F \cdot r = (5i + 10j + 15k) \cdot (2i - j + 3k)$$
$$= 5 \times 2 + 10 \times (-1) + 15 \times 3 = 45 \text{[J]}$$

69 $E = i + 2j + 3k$ [V/cm]로 표시되는 전계가 있다. $0.01[\mu C]$의 전하를 원점으로부터 $r = 3i$ [m]로 움직이는 데 요하는 일[J]은?

① 4.69×10^{-6} ② 3×10^{-6}
③ 4.69×10^{-8} ④ 3×10^{-8}

해설 전하 이동 시 한 일 W[J]
$E = i + 2j + 3k$ [V/cm], $Q = 0.01[\mu C]$, $r = 3i$[m]일 때
W[J]은 $W = QV = QE \cdot r = 0.01 \times 10^{-6}(i + 2j + 3k) \cdot (3i) \times 10^2 = 3 \times 10^{-6}$ [J]
내적이므로 같은 성분 계수만 곱하여 더한다.

70 질량 $m = 10^{-8}$[kg], 전하량 $q = 10^{-6}$[C]의 입자가 전계 E[V/m]인 곳에 존재한다. 이 입자의 가속도가 $a = 10^2 i + 10^3 j$ [m/s²]인 것이 관측되었다면 전계의 세기 E[V/m]는?(단, i, j는 단위벡터이다.)

① $E = 10^2 i + 10^3 j$ ② $E = i + 10j$
③ $E = 10^{-4} i + 10^{-3} j$ ④ $E = 10i + 10^2 j$

해설 $m = 10^{-8}$[kg], $q = 10^{-6}$[C], $a = 10^2 i + 10^3 j$ [m/sec²]일 때
전계 E는 $F = QE = ma$ [N] ➡ $qE = ma$에서 전계 $E = \dfrac{ma}{q}$ [V/m]가 된다.

이에 수치를 대입하면 $E = \dfrac{10^{-8}}{10^{-6}}(10^2 i + 10^3 j) = i + 10j$ [V/m]이 된다.

68 ④ 69 ② 70 ② Answer

Chapter 03 도체계와 정전용량

1 정전용량 : C[F]

도체에 일정한 전위를 주었을 경우 전하량을 저축하는 능력을 표시

① 축적되는 전하량 $Q = CV$[C]

② 정전용량 $C = \dfrac{Q}{V}$ [F=C/V]

③ 전위차 $V = \dfrac{Q}{C}$ [V=C/F]

④ 엘라스턴스 $P = \dfrac{1}{C} = \dfrac{V}{Q}$ [$\mathrm{daraf} = \dfrac{1}{\mathrm{F}}$]

2 정전용량의 계산

1) 구

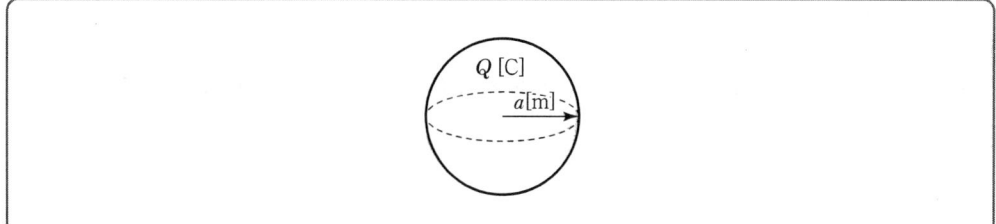

① 완전구도체

$$C = \dfrac{Q}{V} = \dfrac{Q}{\dfrac{Q}{4\pi\varepsilon_0 a}} = 4\pi\varepsilon_0 a = \dfrac{a}{9 \times 10^9} \ [\mathrm{F}]$$

② 반구도체(반지름 a[m]) : 완전구도체의 반 값으로 계산하면 된다.

$$C = 2\pi\varepsilon_0 a = \dfrac{a}{18 \times 10^9} \ [\mathrm{F}]$$

2) 동심구 사이의 정전용량

전하는 도체 사이에만 축적되므로 전위 V 는 a 와 b 사이만 계산하여 정전용량을 계산한다.

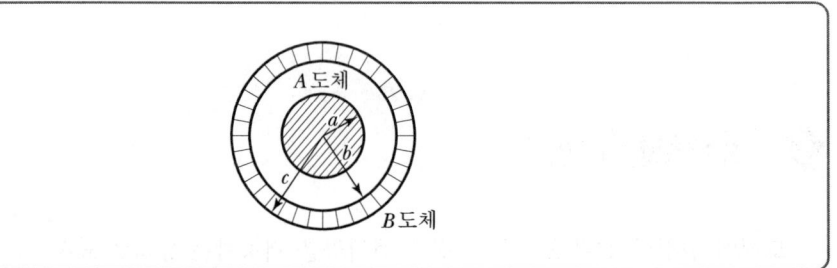

① 전위의 크기

$$V = \frac{Q}{4\pi\varepsilon_0}\left(\frac{1}{a}-\frac{1}{b}\right)[\text{V}]$$

② 정전용량의 크기

$$C = \frac{Q}{V} = \frac{Q}{\frac{Q}{4\pi\varepsilon_0}\left(\frac{1}{a}-\frac{1}{b}\right)} = \frac{4\pi\varepsilon_0}{\frac{1}{a}-\frac{1}{b}} = \frac{4\pi\varepsilon_0 ab}{b-a} = \frac{1}{9\times 10^9}\times\frac{ab}{b-a}[\text{F}]$$

③ 반지름을 각각 n배씩 증가시키면 $C[\text{F}]$도 n배로 증가한다.

> **예제 ❶**
>
> **문제** 내구의 반지름 $a = 10[\text{cm}]$, 외구의 반지름 $b = 20[\text{cm}]$인 동심 도체구의 정전용량은 약 몇 $[\text{pF}]$인가?
>
> **풀이**
> $$C = \left(\frac{4\pi\varepsilon_0}{\frac{1}{a}-\frac{1}{b}}\right)\times 10^{12}[\text{pF}]$$
> $$= \left(\frac{1}{9\times 10^9}\times\frac{1}{\frac{1}{0.1}-\frac{1}{0.2}}\right)\times 10^{12} = 22[\text{pF}]$$

3) 동축(동심) 원통 정전용량($b > a$)

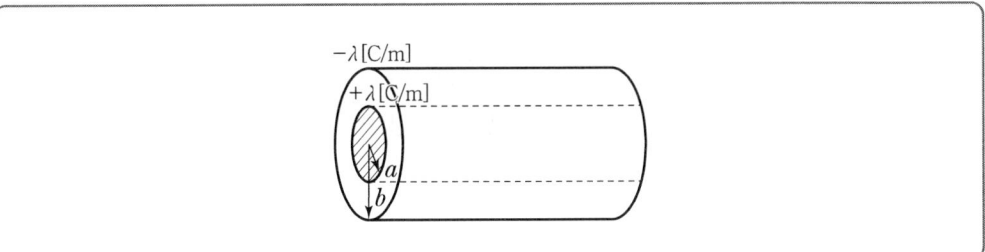

① 전위의 크기

$$V = \frac{\lambda}{2\pi\varepsilon_0} \ln \frac{b}{a} \ [V]$$

② 정전용량의 크기

$$C = \frac{Q}{V} = \frac{\lambda l}{V} = \frac{2\pi\varepsilon_0}{\ln \frac{b}{a}} l \ [F] = \frac{2\pi\varepsilon_0}{\ln \frac{b}{a}} \ [F/m] \leftarrow \text{단위길이당 정전용량}$$

4) 두 개의 평행도선(선 간 정전용량)($d > a$)

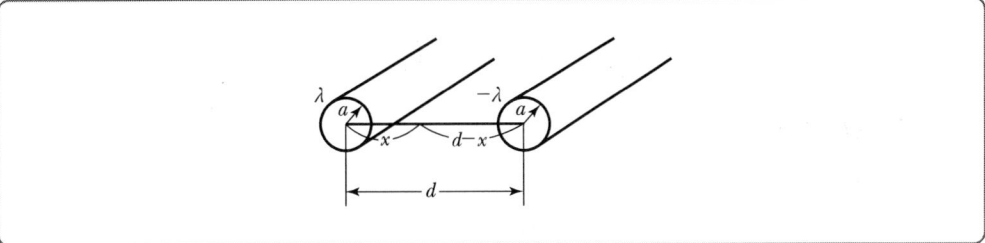

① 전위의 크기

$$V = \frac{\lambda}{\pi\varepsilon_0} \ln \frac{d}{a} \ [V]$$

② 정전용량의 크기

$$C = \frac{Q}{V} = \frac{\lambda l}{V} = \frac{\pi\varepsilon_0}{\ln \frac{d}{a}} l \ [F] = \frac{\pi\varepsilon_0}{\ln \frac{d}{a}} \ [F/m] \leftarrow \text{단위길이당 정전용량}$$

5) 평행판 콘덴서의 정전용량

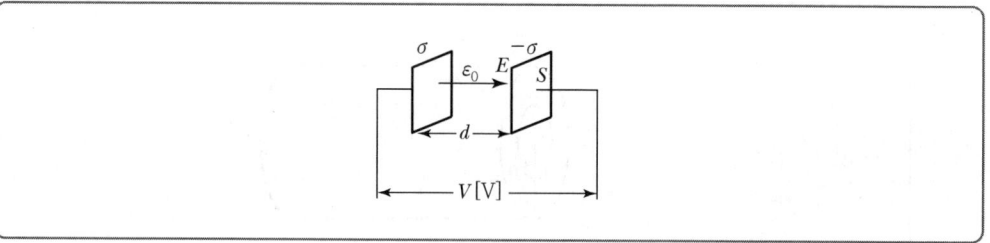

평행판 사이 전계 $E = \dfrac{\sigma}{\varepsilon_0}$ [V/m]이고, 전위 $V = Ed = \dfrac{\sigma}{\varepsilon_0}d$ [V]이므로

$$C = \dfrac{Q}{V} = \dfrac{\sigma S}{\dfrac{\sigma}{\varepsilon_0}d} = \dfrac{\varepsilon_0 S}{d} \text{ [F]}$$

여기서, $S\,[\text{m}^2]$: 극판의 면적
$\qquad\qquad d\,[\text{m}]$: 극판의 간격
$\qquad\qquad \sigma\,[\text{C/m}^2]$: 면전하 밀도

3 전위계수

전위의 크기를 결정하는 상수(정수)나 계수 : $P\left[\dfrac{1}{\text{F}}\right]$

1) 두 도체의 전위

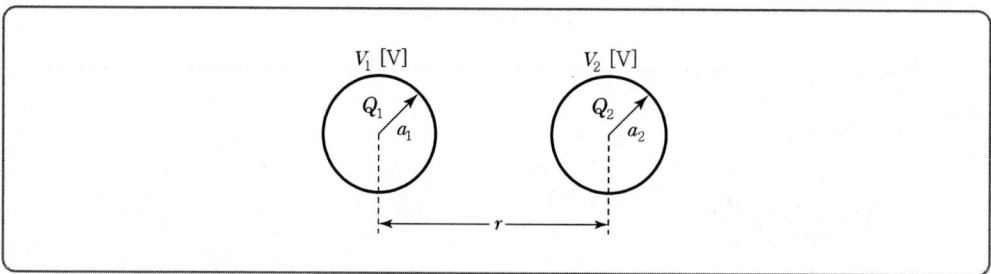

$$V_1 = \dfrac{Q_1}{4\pi\varepsilon_0 a_1} + \dfrac{Q_2}{4\pi\varepsilon_0 r} = P_{11}Q_1 + P_{12}Q_2$$

$$V_2 = \dfrac{Q_1}{4\pi\varepsilon_0 r} + \dfrac{Q_2}{4\pi\varepsilon_0 a_2} = P_{21}Q_1 + P_{22}Q_2$$

2) 전위계수의 성질

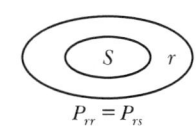
$P_{rr} = P_{rs}$

① P_{rr} (예 $P_{11}, P_{22}, P_{33}, \cdots$) > 0
② P_{rs} (예 $P_{12}, P_{23}, P_{34}, \cdots$) ≧ 0
③ $P_{rs} = P_{sr} (P_{12} = P_{21})$
④ $P_{rr} > P_{rs} (P_{11} > P_{12})$
⑤ $P_{rr} = P_{sr} (P_{11} = P_{21})$: $r(1)$ 도체가 $s(2)$ 도체를 완전 포위(포함)한다.

❹ 용량계수와 유도계수

정전용량을 결정하는 상수(정수)나 전하를 정전유도시키는 계수 : $q\,[\text{F}]$

1) 두 도체의 전하량

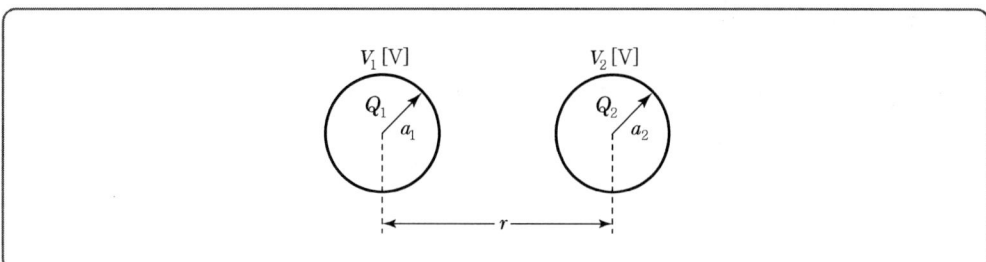

$Q = CV = qV\,[\text{C}]$일 때
$Q_1 = q_{11}V_1 + q_{12}V_2\,[\text{C}]$
$Q_2 = q_{21}V_1 + q_{22}V_2\,[\text{C}]$

2) 용량계수, 유도계수의 일반적인 성질

① 용량계수 q_{rr} (예 $q_{11}, q_{22}, q_{33}, \cdots) > 0$
② 유도계수 q_{rs} (예 $q_{12}, q_{23}, q_{34}, \cdots) \leq 0$(음수)
③ $q_{rs} = q_{sr} (q_{12} = q_{21})$
④ $q_{rr} > -q_{rs}$, $q_{11} > -(q_{12+q_{13}} + \cdots + q_{1r})$
⑤ $q_{rr} = q_{sr} (q_{11} = q_{21})$: $s(2)$도체가 $r(1)$도체를 완전 포위(포함)한다.

3) 정전차폐

외부도체가 내부도체를 완전 포위(포함)하면 외부도체의 전위가 일정한 경우 내부도체는 외부전위의 영향으로부터 차단된다. 이를 이용하여 정전기 방지, 정전 유도현상 방지, 전파 유도장해방지 등 외부 전기의 영향을 방지하도록 접지(등전위)시키는 것을 말한다.

5 도체계의 에너지

1) 정전에너지(도체에 전체에 축적되는 에너지) : 포물선

임의의 도체에 $Q[\mathrm{C}]$의 전하를 대전시킬 때 필요한 에너지이다.

$$dw = VdQ, \ W = \int_0^Q VdQ \rightarrow V = \frac{Q}{C} \text{를 대입하면}$$

$$= \int_0^Q \frac{Q}{C} dQ = \frac{1}{C} \int_0^Q QdQ = \frac{Q^2}{2C} [\mathrm{J}]$$

이를 정리하면 $W = \frac{1}{2}QV = \frac{1}{2}CV^2 = \frac{Q^2}{2C} [\mathrm{J}]$

① 충전 중(전압을 인가), 충전후 방전
   전하이동시 전압으로 계산

   평행판 콘덴서일 경우 $W = \frac{1}{2}CV^2 = \frac{1}{2}\frac{\varepsilon_0 S}{d}V^2[\mathrm{J}] \propto \frac{1}{d}$

② 충전 후(전압을 인가후 제거, 완충), 대전
정전하 $Q[C]$를 주었을 때 전하량으로 계산

평행판 콘덴서일 경우 $W = \dfrac{Q^2}{2C} = \dfrac{dQ^2}{2\varepsilon_0 S}[J] \propto d$

③ 도체계 총 에너지 $W = \dfrac{1}{2}\sum QV[J]$

* 콘덴서 병렬연결 시 전위차가 같아지도록 전하 이동이 생길 때 줄열 손실에 의해 에너지는 감소
 : $W(후) < W_1 + W_2(전)$
 비눗방울이 합쳐질 때 에너지는 증가: $W(후) > W_1 + W_2(전)$

2) 전계 내 단위체적당 축적되는 에너지

$$W = \frac{1}{2}CV^2 = \frac{1}{2} \times \frac{\varepsilon S}{d}(Ed)^2 = \frac{1}{2}\varepsilon E^2 Sd\,[J]$$

이때 단위체적당 축적되는 에너지는

$$W_E = \frac{W}{체적} = \frac{\frac{1}{2}\varepsilon_0 E^2 Sd}{Sd} = \frac{1}{2}\varepsilon_0 E^2\,[J/m^3]$$

$$W_E = \frac{1}{2}ED = \frac{1}{2}\varepsilon E^2 = \frac{D^2}{2\varepsilon}\,[J/m^3]$$

6 도체에 작용하는 힘

1) 대전된 도체의 면적당 작용하는 힘(=정전응력, 정전흡인력)

대전 도체나 콘덴서 사이에 작용하는 흡인력을 F라 하면 F와 에너지의 관계는
$\partial W = F \cdot \partial d\,[J]$이므로 총 힘과 단위면적당 정전흡인력은 다음과 같이 된다.

① 총 힘

$$F = \frac{\partial W}{\partial d} = \frac{\partial}{\partial d}\left(\frac{1}{2}\varepsilon_0 E^2 Sd\right) = \frac{1}{2}\varepsilon_0 E^2 S = fS\,[N]$$

② 단위면적당 정전흡인력

$$f = \frac{\sigma^2}{2\varepsilon_0} = \frac{D^2}{2\varepsilon_0} = \frac{1}{2}\varepsilon_0 E^2 = \frac{1}{2}ED\,[N/m^2]$$

7 합성 콘덴서 접속시 정전용량 계산

1) 직렬연결

직렬 연결은 전압이 분배되고 전하량이 일정하다.

$Q = Q_1 = Q_2$ [C]

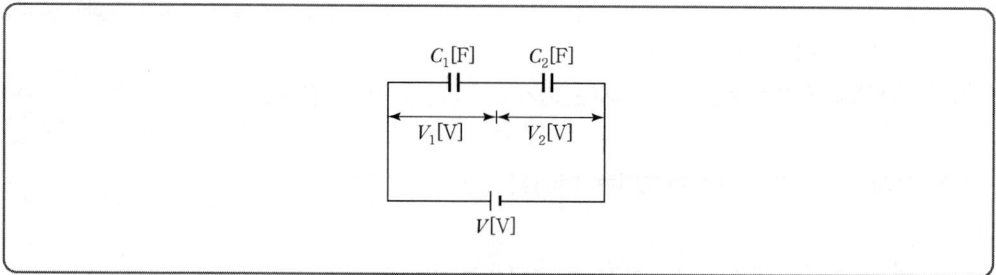

① 합성 정전 용량

$$C_0 = \frac{Q}{V} = \frac{1}{\frac{1}{C_1} + \frac{1}{C_2}} = \frac{C_1 C_2}{C_1 + C_2} \text{ [F]}$$

② 전하량

$$Q = C_0 V = \frac{C_1 C_2}{C_1 + C_2} V \text{ [C]}$$

③ 분배된 전압

$$V_1 = \frac{Q}{C_1} = \frac{C_2}{C_1 + C_2} V \text{ [V]}, \qquad V_2 = \frac{Q}{C_2} = \frac{C_1}{C_1 + C_2} V \text{ [V]}$$

∗ 최초로 파괴되는 콘덴서

$(Q_1 = C_1 V_1,\ Q_2 = C_2 V_2,\ Q_3 = C_3 V_3)$에서 Q의 값이 가장 작은 값일수록 먼저 파괴된다. 예를 들어 $Q_1 < Q_2 < Q_3$ 에서 Q_1이 가장 작으므로 C_1이 가장 먼저 파괴된다. C_1이 파괴되는 순간에 전체 직렬회로에 인가되는 전압을 파괴전압이라고 한다.

$$\text{파괴전압} = \frac{\frac{1}{C_1} + \frac{1}{C_2} + \frac{1}{C_3}}{\frac{1}{C_1}} \times V$$

2) 병렬연결(가는 도선으로 연결 또는 접촉)

병렬연결에서는 전압은 일정하고 전하량이 분배된다.

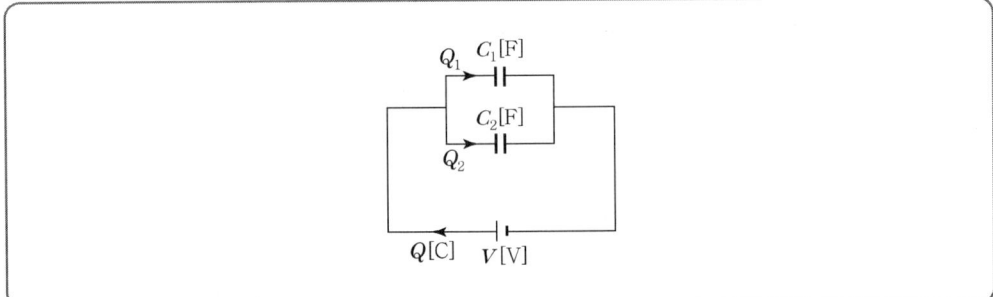

① 합성 정전 용량

$$C_0 = \frac{Q}{V} = C_1 + C_2 \, [\text{F}]$$

② 전체 전압

$$V = \frac{Q}{C_0} = \frac{Q}{C_1 + C_2} = \frac{Q_1 + Q_2}{C_1 + C_2} = \frac{C_1 V + C_2 V}{C_1 + C_2} \, [\text{V}]$$

* 도체구를 각각 충전 후 두 개를 가는 선으로 연결 시 공통 전위

$$V = \frac{C_1 V_1 + C_2 V_2}{C_1 + C_2} = \frac{4\pi\varepsilon_0 (r_1 V_1 + r_2 V_2)}{4\pi\varepsilon_0 (r_1 + r_2)} = \frac{r_1 V_1 + r_2 V_2}{r_1 + r_2} \, [\text{V}]$$

③ 분배된 전하량

$$Q_1 = \frac{C_1}{C_1 + C_2} Q \, [\text{C}], \quad Q_2 = \frac{C_2}{C_1 + C_2} Q \, [\text{C}]$$

3) 중화현상

대전된 두 도체를 가는 선으로 연결한 경우 도체의 전하량이 많은 쪽에서 적은 쪽으로 이동할 때 일어나는 현상

Chapter 03 실·전·문·제

01 모든 전기장치에 접지시키는 근본적인 이유는?

① 지구의 용량이 커서 전위가 거의 일정하기 때문이다.
② 편의상 지면을 영전위로 보기 때문이다.
③ 영상 전하를 이용하기 때문이다.
④ 지구는 전류를 잘 통하기 때문이다.

해설 지구의 정전용량이 매우 크므로 많은 전하가 축적되더라도 표면전위와 내부전위가 같아 지구의 전위가 거의 일정하기 때문이다. 모든 전기장치를 접지시키고 대지를 실용상 등전위로(0[V]) 한다.

02 엘라스턴스(elastance)란?

① $\dfrac{1}{\text{전위차} \times \text{전기량}}$
② 전위차 × 전기량
③ $\dfrac{\text{전위차}}{\text{전기량}}$
④ $\dfrac{\text{전기량}}{\text{전위차}}$

해설 엘라스턴스 $P = \dfrac{1}{C} = \dfrac{V}{Q} = \dfrac{d}{\varepsilon_0 S}$ [daraf = $\dfrac{1}{F}$]

03 공기 중에 고립된 금속구가 반지름 r 일 때, 그 정전용량은 몇 [F]인가?

① $\dfrac{\varepsilon_0 r}{4\pi}$
② $\varepsilon_0 r$
③ $4\pi \varepsilon_0 r$
④ $8\pi \varepsilon_0 r$

해설 구도체의 정전용량 $C = \dfrac{Q}{V} = \dfrac{Q}{\dfrac{Q}{4\pi \varepsilon_0 r}} = 4\pi \varepsilon_0 r = \dfrac{r}{9 \times 10^9}$ [F](여기서, r[m] : 반지름)

04 직경 9[m]의 도체구에 3[μC]의 전하를 줄 때, 이 도체구의 정전용량은 몇 [pF]인가?

① 200
② 300
③ 400
④ 500

해설 구도체의 정전용량 $C = 4\pi \varepsilon_0 a$ [F]에서 구의 반지름은 4.5m이므로
$C = 4\pi \varepsilon_0 a = \dfrac{a}{9 \times 10^9} = \dfrac{4.5}{9 \times 10^9} \times 10^{12} = 500$[pF]가 된다.

01 ① 02 ③ 03 ③ 04 ④ **Answer**

05 반지름 $a > b$(단위 : m)인 동심구 도체의 정전용량은 몇 [F]인가?

① $\dfrac{2\pi\varepsilon_0 ab}{a-b}$ ② $\dfrac{4\pi\varepsilon_0 ab}{a-b}$ ③ $\dfrac{8\pi\varepsilon_0 ab}{a-b}$ ④ $\dfrac{16\pi\varepsilon_0 ab}{a-b}$

해설 $b > a$이라면 b가 외구반지름, a가 내구반지름을 말하므로

동심구의 정전용량 $C = \dfrac{4\pi\varepsilon_0}{\dfrac{1}{a}-\dfrac{1}{b}} = \dfrac{4\pi\varepsilon_0 ab}{b-a} = \dfrac{1}{9 \times 10^9} \cdot \dfrac{ab}{b-a}$ [F]가 된다.

문제에서는 $b < a$가 되므로 $C = \dfrac{4\pi\varepsilon_0}{\dfrac{1}{b}-\dfrac{1}{a}} = \dfrac{4\pi\varepsilon_0 ab}{a-b}$ [F]

06 그림과 같은 두 개의 동심구 도체가 있다. 구 사이가 진공으로 되어 있을 때 동심구 간의 정전용량은 몇 [F]인가?(단, 여기서 $a = 1$ [m], $b = 2$ [m], $c = 2.1$ [m]이다.)

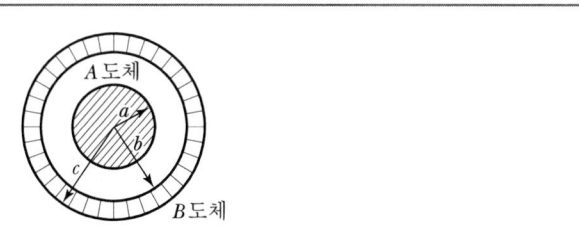

① $2\pi\varepsilon_0$ ② $4\pi\varepsilon_0$ ③ $8\pi\varepsilon_0$ ④ $12\pi\varepsilon_0$

해설 $b > a$ 동심구 $C = \dfrac{4\pi\varepsilon_0}{\dfrac{1}{a}-\dfrac{1}{b}} = \dfrac{4\pi\varepsilon_0 ab}{b-a} = \dfrac{4\pi\varepsilon_0(1 \cdot 2)}{(2-1)} = 8\pi\varepsilon_0$ [F]

07 동심구형 콘덴서의 내외 반지름을 각각 10배로 증가시키면 정전용량은 몇 배로 증가하는가?

① 5   ② 10   ③ 20   ④ 100

해설 동심구의 정전용량의 반지름을 각각 n배씩 증가시키면 C [F]도 n배로 증가한다.

수리적으로 본다면 동심구의 정전 용량은 $C = \dfrac{4\pi\varepsilon_0 ab}{b-a}$ [F]이므로

내외 반지름을 각각 10배로 하면, $b' = 10b$, $a' = 10a$이므로

$C' = \dfrac{4\pi\varepsilon_0 a'b'}{b'-a'} = \dfrac{4\pi\varepsilon_0 10a \cdot 10b}{10b - 10a} = \dfrac{100(4\pi\varepsilon_0 ab)}{10(b-a)} = 10C$ 가 되므로 10배가 된다.

Answer ○ 05 ② 06 ③ 07 ②

08 간격 d[m]인 무한히 넓은 평형판의 단위면적당 정전용량[F/m²]은?(단, 매질은 공기라 한다.)

① $\dfrac{1}{4\pi\varepsilon_0 d}$ ② $\dfrac{4\pi\varepsilon_0}{d}$ ③ $\dfrac{\varepsilon_0}{d}$ ④ $\dfrac{\varepsilon_0}{d^2}$

해설 평행판 사이의 정전용량 $C = \dfrac{\varepsilon_0 S}{d}$ [F]이므로

단위면적당 정전용량 $C' = \dfrac{C}{S} = \dfrac{\varepsilon_0}{d}$ [F/m²]이 된다.

09 한 변이 50[cm]인 정사각형의 전극을 가진 평행판 콘덴서가 있다. 이 극판의 간격을 5[mm]로 할 때 정전용량은 약 몇 [pF]인가?(단, 단말(端末)효과는 무시한다.)

① 373   ② 380   ③ 410   ④ 443

해설 정사각형 한 변 길이 $a = 50$[cm], 평행판 간격 $d = 5$[mm]일 때

정전용량은 평행판 사이의 정전용량 $C = \dfrac{\varepsilon_0 S}{d} = \dfrac{\varepsilon_0 a^2}{d}$ [F]이므로

주어진 수치를 대입하면 $C = \dfrac{8.855 \times 10^{-12} \times (0.5)^2}{5 \times 10^{-3}} \times 10^{12} = 443$[pF]이 된다.

10 평행판 콘덴서의 양극판 면적을 3배로 하고 간격을 $\dfrac{1}{2}$배로 하면 정전용량은 처음의 몇 배가 되는가?

① $\dfrac{3}{2}$ ② $\dfrac{2}{3}$ ③ $\dfrac{1}{6}$ ④ 6

해설 면적 S_1, 간격 d_1인 평행판 콘덴서의 정전용량을 C_1이라 하면

$C_1 = \dfrac{\varepsilon_0}{d_1} S_1$ 문제에서 $d = \dfrac{1}{2}d_1$, $S = 3S_1$이므로 구하는 정전용량 C는

$\therefore C = \dfrac{\varepsilon_0}{\frac{1}{2}d_1} \cdot 3S_1 = 6\dfrac{\varepsilon_0}{d_1}S_1 = 6C_1$이므로 6배가 된다.

08 ③ 09 ④ 10 ④ Answer

11 공기 중에 1변이 40[cm]인 정방형 전극을 가진 평행판 콘덴서가 있다. 극판 간격을 4[mm]로 할 때 극판 간에 100[V]의 전위차를 주면 축적되는 전하[C]는?

① 3.54×10^{-9}
② 3.54×10^{-8}
③ 6.56×10^{-9}
④ 6.56×10^{-8}

해설 한 변 길이 $a = 40$[cm], 정사각형, 평행판 간격 $d = 4$[mm]

전위차 $V = 100$[V]일 때 축적되는 전하는 $Q = CV = \dfrac{\varepsilon_0 S}{d} V = \dfrac{\varepsilon_0 a^2}{d} V$[C]이므로 주어진 수치를

대입하면 $Q = \dfrac{8.855 \times 10^{-12} \times (0.4)^2}{4 \times 10^{-3}} \times 100 = 3.54 \times 10^{-8}$[C]이 된다.

12 정전용량이 10[μF]인 콘덴서의 양단에 100[V]의 일정 전압을 가하고 있다. 지금 이 콘덴서의 극판 간의 거리를 1/10로 변화시키면 콘덴서에 충전되는 전하량은 어떻게 변화되는가?

① 1/10배로 감소
② 1/100배로 감소
③ 10배로 증가
④ 100배로 증가

해설 전압이 일정 시 극판 간 거리 d를 1/10로 감소하면 충전 전하량은
$Q = CV = \dfrac{\varepsilon_0 S}{d} V \propto \dfrac{1}{d}$ 이므로 전하량은 10배로 증가한다.

13 평행판 콘덴서에서 전극 간에 V[V]의 전위차를 가할 때 전계의 세기가 E[V/m](공기의 절연내력)를 넘지 않도록 하기 위한 콘덴서의 단위면적당 최대용량은 몇 [F/m²]인가?

① $\dfrac{\varepsilon_0 V}{E}$
② $\dfrac{\varepsilon_0 E}{V}$
③ $\dfrac{\varepsilon_0 V^2}{E}$
④ $\dfrac{\varepsilon_0 E^2}{V}$

해설 $C = \dfrac{\varepsilon_0 S}{d}$ [F]에서 면적당 $C = \dfrac{\varepsilon_0}{d}$ [F/m²] 이때 평행판 사이의 전위

$V = Ed$ [V]

$C = \dfrac{\varepsilon_0}{\dfrac{V}{E}} = \dfrac{\varepsilon_0 E}{V}$ [F/m²]

Answer ○ 11 ② 12 ③ 13 ②

14 진공 중에 반지름 r[m], 중심 간격 x[m]인 평행 원통도체가 있다. $x > r$ 라 할 때 원통도체의 단위길이당 정전용량은 몇 [F/m]인가?

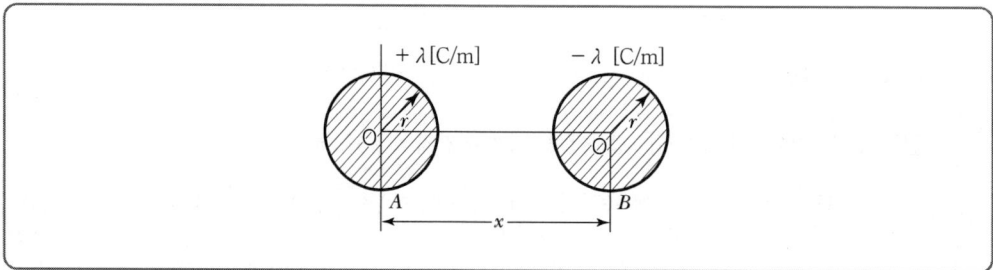

① $\dfrac{2\pi\varepsilon_0}{\ln\dfrac{r}{x}}$ ② $\dfrac{2\pi\varepsilon_0}{\ln\dfrac{x}{r}}$

③ $\dfrac{\pi\varepsilon_0}{\ln\dfrac{r}{x}}$ ④ $\dfrac{\pi\varepsilon_0}{\ln\dfrac{x}{r}}$

해설 원통 사이의 단위길이당 정전용량은 $b > a$ $C' = \dfrac{2\pi\varepsilon_0}{\ln\dfrac{b}{a}}$ [F/m]가 되고

평행 두 도선(원통) 사이 단위길이당 정전용량은 $d > a(x > r)$, $C' = \dfrac{\pi\varepsilon_0}{\ln\dfrac{d(x)}{a(r)}}$ [F/m]이 된다.

15 내원통 반지름 10[cm], 외원통 반지름 20[cm]인 동축 원통 도체의 정전용량[pF/m]은?

① 100 ② 90 ③ 80 ④ 70

해설 원통 사이의 단위길이당 정전용량은
$C' = \dfrac{2\pi\varepsilon_0}{\ln\dfrac{b}{a}} = \dfrac{2\pi \times 8.855 \times 10^{-12}}{\ln\dfrac{0.2}{0.1}} = 80 \times 10^{-12}$ [F/m]이므로 $C' = 80$ [pF/m]가 된다.

14 ④ 15 ③ Answer

16 도체계의 전위계수의 성질로 틀린 것은?

① $p_{rr} \geq p_{rs}$ ② $p_{rr} < 0$
③ $p_{rs} \geq 0$ ④ $p_{rs} = p_{sr}$

해설 전위계수의 성질
- $P_{rr}(ex\ P_{11},\ P_{22},\ P_{33}\cdots) > 0$
- $P_{rs}(ex\ P_{12},\ P_{23},\ P_{34}\cdots) \geq 0$
- $P_{rs} = P_{sr}(P_{12} = P_{21})$
- $P_{rr} = P_{sr}(P_{11} = P_{21})$: $r(1)$ 도체가 $s(2)$ 도체를 완전 포위(포함)한다.

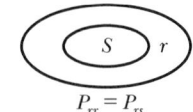

17 도체 1, 2 및 3이 있을 때 도체 2가 도체 1에 완전 포위되어 있음을 나타내는 것은?

① $P_{11} = P_{21}$ ② $P_{11} = P_{31}$
③ $P_{11} = P_{33}$ ④ $P_{12} = P_{22}$

해설 문제 16번 해설 참고

18 진공 중에 서로 떨어져 있는 두 도체 A, B가 있을 때 도체 A에만 1[C]의 전하를 주었더니 도체 A와 B의 전위가 3[V], 2[V]이었다. 지금 도체 A, B에 각각 2[C]과 1[C]의 전하를 주면 도체 A의 전위는 몇 [V]인가?

① 6 ② 7 ③ 8 ④ 9

해설 전위계수에 의한 전위계산

전위계수에 의한 두 도체의 전위는 $V_1 = P_{11}Q_1 + P_{12}Q_2$, $V_2 = P_{21}Q_1 + P_{22}Q_2$ 이므로

주어진 수치 $Q_1 = 1[C]$, $Q_2 = 0$과 $V_1 = 3$, $V_2 = 2$를 대입하면

$3 = P_{11} \cdot 1 \Rightarrow P_{11} = 3$, $2 = P_{21} \cdot 1 \Rightarrow P_{21} = P_{12} = 2$ 이 된다.

이때 두 도체에 새로운 전하 $Q_1' = 2[C]$, $Q_2' = 1[C]$를 대전 시 V_1'는

$V_1' = P_{11}Q_1' + P_{12}Q_2' = 3 \times 2 + 2 \times 1 = 8[V]$가 된다.

19 용량계수와 유도계수의 성질로 틀린 것은?

① $q_{rr} > 0$ ② $q_{rs} \geq 0$
③ $q_{11} \geq -(q_{21} + q_{31} + \cdots + q_{n1})$ ④ $q_{rs} = q_{sr}$

[해설] 용량계수, 유도계수의 일반적인 성질
- 용량계수 $q_{11}, q_{22}, q_{33}, \cdots q_{rr} > 0$
- 유도계수 $q_{12} = q_{21}, q_{13} = q_{31}, \cdots q_{rs} = q_{sr} \leq 0$
- $q_{rr} \geq -(q_{12} + q_{13} + \cdots + q_{1r})$: $s(2)$도체가 $r(1)$도체를 완전 포위(포함)한다.

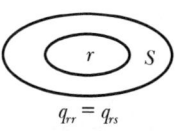

$q_{rr} = q_{rs}$

20 도체계에서 각 도체의 전위를 $V_1, V_2, \cdots\cdots$ 으로 하기 위한 각 도체의 유도계수와 용량 계수에 대한 설명으로 옳은 것은?

① q_{11}, q_{22}, q_{33} 등을 유도계수라 한다.
② q_{21}, q_{31}, q_{41} 등을 용량계수라 한다.
③ 일반적으로 유도계수 ≤ 0이다.
④ 용량계수와 유도계수의 단위는 모두 V/C이다.

[해설] 문제 19번 해설 참고

21 2개의 도체를 $+Q$[C]과 $-Q$[C]으로 대전했을 때 이 두 도체 간의 전위차에 대한 정전용량을 전위차에 대한 전위계수로 표시하면 어떻게 되는가?

① $\dfrac{P_{11}P_{12} - P_{12}^2}{P_{11} + 2P_{12} + P_{22}}$

② $\dfrac{P_{11}P_{22} - P_{12}^2}{P_{11} + 2P_{12} + P_{22}}$

③ $\dfrac{1}{P_{11} + 2P_{12} + P_{22}}$

④ $\dfrac{1}{P_{11} - 2P_{12} + P_{22}}$

[해설]
$V_1 = P_{11}Q_1 + P_{12}Q_2 = (P_{11} - P_{12})Q$
$V_2 = P_{21}Q_1 + P_{22}Q_2 = (P_{21} - P_{22})Q$ 에서
$V_1 - V_2 = (P_{11} - 2P_{12} + P_{22})Q$ 이므로
$C = \dfrac{Q}{V} = \dfrac{1}{P_{11} - 2P_{12} + P_{22}}$

20 ③ 21 ④ Answer

22 1[C]의 정전하를 각각 대전시켰을 때 도체 1의 전위는 5[V], 도체 2의 전위는 12[V]로 되는 두 도체가 있다. 도체 1에만 1[C]을 대전하였을 때 도체 2의 전위는 0.5[V]로 된다면, 이 두 도체 간의 정전용량[F]은?

① 0.02
② 0.05
③ 0.07
④ 0.1

해설 $V_1 = P_{11}Q_1 + P_{12}Q_2$ [V], $V_2 = P_{21}Q_1 + P_{22}Q_2$ [V]

$Q_1 = Q_2 = 1$[C]인 경우에는 $V_1 = P_{11} + P_{12} = 5$, $V_2 = P_{21} + P_{22} = 12$

$Q_1 = 1$[C], $Q_2 = 0$인 경우에는 $V_2 = P_{21} = P_{12} = 0.5$[V]

따라서, $P_{11} = 5 - P_{12} = 5 - 0.5 = 4.5$, $P_{22} = 12 - P_{12} = 12 - 0.5 = 11.5$

전위계수로 표시한 정전용량 C[F]는

$\pm Q$[C]대전 시 $C = \dfrac{Q}{V_1 - V_2} = \dfrac{1}{P_{11} - 2P_{12} + P_{22}}$ [F]이므로

$\therefore C = \dfrac{1}{4.5 - 2 \times 0.5 + 11.5} = 0.07$ [F]

23 도체계에서 임의의 도체를 일정 전위의 도체로 완전 포위하면 내외공간의 전계를 완전히 차단할 수 있다. 이것을 무엇이라 하는가?

① 전자차폐
② 정전차폐
③ 홀(hall) 효과
④ 핀치(pinch) 효과

해설 도체계에서 임의의 도체를 일정 전위의 도체로 완전 포위하면 내외공간의 전계를 완전 차단하는 것을 말한다. 실드선(도체 사이의 전계의 간섭을 차단하는 것을 목적) 뇌운에서 낙뢰를 피하기 위하여 건물에 피뢰침을 설치하고 철탑 정상을 연결하는 가공지선 등이 이 원리를 이용한 것이다.

24 정전용량이 각각 C_1, C_2 그 사이의 상호 유도 계수가 M인 절연된 두 도체가 있다. 두 도체를 가는 선으로 연결할 경우 그 정전용량은?

① $C_1 + C_2 - M$
② $C_1 + C_2 + M$
③ $C_1 + C_2 + 2M$
④ $2C_1 + 2C_2 + M$

해설 $Q_1 = q_{11}V_1 + q_{12}V_2$ [F], $Q_2 = q_{21}V_1 + q_{22}V_2$ 식에서

$q_{11} = C_1$, $q_{22} = C_2$, $q_{12} = q_{21} = M$이고, $V_1 = V_2 = V$이므로

$Q_1 = (q_{11} + q_{12})V = (C_1 + M)V$[C]

Answer ○ 22 ③ 23 ② 24 ③

$Q_2 = (q_{21} + q_{22})V = (M + C_2)V$[C]가 되어, 구하는 정전용량 C는

$$C = \frac{Q_1 + Q_2}{V} = \frac{(C_1 + M)V + (M + C_2)V}{V} = C_1 + C_2 + 2M$$

25 반지름이 각각 a[m], b[m], c[m]인 독립 구도체가 있다. 이들 도체를 가는 선으로 연결하면 합성 정전용량은 몇 [F]인가?

① $4\pi\varepsilon_0(a+b+c)$
② $4\pi\varepsilon_0\sqrt{a+b+c}$
③ $12\pi\varepsilon_0\sqrt{a^3+b^3+c^3}$
④ $\frac{4}{3}\pi\varepsilon_0\sqrt{a^2+b^2+c^2}$

해설 가는 선으로 연결하면 병렬연결이 되므로 합성 정전용량은
$C = C_1 + C_2 + C_3 = 4\pi\varepsilon_0(a+b+c)$[F]이 된다.

26 그림과 같은 회로에서 a, b 양단의 합성 정전용량은 몇 [C]인가?

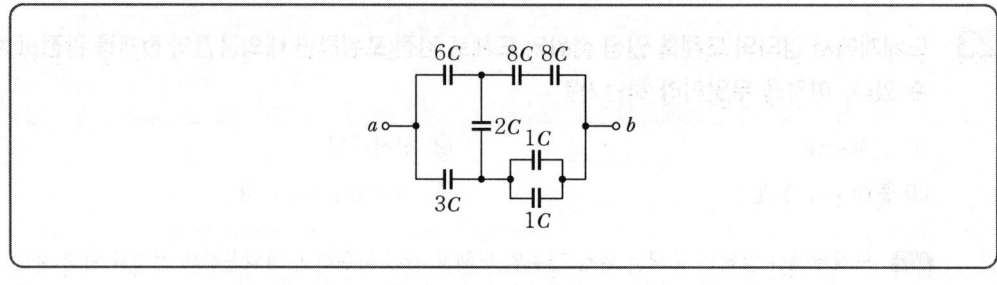

① 2.6   ② 3.6   ③ 4.6   ④ 5.6

해설
- $8C$가 2개 직렬연결이므로 합성 정전용량은 $C_1 = \frac{8C \times 8C}{8C+8C} = 4C$[F]
- $1C$가 2개 병렬연결이므로 $C_2 = C + C = 2C$[F]이 된다.

그러므로 등가회로를 그리면

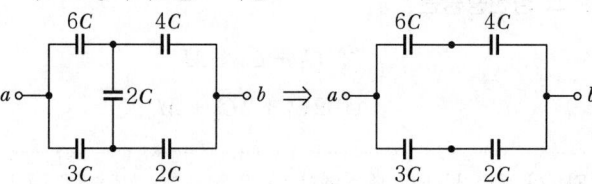

위와 같으면 이는 브리지 평형이 되어 중앙 콘덴서는 개방 상태가 된다.
그러므로 ab 사이의 합성 정전용량은
$C_{ab} = \frac{6C \times 4C}{6C+4C} + \frac{3C \times 2C}{3C+2C} = 3.6C$[F]이 된다.

25 ① 26 ② **Answer**

27 전압 V로 충전된 용량 C의 콘덴서에 용량 $2C$의 콘덴서를 병렬연결한 후의 단자전압[V]은?

① $3V$ ② $2V$ ③ $\dfrac{V}{2}$ ④ $\dfrac{V}{3}$

해설 $V_1 = V$, $C_1 = C \Rightarrow Q_1 = C_1 V_1 = CV$[C], $C_2 = 2C$, $Q_2 = 0$일 때 병렬연결 시

양단 간 전위차 $V' = \dfrac{\text{합성 전하량}}{\text{합성 정전용량}} = \dfrac{Q_1 + Q_2}{C_1 + C_2} = \dfrac{CV + 0}{C + 2C} = \dfrac{V}{3}$ [V]가 된다.

28 반지름 $r_1 = 2$[cm], $r_2 = 3$[cm], $r_3 = 4$[cm]인 3개의 도체구가 각각 전위 $V_1 = 1,800$[V], $V_2 = 1,200$[V], $V_3 = 900$[V]로 대전되어 있다. 이 3개의 구를 가는 선으로 연결했을 때의 공통 전위는 몇 [V]인가?

① 1,100   ② 1,200   ③ 1,300   ④ 1,500

해설 도체구를 각각 충전 후 두 개를 가는 선으로 연결 시 공통 전위
$$V = \dfrac{r_1 V_1 + r_2 V_2 + r_3 V_3}{r_1 + r_2 + r_3} = \dfrac{(2 \times 1,800) + (3 \times 1,200) + (4 \times 900)}{2 + 3 + 4}$$
$$= 1,200 \text{[V]}$$

29 1[μF]의 콘덴서를 80[V], 2[μF]의 콘덴서를 50[V]로 충전하고 이들을 병렬로 연결할 때의 전위차는 몇 [V]인가?

① 75   ② 70   ③ 65   ④ 60

해설 $C_1 = 1$[μF], $V_1 = 80$[V], $C_2 = 2$[μF], $V_2 = 50$[V]일 때 병렬연결 시 전위차 V'는
$$V' = \dfrac{\text{합성 전하량}}{\text{합성 정전용량}} = \dfrac{Q_1 + Q_2}{C_1 + C_2} = \dfrac{C_1 V_1 + C_2 V_2}{C_1 + C_2} = \dfrac{1 \times 80 + 2 \times 50}{1 + 2} = 60 \text{[V]}$$ 가 된다.

30 반지름 R인 도체구에 전하 Q가 분포되어 있다. 이에 반지름 $\dfrac{R}{2}$인 작은 도체구를 접촉시켰을 때 이 작은 구로 이동하는 전하 [C]를 구하면?

① Q ② $\dfrac{1}{2}Q$ ③ $\dfrac{1}{3}Q$ ④ $\dfrac{1}{4}Q$

Answer 27 ④ 28 ② 29 ④ 30 ③

해설 $a = R[\text{m}]$, $b = \dfrac{R}{2}[\text{m}]$, $Q_1 = Q[\text{C}]$, $Q_2 = 0[\text{C}]$일 때 두 구를 접촉할 경우 병렬연결로 간주하므로 구도체의 정전용량 $C_1 = 4\pi\varepsilon_0 R[\text{F}]$, 구도체의 정전용량 $C_2 = 4\pi\varepsilon_0 \dfrac{R}{2} = \dfrac{C_1}{2}[\text{F}]$이므로 전하량 분배 법칙에 의하여 작은 구 C_2로 이동한 전기량은

$$Q_2' = \dfrac{C_2}{C_1 + C_2}Q = \dfrac{C_2}{C_1 + C_2}(Q_1 + Q_2) = \dfrac{\dfrac{C_1}{2}}{C_1 + \dfrac{C_1}{2}}(Q+0) = \dfrac{1}{3}Q[\text{C}]\text{이 된다.}$$

31 전하 Q로 대전된 용량 C의 콘덴서에 용량 C_0를 병렬연결한 경우 C_0가 분배받는 전기량[C]은?

① $\dfrac{C+C_0}{C_0}Q$ ② $\dfrac{C+C_0}{C}Q$ ③ $\dfrac{C}{C+C_0}Q$ ④ $\dfrac{C_0}{C+C_0}Q$

해설 $C_1 = C$, $C_2 = C_0$, $Q_1 = Q$, $Q_2 = 0$이므로 병렬연결 시 전하량 분배법칙을 사용하면

$$Q_2' = \dfrac{C_2}{C_1 + C_2}(Q_1 + Q_2) = \dfrac{C_0}{C+C_0}(Q+0) = \dfrac{C_0}{C+C_0}Q[\text{C}]\text{가 된다.}$$

32 콘덴서의 전위차와 축적되는 에너지의 관계를 그림으로 나타내면 다음 중 어느 것이 되는가?

① 쌍곡선 ② 타원
③ 포물선 ④ 직선

해설 콘덴서에 저장되는 에너지=정전에너지 $W = \dfrac{1}{2}QV = \dfrac{1}{2}CV^2 = \dfrac{Q^2}{2C}[\text{J}]$에서
$W = \dfrac{1}{2}CV^2 \propto V^2[\text{J}]$에 비례하므로 포물선이 된다.

33 면적 $S[\text{m}^2]$, 간격 $d[\text{m}]$인 평행판 콘덴서에 전하 $Q[\text{C}]$을 충전하였을 때 정전용량 $C[\text{F}]$와 정전에너지 $W[\text{J}]$는?

① $C = \dfrac{\varepsilon_0}{d^2}$, $W = \dfrac{dQ^2}{2\varepsilon_0 S}$ ② $C = \dfrac{2\varepsilon_0 S}{d}$, $W = \dfrac{Q^2}{4\varepsilon_0 S}$

③ $C = \dfrac{\varepsilon_0 S}{d}$, $W = \dfrac{dQ^2}{2\varepsilon_0 S}$ ④ $C = \dfrac{2\varepsilon_0}{d^2}$, $W = \dfrac{Q^2}{\varepsilon_0 S}$

31 ④ 32 ③ 33 ③ Answer

해설
- 평행한 콘덴서의 정전용량 $C = \dfrac{\varepsilon_0 S}{d}$ [F]
- 충전 후 정전에너지 $W = \dfrac{Q^2}{2C} = \dfrac{Q^2}{2 \cdot \dfrac{\varepsilon_0 S}{d}} = \dfrac{Q^2 d}{2\varepsilon_0 S}$ [J]

34 극판면적 10[cm²], 간격 1[mm]의 평행판 콘덴서에 비유전율 3인 유전체를 채웠을 때 전압 100[V]를 가하면 저축되는 에너지는 몇 [J]인가?

① 1.33×10^{-7}
② 2.66×10^{-7}
③ 3.5×10^{-8}
④ 6.9×10^{-8}

해설 $S = 10$[cm²], $d = 1$[mm], $\varepsilon_s = 3$, $V = 100$[V]일 때 평행판 사이에 저축되는 에너지

$W = \dfrac{1}{2}CV^2 = \dfrac{1}{2} \cdot \dfrac{\varepsilon_0 \varepsilon_s S}{d} \cdot V^2 = \dfrac{1}{2} \cdot \dfrac{8.855 \times 10^{-12} \times 3 \times 10 \times 10^{-4}}{1 \times 10^{-3}} \cdot 100^2$

$= 1.33 \times 10^{-7}$[J]가 된다.

35 1[μF] 콘덴서에 48[kV]로 충전하여 이를 500[Ω]의 저항에 연결하면 저항에서 소모되는 총에너지[J]는 대략 얼마인가?

① 0.048
② 480
③ 1,150
④ 2,400

해설 콘덴서에 저축된 정전에너지는 저항을 통해서 모두 소모되므로
$W = \dfrac{1}{2}CV^2 = \dfrac{1}{2} \times 1 \times 10^{-6} \times (48 \times 10^3)^2 = 1,152$ [J]

36 공기 중에서 반지름 a [m]의 도체구에 Q [C]의 전하를 주었을 때 전위가 V [V]로 되었다. 이 도체구가 갖는 에너지는?

① $\dfrac{Q^2}{4\pi\varepsilon_0 a}$
② $\dfrac{Q^2}{8\pi\varepsilon_0 a}$
③ $\dfrac{Q}{4\pi\varepsilon_0 a^2}$
④ $\dfrac{Q}{8\pi\varepsilon_0 a^2}$

해설
- 반지름 a[m]일 때 구도체 정전용량 $C = 4\pi\varepsilon_0 a$[F]
- 도체구가 갖는 정전에너지 $W = \dfrac{Q^2}{2C} = \dfrac{Q^2}{2 \times 4\pi\varepsilon_0 a} = \dfrac{Q^2}{8\pi\varepsilon_0 a}$ [J]가 된다.

Answer ▶ 34 ① 35 ③ 36 ②

37 공간 전하밀도 ρ [C/m³]를 가진 점의 전위가 V [V], 전계의 세기가 E [V/m]일 때 공간 전체의 전하가 갖는 에너지는 몇 [J]인가?

① $\dfrac{1}{2}\displaystyle\int_v EV dv$ ② $\dfrac{1}{2}\displaystyle\int_v \rho\, dv$
③ $\dfrac{1}{2}\displaystyle\int_v E^2 dv$ ④ $\dfrac{1}{2}\displaystyle\int_v V \mathrm{div}\, D\, dv$

해설 전하가 갖는 에너지 $W = \dfrac{1}{2}QV = \dfrac{1}{2}CV^2 = \dfrac{Q^2}{2C}$ [J]에서

$$W = \dfrac{1}{2}QV = \dfrac{1}{2}\rho \cdot v\, V = \dfrac{1}{2}\int_v \rho\, V\, dv = \dfrac{1}{2}\int_v V \mathrm{div}\, D\, dv\,[\text{J}]\text{이 된다.}$$

TIP 전하량 $Q = \rho v$ [C], 가우스의 미분형 $\mathrm{div}\, D = \rho$ [C/m³]

38 두 도체의 전위 및 전하가 각각 V_1, Q_1 및 V_2, Q_2일 때 도체가 갖는 에너지[J]는?

① $\dfrac{1}{2}(V_1 Q_1 + V_2 Q_2)$ ② $\dfrac{1}{2}(Q_1 + Q_2)(V_1 + V_2)$
③ $V_1 Q_1 + V_2 Q_2$ ④ $(V_1 + V_2)(Q_1 + Q_2)$

해설 도체계 총 에너지 $W = \dfrac{1}{2}\sum Q_n V_n$ [J]

39 평행한 콘덴서에 100[V]의 전압이 걸려 있다. 이 전원을 제거한 후 평행판 간격을 처음의 2배로 증가시키면?

① 용량은 1/2배로, 저장되는 에너지는 2배로 된다.
② 용량은 2배로, 저장되는 에너지는 1/2배로 된다.
③ 용량은 1/4배로, 저장되는 에너지는 4배로 된다.
④ 용량은 4배로, 저장되는 에너지는 1/4배로 된다.

해설 전원 제거 시 충전이 끝난 상태이므로 Q[C]가 일정, 평행판 간격 $d = 2$배일 때

- 평행판 사이의 정전용량 $C = \dfrac{\varepsilon_0 S}{d}$ [F]이므로 정전용량은 $\dfrac{1}{2}$ 배로 감소된다.
- 콘덴서에 저장되는 에너지 $W' = \dfrac{Q^2}{2C}$ [J]이므로 2배로 증가한다.

37 ④ 38 ① 39 ① **Answer**

40
W_1, W_2의 에너지를 갖는 두 콘덴서를 병렬로 연결한 경우 총 에너지 W는?(단, $W_1 \neq W_2$)

① $W_1 + W_2 = W$
② $W_1 + W_2 \geq W$
③ $W_1 + W_2 \leq W$
④ $W_1 - W_2 = W$

해설 콘덴서 병렬 연결 시 전위차가 같아지도록 전하 이동이 생길 때 줄열 손실에 의해 에너지는 감소
: $W(후) < W_1 + W_2 (전)$
비눗방울이 합쳐질 때 에너지는 증가 : $W(후) > W_1 + W_2 (전)$

41
반지름 a [m], 전하 Q [C]를 가진 두 개의 물방울이 합쳐서 한 개의 물방울이 되었다. 합쳐진 후의 정전에너지를 합쳐지기 전과 비교하면 어떻게 되는가?

① 변화하지 않는다.
② 2배로 감소한다.
③ $\frac{1}{2}$로 감소한다.
④ 증가한다.

해설 문제 40번 해설 참고

42
정전용량이 4[μF], 5[μF], 6[μF]이고, 각각의 내압이 순서대로 500[V], 450[V], 350[V]인 콘덴서 3개를 직렬로 연결하고 전압을 서서히 증가시키면 콘덴서의 상태는 어떻게 되겠는가? (단, 유전체의 재질이나 두께는 같다.)

① 동시에 모두 파괴된다.
② 4[μF]가 가장 먼저 파괴된다.
③ 5[μF]가 가장 먼저 파괴된다.
④ 6[μF]가 가장 먼저 파괴된다.

해설 정전용량이 $C_1 = 4[\mu F]$, $C_2 = 5[\mu F]$, $C_3 = 6[\mu F]$이고
내압이 $V_1 = 500[V]$, $V_2 = 450[V]$, $V_3 = 350[V]$이므로
각 콘덴서의 전하량은 $Q_1 = C_1 V_1 = 2,000[\mu C]$, $Q_2 = C_2 V_2 = 2,250[\mu C]$,
$Q_3 = C_3 V_3 = 2,100[\mu C]$이므로 전하량이 가장 작은 C_1인 4[μF]콘덴서가 가장 먼저 파괴된다.

43
내압이 1[kV]이고 용량이 각각 0.01[μF], 0.02[μF], 0.04[μF]인 3개의 콘덴서를 직렬로 연결했을 때의 전체 내압[V]은?

① 1,750
② 1,950
③ 3,500
④ 7,000

Answer ▶ 40 ② 41 ④ 42 ② 43 ①

해설 $C_1 = 0.01[\mu F]$, $C_2 = 0.02[\mu F]$, $C_3 = 0.04[\mu F]$
$V_1 = V_2 = V_3 = 1[kV]$일 때 각 콘덴서의 전하량은
$Q_1 = C_1 V_1 = 0.01[\mu C]$, $Q_2 = C_2 V_2 = 0.02[\mu C]$,
$Q_3 = C_3 V_3 = 0.04[\mu C]$이므로 전하량이 가장 작은 C_1콘덴서가 먼저 파괴되므로 이를 기준하면

$V_1 = \dfrac{\dfrac{1}{C_1}}{\dfrac{1}{C_1}+\dfrac{1}{C_2}+\dfrac{1}{C_3}}V$이므로 주어진 수치를 대입하면

$V = \dfrac{\dfrac{1}{C_1}+\dfrac{1}{C_2}+\dfrac{1}{C_3}}{\dfrac{1}{C_1}}V_1 = \dfrac{\dfrac{1}{0.01}+\dfrac{1}{0.02}+\dfrac{1}{0.04}}{\dfrac{1}{0.01}}\times 1,000 = 1,750[V]$가 된다.

여기서, $\dfrac{1}{C_1}$: 먼저 파괴되는 콘덴서

44 도체 표면의 전하밀도를 σ [C/m²], 전계를 E [V/m]라 할 때 도체 표면에 작용하는 힘 f는?

① $f \propto E$ ② $f \propto \delta$ ③ $f \propto E/\delta$ ④ $f \propto E^2$

해설 대전된 도체의 면적당 작용하는 힘=정전응력=정전흡인력

$f = \dfrac{\sigma^2}{2\varepsilon_0} = \dfrac{D^2}{2\varepsilon_0} = \dfrac{1}{2}\varepsilon_0 E^2 = \dfrac{1}{2}ED [N/m^2]$

$f \propto \sigma^2 \propto D^2 \propto E^2$

45 무한히 넓은 2개의 평행판 도체의 간격이 d [m]이며 그 전위차는 V [V]이다. 도체판의 단위면적에 작용하는 힘 [N/m²]은?(단, 유전율은 ε_0이다.)

① $\varepsilon_0 \dfrac{V}{d}$ ② $\varepsilon_0 \left(\dfrac{V}{d}\right)^2$ ③ $\dfrac{1}{2}\varepsilon_0 \dfrac{V}{d}$ ④ $\dfrac{1}{2}\varepsilon_0 \left(\dfrac{V}{d}\right)^2$

해설 대전된 도체의 면적당 작용하는 힘=정전응력=정전흡인력

$f = \dfrac{1}{2}\varepsilon_0 E^2 [N/m^2]$에서 평행판에 작용하는 전계의 세기는 $E = \dfrac{V}{d}$ [V/m]이므로

이를 대입하면 $f = \dfrac{1}{2}\varepsilon_0 \left(\dfrac{V}{d}\right)^2 [N/m^2]$

44 ④   45 ④   **Answer**

46 매질이 공기인 경우에 방전이 10[kV/mm]의 전계에서 발생한다고 할 때 도체 표면에 작용하는 힘은 몇 [N/m²]인가?

① 4.43×10^2 ② 5.5×10^{-3} ③ 4.83×10^{-3} ④ 7.5×10^3

해설 전계가 $E=10[\text{kV/mm}]$이므로 단위면적당 받는 힘은
$$f = \frac{1}{2}\varepsilon_0 E^2 = \frac{1}{2} \times 8.855 \times 10^{-12} \times (10 \times 10^6)^2 = 4.43 \times 10^2 [\text{N/m}^2]\text{가 된다.}$$

47 면적이 300[cm²], 판 간격이 2[cm]인 2장의 평행판 금속 간을 비유전율 5인 유전체로 채우고 양 판 간에 20[kV]의 전압을 가할 경우 판 간에 작용하는 정전흡인력[N]은?

① 0.75 ② 0.66 ③ 0.89 ④ 10

해설 극간 흡인력은 총 힘 $F=fS[\text{N}]$이므로 정리하면
$$F = \frac{1}{2}\varepsilon E^2 S = \frac{1}{2}\varepsilon_0 \varepsilon_s \left(\frac{V}{d}\right)^2 S [\text{N}]$$
$$= \frac{1}{2} \times 8.855 \times 10^{-12} \times 5 \times \left(\frac{20 \times 10^3}{2 \times 10^{-2}}\right)^2 \times 300 \times 10^{-4} = 0.66 [\text{N}]\text{가 된다.}$$

48 면적 $S[\text{m}^2]$, 간격 $d[\text{m}]$인 평행판 콘덴서에 $Q[\text{C}]$의 전하를 줄 때, 정전력의 크기[N]는? (단, 유전율은 ε_0이다.)

① $\dfrac{Q^2}{2\varepsilon_0 S}$ ② $\dfrac{\varepsilon S Q}{2d}$ ③ $\dfrac{Q}{2\varepsilon_0 d}$ ④ $\dfrac{\varepsilon_0 Q^2}{2S}$

해설 평행판 사이의 정전력 $F = f \cdot S = \dfrac{\sigma^2}{2\varepsilon_0} S = \dfrac{\left(\dfrac{Q}{S}\right)^2}{2\varepsilon_0} S = \dfrac{Q^2}{2\varepsilon_0 S}$ [N]

여기서, 면전하밀도 $\sigma = \rho_s = D = \dfrac{Q}{S}[\text{c/m}^2]$이다.

Answer ▶ 46 ①　47 ②　48 ①

49 유전체 내의 정전 에너지식으로 옳지 않은 것은?

① $\dfrac{1}{2}ED$ ② $\dfrac{1}{2}\dfrac{D^2}{\varepsilon}$ ③ $\dfrac{1}{2}\varepsilon E^2$ ④ $\dfrac{1}{2}\varepsilon D^2$

해설 단위체적당 축적된 에너지
$$W = \dfrac{\sigma^2}{2\varepsilon} = \dfrac{D^2}{2\varepsilon} = \dfrac{1}{2}\varepsilon E^2 = \dfrac{1}{2}ED\,[\text{J/m}^3]$$

50 유전율 $\varepsilon = 10$이고 전계의 세기가 $100[\text{V/m}]$인 유전체 내부에 축적되는 에너지밀도는 몇 $[\text{J/m}^3]$인가?

① 2.5×10^4 ② 5×10^4 ③ 4.5×10^9 ④ 9×10^9

해설 단위체적당 축적된 에너지
$$W = \dfrac{\sigma^2}{2\varepsilon} = \dfrac{D^2}{2\varepsilon} = \dfrac{1}{2}\varepsilon E^2 = \dfrac{1}{2}ED\,[\text{J/m}^3]$$

유전율과 전계가 $\varepsilon = 10$, $E = 100[\text{V/m}]$일 때
$$W = \dfrac{1}{2}\varepsilon E^2 = \dfrac{1}{2}\times 10 \times 100^2 = 5\times 10^4[\text{J/m}^3]$$가 된다.

51 평판 콘덴서에 어떤 유전체를 넣었을 때 전속밀도가 $2.4\times 10^{-7}[\text{C/m}^2]$이고 단위체적 중의 에너지가 $5.3\times 10^{-3}[\text{J/m}^3]$이었다. 이 유전체의 유전율은 몇 $[\text{F/m}]$인가?

① 2.17×10^{-11} ② 5.43×10^{-11} ③ 2.17×10^{-12} ④ 5.43×10^{-12}

해설 $D = 2.4\times 10^{-7}[\text{C/m}^2]$, $W = 5.3\times 10^{-3}[\text{J/m}^3]$에서 단위체적당 에너지
$$W = \dfrac{D^2}{2\varepsilon}[\text{J/m}^3]$$에서

유전율 $\varepsilon = \dfrac{D^2}{2W} = \dfrac{(2.4\times 10^{-7})^2}{2\times 5.3\times 10^{-3}} = 5.43\times 10^{-12}[\text{F/m}]$가 된다.

49 ④ 50 ② 51 ④ Answer

52 자유공간 중에서 전위 $V = xyz$ [V]로 주어질 때 $0 \leq x \leq 1$, $0 \leq y \leq 1$, $0 \leq z \leq 1$인 입방체에 존재하는 정전에너지는 몇 [J]인가?

① $\dfrac{1}{6}\varepsilon_0$ ② $\dfrac{1}{5}\varepsilon_0$ ③ $\dfrac{1}{4}\varepsilon_0$ ④ $\dfrac{1}{3}\varepsilon_0$

해설 ㉠ $W = \int_v \dfrac{1}{2}\varepsilon_0 E^2 dv = \dfrac{1}{2}\varepsilon_0 \int E^2 dv$

㉡ $E = -\text{grad}\,V = -\nabla \cdot V = -\left(\dfrac{\partial V}{\partial x}i + \dfrac{\partial V}{\partial y}j + \dfrac{\partial V}{\partial z}k\right)$

$\qquad\qquad = -(yzi + xzj + xyk)$

$\therefore E^2 = (-yzi - xzj - xyk) \cdot (-yzi - xzj - xyk)$
$\qquad = y^2z^2 + x^2z^2 + x^2y^2$

㉢ $W = \dfrac{1}{2}\varepsilon_0 \int_0^1 \int_0^1 \int_0^1 y^2z^2 + x^2z^2 + x^2y^2\, dx\, dy\, dz$

$\quad = \dfrac{1}{2}\varepsilon_0 \int_0^1 \int_0^1 \left[y^2z^2 x + \dfrac{1}{3}x^3z^2 + \dfrac{1}{3}x^3y^2\right]_0^1 dy\,dz = \dfrac{1}{2}\varepsilon_0 \int_0^1 \int_0^1 \left[y^2z^2 + \dfrac{1}{3}z^2 + \dfrac{1}{3}y^2\right] dy\,dz$

$\quad = \dfrac{1}{2}\varepsilon_0 \int_0^1 \left[\dfrac{1}{3}y^3z^2 + \dfrac{1}{3}z^2y + \dfrac{1}{9}y^3\right]_0^1 dz = \dfrac{1}{2}\varepsilon_0 \int_0^1 \left[\dfrac{1}{3}z^2 + \dfrac{1}{3}z^2 + \dfrac{1}{9}\right] dz$

$\quad = \dfrac{1}{2}\varepsilon_0 \int_0^1 \left[\dfrac{2}{3}z^2 + \dfrac{1}{9}\right] dz = \dfrac{1}{2}\varepsilon_0 \left[\dfrac{2}{9}z^3 + \dfrac{1}{9}z\right]_0^1$

$\quad = \dfrac{1}{2}\varepsilon_0 \left(\dfrac{2}{9} + \dfrac{1}{9}\right) = \dfrac{1}{6}\varepsilon_0$

Answer ▶ 52 ①

Chapter 04 유전체

1 유전체

1) 전류가 흐르지 않는 도체를 전계 내에 놓았을 때 속박전하의 위치적 변화(변위)에 의해서 양극에 서로 다른 전하를 띠는 현상(분극현상)이 나타나는 절연체

2) 유전체의 비유전율 특징

① 유전체의 비유전율 $\varepsilon_s = \dfrac{\varepsilon}{\varepsilon_0} > 1$

② 비유전율은 재질의 종류에 따라 다르다.

3) 각종 유전체의 비유전율

유전체	비유전율(ε_s)	유전체	비유전율(ε_s)
진공	1	운모	5.5~6.7
공기	1.00058	유리	3.5~10
종이	1.2~1.6	물(증류수)	80
폴리에틸렌	2.3	산화티탄	100
변압기유	2.2~2.4	로셀염	100~1,000
고무	2.0~3.5	티탄산바륨 자기	1,000~3,000

4) 진공 시 유전체의 비례관계

매질의 유전율	공기 중(ε_0)	임의의 유전체($\varepsilon = \varepsilon_0 \varepsilon_s$)	유전율(ε_s)
힘	$F_0 = \dfrac{Q_1 Q_2}{4\pi\varepsilon_0 r^2}$	$F = \dfrac{Q_1 Q_2}{4\pi\varepsilon_0 \varepsilon_s r^2}$	$\dfrac{1}{\varepsilon_s}$배 감소
전계	$E_0 = \dfrac{Q}{4\pi\varepsilon_0 r^2}$	$E = \dfrac{Q}{4\pi\varepsilon_0 \varepsilon_s r^2}$	$\dfrac{1}{\varepsilon_s}$배 감소
전위	$V_0 = \dfrac{Q}{4\pi\varepsilon_0 r}$	$V = \dfrac{Q}{4\pi\varepsilon_0 \varepsilon_s r}$	$\dfrac{1}{\varepsilon_s}$배 감소
전속밀도	$D_0 = \varepsilon_0 E_0 = \dfrac{Q}{4\pi r^2}$	$D = \varepsilon_0 \varepsilon_s E = \dfrac{Q}{4\pi r^2}$	불변
정전용량	$C_0 = \dfrac{\varepsilon_0 S}{d}$	$C = \dfrac{\varepsilon_0 \varepsilon_s S}{d}$	$\varepsilon_s = \dfrac{C}{C_0}$
정전에너지	Q 일정 시 $W_0 = \dfrac{Q^2}{2C_0}$	$W = \dfrac{Q^2}{2\varepsilon_s C}$	$\dfrac{1}{\varepsilon_s}$배 감소
	V 일정 시 $W_0 = \dfrac{1}{2}C_0 V^2$	$W = \dfrac{1}{2}\varepsilon_s C V^2$	ε_s배 증가

2 분극현상

1) 전자분극(다이아몬드 등)

단결정체에 전계를 가하면 양전하인 핵의 위치와 음전하인 전자운의 위치가 변화하는 분극현상

2) 이온분극(NaCl 등)

이온결합의 특성을 가진 물질에 전계를 가하면 양극에 (+), (−) 이온이 나누어져 이동하여 상대적인 변위를 하는 분극현상

3) 배향분극(물, 암모니아, 알코올 등)

전기 쌍극자를 가진 유극분자들이 전계와 같이 같은 방향으로 회전하여 발생하는 분극현상

>> 예제 ❶

문제 유전체에서 전자분극은 어떠한 이유로 일어나는가?

① 단결정 매질에서 전자운과 핵과 상대적인 변위에 의한다.
② 화합물에서 (+)이온과 (-)이온 간의 상대적인 변위에 의한다.
③ 단결정에서 (+)이온과 (-)이온 간의 상대적인 변위에 의한다.
④ 영구 전기 쌍극자의 전계방향의 배열에 의한다.

풀이
① 전자분극, ② 이온분극, ④ 배향분극(전위분극)이다.   정답 ①

4) 전기분극

유전체에 전계가 인가되면 유전체 안에 있는 중성 상태의 전자운이 외부전계의 영향을 받아 전계의 (+) 쪽으로 치우쳐서 원자 내에서 위치이동을 하게 되어 전자운의 중심과 원자핵의 중심이 분리되는 현상(=전자와 핵의 위치이동으로 인하여 극이 분리되는 것처럼 나타나는 현상)

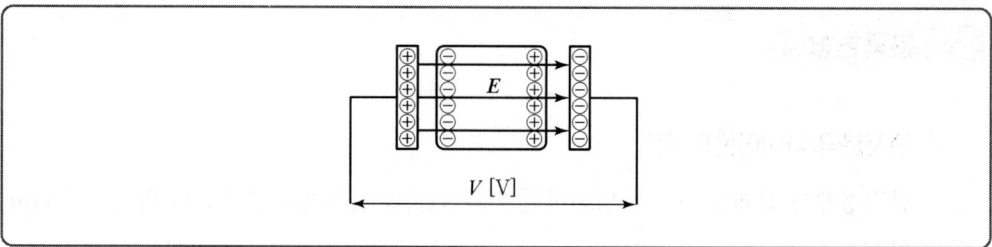

이때 분극전하가 미소거리 떨어져 있어 전기쌍극자를 형성한다.

유전체의 전속밀도 $D = \varepsilon_0 \varepsilon_s E \,[\text{C/m}^2]$, 외부전계 $E_0 = \dfrac{\sigma}{\varepsilon_0}\,[\text{V/m}]$

여기서, σ : 진전하밀도(유전체의 면전하밀도 $D[\text{C/m}^2]$)
$\sigma' = \sigma_p$: 분극전하밀도($P[\text{C/m}^2]$=분극의 세기)

① 유전체의 전계와 분극의 세기 관계

$$E = \frac{\sigma - \sigma'}{\varepsilon_0} \, [\text{V/m}]$$

② 쌍극자 모멘트(전기분극)

$$M = Qd \, [\text{C} \cdot \text{m}]$$

③ 분극의 세기와 쌍극자 모멘트의 관계

$$P = \frac{Q \times d}{S \times d} = \frac{M}{V} \, [\text{C/m}^2] = \sigma'$$

즉, 분극의 세기는 단위체적당 미소전기분극 쌍극자 모멘트와 같다.

체적 $v \, [\text{m}^3]$ — 길이 $l \, [\text{m}]$, 반지름이 $r \, [\text{m}]$인 원통 $v = \pi r^2 l \, [\text{m}^3]$
— 반지름이 $r \, [\text{m}]$인 구의 체적 $v = \frac{4}{3} \pi r^3 \, [\text{m}^3]$

④ 분극의 세기와 유전체 전계의 관계식

유전체 표면에서의 전계의 세기를 구하면 $E = \dfrac{\sigma - \sigma'}{\varepsilon_0} \, [\text{V/m}]$이고,

이때 전하밀도는 전속밀도와 같고 분극 전하밀도는 분극의 세기이므로

$\sigma = D \, [\text{C/m}^2]$, $\sigma' = P \, [\text{C/m}^2]$로 대입시키면 $E = \dfrac{D - P}{\varepsilon_0} \, [\text{V/m}]$,

$\varepsilon_0 E = D - P$, 여기서 분극의 세기는 다음과 같다.

$$P = D - \varepsilon_0 E = D - \frac{D}{\varepsilon_s} = D\left(1 - \frac{1}{\varepsilon_s}\right) = \varepsilon_0 \varepsilon_s E - \varepsilon_0 E = \varepsilon_0 (\varepsilon_s - 1) E \, [\text{C/m}^2]$$

⑤ 분극률과 비분극률

분극률 $\chi = \varepsilon_0 (\varepsilon_s - 1)$, 비분극률(전기감수율) $\dfrac{\chi}{\varepsilon_0} = \varepsilon_s - 1$, 비유전율 $\varepsilon_s = \dfrac{\chi}{\varepsilon_0} + 1$

⑥ 전계의 세기(유전체 내)

$$P = \varepsilon_0 (\varepsilon_s - 1) E \Rightarrow E = \frac{P}{\varepsilon_0 (\varepsilon_s - 1)} = E_0 - \frac{P}{\varepsilon_0} = D - \frac{P}{\varepsilon_0}$$

⑦ 전속밀도

$$D = \varepsilon_0 E + P = \varepsilon_0 \varepsilon_s E \, [\text{C/m}^2]$$

즉, 분극현상이 발생하더라도 유전체 내의 전속(전하)밀도는 변화가 없다.

》예제 ❷

문제 베이클라이트 중의 전속밀도가 4.5×10^{-6} [C/m²]일 때의 분극의 세기는 몇 [C/m²]인가?(단, 베이클라이트의 비유전율은 4로 계산한다.)

풀이
$$P = D\left(1 - \frac{1}{\varepsilon_s}\right) = 4.5 \times 10^{-6} \times \left(1 - \frac{1}{4}\right) = 3.37 \times 10^{-6} \text{ [C/m}^2\text{]}$$

3 패러데이관

유전체를 구성하는 대전도체의 미소면적에서 발산하는 전속을 이루는 관을 전기력관이라 하고, 이 역관 중 미소면적상의 전하가 1[C]인 역관을 패러데이관이라고 한다.

① 패러데이관 내의 전속 수는 일정하다.
② 패러데이관 양단에는 정·부 단위 전하가 있다.
③ 진전하가 없는 점에는 패러데이관이 연속이다.
④ 패러데이관의 밀도는 전속밀도와 같다.
⑤ 단위전위차마다 $\frac{1}{2}$(J)의 에너지를 저장하고 있다.

4 유전체의 경계조건

- 완전경계조건 → $\sigma = 0$(경계면에 진전하가 존재하지 않음. 경계면의 전위차는 없다.)
- 불완전경계조건 → $\sigma \neq 0$(진전하가 존재)

1) 완전경계조건

① 전속밀도의 법선(수직) 성분은 경계면의 양측이 서로 같다.
  (전속밀도는 경계면과 법선일 때 연속이다.)

② 전계의 접선(수평) 성분은 경계면의 양측이 서로 같다.
  (전계는 경계면과 접선일 때 연속이다.)

(1) 법선(수직) 전속밀도 $D_{n1} = D_{n2}$만 존재

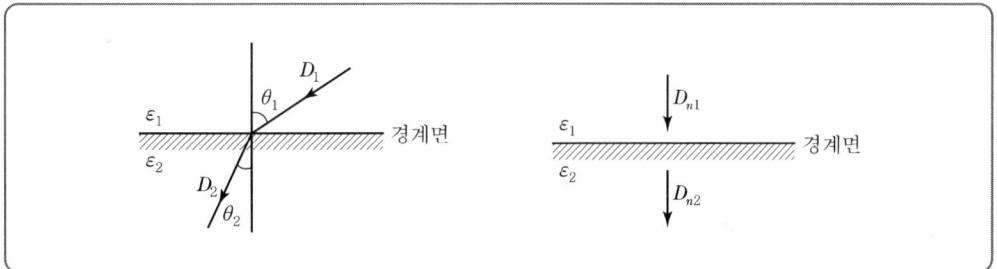

① $D_{n1} = D_{n2}$: 연속적이다.

② $E_{n1} \neq E_{n2}$: 불연속적이다.

　　여기서, n은 법선(수직) 성분을 의미한다.

③ $D_1\cos\theta_1 = D_2\cos\theta_2$, $\varepsilon_1 E_1 \cos\theta_1 = \varepsilon_2 E_2 \cos\theta_2$ ············ 식 (1)

(2) 접선(수평)=경계면 전계 $E_{t1} = E_{t2}$만 존재

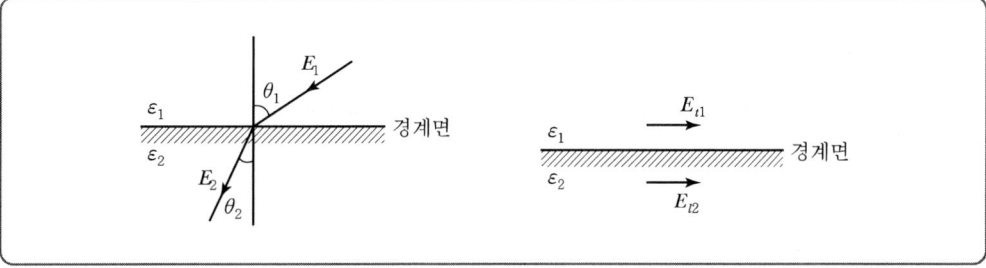

① $E_{t1} = E_{t2}$: 연속적이다.

② $D_{t1} \neq D_{t2}$: 불연속적이다.

　　여기서, t는 접선(수평) 성분을 의미한다.

③ $E_1\sin\theta_1 = E_2\sin\theta_2$ ······························· 식 (2)

(3) 굴절각

$$\frac{식\ (2)}{식\ (1)} = \frac{E_1 \sin\theta_1}{\varepsilon_1 E_1 \cos\theta_1} = \frac{E_2 \sin\theta_2}{\varepsilon_2 E_2 \cos\theta_2}$$

$$\frac{\tan\theta_1}{\varepsilon_1} = \frac{\tan\theta_2}{\varepsilon_2}, \ \frac{\tan\theta_1}{\tan\theta_2} = \frac{\varepsilon_1}{\varepsilon_2} \rightarrow 유전율과\ 굴절각의\ 관계식$$

굴절각은 $\varepsilon_1 \tan\theta_2 = \varepsilon_2 \tan\theta_1$ 이며, 유전체에 비례한다.

* 굴절하지 않을 경우
  ① $\varepsilon_1 = \varepsilon_2$
  ② $\theta_1 = 0$
  ③ 전계와 전속밀도가 수직으로 입사할 때 전계는 불연속, 전속밀도는 불변

(4) $\varepsilon_1 > \varepsilon_2$ 일 때 비례관계

$\theta_1 > \theta_2,\ D_1 > D_2,\ E_1 < E_2$

≫ 예제 ❸

[문제] 공기 중에서 비유전율 $\varepsilon_s = \sqrt{3}$ 인 유전체에 $E_1 = 10[\text{kV/m}]$의 전계가 $45°$의 각도로 입사할 때, 유전체 속 전계의 세기[V/m]는?

[풀이]
$\dfrac{\tan\theta_1}{\tan\theta_2} = \dfrac{\varepsilon_1}{\varepsilon_2} = \dfrac{\varepsilon_0}{\varepsilon_0 \varepsilon_s} = \dfrac{1}{\sqrt{3}}$, $\tan\theta_2 = \sqrt{3}\tan\theta_1$

이때 $\theta_2 = \tan^{-1}[\sqrt{3}\tan\theta_1] = \tan^{-1}[\sqrt{3}\tan 45°] = \tan^{-1}[\sqrt{3}\times 1] = 60°$

$E_1 \sin\theta_1 = E_2 \sin\theta_2$

$E_2 = \dfrac{\sin\theta_1}{\sin\theta_2} E_1 = \dfrac{\sin 45°}{\sin 60°} \times 10 \times 10^3 = \dfrac{\frac{\sqrt{2}}{2}}{\frac{\sqrt{3}}{2}} \times 10^4 = \dfrac{\sqrt{2}}{\sqrt{3}} \times 10^4\ [\text{V/m}]$

2) 두 유전체에 작용하는 힘(Maxwell 변형력)

① 유전율이 큰 쪽에서 작은 쪽으로 힘이 작용한다.
② 전속(밀도)선은 유전율이 큰 쪽으로 모이려는 성질이 있다.(간격 좁아짐)

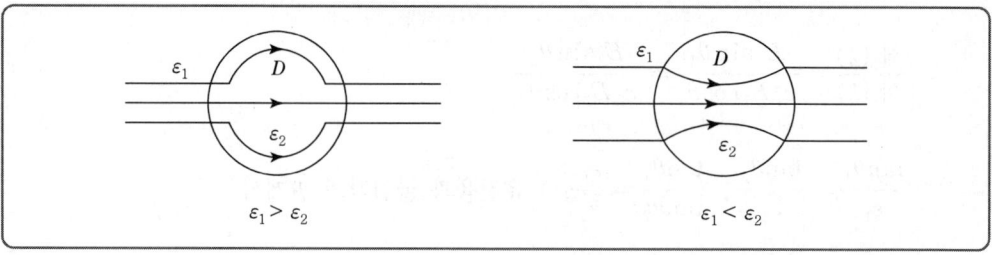

③ 전계(전기력선)는 유전율이 작은 쪽으로 몰리는 속성이 있다.(간격 넓어짐)

(1) 전계가 경계면에 법선(수직)으로 진행

굴절각은 $\theta_1 = \theta_2 = 0$이고 전속밀도($D_1 = D_2 = D$)는 연속적이므로 경계면에서는 서로 끌어당기는 인장응력(반발력)이 작용한다.

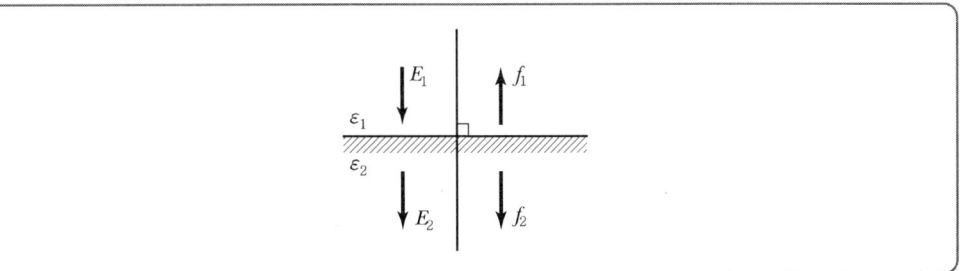

유전율이 $\varepsilon_1 > \varepsilon_2$이라면 $f = \dfrac{1}{2}\left(\dfrac{1}{\varepsilon_2} - \dfrac{1}{\varepsilon_1}\right)D^2\,[\text{N/m}^2]$

전계와 같은 방향으로 인장응력을 받으며 유전율이 큰 쪽에서 작은 쪽으로 힘(인장응력)이 진행한다.

(2) 전계가 경계면에 접선(평행)으로 진행

경계면에서는 서로 밀어내는 압축응력(흡인력)이 작용한다.

유전율이 $\varepsilon_1 > \varepsilon_2$, $D_1 > D_2$이고 전계가 연속이므로 $E_{t1} = E_{t2} = E$

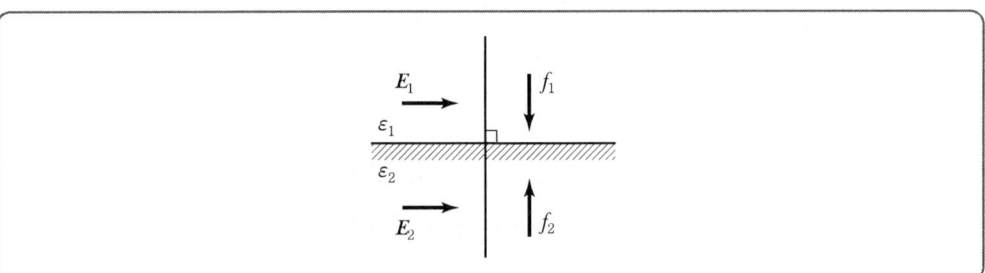

$f = \dfrac{1}{2}(\varepsilon_1 - \varepsilon_2)E^2 = \dfrac{1}{2}(\varepsilon_1 - \varepsilon_2)\left(\dfrac{V}{d}\right)^2\,[\text{N/m}^2]$

전계와 수직방향으로 압축응력을 받으며 유전율이 큰 쪽에서 유전율이 작은 쪽으로 진행된다.

5 단절연

절연층의 전계의 세기를 거의 일정하게 유지할 목적으로 심선에 가까운 곳은 유전율이 큰 것으로, 심선에서 먼 곳은 유전율이 작은 것으로 여러 종류의 유전체를 이용하여 절연하는 방법

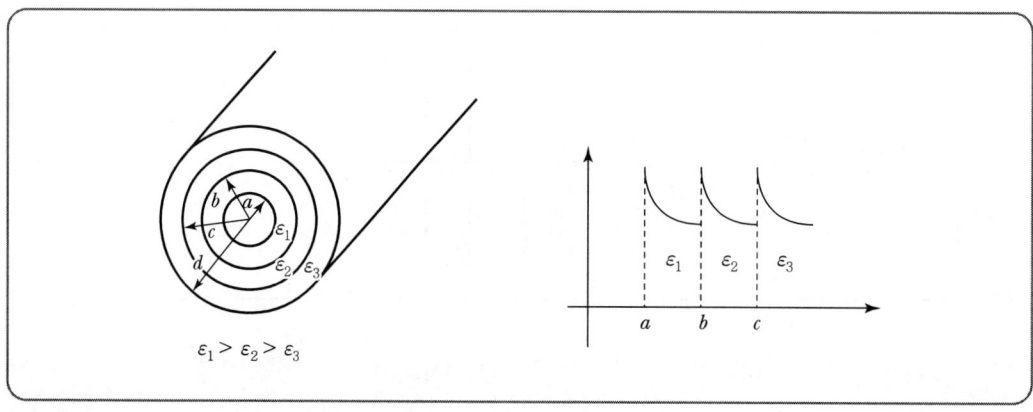

6 복합 유전체에 의한 콘덴서의 정전 용량

1) 직렬 접속

① 유전체의 경계면이 전계의 진행방향과 수직인 경우
② 극판의 간격이 다르고, 극판의 면적이 일정($d_1 \neq d_2$, S=일정)

$$C = \frac{1}{\frac{1}{C_1} + \frac{1}{C_2}} = \frac{1}{\frac{1}{\frac{\varepsilon_1 S}{d_1} + \frac{\varepsilon_2 S}{d_2}}} = \frac{1}{\frac{d_1}{\varepsilon_1 S} + \frac{d_2}{\varepsilon_2 S}}$$

$$= \frac{1}{\frac{1}{S}\left(\frac{d_1}{\varepsilon_1} + \frac{d_2}{\varepsilon_2}\right)} = \frac{S}{\frac{d_1}{\varepsilon_1} + \frac{d_2}{\varepsilon_2}} = \frac{\varepsilon_1 \varepsilon_2 S}{\varepsilon_1 d_2 + \varepsilon_2 d_1} \text{ [F]}$$

$$C = \frac{C_1 C_2}{C_1 + C_2} = \frac{\frac{\varepsilon_1 S}{d_1} \times \frac{\varepsilon_2 S}{d_2}}{\frac{\varepsilon_1 S}{d_1} + \frac{\varepsilon_2 S}{d_2}} = \frac{\frac{\varepsilon_1 \varepsilon_\varepsilon S}{d_1 d_2}}{\frac{\varepsilon_1 d_2 + \varepsilon_2 d_1}{d_1 d_2}} = \frac{\varepsilon_1 \varepsilon_2 S}{\varepsilon_1 d_2 + \varepsilon_2 d_1} \ [\text{F}]$$

2) 공기 콘덴서에 유전체를 판 간격 반만 평행하게 채운 경우(두께의 $\frac{1}{2}$ 유전체)

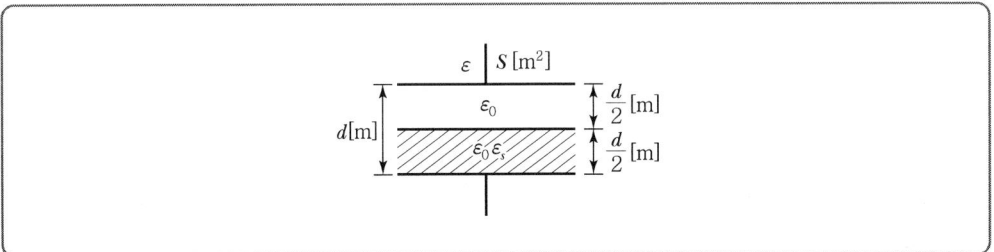

$$C = \frac{1}{\frac{1}{C_1} + \frac{1}{C_2}} = \frac{2C_0}{1 + \frac{\varepsilon_0}{\varepsilon}} = \frac{2C_0}{1 + \frac{1}{\varepsilon_s}} = \frac{2\varepsilon_s}{1 + \varepsilon_s} C_0 \ [\text{F}]$$

여기서, $C_0 \ [\text{F}]$: 공기 콘덴서 용량

3) **병렬 접속**

① 유전체의 경계면이 전계의 진행방향과 수평인 경우
② 극판의 면적이 다르고, 극판의 간격이 일정($S_1 \neq S_2$, $d=$일정)

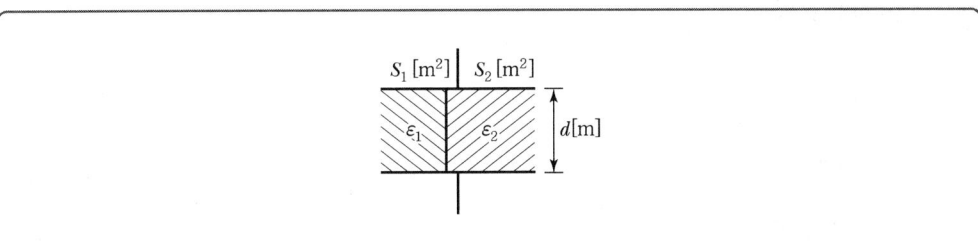

$$C = C_1 + C_2 = \frac{\varepsilon_1 S_1}{d} + \frac{\varepsilon_2 S_2}{d} = \frac{1}{d}(\varepsilon_1 S_1 + \varepsilon_2 S_2) \ [\text{F}]$$

4) 복합유전체의 동축 원통 사이 정전용량

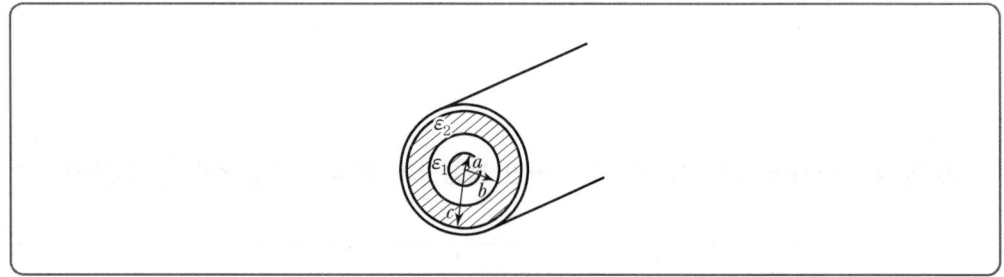

동축 내 원통 도체에 $\pm\lambda[C/m]$의 전하를 준 경우, 각 유전체에서의 전계는
$E_1 = \dfrac{\lambda}{2\pi\varepsilon_1 r}$ [V/m]$(a < r < b)$, $E_2 = \dfrac{\lambda}{2\pi\varepsilon_2 r}$ [V/m]$(b < r < c)$가 되므로 내외

원통 사이의 전위차 V_{ac}는
$$V_{ac} = \int_a^b E_1\, dr + \int_b^c E_2\, dr = \dfrac{\lambda}{2\pi}\left[\dfrac{1}{\varepsilon_1}\ln\dfrac{b}{a} + \dfrac{1}{\varepsilon_2}\ln\dfrac{c}{b}\right] \text{[V]}$$

따라서, 동축 원통의 단위길이당 정전용량 C_0는
$$C_0 = \dfrac{\lambda}{V_{ac}} = \dfrac{2\pi}{\dfrac{1}{\varepsilon_1}\ln\dfrac{b}{a} + \dfrac{1}{\varepsilon_2}\ln\dfrac{c}{b}} \text{ [F/m]}$$

7 유전체의 특수현상

1) 이완특성

유전체에 외부전계가 가해질 때 그 분극이 순간적으로 완결되는 것이 아니라 유한시간을 두고 분극이 어느 정도의 포화값에 도달한다. 이것을 유전체 이완이라 하며 $e^{-\frac{t}{\tau}}$로 표현하는데, 이때 τ를 이완시정수라 하며 일반적으로 τ는 분극의 포화값으로 63.2[%]까지 소요되는 시간이 된다. 이때 $\tau = \left(1 - \dfrac{1}{e}\right) \times 100\,[\%]$

2) 강유전성

티탄산바륨이나 로셀염 등의 비유전율이 대단히 큰 유전체를 강유전체라 하고 자계의 히스테리시스 현상과 같은 이력곡선을 가지며 자발분극을 발생한다.

여기서 자발분극이란 강유전체 내의 분자들은 $E = 0$에서도 쌍극자를 가지며 분역(자발분극의 구역)을 가진다. 또한 강유전체의 온도를 높일 때는 어떤 온도지점에서 자발분극이 소멸되고 유전율이 감소되면서 이력 특성을 잃게 된다. 이때 온도 지점을 임계온도 또는 퀴리온도라 하며 티탄산바륨은 120[℃], 로셀염은 20[℃]이다.

비유전율은 $\varepsilon_s = \dfrac{C}{T - T_c}$

여기서, C : 퀴리상수
T_c : 퀴리온도
T : 유전체의 온도

3) Pyro 전기효과(초전효과)

전기석이나 티탄산바륨의 결정에 가열을 하거나 냉각을 시키면 결정의 한쪽 면에는 (+)전하, 다른 쪽 면에는 (-)전하가 나타나 분극을 일으키며 반대로 냉각하면 역의 분극이 일어나는 현상이다.

4) 압전효과

① 어떤 유전체의 결정에 압력이나 인장을 가하면 그 응력으로 인하여 내부에 전기분극이 일어나고 그 단면에 분극전하가 나타나는 것을 말한다. 이의 역현상으로 결정에 전기를 가하면 기계적 변형이 나타나는 압전기 역효과가 있다.
② 압전기 진동자 : 압전기 현상이 가장 현저한 로셀염을 비롯하여 수정, 전기석, 티탄산바륨 등이 있다.
③ 응용범위 : 마이크, 압력 측정, 초음파 발생, 전기진동(발진기), 크리스탈 픽업
④ 응력과 분극방향이 동일 방향인 경우를 종효과 응력이라 하고, 분극방향이 수직방향인 경우를 횡효과 응력이라 한다.

5) 접촉전기(볼타 효과)

도체와 도체, 유전체와 유전체, 유전체와 도체를 접촉시키면 전자가 이동하여 양·음으로 대전되는 현상

Chapter 04 실·전·문·제

01 비유전율 ε_s에 대한 설명으로 옳은 것은?

① 진공의 비유전율은 0이고, 공기의 비유전율은 1이다.
② ε_s는 항상 1보다 작은 값이다.
③ ε_s는 절연물의 종류에 따라 다르다.
④ ε_s의 단위는 [C/m]이다.

해설
- 진공 중의 비유전율과 공기 중의 비유전율은 $\varepsilon_s = 1$
- 유전체의 비유전율 $\varepsilon_s = \dfrac{\varepsilon}{\varepsilon_0} > 1$
- 비유전율은 매질의 상태와 종류에 따라 다르다.

02 다음 물질 중 비유전율이 가장 큰 것은?

① 산화티탄 자기
② 종이
③ 운모
④ 변압기 기름

해설

유전체	비유전율 ε_s	유전체	비유전율 ε_s
진공	1	운모	5.5~6.7
공기	1.00058	유리	3.5~10
종이	1.2~1.6	물(증류수)	80
폴리에틸렌	2.3	산화티탄	100
변압기유	2.2~2.4	로셀염	100~1,000
고무	2.0~3.5	티탄산바륨 자기	1,000~3,000

03 다음 유전체 중에서 비유전율이 가장 작은 것은?

① 유리
② 고무
③ 운모
④ 물

해설 문제 2번 해설 참고

01 ③ 02 ① 03 ② **Answer**

04
비유전율 9인 유전체 중에 1[cm]의 거리를 두고 1[μC]과 2[μC]의 두 점전하가 있을 때 서로 작용하는 힘[N]은?

① 18　　② 180　　③ 20　　④ 200

해설 $\varepsilon_s = 9$, $r = 1[\text{cm}]$, $Q_1 = 1[\mu\text{C}]$, $2[\mu\text{C}]$일 때 두 전하 사이에 작용하는 힘은
$F = \dfrac{Q_1 \cdot Q_2}{4\pi\varepsilon_0\varepsilon_s r^2} = 9 \times 10^9 \times \dfrac{1 \times 10^{-6} \times 2 \times 10^{-6}}{9 \times (10^{-2})^2} = 20[\text{N}]$가 된다.

05
공기 중 두 점전하 사이에 작용하는 힘이 5[N]이었다. 두 전하 사이에 유전체를 넣었더니 힘이 2[N]으로 되었다면 유전체의 비유전율은 얼마인가?

① 15　　② 10　　③ 5　　④ 2.5

해설 공기 중 $F_0 = 5[\text{N}]$, 유전체 내 $F = 2[\text{N}]$일 때 비유전율은
$F = \dfrac{Q_1 \cdot Q_2}{4\pi\varepsilon_0\varepsilon_s r^2} = \dfrac{F_0}{\varepsilon_s}[\text{N}]$이므로 비유전율은 $\varepsilon_s = \dfrac{F_0}{F} = \dfrac{5}{2} = 2.5$가 된다.

06
면적이 $S[\text{m}^2]$이고 극간의 거리가 $d[\text{m}]$인 평행판 콘덴서에 비유전율 ε_s의 유전체를 채울 때 정전용량은 몇 [F]인가?

① $\dfrac{2\varepsilon_0\varepsilon_s S}{d}$　　② $\dfrac{\varepsilon_0\varepsilon_s S}{\pi d}$　　③ $\dfrac{\varepsilon_0\varepsilon_s S}{d}$　　④ $\dfrac{2\pi\varepsilon_0\varepsilon_s S}{d}$

해설 유전체 내 평행판 사이의 정전용량 $C = \dfrac{\varepsilon_0\varepsilon_s S}{d}[\text{F}]$가 된다.

07
콘덴서에 비유전율 ε_r인 유전율로 채워져 있을 때 정전용량 C와 공기로 채워져 있을 때의 정전용량 C_0와의 비 $\dfrac{C}{C_0}$는?

① ε_r　　② $\dfrac{1}{\varepsilon_r}$　　③ $\sqrt{\varepsilon_r}$　　④ $\dfrac{1}{\sqrt{\varepsilon_r}}$

해설 유전체 내 정전용량 $C = \dfrac{\varepsilon_0\varepsilon_s S}{d} = \varepsilon_s C_0$이므로 $\dfrac{C}{C_0} = \varepsilon_s = \varepsilon_r$이 된다.

Answer　04 ③　05 ④　06 ③　07 ①

08 일정 전압을 가하고 있는 공기 콘덴서에 비유전율 ε_s인 유전체를 채웠을 때 일어나는 현상은?

① 극판의 전하량이 ε_s배 된다.

② 극판의 전하량이 $\dfrac{1}{\varepsilon_s}$배 된다.

③ 극판의 전계가 ε_s배 된다.

④ 극판의 전계가 $\dfrac{1}{\varepsilon_s}$배 된다.

해설 $V[V]$ 일정, 유전체 삽입 시
- 유전체 내 전하량 $Q = CV \propto C = \varepsilon_s C_0$이므로 전하량은 진공 중에서보다 ε_s배로 증가한다.
- 유전체 내 전계 $E = \dfrac{V}{d}$ 일정

09 정전에너지, 전속밀도 및 유전상수 ε_r의 관계에 대한 설명 중 옳지 않은 것은?

① 동일 전속밀도에서는 ε_r이 클수록 정전에너지는 작아진다.
② 동일 정전에너지는 ε_r이 클수록 전속밀도가 커진다.
③ 전속은 매질에 축적되는 에너지가 최대가 되도록 분포한다.
④ 굴절각이 큰 유전체는 ε_r이 크다.

해설 전속은 매질에 축적되는 에너지가 최소가 되도록 분포한다.

10 콘덴서에 대한 설명 중 옳지 않은 것은?

① 콘덴서는 두 도체 간 정전용량에 의하여 전하를 축적시키는 장치이다.
② 가능한 한 많은 전하를 축적하기 위하여 도체 간의 간격을 작게 한다.
③ 두 도체 간의 절연물은 절연을 유지할 뿐이다.
④ 두 도체 간의 절연물은 도체 간 절연은 물론 정전용량의 값을 증가시키기 위함이다.

해설 절연물은 절연을 유지하고 정전용량은 절연물의 유전율에 따라 달라지므로 정전용량의 크기에도 영향을 준다.

11 평행판 콘덴서의 원형 전극의 지름이 60[cm], 극판 간격이 0.1[cm], 유전체의 비유전율이 16이다. 이 콘덴서의 정전용량[μF]은?

① 0.04   ② 0.03   ③ 0.02   ④ 0.01

해설 원판, 지름 $D=60[\text{cm}]$, 극판 간격 $d=0.1[\text{cm}]$, 비유전율 $\varepsilon_s=16$일 때 정전용량은 평행판 사이의 정전용량 $C=\dfrac{\varepsilon_0\varepsilon_s S}{d}=\dfrac{\varepsilon_0\varepsilon_s \pi a^2}{d}$ [F]이므로

여기서, 반지름 $a=0.3[\text{m}]$

주어진 수치를 대입하면 $C=\dfrac{8.855\times 10^{-12}\times 16\times \pi\times (0.3)^2}{0.1\times 10^{-2}}\times 10^6 = 0.04[\mu\text{F}]$이 된다.

12 극판의 면적이 $10[\text{cm}^2]$, 극판 간의 간격이 $1[\text{mm}]$, 극판 간에 채워진 유전체의 비유전율이 2.5인 평행판 콘덴서에 $100[\text{V}]$의 전압을 가할 때 극판의 전하[C]는?

① 1.2×10^{-9}
② 1.25×10^{-12}
③ 2.21×10^{-9}
④ 4.25×10^{-10}

해설 면적 $S=10[\text{cm}^2]$, 극판 간격 $d=1[\text{mm}]$, 비유전율 $\varepsilon_s=2.5$,

전압 $V=100[\text{V}]$일 때 전하량은 $Q=CV=\dfrac{\varepsilon_0\varepsilon_s S}{d}V[\text{C}]$이므로

주어진 수치를 대입하면 $Q=\dfrac{8.855\times 10^{-12}\times 2.5\times 10\times 10^{-4}}{1\times 10^{-3}}\times 100 = 2.21\times 10^{-9}[\text{C}]$이 된다.

13 공기 콘덴서의 극판 사이에 비유전율 5의 유전체를 채운 경우 같은 전위차에 대한 극판의 전하량은?

① 5배로 증가
② 5배로 감소
③ 10배로 증가
④ 불변

해설 $Q=CV=\dfrac{\varepsilon_0\varepsilon_s S}{d}V \propto \varepsilon_s$[C]이므로 5배

14 공기 콘덴서를 $100[\text{V}]$로 충전한 다음 전극 사이에 유전체를 넣어 용량을 10배로 했다. 정전 에너지는 몇 배로 되는가?

① 1/10배
② 10배
③ 1/1,000배
④ 1,000배

해설 충전 후 Q는 일정해진다. 정전용량 C를 10배로 증가 시 충전 후 정전에너지는 $W=\dfrac{Q^2}{2C}\propto \dfrac{1}{C}$이므로 $\dfrac{1}{10}$배로 감소한다.

Answer ◯ 12 ③ 13 ① 14 ①

15 유전율 $\varepsilon_0\varepsilon_s$의 유전체 내에 있는 전하 Q에서 나오는 전기력선의 수는?

① Q개 ② $\dfrac{Q}{\varepsilon_0\varepsilon_s}$개 ③ $\dfrac{Q}{\varepsilon_0}$개 ④ $\dfrac{Q}{\varepsilon_s}$개

해설 전기력선은 전하량에 대하여 매질과 반비례 관계가 있으므로 유전체 내 전기력선은 $N=\dfrac{Q}{\varepsilon_0\varepsilon_s}$[개]이 된다.

16 진공 중에서 어떤 대전체의 전속이 Q였다. 이 대전체를 비유전율 2.2인 유전체 속에 넣었을 경우의 전속은?

① Q ② εQ ③ $2.2Q$ ④ 0

해설 전속선은 매질과 관계가 없고 전하량만큼 발생하므로 유전체 내 전속선은 $\psi = Q$가 된다.

17 비유전율이 4이고 전계의 세기가 20[kV/m]인 유전체 내의 전속밀도[μC/m²]는?

① 0.708 ② 0.168 ③ 6.28 ④ 2.83

해설 $E=20$[kV/m], $\varepsilon_s=4$일 때 유전체 내 전속밀도 $D=\varepsilon_0\varepsilon_s E$[C/m²]이므로 주어진 수치를 대입하면 $D=8.855\times10^{-12}\times4\times20\times10^3\times10^6=0.708\,[\mu\text{C/m}^2]$가 된다.

18 패러데이(Faraday)관에 대한 설명 중 틀린 것은?

① 패러데이관 내의 전속선 수는 일정하다.
② 진전하가 없는 점에서는 패러데이관은 불연속적이다.
③ 패러데이관의 밀도는 전속밀도와 같다.
④ 패러데이관 양단에 정·부의 단위 전하가 있다.

해설 패러데이관의 성질
- 패러데이관 내의 전속선 수는 일정하다.
- 진전하가 없는 점에서는 패러데이관은 연속적이다.
- 패러데이관의 밀도는 전속밀도와 같다.
- 패러데이관 양단에 정·부의 단위 전하가 있다.

15 ② 16 ① 17 ① 18 ② **Answer**

19 패러데이관에서 전속선의 수가 $5Q$개이면 패러데이관 수는?

① $\dfrac{Q}{\varepsilon_0}$ ② $\dfrac{Q}{5}$ ③ $\dfrac{5}{Q}$ ④ $5Q$

해설 문제 18번 해설 참고

20 전기분극이란?

① 도체 내의 원자핵의 변위이다.
② 유전체 내의 원자의 흐름이다.
③ 유전체 내의 속박전하의 변위이다.
④ 도체 내의 자유전하의 흐름이다.

해설 전계 내 놓았을 때 유전체 내 속박전하의 변위에 의해서 발생하는 분극현상

21 유전체 내 분극(유전분극)의 종류가 아닌 것은?

① 전하분극 ② 전자분극 ③ 이온분극 ④ 배향분극

해설 유전체 내에 발생하는 분극의 종류
- 전자분극 : 다이아몬드와 같은 단결정체에서 외부 전계에 의해 양전하 중심인 핵의 위치와 음전하의 위치가 변화하는 분극
- 이온분극 : NaCl과 같은 이온결합의 특성을 가진 물질에 전계를 가하면 +−이온에 상대적 변위가 일어나 쌍극자를 유발하는 분극현상
- 배향분극 : 물, 암모니아, 알코올 등 영구 자기 쌍극자를 가진 유극분자들은 외부 전계와 같이 같은 방향으로 움직이려는 성질
- 전기분극 : 유전체에 전계가 인가되면 유전체 안에 있는 중성상태의 전자와 핵이 외부전계의 영향을 받아 전자운이 전계의 (+)쪽으로 치우쳐서 원자 내에서 약간의 위치이동을 하게 되어 전자운의 중심과 원자핵의 중심이 분리되는 현상(=전자와 핵의 위치이동으로 인하여 극이 분리되는 것처럼 나타나는 현상)

22 다이아몬드와 같은 단결정 물체에 전장을 가할 때 유도되는 분극은?

① 전자분극
② 이온분극과 배향분극
③ 전자분극과 이온분극
④ 전자분극, 이온분극, 배향분극

해설 문제 21번 해설 참고

Answer ▶ 19 ④ 20 ③ 21 ① 22 ①

23 유전체에서 분극의 세기의 단위는?

① [C]   ② [C/m]   ③ [C/m^2]   ④ [C/m^3]

해설 분극의 세기 $P = D - \varepsilon_0 E = D - \dfrac{D}{\varepsilon_s} = D\left(1 - \dfrac{1}{\varepsilon_s}\right) = \varepsilon_0 \varepsilon_s E - \varepsilon_0 E = \varepsilon_0(\varepsilon_s - 1)E$ [C/m^2]

- 분극률 $x = \varepsilon_0(\varepsilon_s - 1)$
- 비분극률(전기감수율) $x_m = \dfrac{x}{\varepsilon_0} = \varepsilon_s - 1$

24 유전체 내의 전계의 세기 E와 분극의 세기 P의 관계를 나타내는 식은?

① $P = \varepsilon_0(\varepsilon_s - 1)E$ ② $P = \varepsilon_0 \varepsilon_s E$
③ $P = \varepsilon_0(1 - \varepsilon_s)E$ ④ $P = (1 - \varepsilon_s)E$

해설 문제 23번 해설 참고

25 전계 E, 전속밀도 D, 유전율 ε 사이의 관계를 옳게 표시한 것은?

① $P = D + \varepsilon_0 E$ ② $P = D - \varepsilon_0 E$
③ $\varepsilon_0 P = D + E$ ④ $\varepsilon_0 P = D - E$

해설 문제 23번 해설 참고

26 비유전율이 5인 등방 유전체의 한 점에서의 전계 세기가 10[kV/m]이다. 이 점의 분극의 세기는 몇 [C/m²]인가?

① 1.41×10^{-7} ② 3.54×10^{-7}
③ 8.84×10^{-8} ④ 4×10^{-4}

해설 분극의 세기 $P = \varepsilon_0(\varepsilon_s - 1)E = 8.855 \times 10^{-12}(5-1) \times 10 \times 10^3 = 3.54 \times 10^{-7}$ [C/m^2]가 된다.

27 평등 전계 내에 수직으로 비유전율 $\varepsilon_s = 2$인 유전체 판을 놓았을 경우 판 내의 전속밀도가 $D = 4 \times 10^{-6}$ [C/m²]이었다. 유전체 내의 분극의 세기 P [C/m²]는?

① 1×10^{-6} ② 2×10^{-6} ③ 4×10^{-6} ④ 8×10^{-6}

23 ③   24 ①   25 ②   26 ②   27 ②   **Answer**

해설 분극의 세기 $P = D\left(1 - \dfrac{1}{\varepsilon_s}\right) = 4 \times 10^{-6}\left(1 - \dfrac{1}{2}\right) = 2 \times 10^{-6}$ [C/m²]가 된다.

28 비유전율 $\varepsilon_s = 5$인 등방 유전체의 한 점에서 전계의 세기가 $E = 10^4$ [V/m]일 때 이 점의 분극률 x_e는 몇 [F/m]인가?

① $\dfrac{10^{-9}}{9\pi}$ ② $\dfrac{10^{-9}}{18\pi}$ ③ $\dfrac{10^9}{9\pi}$ ④ $\dfrac{10^9}{36\pi}$

해설 분극률 $x_e = \varepsilon_0(\varepsilon_s - 1) = \dfrac{10^{-9}}{36\pi}(5-1) = \dfrac{10^{-9}}{9\pi}$ 가 된다.

29 공기 중에서 평등 전계 E [V/m]에 수직으로 비유전율이 ε_s인 유전체를 놓았더니 σ_P [C/m²]의 분극전하가 표면에 생겼다면 유전체 중의 전계강도 E [V/m]는?

① $\sigma_P / \varepsilon_0 \varepsilon_s$
② $\sigma_P / \varepsilon_0 (\varepsilon_S - 1)$
③ $\varepsilon_0 \varepsilon_s \sigma_P$
④ $\varepsilon_0 (\varepsilon_s - 1) \sigma_P$

해설 분극의 세기$(P) =$ 분극 전하밀도$(\sigma_P) = \varepsilon_0(\varepsilon_s - 1) E$ [c/m²]

$\therefore E = \dfrac{\sigma_P}{\varepsilon_0(\varepsilon_s - 1)}$ [V/m]

30 평행 평판 공기 콘덴서의 양극판에 $+\sigma$ [C/m²], $-\sigma$ [C/m²]의 전하가 분포되어 있다. 이 두 전극 사이에 유전율 ε인 유전체를 삽입한 경우의 전계 [V/m]는?(단, 유전체의 분극 전하밀도를 $+\sigma_P$ [C/m²], $-\sigma_P$ [C/m²]라 한다.)

① $\dfrac{\sigma_P}{\varepsilon_0}$
② $\dfrac{\sigma}{\varepsilon_0} - \dfrac{\sigma_P}{\varepsilon}$
③ $\dfrac{\sigma - \sigma_P}{\varepsilon_0}$
④ $\dfrac{\sigma + \sigma_P}{\varepsilon_0}$

해설 $E = \dfrac{\sigma - \sigma'}{\varepsilon_0}$ [V/m]

Answer ▶ 28 ① 29 ② 30 ③

31 두 유전체의 경계면에서 정전계가 만족하는 것은?

① 전계의 법선 성분이 같다.
② 분극의 세기의 접선 성분이 같다.
③ 전계의 접선 성분이 같다.
④ 전속밀도의 접선 성분이 같다.

해설 ㉠ 법선(수직) 전속밀도 $D_{n1} = D_{n2}$만 존재
- $D_{n1} = D_{n2}$: 연속적이다.
- $E_{n1} \neq E_{n2}$: 불연속적이다.
  여기서, n은 법선(수직) 성분을 의미한다.
- $D_1 \cos\theta_1 = D_2 \cos\theta_2$, $\varepsilon_1 E_1 \cos\theta_1 = \varepsilon_2 E_2 \cos\theta_2$ ·········· 식 (1)

㉡ 접선(수평)=경계면 전계 $E_{t1} = E_{t2}$만 존재
- $E_{t1} = E_{t2}$: 연속적이다.
- $D_{t1} \neq D_{t2}$: 불연속적이다.
  여기서 t는 접선(수평) 성분을 의미한다.
- $E_1 \sin\theta_1 = E_2 \sin\theta_2$ ·········· 식 (2)

㉢ 굴절각
굴절각은 $\varepsilon_1 \tan\theta_2 = \varepsilon_2 \tan\theta_1$이며 유전체에 비례한다.

※ 굴절하지 않을 경우
- $\varepsilon_1 = \varepsilon_2$
- $\theta_1 = 0$
- 전계와 전속밀도가 수직으로 입사할 때 이때 전계는 불연속, 전속밀도는 불변

㉣ $\varepsilon_1 > \varepsilon_2$일 때 비례관계 : $\theta_1 > \theta_2$, $D_1 > D_2$, $E_1 < E_2$

32 두 종류의 유전율 ε_1, ε_2를 가진 유전체 경계면에 전하가 존재하지 않을 때 경계조건이 아닌 것은?

① $\varepsilon_1 E_1 \cos\theta_1 = \varepsilon_2 E_2 \cos\theta_2$
② $\varepsilon_1 E_1 \sin\theta_1 = \varepsilon_2 E_2 \sin\theta_2$
③ $E_1 \sin\theta_1 = E_2 \sin\theta_2$
④ $\dfrac{\tan\theta_1}{\tan\theta_2} = \dfrac{\varepsilon_1}{\varepsilon_2}$

해설 문제 31번 해설 참고

31 ③ 32 ② Answer

33 두 유전체가 접했을 때 $\dfrac{\tan\theta_1}{\tan\theta_2} = \dfrac{\varepsilon_1}{\varepsilon_2}$ 의 관계식에서 $\theta_1 = 0$일 때, 다음 중에 표현이 잘못된 것은?

① 전기력선은 굴절하지 않는다.
② 전속밀도는 불변이다.
③ 전계는 불연속이다.
④ 전기력선은 유전율이 큰 쪽에 모여진다.

해설 문제 31번 해설 참고

34 종류가 다른 두 유전체 경계면에 전하 분포가 다를 때 경계면에서 정전계가 만족하는 것은?

① 전계의 법선 성분이 같다.
② 전속선은 유전율이 큰 곳으로 모인다.
③ 전속밀도의 접선 성분이 같다.
④ 경계면상의 두 점 간의 전위차가 다르다.

해설 문제 31번 해설 참고

35 그림에서 전계와 전속밀도의 분포 중 맞는 것은?

E_{t1} ↑ ↑ E_{t2}
$\overrightarrow{D_{n1}}$ $\overrightarrow{D_{n2}}$

매질 I (공기) | 매질 II (유리)

① $E_{t1} = 0,\ D_{n1} = \rho_s$
② $E_{t2} = 0,\ D_{n2} = \rho_s$
③ $E_{t1} = E_{t2},\ D_{n1} = D_{n2}$
④ $E_{t1} = E_{t2} = 0,\ D_{n1} = D_{n2} = 0$

해설 문제 31번 해설 참고

Answer ▶ 33 ④ 34 ② 35 ③

36 매질 1이 나일론(비유전율 $\varepsilon_s = 4$)이고, 매질 2가 진공일 때 전속밀도 D가 경계면에서 각각 θ_1, θ_2의 각을 이룰 때 $\theta_2 = 30$이라 하면 θ_1의 값은?

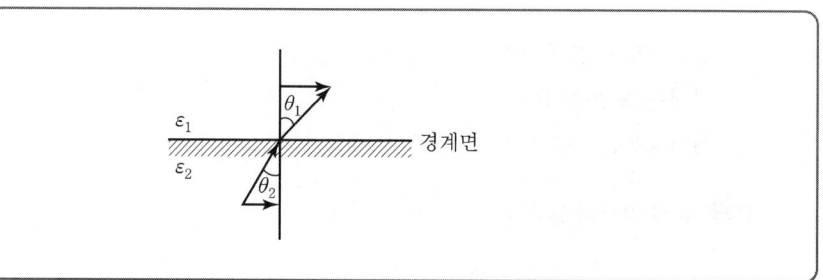

① $\tan^{-1}\dfrac{4}{\sqrt{3}}$
② $\tan^{-1}\dfrac{\sqrt{3}}{4}$
③ $\tan^{-1}\dfrac{\sqrt{3}}{2}$
④ $\tan^{-1}\dfrac{2}{\sqrt{3}}$

해설 경계면 조건에서 $\dfrac{\tan\theta_1}{\tan\theta_2} = \dfrac{\varepsilon_1}{\varepsilon_2}$ 이므로 $\tan\theta_1 = \dfrac{\varepsilon_1}{\varepsilon_2}\tan\theta_2 = \dfrac{\varepsilon_0\varepsilon_s}{\varepsilon_0}\tan\theta_2$가 된다.

여기에 $\varepsilon_s = 4$, $\theta_2 = 30°$를 대입하면

$\tan\theta_1 = \varepsilon_s\tan\theta_2 = 4 \times \dfrac{1}{\sqrt{3}} = \dfrac{4}{\sqrt{3}}$ 이므로 $\theta_1 = \tan^{-1}\dfrac{4}{\sqrt{3}}$가 된다.

37 공기 중의 전계 $E_1 = 10[\text{kV/cm}]$이 30°의 입사각으로 기름의 경계에 닿을 때, 굴절각 θ_2와 기름 중의 전계 $E_2[\text{V/m}]$는?(단, 기름의 비유전율은 3이라 한다.)

① 60°, $10^6/\sqrt{3}$
② 60°, $10^3/\sqrt{3}$
③ 45°, $10^6/\sqrt{3}$
④ 45°, $10^3/\sqrt{3}$

해설 경계면 조건에서 $\dfrac{\tan\theta_1}{\tan\theta_2} = \dfrac{\varepsilon_1}{\varepsilon_2}$ 이므로 $\tan\theta_2 = \dfrac{\varepsilon_2}{\varepsilon_1}\tan\theta_1 = \dfrac{\varepsilon_0\varepsilon_s}{\varepsilon_0}\tan\theta_1$가 된다.

여기에 $\varepsilon_s = 3$, $\theta = 30°$를 대입하면 $\tan\theta_2 = \varepsilon_s\tan\theta_1 = 3 \times \dfrac{1}{\sqrt{3}} = \sqrt{3}$ 이므로

$\theta_2 = \tan^{-1}\sqrt{3} = 60°$가 된다. 또한 $E_1\sin\theta_1 = E_2\sin\theta_2$에서 전계 E_2를 구하면

$E_2 = \dfrac{\sin\theta_1}{\sin\theta_2}E_1 = \dfrac{\frac{1}{2}}{\frac{\sqrt{3}}{2}} \times 10^6 = \dfrac{10^6}{\sqrt{3}}[\text{V/m}]$가 된다.

36 ① 37 ① **Answer**

38 얇은 도체판에 그림과 같이 전속밀도의 수직이 존재하는 경우 D와 ρ_s의 관계 중 맞는 것은? (단, ρ_s는 표면전하밀도이고 n은 표면에 수직인 단위 벡터이다.)

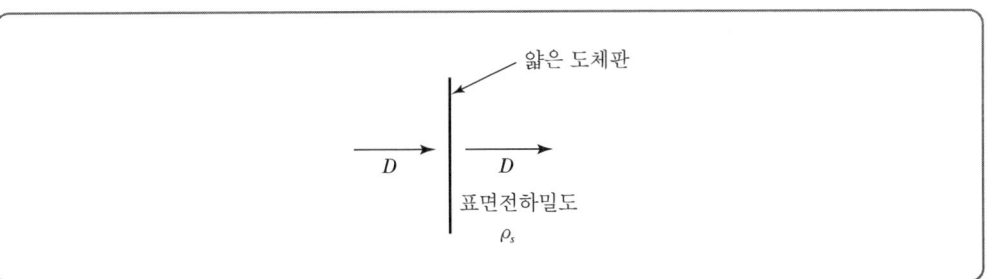

① 좌측은 $D=+n\rho_s$, 우측은 $D=+n\rho_s$
② 좌측은 $D=-n\rho_s$, 우측은 $D=-n\rho_s$
③ 좌측은 $D=-n\rho_s$, 우측은 $D=+n\rho_s$
④ 좌측은 $D=-\dfrac{n\rho_s}{4\pi}$, 우측은 $D=+\dfrac{n\rho_s}{4\pi}$

해설 도체판을 중심으로 우측은 전속밀도가 나가므로 +전하가 분포하고 좌측은 전속밀도가 들어오므로 −전하가 분포한다.

39 그림과 같이 평행판 콘덴서의 극판 사이에 유전율이 각각 ε_1, ε_2인 두 유전체를 반반씩 채우고 극판 사이에 일정한 전압을 걸어준다. 이때 매질 Ⅰ, Ⅱ 내의 전계의 세기 E_1, E_2 사이에는 다음 어느 관계가 성립하는가?

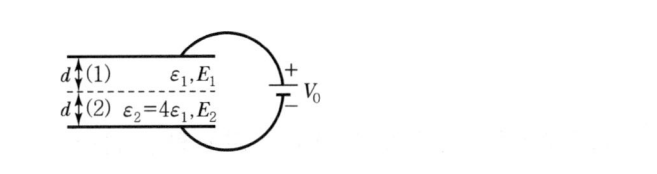

① $E_2 = 4E_2$
② $E_2 = 2E_1$
③ $E_2 = \dfrac{E_1}{4}$
④ $E_2 = E_1$

해설 그림 상에서 경계면에 전계가 수직입사이므로 경계면 양측에서 전속밀도는 같아야 한다.
$D_1 = D_2$, $\varepsilon_1 E_1 = \varepsilon_2 E_2$, $\varepsilon_1 E_1 = 4\varepsilon_1 E_2$, $E_1 = 4E_2$, $E_2 = \dfrac{E_1}{4}$ 가 된다.

Answer ▶ 38 ③   39 ③

40 $\varepsilon_1 > \varepsilon_2$의 두 유전체의 경계면에 전계가 수직으로 입사할 때 경계면에 작용하는 힘은?

① $f = \dfrac{1}{2}\left(\dfrac{1}{\varepsilon_2} - \dfrac{1}{\varepsilon_1}\right)D^2$의 힘이 ε_1에서 ε_2로 작용한다.

② $f = \dfrac{1}{2}\left(\dfrac{1}{\varepsilon_1} - \dfrac{1}{\varepsilon_2}\right)E^2$의 힘이 ε_2에서 ε_1로 작용한다.

③ $f = \dfrac{1}{2}\left(\dfrac{1}{\varepsilon_1} - \dfrac{1}{\varepsilon_2}\right)D^2$의 힘이 ε_1에서 ε_2로 작용한다.

④ $f = \dfrac{1}{2}\left(\dfrac{1}{\varepsilon_2} - \dfrac{1}{\varepsilon_1}\right)E^2$의 힘이 ε_1에서 ε_2로 작용한다.

해설 전계가 수직입사함에 따라 전속밀도가 같으므로 경계면에 작용하는 힘은
$f = \dfrac{D^2}{2}\left(\dfrac{1}{\varepsilon_2} - \dfrac{1}{\varepsilon_1}\right)$가 되고 작용하는 힘은 유전율이 큰 쪽에서 작은 쪽으로 작용하므로 ε_1에서 ε_2로 작용한다.

41 유전율이 다른 두 유전체의 경계면에 작용하는 힘은?(단, 유전체의 경계면과 전계방향은 수직이다.)

① 유전율의 차이에 비례
② 유전율의 차이에 반비례
③ 경계면의 전계 세기의 제곱에 비례
④ 경계면의 전하밀도의 제곱에 비례

해설 전계가 수직입사함에 따라 전속밀도가 같으므로 경계면에 작용하는 힘은
$f = \dfrac{D^2}{2}\left(\dfrac{1}{\varepsilon_2} - \dfrac{1}{\varepsilon_1}\right)$ [N/m²]이므로 전속밀도 또는 전하밀도의 제곱에 비례한다.

42 그림과 같은 유전속의 분포에서 ε_1과 ε_2의 관계는?

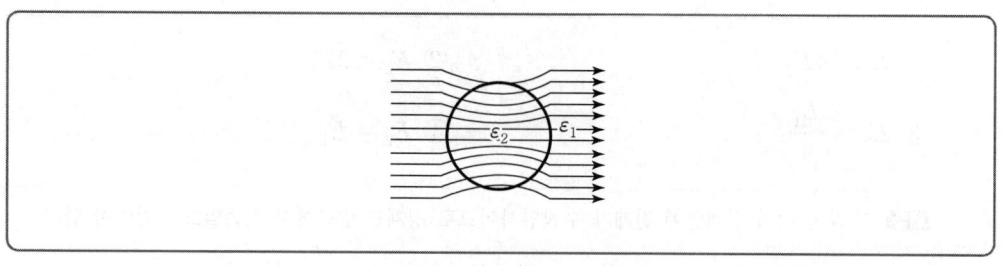

① $\varepsilon_1 > \varepsilon_2$
② $\varepsilon_2 > \varepsilon_1$
③ $\varepsilon_1 = \varepsilon_2$
④ $\varepsilon_2 < \varepsilon_1$

40 ① 41 ④ 42 ② **Answer**

해설 유전체에 작용하는 힘(Maxwell 변형력)
- 유전율이 큰 쪽에서 작은 쪽으로 힘이 작용한다.
- 전속(밀도)선은 유전율이 큰 쪽으로 모이려는 성질이 있다.

43 평행판 사이에 유전율이 ε_1, ε_2 되는($\varepsilon_1 > \varepsilon_2$) 유전체를 경계면에 판에 평행하게 그림과 같이 채우고 그림의 극성으로 극판 사이에 전압을 걸었을 때 두 유전체 사이에 작용하는 힘은?

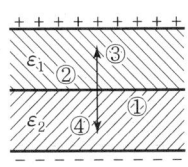

① ①의 방향　　　　　　　② ②의 방향
③ ③의 방향　　　　　　　④ ④의 방향

해설 경계면에 작용하는 힘은 유전율이 큰 쪽에서 작은 쪽으로 작용하므로 ε_1에서 ε_2로 작용하는 ④번이 된다.

44 면적 S [m²], 간격 d [m]인 평행판 콘덴서에 그림과 같이 두께 d_1, d_2 [m]이며 유전율 ε_1, ε_2 [F/m]인 두 유전체를 극판 간에 평행으로 채웠을 때 정전용량은 얼마인가?

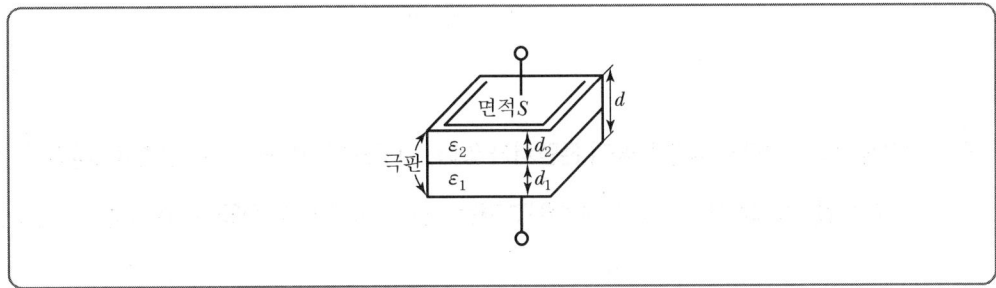

① $\dfrac{S}{\dfrac{d_1}{\varepsilon_1}+\dfrac{d_2}{\varepsilon_2}}$　　　　　　　② $\dfrac{\varepsilon_1 \varepsilon_2 S}{d}$

③ $\dfrac{\varepsilon_1 S}{d_1}+\dfrac{\varepsilon_2 S}{d_2}$　　　　　　　④ $\dfrac{S}{\dfrac{d_1}{\varepsilon_2}+\dfrac{d_2}{\varepsilon_1}}$

Answer　43 ④　44 ①

[해설] 그림은 유전체가 평행판에 수평으로 채워진 경우이므로 콘덴서 직렬연결이므로 합성 정전용량은
$$C = \frac{\varepsilon_1 \varepsilon_2 S}{\varepsilon_1 d_2 + \varepsilon_2 d_1} = \frac{S}{\frac{d_1}{\varepsilon_1} + \frac{d_2}{\varepsilon_2}} \text{ [F]가 된다.}$$

45 그림과 같은 평행판의 정전용량은 얼마인가?

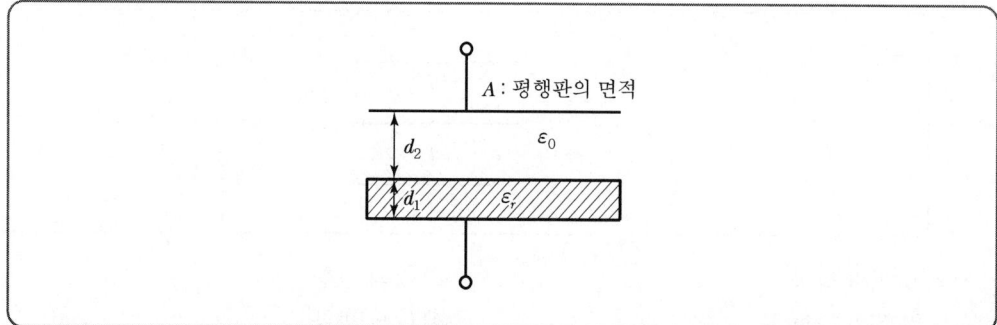

① $C = \varepsilon_0 A \dfrac{\varepsilon_r}{\varepsilon_r d_2 + d_1}$
② $C = \varepsilon_0 A \dfrac{\varepsilon_r d_2 + \varepsilon_0 d_1}{\varepsilon_r}$
③ $C = A \left[\dfrac{\varepsilon_0}{d_2} + \dfrac{\varepsilon}{d_1} \right]$
④ $C = A \left[\dfrac{d_2}{\varepsilon_0} + \dfrac{d_1}{\varepsilon} \right]$

[해설] $\varepsilon_1 = \varepsilon_0 \varepsilon_r \ d_1, \ \varepsilon_2 = \varepsilon_0 \ d_2$
$$C = \frac{\varepsilon_1 \varepsilon_2 A}{\varepsilon_1 d_2 + \varepsilon_2 d_1} = \frac{\varepsilon_0 \varepsilon_0 \varepsilon_r A}{\varepsilon_0 d_1 + \varepsilon_0 \varepsilon_r d_2} = \varepsilon_0 A \frac{\varepsilon_r}{\varepsilon_r d_2 + d_1}$$

46 정전용량이 C_0 [F]인 평행판 공기 콘덴서가 있다. 이 극판에 평행으로 판 간격 d [m]의 $\dfrac{1}{2}$ 두께되는 유리판을 삽입하면, 이때의 정전용량[F]는?(단, 유리판의 유전율은 ε [F/m]이라 한다.)

① $\dfrac{C_0}{1 + \dfrac{1}{\varepsilon}}$
② $\dfrac{2C_0}{1 + \dfrac{1}{\varepsilon}}$
③ $\dfrac{C}{1 + \dfrac{\varepsilon}{\varepsilon_0}}$
④ $\dfrac{2C_0}{1 + \dfrac{\varepsilon_0}{\varepsilon}}$

[해설] 공기 콘덴서에 판간격 반만 평행하게 채운 경우의 정전용량은
$$C = \frac{1}{\frac{1}{C_1} + \frac{1}{C_2}} = \frac{2C_0}{1 + \frac{\varepsilon_0}{\varepsilon}} = \frac{2C_0}{1 + \frac{1}{\varepsilon_2}} = \frac{2\varepsilon_s}{1 + \varepsilon_s} C_0 \text{ [F]}$$
여기서, C_0 [F] : 공기콘덴서 용량

45 ①   46 ④   Answer

47 정전용량이 1[μF]인 공기 콘덴서가 있다. 이 콘덴서 판간의 $\frac{1}{2}$인 두께를 갖고 비유전율 $\varepsilon_s = 2$인 유전체를 그 콘덴서의 한 전극면에 접촉하여 넣었을 때 전체의 정전용량[μF]은?

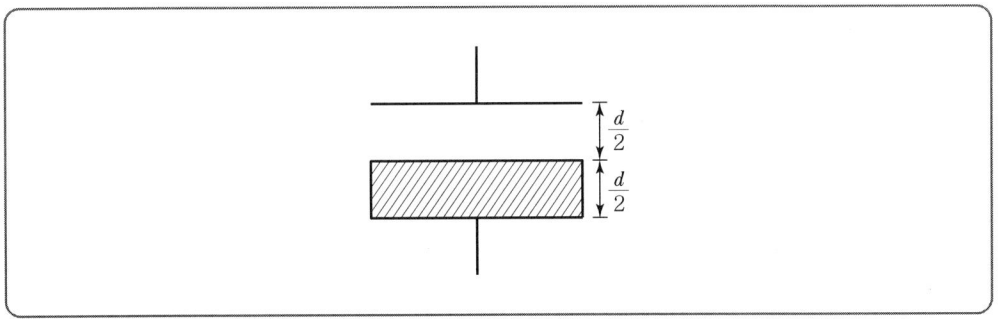

① 2 ② $\frac{1}{2}$ ③ $\frac{4}{3}$ ④ $\frac{5}{3}$

해설 공기 콘덴서 정전용량 $C_0 = 1[\mu F]$, 비유전율 $\varepsilon_s = 2$일 때 공기콘덴서 판간격 절반 두께에 유전체를 평행판에 수평으로 채운 경우의 정전용량은

$$C = \frac{2\varepsilon_s}{1+\varepsilon_s} C_0 = \frac{2\times 2}{1+2} \times 1 = \frac{4}{3} [\mu F]$$

48 그림과 같이 정전용량 C_0[F] 되는 평행판 공기 콘덴서의 판면적의 $\frac{2}{3}$가 되는 공간에 비유전율 ε_s인 유전체를 채우면 공기콘덴서의 정전용량[F]은?

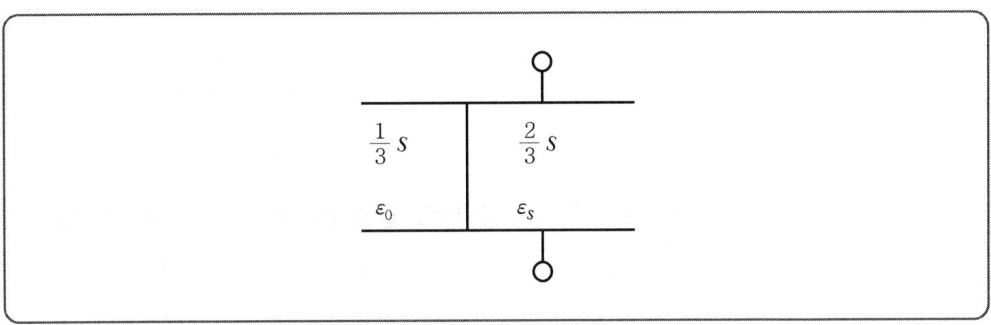

① $\frac{2\varepsilon_s}{3} C_0$ ② $\frac{3}{1+2\varepsilon_s} C_0$ ③ $\frac{1+\varepsilon_s}{3} C_0$ ④ $\frac{1+2\varepsilon_s}{3} C_0$

해설 그림에서 유전체를 수직으로 채운 경우 또는 극판의 면적이 각각 극판의 간격이 일정 또는 선으로 연결 시 병렬연결로 간주하므로

$$C = C_1 + C_2 = \frac{\varepsilon_1 S_1}{d} + \frac{\varepsilon_2 S_2}{d} = \frac{1}{d}(\varepsilon_1 S_1 + \varepsilon_2 S_2) [F]$$

Answer ▶ 47 ③ 48 ④

$$C = \frac{1}{d}\left(\varepsilon_0 \frac{1}{3}S + \varepsilon_0 \varepsilon_s \frac{2}{3}S\right) = \frac{\varepsilon_0 S}{d \cdot 3}(1 + 2\varepsilon_s) \text{ 이때 공기 중 콘덴서}$$

$$C_0 = \frac{\varepsilon_0 S}{d} \text{ [F]이므로 } C = \frac{(1 + 2\varepsilon_s)}{3}C_0$$

49 Q[C]의 전하를 가진 반지름 a[m]인 도체구를 비유전율 ε_s인 기름 탱크에서 공기 중으로 꺼내는데 필요한 에너지[J]는?

① $\frac{Q^2}{8\pi\varepsilon_0 a}(1 - \frac{1}{\varepsilon_s})$ ② $\frac{Q^2}{4\pi\varepsilon_0 a}(1 - \frac{1}{\varepsilon_s})$ ③ $\frac{Q^2}{\pi\varepsilon_0 a}(1 - \frac{1}{\varepsilon_s})$ ④ $\frac{Q}{8\pi\varepsilon_0 a}(1 - \frac{1}{\varepsilon_s})$

해설
- 공기 중 축적에너지 $W_0 = \frac{Q^2}{2C_0} = \frac{Q^2}{2 \times 4\pi\varepsilon_0 a} = \frac{Q^2}{8\pi\varepsilon_0 a}$ [J]
- 유전체 내 축적에너지 $W = \frac{Q^2}{2C} = \frac{Q^2}{2 \times 4\pi\varepsilon_0\varepsilon_s a} = \frac{Q^2}{8\pi\varepsilon_0\varepsilon_s a}$ [J]
- 필요한 에너지 $W' = W_0 - W = \frac{Q^2}{8\pi\varepsilon_0 a} - \frac{Q^2}{8\pi\varepsilon_0\varepsilon_s a} = \frac{Q^2}{8\pi\varepsilon_0 a}(1 - \frac{1}{\varepsilon_s})$ [J]

50 전기석과 같은 결정체를 냉각시키거나 가열시키면 전기분극이 일어난다. 이와 같은 것을 무엇이라 하는가?

① 압전기 현상   ② Pyro 전기   ③ 톰슨효과   ④ 강유전성

해설 Pyro 전기효과(초전효과)
전기석이나 티탄산바륨의 결정에 가열하거나 냉각시키면 결정의 한쪽 면에는 (+)전하, 다른 쪽 면에는 (-)전하가 나타나 분극을 일으키며 반대로 냉각하면 역의 분극이 일어나는 현상

51 압전기 현상에서 분극이 응력에 수직한 방향으로 발생하는 현상을 무슨 효과라 하는가?

① 종효과   ② 횡효과   ③ 역효과   ④ 간접효과

해설 압전효과
- 어떤 유전체의 결정에 압력이나 인장을 가하면 그 응력으로 인하여 내부에 전기분극이 일어나고 그 단면에 분극전하가 나타나는 현상으로 이의 역현상으로는 결정에 전기를 가하면 기계적 변형이 나타나는 압전기 역효과가 있다.
- 압전기 진동자 : 압전기 현상이 가장 현저한 로셀염을 비롯하여 수정, 전기석, 티탄산바륨 등이 있다.
- 응용범위 : 마이크, 압력측정, 초음파 발생, 전기진동(발진기), 크리스털 픽업
- 응력과 분극방향이 동일 방향인 경우를 '종효과, 응력'과 분극방향이 수직방향인 경우를 '횡효과'라 한다.

49 ①   50 ②   51 ②   **Answer**

Chapter 05 전기 영상법(전계의 특수해법)

1 무한평면에 의한 영상 전하(=접지무한평판과 점전하)

1) 영상전하(Q')

접지 무한 평판에서 $a[\text{m}]$ 떨어진 점에 $Q[\text{C}]$의 점전하를 놓으면 반대 방향으로 같은 거리에 영상전하가 있다고 가정한다.

이때 영상전하는 극성은 다르고 전하량은 일정($Q' = -Q$)하다.

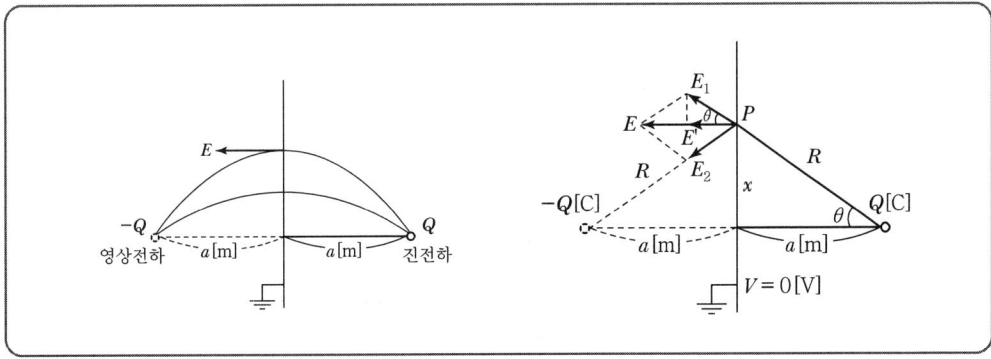

2) 두 전하에 작용하는 힘(=쿨롱의 힘, 정전력, 영상력)

$$F = \frac{Q_1 Q_2}{4\pi\varepsilon_0 r^2} = -\frac{Q^2}{4\pi\varepsilon_0 (2a)^2} = -\frac{Q^2}{16\pi\varepsilon_0 a^2} \, [\text{N}]$$

($-$)는 항상 흡인력이 발생한다는 의미

3) 전계의 세기

점전하와 영상전하에 의한 전계의 세기는 $E = -\dfrac{Qa}{2\pi\varepsilon_0 (a^2 + x^2)^{\frac{3}{2}}} [\text{V/m}]$

전계 최대값은 $x = 0$인 점이므로 $E = -\dfrac{Q}{2\pi\varepsilon_0 a^2} [\text{V/m}]$

4) 최대전하밀도(=최대전속밀도)

$$\sigma_{\max} = D_{\max} = \varepsilon_0 E = -\frac{Q}{2\pi a^2} \,[\text{C/m}^2]$$

5) 전하가 무한평면으로 이동했을 때 한 일

$$W = F \cdot a = -\frac{Q^2}{16\pi\varepsilon_0 a} \,[\text{J}]$$

2 접지 무한 평판과 선전하(=선과 대지 사이)

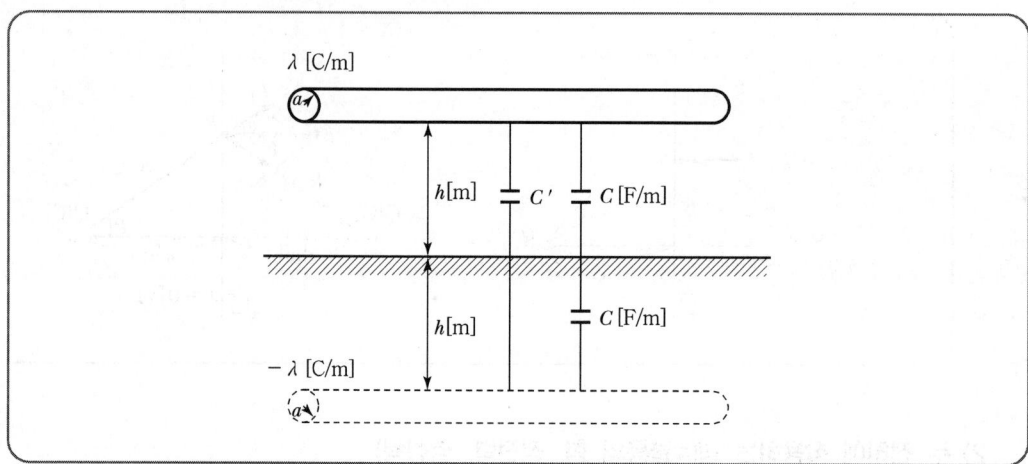

1) 영상전하

접지 무한 평판에서 $h\,[\text{m}]$ 떨어진 점에 $\lambda\,[\text{C/m}]$의 선전하를 놓으면 반대 방향으로 같은 높이(깊이)에 영상전하가 있다고 가정한다.

이때 크기는 같고 부호가 반대인 영상 선전하 $\lambda' = -\lambda\,[\text{C/m}]$

2) 전선과 대지 사이에 작용하는 힘

① 총 힘 $F = QE = -\lambda \cdot l \dfrac{\lambda}{4\pi\varepsilon_0 h} = -\dfrac{\lambda^2 l}{4\pi\varepsilon_0 h}\,[\text{N}]$

② 길이당 힘 $f = -\dfrac{\lambda^2}{4\pi\varepsilon_0 h}\,[\text{N/m}] \propto \dfrac{1}{h}$

3) 도체와 대지 사이의 정전용량

평행한 두 도선 사이의 정전용량 $C' = \dfrac{\pi\varepsilon_0}{\ln\dfrac{d}{a}}$ [F/m] 여기서, $d = 2h$이므로

$C' = \dfrac{\pi\varepsilon_0}{\ln\dfrac{2h}{a}}$ [F/m]가 된다. 이때 대지면과 도선 사이에는 C[F/m] 2개가 직렬연결 상태이

므로 $C' = \dfrac{C}{2}$, 도체와 대지 사이의 정전용량은 $C = 2C' = \dfrac{2\pi\varepsilon_0}{\ln\dfrac{2h}{a}}$ [F/m]

3 접지 도체구와 점전하에 의한 전기영상

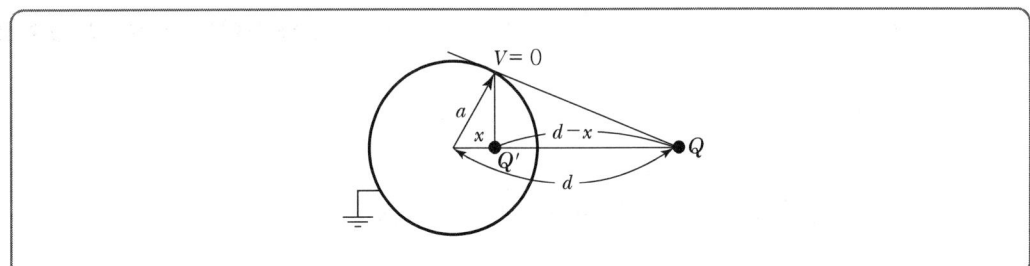

1) 영상전하의 크기(Q')

접지 도체구 표면은 접지되어 있으므로 $V = V_P + V_d = 0$에서

$V = \dfrac{Q'}{4\pi\varepsilon_0 a} + \dfrac{Q}{4\pi\varepsilon_0 d} = 0$이 된다.

이때, $\dfrac{Q'}{4\pi\varepsilon_0 a} = -\dfrac{Q}{4\pi\varepsilon_0 d}$이고, 영상전하 $Q' = -\dfrac{a}{d}Q$[C]이다.

2) 영상전하의 위치(x)

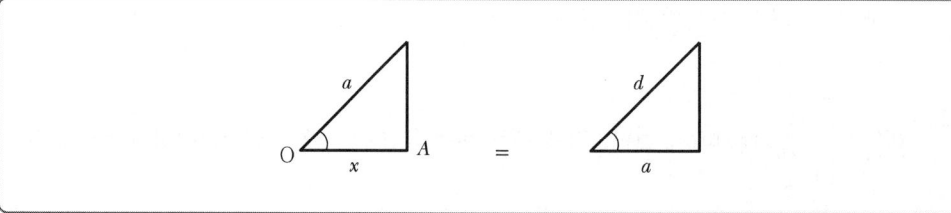

내각을 같이 쓰는 닮은꼴 삼각형이므로 $\dfrac{x}{a} = \dfrac{a}{d}$ 의 비례 관계가 성립하며, x를 구하면

$$x = \dfrac{a^2}{d} \text{[m]}$$

3) 접지 구도체와 점전하 사이에 작용하는 힘

쿨롱의 힘을 이용하면 $F = \dfrac{Q \cdot Q'}{4\pi\varepsilon_0 r^2}$, 이때 영상전하와 점전하 사이의 거리는 $d-x$이므로

$$F = \dfrac{Q \cdot Q'}{4\pi\varepsilon_0 (d-x)^2}$$

여기서 영상전하의 위치 $x = \dfrac{a^2}{d}$[m]를 대입 정리하면

$$F = \dfrac{Q \cdot Q'}{4\pi\varepsilon_0 (\dfrac{d^2 - a^2}{d})^2}$$

여기에 영상전하 $Q' = -\dfrac{a}{d} Q$[C]을 대입하면

$$F = \dfrac{-a d Q^2}{4\pi\varepsilon_0 (d^2 - a^2)^2} \text{[N]}$$

이 된다. 또한 항상 흡인력이 작용한다.

Chapter 05 실·전·문·제

01 점전하 Q[C]에 의한 무한평면도체의 영상전하는?

① $-Q$[C]보다 작다.
② Q[C]보다 크다.
③ $-Q$[C]과 같다.
④ Q[C]과 같다.

[해설] 무한평면도체에 의한 영상전하는 크기가 같고 부호는 반대이므로
$Q' = -Q$[C]이 된다.

02 전류 $+I$와 전하 $+Q$가 무한히 긴 직선 상의 도체에 각각 주어졌고 이들 도체는 진공 속에서 각각 투자율과 유전율이 무한대인 물질로 된 무한대 평면과 평행하게 놓여 있다. 이 경우 영상법에 의한 영상전류와 영상전하는?(단, 전류는 직류이다.)

① $-I, -Q$
② $-I, +Q$
③ $+I, -Q$
④ $+I, +Q$

[해설] 무한평면에 의한 영상전하와 영상전류의 크기는 같고 부호가 반대이므로 $-Q, -I$가 된다.

03 접지된 무한평면도체 전방의 한 점 P에 있는 점전하의 $+Q$[C] 평면도체에 대한 영상전하는?

① 점 P의 대칭점에 있으며, 전하는 $-Q$[C]이다.
② 점 P의 대칭점에 있으며, 전하는 $-2Q$[C]이다.
③ 평면도체 상에 있으며, 전하는 $-Q$[C]이다.
④ 평면도체 상에 있으며, 전하는 $-2Q$[C]이다.

[해설] 무한평면으로부터 a[m] 떨어진 P점에 점전하 Q[C]이 있는 경우 영상전하는 무한평면 뒤쪽으로 점 P의 대칭점에 존재하며, 그 크기는 점전하와 같고 부호는 반대로 $Q' = -Q$[C]이다.

Answer ◯ 01 ③ 02 ① 03 ①

04 그림과 같이 무한평면도체로부터 수직거리 a[m]인 곳에 점전하 Q[C]가 있다. 점전하 Q[C] 으로부터 r[m] 떨어진 점$(0, y)$의 전위[V]는?

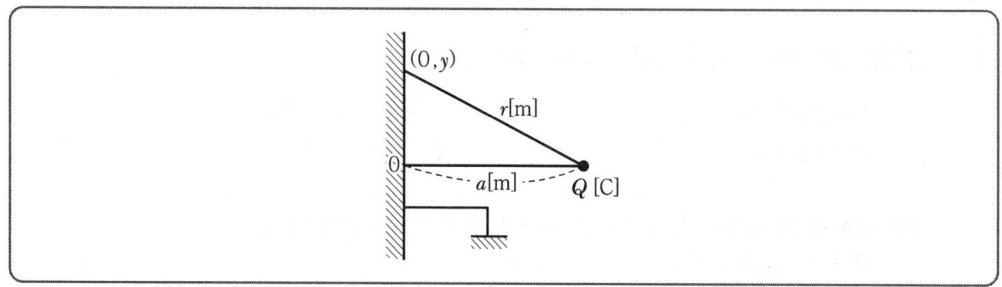

① 0

② $\dfrac{Q}{4\pi\varepsilon_0}\left[\dfrac{1}{\sqrt{a^2+x^2}}\right]$

③ $\dfrac{Q}{4\pi\varepsilon_0}\left[\dfrac{1}{(a^2+x^2)}+\dfrac{1}{(a^2-x^2)}\right]$

④ $\dfrac{Q}{4\pi\varepsilon_0}\left[\dfrac{1}{\sqrt{a^2+y^2}}+\dfrac{1}{\sqrt{a^2+y^2}}\right]$

해설 접지된 곳의 전위는 0이다.

---

05 무한평면도체로부터 거리 a[m]인 곳에 점전하 Q[C]가 있을 때 Q[C]와 무한평면도체 간의 작용력[N]은?(단, 공간 매질의 유전율은 ε[F/m]이다.)

① $\dfrac{Q^2}{2\pi\varepsilon_0 a^2}$

② $\dfrac{-Q^2}{16\pi\varepsilon_0 a^2}$

③ $\dfrac{Q^2}{4\pi\varepsilon a^2}$

④ $\dfrac{-Q^2}{16\pi\varepsilon a^2}$

해설 두 전하에 작용하는 힘(쿨롱의 힘=정전력=영상력)

공간 매질의 유전율은 ε[F/m] $F=\dfrac{Q_1 Q_2}{4\pi\varepsilon r^2}=-\dfrac{Q^2}{4\pi\varepsilon(2a)^2}=-\dfrac{Q^2}{16\pi\varepsilon a^2}$ [N]

(−)는 항상 흡인력이 발생한다는 의미

---

06 무한평면도체로부터 거리 a[m]의 곳에 점전하 2π[C]가 있을 때 도체 표면에 유도되는 최대 전하 밀도는 몇 [C/m²]인가?

① $-\dfrac{1}{a^2}$

② $-\dfrac{1}{2a^2}$

③ $-\dfrac{1}{2\pi a}$

④ $-\dfrac{1}{4\pi a}$

해설 최대전하밀도=최대전속밀도 $\sigma_{\max}=D_{\max}=\varepsilon_0 E=-\dfrac{Q}{2\pi a^2}$ [C/m²]

점전하 $Q=2\pi$[C]을 대입하면 $\sigma_{\max}=-\dfrac{2\pi}{2\pi a^2}=-\dfrac{1}{a^2}$ [C/m²]

04 ① 05 ④ 06 ① **Answer**

07 평면도체 표면에서 d [m]의 거리에 점전하 Q [C]가 있을 때 이 전하를 무한원까지 운반하는 데 요하는 일은 몇 [J]인가?

① $\dfrac{Q^2}{4\pi\varepsilon_0 d}$ ② $\dfrac{Q^2}{8\pi\varepsilon_0 d}$

③ $\dfrac{Q^2}{16\pi\varepsilon_0 d}$ ④ $\dfrac{Q^2}{32\pi\varepsilon_0 d}$

해설 전하가 무한평면으로 이동했을 때 한 일

$$W = F \cdot d = \dfrac{Q^2}{16\pi\varepsilon_0 d^2} \times d = \dfrac{Q^2}{16\pi\varepsilon_0 d} \;[\text{N} \cdot \text{m} = \text{J}]$$

08 그림과 같이 무한도체판으로부터 a [m] 떨어진 점에 $+Q$ [C] 점전하가 있을 때 $\dfrac{1}{2}a$ [m]인 P점의 세기[V/m]는?

① $\dfrac{10Q}{\pi\varepsilon_0 a^2}$ ② $\dfrac{10Q}{9\pi\varepsilon_0 a^2}$ ③ $\dfrac{Q}{9\pi\varepsilon_0 a^2}$ ④ $\dfrac{8Q}{9\pi\varepsilon_0 a^2}$

해설 $E = E_1 + E_2 = \dfrac{Q}{4\pi\varepsilon_0\left(\dfrac{3}{2}a\right)^2} + \dfrac{Q}{4\pi\varepsilon_0\left(\dfrac{1}{2}a\right)^2}$

$= \dfrac{Q}{9\pi\varepsilon_0 a^2} + \dfrac{Q}{\pi\varepsilon_0 a^2} = \dfrac{10Q}{9\pi\varepsilon_0 a^2}$ [V/m]

Answer ⊙ 07 ③ 08 ②

09 질량 m[kg]인 작은 물체가 전하 Q[C]을 가지고 중력 방향과 직각인 무한도체평면 아래쪽 d[m]의 거리에 놓여 있다. 정전력이 중력과 같게 되는 데 필요한 Q[C]의 크기는?

① $\dfrac{d}{2}\sqrt{\pi\varepsilon_0 mg}$ ② $d\sqrt{\pi\varepsilon_0 mg}$

③ $2d\sqrt{\pi\varepsilon_0 mg}$ ④ $4d\sqrt{\pi\varepsilon_0 mg}$

해설

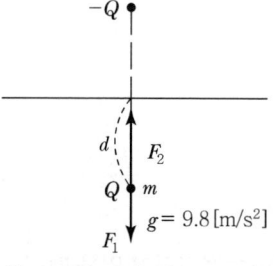

① 중력에 의한 힘 $F_1 = mg$[N]

② 무한평판과 점전하 사이에 작용하는 힘 $F_2 = \dfrac{Q^2}{16\pi\varepsilon_0 d^2}$ [N]

$F_1 = F_2$, $mg = \dfrac{Q^2}{16\pi\varepsilon_0 d^2}$ 에서 $Q = \sqrt{16\pi\varepsilon_0 d^2 mg} = 4d\sqrt{\pi\varepsilon_0 mg}$ 가 된다.

10 반지름 a인 접지 도체구의 중심에서 $d(>a)$ 되는 곳에 점전하 Q가 있다. 구도체에 유기되는 영상전하 및 그 위치(중심에서의 거리)는 각각 얼마인가?

① $+\dfrac{a}{d}Q$이며 $\dfrac{a^2}{d}$이다. ② $-\dfrac{a}{d}Q$이며 $\dfrac{a^2}{d}$이다.

③ $+\dfrac{d}{a}Q$이며 $\dfrac{a^2}{d}$이다. ④ $-\dfrac{d}{a}Q$이며 $\dfrac{d^2}{a}$이다.

해설 접지구도체와 점전하에서 영상전하 $Q' = -\dfrac{a}{d}Q$ 및 영상전하위치 $x = \dfrac{a^2}{d}$이다.

11 반경이 0.01[m]인 구도체를 접지시키고 중심으로부터 0.1[m]의 거리에 10[μC]의 점전하를 놓았다. 구도체에 유도된 총 전하량은 몇 [μC]인가?

① 0 ② -1.0 ③ -10 ④ $+10$

해설 $Q' = -\dfrac{a}{d}Q = -\dfrac{0.01}{0.1} \times 10 = -1.0[\mu C]$

09 ④ 10 ② 11 ② **Answer**

12 점전하와 접지된 유한한 도체구가 존재할 때 점전하에 의한 접지구도체의 영상전하에 관한 설명 중 틀린 것은?

① 영상전하는 구도체 내부에 존재한다.
② 영상전하는 점전하와 크기는 같고 부호는 반대이다.
③ 영상전하는 점전하와 도체 중심축을 이은 직선상에 존재한다.
④ 영상전하가 놓인 위치는 도체 중심과 점전하의 거리와 도체 반지름에 결정된다.

해설 접지구도체와 점전하에서 점전하 Q[C]이고, 영상전하 $Q' = -\dfrac{a}{d}Q$[C]이므로 부호는 반대지만 크기는 같지 않다.

13 그림과 같이 접지된 반지름 a [m]의 도체구 중심 O에서 d [m] 떨어진 점 A에 Q[C]의 점전하가 존재할 때, A'점에 Q'의 영상전하를 생각하면 구도체와 점전하 간에 작용하는 힘[N]은?

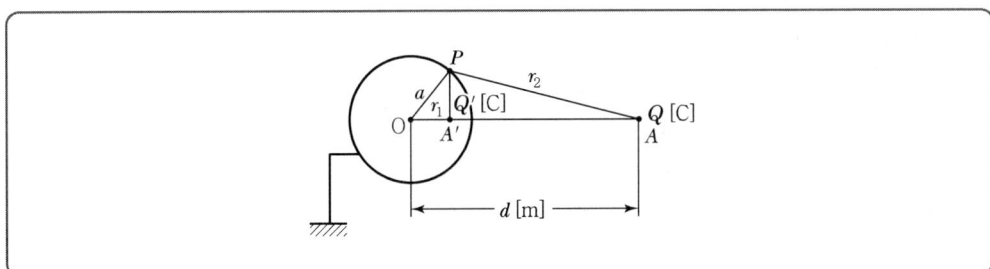

① $F = \dfrac{QQ'}{4\pi\varepsilon_0 \left(\dfrac{d^2 - a^2}{d}\right)}$

② $F = \dfrac{QQ'}{4\pi\varepsilon_0 \left(\dfrac{d}{d^2 - a^2}\right)}$

③ $F = \dfrac{QQ'}{4\pi\varepsilon_0 \left(\dfrac{d^2 + a^2}{d}\right)^2}$

④ $F = \dfrac{QQ'}{4\pi\varepsilon_0 \left(\dfrac{d^2 - a^2}{d}\right)^2}$

해설 쿨롱의 힘을 이용 $F = \dfrac{Q \cdot Q'}{4\pi\varepsilon_0 r^2}$, 이때 영상전하와 점전하 사이의 거리는 $d - x$

$F = \dfrac{Q \cdot Q'}{4\pi\varepsilon_0 (d-x)^2}$ 여기서 영상전하의 위치 $x = \dfrac{a^2}{d}$ [m]를 대입 정리하면

$F = \dfrac{Q \cdot Q'}{4\pi\varepsilon_0 \left(\dfrac{d^2 - a^2}{d}\right)^2}$ 영상전하 $Q' = -\dfrac{a}{d}Q$[C] 대입하면

$F = \dfrac{-adQ^2}{4\pi\varepsilon_0 (d^2 - a^2)^2}$ [N]이 된다. 또한 항상 흡인력이 작용한다.

Answer ▸ 12 ② 13 ④

14 접지구도체와 점전하 간의 작용력은?

① 항상 반발력이다.
② 항상 흡인력이다.
③ 조건적 반발력이다.
④ 조건적 흡인력이다.

해설 문제 13번 해설 참고

15 무한대 평면도체와 d[m]만큼 떨어져 평행한 무한장 직선도체에 ρ[C/m]의 전하 분포가 주어졌을 때 직선도체의 단위길이당 받는 힘은?(단, 공간의 유전율은 ε임)

① 0[N/m]
② $\dfrac{\rho^2}{\pi\varepsilon d}$[N/m]
③ $\dfrac{\rho^2}{2\pi\varepsilon d}$[N/m]
④ $\dfrac{\rho^2}{4\pi\varepsilon d}$[N/m]

해설 접지무한평판과 선전하 사이에 작용하는 힘은 다음과 같다.
선전하 ρ[C/m]$=\lambda$[C/m]

- 총 힘 $F = QE = -\lambda \cdot l \dfrac{\lambda}{4\pi\varepsilon_0 h} = -\dfrac{\lambda^2 l}{4\pi\varepsilon_0 h}$[N]
- 길이당 힘 $f = -\dfrac{\lambda^2}{4\pi\varepsilon_0 h}$ [N/m] $\propto \dfrac{1}{h}$

16 대지면에 높이 h[m]로 평행 가설된 매우 긴 선전하(선전하 밀도[C/m])가 지면으로부터 받는 힘 [N/m]은?

① h에 비례한다.
② h에 반비례한다.
③ h^2에 비례한다.
④ h^2에 반비례한다.

해설 문제 15번 해설 참고

14 ②　15 ④　16 ②　**Answer**

17 그림과 같이 직교 도체 평면상 P점에 Q[C]이 있을 때 P'인 점의 영상전하는 어느 것인가?

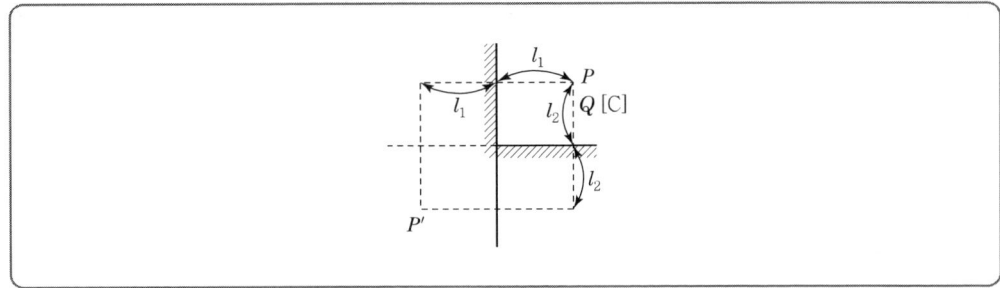

① Q^2 ② Q ③ $-Q$ ④ 0

해설

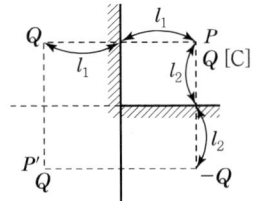

직교평면 전하인 경우의 영상전하는 $n = \dfrac{360}{\theta} - 1$이며 그림과 같이 직교하므로 $n = \dfrac{360}{90} - 1 = 3$개가 발생한다. 이때 P'점의 영상전하는 Q이다.

Answer ▶ 17 ②

Chapter 06 전류

1 전기이론

1) 전류 I[A] : 단위 시간(초)당 이동한 전기량의 크기

$$I = \frac{Q}{t} = \frac{ne}{t} [\text{C/sec} = \text{A}]$$

여기서, n : 전자의 개수
$e = 1.602 \times 10^{-19}$[C] : 전자의 전하량(전하의 이동과 전류방향 반대)
t[sec] : 이동시간

2) 전압 V[V] : 전하가 어떤 도선 내를 이동 시 잃거나 얻는 에너지의 비

$$V = \frac{W}{Q} [\text{J/C} = \text{V}], \quad W = QV[\text{J}]$$

여기서, V[V] : 전압, W[J] : 전하 이동 시 발생 에너지, Q[C] : 전하량

3) 전기저항 R[Ω] : 전류의 흐름을 방해하는 성분

전기저항은 도체에 흐르는 전류에 반비례하고 전압(전위차)에 비례한다.

① 옴의 법칙

$$I = \frac{V}{R}[\text{A}] = GV[\text{A}], \quad V = IR[\text{V}]$$

여기서, G[℧](컨덕턴스) : 저항의 역수 성분

② 도선에서의 전기저항

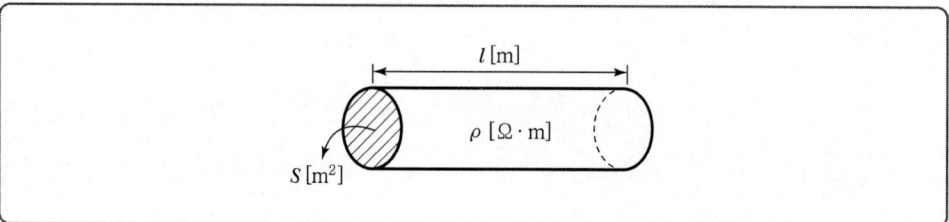

$$R = \rho \frac{l}{S} = \rho \frac{l}{\pi r^2} = \rho \frac{4l}{\pi D^2} = \frac{l}{kS} [\Omega]$$

여기서, $\rho[\Omega \cdot m]$: 고유저항, $l[m]$: 도선의 길이, $S[m^2]$: 도선의 단면적

> **TIP**
>
> - 경동선 $\rho = \frac{1}{55}[\Omega \cdot mm^2/m] = \frac{1}{55} \times 10^{-6}[\Omega \cdot m]$
> - 연동선 $\rho = \frac{1}{58}[\Omega \cdot mm^2/m] = \frac{1}{58} \times 10^{-6}[\Omega \cdot m]$
> - 고유저항 : $\rho = \frac{SR}{l}[\Omega \cdot m]$
> $1[\Omega \cdot m] = 10^6[\Omega \cdot mm^2/m] \Rightarrow 1[\Omega \cdot mm^2/m] = 10^{-6}[\Omega \cdot m]$
> - 전도율(=도전율, 도전도, 전도도) : 전류가 잘 통하는 정도
> $k = \sigma = \frac{1}{\rho}[\mho/m]$

4) 저항의 온도계수

도체는 온도가 상승하면 저항이 상승하는 정(+)온도 특성을 가지며, 반도체는 이와 반대로 온도가 상승하면 저항이 감소하는 부(−)온도 특성을 갖는다.

① 정(+)온도 특성 : 일반적인 금속 도체는 온도가 상승하면 저항이 상승
② 부(−)온도 특성 : 반도체, 탄소 등은 온도가 상승하면 저항이 감소
③ $t[℃]$에서 R_t인 저항이 $T[℃]$로 상승했을 경우의 R_T

$$R_T = R_t + \alpha_t R_t(T-t) = R_t\{1 + \alpha_t(T-t)\} = R_t \frac{234.5 + T}{234.5 + t}[\Omega]$$

④ 저항이 $R_1, R_2[\Omega]$이고 온도계수가 α_1, α_2일 경우의 합성온도계수

$$\alpha(R_1 + R_2) = \alpha_1 R_1 + \alpha_2 R_2$$

$$\alpha = \frac{\alpha_1 R_1 + \alpha_2 R_2}{R_1 + R_2}$$

2 전류의 연속성과 불연속성(키르히호프의 전류 법칙)

1) 전류의 연속성(전류 평형의 법칙)

임의의 도체 단면에 유입하는 전류의 총합은 유출하는 전류의 총합과 같다.

키르히호프의 전류 법칙은 $\sum I = 0 = \int_s i \cdot dS = \int_v div\, i\, dv$ 가 되어 $div\, i = 0$ 이다.

즉, 전류가 흘러도 단위 체적당의 전류의 발산은 없으므로 내부의 전하량은 변함이 없다.

2) 전류의 불연속성(전하량 보존의 법칙)

도체의 단면을 전류가 감소하면서 통과한다면 다음과 같은 식이 성립한다.

$$\int_s i \cdot dS = -\frac{dQ}{dt} = -\frac{d}{dt}\int_v \rho dv$$

$$\int_v div\, i\, dv = -\frac{d}{dt}\int \rho dv$$

$$div\, i = -\frac{\partial \rho}{\partial t} \text{ (전하밀도의 감소비율)}$$

3 저항과 정전용량의 식

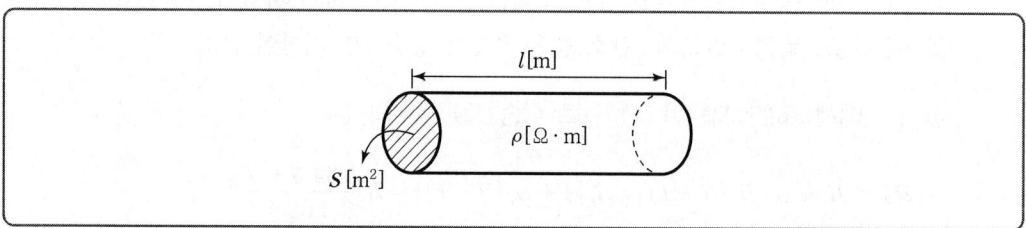

$$R = \rho \frac{l}{S}[\Omega] \qquad C = \frac{\varepsilon S}{l}[F]$$

1) 저항(접지저항)

$$RC = \rho \frac{l}{S} \times \varepsilon \frac{S}{l} = \rho \varepsilon \qquad RC = \rho \varepsilon \rightarrow \frac{C}{G} = \frac{\varepsilon}{k}$$

이때, 저항 $R = \frac{\rho \varepsilon}{C}[\Omega]$

2) 누설전류

$$I = \frac{V}{R} = \frac{V}{\frac{\rho\varepsilon}{C}} = \frac{CV}{\rho\varepsilon}\,[\text{A}]$$

3) 여러 가지 도체의 접지저항

① 도체구

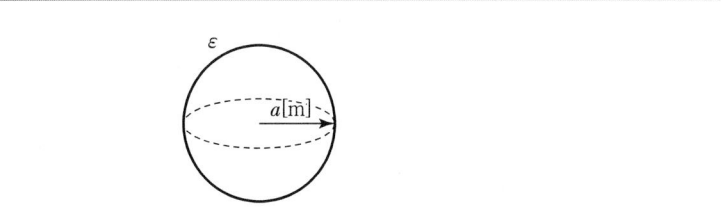

$C = 4\pi\varepsilon a\,[\text{F}]$

$$R = \frac{\rho\varepsilon}{C} = \frac{\rho\varepsilon}{4\pi\varepsilon a} = \frac{\rho}{4\pi a} = \frac{1}{4\pi k a}\,[\Omega]$$

② 두 구상

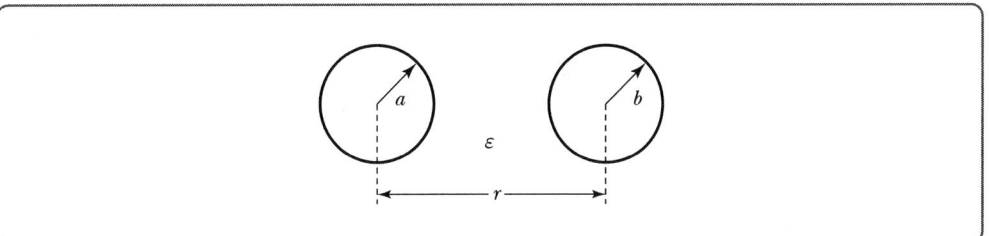

$C_1 = 4\pi\varepsilon a\,[\text{F}]$ $C_2 = 4\pi\varepsilon b\,[\text{F}]$

$R_1 = \dfrac{\rho}{4\pi a} = \dfrac{1}{4\pi k a}\,[\Omega]$ $R_2 = \dfrac{\rho}{4\pi b} = \dfrac{1}{4\pi k b}\,[\Omega]$

전체 저항 $R = R_1 + R_2 = \dfrac{1}{4\pi k a} + \dfrac{1}{4\pi k b} = \dfrac{1}{4\pi k}\left(\dfrac{1}{a} + \dfrac{1}{b}\right)[\Omega]$가 된다.

③ 반구

$$C = 2\pi\varepsilon a[\text{F}], \quad R = \frac{\rho}{2\pi a} = \frac{1}{2\pi ka}[\Omega]$$

④ 동심구

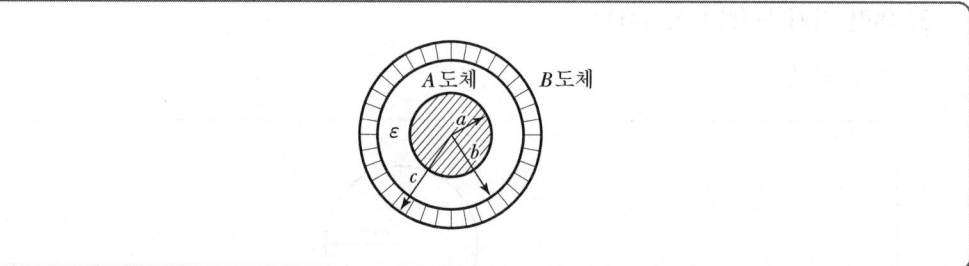

$$C = \frac{4\pi\varepsilon}{\dfrac{1}{a} - \dfrac{1}{b}}[\text{F}]$$

$$R = \frac{\rho}{4\pi}\left(\frac{1}{a} - \frac{1}{b}\right) = \frac{1}{4\pi k}\left(\frac{1}{a} - \frac{1}{b}\right)[\Omega]$$

⑤ 원주형 도체

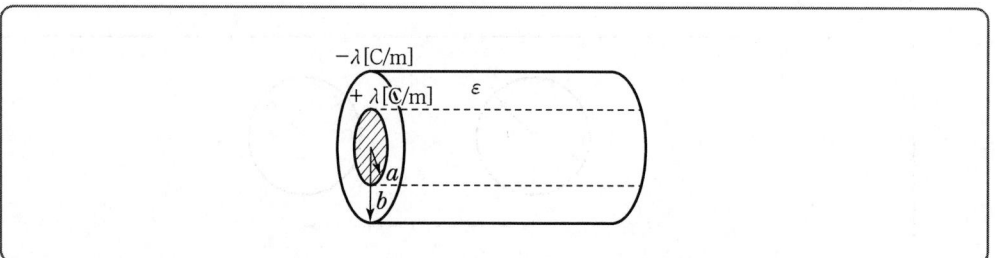

$$C = \frac{2\pi\varepsilon l}{\ln\dfrac{b}{a}}[\text{F}]$$

$$R = \frac{\rho\varepsilon}{C} = \frac{\rho\varepsilon}{2\pi\varepsilon l}\ln\frac{b}{a} = \frac{\rho}{2\pi l}\ln\frac{b}{a} = \frac{1}{2\pi kl}\ln\frac{b}{a}[\Omega]$$

4 전력, 전력량, 줄열

1) 전력 $P[\text{W}] = [\text{J/sec}]$

   ① 단위 시간(초)당 전기가 한 일의 양

   $$P = VI = I^2R = \frac{V^2}{R} = \frac{W}{t}[\text{W}], [\text{J/sec}]$$

   ② 마력 환산 가능 : 1[HP]=746 [W]

2) 전력량 $W[\text{J}]$

   ① 전기장치가 일정 시간 동안 전기가 한 일의 양

   $$W = Pt = VIt = I^2Rt = \frac{V^2}{R}t[\text{J} = \text{W} \cdot \text{sec}]$$

   ② 열량환산 가능 : $1[\text{J}] = 0.24[\text{cal}]$
   $$1[\text{Wh}] = 3,600[\text{W} \cdot \text{sec}] = 3,600[\text{J}] = 860[\text{cal}]$$
   $$1[\text{kWh}] = 3,600[\text{kJ}] = 3.6 \times 10^6[\text{J}] = 860[\text{kcal}]$$

3) 줄의 법칙

   도체에서 전류가 흐를 때 발생한 열량을 줄열이라 한다.
   $1[\text{J}] = 0.2389 ≒ 0.24[\text{cal}]$

   $$H = 0.24W[\text{cal}] = 0.24Pt = 0.24VIt = 0.24I^2Rt = 0.24\frac{V^2}{R}t[\text{cal}]$$

4) 전열기 출력

   ① 전열기의 발생열량

   소비전력 $P[\text{kW}]$, 효율이 η인 전열기를 이용하여 $t[\text{hour}]$시간 동안 물을 가열했다면
   $H = 860Pt\eta = Cm(T_2 - T_1)[\text{kcal}]$

   만일 단위가 $P[\text{W}]$, $t[\text{sec}]$, $m[\text{g}]$이라면 $H = 0.24Pt\eta = Cm(T_2 - T_1)[\text{cal}]$

5 전기의 여러 가지 현상

1) 제벡 효과(Seebeck Effect)

서로 다른 금속을 접속(열전대)하고 접속점에 서로 다른 온도를 유지하면 기전력이 생겨 일정한 방향으로 전류가 흐른다.

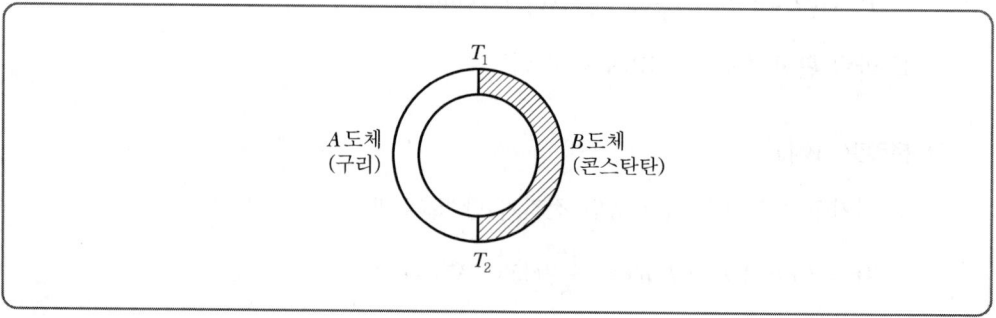

2) 펠티어 효과(Peltier Effect)

서로 다른 금속에서 다른 쪽 금속으로 전류를 흘리면 열의 발생 또는 흡수가 일어난다.

발생 열량은 $H = P \int_0^t I \, dt \, [\text{cal}]$

여기서, P : 펠티어 계수
$I[\text{A}]$: 폐회로에 흘리는 전류
$t[\text{sec}]$: 시간

펠티어는 제벡 효과의 역효과이며 전자냉동의 원리가 된다.

3) 톰슨 효과(Thomson Effect)

동종의 금속에서 각부의 온도가 다르면 그 부분에서 열의 발생 또는 흡수가 일어난다.

발생 열량은 $H = P \int_{T_1}^{T_2} \sigma \, di \, [\text{cal}]$

여기서, σ : 톰슨 상수

4) 피로 전기

롯셀염이나 수정의 결정을 가열하면 한쪽 면에 정, 반대편에 부의 전기가 분극을 일으키고 반대로 냉각시키면 역의 분극이 나타는 현상

5) 압전효과

유전체 결정에 기계적 변형을 가하면 표면에 정·부의 전하가 대전된다.

6) 홀 효과

전류가 흐르는 도체에 자계를 가하면 플레밍의 왼손 법칙에 의해 도체 내부에 전하가 나타나는 현상

7) 핀치 효과

직류 인가 시 전류가 도선의 중심으로 몰려 흐르는 현상(반대, 표피 또는 스킨효과)

8) 스트레치 효과

직사각형 코일의 꼭짓점 한 곳에 전류를 흘리면 마주 보는 변끼리 반발력이 작용하여 원형으로 바뀌려는 현상

Chapter 06 실·전·문·제

01 MKS 단위계로 고유저항의 단위는?

① $[\Omega \cdot m]$ ② $[\Omega \cdot mm^2/m]$ ③ $[\mu\Omega \cdot cm]$ ④ $[\Omega \cdot cm]$

해설 고유저항의 단위
MKS $1[\Omega \cdot m]$=CGS $10^6[\Omega \cdot mm^2/m]$ ➡ $1[\Omega \cdot mm^2/m]=10^{-6}[\Omega \cdot m]$

02 도체의 고유저항과 관계없는 것은?

① 온도 ② 길이 ③ 단면적 ④ 단면적의 모양

해설 $\rho=\dfrac{SR}{l}[\Omega \cdot m]$이므로 길이 단면적과 관련 있으며, 단면적의 모양과는 관련이 없다. 온도 변화에 따른 저항은 $t[℃]$에서 R_t인 저항이 $T[℃]$로 상승했다면 R_T는
$R_T=R_t+\alpha_t R_t(T-t)=R_t\{1+\alpha_t(T-t)\}[\Omega]$ 온도와도 관련 있다.

03 지름이 3.2[mm], 길이가 500[m]인 경동선의 상온에서의 저항[Ω]은 대략 얼마인가?(단, 상온에서의 고유저항은 1/55[Ω · mm²/m]이다.)

① 1.13 ② 2.26 ③ 3.3 ④ 3.8

해설 $R=\rho\dfrac{l}{S}=\rho\dfrac{l}{\pi r^2}=\dfrac{1}{55}\times 10^{-6}\times\dfrac{500}{\pi\times(1.6\times 10^{-3})^2}=1.13[\Omega]$

여기서, $r[m]$: 반지름

04 온도 $t[℃]$에서 저항 $R_t[\Omega]$인 동선은 30[℃]일 때 저항은 어떻게 변하는가?

① $\dfrac{30-t}{234.5}R_t$ ② $\dfrac{234.5+t}{264.5}R_t$ ③ $\dfrac{30-t}{234.5+t}R_t$ ④ $\dfrac{264.5}{234.5+t}R_t$

해설 온도 변화에 따른 저항값 계산은 다음과 같다.
$R_T=R_t+\alpha_t R_t(T-t)=R_t\{1+\alpha_t(T-t)\}=R_t\dfrac{234.5+T}{234.5+t}[\Omega]$
처음온도 $t[℃]$에서의 저항 $R_t[\Omega]$일 때 나중 온도 $T=30[℃]$일 때의
저항 R_T는 $R_T=R_t\dfrac{234.5+T}{234.5+t}=R_t\dfrac{234.5+30}{234.5+t}=R_t\dfrac{264.5}{234.5+t}[\Omega]$가 된다.

01 ① 02 ④ 03 ① 04 ④ **Answer**

05 저항 10[Ω]인 구리선과 30[Ω]의 망간선을 직렬 접속하면 합성저항 온도계수는 몇 [%]인가? (단, 동선의 저항 온도계수는 0.4[%], 망간선은 0이다.)

① 0.1 ② 0.2 ③ 0.3 ④ 0.4

해설 구리선 : $R_1 = 10[\Omega] \to \alpha = 0.4[\%]$, 망간선 : $R_2 = 30[\Omega] \to \alpha = 0[\%]$일 때 합성저항 온도계수
$$\alpha_t = \frac{\alpha_1 R_1 + \alpha_2 R_2}{R_1 + R_2} = \frac{0.4 \times 10 + 0 \times 30}{10 + 30} = 0.1$$

06 20[℃]에서 저항 온도 계수 $\alpha_{20} = 0.004$인 저항선의 저항이 100[Ω]이다. 이 저항선의 온도가 80[℃]로 상승될 때 저항은 몇 [Ω]이 되겠는가?

① 24 ② 48 ③ 72 ④ 124

해설 온도 변화에 따른 저항값 계산은 다음과 같다.
$$R_T = R_t\{1 + \alpha_t(T-t)\} = 100\{1 + 0.004(80-20)\} = 124[\Omega]$$

07 0[℃]일 때 저항률이 0.004인 도체의 저항이 0[℃]일 때, 저항의 2배로 될 때의 온도는 몇 [℃]가 되는가?(단, 저항률은 온도 상승에 비례해서 증가한다고 한다.)

① 100 ② 150 ③ 250 ④ 500

해설 온도 변화에 따른 저항값 계산은 다음과 같다.
$R_T = R_t\{1 + \alpha_t(T-t)\}$에서 $2R = R\{1 + 0.004(T-0)\}$
$2 = 1 + 0.004T$ ∴ $T = \frac{1}{0.04} = 250[℃]$

08 전자가 매초 10^{10}개의 비율로 전선 내를 통과하면 이것은 몇 [A]의 전류에 상당하는가? (단, 전기량은 1.602×10^{-19}[C]이다.)

① 1.602×10^{-9}
② 1.602×10^{-29}
③ $\frac{1}{1.602} \times 10^{-9}$
④ $\frac{1}{1.602} \times 10^{-29}$

해설 전기량 $Q = It = ne$[C] 이때 전류 $I = \frac{Q}{t} = \frac{ne}{t}$[A]

$$I = \frac{10^{10} \times 1.602 \times 10^{-19}}{1} = 1.602 \times 10^{-9}[A]$$

Answer ▶ 05 ① 06 ④ 07 ③ 08 ①

09 10[mm]의 지름을 가진 동선에 50[A]의 전류가 흐를 때 단위 시간에 동선의 단면을 통과하는 전자의 수는 얼마인가?

① 약 50×10^{19} 개
② 약 20.45×10^{15} 개
③ 약 31.25×10^{19} 개
④ 약 7.85×10^{16} 개

해설 전기량 $Q = It = ne$ [C] 이때 전류 $I = \dfrac{Q}{t} = \dfrac{ne}{t}$ [A]이고,

전자의 수 $n = \dfrac{I \cdot t}{e} = \dfrac{50 \times 1}{1.602 \times 10^{-19}}$

$= $ 약 31.25×10^{19} [개]

10 공간 도체 중의 정상 전류밀도가 i, 전하밀도가 ρ일 때 키르히호프 전류법칙을 나타내는 것은?

① $i = \dfrac{\partial \rho}{\partial t}$
② div $i = 0$
③ $i = 0$
④ div $i = -\dfrac{\partial \rho}{\partial t}$

해설 임의의 도체 단면에 유입하는 전류의 총합은 유출하는 전류의 총합과 같다. 입력전류(I_{IN})=출력전류(I_{out})일 때, 즉 들어간 전류와 나간 전류가 같을 때(kirhhoff의 제1법칙)를 전류의 연속성이라 한다.
즉, 전류가 연속적으로 도체의 단면을 흐른다면 키르히호프의 전류법칙은
$\sum I = 0 = \int_s i \cdot dS = \int_v \text{div}\, i\, dv$ 가 되어 div $i = 0$ 이다.
즉, 단위 체적당의 전류의 발산은 없다.

11 div $i = 0$에 대한 설명이 아닌 것은?

① 도체 내에 흐르는 전류는 연속적이다.
② 도체 내에 흐르는 전류는 일정하다.
③ 단위시간당 전하의 변화는 없다.
④ 도체 내에 전류가 흐르지 않는다.

해설 문제 10번 해설 참고

12 다음 중 옴의 법칙은 어느 것인가?(단, k는 도전율, ρ는 고유저항, E는 전계의 세기이다.)

① $i = kE$
② $i = \dfrac{E}{k}$
③ $i = \rho E$
④ $i = -kE$

해설 전도전류밀도는 $i_c = \dfrac{I_c}{S} = kE = \dfrac{E}{\rho} = nev = Qv$ [A/m²]

09 ③   10 ②   11 ④   12 ①   **Answer**

여기서, $k[\mho/m]$: 도전율 $E[V/m]$: 전계
$\rho[\Omega \cdot m]$: 고유저항 $n[\text{개수}/m^3]$
$v[m/s]$: 속도 $e[C]$: 전자 1개의 전기량
$Q[C/m^3]$: 체적전하밀도

13 대지 중의 두 전극 사이에 있는 어떤 점의 전계의 세기가 $E=6[V/cm]$, 지면의 도전율이 $K=10^{-4}[\mho/cm]$일 때 이 점의 전류밀도는 몇 $[A/cm^2]$인가?

① 6×10^{-4}
② 6×10^{-6}
③ 6×10^{-5}
④ 6×10^{-3}

해설 전도전류밀도는 $i_c = kE[A/m^2]$에서 $K=10^{-4}[\mho/cm]$, $E=6[V/cm]$
$i_c = 10^{-4} \times 6 [A/cm^2]$

14 그림과 같이 면적 $S[m^2]$, 간격 $d[m]$인 극판 간에 유전율 ε, 저항률 ρ인 매질을 채웠을 때 극판 간의 정전용량 C와 저항 R의 관계는?(단, 전극판의 저항률은 매우 작은 것으로 한다.)

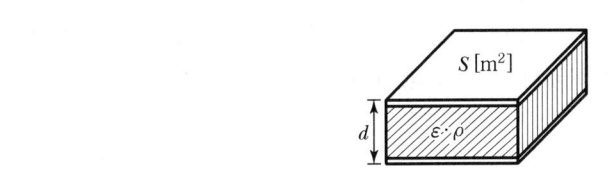

① $R = \dfrac{\varepsilon\rho}{C}$
② $R = \dfrac{C}{\varepsilon\rho}$
③ $R = \varepsilon\rho C$
④ $R = \dfrac{1}{\varepsilon\rho C}$

해설 전기저항과 정전용량의 곱은 고유저항과 유전율의 곱과 같으므로
$RC = \rho\varepsilon$에서 전기저항 $R = \dfrac{\rho\varepsilon}{C}[\Omega]$이 된다.

15 콘덴서 사이에 유전율 ε, 도전율 k인 도전성 물질이 있을 때, 정전용량 C와 컨덕턴스 G는 어떤 관계가 있는가?

① $\dfrac{C}{G} = \dfrac{k}{\varepsilon}$
② $\dfrac{C}{G} = \dfrac{\varepsilon}{k}$
③ $GC = \varepsilon k$
④ $\dfrac{C}{G} = \varepsilon k$

해설 $RC = \rho\varepsilon$에서 $R = \dfrac{1}{G}$, $\rho = \dfrac{1}{k}$를 대입하면 $\dfrac{C}{G} = \dfrac{\varepsilon}{k}$이 된다.

Answer ◯ 13 ①   14 ①   15 ②

16 평행판 콘덴서에 유전율 9×10^{-8} [F/m], 고유저항 $\rho = 10^6$ [Ω·m]인 액체를 채웠을 때 정전 용량이 3[μF]이었다. 이 양극판 사이의 저항은 몇 [kΩ]인가?

① 37.6 ② 30 ③ 18 ④ 15.4

해설 $RC = \rho\varepsilon$에서 전기저항 $R = \dfrac{\rho\varepsilon}{C} = \dfrac{10^6 \times 9 \times 10^{-8}}{3 \times 10^{-6}} \times 10^{-3} = 30[\text{k}\Omega]$이 된다.

17 액체 유전체를 포함한 콘덴서 용량이 C [F]인 것에 V [V]전압을 가했을 경우에 흐르는 누설 전류는 몇 [A]인가?(단, 유전체의 비유전율은 ε_s이며 고유저항은 ρ [Ω]이라 한다.)

① $\dfrac{CV}{\rho\varepsilon}$ ② $\dfrac{CV^2}{\rho\varepsilon}$ ③ $\dfrac{\rho\varepsilon_s V}{C}$ ④ $\dfrac{\rho\varepsilon_s}{C}$

해설 누설전류 $I = \dfrac{V}{R} = \dfrac{V}{\dfrac{\rho\varepsilon}{C}} = \dfrac{CV}{\rho\varepsilon}$ [A]가 된다.

18 길이 l인 동축 원통에서 내부 원통의 반지름 a, 외부 원통의 안 반지름 b, 바깥 반지름 c이고 내외 원통 간에 저항률 ρ인 도체로 채워져 있다. 도체 간의 저항은 얼마인가?(단, 도체 자체의 저항은 0으로 한다.)

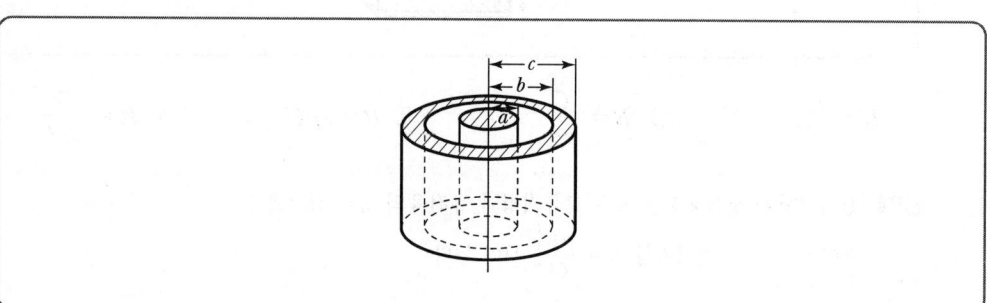

① $\dfrac{\rho}{\pi l}\log_{10}\dfrac{b}{a}$ ② $\dfrac{\rho}{2\pi l}\log_{10}\dfrac{b}{a}$ ③ $\dfrac{\rho}{\pi l}\log_e\dfrac{b}{a}$ ④ $\dfrac{\rho}{2\pi l}\log_e\dfrac{b}{a}$

해설 동축 및 원주형 도체 $C = \dfrac{2\pi\varepsilon l}{\ln\dfrac{b}{a}}$ [F]

$R = \dfrac{\rho\varepsilon}{C} = \dfrac{\rho\varepsilon}{2\pi\varepsilon l}\ln\dfrac{b}{a} = \dfrac{\rho}{2\pi l}\ln\dfrac{b}{a}$ [Ω]

여기서, $\ln = \log_e = \log$이므로

16 ② 17 ① 18 ④ **Answer**

19 반지름 a, b인 두 구상 도체 전극이 도전율 k인 매질 속에 중심 간의 거리 l 만큼 떨어져 놓여 있다. 양 전극 간의 저항[Ω]은?(단, $l \gg a$, b이다.)

① $4\pi k\left(\dfrac{1}{a}+\dfrac{1}{b}\right)$ ② $4\pi k\left(\dfrac{1}{a}-\dfrac{1}{b}\right)$

③ $\dfrac{1}{4\pi k}\left(\dfrac{1}{a}+\dfrac{1}{b}\right)$ ④ $\dfrac{1}{4\pi k}\left(\dfrac{1}{a}-\dfrac{1}{b}\right)$

해설

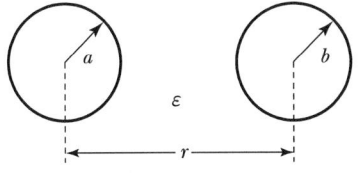

$C_1 = 4\pi\varepsilon a\,[\text{F}]$ $\qquad C_2 = 4\pi\varepsilon b\,[\text{F}]$

$R_1 = \dfrac{\rho}{4\pi a} = \dfrac{1}{4\pi k a}\,[\Omega]$ $\qquad R_2 = \dfrac{\rho}{4\pi b} = \dfrac{1}{4\pi k b}\,[\Omega]$

전체 저항 $R = R_1 + R_2 = \dfrac{1}{4\pi k a} + \dfrac{1}{4\pi k b} = \dfrac{1}{4\pi k}\left(\dfrac{1}{a}+\dfrac{1}{b}\right)[\Omega]$가 된다.

20 대지의 고유저항이 $\pi[\Omega\cdot\text{m}]$일 때 반지름 2[m]인 반구형 접지극의 접지저항은 몇 [Ω]인가?

① 0.25 ② 0.5 ③ 0.75 ④ 0.95

해설 반구도체의 정전용량은 $C = 4\pi\varepsilon a \times \dfrac{1}{2} = 2\pi\varepsilon a\,[\text{F}]$이므로

접지극의 접지저항은 $R = \dfrac{\rho\varepsilon}{C} = \dfrac{\rho\varepsilon}{2\pi\varepsilon a} = \dfrac{\rho}{2\pi a} = \dfrac{\pi}{2\pi\times 2} = 0.25[\Omega]$가 된다.

21 간격 d의 평행도체판 간에 비저항 ρ인 물질을 채웠을 때 단위면적당 저항은?

① ρd ② $\dfrac{\rho}{d}$ ③ $\rho - d$ ④ $\rho + d$

해설
- 평행판 사이의 정전용량 $C = \dfrac{\varepsilon S}{d}\,[\text{F}]$
- 단위면적당 정전용량 $C' = \dfrac{C}{S} = \dfrac{\varepsilon}{d}\,[\text{F/m}^2]$
- 단위면적당 저항 $R' = \dfrac{\rho\varepsilon}{C'} = \dfrac{\rho\varepsilon}{\dfrac{\varepsilon}{d}} = \rho\cdot d\,[\Omega/\text{m}^2]$

Answer ▶ 19 ③ 20 ① 21 ①

22. 그림에서 0점의 전위를 라플라스의 근사법에 의하여 구하면?

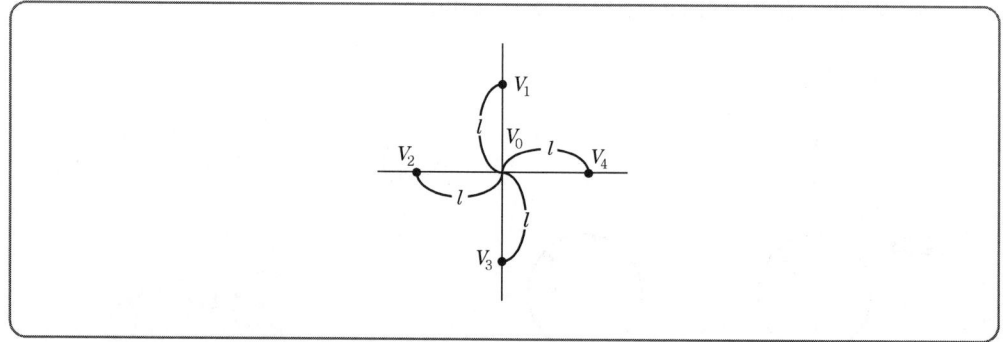

① $V_1 + V_2 + V_3 + V_4$
② $\dfrac{1}{2}(V_1 + V_2 + V_3 + V_4)$
③ $4(V_1 + V_2 + V_3 + V_4)$
④ $\dfrac{1}{4}(V_1 + V_2 + V_3 + V_4)$

해설 $R = \rho \dfrac{l}{S} \propto l$에 비례하므로 한 점에 유입되고 유출되는 전류 $I_1 + I_2 + I_3 + I_4 = 0$

$I = \dfrac{V}{R} = 0[A]$

이때 R을 l로 대치하고 라플라스의 식은 $\nabla^2 \cdot V = 0$이므로 $\dfrac{V_1 + V_2 + V_3 + V_4 - 4V_0}{l} = 0$값이 성립한다.

이때 원점의 평균전위는 $V_0 = \dfrac{1}{4}(V_1 + V_2 + V_3 + V_4)$이며 전위 평균값과 같음을 의미한다.

23. 다른 종류의 금속선으로 된 폐회로의 두 접합점의 온도를 달리하였을 때 전기가 발생하는 효과는?

① 톰슨 효과
② 핀치 효과
③ 펠티어 효과
④ 제벡 효과

해설
- 제벡 효과(Seebeck Effect) : 서로 다른 금속을 접속(열전대)하고 접속점에 서로 다른 온도를 유지하면 기전력이 생겨 일정한 방향으로 전류가 흐른다.
- 펠티어 효과(Peltier Effect) : 서로 다른 금속에서 다른 쪽 금속으로 전류를 흘리면 열의 발생 또는 흡수가 일어난다.
- 톰슨 효과(Thomson Effect) : 동종의 금속에서 각부의 온도가 다르면 그 부분에서 열의 발생 또는 흡수가 일어난다.
- 홀효과(Hole Effect) : 전류가 흐르고 있는 도체에 자계를 가하면 도체 측면에 정부의 전하가 나타나 전위차가 발생한다.
- 핀치 효과(Pinch Effect) : 도체에 직류를 인가하면 전류와 수직방향으로 원형 자계가 생겨 전류에 구심력이 작용하여 도체 단면이 수축하면서 도체 중심 쪽으로 전류가 몰린다.
- 볼타 효과(접촉전기) : 도체와 도체, 유전체와 유전체, 유전체와 도체를 접촉시키면 전자가 이동하여 양·음으로 대전되는 현상

22 ④ 23 ④ Answer

24 두 종류의 금속선으로 된 회로에 전류를 통하면 각 접속점에서 열의 흡수 또는 발생이 일어나는 것을 무엇이라 하는가?

① 톰슨 효과　　② 제벡 효과　　③ 볼타 효과　　④ 펠티어 효과

해설 문제 23번 해설 참고

25 전류가 흐르고 있는 도체에 자계를 가하면 도체 측면에는 정부의 전하가 나타나 두 면 간에 전위차가 발생하는 현상은?

① 핀치 효과　　② 톰슨 효과　　③ 홀 효과　　④ 제벡 효과

해설 문제 23번 해설 참고

26 동일한 금속의 2점 사이에 온도차가 있는 경우, 전류가 통과할 때 열의 발생 또는 흡수가 일어나는 현상은?

① Seebeck 효과　　② Peltier 효과
③ Volta 효과　　　 ④ Thomson 효과

해설 문제 23번 해설 참고
보기 3번 접촉전기(=볼타 효과)
- 도체와 도체, 유전체와 유전체, 유전체와 도체를 접촉시키면 전자가 이동하여 양·음으로 대전되는 현상

27 DC전압을 가하면 전류는 도선 중심 쪽으로 흐르려고 한다. 이러한 현상을 무슨 효과라 하는가?

① Skin 효과　　　② Pinch 효과
③ 압전기 효과　　④ Palter 효과

해설 문제 23번 해설 참고

Answer ▶ 24 ④　25 ③　26 ④　27 ②

Chapter 07 진공 중 정자계

1 정전계와 정자계의 대응관계

정전계에서 작용하는 법칙에 아래의 대응관계를 이용하여 정자계의 법칙을 쉽게 유도할 수 있다.

정 전 계		정 자 계	
유전율	ε [F/m]	투자율	μ [H/m]
전 하	Q [C]	자하(자극의 세기)	m [Wb]
힘	F [N]	힘	F [N]
전계의 세기	E [V/m]	자계의 세기	H [AT/m=A/m]
전 위	V [V]	자 위	U [A]
전속수	ψ [C]	자속수	ϕ [Wb]
전속 밀도	D [C/m^2]	자속 밀도	B [Wb/m^2]
분극의 세기	P [C/m^2]	자화의 세기	J [Wb/m^2]
단위면적당 받는 힘	f [N/m^2]	단위면적당 받는 힘	f [N/m^2]
전계 내 축적되는 에너지 밀도	W_E [J/m^3]	자계 내 축적되는 에너지 밀도	W_H [J/m^3]
복합 유전율의 경계 조건	정의가 같음	복합 투자율의 경계 조건	정의가 같음
정전에너지	W [J]	전자에너지	W [J]

위의 대응관계와 정전계의 식을 이용하면 기본적인 정자계의 식들을 쉽게 유도해낼 수 있다.

2 쿨롱의 법칙

두 자하 사이에 작용하는 힘 F [N]

1) 두 자하 사이에 작용하는 힘

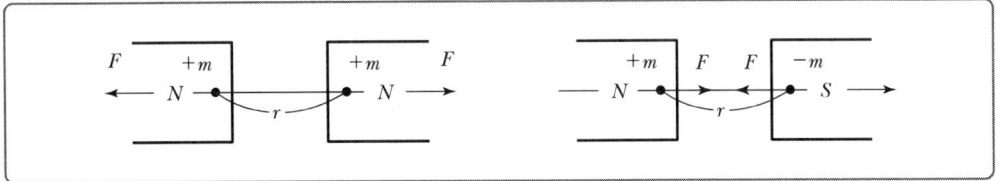

$$F = k\frac{m_1 m_2}{r^2} [\text{N}] \rightarrow k \text{ 쿨롱상수라 하며 } \frac{1}{4\pi\mu_0} = 6.33 \times 10^4$$

$$F = \frac{m_1 m_2}{4\pi\mu_0 r^2} = 6.33 \times 10^4 \times \frac{m_1 m_2}{r^2} [\text{N}]$$

여기서, $m_1 m_2$ [Wb] : 임의의 자하량
r [m] : 두 자하(자극) 사이의 거리

① 동종의 자하 사이에는 반발력이 작용하며, 이종의 자하 사이에는 흡인력이 작용한다.
② 힘의 크기는 두 자하량의 곱에 비례한다.
③ 힘의 크기는 두 자하 사이의 떨어진 거리의 제곱에 반비례한다.
④ 힘의 방향은 두 자하를 연결하는 일직선 상에 존재한다.
⑤ 힘의 크기는 매질과 관계있다.

2) 투자율

자계에 의한 자속을 유도하는 능력(자속이 잘 통과하는 정도)

$\mu = \mu_0 \mu_s$ [H/m](매질이나 유전체에서의 유전율)로 표시한다.

① 진공이나 공기의 투자율 : $\mu_0 = 4\pi \times 10^{-7}$ [H/m]

② 비투자율 : $\mu_s = \dfrac{\mu}{\mu_0}$, μ_0에 대한 다른 매질의 투자율의 비율

진공이나 공기 $\mu_s = 1$, 그 외 매질은 $\mu_s > 1$, $\mu_s < 1$

3 자계(자장)의 세기

1) 정의

자하량이 존재하는 경우 자기의 힘이 미치는 공간
m[Wb]의 자하가 단위 정자하 $+1$[Wb]와 작용하는 힘의 세기

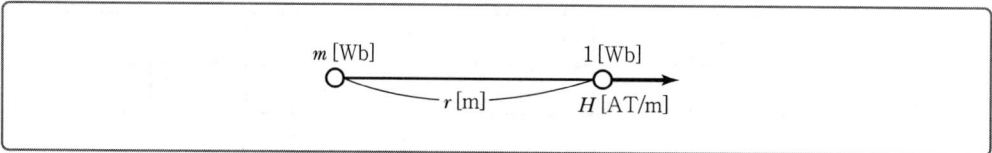

$$H = \frac{m}{4\pi\mu_0 r^2} = 6.33 \times 10^4 \times \frac{m}{r^2} \text{[AT/m]}$$

여기서, m[Wb] : 임의의 자하량
r[m] : $+1$[Wb] 사이의 거리

2) 자계 내에 전하 m[Wb]를 놓았을 때 자하가 자계에 의하여 받는 힘

$$F = mH \text{[N]}, \quad H = \frac{F}{m} \text{[AT/m]}, \quad m = \frac{F}{H} \text{[Wb]}$$

여기서, F[N] : 힘
H[AT/m] : 자계의 세기
m[Wb] : 임의의 자하량

4 자기력선의 성질

① 자극이 존재하지 않는 곳에서는 자기력선의 발생 및 소멸이 없다.
② 정자하 $+m$[Wb] = N극에서 나와 음전하 $-m$[Wb] = S극에서 끝난다.
③ 자기력선은 그 자신만으로 폐곡선을 이룰 수 있다.
④ 임의 점에서의 자계의 방향은 자기력선의 접선방향과 같다.
⑤ 임의 점에서의 자계의 세기는 자기력선의 밀도와 같다.
⑥ 자기력선은 자위가 높은 점에서 낮은 점으로 향한다.
⑦ 두 개의 자기력선은 서로 반발하며 교차하지 않는다.
⑧ 자기력선은 도체 표면(등자위면)과 수직으로 출입한다.

⑨ $+m$[Wb]에서 발생하는 자기력선의 총수는 $\frac{m}{\mu_0}$개다.

⑩ 자기력선은 급히 꺾이고, 비틀어지지 않으며 되도록 짧은 길을 통과하려고 하고 자기력선 자신은 수축하려고 하는 힘이 작용한다

⑪ 고립된 자극은 존재하지 않는다. N극과 S극은 항상 공존한다.(연속성)

5 자기력선의 수

$+m$[Wb]에서 발생하는 자기력선의 총수는 $\frac{m}{\mu_0}$개다.(매질의 유전율과 반비례 관계)

1) 진공 시 ($\mu_s = 1$) $N = \frac{m}{\mu_0}$개

2) 자성체 내 ($\mu_s > 1$) $N = \frac{m}{\mu_0 \mu_s}$개

6 자속(수) ϕ[Wb]와 자속밀도 B[Wb/m²]

① 자속수는 자하량과 같으며 투과하는 매질(유전율)과는 관계가 없다.

② 자속밀도 $B = \frac{\phi}{S} = \frac{m}{S} = \frac{m}{4\pi r^2} = \mu_0 H$ [Wb/m²]

③ 임의의 폐곡면에서 나오는 자속 $\phi = m = B \cdot S$ [Wb]

④ 자속과 자속밀도의 단위

MKS	CGS
1[Wb]	10^8[Maxwell] = 10^8[emu]
1[Wb/m²]	10^8[Maxwell/m²] = 10^4[Maxwell/cm²] 10^4[Gauss] = 1[Tesla]

7 자위 U[A]

자위란 진자하가 존재하는 자계에서 단위 정자하(+1[Wb])를 무한원점(출발점)에서 진자하와 떨어진 거리(r)인 임의 점(관측점)까지 이동시키는 데 필요한 일의 양을 나타내는 크기값(스칼라)이다. 이때 자위가 증가하는 방향은 자계와 반대방향이다.

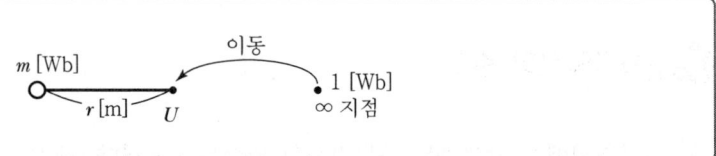

1) 자위

$$U = -\int_\infty^r H dr = \int_r^\infty H dr = \frac{m}{4\pi\mu_0 r} = 6.33 \times 10^4 \frac{m}{r} [\text{A}]$$

여기서, ∞ : 출발점, r : 관측점

* 자계와의 관계식

$$U = Hr = Hl = Hd [\text{A}], \quad H = \frac{U}{r} = [\text{A/m}]$$

여기서, $r = l = d$[m] : 거리, 길이, 간격

2) 자위경도

$$\text{grad } U = \nabla \cdot U = -H[\text{AT/m}], \quad H = -\text{grad } U = -\nabla U$$

8 자기 쌍극자

크기가 같고 극성이 다른 두 점자하가 아주 미소한 거리에 있는 상태를 말한다.

1) 자기쌍극자에 의한 P점의 자위

① 전체 자위

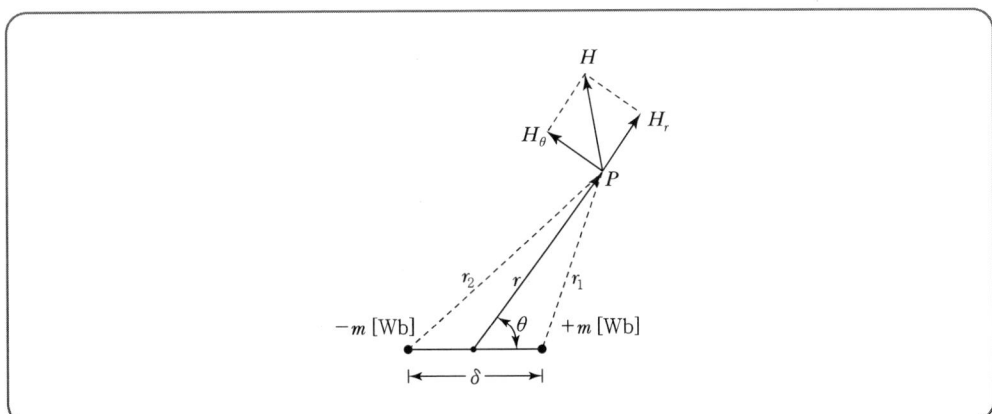

$$U = U_1 + U_2 \text{[A]}$$
$$= \frac{m}{4\pi\mu_0 r_1} + \frac{-m}{4\pi\mu_0 r_2} = \frac{m}{4\pi\mu_0}\left(\frac{1}{r_1} - \frac{1}{r_2}\right)$$
$$= \frac{m}{4\pi\mu_0}\left(\frac{r_2 - r_1}{r_1 r_2}\right)$$

② P점의 자위

$$U_P = \frac{M}{4\pi\mu_0 r^2}\cos\theta \text{[A]} \propto \frac{1}{r^2} \quad (\theta = 0° : \text{최대}, \theta = 90° : \text{최소})$$

여기서, 자기 쌍극자 모멘트 $M = m \cdot l \text{[Wb}\cdot\text{m]}$ (단, $l\text{[m]}$: 두 자하 사이의 거리)

2) 자기 쌍극자에 의한 P점의 자계의 세기

① 중심축 $H_r = -\dfrac{\partial U}{\partial r} = -\dfrac{M\cos\theta}{4\pi\mu_0}\times\left(\dfrac{-2}{r^3}\right) = \dfrac{2M\cos\theta}{4\pi\mu_0 r^3} = \dfrac{M\cos\theta}{2\pi\mu_0 r^3}$

② $H_\theta = -\dfrac{1}{r}\dfrac{\partial U}{\partial \theta} = -\dfrac{1}{r}\cdot\dfrac{M(-\sin\theta)}{4\pi\mu_0 r^2} = \dfrac{M\sin\theta}{4\pi\mu_0 r^3}$

③ $H = H_r + H_\theta = \dfrac{2M\cos\theta}{4\pi\mu_0 r^3} + \dfrac{M\sin\theta}{4\pi\mu_0 r^3}$

$H = \dfrac{M}{4\pi\mu_0 r^3}\sqrt{(2\cos\theta)^2 + \sin^2\theta} = \dfrac{M}{4\pi\mu_0 r^3}\sqrt{1 + 3\cos^2\theta}\ [\text{AT/m}] \propto \dfrac{1}{r^3}$

9 자기 2중층(=판자석의 세기)

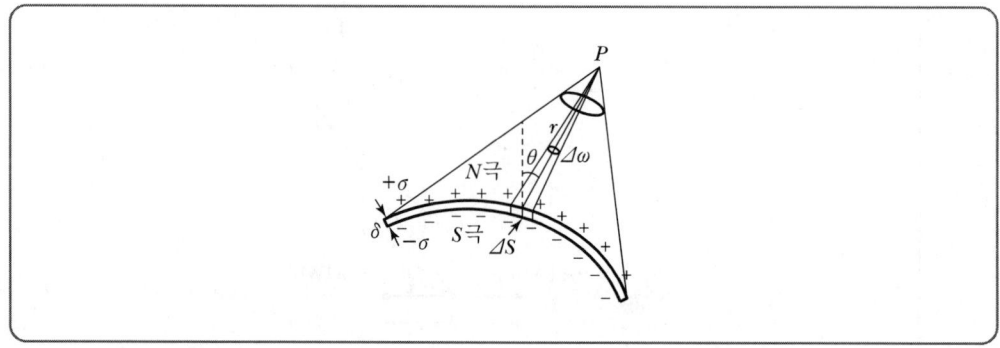

1) P점(N극 측의 자위)의 자위 $U_P = \dfrac{M}{4\pi\mu_0}\omega_1 [\text{A}]$

Q점(S극 측의 자위)의 자위 $U_Q = \dfrac{-M}{4\pi\mu_0}\omega_2 [\text{A}]$

여기서, $M = \sigma\delta\ [\text{Wb/m}] =$ 2중층 세기 또는 판의 세기
$\omega = 2\pi(1 - \cos\theta) =$ 입체각

2) P, Q점에서의 무한히 접근

① P에서만 무한히 접근, 또는 Q에서만 무한히 접근($\omega = 2\pi$)

$U_P = U_q = \dfrac{M}{2\mu_0}[\text{A}]$

② P와 Q에서 동시에 무한히 접근($\omega = 4\pi$)

$U_{PQ} = \dfrac{M}{\mu_0}[\text{A}]$

3) 원판형 구조의 자기 2중층(입체각이 원뿔형)

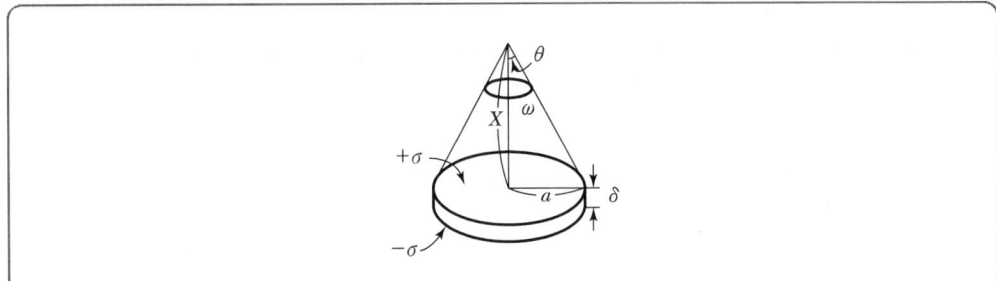

$$U = \frac{M}{4\pi\mu_0} \times \omega \, [\text{A}]$$

여기서, $\omega = 2\pi(1-\cos\theta) = 2\pi\left(1-\dfrac{x}{\sqrt{a^2+x^2}}\right)$ 에서

$$U = \frac{M}{4\pi\mu_0} \times 2\pi(1-\cos\theta) = \frac{M}{4\pi\mu_0} \times 2\pi\left(1-\frac{x}{\sqrt{a^2+x^2}}\right)$$

$$= \frac{M}{2\mu_0} \times \left(1-\frac{x}{\sqrt{a^2+x^2}}\right) [\text{A}]$$

여기서, $a[\text{m}]$: 원판의 반지름, $x[\text{m}]$: 중심에서 떨어진 거리

» 예제 ❶

문제 판자석의 세기 $M = 0.01 [\text{Wb/m}]$, 반지름 $a = 5[\text{cm}]$인 원형 자석판이 있다. 자석의 중심에서 축상 10[cm]인 점에서의 자위의 세기[AT]는?

풀이
반지름 $a = 5[\text{cm}]$, 떨어진 거리 $x = 10[\text{cm}]$
$$U = \frac{M}{4\pi\mu_0}\omega = 6.33 \times 10^4 \times 0.01 \times 2\pi\left(1 - \frac{0.1}{\sqrt{0.1^2 + 0.05^2}}\right) = 420[\text{AT}]$$

10 전류에 의한 자계(1)

1) 암페어(앙페르) 오른나사법칙 : 전류의 방향과 자계의 방향을 결정하는 법칙

① 도체에 전류를 흘려주었을 때 그 주변에 생기는 자계(자장)의 회전성과 자계의 방향을 결정하는 법칙
② 오른 나사의 진행 방향이 전류의 방향이라면 오른 나사의 회전 방향이 자계(자장)의 방향

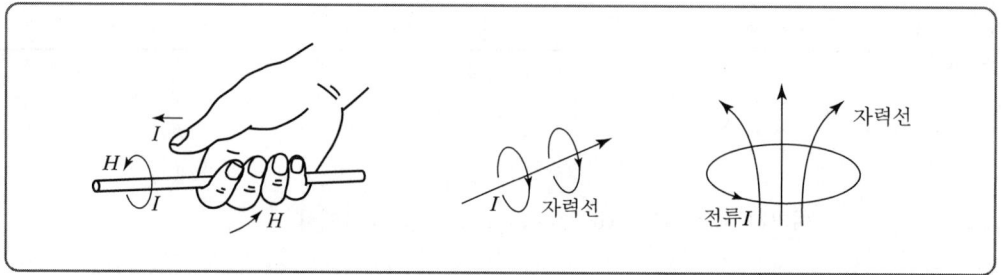

2) 암페어의 주회 적분 법칙 : 전류의 크기와 자계의 세기의 관계를 정의한 식

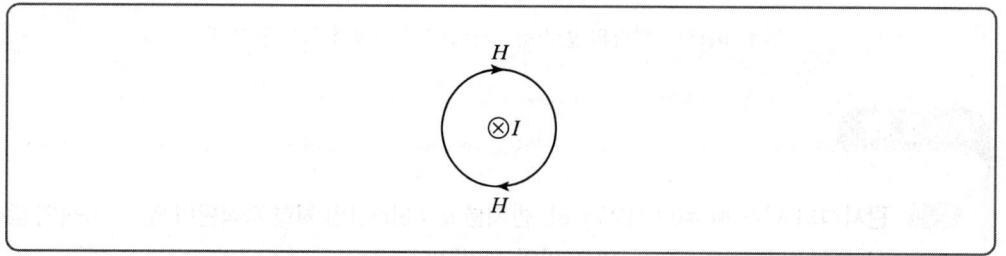

① 자계 $H[\mathrm{AT/m}]$가 폐곡선을 따라 회전할 때 폐곡선 내의 전류 $I[\mathrm{A}]$와의 관계식
② 폐곡선 상의 한 점의 미소자계를 $H[\mathrm{AT/m}]$라고 할 때 자계의 폐곡선 전체에 따른 선적분을 하면 폐곡선 내를 관통하는 모든 전류의 대수합과 같게 된다.

$$\oint_c H dl = \Sigma I$$

이때 일정한 전류(I)의 쇄교 수가 N개일 때

$$\oint_c H dl = \Sigma NI$$ 가 된다.

11 전류에 의한 자계의 세기 계산

1) 무한장 직선 전류에 의한 자계

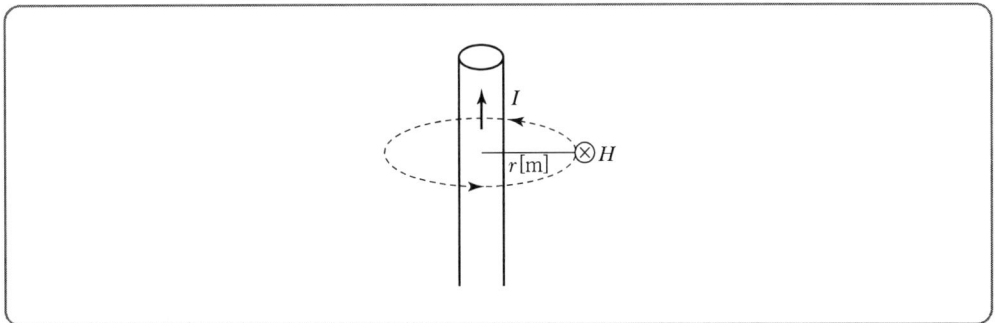

직선전류가 흐르는 도체에서 $r[\text{m}]$ 떨어진 점의 자계의 세기는 암페어의 주회 적분 법칙에 의해 $\oint H \cdot dl = I$ 이므로 이를 자계의 경로(자로)를 따라 선적분하면 $Hl = I$, $H = \dfrac{I}{l}$ 이며, 여기서 l 은 자로의 길이로 $l = 2\pi r[\text{m}]$ 이므로 $H = \dfrac{I}{2\pi r} \propto \dfrac{1}{r}[\text{AT/m}]$ 이 되며, 도체 수 (권수)가 $N[\text{T}]$ 이면 $H = \dfrac{NI}{2\pi r}[\text{AT/m}]$ 이다.

》 예제 ❷

문제 10[A]의 무한장 직선 전류로부터 10[cm] 떨어진 곳의 자계의 세기[AT/m]는?

풀이
무한장 직선에 전류 I 가 흐를 때 r 만큼 떨어진 지점의 자계의 세기
$H = \dfrac{I}{2\pi r} = \dfrac{10}{2\pi \times 10 \times 10^{-2}} = 15.9[\text{AT/m}]$

2) 원통(원주)형 도체에 흐르는 전류에 의한 자계

① 전류가 도체 표면에만 흐를 시(내부에도 전류가 존재하지 않는다.)

㉠ 도체 외부 자계($r > a$)

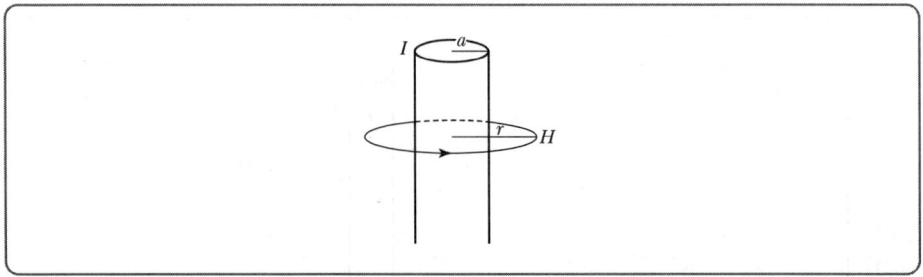

반지름 $a[\text{m}]$인 원통 도체 전류에서 $r[\text{m}]$ 떨어진 점의 자계의 세기는 암페어의 주회 적분 법칙에 의해 $\oint H \cdot dl = I$이므로 이를 자계의 경로(자로)를 따라 선적분하면하면 $Hl = I$, $H = \dfrac{I}{l}$이며, 여기서 l은 자로의 길이로 $l = 2\pi r[\text{m}]$이므로 $H = \dfrac{I}{2\pi r} \propto \dfrac{1}{r}[\text{AT/m}]$이 되며, 도체 수(권수)가 $N[\text{T}]$이면 $H = \dfrac{NI}{2\pi r}[\text{AT/m}]$, 즉 무한장 직선 전류에 의한 자계의 세기와 같다.

㉡ 도체 내부 자계($r < a$)

내부 자계를 H_i라 하면 전류가 내부에는 흐르지 않기 때문에 $I = 0[\text{A}]$, 이때 내부 자계 $H_i = 0[\text{AT/m}]$

② 전류가 도체 내외에 균일하게 흐를 시(내부에도 전류가 존재한다.)

㉠ 외부

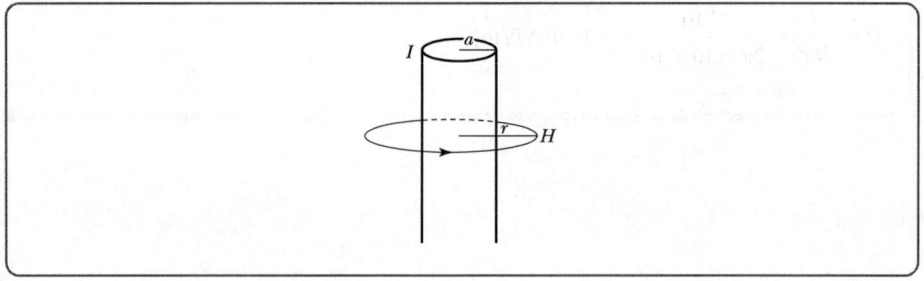

$H = \dfrac{I}{2\pi r} \propto \dfrac{1}{r}[\text{AT/m}]$이 되며, 권수가 $N[\text{T}]$이면 $H = \dfrac{NI}{2\pi r}[\text{AT/m}]$
무한장 직선 전류에 의한 자계의 세기와 같다.

ⓒ 내부

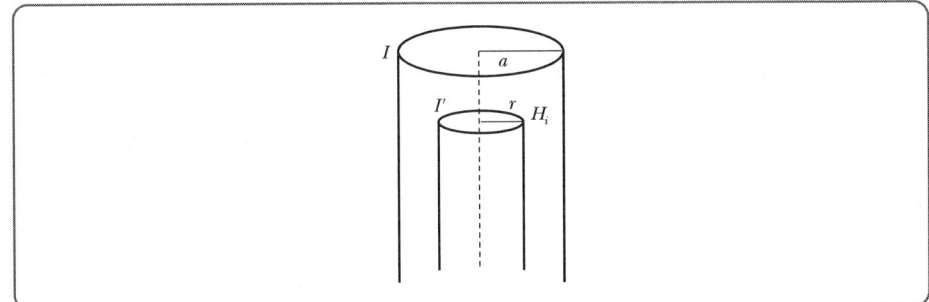

내부 자계를 $H_i = \dfrac{I'}{2\pi r}$ 라 하고 체적 전류 밀도가 같은 것을 이용하여 내부 자계를 계산하면

$$i_v = \dfrac{I'}{\pi r^2 \times 1} = \dfrac{I}{\pi a^2 \times 1},\ I' = \dfrac{\pi r^2}{\pi a^2 I} = \dfrac{r^2}{a^2 I}$$

$$H_i = \dfrac{I'}{2\pi r} = \dfrac{\dfrac{r^2}{a^2}I}{2\pi r} = \dfrac{rI}{2\pi a^2}\,[\text{AT/m}] \propto r,\ I$$

③ 자계와 거리의 관계

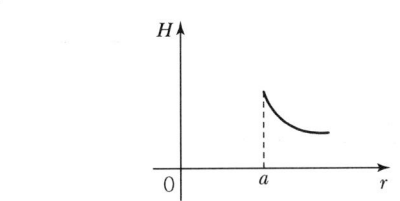
[전류가 도체 표면에만 흐를 시]

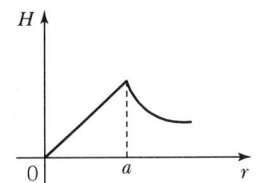
[전류가 내외에 균일하게 흐를 시]

》 예제 ❸

문제 원주형 도체에 5[A]의 전류가 흐른다. 이때 생기는 자계의 세기가 0.1[AT/m]인 점은 도체로부터 몇 [m]나 떨어진 점인가?

풀이
원주형 도체에서 내부에 전류가 균일하게 흐른다는 말이 없으므로 외부 자계로 보고 전류 I가 흐를 때 r 만큼 떨어진 지점의 자계의 세기

$$H = \dfrac{I}{2\pi r}\,[\text{AT/m}] \quad r = \dfrac{I}{2\pi H} = \dfrac{5}{2\pi \times 0.1} = 7.96\,[\text{m}]$$

12 전류에 의한 자계(2)

1) 비오-사바르의 법칙

전류에 의한 비대칭성 자계의 크기를 구하기 위해 미소길이 dl에 대한 미소자장 dH를 계산 시 이용

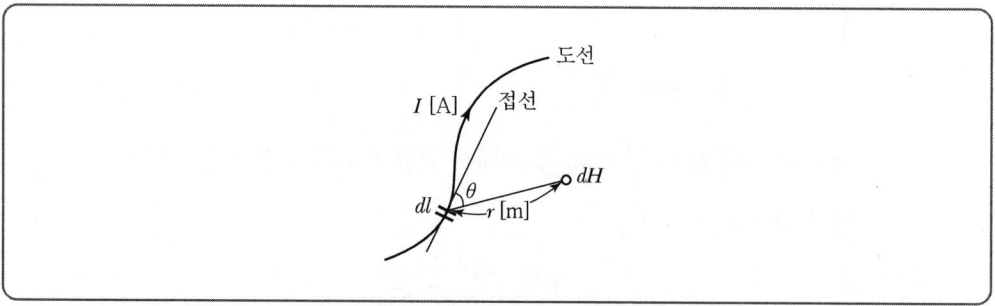

$$dH = \frac{Idl\sin\theta}{4\pi r^2}[\text{AT/m}]$$

여기서, θ : r과 전류방향(I)이 이루는 각

2) 원형 코일 중심축상의 자계의 세기

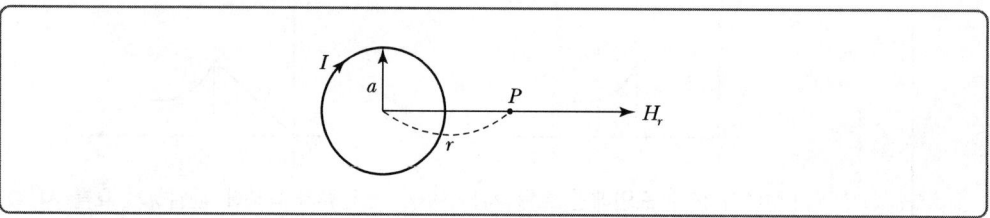

$$H = \frac{I \cdot a^2}{2(a^2+r^2)^{\frac{3}{2}}}[\text{AT/m}]$$

만약 권선 수가 존재한다면 $H = \dfrac{NI \cdot a^2}{2(a^2+r^2)^{\frac{3}{2}}}[\text{AT/m}]$

3) 반지름이 a[m]인 원형 코일 중심의 자계

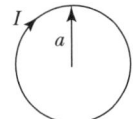

$r=0$일 때 $H=\dfrac{I}{2a}$[AT/m]

만약 권선 수가 존재한다면 $H=\dfrac{NI}{2a}$[AT/m]

4) 유한장 직선 전류에 의한 자계

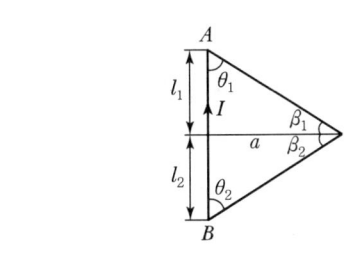

$$H=\dfrac{I}{4\pi a}(\cos\theta_1+\cos\theta_2)[\text{AT/m}]$$
$$=\dfrac{I}{4\pi a}(\sin\beta_1+\sin\beta_2)[\text{AT/m}]$$

5) 반지름이 a[m]인 반원 $H=\dfrac{I}{2a}\times\dfrac{1}{2}=\dfrac{I}{4a}$[AT/m]

6) 반지름이 a[m]인 $\dfrac{3}{4}$원 $H=\dfrac{I}{2a}\times\dfrac{3}{4}=\dfrac{3I}{8a}$[AT/m]

>> 예제 ❹

[문제] 반지름이 2[m], 권수가 100회인 원형 코일의 중심에 30[AT/m]의 자계를 발생시키려면 몇 [A]의 전류를 흘려야 하는가?

[풀이]

$H=\dfrac{NI}{2a}$[AT/m], $\quad I=\dfrac{2aH}{N}$[A], $\quad I=\dfrac{2\times 2\times 30}{100}=\dfrac{12}{10}$[A]

8) 정 n 각형 중심의 자계

① 정삼각형 중심의 자계 : $H = \dfrac{9I}{2\pi l}$ [AT/m]   여기서, l은 한 변의 길이

② 정사각형 중심의 자계 : $H = \dfrac{2\sqrt{2}\,I}{\pi l}$ [AT/m]   여기서, l은 한 변의 길이

③ 정육각형 중심의 자계 : $H = \dfrac{\sqrt{3}\,I}{\pi l}$ [AT/m]   여기서, l은 한 변의 길이

④ 정 n 각형 중심의 자계

$$H = \dfrac{nI}{2\pi a} \tan \dfrac{\pi}{n} \text{[AT/m]}$$

여기서, a : 반지름, n : 각형

» 예제 ❺

[문제] 한 변의 길이가 2[cm]인 정삼각형 회로에 100[mA]의 전류를 흘릴 때 정삼각형 중심의 자계의 세기[AT/m]는?

[풀이] 정삼각형 도체에 전류 I가 흐르고 한 변의 길이가 l일 때 정삼각형 중심의 자계의 세기
$H = \dfrac{9I}{2\pi l} = \dfrac{9 \times 0.1}{2\pi \times 2 \times 10^{-2}} = 7.2 \text{[AT/m]}$

13 솔레노이드에 의한 자계

1) 환상솔레노이드에 의한 자계

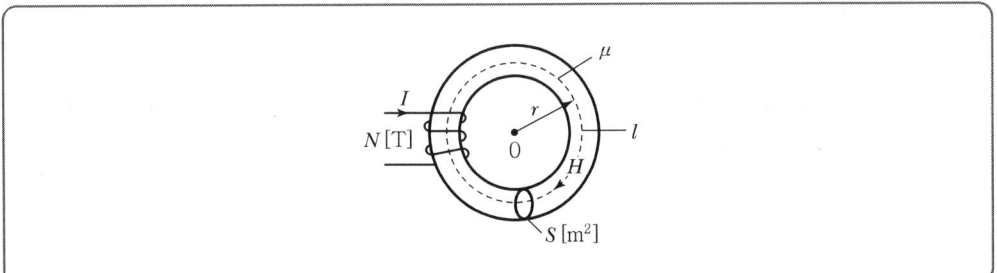

① 솔레노이드 내부자계

$$H = \frac{NI}{l} = \frac{NI}{2\pi r} \text{[AT/m]}$$

여기서, r[m] : 평균반지름

② 솔레노이드 외부자계(중심자계)

$H = 0$ [AT/m]

2) 무한장 직선 솔레노이드

내부자계(자장)는 어디서나 균일한 평등 자계이다.

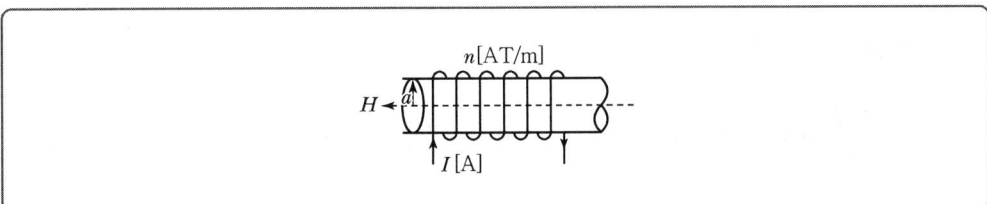

① 솔레노이드 내부자계(중심자계)

$$H = \frac{NI}{l} = n_0 I \text{ [AT/m]}$$

여기서, n_0 [T/m] : 단위길이당 권수

② 솔레노이드 외부자계

$H = 0\,[\text{AT/m}]$

》 예제 ❻

문제 길이 1[cm]마다 권수 50을 가진 무한장 솔레노이드에 500[mA]의 전류를 흘릴 때 내부자계는 몇 [AT/m]인가?

풀이
단위길이당 권수 $n = \dfrac{N}{l} = \dfrac{50}{1 \times 10^{-2}} = 5{,}000\,[\text{T/m}]$

$H = n_0 I = 5{,}000 \times 500 \times 10^{-3} = 2{,}500\,[\text{AT/m}]$

14 전류에 의한 자위

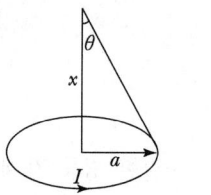

1) 전류

$I = \dfrac{M}{\mu_0}\,[\text{A}]$ (단, $M = \sigma_s \delta\,[\text{Wb/m}]$: 자기 2중층의 세기)

2) 자위

$U = \dfrac{M}{4\pi\mu_0}\omega \quad \because \text{입체각}\,\omega = 2\pi(1 - \cos\theta) = 2\pi\left(1 - \dfrac{x}{\sqrt{a^2 + x^2}}\right)$

$U = \dfrac{\omega I}{4\pi} = \dfrac{I}{4\pi} \times 2\pi\left(1 - \dfrac{x}{\sqrt{x^2 + a^2}}\right) = \dfrac{I}{2}\left(1 - \dfrac{x}{\sqrt{x^2 + a^2}}\right)\,[\text{A}]$

15 스토크스(Stoke's) 정리

$$\oint H dl = \int_s \text{rot}\, H ds \quad \text{여기서, rot } HS = I \text{이므로}$$

$\text{rot } H = \nabla \times H = \dfrac{I}{S} = i\,[\text{A/m}^2]$이다.

16 자계 내에 작용하는 전자력과 회전력

전류가 흐르는 도선을 자계 안에 놓으면 이 도선에 힘이 작용한다. 이와 같은 자계와 전류 간에 작용하는 힘을 전자력이라 하며 그 세기는 플레밍의 왼손 법칙을 이용한다.

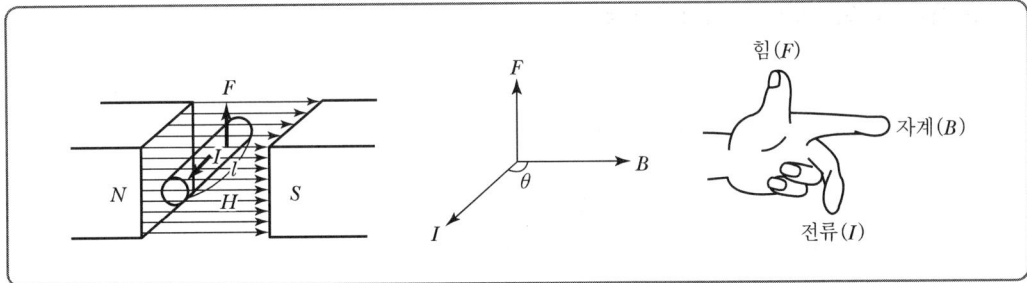

1) 플레밍의 왼손 법칙 : 전동기 원리 및 전자력의 방향 결정

$$F = BIl\sin\theta = \mu_0 HIl\sin\theta = \oint (Idl) \times B\,[\text{N}]$$

여기서, 엄지 : F[N](힘의 방향, 전자력의 방향)
검지 : B[Wb/m^2](자속밀도, 자장의 방향)
중지 : I[A](전류의 방향)

2) 자계 내에서 사각코일의 회전력

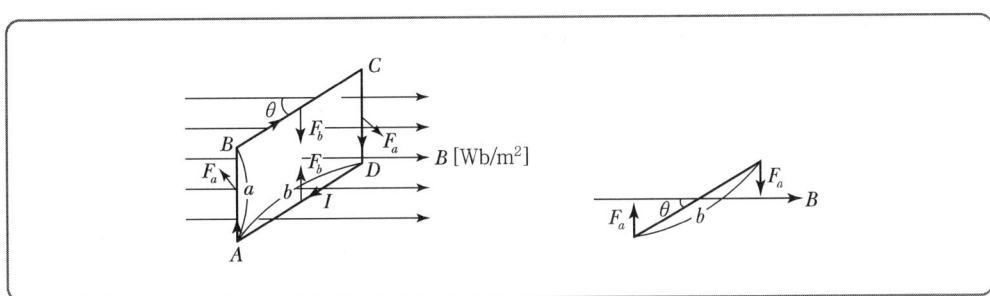

$$T = NI\phi = NBSI\cos\theta = NBIab\cos\theta [\text{N}\cdot\text{m}]$$

여기서, $N[\text{T}]$: 권수　　　　$B[\text{Wb/m}^2]$: 자속밀도
　　　　$I[\text{A}]$: 전류　　　　$S(A)[\text{m}^2]$: 면적

» 예제 ❼

문제 자속밀도 0.8[Wb/m²]인 평등 자계 내에 자계의 방향과 30°의 방향으로 놓인 길이 10[cm]의 도선에 5[A]의 전류가 통할 때 도체가 받는 힘[N]은?

풀이 전류가 흐르는 도선을 자계 내에 놓으면 작용하는 힘
$F = IBl\sin\theta = (I \times B)l [\text{N}]$, $F = IBl\sin\theta = 5 \times 0.8 \times 0.1 \times \sin30 = 0.2[\text{N}]$

3) 자계 내 막대자석에 의한 회전력

① 회전력

$$T = Fl\sin\theta = mlH\sin\theta = MH\sin\theta [\text{N}\cdot\text{m}]$$

∴ $F = mH[\text{N}]$: 자계 내에 작용하는 힘
　$M = ml[\text{Wb}\cdot\text{m}]$: 자기 쌍극자 모멘트

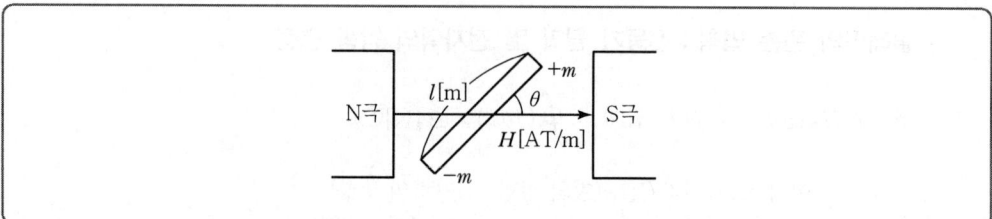

② 벡터 표현 $T = M \times H$

③ 막대자석을 θ만큼 회전 시 필요한 일 $W[\text{J}]$

$$W = \int_0^\theta T d\theta = \int_0^\theta mlH\sin\theta\, d\theta = mlH(1-\cos\theta) = MH(1-\cos\theta)[\text{J}]$$

> **예제 ❽**

문제 자극의 세기 8×10^{-6} [Wb], 길이 5[cm]인 막대자석을 150[AT/m]의 평등 자계 내에 자계와 30°의 각도로 놓았다면 자석이 받는 회전력[N·m]은?

풀이
막대자석의 회전력
$T = MH\sin\theta = M \times H = mlH\sin\theta$ [N·m]
$T = mlH\sin\theta = 8 \times 10^{-6} \times 5 \times 10^{-2} \times 150 \times \sin 30$
$\quad = 6{,}000 \times 10^{-8} \times \dfrac{1}{2} = 3 \times 10^{-5}$ [N·m]

4) 하전입자에 작용하는 힘(로렌츠의 힘)

자계 B [wb/m^2] 내에 전하 q [C]가 속도 v [m/s]로 입사 시 전하에 작용하는 힘

$F = BIl\sin\theta$ [N]에서 $Il = qv$

$F = qvB\sin\theta$ [N] 이를 다시 벡터로 표현한다면 $F = q(v \times B)$ [N]

여기서, q [C] : 전하량 v [m/s] : 속도
B [Wb/m^2] : 자속밀도 θ : v, B 가 이루는 각

* 전계와 자계가 동시에 존재

$$F = qE + q(v \times B) = q[E + (v \times B)]$$

5) 자계 내에 전자 수직으로 입사

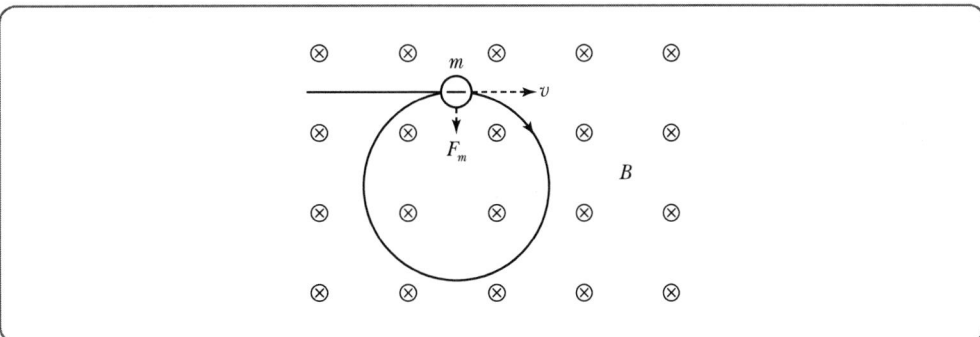

① 전자가 운동하는 자계의 반지름(궤적)

$$\text{구심력}\left(\frac{mv^2}{r}\right) = \text{원심력}(qBv\sin\theta)$$

$$\therefore r = \frac{mv}{qB} = \frac{mv}{Be}$$

속도와 반지름은 비례하며 항상 원운동을 한다.

여기서, e [C] : 전하량
v [m/s] : 속도
B [Wb/m²] : 자속밀도

② 각속도 $\omega = \dfrac{\theta}{t} = \dfrac{2\pi}{T} = \dfrac{v}{r} = \dfrac{v}{\dfrac{mv}{Be}} = \dfrac{Be}{m}$ [rad/s]

③ 주파수 $\omega = 2\pi f = \dfrac{Be}{m}$, $f = \dfrac{Be}{2\pi m}$ [Hz]

④ 원운동 주기 $T = \dfrac{2\pi}{\omega} = \dfrac{2\pi}{\dfrac{Be}{m}} = \dfrac{2\pi m}{Be}$ [sec]

6) 평행한 두 도선 간 작용력

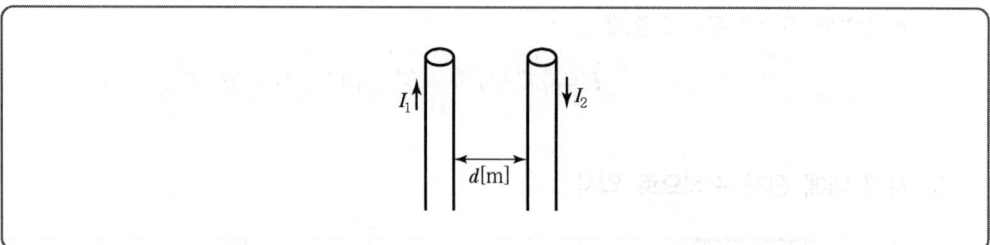

$$F_1 = F_2 = \frac{\mu_0 I_1 I_2}{2\pi d} = \frac{2I_1 I_2}{d} \times 10^{-7} \text{[N/m]}$$

* 두 전류의 방향이 동일할 경우 : 흡인력
  두 전류의 방향이 반대일 경우 : 반발력

* 위 그림상에서 전류의 크기가 같거나 왕복선로라면

$$F_1 = F_2 = \frac{\mu_0 I^2}{2\pi d} = \frac{2I^2}{d} \times 10^{-7} \propto I^2 \propto \frac{1}{d} \text{[N/m]}$$

17 자계효과

1) 홀 효과

전류가 흐르고 있는 도체에 자계를 가하면 도체 측면에 정부의 전하가 나타나 전위차가 발생하는 현상

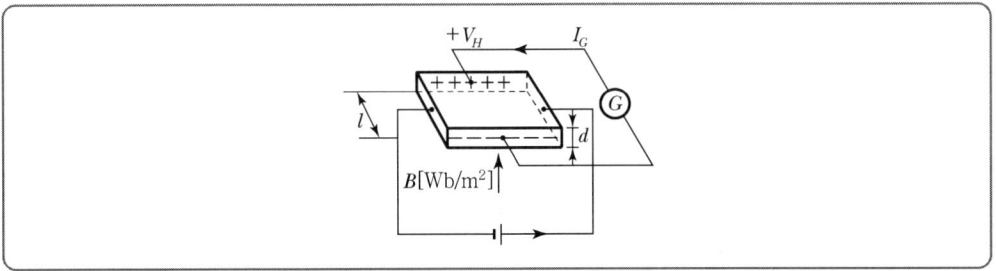

2) 핀치 효과

도체에 직류를 인가하면 전류와 수직방향으로 원형 자계가 생겨 전류에 구심력이 작용하여 도체 단면이 수축하면서 도체 중심 쪽으로 전류가 몰리는 현상

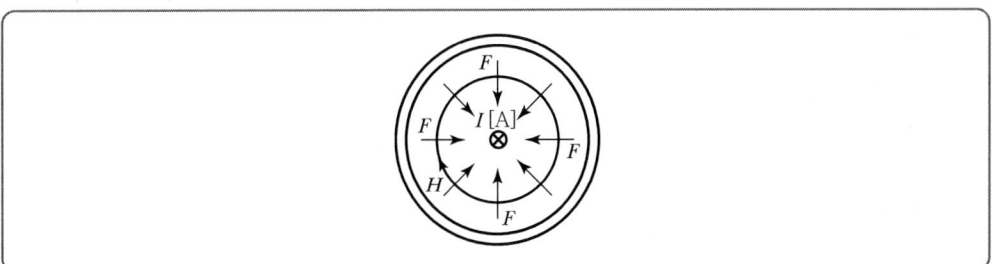

3) 스트레치 효과

잘 구부러지는 가요성의 코일을 사각형으로 하고 큰 전류를 흘려주면 도선 간의 반발력이 작용하여 원형을 이루는 현상

Chapter 07 실·전·문·제

01 공기 중에서 가상 자극 m_1[Wb]과 m_2[Wb]를 r[m] 떼어 놓았을 때 두 자극 간의 작용력이 F[N]이었다면, 이때의 거리 r[m]은?

① $\sqrt{\dfrac{m_1 m_2}{F}}$
② $\dfrac{6.33 \times 10^4 m_1 m_2}{F}$

③ $\sqrt{\dfrac{6.33 \times 10^4 m_1 m_2}{F}}$
④ $\sqrt{\dfrac{9 \times 10^9 \times m_1 m_2}{F}}$

해설 두 자극 사이에 작용하는 힘 $F = \dfrac{m_1 m_2}{4\pi\mu_0 r^2} = 6.33 \times 10^4 \dfrac{m_1 m_2}{r^2}$ [N]이므로

자극 사이의 거리 $r = \sqrt{6.33 \times 10^4 \dfrac{m_1 m_2}{F}}$ [m]가 된다.

02 자극의 크기 $m = 4$[Wb]의 점자극으로부터 $r = 4$[m] 떨어진 점의 자계의 세기[AT/m]를 구하면?

① 7.9×10^3
② 6.3×10^4

③ 1.6×10^4
④ 1.3×10^3

해설 $m = 4$[Wb], $r = 4$[m]
점 자극에 의한 자계의 세기

$H = \dfrac{m}{4\pi\mu_0 r^2} = 6.33 \times 10^4 \dfrac{m}{r^2}$ [AT/m]이므로 수치를 대입하면

$H = 6.33 \times 10^4 \times \dfrac{4}{4^2} = 1.6 \times 10^4$ [AT/m]가 된다.

03 1,000[AT/m]의 자계 중에 어떤 자극을 놓았을 때 3×10^2[N]의 힘을 받았다고 한다. 자극의 세기는?

① 0.1
② 0.2
③ 0.3
④ 0.4

해설 자계 내 자극을 놓았을 때 작용하는 힘 $F = mH$ [N]이므로 자극의 세기 m을 구하면

$m = \dfrac{F}{H} = \dfrac{3 \times 10^2}{1,000} = 0.3$ [Wb]이 된다.

01 ③ 02 ③ 03 ③ ◎ Answer

04 비투자율 μ_s, 자속밀도 B인 자계 중에 있는 m [Wb]의 자극이 받는 힘은?

① $\dfrac{Bm}{\mu_0\mu_s}$ ② $\dfrac{Bm}{\mu_0}$ ③ $\dfrac{\mu_0\mu_s}{Bm}$ ④ $\dfrac{Bm}{\mu_s}$

해설 힘 $F = mH$ [N], 자속밀도 $B = \dfrac{\phi}{S} = \mu H$ [Wb/m²]

여기서 자계 $H = \dfrac{B}{\mu}$ [AT/m]라 할 때 이를 힘 F [N]에 대입하면

$F = \dfrac{Bm}{\mu} = \dfrac{Bm}{\mu_0\mu_s}$ [AT/m]

05 공기 중에서 자극의 세기 m [Wb]인 점자극으로부터 나오는 총자력선의 수는 얼마인가?

① m ② $\mu_0 m$ ③ $\dfrac{m}{\mu_0}$ ④ $\dfrac{m^2}{\mu_0}$

해설 자(기)력선의 수 $N = \dfrac{m}{\mu_0}$ [개](단, 진공, 공기 중일 때)

06 거리 r [m] 두고 m_1, m_2 [Wb]인 같은 부호의 자극이 놓여 있을 때, 두 자극을 잇는 선상의 중간에 있어 자계의 세기가 0인 점은 m_1 [Wb]에서 얼마 떨어져 있는가?

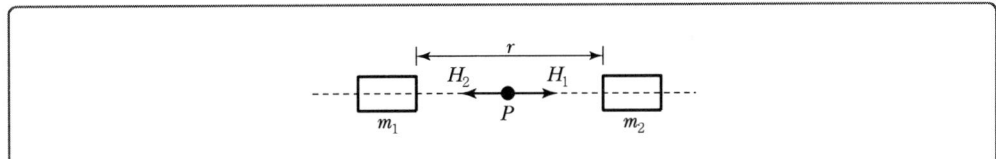

① $\dfrac{m_1 \cdot r}{m_1 + m_2}$ ② $\dfrac{\sqrt{m_1} \cdot r}{\sqrt{m_1 + m_2}}$

③ $\dfrac{\sqrt{m_1} \cdot r}{\sqrt{m_1} + \sqrt{m_2}}$ ④ $\dfrac{m_2 \cdot r}{m_1 + m_2}$

해설 P점에 작용하는 자계의 세기는 두 개가 작용하고 반대방향일 때 같은 값이면 0이 된다.

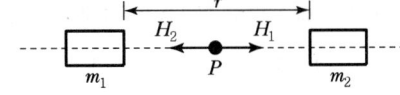

$$H_1 = \frac{m_1}{4\pi\mu_0 x^2}\,[\text{AT/m}], \quad H_2 = \frac{m_2}{4\pi\mu_0 (r-x)^2}\,[\text{AT/m}]$$

$H_1 = H_2$, $\dfrac{m_1}{4\pi\mu_0 x^2} = \dfrac{m_2}{4\pi\mu_0 (r-x)^2}$, $\dfrac{m_1}{x^2} = \dfrac{m_2}{(r-x)^2}$ 이 되므로 이를 정리하면

$$x = \frac{\sqrt{m_1}\cdot r}{\sqrt{m_1}+\sqrt{m_2}}$$ 가 된다.

07 두 개의 자력선이 동일한 방향으로 흐르면 자계강도는?

① 더 약해진다.
② 주기적으로 약해졌다 또는 강해졌다 한다.
③ 더 강해진다.
④ 강해졌다가 약해진다.

해설 자(기)력선이 동일한 방향으로 흐르면 합하여지므로 자계강도는 더 강해진다.

08 자속밀도의 단위가 아닌 것은?

① $[\text{Wb/m}^2]$ ② $[\text{Maxwell/m}^2]$ ③ $[\text{gauss}]$ ④ $[\text{gauss/m}^2]$

해설 자속밀도의 단위
$B = 1\,[\text{Wb/m}^2] = 10^8\,[\text{Maxwell/m}^2] = 10^4\,[\text{Maxwell/cm}^2]$
$= 10^4\,[\text{gauss}] = 1\,[\text{Tesra}]$
$1\,[\text{gauss}] = 10^{-4}\,[\text{Wb/m}^2]$

09 1[Wb]는 몇 맥스웰인가?

① 3×10^9 ② 10^8 ③ 4π ④ $\dfrac{4\pi}{10}$

해설 $\phi = 1\,[\text{Wb}] = 10^8\,[\text{Maxwell}]$

10 CGS 전자단위인 $4\pi \times 10^4\,[\text{gauss}]$를 MKS 단위계로 환산한다면?

① $4\,[\text{Wb/m}^2]$ ② $4\pi\,[\text{Wb/m}^2]$ ③ $4\,[\text{Wb}]$ ④ $4\pi\,[\text{Wb/m}]$

해설 $B = 4\pi \times 10^4\,[\text{gauss}] = 4\pi \times 10^4 \times 10^{-4} = 4\pi\,[\text{Wb/m}^2]$

07 ③   08 ④   09 ②   10 ②   **Answer**

11 임의의 폐곡선 C와 쇄교하는 자속수 ϕ를 벡터 퍼텐셜 A로 표시하면?

① $\phi = \oint_c A\,dl$
② $\phi = \int_s A \cdot n\,ds$
③ $\phi = \int_v \mathrm{div}\,A\,dv$
④ $\phi = \mathrm{rot}\,A$

[해설] $\phi = B \cdot S = \int_s B\,dS = \int_s \mathrm{rot} \cdot A\,dS$ 스토크스의 정리를 이용하면

$\phi = \int_s \mathrm{rot} \cdot A\,dS = \oint_c A\,dl$

12 m[Wb]의 자극에 의한 자계 중에서 r[m] 거리에 있는 점의 자위는?

① r에 비례한다.
② r^2에 비례한다.
③ r에 반비례한다.
④ r^2에 반비례한다.

[해설] 점 자극에 의한 자위 $U = \dfrac{m}{4\pi\mu_0 r} = 6.33 \times 10^4 \dfrac{m}{r}$ [A]이므로 거리 r에 반비례한다.

13 자기 쌍극자에 의한 자위 U[A]에 해당되는 것은?(단, 자기 쌍극자의 자기 모멘트는 M[Wb·m], 쌍극자의 중심으로부터의 거리는 r[m], 쌍극자의 정방향과의 각도는 θ도라 한다.)

① $6.33 \times 10^4 \dfrac{M\sin\theta}{r^3}$
② $6.33 \times 10^4 \dfrac{M\sin\theta}{r^2}$
③ $6.33 \times 10^4 \dfrac{M\cos\theta}{r^3}$
④ $6.33 \times 10^4 \dfrac{M\cos\theta}{r^2}$

[해설] ㉠ 자기 쌍극자에 의한 P점의 자위
자기 쌍극자 모멘트 $M = m \cdot l$[Wb·m] 단, δ : 두 전하 사이의 거리

$U_P = \dfrac{M}{4\pi\mu_0 r^2}\cos\theta = 6.33 \times 10^4 \dfrac{M\cos\theta}{r^2}$ [A] $\propto \dfrac{1}{r^2}$

($\theta = 0°$: 최대, $\theta = 90°$: 최소)

㉡ 자기 쌍극자에 의한 P점의 자계의 세기

- 중심축 $H_r = -\dfrac{\partial U}{\partial r} = -\dfrac{M\cos\theta}{4\pi\mu_0} \times \left(-\dfrac{2}{r^3}\right) = \dfrac{2M\cos\theta}{4\pi\mu_0 r^3} = \dfrac{M\cos\theta}{2\pi\mu_0 r^3}$

- $H_\theta = -\dfrac{1}{r}\dfrac{\partial U}{\partial \theta} = -\dfrac{1}{r} \cdot \dfrac{M(-\sin\theta)}{4\pi\mu_0 r^2} = \dfrac{M\sin\theta}{4\pi\mu_0 r^3}$

- $H = H_r + H_\theta = \dfrac{2M\cos\theta}{4\pi\mu_0 r^3} + \dfrac{M\sin\theta}{4\pi\mu_0 r^3}$

Answer ○ 11 ① 12 ③ 13 ④

$$H = \frac{M}{4\pi\mu_0 r^3}\sqrt{(2\cos\theta)^2 + \sin^2\theta} = \frac{M}{4\pi\mu_0 r^3}\sqrt{1+3\cos^2\theta}\,[\text{AT/m}] \propto \frac{1}{r^3}$$

14 판자석의 표면 밀도를 $\pm\sigma\,[\text{Wb/m}^2]$라고 하고 두께를 $\delta\,[\text{m}]$라 할 때, 이 판자석의 세기[Wb/m]는?

① $\sigma\delta$ ② $\frac{1}{2}\sigma\delta$ ③ $\frac{1}{2}\sigma\delta^2$ ④ $\sigma\delta^2$

해설 판자석에 의한 판자석의 세기(자기 2중층의 세기)는 면자하량에 판자석의 두께를 곱한 값이므로 $M_\delta = \sigma\cdot\delta\,[\text{Wb/m}]$가 된다.

15 판자석의 세기가 $P\,[\text{Wb/m}]$ 되는 판자석을 보는 입체각이 ω인 점의 자위는 몇 [A]인가?

① $\frac{P}{4\pi\mu_0\omega}$ ② $\frac{P\omega}{4\pi\mu_0}$ ③ $\frac{P}{2\pi\mu_0\omega}$ ④ $\frac{P\omega}{2\pi\mu_0}$

해설 판자석에 의한 자위 $U = \frac{M}{4\pi\mu_0}\omega = \frac{P}{4\pi\mu_0}\omega\,[\text{A}]$가 된다.

16 그림과 같이 자기 모멘트 $M\,[\text{Wb}\cdot\text{m}]$인 판자석의 N과 S 극측에 입체각 w_1, w_2인 P점과 Q점이 판에 무한히 접근해 있을 때 두 점 사이의 자위차[J/Wb]는?(단, 판자석의 표면 밀도를 $\pm\sigma\,[\text{Wb/m}^2]$라 하고 두께를 $\delta\,[\text{m}]$라 할 때 $M = \sigma\cdot\delta\,[\text{Wb/m}]$이다.)

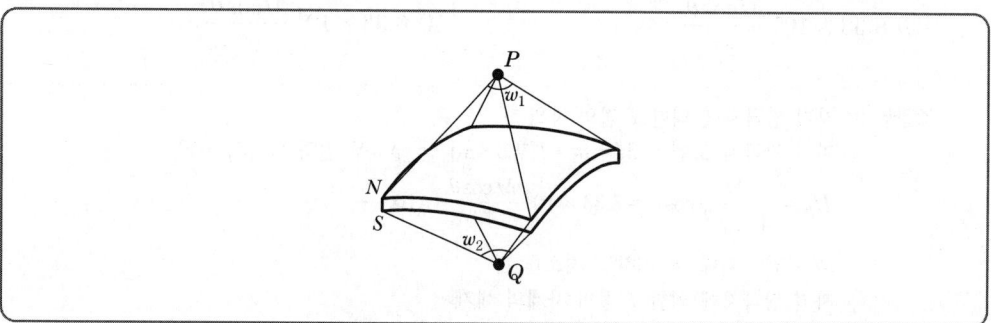

① $\frac{M}{\mu_0}$ ② $\frac{M}{4\pi\mu_0}$
③ $\frac{2M}{4\pi\mu_0}(w_1 - w_2)$ ④ 0

14 ① 15 ② 16 ① **Answer**

해설 ㉠ P점의 자위(N극 측 자위) $U_P = \dfrac{M}{4\pi\mu_0}\omega_1[\text{A}]$ Q점의 자위(S극 측 자위) $U_Q = \dfrac{-M}{4\pi\mu_0}\omega_2[\text{A}]$

여기서, $M = \sigma \cdot \delta[\text{Wb/m}] =$ 2중층 세기 또는 판의 세기
$\omega = 2\pi(1-\cos\theta) =$ 입체각

㉡ P, Q점에서의 무한히 접근
- P에서만 무한히 접근, 또는 Q에서만 무한히 접근 $\omega = 2\pi$
- P와 Q 동시에 무한히 접근 $\omega = 4\pi$ 이때 전위는 $U_{PQ} = \dfrac{M}{\mu_0}[\text{A}]$

17 세기 M이 균일한 판자석의 S극 축으로부터 $r[\text{m}]$ 떨어진 점 P의 자위는?(단, 점 P에서 판자석을 본 입체각을 ω라 한다.)

① $\dfrac{M}{4\pi\mu_0}\omega$
② $-\dfrac{M}{4\pi\mu_0}\omega$
③ $-\dfrac{M}{4\pi\mu_0 r}\omega$
④ $\dfrac{M}{4\pi\mu_0 r}\omega$

해설 문장을 잘 읽어봐야 한다. 문제에서는 S극 축으로부터이므로 극성은 (-)

18 그림과 같이 균일한 자계의 세기 $H[\text{AT/m}]$ 내에 자극의 세기가 $\pm m[\text{Wb}]$, 길이 $l[\text{m}]$인 막대 자석을 그 중심 주위에 회전할 수 있도록 놓는다. 이때 자석과 자계의 방향이 이룬 각을 θ라 하면 자석이 받는 회전력[N·m]은?

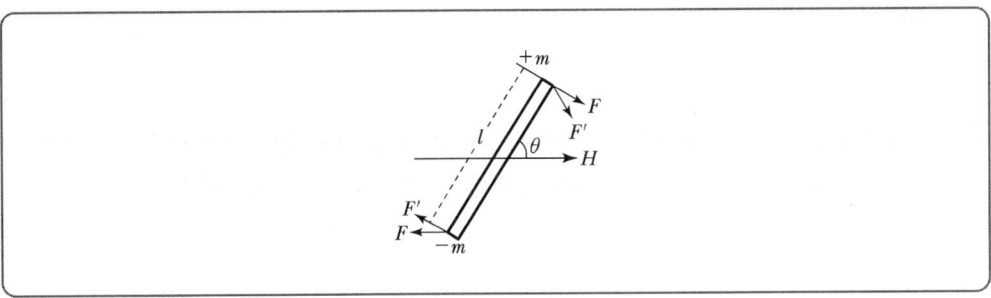

① $mHl\cos\theta$
② $mHl\sin\theta$
③ $2mHl\sin\theta$
④ $2mHl\tan\theta$

해설 막대자석에 의한 회전력 $T = mHl\sin\theta = MH\sin\theta = M \times H[\text{N} \cdot \text{m}]$

Answer ▶ 17 ② 18 ②

19 1×10^{-6}[Wb·m]의 자기 모멘트를 가진 봉자석을 자계의 수평성분이 10[AT/m]인 곳에 자기자 오면으로부터 90° 회전하는 데 필요한 일은 몇 [J]인가?

① 3×10^{-5} ② 2.5×10^{-5} ③ 10^{-5} ④ 10^{-8}

해설 막대자석을 θ만큼 회전할 때 필요한 일 W[J]
$$W = \int_0^\theta T d\theta = \int_0^\theta m l H \sin\theta \, d\theta = m l H(1-\cos\theta) = MH(1-\cos\theta) \text{[J]}$$
90° 회전할 때 필요한 일에너지
$$W = MH(1-\cos\theta) = 1 \times 10^{-6} \times 10(1-\cos 90°) = 10^{-5} \text{[J]}$$

20 전류에 의한 자계의 방향을 결정하는 법칙은?

① 렌츠의 법칙 ② 플레밍의 오른손 법칙
③ 플레밍의 왼손 법칙 ④ 암페어의 오른손 법칙

해설 도체에 전류를 흘려주었을 때 그 주변에 생기는 자계(자장)의 회전성과 자계의 방향을 결정하며 오른 나사의 진행방향이 전류의 방향이라면 오른 나사의 회전방향이 바로 자계(자장)의 방향이다.

21 자장에 대한 설명 중 옳은 것은?

① 자장은 보존장이다. ③ 자장은 스칼라장이다.
③ 자장은 발산성장이다. ④ 자장은 회전성장이다.

해설 문제 20번 해설 참고

22 그림과 같은 x, y, z의 직각 좌표계에서 z축상에 있는 무한 길이 직선 도선에 $+z$방향으로 직류 전류가 흐를 때, $y > 0$인 $+y$축상의 임의의 점에서의 자계의 방향은?

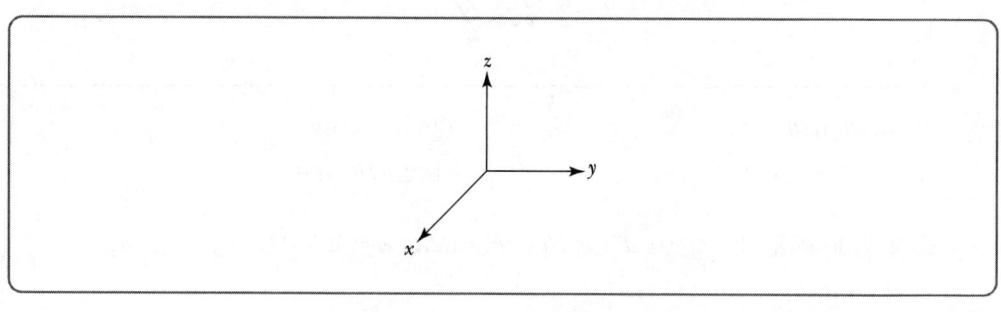

① $-x$축 방향 ② $-y$축 방향 ③ $+x$축 방향 ④ $+y$축 방향

19 ③ 20 ④ 21 ④ 22 ① **Answer**

해설 암페어의 오른나사를 적용하면 $y-z$면 상에 자계가 들어가는 지점의 합성이므로 $-x$축 방향이라 할 수 있다.

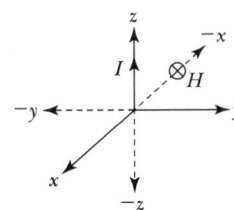

23 암페어의 주회적분법칙은 직접적으로 다음의 어느 관계를 표시하는가?

① 전하와 전계
② 전류와 인덕턴스
③ 전류와 자계
④ 전하와 전위

해설 암페어의 주회적분법칙은 $\oint_c Hdl = \sum NI$ 이므로 전류와 자계의 관계를 표시한다.

24 전류 및 자계와 직접 관련이 없는 것은?

① 앙페르의 오른손 법칙
② 플레밍의 왼손 법칙
③ 비오-사바르의 법칙
④ 렌츠의 법칙

해설
- 암페어의 오른나사 법칙 : 전류에 의한 자계방향 결정
- 비오-사바르의 법칙 : 전류에 의한 자계 크기 결정
- 플레밍의 왼손 법칙 : 전류에 의한 자계가 도체에 작용하는 힘
- 렌츠의 법칙 : 전자유도에 의한 유기기전력 방향 결정

25 그림과 같이 전류 $I[A]$가 흐르고 있는 직선 도체로부터 $r[m]$ 떨어진 P점의 자계의 세기 및 방향을 바르게 나타낸 것은?(단, ⊗은 지면을 들어가는 방향, ⊙은 지면을 나오는 방향)

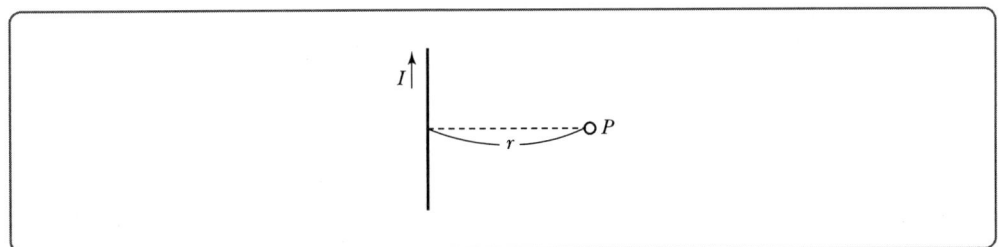

Answer ▶ 23 ③ 24 ④ 25 ①

① $\dfrac{I}{2\pi r}$, ⊗   ② $\dfrac{I}{2\pi r}$, ⊙   ③ $\dfrac{Idl}{4\pi r^2}$, ⊗   ④ $\dfrac{Idl}{4\pi r^2}$, ⊙

해설 무한장 직선전류에 의한 자계의 세기 $H=\dfrac{I}{2\pi r}$[AT/m]이고

그림 상에 자장의 방향은 암페어의 오른나사의 법칙을 적용하면 들어가는 (⊗)방향이 된다.

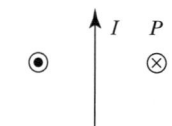

26 무한장 직선전류에 의한 자계는 전류에서의 거리에 대하여 ( )의 형태로 감소한다. ( ) 안에 알맞은 것은?

① 포물선
② 원
③ 타원
④ 쌍곡선

해설 무한장 직선전류에 의한 자계의 세기 $H=\dfrac{I}{2\pi r}$[AT/m]이므로 거리에 대하여 반비례한다. 따라서 쌍곡선의 형태로 감소한다.

27 10[A]의 무한장 직선전류로부터 10[cm] 떨어진 곳의 자계의 세기[AT/m]는?

① 1.59
② 15.0
③ 15.9
④ 159

해설 무한장 직선전류에 의한 자계의 세기

$H=\dfrac{I}{2\pi r}=\dfrac{10}{2\pi \times 10 \times 10^{-2}}=15.9$[AT/m]

28 무한장 직선형 도체에 I[A]의 전류가 흐를 경우, 도선으로부터 R[m] 떨어진 점의 자속밀도 B의 크기는?

① $B=\dfrac{1}{4\pi R}$
② $B=\dfrac{1}{2\pi \mu R}$
③ $B=\dfrac{\mu I}{2\pi R}$
④ $B=\dfrac{\mu I}{4\pi R}$

해설 자속밀도 $B=\mu H$[Wb/m²] 무한장 직선 도체의 자계 $H=\dfrac{I}{2\pi R}$[AT/m]를 대입하면

$B=\dfrac{\mu I}{2\pi R}$[Wb/m²]

26 ④   27 ③   28 ③   **Answer**

29 무한장 직선도선에 흐르는 직류전류 I에 의해, 무한장 직선도선의 전류 상하에 존재하는 자침이, 그림과 같이 자침 중심축을 중심으로 회전하여 정지하였다. (ㄱ), (ㄴ), (ㄷ), (ㄹ)의 극을 순서대로 잘 배열한 것은?

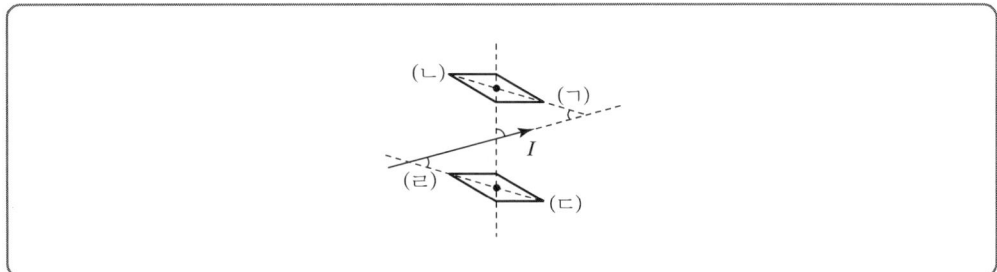

① S, N, S, N
② S, N, N, S
③ N, S, N, S
④ N, S, S, N

해설 무한장 직선도체 전류에 의한 자계의 방향은 암페어의 오른나사 법칙에 의해 결정되므로 지면으로 자장이 들어가는 쪽은 ⊗ N극, 자장이 나오는 쪽은 ⊙ S극이 된다.

30 그림과 같이 평행 왕복 도선에 $\pm I[\text{A}]$가 흐르고 있을 때 점 $P(\theta=90°)$의 자계의 세기는 몇 [AT/m]인가?

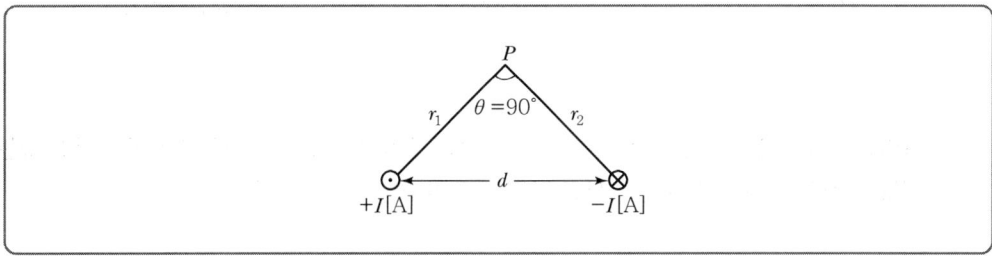

① $\dfrac{I}{2\pi d}$
② $\dfrac{I}{2\pi r_1 r_2}$
③ $\dfrac{I\sqrt{r_1+r_2}}{2\pi d}$
④ $\dfrac{Id}{2\pi r_1 r_2}$

해설 무한장 직선 도체에 의한 자계의 세기 $H[\text{AT/m}]$ 그림에서 P점의 자계의 세기는 두 개가 존재하고 같은 방향이므로 각각 구하여 벡터 합으로 계산하면 된다.

$$H = \dot{H}_1 + \dot{H}_2 = \sqrt{H_1^2 + H_2^2}$$
$$= \sqrt{\left(\dfrac{I}{2\pi r_1}\right)^2 + \left(\dfrac{I}{2\pi r_2}\right)^2} = \sqrt{\left(\dfrac{I}{2\pi}\right)^2 \left(\dfrac{1}{r_1^2} + \dfrac{1}{r_2^2}\right)}$$
$$= \dfrac{I}{2\pi}\sqrt{\dfrac{r_1^2+r_2^2}{(r_1 r_2)^2}} = \dfrac{I\sqrt{r_1^2+r_2^2}}{2\pi r_1 r_2} = \dfrac{Id}{2\pi r_1 r_2}\,[\text{AT/m}]$$

Answer ▶ 29 ④ 30 ④

31 무한장 직선 도체가 있다. 이 도체로부터 수직으로 0.1[m] 떨어진 점의 자계의 세기가 180[AT/m]이다. 이 도체로부터 수직으로 0.3[m] 떨어진 점의 자계의 세기는 몇 [AT/m]인가?

① 20   ② 60   ③ 180   ④ 540

> **해설** 무한장 직선전류에 의한 자계의 세기 $H = \dfrac{I}{2\pi r}$ [AT/m]이므로 $H \propto \dfrac{I}{r}$ 이 된다. 따라서,
> $H_1 = 180$, $r_1 = 0.1$일 때 $r_2 = 0.3$에 대한 H_2는
> $H_2 = \dfrac{r_1}{r_2} H_1 = \dfrac{0.1}{0.3} \times 180 = 60$ [AT/m]가 된다.

32 전류 분포가 균일한 반지름 a[m]인 무한장 원주형 도선에 1[A]의 전류를 흘렸더니, 도선 중심에서 $\dfrac{a}{2}$[m] 되는 점에서의 자계 세기가 $\dfrac{1}{2\pi}$ [AT/m]이었다. 이 도선의 반지름은 몇 [m]인가?

① 4   ② 2   ③ $\dfrac{1}{2}$ ④ $\dfrac{1}{4}$

> **해설** a[m], $I = 1$[A], $r = \dfrac{a}{2}$[m], $H_i = \dfrac{1}{2\pi}$ [AT/m]일 때 원주형 도체의 반지름 a는 $r < a$이므로
> 내부자계의 세기는 $H_i = \dfrac{rI}{2\pi a^2}$ [AT/m]에서 $\dfrac{1}{2\pi} = \dfrac{\dfrac{a}{2} \times 1}{2\pi a^2}$, $a = \dfrac{1}{2}$[m]가 된다.

33 그림과 같이 무한장 직선 도체에 I[A]의 전류가 흐를 때 도체에서 d[m] 떨어진 곳에 있는 가로, 세로가 각각 a[m], b[m]인 구형의 면적을 통과하는 자속[Wb]은?

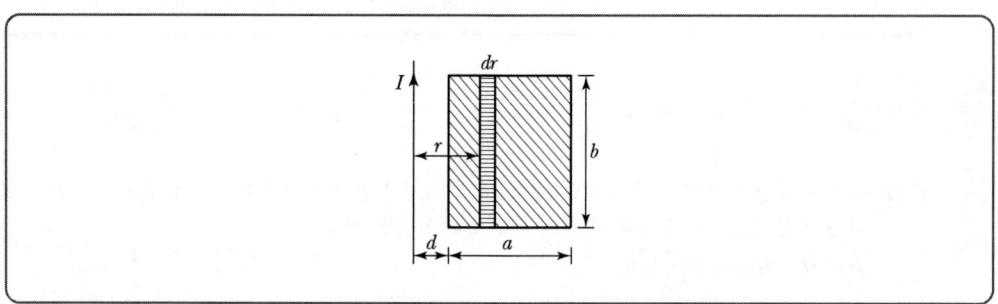

① $\dfrac{\mu_0 b I}{2\pi} \ln \dfrac{d}{d+a}$

② $\dfrac{\mu_0 b I}{2\pi} \ln \dfrac{d+a}{d}$

③ $\dfrac{\mu_0 b I}{\pi} \ln \dfrac{d}{d+a}$

④ $\dfrac{\mu_0 b I}{\pi} \ln \dfrac{d+a}{d}$

31 ②　32 ③　33 ②　Answer

해설 r[m]의 거리에 폭 dr의 미소면적 $dS = bdr$[m^2]를 생각한다.

r 위치의 자계 H는 $H = \dfrac{I}{2\pi r}$[AT/m]

dS에 있어서의 자속은 $d\phi = \mu_0 H dS = \dfrac{\mu_0 I b dr}{2\pi r}$[Wb]

구형면적 전부를 통하는 자속은 $\phi = \dfrac{\mu_0 I b}{2\pi} \displaystyle\int_d^{d+a} \dfrac{1}{r} dr = \dfrac{\mu_0 I b}{2\pi} \ln \dfrac{d+a}{d}$[Wb]

34 그림과 같이 평행한 무한장 직선도선에 I, $4I$인 전류가 흐른다. 두 선 사이의 점 P의 자계의 세기가 0이라고 하면 $\dfrac{a}{b}$는 얼마인가?

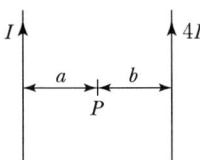

① $\dfrac{a}{b} = 2$
② $\dfrac{a}{b} = 4$
③ $\dfrac{a}{b} = \dfrac{1}{2}$
④ $\dfrac{a}{b} = \dfrac{1}{4}$

해설

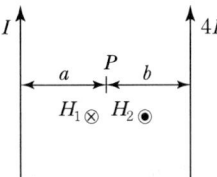

P점에 작용하는 자계의 세기는 2개이며 자계의 방향이 반대이므로 크기가 같으면 P점의 자계의 세기가 0이 된다. $H_1 = \dfrac{I}{2\pi a}$[AT/m], $H_2 = \dfrac{4I}{2\pi b}$[AT/m]이므로 $H_1 = H_2 \Rightarrow \dfrac{I}{2\pi a} = \dfrac{4I}{2\pi b} \Rightarrow \dfrac{a}{b} = \dfrac{1}{4}$

가 된다.

Answer ▶ 34 ④

35 반지름 a[m], 중심 간 거리 d[m]인 두 개의 무한장 왕복선로에 서로 반대방향으로 전류 I[A]가 흐를 때, 한 도체에서 x[m] 거리인 A점의 자계의 세기는 몇 [AT/m]인가?(단, $d \gg a$, $x \gg a$라고 한다.)

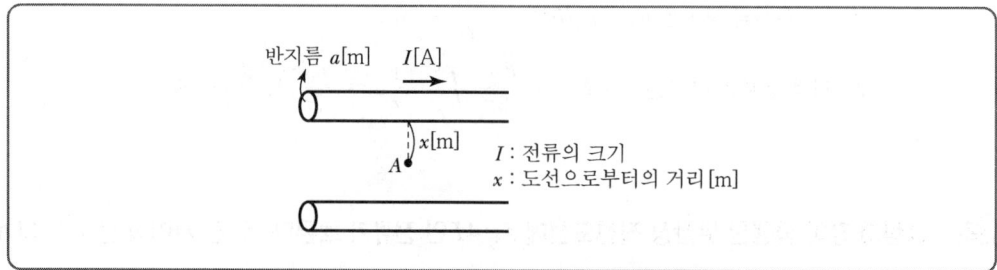

① $\dfrac{I}{2\pi}\left(\dfrac{1}{x}+\dfrac{1}{d-x}\right)$ ② $\dfrac{I}{2\pi}\left(\dfrac{1}{x}-\dfrac{1}{d-x}\right)$

③ $\dfrac{I}{4\pi}\left(\dfrac{1}{x}+\dfrac{1}{d-x}\right)$ ④ $\dfrac{I}{4\pi}\left(\dfrac{1}{x}-\dfrac{1}{d-x}\right)$

해설 그림에서 A지점의 자계의 세기는 두 개가 존재하고 같은 방향이므로 각각 구하여 합산하면 된다.

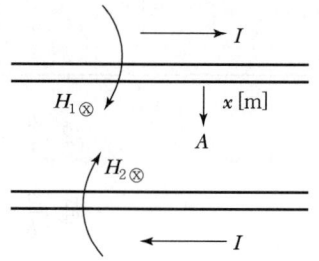

$$H = H_1 + H_2 = \dfrac{I}{2\pi x} + \dfrac{I}{2\pi(d-x)} = \dfrac{I}{2\pi}\left(\dfrac{1}{x}+\dfrac{1}{d-x}\right)$$

36 그림과 같이 반지름 a[m]인 원형 전류가 흐르고 있을 때 원형 전류의 중심 O에서 중심축상 x[m]인 점 P의 자계[AT/m]를 나타낸 식은?

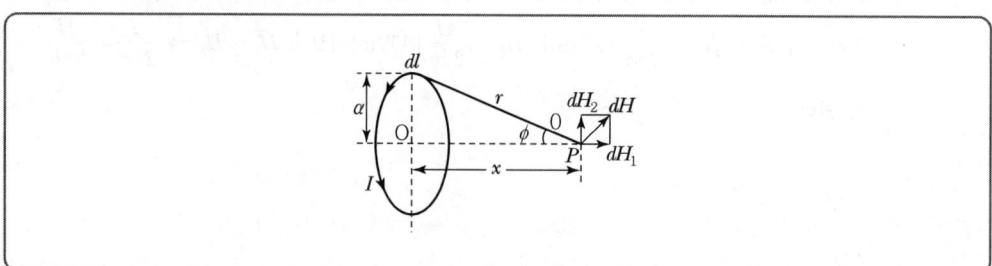

35 ① 36 ② Answer

① $\dfrac{a^2 I}{2(a^2+x^2)}$　　　　　② $\dfrac{a^2 I}{2(a^2+x^2)^{\frac{3}{2}}}$

③ $\dfrac{I}{2}\left(1-\dfrac{x}{\sqrt{a^2+x^2}}\right)$　　　　　④ $\dfrac{xI}{2\sqrt{a^2+x^2}}$

해설 원형 코일 중심축 상의 자계의 세기는 $H=\dfrac{a^2 I}{2(a^2+x^2)^{\frac{3}{2}}}$ [AT/m]이다.

37 각각 반지름이 a[m]인 두 개의 원형 코일이 그림과 같이 서로 $2a$[m] 떨어져 있고 전류 I[A]가 표시된 방향으로 흐를 때 중심선상의 P점의 자계의 세기는 몇 [A/m]인가?

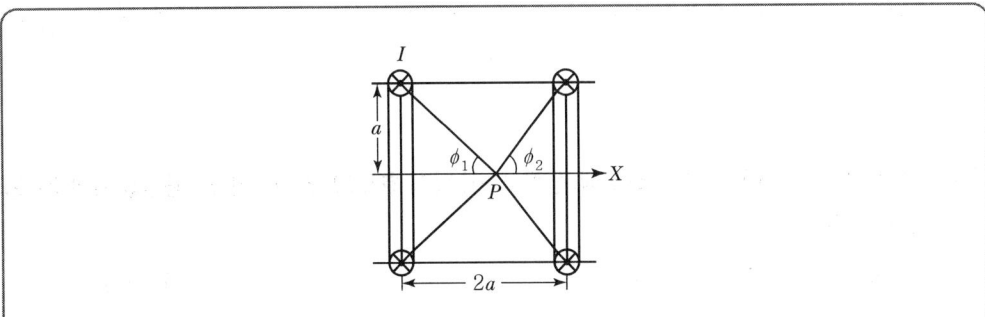

① $\dfrac{I}{2a}(\sin^3\phi_1+\sin^3\phi_2)$　　　　　② $\dfrac{I}{2a}(\sin^2\phi_1+\sin^2\phi_2)$

③ $\dfrac{I}{2a}(\cos^3\phi_1+\cos^3\phi_2)$　　　　　④ $\dfrac{I}{2a}(\cos^2\phi_1+\cos^2\phi_2)$

해설 원형 코일 중심축 상의 자계의 세기 H[AT/m]

- 반지름 a[m]이고 중심축 상 거리가 x[m]인 원형 코일 중심축 상 자계의 세기는

$$H_1=\dfrac{a^2 I}{2(a^2+x^2)^{\frac{3}{2}}}=\dfrac{I}{2a}\dfrac{a^3}{\left[(a^2+x^2)^{\frac{1}{2}}\right]^3}=\dfrac{I}{2a}\sin^3\phi_1 \text{[AT/m]이다.}$$

- 같은 방법으로 $H_2=\dfrac{I}{2a}\sin^3\phi_2$ [AT/m]가 된다. 이때 P 점의 자계가 된다.

$$H_P=H_1+H_2=\dfrac{I}{2a}(\sin^3\phi_1+\sin^3\phi_2) \text{ [AT/m]} \boxed{\text{TIP}}$$

$\sqrt{a^2+x^2}=(a^2+x^2)^{\frac{1}{2}}$ 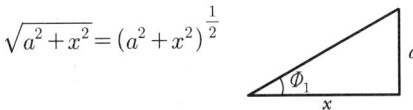 $\sin\phi_1=\dfrac{\text{높이}}{\text{빗변}}=\dfrac{a}{(a^2+x^2)^{\frac{1}{2}}}$

Answer ► 37 ①

38 그림과 같이 권수 1이고 반지름 a[m]인 원형 전류 I[A]가 만드는 중심의 자계의 세기는 몇 [AT/m]인가?

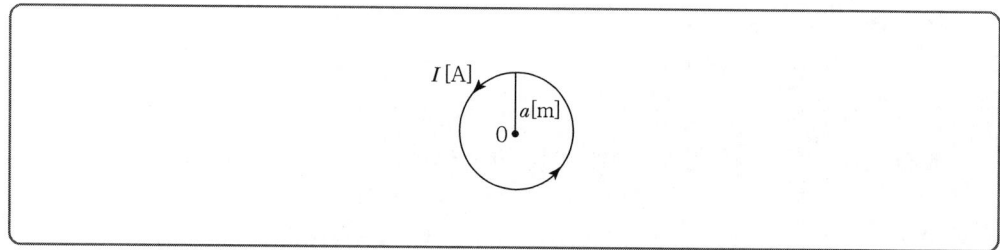

① $\dfrac{I}{a}$ ② $\dfrac{I}{2a}$ ③ $\dfrac{I}{3a}$ ④ $\dfrac{I}{4a}$

해설 원형 코일 중심점의 자계의 세기 $H = \dfrac{NI}{2a}$[AT/m]이므로 권선수 $N=1$회일 때 $H = \dfrac{I}{2a}$[AT/m]가 된다.

39 반지름이 40[cm]인 원형 코일에 전류 100[A]가 흐르고 있다. 이때, 중심점에서 자계의 세기 [AT/m]는?

① 125   ② 75   ③ 25   ④ 200

해설 원형 코일 중심점의 자계의 세기 $H = \dfrac{NI}{2a} = \dfrac{1 \times 100}{2 \times 40 \times 10^{-2}} = 125$[AT/m]가 된다.

40 같은 길이의 도선으로 M회와 N회 감은 원형 동심 코일에 각각 같은 전류를 흘릴 때 M회 감은 코일의 중심 자계는 N회 감은 코일의 몇 배인가?

① $\dfrac{N}{M}$ ② $\dfrac{N^2}{M^2}$ ③ $\dfrac{M}{N}$ ④ $\dfrac{M^2}{N^2}$

해설 원형 코일 중심점의 자계의 세기는 $H = \dfrac{NI}{2a}$[AT/m]

(단, N: 권선수, I: 전류, a: 반지름)이므로

- A 원형 코일의 도선길이 $l_1 = 2\pi aM$[m]
- A 원형 코일 중심자계 $H_1 = \dfrac{MI}{2a}$[AT/m]

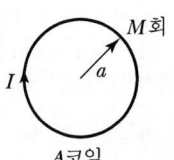

38 ② 39 ① 40 ④ Answer

- B 원형 코일의 도선길이 $l_2 = 2\pi bN$ [m]
- B 원형 코일 중심자계 $H_2 = \dfrac{NI}{2b}$ [AT/m]

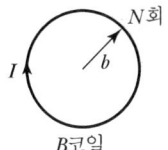

문제에서 도선의 길이는 $l_1 = l_2$로 같으므로 $2\pi aM = 2\pi bN$에서 $\dfrac{b}{a} = \dfrac{M}{N}$이 된다.

그러므로 $\dfrac{H_1}{H_2} = \dfrac{\dfrac{MI}{2a}}{\dfrac{NI}{2b}} = \dfrac{bM}{aN} = \dfrac{M^2}{N^2}$

41 그림과 같이 반지름 1[m]인 반원과 2줄의 반직선으로 된 도선에 전류 4[A]가 흐를 때 반원의 중심 O의 자계 [AT/m]는?

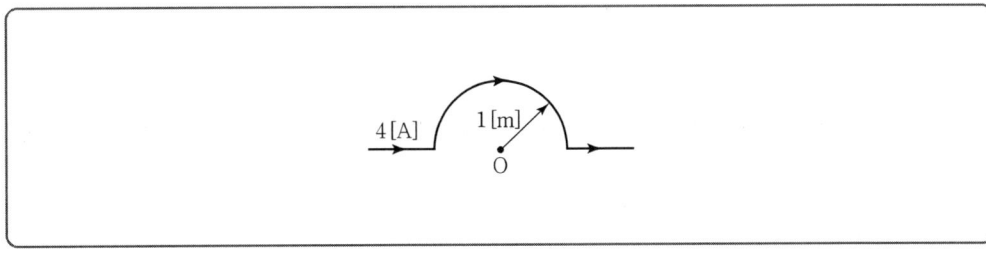

① 0.5 ② 1 ③ 2 ④ 4

[해설] 반원형 코일 중심점의 자계의 세기는 원형 코일 중심점의 자계의 세기에 반만 작용하므로
$H = \dfrac{I}{2a} \times \dfrac{1}{2} = \dfrac{I}{4a}$ [AT/m]가 된다. 그러므로 $H = \dfrac{4}{4 \times 1} = 1$ [AT/m]

42 같은 방향으로 감은 A, B 두 개의 원형 코일이 있다. A의 권수가 5회, 반지름이 0.5[m], B는 권수 5회, 반지름 1[m]이다. A, B 두 코일을 포개고 각 코일에 전류를 같은 방향으로 흘려 코일의 중심자계의 세기가 A코일만 있을 때의 2배가 될 때 A, B 코일의 전류비 $\dfrac{I_B}{I_A}$는?

① 1 ② 2 ③ 3 ④ 4

[해설] A, B가 같은 방향으로 전류가 흐르는 경우 중심자계는 합해지므로
$H_A + H_B = 2H_A$, 즉 $H_A = H_B$ 원형 코일 중심에서의 자계는 $H = \dfrac{NI}{2a}$에서
$H_A = \dfrac{5I_A}{2 \times 0.5} = H_B = \dfrac{5 \times I_B}{2a}$ 따라서 $\dfrac{I_B}{I_A} = \dfrac{1}{0.5} = 2$

Answer ▶ 41 ② 42 ②

43 그림과 같이 반지름 a[m]인 원의 임의의 2점 A, B 각 θ 사이에 전류 I[A]가 흐른다. 원의 중심 O의 자계의 세기는 몇 [A/m]인가?

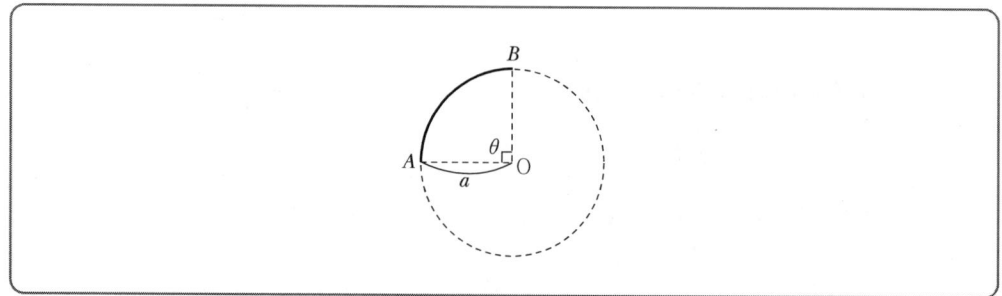

① $\dfrac{I\theta}{4\pi a^2}$ ② $\dfrac{I\theta}{4\pi a}$ ③ $\dfrac{I\theta}{2\pi a^2}$ ④ $\dfrac{I\theta}{2\pi a}$

해설 원형 코일 중심자계 $H = \dfrac{I}{2a} \times \dfrac{\theta}{2\pi} = \dfrac{I\theta}{4\pi a}$ [AT/m]

---

44 1변의 길이가 l[m]인 정방형 도체 회로에 직류 I[A]를 흘릴 때 회로의 중점 자계의 세기[A/m]는?

① $\dfrac{2I}{2\pi l}$ ② $\dfrac{\sqrt{2}\,I}{2\pi l}$

③ $\dfrac{2I}{\pi l}$ ④ $\dfrac{2\sqrt{2}\,I}{\pi l}$

해설 정사각형 코일에 의한 중심점에 작용하는 자계는 $H = \dfrac{2\sqrt{2}\,I}{\pi l}$ [AT/m]가 된다.

---

45 한 변의 길이가 2[cm]인 정삼각형 회로에 100[mA]의 전류를 흘릴 때, 삼각형 중심점의 자계의 세기[AT/m]는?

① 3.6   ② 5.4   ③ 7.2   ④ 2.7

해설 정삼각형 코일에 의한 중심점에 작용하는 자계는 $H = \dfrac{9I}{2\pi l}$ [AT/m]이므로 주어진 수치를 대입하면
$H = \dfrac{9 \times 100 \times 10^{-3}}{2\pi \times 2 \times 10^{-2}} = 7.2$[AT/m]가 된다.

43 ②   44 ④   45 ③   Answer

46 그림과 같이 한 변의 길이가 l[m]인 정육각형 회로에 전류 I[A]가 흐르고 있을 때 중심 자계의 세기는 몇 [A/m]인가?

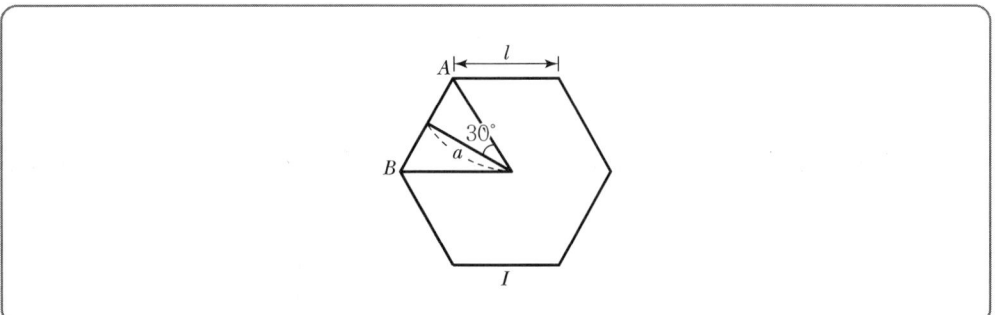

① $\dfrac{1}{2\sqrt{3}\,\pi l} \times I$ ② $\dfrac{2\sqrt{2}}{\pi l} \times I$ ③ $\dfrac{\sqrt{3}}{\pi l} \times I$ ④ $\dfrac{\sqrt{3}}{2\pi l} \times I$

해설

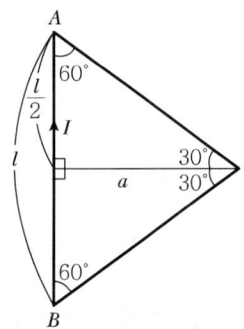

- 정육각형 한 변 AB에 의한 자계의 세기 $H_1 = \dfrac{I}{4\pi d}(\sin\theta_1 + \sin\theta_2)$ [AT/m]이 된다.

  이때 $\theta_1 = \theta_2 = 30°$, $a = \dfrac{\dfrac{l}{2}}{\tan 30°} = \dfrac{\sqrt{3}}{2}l$ 이므로 이를 대입하면

  $H_1 = \dfrac{I}{4\pi \dfrac{\sqrt{3}}{2} l}(\sin 30° + \sin 30°) = \dfrac{I}{2\pi\sqrt{3}\,l} \times \left(2 \times \dfrac{1}{2}\right) = \dfrac{\sqrt{3}\,I}{6\pi l}$ [AT/m]가 된다.

- 정육각형 중심점 자계의 세기는 $H_2 = 6H_1 = 6 \times \dfrac{\sqrt{3}\,I}{6\pi l} = \dfrac{\sqrt{3}\,I}{\pi l}$ [AT/m]가 된다.

47 반지름 a[m]인 원에 내접하는 정 n변형의 회로에 I[A]가 흐를 때, 그 중심에서의 자계의 세기 [AT/m]는?

① $\dfrac{nI\tan\dfrac{\pi}{n}}{2\pi a}$ ② $\dfrac{nI\sin\dfrac{\pi}{n}}{2\pi a}$ ③ $\dfrac{nI\tan\dfrac{\pi}{n}}{\pi a}$ ④ $\dfrac{nI\sin\dfrac{\pi}{n}}{\pi a}$

Answer ▶ 46 ③ 47 ①

해설 반지름 a[m]인 원에 내접하는 정 n변형의 회로에 I[A]가 흐를 때 중심에서의 자계의 세기는
$$H = \frac{nI\tan\frac{\pi}{n}}{2\pi a} \text{[AT/m]이다.}$$

48 반경 R인 원에 내접하는 정 n각형의 회로에 전류 I가 흐를 때 원 중심점에서의 자속밀도는 얼마인가?

① $\frac{n\mu_0 I}{2\pi R}\tan\frac{\pi}{n}$ [Wb/m²]

② $\frac{\mu_0 I}{\pi R}\cos\frac{\pi}{n}$ [Wb/m²]

③ $\frac{I}{2\pi\mu_0 R}\tan\frac{2\pi}{n}$ [Wb/m²]

④ $\frac{2\pi R}{\tan\frac{\pi}{n}}$ [Wb/m²]

해설 반지름 R[m]인 원에 내접하는 정 n변형의 회로에 I[A]가 흐를 때 정 n변형의 회로에 중심에서의 자계의 세기는 $H = \frac{nI\tan\frac{\pi}{n}}{2\pi R}$ [AT/m]이다.

중심에서의 자속밀도는 $B = \mu_0 H = \frac{\mu_0 nI}{2\pi R}\tan\frac{\pi}{n}$ [Wb/m²]이 된다.

49 그림과 같이 l_1[m]에서 l_2[m]까지 전류 I[A]가 흐르고 있는 직선 도체에서 수직거리 a[m] 떨어진 P점의 자계를 구하면 몇 [AT/m]인가?

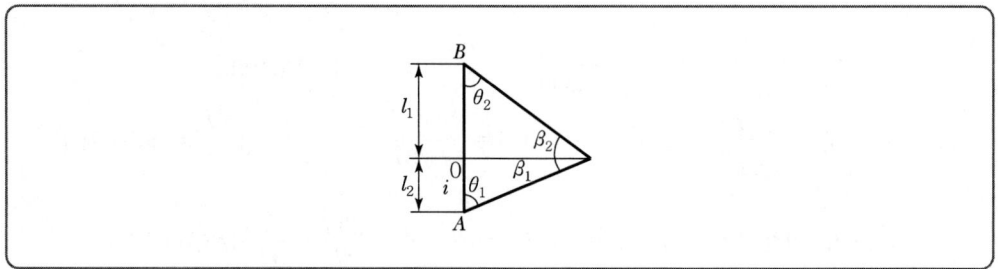

① $\frac{I}{4\pi a}(\sin\theta_1 + \sin\theta_2)$

② $\frac{I}{4\pi a}(\cos\theta_1 + \cos\theta_2)$

③ $\frac{I}{2\pi a}(\sin\theta_1 + \sin\theta_2)$

④ $\frac{I}{2\pi a}(\cos\theta_1 + \cos\theta_2)$

해설 유한장 직선 도체에 의한 자계의 세기는
$$H = \frac{I}{4\pi a}(\cos\theta_1 + \cos\theta_2) = \frac{I}{4\pi a}(\sin\beta_1 + \sin\beta_2) \text{[AT/m]이다.}$$

48 ① 49 ②

50 그림과 같은 길이 $\sqrt{3}$ [m]인 유한장 직선 도선에 π[A]의 전류가 흐를 때 도선이 일단 B에서 수직하게 1[m] 되는 P점의 자계의 세기[AT/m]는?

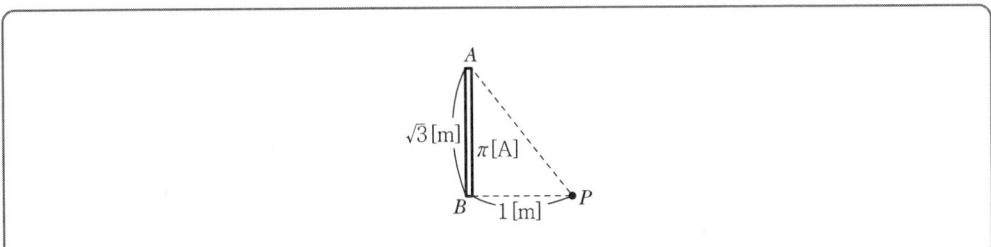

① $\sqrt{3}/8$
② $\sqrt{3}/4$
③ $\sqrt{3}/2$
④ $\sqrt{3}$

해설 유한장 직선 도체에 의한 자계의 세기는
$H = \dfrac{I}{4\pi a}(\cos\theta_1 + \cos\theta_2) = \dfrac{I}{4\pi a}\cos\theta_1$ 빗변 A와 P 사이 $A_p = \sqrt{(\sqrt{3})^2 + 1^2} = 2$
$\cos\theta_1 = \dfrac{\sqrt{3}}{2}$ 이므로 $H = \dfrac{\pi}{4\pi \times 1} \times \dfrac{\sqrt{3}}{2} = \dfrac{\sqrt{3}}{8}$ [AT/m]이다.

51 반지름 a인 원형코일의 중심축상 r[m]의 거리에 있는 점 P의 자위는 몇 [A]인가?(단, 점 P에 대한 원의 입체각을 w, 전류를 I[A]라 한다.)

① $\dfrac{w}{4\pi I}$
② $4\pi wI$
③ $\dfrac{I}{4\pi w}$
④ $\dfrac{wI}{4\pi}$

해설 전류에 의한 자위 $U = \dfrac{wI}{4\pi}$ [A]이며 $w = 2\pi(1 - \cos\theta)$ [Sr]은 입체각이다.

52 그림과 같은 반지름 a[m]인 원형 코일에 I[A]가 흐르고 있다. 이 도체 중심축상 x[m]인 점 P의 자위[A]는?

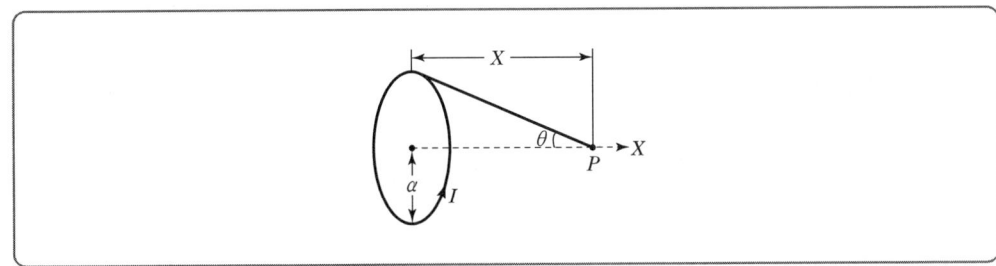

Answer ► 50 ① 51 ④ 52 ①

① $\dfrac{I}{2}\left(1-\dfrac{x}{\sqrt{a^2+x^2}}\right)$ ② $\dfrac{I}{2}\left(1-\dfrac{a}{\sqrt{a^2+x^2}}\right)$

③ $\dfrac{I}{2}\left(1-\dfrac{x^2}{(a^2+x^2)^{\frac{2}{3}}}\right)$ ④ $\dfrac{I}{2}\left(1-\dfrac{a^2}{(a^2+x^2)^{\frac{3}{2}}}\right)$

해설 $U=\dfrac{M}{4\pi\mu_0}\omega$ 여기서 $\omega=2\pi(1-\cos\theta)=2\pi\left(1-\dfrac{x}{\sqrt{a^2+x^2}}\right)$ 에서

$U=\dfrac{\omega I}{4\pi}=\dfrac{I}{4\pi}\times 2\pi\left(1-\dfrac{x}{\sqrt{x^2+a^2}}\right)=\dfrac{I}{2}\left(1-\dfrac{x}{\sqrt{x^2+a^2}}\right)$ [A]

53
환상 솔레노이드(Solenoid) 내의 자계의 세기[AT/m]는?(단, N은 코일의 감긴 수, a는 환상 솔레노이드의 평균 반지름이다.)

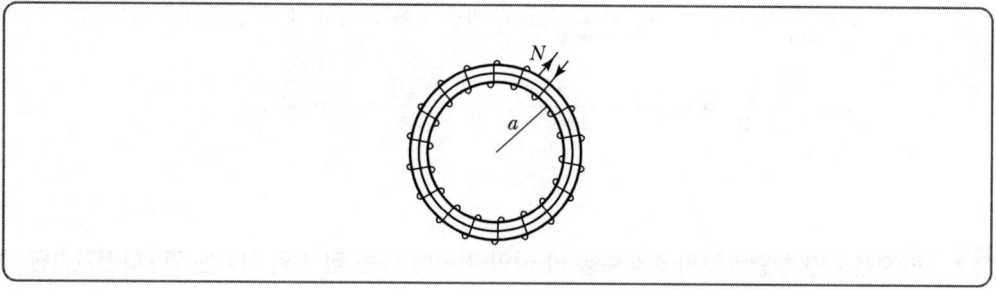

① $\dfrac{2\pi a}{NI}$ ② $\dfrac{NI}{2\pi a}$ ③ $\dfrac{NI}{\pi a}$ ④ $\dfrac{NI}{4\pi a}$

해설 환상 솔레노이드에 의한 내부 자계의 세기는 $H=\dfrac{NI}{l}=\dfrac{NI}{2\pi a}$ [AT/m]이 된다.

54
평균 반지름이 50[cm]이고 권수가 100회인 환상 솔레노이드 내부의 자계가 200[A/m]로 되도록 하기 위해서 코일에 흐르는 전류는 몇 [A]로 하여야 되는가?

① 6.28 ② 12.15 ③ 15.8 ④ 18.6

해설 환상 솔레노이드에 의한 자계의 세기는 $H=\dfrac{NI}{l}=\dfrac{NI}{2\pi a}$ [AT/m]이므로 코일에 흐르는 전류는

$I=\dfrac{2\pi aH}{N}=\dfrac{2\pi\times 50\times 10^{-2}\times 200}{100}=6.28$[A]가 된다.

53 ② 54 ① **Answer**

55 그림과 같은 안 반지름 7[cm], 바깥 반지름 9[cm]인 환상철심에 감긴 코일의 기자력이 500[AT]일 때, 이 환상철심 내단면의 중심부의 자계의 세기는 몇 [AT/m]인가?

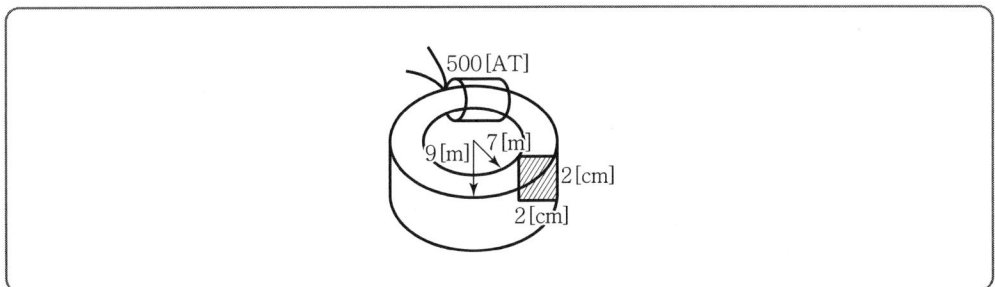

① $\dfrac{2{,}778}{\pi}$ ② $\dfrac{3{,}125}{\pi}$ ③ $\dfrac{3{,}571}{\pi}$ ④ $\dfrac{6{,}349}{\pi}$

해설 환상철심의 내부 자계의 세기는 $H = \dfrac{NI}{l} = \dfrac{NI}{2\pi a}$ [AT/m]이므로 철심 중심을 기준하여 철심의 반지름은 주어진 수치 9[cm]와 7[cm]의 중간 평균반지름 $a = 8$[cm], $F = NI = 500$[AT]이므로

$H = \dfrac{NI}{2\pi a} = \dfrac{500}{2\pi \times 8 \times 10^{-2}} = \dfrac{3{,}125}{\pi}$ [AT/m]가 된다.

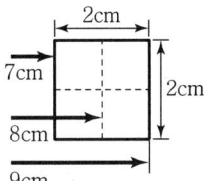

56 반지름 a[m], 단위길이당 권수 n_0[회/m], 전류 I[A]인 무한장 솔레노이드의 내부 자계의 세기 [AT/m]는?

① $\dfrac{n_0 I}{2\pi a}$ ② $\dfrac{n_0 I}{2a}$ ③ $n_0 I$ ④ $\dfrac{n_0 I}{2\pi}$

해설 무한장 솔레노이드에 의한 내부 자계의 세기는 내부 평등자계이며 $H = nI$ [AT/m]이고 외부 자계의 세기는 0이다. 단, n[T/m]은 단위길이당 권선수이다.

57 평등자계를 얻는 방법으로 가장 알맞은 것은?

① 길이에 비하여 단면적이 충분히 큰 솔레노이드에 전류를 흘린다.
② 길이에 비하여 단면적이 충분히 큰 원통형 도선에 전류를 흘린다.
③ 단면적에 비하여 길이가 충분히 긴 원통형 도선에 전류를 흘린다.
④ 단면적에 비하여 길이가 충분히 긴 솔레노이드에 전류를 흘린다.

해설 길이당 권수에 비례하므로 단면적에 비하여 길이가 충분히 긴 솔레노이드에 전류를 흘린다.

Answer ○ 55 ② 56 ③ 57 ④

58 무한장 솔레노이드에 전류가 흐를 때 발생되는 자장에 관한 설명 중 옳은 것은?

① 내부 자장은 평등 자장이다.
② 외부와 내부 자장의 세기는 같다.
③ 외부 자장은 평등 자장이다.
④ 내부 자장의 세기는 0이다.

해설 문제 56번 해설 참고

59 1[cm]마다 권수가 100인 무한장 솔레노이드에 20[mA]의 전류를 유통시킬 때 솔레노이드 내부의 자계의 세기[AT/m]는?

① 10
② 20
③ 100
④ 200

해설 단위길이당 권선수 $n = \dfrac{N}{l} = \dfrac{100}{0.01} = 10,000 \,[\text{T/m}]$이므로 무한장 솔레노이드의 자계의 세기는
$H = nI = 10,000 \times 20 \times 10^{-3} = 200 \,[\text{AT/m}]$가 된다.

60 1[cm]당 권선수가 50인 무한길이 솔레노이드에 10[mA]의 전류가 흐르고 있을 때 솔레노이드 외부 자계의 세기는 몇 [AT/m]인가?

① 0
② 5
③ 10
④ 50

해설 문제 56번 해설 참고

61 무한장 솔레노이드의 외부자계에 대한 설명 중 옳은 것은?

① 솔레노이드 내부의 자계와 같은 자계가 존재한다.
② $\dfrac{1}{2\pi}$의 배수가 되는 자계가 존재한다.
③ 솔레노이드 외부에는 자계가 존재하지 않는다.
④ 권수에 비례하는 자계가 존재한다.

해설 문제 56번 해설 참고

58 ① 59 ④ 60 ① 61 ③ **Answer**

62 전류가 흐르는 도선을 자계 안에 놓으면, 이 도선에 힘이 작용한다. 평등자계의 진공 중에 놓여 있는 직선 전류 도선이 받는 힘에 대하여 옳은 것은?

① 전류의 세기에 반비례한다.
② 도선의 길이에 비례한다.
③ 자계의 세기에 반비례한다.
④ 전류와 자계의 방향이 이루는 각의 탄젠트 각에 비례한다.

해설 전류가 흐르는 도선을 자계 안에 놓으면 이 도선에 힘이 작용한다. 이처럼 자계와 전류 간에 작용하는 힘을 전자력이라 하며 그 세기는 플레밍의 왼손법칙을 이용한다.(플레밍의 왼손 법칙 : 전동기원리 및 회전방향 결정)

$$F = BIl\sin\theta = \mu_0 HIl\sin\theta = \oint (Idl) \times B \text{ [N]}$$

엄지 : F [N](힘의 방향=전자력의 방향)
검지 : B [Wb/m²](자속밀도, 자장의 방향)
중지 : I [A](전류의 방향)

63 자계 B의 안에 놓여 있는 전류 I의 회로 C가 받는 힘 F의 식으로 옳은 것은?(단, dl은 미소 변위)

① $F = \int_c (Idl) \times B$
② $F = \int_c (IB) \times dl$
③ $F = \int_c (Idl) \cdot (B)$
④ $F = \int_c (-IB) \cdot (dl)$

해설 문제 62번 해설 참고

64 플레밍(Flaming)의 왼손법칙을 나타내는 F-B-I에서 F는 무엇인가?

① 전동기 회전자의 도체의 운동방향을 나타낸다.
② 발전기 정류자의 도체의 운동방향을 나타낸다.
③ 전동기 자극의 운동방향을 나타낸다.
④ 발전기 전기자의 도체 운동방향을 나타낸다.

해설 문제 62번 해설 참고

Answer ◐ 62 ② 63 ① 64 ①

65 그림과 같이 O_x, O_y, O_z를 직각 좌표축이라 하고, 무한장 직선 도선 l이 z축 상에 있으며, 이것에 z의 +방향으로 전류 i_1이 흐르고 있다. 그리고 $y-z$면 상에 직사각형 도선 $ABCD$가 있고 이것에 $ABCD$ 방향으로 전류 i_2가 흐르고 있을 때 z의 +방향으로 힘이 발생하는 변은?

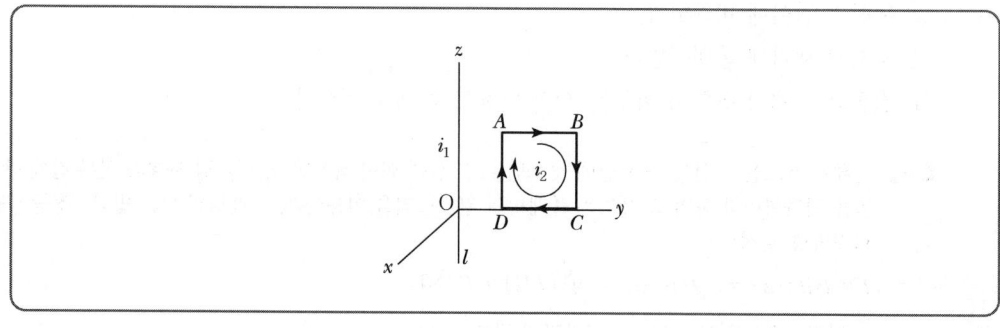

① AB ② BC ③ CD ④ DA

해설 무한장 직선 도선에 의해 발생되는 자계 내 직사각형 도선 $ABCD$에 전류가 흐르면 발생하는 전자력을 해석하는 것이므로 플레밍의 왼손법칙을 이용한다.

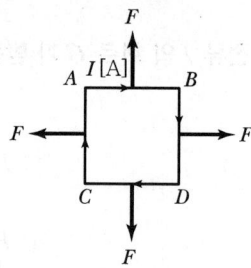

$F = BIl\sin\theta = \mu_0 HIl\sin\theta = \oint (Idl) \times B$ [N]

엄지 : F[N](힘의 방향=전자력의 방향)
검지 : B[Wb/m²](자속밀도, 자장의 방향)
중지 : I[A](전류의 방향)

66 진공 중에서 e[C]의 전하가 B[Wb/m²]의 자계 안에서 자계와 수직방향으로 v[m/s]의 속도로 움직일 때 받는 힘[N]은?

① $\dfrac{evB}{\mu_0}$ ② $\mu_0 evB$ ③ evB ④ $\dfrac{eB}{v}$

해설 자계 내 전하 입사 시 전하가 받는 힘은 로렌츠의 힘이 작용하므로
$F = Bqv\sin\theta = \mu_0 Hqv\sin\theta = (\vec{v} \times \vec{B})q$ [N]에서 수직입사이므로
$F = Bqv\sin 90° = qvB = qv\mu_0 H$ [N]가 된다. 여기서, $q = e$[C]

65 ① 66 ③ Answer

67 0.2[C]의 점전하가 전계 $E = 5a_y + a_z$[V/m] 및 자속밀도 $B = 2a_y + 5a_z$[Wb/m²] 내로 속도 $v = 2a_x + 3a_y$[m/s]로 이동할 때 점전하에 작용하는 힘 F[N]는?(단, a_x, a_y, a_z는 단위 벡터이다.)

① $2a_x - a_y + 3a_z$
② $3a_x - a_y + a_z$
③ $a_x + a_y - 2a_z$
④ $5a_x + a_y - 3a_z$

해설 자계와 전계 동시 존재 시 전하가 받는 힘은 $F = q(\vec{E} + \vec{v} \times \vec{B})$[N]이므로

- $\vec{v} \times \vec{B} = \begin{vmatrix} a_x & a_y & a_z \\ 2 & 3 & 0 \\ 0 & 2 & 5 \end{vmatrix} = a_x(15-0) - a_y(10-0) + a_z(4-0) = 15a_x - 10a_y + 4a_z$
- $\vec{E} + \vec{v} \times \vec{B} = 5a_y + a_z + 15a_x - 10a_y + 4a_z = 15a_x - 5a_y + 5a_z$
- $F = q(\vec{E} + \vec{v} \times \vec{B}) = 0.2 \times (15a_x - 5a_y + 5a_z) = 3a_x - a_y + a_z$[N]이 된다.

68 평등자계 H[AT/m]에 수직으로 전자가 속도 V[m/s]로 입사할 때, 이 전자의 궤도 r[m]는? (단, 전자의 전하를 e[C], 질량을 m[kg]이라 한다.)

① $r = \dfrac{me}{\mu_0 Hv}$
② $r = \dfrac{\mu_0 He}{mv}$
③ $r = \dfrac{mve}{\mu_0 H}$
④ $r = \dfrac{mv}{e\mu_0 H}$

해설
- 전자가 운동하는 자계의 반지름(궤적)

  구심력=원심력 $\dfrac{mv^2}{r} = Bev$이고, 궤적 $r = \dfrac{mv}{Be}$[m] $\propto v$에 비례하며 항상 원운동을 한다.

  여기서 e[C] : 전하량, v[m/s] : 속도, B[Wb/m²] : 자속밀도

- 전자의 운동속도 $v = \dfrac{Ber}{m}$[m/s]

- 각속도 $\omega = \dfrac{v}{r} = \dfrac{Be}{m}$[rad/s]

- 주파수 $\omega = 2\pi f = \dfrac{Be}{m}$, $f = \dfrac{Be}{2\pi m}$[Hz]

- 원운동 주기 $T = \dfrac{1}{f} = \dfrac{2\pi m}{Be}$[sec]

69 평등자계 내에 수직으로 돌입한 전자의 궤적은?

① 원운동을 하는데 반지름은 자계의 세기에 비례한다.
② 구면 위에서 회전하고 반지름은 자계의 세기에 비례한다.
③ 원운동을 하고 반지름은 전자의 처음 속도에 반비례한다.
④ 원운동을 하고 반지름은 자계의 세기에 반비례한다.

Answer ▶ 67 ② 68 ④ 69 ④

해설 문제 68번 해설 참고

70
그림과 같이 d[m] 떨어진 두 평행 도선에 I[A]의 전류가 흐를 때 도선 단위길이당 작용하는 힘 F[N]은?

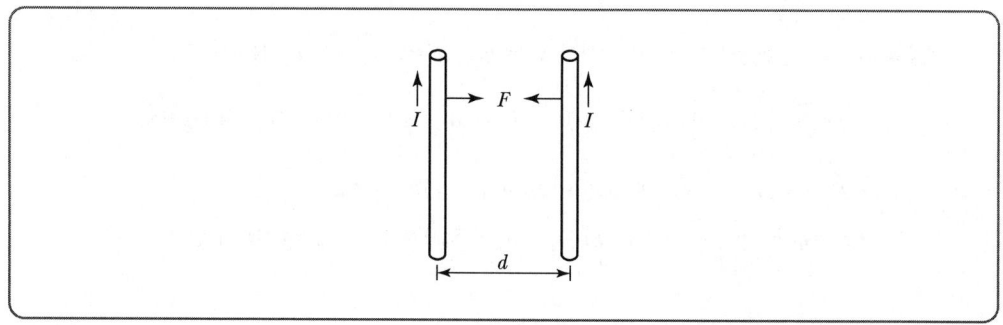

① $\dfrac{\mu_0 I}{2\pi d}$ ② $\dfrac{\mu_0 I^2}{2\pi d^2}$ ③ $\dfrac{\mu_0 I^2}{2\pi d}$ ④ $\dfrac{\mu_0 I^2}{2d}$

해설
- 평행도선 사이에 작용하는 힘 F[N/m]

$$F_1 = F_2 = \frac{\mu_0 I_1 I_2}{2\pi d} = \frac{2 I_1 I_2}{d} \times 10^{-7} \text{[N/m]}$$

- 두 전류의 방향이 같을 경우 : 흡인력, 두 전류의 방향이 반대일 경우 : 반발력
그림상에서 전류의 크기가 같거나 왕복선로라면

$$F_1 = F_2 = \frac{\mu_0 I^2}{2\pi d} = \frac{2 I^2}{d} \times 10^{-7} \propto I^2 \propto \frac{1}{d} \text{[N/m]}$$

71
평행도선에 같은 크기의 왕복전류가 흐를 때 두 도선 사이에 작용하는 힘과 관계되는 것 중 옳은 것은?

① 간격의 제곱에 반비례
② 간격의 제곱에 반비례하고 투자율에 반비례
③ 전류의 제곱에 비례
④ 주위 매질의 투자율에 반비례

해설 문제 70번 해설 참고

72 간격 $d = 4$[cm]인 2개의 평행한 도선에 각각 전류 $I = 10$[kA]가 흐르고 있을 경우 도선의 단위길이당 작용하는 힘[N/m]은?

① 500 ② 600 ③ 700 ④ 800

해설 평행도선에 작용하는 힘
$$F = \frac{2I_1 I_2}{d} \times 10^{-7} = \frac{2 \times (10 \times 10^3)^2}{4 \times 10^{-2}} \times 10^{-7} = 500[\text{N/m}]$$가 된다.

Answer ● 72 ①

Chapter 08 자성체와 자기회로

1 자성체

① 자계 내에 놓았을 때 양단에 극을 유도하여 자화되는 물질
② 자화의 근본적인 원인 : 전자의 자전현상

2 자성체의 종류

1) 상자성체($\mu_s > 1$)

① 자화가 외부 자계와 같은 방향으로 자화되는 자성체
② 알루미늄(Al), 백금(Pt), 주석(Sn), 산소(O_2) 등

2) 강자성체($\mu_s \gg 1$) : 상자성체 중 비투자율이 커서 자화가 강하게 되는 자성체

철(Fe), 니켈(Ni), 코발트(Co) 등

① 강자성체의 특징
  ㉠ 자구가 존재할 것
  ㉡ 고투자율을 가질 것
  ㉢ 자기포화 특성
  ㉣ 히스테리시스 특성

② 강자성체의 용도 : 자석재료, 자기 차폐제
  ㉠ 자기차폐란 강자성체로 물질이나 공간을 포위시켜서 외부 자계의 영향을 차폐시키는 현상으로 완전 차폐는 되지 않는다.
  ㉡ 큐리온도(=임계온도) : 자화된 강자성체의 온도를 서서히 높이면 자화가 점점 감소하다가 급격히 강자성을 잃어버리고 상자성체가 되는 온도지점을 말하며, 순철 기준으로 770~790[℃]가 된다.

3) 반(역)자성체($\mu_s < 1$)

① 자화가 외부 자계와 반대 방향으로 자화
② 납(Pb), 아연(Zn), 비스므트(Bi), 구리(Cu)

4) 반강자성체

① 자구의 자기모멘트가 자계의 반대 방향으로 규칙적으로 배열하여 전체로서의 자화(磁化)가 0이 된 자성체. 자기모멘트의 크기는 자계와 같고, 방향은 반대이다.
② 산화니켈(NiO), 염화코발트($CoCl_2$)

5) 페리 자성체

자구의 자기모멘트가 자계의 반대 방향으로 규칙적으로 배열하지만 전체로서의 자화(磁化)가 반대방향의 자기모멘트에 의해 상쇄되지 않아 자발적인 자성이 남는다.
페리 자성체는 퀴리 온도 아래에서 자발적인 자성을 지니고, 이 온도 위에서 상자성을 보인다는 점에서 강자성과 비슷하다.

3 자성체의 자기 쌍극자 배열(스핀 배열)

[상자성체]   [강자성체]   [반강자성체]   [페리라이트코어]

4 히스테리시스 곡선(B-H 곡선)

강자성체에서 나타나는 비선형성의 자계와 자속밀도의 관계를 나타내는 곡선

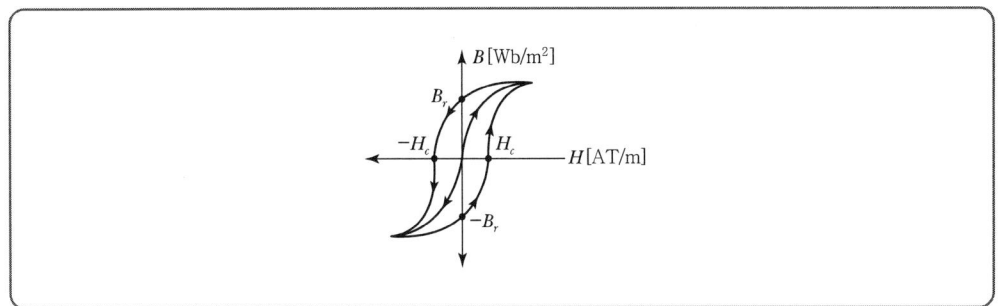

- 종축 : B ← 종축과 만남(잔류자기)
- 횡축 : H ← 횡축과 만남(보자력)

∗ 히스테리시스 곡선의 면적 = 히스테리시스손[J/m³]
  (강자성체의 단위체적당 필요한 에너지)

$$S = W_h = \int_0^B H dB [\text{J}/\text{m}^3]$$

1) **히스테리시스손** : 자계의 변화에 따라 히스테리시스 곡선을 일주할 경우 발생하는 손실

   $P_h = \eta f B_m^{1.6} [\text{W}/\text{m}^3]$ 이 되며 방지책으로서 규소 강판을 사용한다.

   여기서, P_h : 히스테리시스손
   η : 히스테리시스 계수
   1.6 : 시타인메츠 상수

2) **맴돌이 전류손(와전류손)**

   도체를 관통하는 자속이 변화하거나 자속과 도체가 상대적으로 운동하여 도체 내 자속이 시간적으로 변화가 일어나면 이 변화를 막기위해 국부적으로 형성되는 임의의 폐회로를 따라 전류가 유기되어 발생하는 손실

   $P_e = \eta (f B_m)^2 [\text{W}/\text{m}^3]$ 이 되며 방지책으로서 성층결선을 사용한다.

   ① 영구자석의 조건
   - 히스테리 면적이 클 것
   - 잔류 자기와 보자력이 클 것

   ② 전자석 재료 조건
   - 히스테리 면적, 보자력이 작을 것
   - 적은 보자력으로 큰 잔류 자기를 얻을 것

5 자성체 자화의 세기

1) 자성체를 자계 내에 놓았을 때 자성체의 양 단면에 단위 면적당 발생하는 자기량을 자화의 세기 J라 한다. 자화되는 경우 이것을 양적으로 표시하면 단위 체적당 미소 자기 모멘트를 그 점의 자화의 세기 J라 한다.

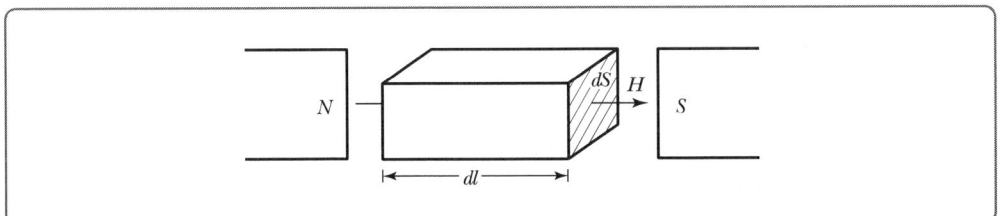

$$J = \sigma_s = \frac{dM}{dv} = \mu_0(\mu_s - 1)H = B(1 - \frac{1}{\mu_s}) = xH \, [\text{Wb/m}^2]$$

① 자화율 : $x = \mu_0(\mu_s - 1)$

② 비자화율 : $\dfrac{x}{\mu_0} = \mu_s - 1$

③ 비투자율 : $\mu_s = \dfrac{x}{\mu_0} + 1$

＊ 자화의 세기는 단위 체적당 자기 쌍극자 모멘트로 나타낼 수 있다.
$$J = \frac{dm}{dS} = \frac{dm \times l}{dS \times l} = \frac{dM}{dv} [\text{Wb/m}^2]$$

2) **자성체의 자속밀도**

$B = B_0 + J = \mu_0 H + \mu_0(\mu_s - 1)H = \mu_0 H + \mu_0\mu_s H - \mu_0 H$
　 $= \mu_0\mu_s H [\text{Wb/m}^2]$ 불변

(자화의 세기 J는 B보다 약간 작다.)

3) **감자력(H')**

자화의 세기로 인해 자극 표면에 S, N극이 형성되어 자성체 내부에서 극성에 의한 자계와 반대 방향으로 발생하는 자계(H')를 말하며 감자력은 자화의 세기 J에 비례한다.

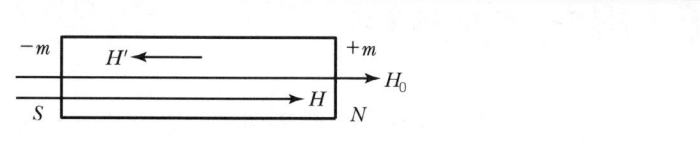

$$H' = H_0 - H = N\frac{J}{\mu_0}$$

여기서, N : 감자율
J : 자화 세기

감자율(N)은 자성체의 모양에 따라 다음과 같다.
① 가늘고 긴 막대 $N ≒ 0$
② 환상(솔레노이드) 철심 $N = 0$
③ 굵고 짧은 막대 $N = 1$
④ 구자성체 $N ≒ \frac{1}{3}$

4) 정전계와 정자계의 대응

분극 세기 및 자화 세기	$P = x_e E = \varepsilon_0(\varepsilon_s - 1)E \,[\text{C/m}^2]$ $D = P + \varepsilon_0 E \,[\text{C/m}^2]$	$J = x_m H = \mu_0(\mu_s - 1)H \,[\text{Wb/m}^2]$ $B = J + \mu_0 H \,[\text{Wb/m}^2]$

5) 히스테리시스 곡선과 투자율 곡선의 비교(B−H곡선 : μ곡선)

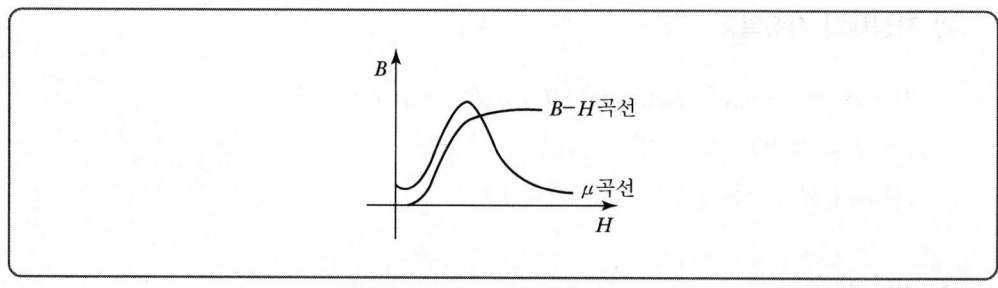

» 예제 ❶

문제 길이 l[m], 단면적의 반지름 a[m]인 원통에 길이방향으로 균일하게 자화되어 자화의 세기가 J[Wb/m²]인 경우 원통 양단에서의 전자극의 세기 m[Wb]는?

풀이

$J = \dfrac{M}{v}$[Wb/m²]에서 원통의 체적 $v = \pi a^2 l$[m³]이므로

$J = \dfrac{M}{\pi a^2 l}$[Wb/m²] 여기에 자기모멘트 $M = ml$[Wb/m]을 대입하여

정리하면 $m = J \cdot \pi a^2$[Wb]

여기서, a[m] : 철심의 반지름

6 자화 시 필요한 자계 내에 축적되는 에너지

1) 단위 체적당 에너지 밀도

히스테리시스 곡선의 면적에서 응용

$$S = W_h = \int_0^B H dB \, [\text{J/m}^3]$$

$$W = \int_0^B H dB = \int_0^B \frac{B}{\mu} dB = \frac{B^2}{2\mu} = \frac{1}{2}\mu H^2 = \frac{1}{2}BH \, [\text{J/m}^3]$$

» 예제 ❷

문제 비투자율이 4,000인 철심을 자화하여 자속밀도가 0.1[Wb/m²]로 되었을 때 철심의 단위 체적에 축적된 에너지[J/m³]는?

풀이

$$W = \frac{B^2}{2\mu} = \frac{B^2}{2\mu_0 \mu_s} = \frac{0.1^2}{2 \times 4\pi \times 10^{-7} \times 4,000} = 1 \, [\text{J/m}^3]$$

2) 전자석의 흡인력(단위 면적당 받는 힘) $f_m [\text{N/m}^2] = [\text{J/m}^3]$

$$f_m = \frac{F}{S} = \frac{B^2}{2\mu} = \frac{1}{2}\mu H^2 = \frac{1}{2}BH \, [\text{N/m}^2]$$

3) 총 힘 $F[\text{N}]$

$$F = f_m \cdot S = \frac{B^2}{2\mu_0} \cdot S [\text{N}] \propto B^2$$

4) 정전계와 정자계의 대응

구분	정전계	정자계
단위 면적당 받는 힘	$f_e = \frac{1}{2}\varepsilon E^2 = \frac{1}{2}DE$ $= \frac{D^2}{2\varepsilon}[\text{N/m}^2] = W_e[\text{J/m}^3]$	$f_m = \frac{1}{2}\mu H^2 = \frac{1}{2}BH$ $= \frac{B^2}{2\mu}[\text{N/m}^2] = W_m[\text{J/m}^3]$

7 자성체(자계) 경계면의 조건

완전경계 조건 : 경계면의 전류밀도가 $i = 0 [\text{A/m}^2]$
경계면의 자위차는 없다.

1) 완전경계 조건

① 자속밀도의 법선(수직) 성분은 경계면의 양측이 서로 같다.(자속밀도는 수직일 때 연속이다.)
② 자계의 접선(수평) 성분은 경계면의 양측이 서로 같다.(자계는 수평일 때 연속이다.)

(1) 법선(수직) 자속밀도 $B_{n1} = B_{n2}$만 존재

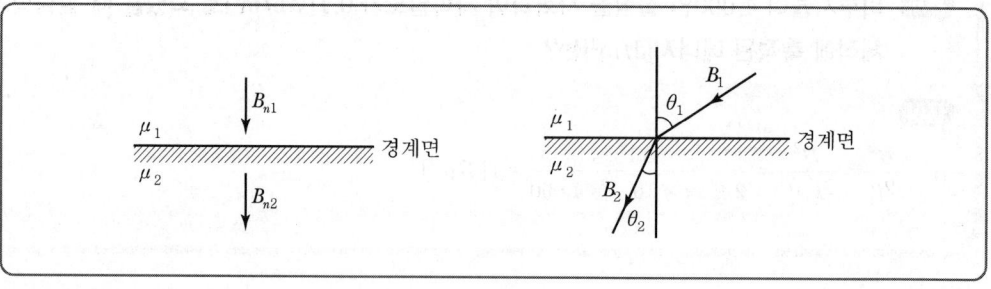

① $B_{n1} = B_{n2}$: 연속적이다.

② $H_{n1} \neq H_{n2}$: 불연속적이다.

여기서, n는 법선(수직) 성분을 의미한다.

③ $B_1\cos\theta_1 = B_2\cos\theta_2$, $\mu_1 H_1\cos\theta_1 = \mu_2 H_2\cos\theta_2$ ········· 식 (1)

(2) 접선(수평) = 경계면 전계 $H_{t1} = H_{t2}$만 존재

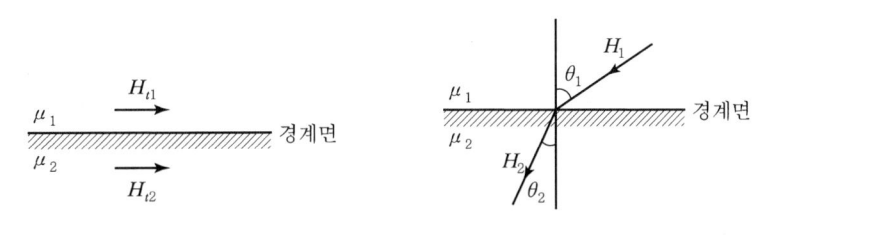

① $H_{t1} = H_{t2}$: 연속적이다.

② $B_{t1} \neq B_{t2}$: 불연속적이다.

여기서, t는 접선(수평) 성분을 의미한다.

③ $H_1\sin\theta_1 = H_2\sin\theta_2$ ····················· 식 (2)

(3) 굴절각

$$\frac{식\ (2)}{식\ (1)} = \frac{H_1\sin\theta_1}{\mu_1 H_1\cos\theta_1} = \frac{H_2\sin\theta_2}{\mu_2 H_2\cos\theta_2}$$

$\dfrac{\tan\theta_1}{\mu_1} = \dfrac{\tan\theta_2}{\mu_2}$, $\dfrac{\tan\theta_1}{\tan\theta_2} = \dfrac{\mu_1}{\mu_2}$ → 투자율과 굴절각의 관계식

여기서, 굴절각은 $\mu_1\tan\theta_2 = \mu_2\tan\theta_1$이며, 투자율에 비례한다.

★ 굴절하지 않는 경우

① $\mu_1 = \mu_2$

② $\theta_1 = 0$

③ 자계와 자속밀도가 수직으로 입사할 때 자계는 불연속, 자속밀도는 불변

(4) $\mu_1 > \mu_2$일 때 비례관계

$\theta_1 > \theta_2$, $B_1 > B_2$, $H_1 < H_2$

(5) 정전계와 정자계의 대응

구분	정전계	정자계
경계조건	$E_1\sin\theta_1 = E_2\sin\theta_2$ $D_1\cos\theta_1 = D_2\cos\theta_2$ $\dfrac{\tan\theta_1}{\tan\theta_2} = \dfrac{\varepsilon_1}{\varepsilon_2}$ 법선(수직) 법밀코 접선(수평) 접계싸	$H_1\sin\theta_1 = H_2\sin\theta_2$ $B_1\cos\theta_1 = B_2\cos\theta_2$ $\dfrac{\tan\theta_1}{\tan\theta_2} = \dfrac{\mu_1}{\mu_2}$ 법선(수직) 법밀코 접선(수평) 접계싸

8 자기회로

1) 전기회로와 자기회로의 대응관계

전기회로		자기회로	
도전율	$k = \sigma[\mho/\text{m}]$	투자율	$\mu[\text{H/m}]$
기전력	$V = IR[\text{V}]$	기자력	$F = NI = R_m\phi[\text{AT}]$
전류	$I = \dfrac{V}{R}[\text{A}]$	자속	$\phi = \dfrac{F}{R_m} = \dfrac{\mu SNI}{l}[\text{Wb}]$
전류밀도	$i_c = \dfrac{I}{S}[\text{A/m}^2]$	자속밀도	$B = \dfrac{\phi}{S}[\text{Wb/m}^2]$
전기저항	$R = \rho\dfrac{l}{S} = \dfrac{l}{k \cdot S}[\Omega]$	자기저항	$R_m = \dfrac{F}{\phi_m} = \dfrac{l}{\mu \cdot S}[\text{AT/Wb}]$

① 자기저항 $R_m = \dfrac{F}{\phi_m} = \dfrac{l}{\mu \cdot S} = \dfrac{l}{\mu_0 \mu_s S}[\text{AT/Wb}]$

자기저항의 역수 퍼미언스 $P = \dfrac{1}{R_m}[\text{Wb/AT}]$

> **예제 ❸**

문제 어떤 막대 철심이 있다. 단면적이 0.4[m²]이고, 길이가 0.6[m], 비투자율이 20이다. 이 철심의 자기저항은 몇 [AT/Wb]인가?

풀이
$$R_m = \frac{l}{\mu_0 \mu_s S} = \frac{0.6}{4\pi \times 10^{-7} \times 20 \times 0.4} = 5.97 \times 10^4 [\text{AT/Wb}]$$

② 자기회로의 특징
- 자기저항에 의한 줄열의 손실이 없다.
- 누설전류보다 누설자속이 많다.
- L, C에 해당하는 소자가 없다.
- 비직선적이다.(자기포화곡선)

③ 키르히호프 법칙
- 제1법칙 : 임의의 점으로 유입하는 자속의 총합은 유출하는 자속의 총합과 같다.

$$\sum \phi_i = \sum \phi_o, \ \sum \phi = 0$$

- 제2법칙 : 임의의 폐자기회로에서 자기저항과 자속의 곱(기자력)은 기자력의 대수합과 같다.

$$\sum F(NI) = \sum \phi R_m$$

2) 공극(Air gap)이 있는 환상솔레노이드 자기저항($l \gg l_g$)

① 자기저항 $R_m = \dfrac{l}{\mu_0 \mu_s S}$

② 공극 발생 시 합성자기저항

$$R = R_m + R_g = \frac{l}{\mu \cdot S} + \frac{l_g}{\mu_0 \cdot S} [\text{AT/Wb}]$$

여기서, $l_g[\text{m}]$: 공극의 길이

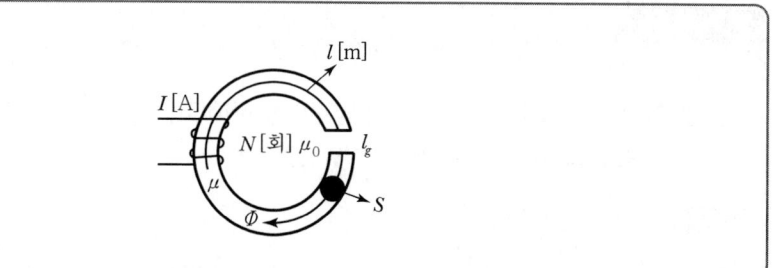

③ 공극 발생 시 자기저항 증가율

$$\frac{R}{R_m} = \frac{R_m + R_g}{R_m} = \frac{R_m}{R_m} + \frac{R_g}{R_m} = 1 + \frac{\frac{l_g}{\mu_0 \cdot S}}{\frac{l}{\mu \cdot S}} = 1 + \frac{\mu l_g}{\mu_0 \cdot l} = 1 + \frac{\mu_s l_g}{l}$$

Chapter 08 실·전·문·제

01 물질의 자화현상은?

① 전자의 이동
② 전자의 공전
③ 전자의 자전
④ 분자의 운동

해설 자화의 근본적인 이유는 전자의 자전현상 때문이다.

02 인접 영구 자기 쌍극자가 크기는 같으나 방향이 서로 반대방향으로 배열된 자성체를 어떤 자성체라 하는가?

① 반자성체
② 상자성체
③ 강자성체
④ 반강자성체

해설
- 강자성체 : 크기와 방향 모두 같다.
- 상자성체 : 크기와 방향의 배열이 일정하지 못하다.
- 역자성체 : 없다.
- 반강자성체 : 크기는 같으나 방향이 다르다.
- 페리(훼리)라이트코어 : 크기와 방향 모두 다르다.

상자성체   강자성체

반강자성체   페리라이트코어

03 비투자율 μ_s는 역자성체에서 다음 어느 값을 갖는가?

① $\mu_s = 1$
② $\mu_s < 1$
③ $\mu_s > 1$
④ $\mu_s = 0$

해설
- 상자성체 $\mu_s > 1$
- 강자성체 $\mu_s \gg 1$
- 역자성체 $\mu_s < 1$

Answer ◐ 01 ③ 02 ④ 03 ②

04 다음 자성체 중 반자성체가 아닌 것은?

① 창연　　　　② 구리　　　　③ 금　　　　④ 알루미늄

해설 보기 ①, ②, ③번은 반자성체(역자성체)이며 보기 ④는 상자성체이다.

05 금속물질 중에서 강자성체가 아닌 것은?

① 철　　　　② 니켈　　　　③ 백금　　　　④ 코발트

해설 보기 ①, ②, ④번은 강자성체이며 보기 ③은 상자성체이다.

06 강자성체의 세 가지 특성이 아닌 것은?

① 와전류 특성　　　　② 히스테리시스 특성
③ 고투자율 특성　　　　④ 포화 특성

해설 강자성체의 특징
- 고투자율을 가질 것
- 히스테리시스 특성
- 자기포화 특성이 있을 것
- 자구

07 일반적으로 자구를 가지는 자성체는?

① 상자성체　　　　② 강자성체
③ 역자성체　　　　④ 비자성체

해설 문제 6번 해설 참고

08 자구(magnetic domain)의 크기는?

① 물질의 종류와 상태에 따라 다르다.
② 물질의 종류에 관계없이 크기가 일정하다.
③ 물질의 원자나 분자의 질량에 따라 다르다.
④ 물질의 상태에 관계없이 크기가 모두 같다.

해설 강자성체의 원자들이 결정을 이룰 때 자기모멘트가 같은 원자들의 일정 영역을 자구라 하고 자구의 크기는 물질의 종류나 상태에 따라 다르다.

Answer 04 ④　05 ③　06 ①　07 ②　08 ①

09 내부 장치 또는 공간을 물질로 포위시켜 외부 자계의 영향을 차폐시키는 방식을 자기차폐라 한다. 자기차폐에 좋은 물질은?

① 강자성체 중에서 비투자율이 큰 물질
② 강자성체 중에서 비투자율이 작은 물질
③ 비투자율이 1보다 작은 역자성체
④ 비투자율에 관계없이 물질의 두께에만 관계되므로 되도록 두꺼운 물질

해설 강자성체는 자석재료이며 자기차폐제로 이용된다.
자기차폐란 강자성체로 물질이나 공간을 포위시켜서 외부 자계의 영향을 차폐시키는 현상으로 완전 차폐되지는 않는다.

10 히스테리시스 곡선에서 횡축과 종축은 각각 무엇을 나타내는가?

① 자속밀도(횡축), 자계(종축)
② 기자력(횡축), 자속 밀도(종축)
③ 자계(횡축), 자속 밀도(종축)
④ 자속 밀도(횡축), 기자력(종축)

해설
- 종축 : B ← 종축과 만남(잔류자기)
- 횡축 : H ← 횡축과 만남(보자력)

11 자기이력곡선(Hysteresis loop)에 대한 설명 중 틀린 것은?

① 자화의 경력이 있을 때나 없을 때나 곡선은 항상 같다.
② Y축은 자속밀도이다.
③ 자화력이 0일 때 남아 있는 자기가 잔류자기이다.
④ 잔류자기를 상쇄시키려면 역방향의 자화력을 가해야 한다.

해설 자화의 경력이 있을 때와 없을 때의 곡선은 항상 다르다.

12 히스테리시스손은 최대 자속 밀도의 몇 승에 비례하는가?

① 1　　　② 1.6　　　③ 2　　　④ 2.6

해설 히스테리시스손 $P_h = \eta f B^{1.6}$: 방지책 ➡ 규소강판 사용
와전류손 $P_e = \eta(fB)^2$: 방지책 ➡ 성층결선 사용

Answer ● 09 ①　10 ③　11 ①　12 ②

13 영구 자석의 재료로 사용되는 철에 요구되는 사항은?

① 잔류자기 및 보자력이 작은 것
② 잔류자기가 크고 보자력이 작은 것
③ 잔류자기는 작고 보자력이 큰 것
④ 잔류자기 및 보자력이 큰 것

[해설]
- 영구자석 : 잔류자기, 보자력, 히스테리시스곡선 면적 모두가 큰 것
- 전자석 : 잔류자기는 크고 보자력 및 히스테리시스곡선의 면적이 작은 것

14 전자석에 사용하는 연철(soft iron)은 다음 중 어떤 성질을 가지는가?

① 잔류자기, 보자력이 모두 크다.
② 보자력이 크고 히스테리시스 곡선의 면적이 작다.
③ 보자력과 히스테리시스 곡선의 면적이 모두 작다.
④ 보자력이 크고 잔류자기가 작다.

[해설] 문제 13번 해설 참고

15 영구 자석에 관한 설명 중 옳지 않은 것은?

① 히스테리시스 현상을 가진 재료만이 영구 자석이 될 수 있다.
② 보자력이 클수록 자계가 강한 영구 자석이 된다.
③ 잔류 자속 밀도가 높을수록 자계가 강한 영구 자석이 된다.
④ 자석 재료로 폐회로를 만들면 강한 영구 자석이 된다.

[해설] 자석 주위를 자석재료, 즉 강자성체로 폐회로를 만들면 영구 자석의 자성은 서서히 잃어버린다.

16 자화된 철의 온도를 높일 때 자화가 서서히 감소하다가 급격히 강자성 이상자성으로 변하면서 강자성을 잃어버리는 온도는?

① 켈빈(Kelvin) 온도
② 연화(Transition) 온도
③ 전이 온도
④ 큐리(Curie) 온도

[해설] 큐리 온도(=임계 온도) : 자화된 강자성체의 온도를 서서히 높이면 자화가 점점 감소하다가 급격히 강자성을 잃어버리고 상자성체가 되는 온도지점을 말하며 순철 기준으로 770~790[℃]가 된다.

13 ④ 14 ③ 15 ④ 16 ④ Answer

17 자계의 세기에 관계없이 급격히 자성을 잃는 점을 자기 임계 온도 또는 큐리점(Curie point)이라고 한다. 다음 중에서 철의 임계 온도는?

① 약 0[℃]　　② 370[℃]　　③ 약 570[℃]　　④ 770[℃]

해설 문제 16번 해설 참고

18 강자성체에 있어서 히스테리시스 루프의 면적은?

① 강자성체의 단위체적당에 필요한 에너지이다.
② 강자성체의 단위면적당에 필요한 에너지이다.
③ 강자성체의 단위길이당에 필요한 에너지이다.
④ 강자성체의 전체 체적에 필요한 에너지이다.

해설 히스테리시스 루프의 면적은 강자성체의 단위체적당 필요한 에너지
$$S = W_h = \int_0^B H dB \, [\text{J/m}^3]$$

19 그림과 같은 모양의 자화곡선을 나타내는 자성체 막대를 충분히 강한 평등자계 중에서 매분 3,000회 회전시킬 때 자성체의 단위체적당 약 몇 [kcal/sec]의 열이 발생하는가?(단, $B_r = 2$ [Wb/m²], $H_L = 500$[AT/m], $B = \mu H$ 에서 $\mu \neq$ 일정)

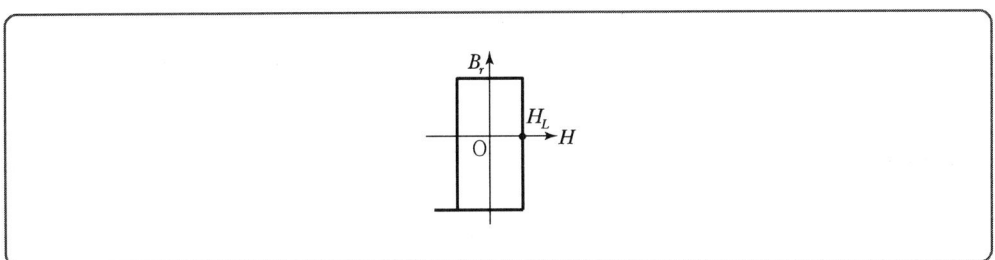

① 11.7　　② 47.6　　③ 70.2　　④ 200

해설 히스테리시스 루프의 면적 $S = W_h \, [\text{J/m}^3]$

분당 회전수 $N = 3,000$[rpm], 잔류자기 자속밀도 $B_r = 2$[Wb/m²],
자계 $H_L = 500$[AT/m]일 때

자화곡선의 면적 $S = W_h = 4\int_0^B H dB = 4H_L B = 4 \times 500 \times 2 = 4,000$[J/m³]이 된다.

이때 단위체적당, 단위시간당 열량

$Q = 0.2389 W_h \times \dfrac{N}{60} \times 10^{-3} = 0.2389 \times 4,000 \times \dfrac{3,000}{60} \times 10^{-3} = 47.78 ≒ 47.6$[kcal/m³sec]이 된다.

Answer　17 ④　18 ①　19 ②

20 어느 강철의 자화곡선을 응용하여 종축을 자속 밀도 B 및 투자율 μ, 횡축을 자화의 세기 J 라 하면 다음 중에 투자율 곡선을 가장 잘 나타내고 있는 것은?

① 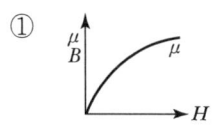 ②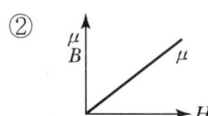

③ 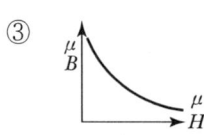 ④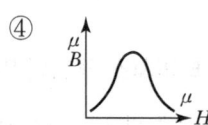

21 반경이 3[cm]인 원형 단면을 가지고 있는 원환 연철심에 같은 코일에 전류를 흘려서 철심 중의 자계의 세기가 400[AT/m] 되도록 여자할 때 철심 중의 자속밀도[Wb/m²]는 얼마인가?(단, 철심의 비투자율은 400이라고 한다.)

① 0.2　　　② 2.0　　　③ 0.02　　　④ 2.2

해설 자속밀도 $B=\mu_0\mu_s H = 4\pi \times 10^{-7} \times 400 \times 400 = 0.2 [\text{Wb/m}^2]$

22 자계의 세기 1,500[AT/m] 되는 점의 자속밀도가 2.8[Wb/m²]이다. 이 공간의 비투자율은 약 얼마인가?

① 1.86×10^{-3}　　② 1.86×10^{-2}
③ 1.48×10^{3}　　④ 1.48×10^{2}

해설 자속밀도 $B = \mu_0\mu_s H [\text{Wb/m}^2]$에서

비투자율 $\mu_s = \dfrac{B}{\mu_0 H} = \dfrac{2.8}{4\pi \times 10^{-7} \times 1,500} = 1,480$이 된다.

23 단면적 2[cm²]의 철심에 5×10^{-4}[Wb]의 자속을 통하게 하려면 2,000[AT/m]의 자계가 필요하다. 철심의 비투자율은 약 얼마인가?

① 332　　　② 663　　　③ 995　　　④ 1,990

해설 자속밀도 $B = \dfrac{\phi}{S} = \mu_0\mu_s H [\text{Wb/m}^2]$에서 비투자율 $\mu_s = \dfrac{\phi}{\mu_0 HS}$이므로 주어진 수치를 대입하면

$\mu_s = \dfrac{5 \times 10^{-4}}{4\pi \times 10^{-7} \times 2,000 \times 2 \times 10^{-4}} = 995$가 된다.

20 ④　21 ①　22 ③　23 ③　Answer

24 자계에 있어서의 자화의 세기 J [Wb/m²]은 유전체에서 무엇과 동일한 의미를 가지고 대응되는가?

① 전속밀도
② 전계의 세기
③ 전기분극도
④ 전위

[해설]

분극세기 및 자화세기	$P = x_e E = \varepsilon_0(\varepsilon_s - 1)E$ [C/m²] $D = P + \varepsilon_0 E$ [C/m²]	$J = x_m H = \mu_0(\mu_s - 1)H$ [Wb/m²] $B = J + \mu_0 H$ [Wb/m²]

25 자화의 세기로 정의할 수 있는 것은?

① 단위체적당 자기모멘트
② 단면적당 자위밀도
③ 자화선 밀도
④ 자력선 밀도

[해설] 자화의 세기 $J = \dfrac{M[\text{Wb} \cdot \text{m}]}{v[\text{m}^3]}$ [Wb/m²]이므로 단위체적당 자기모멘트로 정의할 수 있다.

26 자화의 세기 P_m [Wb/m²]을 자속밀도 B [Wb/m²]와 비투자율 μ_r로 나타내면?

① $P_m = (1 - \mu_r)B$
② $P_m = \left(1 - \dfrac{1}{\mu_r}\right)B$
③ $P_m = (\mu_r - 1)B$
④ $P_m = \left(\dfrac{1}{\mu_r} - 1\right)B$

[해설] $J = \dfrac{dm}{dS} = \dfrac{dm \times l}{dS \times l} = \dfrac{dM}{dv}$ [Wb/m²]

$J = \sigma_s = \dfrac{dM}{dv} = \mu_0(\mu_s - 1)H = B\left(1 - \dfrac{1}{\mu_s}\right) = xH$ [Wb/m²]

27 비투자율 $\mu_s = 400$인 환상 철심 내의 평균 자계의 세기가 $H = 3,000$ [AT/m]이다. 철심 중 자화의 세기 J [Wb/m²]는?

① 0.15
② 1.5
③ 0.75
④ 7.5

[해설] 자화의 세기 $J = \mu_0(\mu_s - 1)H = 4\pi \times 10^{-7}(400 - 1) \times 3,000 = 1.5$ [Wb/m²]

Answer ▶ 24 ③ 25 ① 26 ② 27 ②

28 길이 l[m], 단면적의 지름 d[m]인 원통이 길이방향으로 균일하게 자화되어 자화의 세기가 J [Wb/m²]인 경우 원통 양단에서의 전자극의 세기는 몇 [Wb]인가?

① $\pi d^2 J$
② $\pi d J$
③ $\dfrac{4J}{\pi d^2}$
④ $\dfrac{\pi d^2 J}{4}$

해설 자화의 세기 $J = \dfrac{M[\text{모멘트}]}{v[\text{체적}]} = \dfrac{m \cdot l}{\pi a^2 \cdot l} = \dfrac{m}{\pi a^2}$ [Wb/m²]이고, 여기서 a[m]는 반지름, d[m]는 지름이므로 자극의 세기 m을 구하면 $m = \pi a^2 \cdot J = \pi \times \left(\dfrac{d}{2}\right)^2 \cdot J = \dfrac{\pi d^2 J}{4}$ [Wb]가 된다.

29 자화율 x와 비투자율 μ_r의 관계에서 상자성체로 판단할 수 있는 것은?

① $x > 0$, $\mu_r > 1$
② $x < 0$, $\mu_r > 1$
③ $x > 0$, $\mu_r < 1$
④ $x < 0$, $\mu_r < 1$

해설 상자성체는 비투자율 $\mu_s > 1$이므로 자화율 $x = \mu_0(\mu_s - 1) \geq 0$이 되고
반자성체는 비투자율 $\mu_s < 1$이므로 자화율 $x = \mu_0(\mu_s - 1) < 0$이 된다.

30 감자력은?

① 자계에 반비례한다.
② 자극의 세기에 반비례한다.
③ 자화의 세기에 비례한다.
④ 자속에 반비례한다.

해설 감자력(H')
자화의 세기로 인해 자극 표면에 S, N이 자기 유도가 되어 자성체의 자계와 반대방향으로 발생하는 자계(H')를 말하며 감자력은 자화의 세기 J에 비례한다.
$H' = H_0 - H = N\dfrac{J}{\mu_0}$ (N : 감자율, J : 자화세기)

㉠ 가늘고 긴 막대 $N ≒ 0$
㉡ 환상(솔레노이드) 철심 $N = 0$
㉢ 굵고 짧은 막대 $N = 1$
㉣ 구자성체 $N ≒ \dfrac{1}{3}$

28 ④ 29 ① 30 ③ Answer

31
투자율이 μ이고, 감자율 N인 자성체를 외부 자계 H_0 중에 놓았을 때 자성체의 자화 세기 J [Wb/m²]를 구하면?

① $\dfrac{\mu_0(\mu_s+1)}{1+N(\mu_s+1)}H_0$
② $\dfrac{\mu_0\mu_s}{1+N(\mu_s+1)}H_0$
③ $\dfrac{\mu_0\mu_s}{1+N(\mu_s-1)}H_0$
④ $\dfrac{\mu_0(\mu_s-1)}{1+N(\mu_s-1)}H_0$

해설 자화의 세기 J[Wb/m²]

자성체의 감자력 $H' = H_0 - H = \dfrac{N}{\mu_0}J$ ················ 식 ㉠

자성체의 자화의 세기는 $J = \mu_0(\mu_s-1)H$[Wb/m²] ·············· 식 ㉡

식 ㉡에서 자성체 내부의 자계 $H = \dfrac{J}{\mu_0(\mu_s-1)}$[AT/m]를 식 ㉠에 대입하여 정리하면

$H' = H_0 - \dfrac{J}{\mu_0(\mu_s-1)} = \dfrac{N}{\mu_0}J$에서 $J = \dfrac{\mu_0(\mu_s-1)}{1+N(\mu_s-1)}H_0$[Wb/m²]이 된다.

32
다음 중 감자율이 0인 것은?

① 가늘고 짧은 막대 자성체
② 굵고 짧은 막대 자성체
③ 가늘고 긴 막대 자성체
④ 환상 솔레노이드

해설 감자율 : N
- 가늘고 긴 막대 $N ≒ 0$
- 환상(솔레노이드) 철심 $N = 0$
- 굵고 짧은 막대 $N ≒ 1$
- 구자성체 $N ≒ \dfrac{1}{3}$

33
투자율이 다른 두 자성체의 경계면에서의 굴절각은?

① 투자율에 비례한다.
② 투자율에 반비례한다.
③ 비투자율에 비례한다.
④ 비투자율에 반비례한다.

해설 자성체의 경계면 조건

㉠ 경계면의 접선(수평) 성분은 양측에서 자계의 세기가 같다.
- $H_{t1} = H_{t2}$: 연속적이다. • $B_{t1} \neq B_{t2}$: 불연속적이다.

㉡ 경계면의 법선(수직) 성분의 자속밀도는 양측에서 같다.
- $B_{n1} = B_{n2}$: 연속적이다. • $H_{n1} \neq H_{n2}$: 불연속적이다.

㉢ $H_1 \sin\theta_1 = H_2 \sin\theta_2$

㉣ $B_1 \cos\theta_1 = B_2 \cos\theta_2$

Answer ▶ 31 ④ 32 ④ 33 ①

⑩ $\dfrac{\tan\theta_1}{\tan\theta_2} = \dfrac{\mu_1}{\mu_2}$

⑪ 비례 관계
- $\mu_2 > \mu_1$, $\theta_2 > \theta_1$, $B_2 > B_1$: 비례 관계에 있다.
- $H_1 > H_2$: 반비례 관계에 있다.

여기서 t는 접선(수평) 성분, n는 법선(수직) 성분을 의미한다.
참조 제4장에서 배웠던 유전체의 경계 조건을 대응관계로 보면 문제를 풀기 쉽다.

34 두 자성체의 경계면에서 경계 조건을 설명한 것 중 옳은 것은?

① 자계의 성분은 서로 같다.
② 자계의 법선 성분은 서로 같다.
③ 자속밀도의 법선 성분은 서로 같다.
④ 자속밀도의 접선 성분은 서로 같다.

해설 문제 33번 해설 참고

35 두 자성체 경계면에서 정자계가 만족하는 것은?

① 양측 경계면상의 두 점 간의 자위차가 같다.
② 자속은 투자율이 작은 자성체에 모은다.
③ 자계의 법선성분이 같다.
④ 자속밀도의 접선성분이 같다.

해설 완전경계조건 : 경계면에 전류밀도가 0경계면의 자위차는 없다.

36 전기회로에서 도전도[℧/m]에 대응하는 것은 자기회로에서 무엇인가?

① 자속
② 기자력
③ 투자율
④ 자기저항

해설 전기회로와 자기회로의 대응관계

전기회로		자기회로	
기전력	$V = IR$ [V]	기자력	$F = NI = R_m\phi$ [AT]
전류	$I = \dfrac{V}{R}$ [A]	자속	$\phi = \dfrac{F}{R_m} = \dfrac{\mu SNI}{l}$ [Wb]
전기저항	$R = \rho\dfrac{l}{S} = \dfrac{l}{k \cdot S}$ [Ω]	자기저항	$R_m = \dfrac{F}{\phi_m} = \dfrac{l}{\mu \cdot S}$ [AT/Wb]
도전율	$k = \sigma$ [℧/m]	투자율	μ [H/m]
전류밀도	$i_c = \dfrac{I}{S}$ [A/m²]	자속밀도	$B = \dfrac{\phi}{S}$ [Wb/m²]

34 ③ 35 ① 36 ③ Answer

37 자기회로의 퍼미언스(permeance)에 대응하는 전기회로의 요소는?

① 도전율   ② 컨덕턴스   ③ 정전용량   ④ 엘라스턴스

해설 퍼미언스는 자기저항의 역수 $P = \dfrac{1}{R_m}$ [Wb/AT]이므로 전기저항의 역수인 컨덕턴스가 된다.

38 자기회로에 관한 설명으로 옳지 못한 것은?(단, C는 커패시턴스, L은 인덕턴스이다.)

① 기자력과 자속 사이에는 비직선성을 갖고 있다.
② 자기저항에서 손실이 있다.
③ 누설 자속은 전기회로의 누설전류에 비하여 대체적으로 많다.
④ 전기회로에서의 C 및 L에 해당하는 것은 없다.

해설 자기회로의 특징
- 줄열이 없다.
- 누설자속이 많다.
- L, C에 해당하는 소자가 없다.
- 비직선적이다.(자기포화곡선)

39 자기회로에 대한 키르히호프의 법칙 중 옳은 것은?

① 수 개의 자기회로가 1점에서 만날 때는 각 회로의 기자력의 대수합은 0이다.
② 수 개의 자기회로가 1점에서 만날 때는 각 회로의 자속과 자기저항을 곱한 것의 대수합은 0이다.
③ 하나의 폐자기 회로에 대하여 각 분로의 기자력과 자기저항을 곱한 것의 대수합은 폐자기 회로에 작용하는 자속의 대수합과 같다.
④ 하나의 폐자기 회로에 대하여 각 분로의 자속과 자기저항을 곱한 것의 대수합은 폐자기 회로에 작용하는 기자력의 대수합과 같다.

해설 키르히호프 법칙
- 제1법칙 : 임의의 결합점으로 유입하는 자속의 총합은 유출하는 자속의 총합과 같다.
  $\sum \phi_i = \sum \phi_0$, $\sum \phi = 0$
- 제2법칙 : 임의의 폐자기회로에서 자기저항과 자속의 곱은 기자력의 대수합과 같다.
  $\sum F(NI) = \sum \phi R_m$

Answer ▶ 37 ②   38 ②   39 ④

40 자기회로의 단면적 S[m²], 길이 l [m], 비투자율 μ_s, 진공의 투자율 μ_0[H/m]일 때의 자기저항 [AT/Wb]은?

① $\dfrac{l}{\mu_0 \mu_s S}$ ② $\dfrac{\mu_0 \mu_s l}{S}$ ③ $\dfrac{S}{\mu_0 \mu_s l}$ ④ $\dfrac{\mu_0 \mu_s S}{l}$

해설 자기저항 $R_m = \dfrac{F}{\phi_m} = \dfrac{l}{\mu \cdot S} = \dfrac{l}{\mu_0 \mu_s S}$ [AT/Wb]

41 자기회로의 자기저항에 대한 설명으로 옳은 것은?
① 자기회로의 길이에 반비례한다.
② 자기회로의 단면적에 비례한다.
③ 비투자율에 반비례한다.
④ 길이의 제곱에 비례하고 단면적에 반비례한다.

해설 문제 40번 해설 참고

42 어떤 막대꼴 철심이 있다. 단면적이 0.5[m²], 길이가 0.8[m], 비투자율이 20이다. 이 철심의 자기저항[AT/Wb]은?

① 6.37×10^4 ② 4.45×10^4
③ 3.6×10^4 ④ 9.7×10^5

해설 자기저항 $R_m = \dfrac{l}{\mu S} = \dfrac{l}{\mu_0 \mu_s S} = \dfrac{0.8}{4\pi \times 10^{-7} \times 20 \times 0.5} = 6.37 \times 10^4$ [AT/Wb]

43 철심이 든 환상솔레노이드에서 2,000[AT]의 가자력에 의하여 철심 내에 4×10^{-5}[Wb]의 자속이 통할 때 이 철심의 자기저항은 몇 [AT/Wb]인가?

① 2×10^7 ② 3×10^7 ③ 4×10^7 ④ 5×10^7

해설 자기저항 $R_m = \dfrac{F}{\phi} = \dfrac{2,000}{4 \times 10^{-5}} = 5 \times 10^7$ [AT/Wb]가 된다.

Answer 40 ① 41 ③ 42 ① 43 ④

44 환상 철심에 감은 코일에 5[A]의 전류를 흘리면 2,000[AT]의 기자력이 생기는 것으로 한다면 코일의 권수는 얼마로 하여야 하는가?

① 1,000회 ② 500회 ③ 250회 ④ 400회

해설 기자력 $F = N \cdot I$[AT]에서 권수 $N = \dfrac{F}{I} = \dfrac{2,000}{5} = 400$[회]가 된다.

45 기자력의 단위는?

① [V] ② [Wb] ③ [AT] ④ [N]

해설 기자력 $F = N \cdot I$[AT]

46 단면적 S[m²], 길이 l[m], 투자율 μ[H/m]의 자기회로에 N 회의 코일을 감고 I[A]의 전류를 통할 때의 옴의 법칙은?

① $B = \dfrac{\mu SNI}{l}$ ② $\phi = \dfrac{\mu SI}{lN}$

③ $\phi = \dfrac{\mu SNI}{l}$ ④ $\phi = \dfrac{l}{\mu SNI}$

해설 자속 $\phi = \dfrac{F}{R_m} = \dfrac{NI}{\dfrac{l}{\mu S}} = \dfrac{\mu SNI}{l}$ [Wb]가 된다.

47 공심 환상 솔레노이드의 단면적이 10[cm²], 자로의 길이 20[cm], 코일의 권수가 500회, 코일에 흐르는 전류가 2[A]일 때 솔레노이드의 내부 자속[Wb]은 얼마인가?

① $4\pi \times 10^{-4}$ ② $4\pi \times 10^{-6}$
③ $2\pi \times 10^{-4}$ ④ $2\pi \times 10^{-6}$

해설 자속 $\phi = \dfrac{\mu_0 SNI}{l} = \dfrac{4\pi \times 10^{-7} \times 10 \times 10^{-4} \times 500 \times 2}{20 \times 10^{-2}} = 2\pi \times 10^{-6}$[Wb]가 된다.

Answer ▶ 44 ④ 45 ③ 46 ③ 47 ④

48 비투자율 μ_r인 철심이 든 환상 솔레노이드의 권수가 N회, 평균지름이 d[m], 철심의 단면적이 A[m²]라 할 때 솔레노이드에 I[A]의 전류가 흐르면, 자속은 몇 [Wb]인가?

① $\dfrac{2\pi \times 10^{-7} \mu_r NIA}{d}$
② $\dfrac{4\pi \times 10^{-7} \mu_r NIA}{d}$
③ $\dfrac{2 \times 10^{-7} \mu_r NIA}{d}$
④ $\dfrac{4 \times 10^{-7} \mu_r NIA}{d}$

해설 자속 $\phi = \dfrac{\mu ANI}{l} = \dfrac{\mu_0 \mu_r ANI}{\pi d} = \dfrac{4\pi \times 10^{-7} \mu_r ANI}{\pi d} = \dfrac{4 \times 10^{-7} \mu_r ANI}{d}$

여기서, 자로 $l = 2\pi r = \pi d$[m], r[m] : 평균반지름, d[m] : 평균지름

49 전자석의 흡인력은 자속밀도를 B라 할 때 어떻게 되는가?

① B에 비례 ② $B^{\frac{3}{2}}$에 비례 ③ $B^{1.6}$에 비례 ④ B^2에 비례

해설 ㉠ 전자석의 흡인력(단위면적당 받는 힘) f_m[N/m²]

$$f_m = \dfrac{F}{S} = \dfrac{B^2}{2\mu} = \dfrac{1}{2}\mu H^2 = \dfrac{1}{2}BH \,[\text{N/m}^2]$$

㉡ 총 힘

$$F = f_m \cdot S = \dfrac{B^2}{2\mu_0} \cdot S \,[\text{N}] \propto B^2$$

50 그림과 같이 진공 중에 자극면적이 2[cm²], 간격이 0.1[cm]인 자성체 내에서 포화자속밀도가 2[Wb/m²]일 때 두 자극면 사이에 작용하는 힘의 크기는 약 몇 [N]인가?

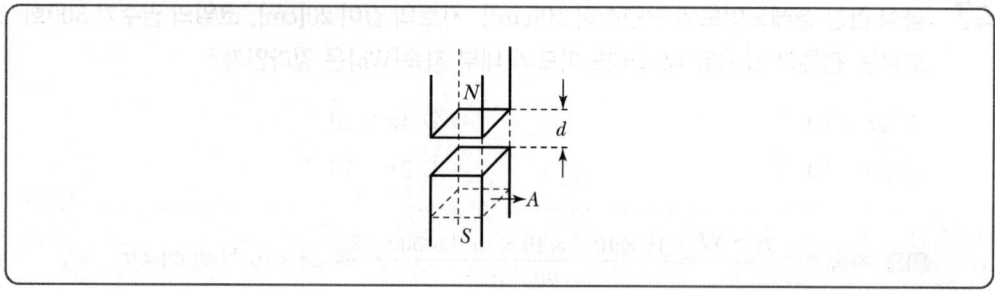

① 53 ② 106 ③ 159 ④ 318

해설 자극면 사이에 작용하는 힘

$$F = f_m \cdot S = \dfrac{B^2}{2\mu_0} \cdot S = \dfrac{2^2}{2 \times 4\pi \times 10^{-7}} \times 2 \times 10^{-4} = 318[\text{N}] \text{이 된다.}$$

48 ④ 49 ④ 50 ④ Answer

51 그림과 같이 Gap의 단면적 S [m²]의 전자석에 자속밀도 B [Wb/m²]의 자속이 발생될 때 철편을 흡입하는 힘은 몇 [N]인가?

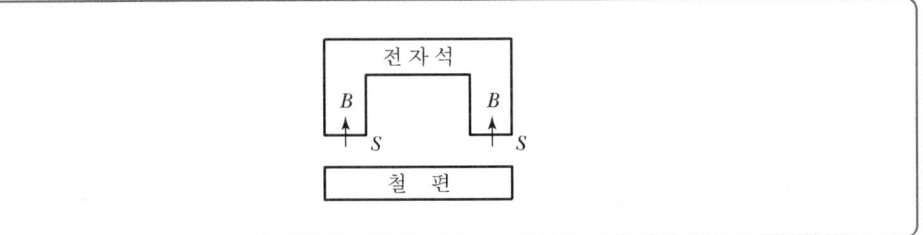

① $\dfrac{B^2 S}{2\mu_0}$ ② $\dfrac{B^2 S}{\mu_0}$

③ $\dfrac{B^2 S^2}{\mu_0}$ ④ $\dfrac{2B^2 S^2}{\mu_0}$

해설 철편을 흡입하는 힘 $F = f_m \cdot S = \dfrac{B^2}{2\mu_0} \cdot S$ [N]이 된다.

그림 상에서 작용하는 힘은 양쪽에서 작용하므로 전체적인 힘은

$F' = F \times 2 = \dfrac{B^2}{\mu_0} \cdot S$ [N]이 된다.

52 단면적 15[cm²]의 자석 근처에 같은 단면적을 가진 철편을 놓을 때 그곳을 통하는 자속이 3×10^{-4} [Wb]이면 철편에 작용하는 흡인력은 약 몇 [N]인가?

① 12.2 ② 23.9 ③ 36.6 ④ 48.8

해설 자극면 사이에 작용하는 힘

$F = f \cdot S = \dfrac{B^2}{2\mu_0} \cdot S = \dfrac{\left(\dfrac{\phi}{S}\right)^2}{2\mu_0} \cdot S = \dfrac{\phi^2}{2\mu_0 S} = \dfrac{(3 \times 10^{-4})^2}{2 \times 4\pi \times 10^{-7} \times 15 \times 10^{-4}}$

$= 23.88$ [N]가 된다.

53 두 개의 자극판이 있다. 자극판 사이의 자속밀도 B [Wb/m²], 자계의 세기 H [AT/m], 투자율 μ라 하는 곳에서 자계의 에너지 밀도[J/m³]는?

① $\dfrac{1}{2} H B^2$ ② HB

③ $\dfrac{1}{2\mu} H^2$ ④ $\dfrac{1}{2\mu} B^2$

Answer ▶ 51 ② 52 ② 53 ④

해설 자화 시 필요한 단위체적당 에너지 밀도

$S = W_h = \int_0^B H dB \,[\text{J/m}^3]$에서 이를 정리하면

$W = \int_0^B H dB = \int_0^B \frac{B}{\mu} dB = \frac{B^2}{2\mu} = \frac{1}{2}\mu H^2 = \frac{1}{2}BH \,[\text{J/m}^3]$가 된다.

54 코일로 감겨진 자기회로에서 철심의 투자율을 μ라 하고 회로의 길이를 l이라 할 때, 그 회로 일부에 미소 공극 l_g를 만들면 자기저항은 처음의 몇 배가 되는가?(단, $l \gg l_g$이다.)

① $1 + \frac{\mu l}{\mu_0 l_g}$ ② $1 + \frac{\mu_0 l_g}{\mu l}$ ③ $1 + \frac{\mu_0 l}{\mu l_g}$ ④ $1 + \frac{\mu l_g}{\mu_0 l}$

해설 • 공극 발생 시 합성자기저항

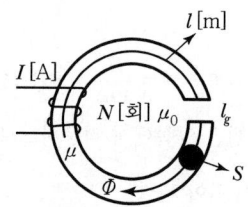

$R = R_m + R_g = \frac{l}{\mu \cdot S} + \frac{l_g}{\mu_0 \cdot S}\,[\text{AT/Wb}]$

여기서, $l_g[\text{m}]$: 공극의 길이

• 공극 발생 시 자기저항 증가율

$\frac{R}{R_m} = \frac{R_m + R_g}{R_m} = 1 + \frac{\frac{l_g}{\mu_0 S}}{\frac{l}{\mu S}} = 1 + \frac{\mu l_g}{\mu_0 l} = 1 + \frac{l_g \mu_s}{l}$ 배

55 길이 1[m]의 철심($\mu_s = 1,000$) 자기회로에 1[mm]의 공극이 생겼을 때 전체의 자기저항은 약 몇 배로 증가되는가?(단, 각 부의 단면적은 일정하다.)

① 1.5 ② 2 ③ 2.5 ④ 3

해설 공극 발생 시 자기저항 증가율

$\frac{R}{R_m} = \frac{R_m + R_g}{R_m} = 1 + \frac{\frac{l_g}{\mu_0 S}}{\frac{l}{\mu_0 S}} = 1 + \frac{\mu l_g}{\mu_0 l} = 1 + \frac{\mu l}{\mu_0 l_g} = 1 + \frac{l_g \mu_s}{l}$ 배이므로 이를 대입하면

$\frac{R}{R_m} = 1 + \frac{\mu_s l_g}{l} = 1 + \frac{1,000 \times 10^{-3}}{1} = 2$

54 ④ 55 ② **Answer**

56 공극(air gap)을 가진 환상 솔레노이드에서 총 권수 N회, 철심의 투자율 μ[H/m], 단면적 S [m²], 길이 l [m]이고 공극의 길이 δ일 때 공극부에 자속밀도 B [Wb/m²]를 얻기 위해서는 몇 [A]의 전류를 흘려야 하는가?

① $\dfrac{N}{B}\left(\dfrac{l}{\mu}+\dfrac{\delta}{\mu_0}\right)$
② $\dfrac{N}{B}\left(\dfrac{l}{\mu_0}+\dfrac{\delta}{\mu}\right)$
③ $\dfrac{B}{N}\left(\dfrac{l}{\mu}+\dfrac{\delta}{\mu_0}\right)$
④ $\dfrac{B}{N}\left(\dfrac{l}{\mu_0}+\dfrac{\delta}{\mu}\right)$

해설 기자력 $F=NI=\phi R=BSR=BS\left(\dfrac{l}{\mu S}+\dfrac{l_g}{\mu_0 S}\right)=B\left(\dfrac{l}{\mu}+\dfrac{l_g}{\mu_0}\right)$[AT]이므로 전류 I를 구하면

$I=\dfrac{B}{N}\left(\dfrac{l}{\mu}+\dfrac{l_g}{\mu_0}\right)$[A]가 된다.

문제에서 공극의 길이가 $l_g=\delta$로 주어졌으므로 이를 대입하면 $I=\dfrac{B}{N}\left(\dfrac{l}{\mu}+\dfrac{\delta}{\mu_0}\right)$[A]가 된다.

57 비투자율 $\mu_s=500$, 자로의 길이 l의 환상 철심 자기회로에 $l_g=\dfrac{l}{500}$의 공극을 내면 자속은 공극이 없을 때의 대략 몇 배가 되는가?(단, 기자력은 같다.)

① 1 ② $\dfrac{1}{2}$ ③ 5 ④ $\dfrac{1}{499}$

해설 공극 발생 시 자기저항 증가율

$\dfrac{R}{R_m}=\dfrac{R_m+R_g}{R_m}=1+\dfrac{\dfrac{l_g}{\mu_0 S}}{\dfrac{l}{\mu\cdot S}}=1+\dfrac{\mu l_g}{\mu_0\cdot l}=1+\dfrac{l_g\mu_s}{l}$ 배이므로 이를 대입하면

$1+\dfrac{\dfrac{l}{500}\times 500}{l}=2$배가 되고 $\phi=\dfrac{F}{R}$에서 ϕ는 $\dfrac{F}{2R}$이므로 $\dfrac{1}{2}$배가 된다.

Answer ▶ 56 ③ 57 ②

Chapter 09 전자유도현상

코일의 전류나 자속이 시간적으로 변화하면 코일 양단에 자기적 관성에 의한 역으로 전압이 유기되는 현상을 전자유도 현상이라 한다.

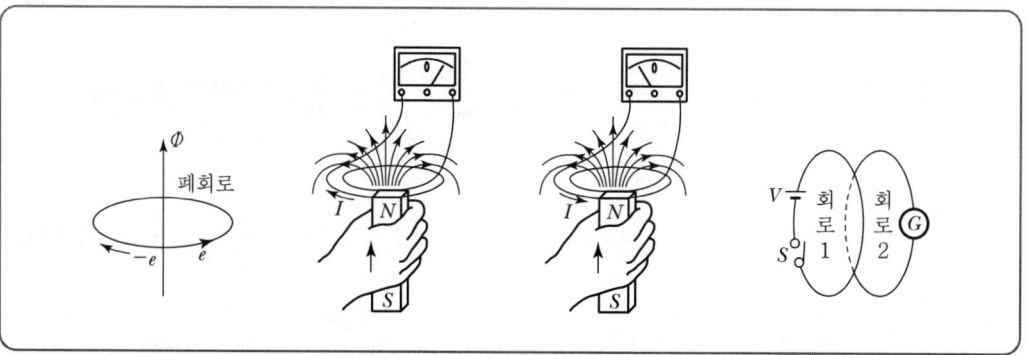

1 전자유도(유기기전력)에 관한 법칙

1) 패러데이 법칙(유기 기전력의 크기를 결정)

코일의 쇄교자속이 변화할 때 전자유도에 의해 코일에 발생하는 기전력은 시간에 대한 자속수의 감쇠율에 비례한다.

$$e = -N\frac{d\phi}{dt}[\text{V}]$$

» 예제 ❶

문제 100회 감은 코일과 쇄교하는 자속이 $\frac{1}{10}$ 초 동안에 0.5[Wb]에서 0.3[Wb]로 감소했다. 이때 유기되는 기전력은 몇 [V]인가?

풀이

$$e = -N\frac{d\phi}{dt} = -100 \times \frac{0.3 - 0.5}{\frac{1}{10}} = 200[\text{V}]$$

2) 렌츠의 법칙(유기 기전력의 방향을 결정)

코일에 쇄교하는 자속이 변화할 때 전자유도에 의해서 발생하는 유도기전력의 방향은 쇄교 자속의 변화를 방해하는 방향이 된다.

$$e = -N\frac{d\phi}{dt}[\text{V}]$$

> **TIP**
>
> **스위치에 의한 전류가 변할 때 기전력의 방향**
> - 스위치를 닫는 순간 : 전류와 같은 방향으로 유기기전력 발생
> - 스위치를 여는 순간 : 전류와 반대 방향으로 유기기전력 발생

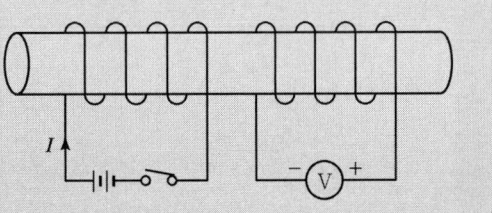

3) 노이만의 공식

페러데이의 전자유도 법칙을 2중 선적분형으로 수식화

4) 패러데이 – 렌츠의 전자유도 미분형

① 전자유도에 의한 기전력

$$e = -\frac{d\phi}{dt} = -\frac{d}{dt}\int_s B \cdot dS = -\int_s \frac{\partial B}{\partial t} \cdot dS = -\int_s \frac{\partial B}{\partial t} \cdot dS \quad \cdots\cdots \text{식 (1)}$$

② 전계 E에 의해 발생한 기전력

$$e' = \oint_c E \cdot dl \quad \cdots\cdots\cdots\cdots\cdots\cdots\cdots\cdots\cdots\cdots\cdots\cdots\cdots\cdots\cdots \text{식 (2)}$$

만일 손실이 없다면 식 (1) = 식 (2)이므로

$$\oint_c E \cdot dl = -\int_s \frac{\partial B}{\partial t} \cdot dS \quad \text{스토크스 정리를 이용}$$

$$\oint_c E \cdot dl = \oint_s \text{rot}\, E \cdot dS = -\int_s \partial \frac{B}{\partial t} \cdot dS$$

$$\left.\begin{array}{l} \text{rot}\, E = -\dfrac{\partial B}{\partial t} \\ \nabla \times E = -\dfrac{\partial B}{\partial t} \end{array}\right\} \Rightarrow \text{페러데이 – 렌츠의 전자유도법칙의 미분형}$$
$$\text{맥스웰의 제2방정식}$$

자속밀도의 시간적 변화는 전계를 회전시키고 유기기전력을 형성한다.

② 직사각형 코일에 유기되는 기전력(자속의 변화가 정현파인 경우)

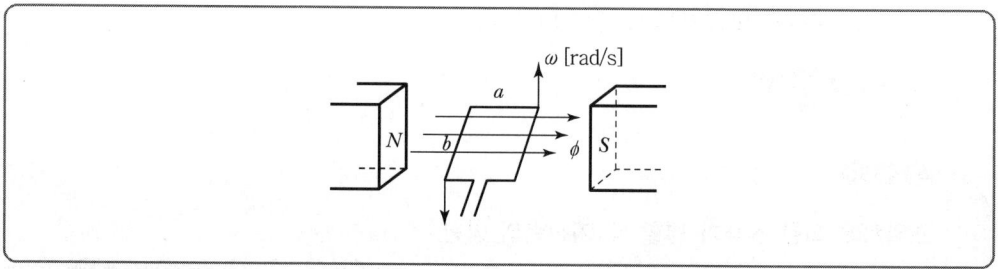

$\phi = \phi_m \sin \omega t$

$e = -\omega N \phi_m \cos \omega t = -\omega N B_m S \cos \omega t = \omega N B_m S \sin\left(\omega t - \dfrac{\pi}{2}\right)$ [V]

여기서, $\omega = 2\pi f = \dfrac{2\pi N'}{60}$ [rad/sec]

N'[rpm] : 분당 회전수

① 유기기전력 e는 자속 ϕ에 비하여 위상이 $\dfrac{\pi}{2}$만큼 뒤진다.

② 유기기전력의 최대값 $e_{\max} = \omega N \phi_m$ [V]

③ 유기기전력은 주파수 f[Hz], 자속밀도 B[Wb/m²]에 비례한다.

》 예제 ❷

문제 정현파 자속의 주파수를 4배로 높이면 유기기전력은?

풀이
유기기전력은 주파수 f[Hz], 자속밀도 B[Wb/m²]에 비례하므로 4배로 증가한다.

③ 플레밍의 오른손 법칙

자계 내 도체가 움직일 경우 전압이 유기되는 현상으로 정자계 내 도체의 운동으로 인하여 자속의 크기에 변화에 따라 발생되는 유기 기전력의 방향을 결정

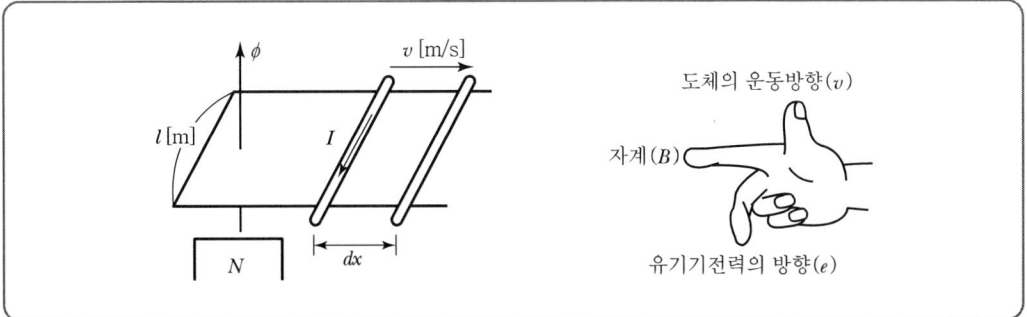

$$e = Blv\ \sin\theta = (\vec{v} \times \vec{B})l = \frac{F}{I}v\,[V]$$

여기서, $B[\text{Wb/m}^2]$: 자속밀도
$l[\text{m}]$: 도체의 길이
$v[\text{m/s}]$: 이동속도
$F[\text{N}]$: 전자력
$I[\text{A}]$: 전류

손가락 방향 ➡ $v[\text{m/s}]$: 엄지, $B[\text{Wb/m}^2]$: 검지, $e[\text{V}]$: 중지

④ 원판 회전 시 발생되는 유기기전력(단극발전기의 원리)

단극발전기의 원리를 패러데이가 고안=아라고의 원판

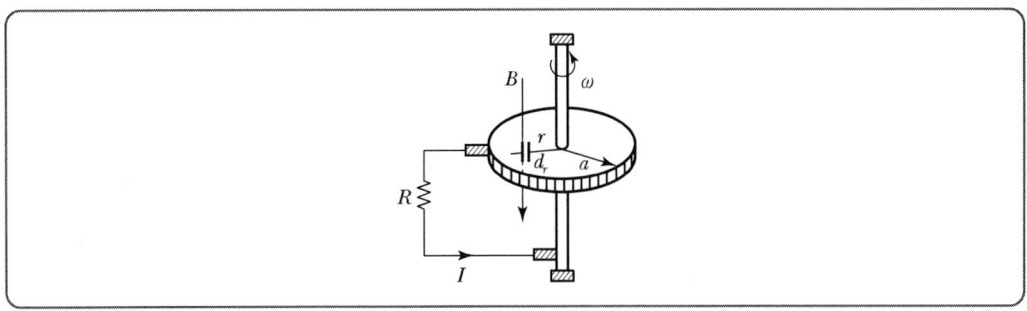

동원판을 각속도 ω[rad/sec]로 중심축에서 1분 동안 N[rpm] 회전시키면 반지름 r[m]인 점에서의 속도 $v = \omega r$[m/sec]이므로

$$de = vBdr = B\omega r\,dr [\text{V}], \quad \omega = \frac{2\pi N}{60}$$

$$e = \int_0^a B\omega r\,dr = \frac{B\omega a^2}{2} = B \times \frac{2\pi N}{60} \times \frac{a^2}{2} [\text{V}]$$

$$i = \frac{e}{R} = \frac{B\omega a^2}{2R} [\text{A}]$$

여기서, $\omega = \dfrac{2\pi N}{60}$[rad/sec] : 각속도
N[rpm] : 분당 회전수
a[m] : 원판의 반지름

* 원판과 자석을 같은 방향, 같은 속도로 회전시키면 자속의 변화가 없어 유기기전력이 발생하지 않는다.

5 표피효과

도선에 교류전류가 흐를 때 도체 내부로 갈수록 교번자속에 의해 전류와 반대방향의 유도기전력 $e = -N\dfrac{d\phi}{dt}$[V]도 커져서 전류가 잘 흐르지 못한다. 이때 도체 표면으로 전류가 모여 흐르는데 이 현상을 표피효과(Skin Effect)라 한다.

① 표피 전류밀도의 침투깊이, 침투두께, 표피두께

$$\delta = \sqrt{\frac{2}{\omega\mu\sigma}} = \frac{1}{\sqrt{\pi f\mu\sigma}} [\text{m}]$$

② 표피효과

$$P = \frac{1}{\delta} = \sqrt{\pi f\mu\sigma}$$

여기서, 주파수 f[Hz]가 높을수록, 전도도 σ[℧/m]가 클수록, 투자율 μ[H/m]이 클수록 표피효과가 크다.

③ 구리선인 경우($\mu_s \fallingdotseq 1$) $\delta = \dfrac{0.0661}{\sqrt{f}}$ [℧/m]

④ 영향

표피효과는 주파수가 클수록 도선의 온도가 높을수록 크다. 그러므로 전기저항을 증가시킨다.

$R = \rho \dfrac{l}{S} \propto \sqrt{f}$

⑤ 방지책 : 압분철심, 연선, 중공도선 사용

6 와전류(Eddy Current, 맴돌이 전류)

도체를 관통하는 자속이 시간적인 변화를 하거나 자속과 도체이 상대적 운동을 하여 도체내 자속이 시간적 변화가 일어나면 이 변화를 막기 위해 국부적으로 형성되는 임의의 폐회로를 따라 전류가 유기 된다. 이를 패러데이 렌쯔 미분형을 이용하여 식으로 표현하면

$\mathrm{rot}E = -\dfrac{\partial B}{\partial t}$ 에서 $i = kE$ [A/m²]를 적용하면 $\mathrm{rot}\dfrac{i}{k} = -\dfrac{\partial B}{\partial t}$,

$\mathrm{rot}\, i = -k\dfrac{\partial B}{\partial t}$ 가 된다.

이는 자속밀도의 시간적 변화는 물체의 도전율에 비례하며 회전하는 전류를 만들어 낸다는 의미이며 이때 자속 ϕ[Wb]은 전류 i[A]보다 90° 빠르다.

와전류 현상을 이용하여 제동방법으로는 마그네트 브레이크가 있다.

Chapter 09 실·전·문·제

01 전자유도에 의하여 회로에 발생되는 기전력은 자속쇄교수의 시간에 대한 감쇠비율에 비례한다고 정의하는 법칙은?

① 쿨롱의 법칙
② 가우스 법칙
③ 노이만의 법칙
④ 패러데이의 법칙

해설 패러데이 법칙(유기기전력의 크기를 결정)
전자유도에 의해 회로에 발생하는 기전력은 자속 쇄교수의 시간에 대한 감쇠율에 비례한다.
$$e = -N\frac{d\phi}{dt} \text{ [V]}$$

02 패러데이 법칙 중 옳지 않은 것은?

① $e = \dfrac{d\phi_m}{dt}$
② $e = -N\dfrac{d\phi_m}{dt}$
③ $e = \displaystyle\int_s \dfrac{\partial B}{\partial t} \cdot ds$
④ $e = -\dfrac{1}{N} \cdot \dfrac{d\phi_m}{dt}$

해설 문제 1번 해설 참고

03 전자유도에 의해서 회로에 발생하는 기전력에 관계되는 두 개의 법칙은?

① 가우스 법칙과 옴의 법칙
② 플레밍의 법칙과 옴의 법칙
③ 패러데이 법칙과 렌츠의 법칙
④ 암페어의 법칙과 비오-사바르 법칙

해설
- 패러데이의 법칙 : 유기기전력의 크기 결정
- 렌츠의 법칙 : 유기기전력의 방향 결정

04 다음에서 전자유도 법칙과 관계가 먼 것은?

① 노이만의 법칙
② 렌츠의 법칙
③ 암페어의 오른나사 법칙
④ 패러데이의 법칙

해설 암페어의 오른나사 법칙은 전류에 의한 자계의 방향을 결정하는 법칙이다.

01 ④ 02 ④ 03 ③ 04 ③ **Answer**

05 권수 500[T]의 코일 내를 통하는 자속이 다음 그림과 같이 변화하고 있다. bc 구간 내에 코일 단자 간에 생기는 유기기전력[V]은?

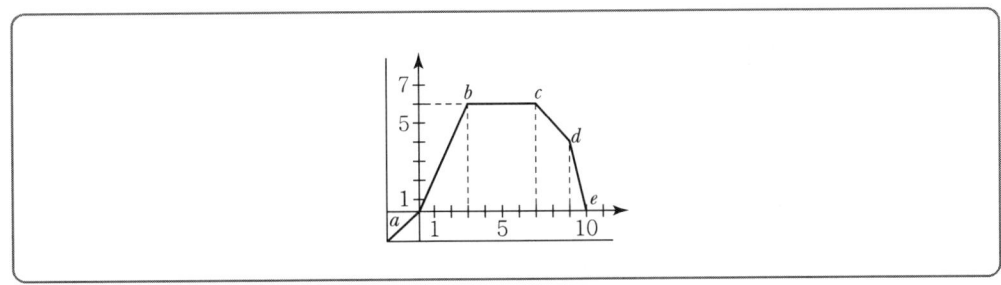

① 1.5   ② 0.7   ③ 1.4   ④ 0

해설 그림상에서 bc 구간은 자속의 변화가 없으므로 유기기전력은 없다.

06 1권선의 코일에 5[Wb]의 자속이 쇄교하고 있을 때 $t = \dfrac{1}{100}$초 사이에 이 자속을 0으로 했다면 이때 코일에 유도되는 기전력은 몇 [V]이겠는가?

① 100   ② 250   ③ 500   ④ 700

해설 $e = -N\dfrac{d\phi}{dt} = -1 \times \dfrac{0-5}{\dfrac{1}{100}} = 500[\text{V}]$

07 자속 ϕ[Wb]가 주파수 f[Hz]로 $\phi = \phi_m \sin 2\pi ft$[Wb]일 때, 이 자속과 쇄교하는 권수 N회인 코일에 발생하는 기전력은 몇 [V]인가?

① $-2\pi f N \phi_m \cos 2\pi ft$ ② $-2\pi f N \phi_m \sin 2\pi ft$
③ $2\pi f N \phi_m \tan 2\pi ft$ ④ $-2\pi f N \phi_m \sin 2\pi ft$

해설 코일에 유기되는 기전력 e[V]
자속 $\phi = \phi_m \sin 2\pi ft$[Wb]일 때 코일에 유기되는 기전력은 전자유도현상에 의한 패러데이 법칙을 이용하면
$e = -N\dfrac{d\phi}{dt} = -N\dfrac{d}{dt}\phi_m \sin 2\pi ft = -N\phi_m \dfrac{d}{dt}\sin 2\pi ft = -N\phi_m (\cos 2\pi ft) \cdot 2\pi f$
$= -2\pi f N \phi_m \cos 2\pi ft$[V]가 된다.

Answer ● 05 ④   06 ③   07 ①

08 $\phi = \phi_m \sin \omega t$ [Wb]인 정현파로 변화하는 자속이 권수 N인 코일과 쇄교할 때의 유기기전력의 위상은 자속에 비해 어떠한가?

① $\frac{\pi}{2}$ 만큼 빠르다.
② $\frac{\pi}{2}$ 만큼 늦다.
③ π 만큼 빠르다.
④ 동위상이다.

해설 $e = -\omega N \phi_m \cos \omega t = -\omega N B_m S \cos \omega t = \omega N B_m S \sin(\omega t - \frac{\pi}{2})$ [V]

여기서, $\omega = 2\pi f = \frac{2\pi N'}{60}$ [rad/sec]

N' [rpm] : 분당 회전수

㉠ 유기기전력 e는 자속 ϕ에 비하여 위상이 $\frac{\pi}{2}$ 만큼 뒤진다.
㉡ 유기기전력의 최대값 $e_{max} = \omega N \phi_m$ [V]
㉢ 유기기전력은 주파수 f [Hz], 자속밀도 B [Wb/m²]에 비례한다.

09 저항 24[Ω]의 코일을 지나는 자속이 $0.3 \cos 800t$ [Wb]일 때 코일에 흐르는 전류의 최대치는?

① 10[A] ② 20[A] ③ 30[A] ④ 40[A]

해설 $e_{max} = \omega N \phi_m = 0.3 \times 800 = 240$ [V]

$I_{max} = \frac{E_m}{R} = \frac{240}{24} = 10$ [A]

10 자속밀도 B [Wb/m²]가 도체 중에서 f [Hz]로 변화할 때 도체 중에 유기되는 기전력 e는 무엇에 비례하는가?

① $e \propto \frac{B}{f}$
② $e \propto \frac{B^2}{f}$
③ $e \propto \frac{f}{B}$
④ $e \propto B \cdot f$

해설 유기기전력의 최대값 $e_{max} = \omega N \phi_m = 2\pi f NBS$ [V]

유기기전력은 주파수 f [Hz], 자속밀도 B [Wb/m²]에 비례한다.

11 N회의 권선에 최대값 1[V], 주파수 f [Hz]인 기전력을 유기시키기 위한 쇄교 자속의 최대값[Wb]은?

① $\frac{f}{2\pi N}$
② $\frac{2N}{\pi f}$
③ $\frac{1}{2\pi f N}$
④ $\frac{N}{2\pi f}$

08 ② 09 ① 10 ④ 11 ③ **Answer**

해설 코일에 유기되는 최대기전력 $e_{\max} = wN\phi_m$[V]이므로 최대자속

$\phi_m = \dfrac{e_{\max}}{wN} = \dfrac{1}{2\pi fN}$[Wb]가 된다.

12 권수 n, 가로 a[m], 세로 b[m]인 구형 코일이 자속밀도 B[Wb/m²]되는 평등 자계 내에서 각 속도 ω[rad/s]로 회전할 때 발생하는 유기기전력의 최대값[V]은?

① ωnB ② ωabB^2
③ $\omega nabB$ ④ $\omega nabB^2$

해설 최대 유기전압 $e_{\max} = wN\phi_{\max} = wNBS = wnBab$[V]이 된다.

13 자속밀도 B[Wb/m²]의 평등 자계와 평행한 축 둘레에 각속도 ω[rad/s]로 회전하는 반지름 a[m]의 도체 원판에 그림과 같이 브러시를 접촉시킬 때 저항 R[Ω]에 흐르는 전류[A]는?

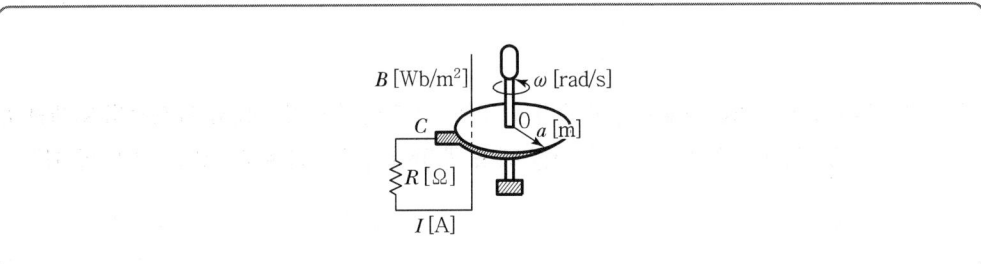

① $\dfrac{\omega Ba^2}{2R}$ ② $\dfrac{\omega Ba^2}{R}$
③ $\dfrac{\omega Ba}{2R}$ ④ $\dfrac{\omega Ba}{R}$

해설 • 원판 회전 시 유기전압 $e = \displaystyle\int_0^a B\omega r\, dr = \dfrac{B\omega a^2}{2} = B \times \dfrac{2\pi N}{60} \times \dfrac{a^2}{2}$[V]

• 원판 회전 시 흐르는 전류 $i = \dfrac{e}{R} = \dfrac{B\omega a^2}{2R}$[A]

여기서, $\omega = \dfrac{2\pi N}{60}$[rad/sec]인 각 속도이며 N[rpm]은 분당 회전수, a[m]는 판의 반지름이다.

Answer ▶ 12 ③   13 ①

14 막대자석 위쪽에 동축도체 원판을 놓고 회로의 한 끝은 원판의 주변에 접촉시켜 습동하도록 해놓은 그림과 같은 패러데이 원판실험을 할 때 검류계에 전류가 흐르지 않는 경우는?

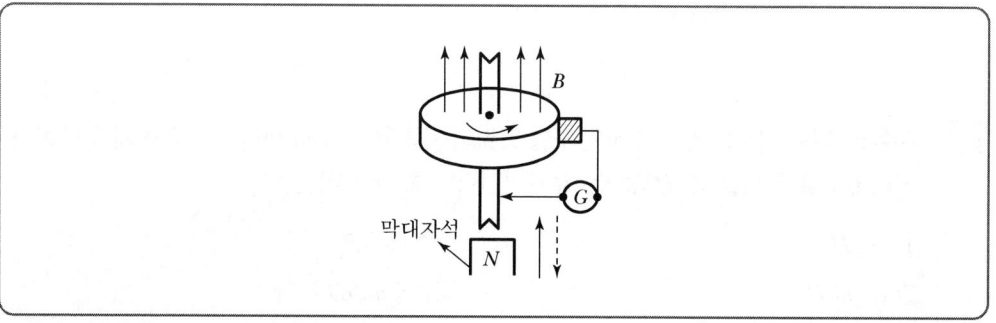

① 자석을 축 방향으로 전진시킨 후 후퇴시킬 때
② 자석만을 일정한 방향으로 회전시킬 때
③ 원판만을 일정한 방향으로 회전시킬 때
④ 판과 자석을 동시에 같은 방향, 같은 속도로 회전시킬 때

해설 원판과 자석을 동시에 같은 방향, 같은 속도로 회전시 자속을 끊지 못해 전압이 유기되지 않는다.

15 $0.2[\text{Wb/m}^2]$의 평등 자계 속에 자계와 직각방향으로 놓인 길이 $30[\text{cm}]$의 도선을 자계와 $30°$ 각의 방향으로 $30[\text{m/s}]$의 속도로 이동시킬 때 도체 양단에 유기되는 기전력은 몇 [V]인가?

① $0.9\sqrt{3}$ ② 0.9 ③ 1.8 ④ 90

해설 플레밍의 오른손 법칙
자계 내 도체 이동 시 도체에 전압이 유기되는 현상으로 자계 내 도체의 운동으로 인하여 발생되는 유기기전력의 방향을 결정

$$e = Blv\sin\theta = (\vec{v} \times \vec{B})l = \frac{F}{I}v[\text{V}]$$

여기서, $B[\text{Wb/m}^2]$: 자속밀도, $l[\text{m}]$: 도체의 길이, $v[\text{m/s}]$: 이동속도, $F[\text{N}]$: 전자력, $I[\text{A}]$: 전류

손가락 방향 ➡ $v[\text{m/s}]$: 엄지, $B[\text{Wb/m}^2]$: 검지, $e[\text{V}]$: 중지
$e = Blv\sin\theta = 0.2 \times 0.3 \times 30 \times \sin 30° = 0.9[\text{V}]$

16 자계 중에 이것과 직각으로 놓인 도선에 $I[\text{A}]$의 전류를 흘리니 $F[\text{N}]$의 힘이 작용하였다. 이 도선을 $v[\text{m/s}]$의 속도로 자계와 직각으로 운동시키면 기전력은 몇 [V]인가?

① $\dfrac{vI}{F}$ ② $\dfrac{F^2v}{I}$ ③ $\dfrac{Fv}{I}$ ④ $\dfrac{Fv^2}{I}$

14 ④ 15 ② 16 ③ **Answer**

[해설] 문제 15번 해설 참고

17 자속밀도 0.5[Wb/m²]의 균일한 자계 내에 길이 1[m]의 도선을 자계와 수직방향으로 운동시킬 때 도선에 50[V]의 기전력이 유기된다면 이 도선의 속도는 몇 [m/s]인가?

① 10 ② 25 ③ 50 ④ 100

[해설] 자계 내 도체 이동 시 유기전압 $e = Blv\sin\theta$[V]에서 속도는

$v = \dfrac{e}{Bl\sin\theta}$[m/sec]이므로 주어진 수치를 대입하면

$v = \dfrac{50}{0.5 \times 1 \times \sin 90°} = 100$[m/sec]가 된다.

18 그림과 같은 균일한 자계 B[Wb/m²] 내에서 길이 l[m]인 도선 AB가 속도 v[m/sec]로 움직일 때 $ABCD$ 내에 유도되는 기전력 e[V]는?

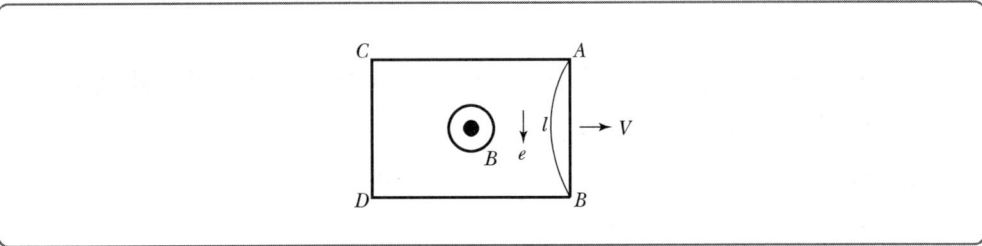

① 시계방향으로 Blv이다. ② 반시계방향으로 Blv이다.
③ 시계방향으로 Blv^2이다. ④ 반시계방향으로 Blv^2이다.

[해설] ㉠ 자계 내 도체 이동 시 유기기전력의 크기 : $e = Blv\sin\theta = (\vec{v} \times \vec{B})l$[V]
㉡ 유기기전력의 방향 : $\vec{v} \times \vec{B}$(외적의 방향) : 외적의 방향은 오른나사 법칙에 의해 앞쪽 벡터 $\vec{v}$에서 뒤쪽 벡터 $\vec{B}$를 오른손으로 감았을 때 엄지손가락의 방향이 된다. 그림에서 자계와 이루는 각도는 수직($\theta = 90°$)이므로 유기기 전력의 크기는 $e = Blv\sin 90° = Blv$[V]이며, $\vec{v}$에서 $\vec{B}$쪽을 오른손으로 감았을 때 유기기전력의 방향은 시계방향이 된다.

19 50[A]의 전류가 흐르고 있는 도선에 0.2초 동안 0.03[Wb]의 자속을 끊었다. 이때 일률[W]은 얼마인가?

① 3 ② 20 ③ 7.5 ④ 5.5

Answer ▶ 17 ④ 18 ① 19 ③

해설 $I=50[A]$, $dt=0.2[sec]$, $d\phi=0.03[Wb]$일 때 일률 $P[W]$는
$P=e \cdot I=\dfrac{d\phi}{dt} \cdot I=\dfrac{0.03}{0.2} \times 50=7.5[W]$이다.

20 도전율 σ, 투자율 μ인 도체에 교류 전류가 흐를 때의 표피효과는?

① 주파수가 높을수록 작다. ② 투자율이 클수록 작다.
③ 도전율이 클수록 크다.   ④ 투자율, 도전율은 무관하다.

해설 표피효과
도선에 교류를 인가 시 전류가 도선 바깥(표피) 쪽으로 집중되어 흐르려는 현상
➡ 반대 : 핀치효과

- 표피효과에 의한 침투 깊이(표피두께) $\delta=\sqrt{\dfrac{1}{\pi f \sigma \mu}}\,[m]$
- 표피효과 $P=\dfrac{1}{\delta}=\dfrac{1}{\sqrt{\dfrac{1}{\pi f \sigma \mu}}}=\sqrt{\pi f \sigma \mu}$

21 도전율 σ, 투자율 μ인 도체에 교류 전류가 흐를 때 표피효과에 의한 침투 깊이 δ는 σ와 μ, 그리고 주파수 f에 어떤 관계가 있는가?

① 주파수 f와 무관하다.   ② σ가 클수록 작다.
③ σ와 μ에 비례한다. ④ μ가 클수록 크다.

해설 문제 20번 해설 참고

22 고유저항 $\rho=2 \times 10^{-8}[\Omega \cdot m]$, $\mu=4\pi \times 10^{-7}[H/m]$인 동선에 50[Hz]의 주파수를 갖는 전류가 흐를 때 표피두께는 몇 [mm]인가?

① 5.13   ② 7.15   ③ 10.07   ④ 12.3

해설 표피효과 침투깊이 $\delta=\sqrt{\dfrac{1}{\pi f \sigma \mu}}\,[m]$ 여기서, $\sigma[\mho/m]$ 도전율
$\sigma=\dfrac{1}{\rho}[\mho/m]$, $\rho=\dfrac{1}{\sigma}[\Omega \cdot m]$이므로
$\delta=\sqrt{\dfrac{2\rho}{\omega \mu}}\,[m]$ 여기서, $\rho[\Omega \cdot m]$ 고유저항, 각속도(각주파수) $\omega=2\pi f[rad/s]$
$\delta=\sqrt{\dfrac{2 \times 2 \times 10^{-8}}{2\pi \times 50 \times 4\pi \times 10^{-7}}} \times 10^3=10[mm]$

20 ③　21 ②　22 ③　**Answer**

23 다음 중에서 주파수의 증가에 대하여 가장 급속히 증가하는 것은?

① 표피두께의 역수
② 히스테리시스 손실
③ 교번 자속에 의한 기전력
④ 와전류 손실

해설 표피두께의 역수는 표피효과를 나타냄 $P = \dfrac{1}{\delta} = \dfrac{1}{\sqrt{\dfrac{1}{\pi f \sigma \mu}}} = \sqrt{\pi f \sigma \mu} \propto \sqrt{f}$

히스테리시스 손실 $P_h = k f B_m^{1.6} \propto f$

교번자속에 의한 기전력 $e = 4.44 f \phi_m N [\text{V}] \propto f$

와전류 손실 $Pe = k(fB)^2 \propto f^2$

와전류 손실이 주파수 제곱에 비례하므로 주파수 증가에 따라 가장 급속히 증가

24 도선이 고주파로 인한 표피효과의 영향으로 저항분이 증가하는 양은?

① $\sqrt{f}$ 에 비례
② f 에 비례
③ f^2 에 비례
④ $\dfrac{1}{f}$ 에 비례

해설 표피효과는 침투깊이와 반비례 관계(즉, 표피효과가 좋다는 것은 표피효과 침투 깊이가 작아서 전류가 도체 표면으로 많이 흐른다는 뜻)

$P = \dfrac{1}{\delta} = \dfrac{1}{\sqrt{\dfrac{1}{\pi f \sigma \mu}}} = \sqrt{\pi f \sigma \mu} \propto \sqrt{f}$

표피효과가 좋을수록 전류가 도체 표면으로 많이 흐르기 때문에 전류가 흐르는 면적이 적어진다.

저항 $(R) = \rho \dfrac{l}{S} \propto \dfrac{1}{S}$ 표피효과가 좋을수록 저항은 커진다.

표피효과 $\propto \sqrt{f}$ \qquad 저항 $\propto \sqrt{f}$

25 표피효과의 영향에 대한 설명이다. 부적합한 것은?

① 전기저항을 증가시킨다.
② 상호 유도계수를 증가시킨다.
③ 주파수가 높을수록 크다.
④ 도전율이 높을수록 크다.

해설 문제 23번 해설 참고

Answer ▶ 23 ④ 24 ① 25 ②

26 와전류의 방향은?

① 일정치 않다.
② 자력선 방향과 동일
③ 자계와 평행되는 면을 관통
④ 자속에 수직되는 면을 회전

해설 와전류는 도체 내에 국부적으로 흐르는 맴돌이 전류로 $\mathrm{rot}\, i = -k\dfrac{\partial B}{\partial t}$ 로 자속의 변화를 방해하기 위한 역자 속을 만드는 전류이다. 따라서 이 전류는 자속의 수직되는 면을 회전한다.

26 ④ Answer

Chapter 10 인덕턴스

인덕턴스란 임의의 도선에 흐르는 전류와 도선 주변의 자속 ϕ[wb]의 강도를 결정하는 상수이다.

1 자기인덕턴스 L[H]

전류가 흐르는 도선이 존재하는 경우 단위전류에 의해 도선 주변에 발생되는 자속 수를 자기 인덕턴스 또는 자기유도계수라 한다. 성질은 항상 정(+)이다.

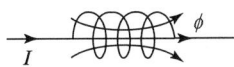

코일에 전류 I[A]가 흐르면 자속 ϕ[Wb]가 형성되고 이 둘이 항상 비례한다면 $\phi = I$가 된다. 이들에 비례상수인 자기 인덕턴스 L[H]은 $\phi = LI$ 관계가 성립하며 권수가 N[T]인 경우는 $N\phi = LI$가 된다.

1) 자기인덕턴스

$N\phi = LI$를 이항하면 $L = \dfrac{N\phi}{I}$[H]이고

여기서 자속 $\phi = BS = \dfrac{F}{R_m} = \dfrac{\mu SNI}{l}$[Wb]를 대입하면

$L = \dfrac{N\phi}{I} = \dfrac{\mu SN^2}{l} = \dfrac{N^2}{R_m}$[H]로 표현할 수 있다.

2) 코일의 전류 변화에 의한 유기기전력

$e = -L\dfrac{di}{dt}$[V]

- 유도기전력의 크기가 (+) e[V] > 0이면 인가된 전류와 같은 방향으로 유기
- 유도기전력의 크기가 (−) e[V] < 0이면 인가된 전류와 반대 방향으로 유기

3) 자기인덕턴스의 단위

$$L = \frac{N\phi}{I} \, [\text{Wb/A} = \text{H}]$$

유도기전력을 이용하면,

$$L = e\frac{dt}{di}\left[\text{V} \cdot \frac{\sec}{\text{A}} = \Omega \cdot \sec = \frac{\text{V} \cdot \text{A} \sec}{\text{A}^2} = \text{J}/\text{A}^2\right]$$

4) 코일의 축적에너지(전자에너지) : $W[\text{J}]$

$$W = \frac{1}{2}LI^2 = \frac{\phi^2}{2L} = \frac{1}{2}\phi I \, [\text{J}]$$

5) 자기인덕턴스와 벡터포텐셜의 관계

코일에 축적되는 에너지 $W = \frac{1}{2}LI^2 = \frac{1}{2}BHv[\text{J}]$이므로

$$L = \frac{BHv}{I^2} = \frac{\int_v BH\,dv}{I^2} = \frac{\int_v \text{rot}\,A\,H\,dv}{I^2} = \frac{\int_v \text{rot}\,H\,A\,dv}{I^2} = \frac{\int_v A\,i\,dv}{I^2} \, [\text{H}]$$ 가 된다.

여기서, $\text{rot}\,A = B\,[\text{Wb/m}^2]$
$\text{rot}\,H = i\,[\text{A/m}^2]$

» 예제 ❶

문제 자기인덕턴스 0.5[H]의 코일에 $\frac{1}{200}$[s] 동안 전류가 25[A]로부터 20[A]로 줄었다. 이 코일에 유기된 기전력의 크기 및 방향은?

풀이

$e = -L\frac{di}{dt}$ 이용 $e = -0.5 \times \dfrac{20-25}{\frac{1}{200}} = 500[\text{V}]$

유도기전력의 크기가 $(+)$ $e[\text{V}] > 0$이면 인가된 전류와 같은 방향으로 유기

〉〉 예제 ❷

문제 자기인덕턴스가 10[H]인 코일에 3[A]의 전류가 흐를 때 코일에 축적된 자계에너지는 몇 [J]인가?

풀이
$W = \dfrac{1}{2}LI^2 = \dfrac{1}{2} \times 10 \times 3^2 = 45[\text{J}]$

2 솔레노이드의 인덕턴스 계산

1) 환상솔레노이드

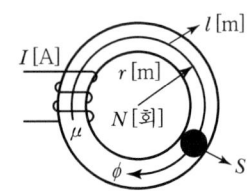

① 솔레노이드 철심 내부자계 $H = \dfrac{NI}{l} = \dfrac{NI}{2\pi r}[\text{AT/m}]$

② 솔레노이드 철심 외부자계 $H = 0[\text{AT/m}]$

③ 내부자속 $\phi = BS = \mu HS = \dfrac{\mu SNI}{l}[\text{Wb}]$

④ 자기인덕턴스

$$L = \dfrac{N\phi}{I} = \dfrac{N}{I} \times \dfrac{\mu SNI}{l} = \dfrac{\mu SN^2}{l} = \dfrac{N^2}{R_m} \propto N^2[\text{H}]$$

여기서, $S = \pi a^2[\text{m}^2]$: 철심의 단면적
$l = 2\pi r[\text{m}]$: 자로의 길이
$R_m = \dfrac{l}{\mu S}[\text{AT/m}]$: 자기저항

* 권수를 2배로 증가시키면 $L[\text{H}]$은 $2^2 = 4$배로 증가

  권수를 반으로 줄인다면 $L[\text{H}]$은 $\left(\dfrac{1}{2}\right)^2 = \dfrac{1}{4}$배로 감소

  $L[\text{H}]$을 일정하게 하려면 $N^2 \propto r$이므로 권수가 2배일 때 길이를 4배로 하면 된다.

⑤ 단위길이당 권수(n)를 균등하게 감은 인덕턴스

$$L = \frac{\mu S N^2}{l} = \frac{\mu S (n \cdot l)^2}{l} = \mu S n^2 l \, [\text{H}]$$

≫ 예제 ❸

문제 1,000회의 코일을 감은 환상 철심 솔레노이드의 단면적이 3[cm²], 평균길이가 4π[cm]이고, 철심의 비투자율이 500일 때 자기인덕턴스[H]는?

풀이
$$L = \frac{\mu S N^2}{l} = \frac{4\pi \times 10^{-7} \times 500 \times 3 \times 10^{-4} \times 1000^2}{4\pi \times 10^{-2}} = 1.5 [\text{H}]$$

2) 무한장 솔레노이드

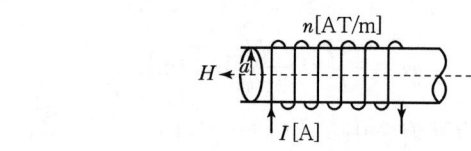

① 솔레노이드 철심 내부자계 $H = \dfrac{NI}{l} = nI\,[\text{AT/m}]$

② 솔레노이드 철심 외부자계 $H = 0\,[\text{AT/m}]$

③ 내부자속 $\phi = BS = \mu HS = \mu SnI\,[\text{Wb}]$

④ 자기인덕턴스

$$L = \frac{n\phi}{I} = \frac{n}{I} \times \mu SnI = \mu Sn^2 = \mu \pi a^2 n^2 \propto n^2,\ a^2\,[\text{H/m}]$$

여기서, $S = \pi a^2 [\text{m}^2]$: 철심의 단면적

$n[\text{T/m}]$: 단위길이당 권수

③ 동심(동축) 원통 사이의 인덕턴스

1) 외부 $a < r < b$

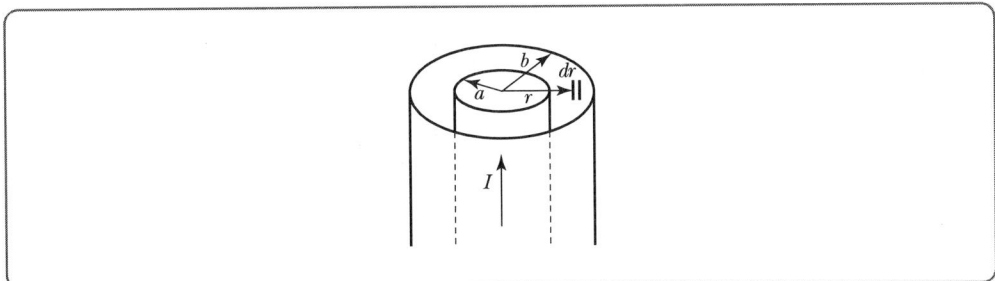

$L = \dfrac{N\phi}{I}$ [H]에서

$\phi = \displaystyle\int d\phi = \int Bds$ 여기서 $(ds = l\,dr)$

$\quad = \dfrac{\mu_0 I l}{2\pi} \ln \dfrac{b}{a}$ [Wb]

$L = \dfrac{\phi}{I} = \dfrac{\dfrac{\mu_0 I l}{2\pi} \ln \dfrac{b}{a}}{I} = \dfrac{\mu_0 l}{2\pi} \ln \dfrac{b}{a}$ [H]

전체의 자기인덕턴스는 심선의 내부 자기인덕턴스를 무시한 경우 유전체의 투자율에만 비례한다.(만약, 심선값도 고려한다면 심선의 투자율과 유전체의 투자율에 비례한다.)

* 단위길이당 인덕턴스

$$L = \dfrac{\mu_0 l}{2\pi} \ln \dfrac{b}{a} \times \dfrac{1}{l} = \dfrac{\mu_0}{2\pi} \ln \dfrac{b}{a} \text{ [H/m]}$$

2) 내부 $r < a$

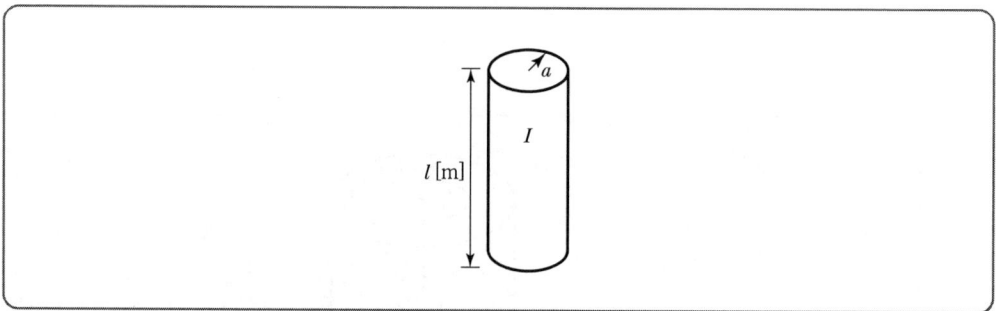

$$L = \frac{\mu l}{8\pi} [\text{H}]$$

* 단위길이당 인덕턴스

$$L = \frac{\mu l}{8\pi} \times \frac{1}{l} = \frac{\mu}{8\pi} [\text{H/m}]$$

3) 심선값을 고려할 때 전체 인덕턴스

$$L = \frac{\mu_2}{2\pi} ln \frac{b}{a} + \frac{\mu_1}{8\pi} [\text{H/m}]$$

4 평행도선 사이의 인덕턴스

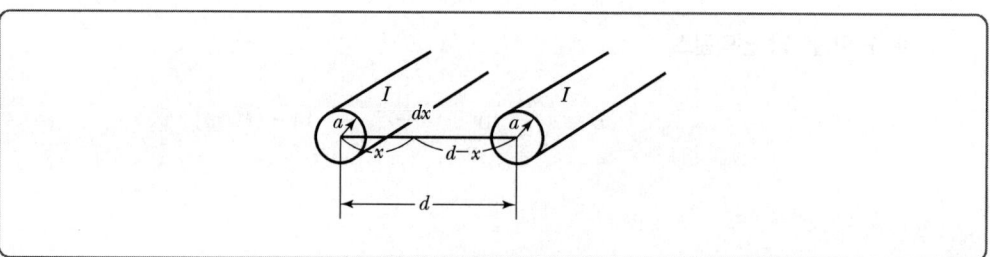

1) 자장

$$H = \frac{I}{2\pi}\left(\frac{1}{x} + \frac{1}{d-x}\right)[\text{AT/m}]$$

2) 자속

$$\phi = \int d\phi = \int B\,ds = \frac{\mu_0 I}{\pi} \ln \frac{d-a}{a} \,[\text{Wb}]$$

3) 단위길이당 자기인덕턴스

$$L = \frac{\phi}{I} = \frac{\frac{\mu_0 I}{\pi} \ln \frac{d-a}{a}}{I} = \frac{\mu_0}{\pi} \ln \frac{d-a}{a} \fallingdotseq \frac{\mu_0}{\pi} \ln \frac{d}{a} \,[\text{H/m}]$$

전체 길이에 대한 인덕턴스 $L = \dfrac{\mu_0 l}{\pi} \ln \dfrac{d}{a} \,[\text{H}]$

4) $L[\text{H}]$과 $C[\text{F}]$의 관계

$$L \cdot C = \mu \cdot \varepsilon$$

5 상호인덕턴스

① 한 코일의 전류에 의해 발생한 자속이 다른 코일과 결합(쇄교)하는 자속의 비율
② 코일과 코일 사이에 작용하는 인덕턴스로 같은 방향(+) 또는 다른 방향(-)의 성질을 가지고 있다.

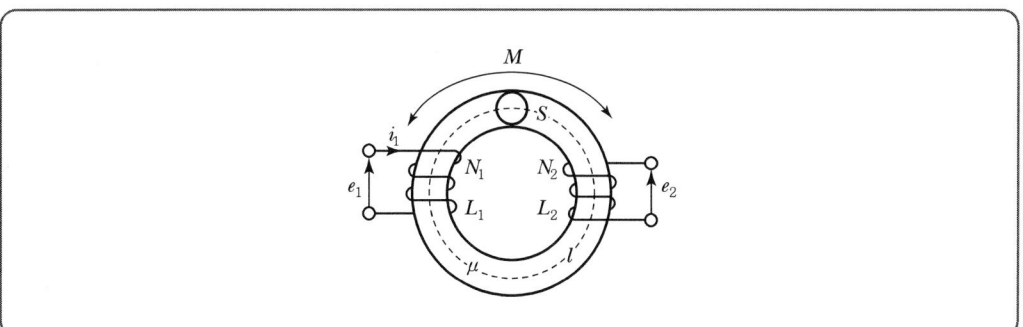

전기자기학

1) 2차 전류 변화에 의한 1차 유기기전력

$$e_1 = -N_1 \times \frac{d\phi}{dt} = -L_1 \times \frac{dI_1}{dt} = M\frac{dI_2}{dt} \text{ [V]}$$

2) 상호인덕턴스

$$M = k\sqrt{L_1 L_2}$$

3) 결합계수(두 코일 간의 자기적 결합상태)

자기인턱던스의 평균값을 기준으로 한 실제 두 코일 간의 쇄교 자속의 결합 정도

$$k = \frac{M}{\sqrt{L_1 \cdot L_2}}$$

4) 자기 인덕턴스와 상호인덕턴스의 관계($k=1$일 경우)

$$M = \sqrt{L_1 L_2} \quad L_1 = \frac{\mu S N_1^2}{l}, \ L_2 = \frac{\mu S N_2^2}{l} \text{을 대입하면,}$$

$$M = \frac{\mu S N_1 N_2}{l} = \frac{N_1 N_2}{R_m} = L_1 \frac{N_2}{N_1} = L_2 \frac{N_1}{N_2} \text{ [H]}$$

* 노이만의 식

$$M_{21} = \frac{\phi_{21}}{I_1} \oint_{c_2} B \cdot dS = \frac{\mu}{4\pi} \oint_{c_1} \oint_{c_2} \frac{dl_1 \cdot dl_2}{r_{21}} = \frac{\mu}{4\pi} \oint_{c_1} \oint_{c_2} \frac{\cos\theta \, dl_1 dl_2}{r_{21}} \text{ [H]}$$

6 인덕턴스의 접속(합성 인덕턴스)

1) 직렬접속

① 가동접속(합성인덕턴스의 최대값)

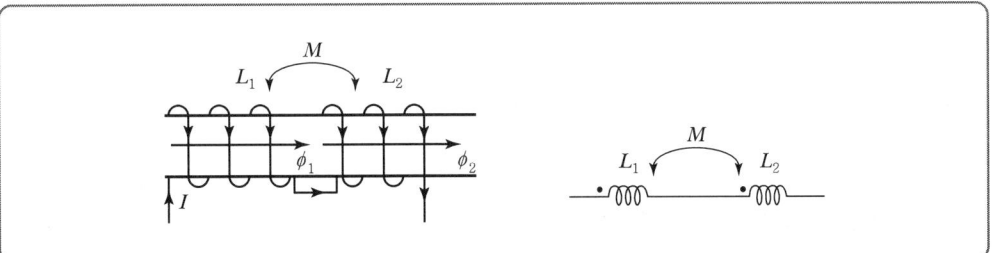

$$L = L_1 + L_2 + 2M = L_1 + L_2 + 2k\sqrt{L_1 L_2}\,[\text{H}]$$

② 차동접속(합성인덕턴스의 최소값)

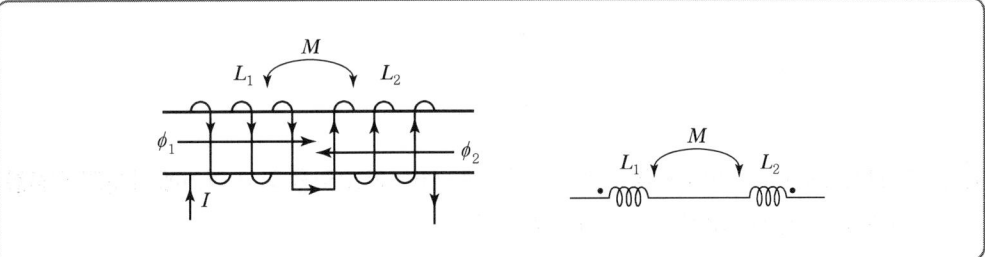

$$L = L_1 + L_2 - 2M = L_1 + L_2 - 2k\sqrt{L_1 L_2}\,[\text{H}]$$

③ 자기인덕턴스가 L_1, L_2 [H], 상호인덕턴스 M[H]인 두 회로에 자속을 돕는 방향으로 각각 I_1, I_2 [A]의 전류가 흘렀을 때 저장되는 자계의 에너지

- $W = \dfrac{1}{2}L_1 I_1^{\,2} + \dfrac{1}{2}L_2 I_2^{\,2} + \dfrac{1}{2}2MI_1 I_2 = \dfrac{1}{2}(L_1 I_1^{\,2} + L_2 I_2^{\,2} + 2MI_1 I_2)[\text{J}]$
- $W = \dfrac{1}{2}L_1 I_1^{\,2} + \dfrac{1}{2}L_2 I_2^{\,2} + \dfrac{1}{2}2MI_1 I_2 = \dfrac{1}{2}(L_1 I_1^{\,2} + L_2 I_2^{\,2}) + MI_1 I_2[\text{J}]$

2) 병렬접속

$$L_0 = \dfrac{L_1 L_2 - M^2}{L_1 + L_2 \pm 2M}[\text{H}] \text{ (가동이면 } -,\ \text{차동이면 } +)$$

Chapter 10 실·전·문·제

01 권수 200회인 자기인덕턴스 20[mH]의 코일에 2[A]의 전류를 흘리면 자속[Wb]은?

① 0.04   ② 0.01   ③ 4×10^{-4} ④ 2×10^{-4}

해설 $N\phi = L \cdot I$에서 $\phi = \dfrac{L \cdot I}{N} = \dfrac{20 \times 10^{-3} \times 2}{200} = 2 \times 10^{-4}$[Wb]가 된다.

02 인덕턴스의 단위에서 1[H]는?

① 1[A]의 전류에 대한 자속이 1[Wb]인 경우이다.
② 1[A]의 전류에 대한 유전율이 1[F/m]이다.
③ 1[A]의 전류가 1초간에 변화하는 양이다.
④ 1[A]의 전류에 대한 자계가 1[AT/m]인 경우이다.

해설 $\phi = L \cdot I$에서 $L = \dfrac{\phi}{I} = \dfrac{1[\text{Wb}]}{1[\text{A}]} = 1$[H]가 된다.

03 단면적 100[cm²], 비투자율 1,000인 철심에 500회의 코일을 감고 여기에 1[A]의 전류를 흘릴 때 자계가 1.28[AT/m]였다면 자기인덕턴스[mH]는?

① 8.04   ② 0.16   ③ 0.81   ④ 16.08

해설 $N\phi = L \cdot I$에서

$$L = \dfrac{N \cdot \phi}{I} = \dfrac{NBS}{I} = \dfrac{N\mu_0 \mu_s HS}{I}$$

$$= \dfrac{500 \times 4\pi \times 10^{-7} \times 1,000 \times 1.28 \times 100 \times 10^{-4}}{1} \times 10^3 = 8.04\text{[mH]}$$가 된다.

04 [ohm · sec]와 같은 단위는?

① [farad]   ② [farad/m]   ③ [henry]   ④ [henry/m]

해설 자기인덕턴스의 단위 $L = \dfrac{N\phi}{I}$ [Wb/A=H] 유기기전력을 이용하면

$$L = e\dfrac{dt}{di} \left[\text{V} \cdot \dfrac{\sec}{\text{A}} = \Omega \cdot \sec = \dfrac{\text{V} \cdot \text{A} \sec}{\text{A}^2} = \text{J}/\text{A}^2 \right]$$

Answer 01 ④ 02 ① 03 ① 04 ③

05 인덕턴스의 단위가 아닌 것은?(여기서 [Wb] : 자속의 단위, [A] : 전류의 단위, [V] : 전압의 단위, [J] : 에너지의 단위, [s] : 시간의 단위이다.)

① $\left[\dfrac{\text{Wb}}{\text{A}}\right]$ ② $\left[\dfrac{\text{V}}{\text{A}} \cdot \text{s}\right]$ ③ $\left[\dfrac{\text{J}}{\text{A}} \cdot \dfrac{1}{\text{s}}\right]$ ④ $\left[\dfrac{\text{J}}{\text{A}^2}\right]$

해설 문제 4번 해설 참고

06 다음 중 자기인덕턴스의 성질을 옳게 표현한 것은?

① 항상 부(負)이다.
② 항상 정(正)이다.
③ 항상 0이다.
④ 유도되는 기전력에 따라 정(正)도 되고 부(負)도 된다.

해설 자기회로에 전위전류가 흐를 때 발생되는 자속 쇄교수를 인덕턴스 또는 자기유도계수라 한다. 성질은 항상 정(+)이다.

07 그림 (a)의 인덕턴스에 전류가 그림 (b)와 같이 흐를 때 2초에서 6초 사이의 인덕턴스 전압 V_L은 몇 [V]인가?(단, $L=1$[H]이다.)

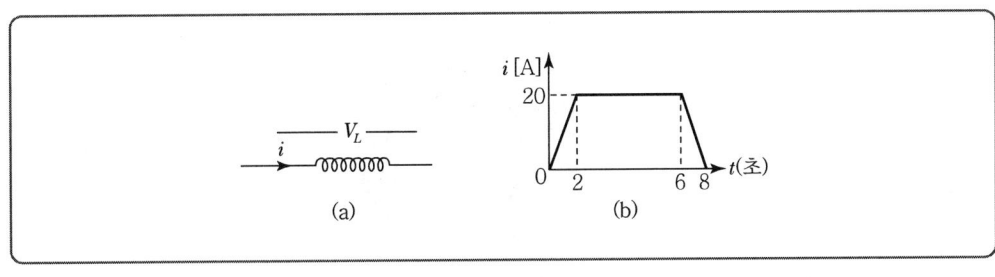

① 0   ② 5   ③ 10   ④ -5

해설 코일에 전류 변화에 의한 유기기전력

$e = -L\dfrac{di}{dt}$ [V]

유도기전력의 크기가 (+) e[V] > 0이면 인가된 전류와 같은 방향으로 유기
유도기전력의 크기가 (−) e[V] < 0이면 인가된 전류와 반대 방향으로 유기
그림상에서 2~6초 사이에는 전류의 변화가 없으므로 유기기전력은 없다.

08 어느 코일에 흐르는 전류가 0.01[s] 간에 1[A] 변화하여 60[V]의 기전력이 유기되었다. 이 코일의 자기인덕턴스[H]는?

① 0.4　　　② 0.6　　　③ 1.0　　　④ 1.2

해설 유기기전력을 이용하면 $L = e\dfrac{dt}{di}$ [H]이므로 $L = \dfrac{60 \times 0.01}{1} = 0.6$ [H]

09 자기인덕턴스 0.05[H]의 회로에 흐르는 전류가 매초 530[A]의 비율로 증가할 때 자기유도 기전력[V]을 구하면?

① −25.5　　　② −26.5　　　③ 25.5　　　④ 26.5

해설 $L = 0.05$[H], $\dfrac{di}{dt} = 530$[A/sec]일 때 유기기전력

$e = -L\dfrac{di}{dt} = -0.05 \times 530 = -26.5$[V]이다.

10 그림과 같이 환상의 철심에 일정한 권선이 감겨진 권수 N회, 단면 S[m²], 평균 자로의 길이 l[m]인 환상솔레노이드에 전류 i[A]를 흘렸을 때 이 환상솔레노이드의 자기인덕턴스를 옳게 표현한 식은?

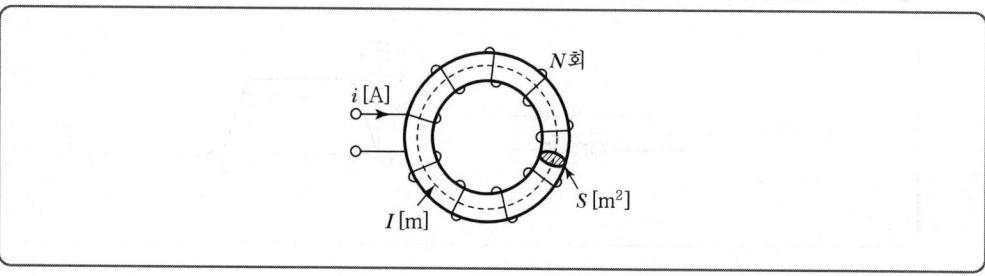

① $\dfrac{\mu^2 SN}{l}$　　② $\dfrac{\mu S^2 N}{l}$　　③ $\dfrac{\mu SN}{l}$　　④ $\dfrac{\mu SN^2}{l}$

해설 환상솔레노이드의 인덕턴스

$L = \dfrac{N\phi}{I} = \dfrac{N}{I} \times \dfrac{\mu SNI}{l} = \dfrac{\mu SN^2}{l} = \dfrac{N^2}{R_m} \propto N^2$[H]

여기서, $S = \pi a^2$[m²] : 철심의 단면적
$l = 2\pi r$[m] : 자로의 길이
$R_m = \dfrac{l}{\mu S}$[AT/m] : 자기저항

08 ②　09 ②　10 ④　**Answer**

11 평균 반지름이 a[m]이고 단면적이 S[m²]인 원환철심(투자율 μ)에 권선수 N인 코일을 감았을 때, 자기인덕턴스는 몇 [H]가 되는가?

① $a\mu N^2 S$ ② $2\pi a\mu N^2 S$ ③ $\dfrac{\mu N^2 S}{2\pi a^2}$ ④ $\dfrac{\mu N^2 S}{2\pi a}$

해설 환상솔레노이드의 인덕턴스
$$L = \frac{N\phi}{I} = \frac{N}{I} \times \frac{\mu SNI}{l} = \frac{\mu SN^2}{l} = \frac{N^2}{R_m} \propto N^2 [\text{H}]$$
여기서, 자로의 길이 $l = 2\pi a$[m]이므로 $L = \dfrac{\mu N^2 S}{2\pi a}$[H]

12 권수가 N인 철심이 든 환상솔레노이드가 있다. 철심의 투자율은 일정하다고 하면, 이 솔레노이드의 자기인덕턴스 L은?(단, 여기서 R_m은 철심의 자기저항이고 솔레노이드에 흐르는 전류를 I라 한다.)

① $L = \dfrac{R_m}{N^2}$ ② $L = \dfrac{N^2}{R_m}$

③ $L = R_m N^2$ ④ $L = \dfrac{N}{R_m}$

해설 문제 10번 해설 참고

13 코일에 있어서 자기인덕턴스는 다음의 어떤 매질 상수에 비례하는가?

① 저항률   ② 유전율   ③ 투자율   ④ 도전율

해설 자기인덕턴스 $L = \dfrac{\mu SN^2}{l}$[H]이므로 투자율 μ와 관계 있다.

14 단면적 S, 평균 반지름 r, 권회수 N인 토로이드코일에 누설자속이 없는 경우, 자기인덕턴스의 크기는?

① 권선수의 자승에 비례하고 단면적에 반비례한다.
② 권선수 및 단면적에 비례한다.
③ 권선수의 자승 및 단면적에 비례한다.
④ 권선수의 자승 및 평균 반지름에 비례한다.

Answer   11 ④   12 ②   13 ③   14 ③

해설 환상솔레노이드의 자기인덕턴스

$$L = \frac{\mu S N^2}{l} = \frac{\mu S N^2}{2\pi r} = \frac{N^2}{R_m} \text{[H]이므로}$$

권선수의 자승 및 단면적에 비례하고 평균 반지름에 반비례한다.

15 N회 감긴 환상 코일의 단면적이 S[m²]이고 길이가 l[m]이다. 이 코일의 권수를 반으로 줄이고 인덕턴스를 일정하게 하려면?

① 길이를 $\frac{1}{4}$배로 한다.　　② 단면적을 2배로 한다.

③ 전류의 세기를 2배로 한다.　　④ 전류의 세기를 4배로 한다.

해설
- 권수를 2배로 증가시키면 L[H]은 $2^2 = 4$배 증가
- 권수를 10배로 증가시키면 L[H]은 $10^2 = 100$배로 증가
- 권수를 반으로 줄인다면 L[H]은 $\left(\frac{1}{2}\right)^2 = \frac{1}{4}$배로 감소

L[H]을 일정하게 하려면 $N^2 = l$ 길이와 권수를 같게 하면 된다.

16 솔레노이드의 자기인덕턴스는 권수를 N이라 하면 어떻게 되는가?

① N에 비례　　② $\sqrt{N}$에 비례

③ N^2에 비례　　④ $\frac{1}{N^2}$에 비례

해설 환상솔레노이드의 자기인덕턴스

$$L = \frac{\mu S N^2}{l} = \frac{\mu S N^2}{2\pi a} = \frac{N^2}{R_m} \text{[H]이므로 권선수 } N^2\text{에 비례한다.}$$

17 자기회로의 자기저항이 일정할 때 코일의 권수를 $\frac{1}{2}$로 줄이면 자기인덕턴스는 원래의 몇 배가 되는가?

① $\frac{1}{\sqrt{2}}$　　② $\frac{1}{2}$　　③ $\frac{1}{4}$　　④ $\frac{1}{8}$

해설 환상솔레노이드의 자기인덕턴스 $L \propto N^2$이므로 권선수를 $\frac{1}{2}$배로 하면 $\frac{1}{4}$배가 된다.

15 ① 16 ③ 17 ③ **Answer**

18 권수 3,000회인 공심 코일의 자기인덕턴스는 0.06[mH]이다. 지금 자기인덕턴스를 0.135[mH]로 하자면 권수는 몇 회로 하면 되는가?

① 3,500회　　② 4,500회　　③ 5,500회　　④ 6,750회

해설　$N_1 = 3,000$회 $\Rightarrow L_1 = 0.06\,[\text{mH}]$, $L_2 = 0.135\,[\text{mH}] \Rightarrow N_2$는

환상 솔레노이드의 자기인덕턴스 $L \propto N^2$이므로 $L_1 : {N_1}^2 = L_2 : {N_2}^2$에서

$N_2 = \sqrt{\dfrac{L_2}{L_1}} \cdot N_1 = \sqrt{\dfrac{0.135}{0.06}} \times 3,000 = 4,500\,[\text{회}]$가 된다.

19 단면적 $S\,[\text{m}^2]$, 자로의 길이 $l\,[\text{m}]$, 투자율 $\mu\,[\text{H/m}]$의 환상철심에 1[m]당 N회 균등하게 코일을 감았을 때 자기인덕턴스[H]는?

① $\mu N^2 l S$　　② $\dfrac{\mu N^2 l}{S}$　　③ $\mu N I S$　　④ $\dfrac{\mu N^2 S}{l}$

해설　1m당 N회 균등하게 감은 인덕턴스 $L = \mu S N^2 l\,[\text{H}]$

20 자기인덕턴스를 계산하는 공식이 아닌 것은?(단, A는 벡터포텐셜[Wb/m]이고, J는 전류밀도 [A/m²]이다.)

① $L = \dfrac{N\phi}{I}$　　② $L = \dfrac{1}{I^2}\int_v B \cdot H\,dv$

③ $L = \dfrac{1}{I^2}\oint_c A \cdot dv$　　④ $L = \dfrac{1}{I^2}\int_v A \cdot J\,dv$

해설　자기인덕턴스와 벡터포텐셜의 관계

코일에 축적되는 에너지 $W = \dfrac{1}{2}LI^2 = \dfrac{1}{2}BHv\,[\text{J}]$이므로

$L = \dfrac{BHv}{I^2} = \dfrac{\int_v BH\,dv}{I^2} = \dfrac{\int_v \text{rot}\,A\,H\,dv}{I^2} = \dfrac{\int_v \text{rot}\,H\,A\,dv}{I^2} = \dfrac{\int_v A\,i\,dv}{I^2}\,[\text{H}]$가 된다.

여기서, $\text{rot}\,A = B\,[\text{Wb/m}^2]$, $\text{rot}\,H = i\,[\text{A/m}^2]$

21 단면적 $S\,[\text{m}^2]$, 단위길이에 대한 권수가 $n_0\,[\text{회/m}]$인 무한히 긴 솔레노이드의 단위길이당 자기인 덕턴스[H/m]를 구하면?

① $\mu S n_0$　　② $\mu S n_0^2$　　③ $\mu S^2 n_0^2$　　④ $\mu S^2 n_0$

Answer　18 ②　19 ①　20 ③　21 ②

[해설] 단위길이당 솔레노이드의 자기인덕턴스 $L = \mu S n^2 [\text{H/m}]$ (단, $n[\text{T/m}]$: 단위길이당 권선수)이므로 전체 자기인덕턴스는 $L' = \mu S n^2 l [\text{H}]$가 된다.

22 반지름 $a[\text{m}]$이고 단위길이에 대한 권수가 n인 무한장 솔레노이드의 단위길이당의 자기인덕턴스는 몇 $[\text{H/m}]$인가?

① $\mu \pi a^2 n^2$ ② $\mu \pi a n$ ③ $\dfrac{an}{2\mu\pi}$ ④ $4\mu\pi a^2 n^2$

[해설] 무한장 솔레노이드의 자기인덕턴스 $L = \mu S n^2 = \mu \pi a^2 n^2 [\text{H/m}]$
(단, $n[\text{T/m}]$: 단위길이당 권선수)
여기서, $S = \pi a^2 [\text{m}^2]$: 단면적

23 단면의 지름이 $D[\text{m}]$, 권수가 $n[\text{T/m}]$인 무한장 솔레노이드에 전류 $I[\text{A}]$를 흘렸을 때 길이 $l[\text{m}]$에 대한 인덕턴스 $L[\text{H}]$은?

① $4\pi^2 \mu_s n D^2 l \times 10^{-7}$ ② $4\pi \mu_s n^2 l \times 10^{-7}$
③ $\pi^2 \mu_s n D^2 l \times 10^{-7}$ ④ $\pi^2 \mu_s n^2 D^2 l \times 10^{-7}$

[해설] $L = \dfrac{\mu S(nl)^2}{l} = \mu S n^2 l$
$= 4\pi \times 10^{-7} \times \mu_s \times \dfrac{\pi D^2}{4} n^2 l$
$= \pi^2 \mu_s n^2 D^2 l \times 10^{-7}$
여기서, $S = \pi r^2 = \dfrac{\pi D^2}{4} [\text{m}^2]$: 단면적, $r[\text{m}]$: 반지름, $D[\text{m}]$: 지름

24 반지름 $a[\text{m}]$인 원통 도체가 있다. 이 원통 도체의 길이가 $l[\text{m}]$일 때 내부 인덕턴스$[\text{H}]$는 얼마인가?(단, 원통 도체의 투자율은 $\mu[\text{H/m}]$이다.)

① $\dfrac{\mu}{4\pi}$ ② $\dfrac{\mu}{4\pi} l$ ③ $\dfrac{\mu}{8\pi}$ ④ $\dfrac{\mu}{8\pi} l$

[해설] • 원주도체 내부의 자기인덕턴스 $L_i = \dfrac{\mu l}{8\pi} [\text{H}]$
• 원주도체 내부의 단위길이당 자기인덕턴스 $L_i' = \dfrac{L_i}{l} = \dfrac{\mu}{8\pi} [\text{H/m}]$
• 원주도체 내부에 축적되는 에너지 $W_i = \dfrac{1}{2} L_i I^2 = \dfrac{\mu l I^2}{16\pi} [\text{J}]$

22 ① 23 ④ 24 ④ ◆ Answer

25 무한히 긴 원주 도체의 내부 인덕턴스의 크기는 어떻게 결정되는가?

① 도체의 인덕턴스는 0이다.
② 도체의 기하학적 모양에 따라 결정된다.
③ 주위 자계의 세기에 따라 결정된다.
④ 도체의 재질에 따라 결정된다.

해설 원주 도체 내부의 자기인덕턴스 $L_i = \dfrac{\mu l}{8\pi}$ [H]이므로 투자율 μ에 따라 달라진다.

26 내도체의 반지름 a[m]이고, 외도체의 내반지름이 b[m], 외반지름이 c[m]인 동축 케이블의 단위 길이당 자기인덕턴스는 몇 [H/m]인가?

① $\dfrac{\mu_0}{2\pi} \ln \dfrac{b}{a}$ ② $\dfrac{\mu_0}{\pi} \ln \dfrac{b}{a}$ ③ $\dfrac{2\pi}{\mu_0} \ln \dfrac{b}{a}$ ④ $\dfrac{\pi}{\mu_0} \ln \dfrac{b}{a}$

해설 동축 케이블(원통) 사이의 자기인덕턴스 $L = \dfrac{\mu_0}{2\pi} \ln \dfrac{b}{a}$ [H/m]이다.

27 동축케이블의 단위길이당 자기인덕턴스는?(단, 동축선 자체의 내부 인덕턴스는 무시하는 것으로 한다.)

① 두 원통의 반지름의 비에 정비례한다.
② 동축선의 투자율에 비례한다.
③ 동축선 간 유전체의 투자율에 비례한다.
④ 동축선에 흐르는 전류의 세기에 비례한다.

해설 심선 값을 고려 시 동축케이블(원통) 사이의 자기인덕턴스 $L = \dfrac{\mu}{2\pi} \ln \dfrac{b}{a}$ [H/m]이고, 동축선 간 절연체에 의해 유전체의 투자율에 비례한다.

28 지상 h [m]의 높이에 가설된 반지름 a [m]인 전선에 교류를 흘렸을 경우 단위길이당 인덕턴스 [H/m]는?(단, 전선의 비투자율은 μ_s 이다.)

① $L = \dfrac{\mu_0}{\pi} \left[\log \dfrac{h}{a} + \dfrac{\mu_s}{2} \right]$ ② $L = \dfrac{\mu_0}{4\pi} \left[\log \dfrac{h}{2a} + \mu_s \right]$

③ $L = \dfrac{\mu_0}{2\pi} \left[\log \dfrac{2h}{a} + \dfrac{\mu_s}{4} \right]$ ④ $L = \dfrac{\mu_0}{3\pi} \left[\log \dfrac{h}{3a} + \dfrac{\mu_s}{3} \right]$

Answer ◯ 25 ④ 26 ① 27 ③ 28 ③

해설 $L = \dfrac{\mu_0 l}{2\pi} \ln \dfrac{2h}{a}$ (외부) $+ \dfrac{\mu l}{8\pi}$ (내부)[H] $= \dfrac{\mu_0}{2\pi} \ln \dfrac{2h}{a} + \dfrac{\mu}{8\pi}$ [H/m]

$= \dfrac{\mu_0}{2\pi} \left[\ln \dfrac{2h}{a} + \dfrac{\mu_0}{4} \right]$ [H/m]

29 반지름 a [m], 선간거리 d [m]의 평행 왕복 도선 간의 자기인덕턴스는 다음 중 어떤 값에 비례하는가?

① $\dfrac{\pi \mu_0}{\ln \dfrac{d}{a}}$ ② $\dfrac{\pi \mu_0}{\ln \dfrac{a}{d}}$ ③ $\dfrac{\mu_0}{2\pi} \ln \dfrac{a}{d}$ ④ $\dfrac{\mu_0}{\pi} \ln \dfrac{d}{a}$

해설 평행 도선 간의 자기인덕턴스 $L = \dfrac{\mu_0}{\pi} \ln \dfrac{d}{a}$ [H/m]

30 임의의 단면을 가진 2개의 원주상의 무한히 긴 평행 도체가 있다. 지금 도체의 도전율을 무한대라고 하면 C, L, ε 및 μ 사이의 관계는?(단, C는 두 도체 간의 단위길이당 정전용량, L은 두 도체를 한 개의 왕복회로로 한 경우의 단위길이당 자기인덕턴스, ε은 두 도체 사이에 있는 매질의 유전율, μ는 두 도체 사이에 있는 매질의 투자율이다.)

① $C\varepsilon = L\mu$ ② $\dfrac{C}{\varepsilon} = \dfrac{L}{\mu}$

③ $\dfrac{1}{LC} = \varepsilon\mu$ ④ $LC = \varepsilon\mu$

해설 L[H]과 C[F]의 관계 $LC = \mu\varepsilon$

31 $I = 4$[A]인 전류가 흐르는 코일과 쇄교 자속수 $\phi = 4$[Wb]이다. 이 전류회로에 축적되어 있는 자기 에너지[J]는?

① 4   ② 2   ③ 8   ④ 16

해설 코일의 축적에너지(전자에너지) : $W = \dfrac{1}{2} L I^2 = \dfrac{\phi^2}{2L} = \dfrac{1}{2} \phi I$ [J]

$W = \dfrac{1}{2} \phi I = \dfrac{1}{2} \times 4 \times 4 = 8$ [J]가 된다.

29 ④　30 ④　31 ③　Answer

32 100[mH]의 자기인덕턴스를 가진 코일에 10[A]의 전류를 통할 때 축적되는 에너지[J]는?

① 1
② 5
③ 50
④ 1,000

해설 $W = \frac{1}{2}LI^2 = \frac{1}{2} \times 100 \times 10^{-3} \times 10^2 = 5[J]$가 된다.

33 10[A]의 전류가 흐르고 있는 도선이 자계 내에서 운동하여 5[Wb]의 자속을 끊었다고 하면, 이때 전자력이 한 일은 몇 [J]인가?

① 25
② 50
③ 75
④ 100

해설 전자력이 한 일 $W = \phi I [J]$
$W = 5 \times 10 = 50[J]$

34 반지름 a의 직선상 도체에 전류 I가 고르게 흐를 때 도체 내의 전자 에너지와 관계없는 것은?

① 투자율
② 도체의 단면적
③ 도체의 길이
④ 전류의 크기

해설 원주도체 내부에 축적되는 에너지 $W_i = \frac{1}{2}L_i I^2 = \frac{\mu l I^2}{16\pi}[J]$이므로 도체의 단면적과 관계없다.

35 두 코일이 있다. 한 코일의 전류가 매초 120[A]의 비율로 변화할 때 다른 코일에는 15[V]의 기전력이 발생하였다면 두 코일의 상호인덕턴스[H]는?

① 0.125
② 0.255
③ 0.515
④ 0.615

해설 $\frac{di_1}{dt} = 120[A/sec]$, $e_2 = 15[V]$일 때 상호인덕턴스 M은 상대편 전류 변화에 의한 상대편 전압
$e_2 = M\frac{di_1}{dt}[V]$이므로 $15 = M \times 120 \Rightarrow M = \frac{15}{120} = 0.125[H]$가 된다.

Answer ◯ 32 ② 33 ② 34 ② 35 ①

36 그림과 같이 단면적이 균일한 환상 철심에 권수 N_1인 A코일과 권수 N_2인 B코일이 있을 때 A코일의 자기인덕턴스가 L_1[H]라면 두 코일의 상호인덕턴스 M[H]는?(단, 누설 자속은 0이다.)

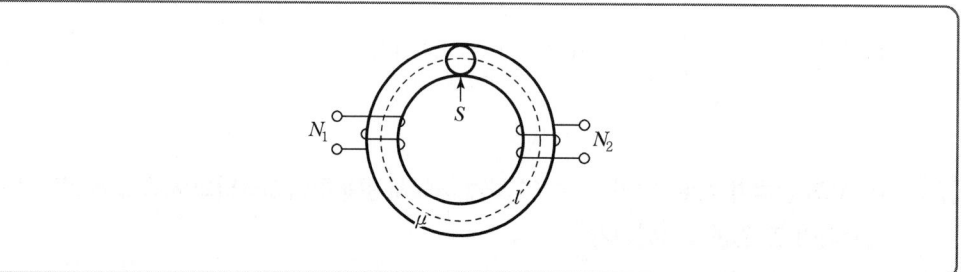

① $\dfrac{L_1 N_1}{N_2}$
② $\dfrac{N_2}{L_1 N_1}$
③ $\dfrac{N_1}{L_1 N_2}$
④ $\dfrac{L_1 N_2}{N_1}$

해설 1) 상호인덕턴스 $M = k\sqrt{L_1 L_2}$
2) 자기인덕턴스와 상호인덕턴스의 관계 $k=1$일 경우

$M = \sqrt{L_1 L_2}$, $L_1 = \dfrac{\mu S N_1^2}{l}$, $L_2 = \dfrac{\mu S N_2^2}{l}$ 을 대입하면

$M = \dfrac{\mu S N_1 N_2}{l} = \dfrac{N_1 N_2}{R_m} = L_1 \dfrac{N_2}{N_1} = L_2 \dfrac{N_1}{N_2}$ [H]

노이만의 식

$M_{21} = \dfrac{\phi_{21}}{I_1} \oint_{c_2} B \cdot dS = \dfrac{\mu}{4\pi} \oint_{c_1} \oint_{c_2} \dfrac{dl_1 \cdot dl_2}{r_{21}} = \dfrac{\mu}{4\pi} \oint_{c_1} \oint_{c_2} \dfrac{\cos\theta \, dl_1 dl_2}{r_{21}}$ [H]

37 철심이 들어 있는 환상 코일이 있다. 1차 코일의 권수 $N_1 = 100$회일 때, 자기인덕턴스는 0.01[H]였다. 이 철심에 2차 코일 $N_2 = 200$회를 감았을 때 1, 2차 코일의 상호인덕턴스는 몇 [H]인가? (단, 결합계수 $k=1$로 한다.)

① 0.01
② 0.02
③ 0.03
④ 0.04

해설 결합계수가 $k=1$인 경우의 $M = L_1 \cdot \dfrac{N_2}{N_1} = 0.01 \times \dfrac{200}{100} = 0.02$[H]가 된다.

36 ④ 37 ② **Answer**

38 그림과 같이 단면적 S [m²], 평균 자로의 길이 l [m], 투자율 μ [H/m]인 철심에 N_1, N_2의 권선을 감은 무단 솔레노이드가 있다. 누설자속을 무시할 때 권선의 상호인덕턴스는 몇 [H]가 되는가?

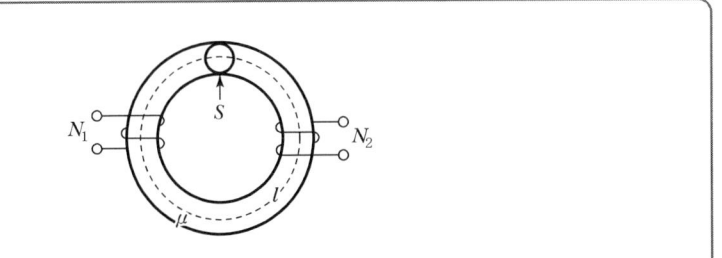

① $\dfrac{\mu N_1 N_2 S}{l^2}$ ② $\dfrac{\mu N_1 N_2 S}{l}$

③ $\dfrac{\mu N_1^2 N_2^2 S}{l}$ ④ $\dfrac{\mu N_1 N_2 S^2}{l}$

해설 자기인덕턴스와 상호인덕턴스의 관계 누설자속이 없다 라면 $k=1$일 경우이며

$M = \sqrt{L_1 L_2}$, $L_1 = \dfrac{\mu S N_1^2}{l}$, $L_2 = \dfrac{\mu S N_2^2}{l}$ 을 대입하면

$M = \dfrac{\mu S N_1 N_2}{l} = \dfrac{N_1 N_2}{R_m} = L_1 \dfrac{N_2}{N_1} = L_2 \dfrac{N_1}{N_2}$ [H]

39 $C1$, $C2$의 두 폐회로 간의 상호인덕턴스를 구하는 노이만의 공식은?

① $\dfrac{\mu}{2\pi} \oint_{C1} \oint_{C2} \dfrac{dl_1 \cdot dl_2}{r^2}$ ② $4\pi\mu \oint_{C1} \oint_{C2} \dfrac{dl_1 \cdot dl_2}{r}$

③ $\dfrac{\mu}{4\pi} \oint_{C2} \oint_{C1} \dfrac{dl_1 \cdot dl_2}{r}$ ④ $\dfrac{4\pi}{\mu} \oint_{C1} \oint_{C2} \dfrac{dl_1 \cdot dl_2}{r}$

해설 문제 36번 해설 참고

40 길이 l, 단면 반경($l \gg a$), 권수 N_1인 단층 원통형 1차 솔레노이드의 중앙 부근에 권수 N_2인 2차 코일을 밀착되게 감았을 경우 상호인덕턴스[H]는?

① $\dfrac{\mu \pi a^2}{l} N_1 N_2$ ② $\dfrac{\mu \pi a^2}{l} N_1^2 N_2^2$

③ $\dfrac{\mu l}{\pi a^2} N_1 N_2$ ④ $\dfrac{\mu l}{\pi a^2} N_1^2 N_2^2$

Answer ▶ 38 ② 39 ③ 40 ①

해설 상호인덕턴스 $M = \dfrac{\mu S N_1 N_2}{l} = \dfrac{\mu \pi a^2 N_1 N_2}{l}$ [H]

여기서, a[m] : 반지름

41 자기인덕턴스 L_1, L_2와 상호인덕턴스 M과의 결합계수는 어떻게 표시되는가?

① $\dfrac{M}{\sqrt{L_1 L_2}}$ ② $\dfrac{M}{L_1 L_2}$ ③ $\dfrac{\sqrt{L_1 L_2}}{M}$ ④ $\dfrac{L_1 L_2}{M}$

해설 결합계수 $k = \dfrac{M}{\sqrt{L_1 \cdot L_2}}$

42 두 코일이 있다. 각 코일의 자기인덕턴스가 $L_1 = 0.15$[H], $L_2 = 0.2$[H], 상호인덕턴스가 $M = 0.1$[H]라고 하면, 두 코일의 결합계수 k는?

① 0.456   ② 0.578   ③ 0.628   ④ 0.725

해설 결합계수 $k = \dfrac{M}{\sqrt{L_1 \cdot L_2}} = \dfrac{0.1}{\sqrt{0.15 \times 0.2}} = 0.578$

43 자기인덕턴스가 각각 L_1, L_2인 A, B 두 개의 코일이 있다. 이때, 상호인덕턴스 $M = \sqrt{L_1 L_2}$ 라면 다음 중 옳지 않은 것은?

① A코일이 만든 자속은 전부 B코일과 쇄교된다.
② 두 코일이 만드는 자속은 항상 같은 방향이다.
③ A코일에 1초 동안에 1[A]의 전류 변화를 주면 B코일에는 1[V]가 유기된다.
④ L_1, L_2는 (−) 값을 가질 수 없다.

해설 $k = \dfrac{M}{\sqrt{L_1 L_2}}$에서 $M = \sqrt{L_1 L_2}$ 라면 $k = 1$을 의미하므로 누설자속이 없이 A코일이 만드는 자속은 전부 B코일에 쇄교된다.
그리고 $L_1 > 0$, $L_2 > 0$이므로 $M > 0$이기 때문에 두 코일이 만드는 자속은 항상 같은 방향이다. 그러나 $M = 1$이라는 것은 아니므로 보기 ③의 설명은 옳지 않다.

41 ① 42 ② 43 ③ Answer

44 자기인덕턴스 L_1, L_2이고, 상호인덕턴스가 $M[\text{H}]$인 두 코일을 직렬로 연결하였을 경우 합성인덕턴스는?

① $L_1 + L_2 \pm 2M$
② $\sqrt{L_1 + L_2} \pm 2M$
③ $L_1 + L_2 \pm 2\sqrt{M}$
④ $\sqrt{L_1 + L_2} \pm 2\sqrt{M}$

해설 직렬 연결시 합성인덕턴스 $L_0[\text{H}]$
㉠ 가동결합(두 자속이 합해지는 경우)
$L_0 = L_1 + L_2 + 2M = L_1 + L_2 + 2k\sqrt{L_1 L_2}\,[\text{H}]$
㉡ 차동결합(두 자속이 차가 되는 경우)
$L_0 = L_1 + L_2 - 2M = L_1 + L_2 - 2k\sqrt{L_1 L_2}\,[\text{H}]$ (단, 완전결합일 때 : $k=1$)

45 1차, 2차 코일의 자기인덕턴스가 각각 49[mH], 100[mH], 결합계수 0.9일 때, 이 두 코일을 자속이 합해지도록 같은 방향으로 직렬로 접속하면 합성인덕턴스[mH]는?

① 212
② 219
③ 275
④ 289

해설 두 자속의 방향이 같으면 가동결합이 된다. 수치를 대입하면
$L_0 = L_1 + L_2 + 2k\sqrt{L_1 L_2} = 49 + 100 + 2 \times 0.9 \times \sqrt{49 \times 100} = 275[\text{mH}]$가 된다.

46 직렬로 연결한 2개의 코일에 있어서 합성 자기인덕턴스는 80[mH]가 되고 한쪽 코일의 연결을 반대로 하면 합성 자기인덕턴스는 50[mH]가 된다. 두 코일 사이의 상호인덕턴스는 얼마인가?

① 2.5[mH] ② 6[mH] ③ 7.5[mH] ④ 9[mH]

해설 $L(\text{가동}) = L_1 + L_2 + 2M = 80[\text{mH}]$
$L'(\text{차동}) = L_1 + L_2 - 2M = 50[\text{mH}]$에서 M에 관해 풀면
$L - L' = 4M$
∴ $M = \dfrac{L - L'}{4} = \dfrac{80 - 50}{4} = 7.5[\text{mH}]$

Answer ▶ 44 ① 45 ③ 46 ③

47 150[H]인 같은 코일 2개를 직렬로 자속이 감쇠하는 방향으로 접속하였더니, 합성인덕턴스가 10[H]였다. 이때, 상호인덕턴스[H]는?

① 45　　　　　② 145　　　　　③ 200　　　　　④ 245

해설 직렬 연결 시 자속이 감쇠하는 방향이라는 뜻은 전류가 반대로 흘렀다는 뜻이다. 그러므로 차동접속
$L = L_1 + L_2 - 2M$, $10 = 150 + 150 - 2M$
$M = \dfrac{300 - 10}{2} = 145[H]$

48 10[mH]의 두 가지 인덕턴스가 있다. 결합계수를 0.1로부터 0.9까지 변화시킬 수 있다면 이것을 접속시켜 얻을 수 있는 합성인덕턴스의 최대값과 최소값의 비는?

① 9 : 1　　　　② 13 : 1　　　　③ 16 : 1　　　　④ 19 : 1

해설 $L_{\max}$ (최대값) $= L_1 + L_2 + 2M$ (가동접속)
$= L_1 + L_2 + 2k\sqrt{L_1 L_2}$ (k가 0.9일 때 $L_{\max}$값이 최대)
$= 10 + 10 + (2 \times 0.9\sqrt{10 \times 10})$[mH]
$= 38$[mH]

$L_{\min}$ (최소값) $= L_1 + L_2 - 2M$ (차동접속)
$= L_1 + L_2 - 2k\sqrt{L_1 L_2}$
$= 10 + 10 - (2 \times 0.9\sqrt{10 \times 10})$ (k가 0.9일 때 $L_{\min}$값이 최소)

$L_{\max} : L_{\min} = 38 : 2 = 19 : 1$

49 자기인덕턴스가 L_1, L_2[H] 상호인덕턴스 M[H]인 두 회로에 자속을 돕는 방향으로 각각 I_1, I_2[A]의 전류가 흘렀을 때 저장되는 자계의 에너지는 몇 [J]인가?

① $\dfrac{1}{2}(L_1 I_1{}^2 + L_2 I_2{}^2)$　　　　② $\dfrac{1}{2}(L_1 I_1 + L_2 I_2)^2$

③ $\dfrac{1}{2}(L_1 I_1{}^2 + L_2 I_2{}^2 + 2MI_1 I_2)$　　　　④ $\dfrac{1}{2}(L_1 I_1{}^2 + L_2 I_2{}^2 + MI_1 I_2)$

47 ②　48 ④　49 ③　**Answer**

해설 자기인덕턴스가 L_1, L_2[H] 상호인덕턴스 M[H]인 두 회로에 자속을 돕는 방향으로 각각 I_1, I_2[A]의 전류가 흘렀을 때 저장되는 자계의 에너지

㉠ $W = \frac{1}{2}L_1I_1^2 + \frac{1}{2}L_2I_2^2 + \frac{1}{2}2MI_1I_2 = \frac{1}{2}(L_1I_1^2 + L_2I_2^2 + 2MI_1I_2)$[J]

㉡ $W = \frac{1}{2}L_1I_1^2 + \frac{1}{2}L_2I_2^2 + \frac{1}{2}2MI_1I_2 = \frac{1}{2}L_1I_1^2 + \frac{1}{2}L_2I_2^2 + MI_1I_2$[J]

50 그림에서 $l = 100$[cm], $S = 10$[cm²], $\mu_s = 100$, $N = 1,000$회인 회로에 전류 $I = 10$[A]를 흘렸을 때 축적되는 에너지[J]는?

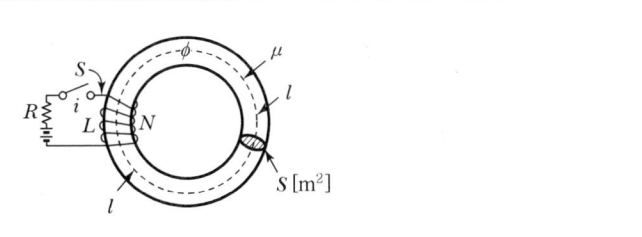

① 2×10^{-1}
② $2\pi \times 10^{-2}$
③ $2\pi \times 10^{-3}$
④ 2π

해설 코일에 축적되는 에너지 $W = \frac{1}{2}LI^2$[J]

자기인덕턴스를 주어지지 않았으므로 환상솔레노이드의 인덕턴스를 적용하면

$W = \frac{1}{2}\frac{\mu SN^2}{l}I^2 = \frac{1}{2}\frac{\mu_0\mu_s SN^2}{l}I^2$[J]이다. 따라서 주어진 수치를 대입하면

$W = \frac{1}{2}\frac{4\pi \times 10^{-7} \times 100 \times 10 \times 10^{-4} \times 1,000^2}{100 \times 10^{-2}} \times 10^2 = 2\pi$[J]가 된다.

Answer ▶ 50 ④

Chapter 11 전자계

1 전류의 종류

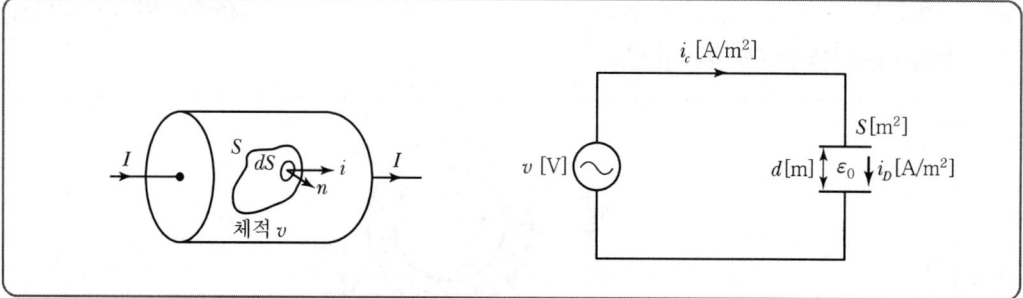

1) 전도전류

도체와 도체 사이에서 전위차에 의한 자유전자가 이동하여 발생하는 전류

전체 전류 $I_c(\mathrm{J}) = \dfrac{V}{R} = \dfrac{V}{\dfrac{l}{kS}} = k\dfrac{VS}{l} = kES\,[\mathrm{A}]$

전도전류의 크기는 도전율에 비례한다.

전도 전류 밀도 $i_c = \dfrac{I_c}{S} = \dfrac{kES}{S} = kE = \dfrac{E}{\rho}$

$$i_c = \dfrac{ne}{tS} = \dfrac{ne_v Sl}{tS} = ne_v v = Qv\,[\mathrm{A/m^2}]$$

여기서, $e_v[\mathrm{C/m^3}]$: 체적당 전자의 전하량

$v = \dfrac{l}{t}[\mathrm{m/s}]$: 전자의 이동속도

$Q[\mathrm{C/m^3}]$: 이동하는 체적당 전하량

2) 변위전류밀도

절연체(유전체)에서 전속밀도의 시간적 변화에 의한 속박전자의 위치 변화에 의해 발생하는 전류

$$I_D = \frac{dQ}{dt} = \frac{dS\sigma}{dt} = \frac{\partial D}{\partial t}S = \varepsilon\frac{\partial E}{\partial t}S[\text{A}]$$

여기서, $\sigma = D = \frac{Q}{S}[\text{C/m}^2]$

변위전류의 크기는 유전율에 비례한다.

① 변위 전류 밀도 : $i_D = \frac{I_D}{S} = \frac{\partial D}{\partial t} = \varepsilon\frac{\partial E}{dt} = \frac{\varepsilon}{d}\frac{\partial V}{\partial t}[\text{A/m}^2]$

② 전압 $v = V_m \sin\omega t[\text{V}]$

변위전류밀도 $i_D = \omega\frac{\varepsilon}{d}V_m \cos\omega t[\text{A/m}^2]$

③ 전계 $E = E_m \sin\omega t[\text{V/m}]$

변위전류밀도 : $i_D = \varepsilon\frac{\partial}{\partial t}E_m\sin\omega t = \omega\varepsilon E_m\cos\omega t = \omega\varepsilon E_m\sin(\omega t + 90°)$

$= j\omega\varepsilon E_m\sin\omega t = j\omega\varepsilon E = j2\pi f\varepsilon E[\text{A/m}^2]$

④ 유전체 손실각(δ)

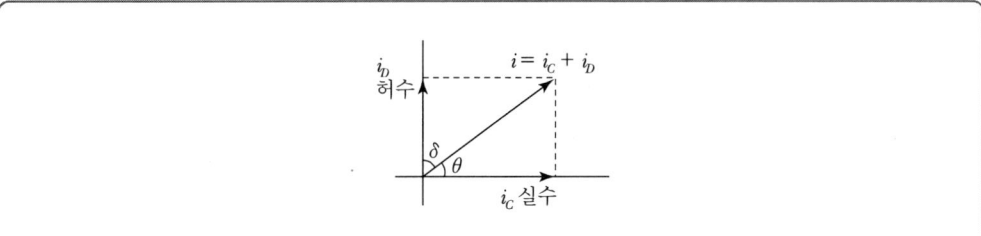

$i_c = kE$, $i_D = j\omega\varepsilon E$라면 i_D가 i_C보다 90° 빠르다.

$$\tan\delta = \frac{i_c}{i_D} = \frac{kE}{\omega\varepsilon E} = \frac{k}{\omega\varepsilon} = \frac{k}{2\pi\varepsilon f}$$

⑤ 임계주파수(f_c) : 도체와 유전체를 구분하는 임계점에서의 주파수

임계주파수 조건 $i_c = i_D$이다.

$kE = \omega\varepsilon E$이고, $kE = 2\pi f_c\varepsilon E$이므로 $f_c = \frac{k}{2\pi\varepsilon} = \frac{\sigma}{2\pi\varepsilon}[\text{Hz}]$

여기서, 도전율 $k[\mho/\text{m}] = \sigma[\mho/\text{m}]$

⑥ 유전체 손실각 $\tan\delta = \frac{i_c}{i_D} = \frac{kE}{w\varepsilon E} = \frac{k}{2\pi\varepsilon}\times\frac{1}{f} = \frac{f_c}{f}$

전기자기학

   * $I_D = i_D \times S = \omega \dfrac{\varepsilon \times S}{d} V_m \cos \omega t = \omega C V_m \cos \omega t [\mathrm{A}]$

3) 변위전류

전속밀도의 시간적 변화에 의한 것으로 하전체에 의하지 않는 전류로 유전체에서 전하의 이동으로 발생하는 전류

$I_D = i_D \times S = \omega C V_m \cos \omega t [\mathrm{A}]$

   * 전속밀도의 시간적 변화로 변위전류가 발생하고 그 주위에 자계가 형성된다.

2 맥스웰의 방정식(전자방정식)

1) 맥스웰의 제1의 기본방정식

$\mathrm{rot}\, H = \mathrm{curl}\, H = \nabla \times H = i_c + \dfrac{\partial D}{\partial t} = i_c + \varepsilon \dfrac{\partial E}{\partial t} = i [\mathrm{A/m^2}]$

① 암페어의 주회적분법칙에서 유도한 식
② 전도 전류, 변위 전류는 회전자계를 형성한다.

2) 맥스웰의 제2의 기본방정식

$\mathrm{rot}\, E = \mathrm{curl}\, E = \nabla \times E = -\dfrac{\partial B}{\partial t} = -\mu \dfrac{\partial H}{\partial t}$

① 패러데이의 전자유도법칙에서 유도한 식
② 자속 밀도의 시간적 변화는 전계를 회전시키고 유기 기전력을 형성한다.

3) $\mathrm{div}\, D = \nabla \cdot D = \rho [\mathrm{C/m^3}]$

① 가우스 발산 정리에 의하여 유도된 식
② 폐곡면으로 발산하는 전속선은 내부전하에 의해 형성한다.

4) div $B = \nabla \cdot B = 0$

　① 자기력선은 연속적이다.
　② N, S극이 항상 공존한다.
　③ 고립된 자극은 존재하지 않는다.

5) rot $\vec{A} = \nabla \times \vec{A} = B\,[\text{Wb/m}^2]$

　벡터포텐셜($\vec{A}$)의 회전은 자속밀도를 형성한다.

3 전자파

전자파란 전계와 자계가 서로 수직한 면내에서 동반하여 주기적으로 진동하면서 진행하는 파

1) 전자파의 파동방정식(완전 절연체일 경우)

전계와 자계의 시간적으로 그 크기와 위상이 변하면서 퍼져나가는 전자파를 나타낸 방정식

① 전파방정식 $\nabla^2 E = \varepsilon\mu \dfrac{\partial^2 E}{\partial t^2}$

$\nabla^2 E + \omega^2 \varepsilon\mu \left(1 + \dfrac{k}{j\omega\varepsilon}\right) E = 0$ ➡ 헬름홀츠의 페이저 방정식

② 자파방정식 $\nabla^2 H = \varepsilon\mu \dfrac{\partial^2 H}{\partial t^2}$

$\nabla^2 H + \omega^2 \varepsilon\mu \left(1 + \dfrac{k}{j\omega\varepsilon}\right) H = 0$ ➡ 헬름홀츠의 페이저 방정식

2) 고유(파동) 임피던스 : $Z\,[\Omega]$

① 전자파 내 자계와 전계의 관계 : $\sqrt{\varepsilon}\,E = \sqrt{\mu}\,H$
② 전계와 자계의 비
　전계와 자계가 손실 없이 같은 폭으로 진동하며 이때 자계에 대한 전계의 비를 고유 임피던스(파동, 특성 임피던스)라 한다.

$Z = \dfrac{E}{H} = \sqrt{\dfrac{\mu}{\varepsilon}}\,[\Omega]$, 단위 차원으로 보면 $\dfrac{E}{H} = \left[\dfrac{\text{V/m}}{\text{A/m}} = \dfrac{\text{V}}{\text{A}} = \Omega\right]$

$$Z = \frac{E}{H} = \sqrt{\frac{\mu}{\varepsilon}} = \sqrt{\frac{\mu_0}{\varepsilon_0}\frac{\mu_s}{\varepsilon_s}} = \sqrt{\frac{4\pi \times 10^{-7}}{\frac{10^{-9}}{36\pi}}\frac{\mu_s}{\varepsilon_s}} = 120\pi\sqrt{\frac{\mu_s}{\varepsilon_s}} = 377\sqrt{\frac{\mu_s}{\varepsilon_s}}\ [\Omega]$$

③ 진공(공기) 중일 때 전계와 자계의 실효값 환산

㉠ 전계

매질 $E = \sqrt{\frac{\mu}{\varepsilon}}H = 377\sqrt{\frac{\mu_s}{\varepsilon_s}}H\,[\text{V/m}]$

진공(공기) $E = \sqrt{\frac{\mu_0}{\varepsilon_0}}H = 377\,H\,[\text{V/m}]$

㉡ 자계

매질 $H = \sqrt{\frac{\varepsilon}{\mu}}E = \frac{1}{377}\sqrt{\frac{\varepsilon_s}{\mu_s}}E\,[\text{AT/m}]$

진공(공기) $H = \sqrt{\frac{\varepsilon_0}{\mu_0}}E = \frac{1}{377}E = 0.265 \times 10^{-2}E\,[\text{AT/m}]$

④ 전송전로(무한장 분포정수회로) 특성 임피던스

$$Z_0 = \sqrt{\frac{Z}{Y}} = \sqrt{\frac{R+j\omega L}{G+j\omega C}} = \sqrt{\frac{L}{C}}\ [\Omega]$$

여기서, $Z[\Omega]$: 직렬임피던스
$Y[\mho]$: 병렬어드미턴스

3) 동축케이블

$$L = \frac{\mu_0\mu_s}{2\pi}\ln\frac{b}{a}\,[\text{H/m}],\ C = \frac{2\pi\varepsilon_0\varepsilon_s}{\ln\frac{b}{a}}\,[\text{F/m}]$$

$$Z = \sqrt{\frac{\mu_0\mu_s}{2\pi\varepsilon_0\varepsilon_s \times 2\pi}}\ln\frac{b}{a}$$

$$= \frac{377}{2\pi} \times 2.3026\sqrt{\frac{\mu_s}{\varepsilon_s}}\log_{10}\frac{b}{a} = \frac{1}{2\pi}\sqrt{\frac{\mu}{\varepsilon}}\ln\frac{b}{a} \fallingdotseq 138\sqrt{\frac{\mu_s}{\varepsilon_s}}\log_{10}\frac{b}{a}\,[\Omega]$$

4) 평행왕복도선의 특성임피던스

$$L = \frac{\mu_0 \mu_s}{\pi} \ln \frac{b}{a} \, [\text{H/m}]$$

$$C = \frac{\pi \varepsilon_0 \varepsilon_s}{\ln \frac{b}{a}} \, [\text{F/m}]$$

$$Z = \sqrt{\frac{\mu_0 \mu_s}{\pi \varepsilon_0 \varepsilon_s \times \pi}} \ln \frac{b}{a} = \frac{377}{\pi} \times 2.3026 \sqrt{\frac{\mu_s}{\varepsilon_s}} \log_{10} \frac{b}{a}$$

$$= 276 \sqrt{\frac{\mu_s}{\varepsilon_s}} \log_{10} \frac{b}{a} \, [\Omega]$$

① 전파 정수

$$\gamma = \alpha + j\beta = \sqrt{YZ} = \sqrt{(R+j\omega L) \cdot (G+j\omega C)} \, [\mho]$$

여기서, 감쇠비(α) : 전파의 크기가 1[m]당 감쇠하는 정도
위상비(β) : 전파의 위상이 1[m]당 감쇠하는 정도

② γ와 Z_0의 관계식

$$\gamma \cdot Z_0 = \sqrt{YZ} \times \sqrt{\frac{Z}{Y}} = Z \, [\Omega]$$

5) 전자파(전파)의 속도 $v\,[\text{m/sec}]$

$$v = \frac{1}{\sqrt{\varepsilon\mu}} = \frac{3 \times 10^8}{\sqrt{\varepsilon_s \mu_s}} = \frac{\omega}{\beta} = \frac{1}{\sqrt{LC}} = \lambda f \, [\text{m/s}]$$

여기서, $\beta = \omega \sqrt{LC}$: 위상정수
$\lambda[\text{m}]$: 파장
$f[\text{Hz}]$: 주파수

4 전자파(평면파)의 특징

전자파는 전계와 자계가 서로 동반되어 매질을 통해 파동을 일으키며 전달된다. 또한 어떤 일정한 속도 $v[\mathrm{m/sec}]$로 진행하며 그것이 다시 다음 점에 영향을 미친다. 이러한 작용을 근접작용이라고 한다.

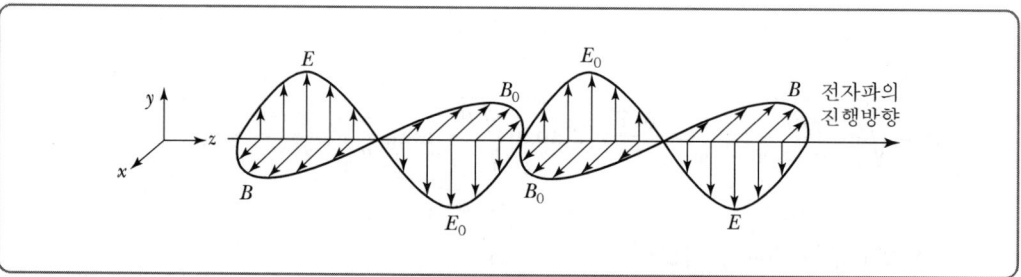

① 전계와 자계가 동시에 존재하고 동위상이며 파형은 서로 수직관계이다.
② 전계에너지와 자계에너지는 같다.
③ 전자파의 진행방향은 $E \times H$의 방향이다.
④ 전자파는 진행방향에 대한 전계와 자계의 성분이 없다.
　만약 Z축으로 진행하는 전자파라고 가정한다면 X, Y축의 미분계수는 존재하지 않으며 Z축의 미분계수만 존재한다. 그래서 Z축의 전계와 자계의 성분이 없다.
⑤ 전자파에 축적되는 에너지

$$W = W_E + W_H = \frac{1}{2}\varepsilon E^2 + \frac{1}{2}\mu H^2 = \frac{1}{2}\varepsilon E \cdot \sqrt{\frac{\mu}{\varepsilon}}H + \frac{1}{2}\mu H \sqrt{\frac{\varepsilon}{\mu}}E$$

$$= \frac{1}{2}EH\sqrt{\varepsilon\mu} + \frac{1}{2}EH\sqrt{\varepsilon\mu} = \sqrt{\varepsilon\mu}\,EH[\mathrm{J/m^3}]$$

⑥ 포인팅 벡터 $P'[\mathrm{W/m^2}]$: 임의 점(단위면적)을 통과할 때의 전력

$$W[\mathrm{J/m^3}] = [\mathrm{J/sec}] \times [\mathrm{sec/m^3}] = [\mathrm{W/m^2}] \times [\mathrm{sec/m}] = \frac{P'[\mathrm{W/m^2}]}{v[\mathrm{m/sec}]}$$

$$P' = W \times v = \sqrt{\varepsilon\mu}\,EH \times \frac{1}{\sqrt{\varepsilon\mu}} = EH[\mathrm{W/m^2}] = \frac{P[\mathrm{W}]}{S[\mathrm{m^2}]}$$

$$\therefore P' = \frac{P}{S} = E \times H = EH\sin\theta = EH\sin 90° = EH[\mathrm{W/m^2}]$$

⑦ 진공, 공기 중에서 포인팅 벡터

$$P'' = EH = 377H^2 = \frac{1}{377}E^2 = \frac{P}{S}[\mathrm{W/m^2}]$$

5 전자파의 경계 조건

1) 전자파의 경계 조건

상이한 매질의 경계면에서 전자파는 다음과 같은 조건을 만족한다.
① 경계면의 양측에서 전계 세기의 접선성분은 같다. ($E_{t1} = E_{t2} = E$)
② 경계면의 양측에서 전속밀도의 법선성분은 경계면에서의 진전하 밀도만이 다르다.
  ($D_{n1} - D_{n2} = \sigma$)
③ 경계면의 양측에서는 자계 세기의 접선성분이 같다. ($H_{t1} = H_{t2}$)
④ 경계면의 양측에서는 자속밀도의 법선성분이 같다. ($B_{n1} = B_{n2}$)
⑤ 이상 도체면에서는 자계 세기의 접선성분은 표면 전류밀도가 같다.

2) 전자파의 반사 및 투과

경계면의 양측에서 전계와 자계와의 접선성분은 각각 같으므로

$E_1 + E_2 = E_3, \qquad H_1 - H_3 = H_2$

$EH = \sqrt{\dfrac{\mu}{\varepsilon}}$ 또는 $\sqrt{\mu}\,H = \sqrt{\varepsilon}\,E$ 이다. 따라서

$\sqrt{\varepsilon_1}\,E_1 = \sqrt{\mu_1}\,H_1,\ \sqrt{\varepsilon_2}\,E_2 = \sqrt{\mu_2}\,H_2,\ \sqrt{\varepsilon_1}\,E_3 = \sqrt{\mu_1}\,H_3$ 같은

자계와 전계의 관계를 성립할 수 있다.

- 투과파

$$E_2 = \dfrac{2\sqrt{\dfrac{\mu_2}{\varepsilon_2}}}{\sqrt{\dfrac{\mu_1}{\varepsilon_1}} + \sqrt{\dfrac{\mu_2}{\varepsilon_2}}} E_1 \qquad H_2 = \dfrac{2\sqrt{\dfrac{\mu_1}{\varepsilon_1}}}{\sqrt{\dfrac{\mu_1}{\varepsilon_1}} + \sqrt{\dfrac{\mu_2}{\varepsilon_2}}} H_1$$

- 반사파

$$E_3 = \dfrac{\sqrt{\dfrac{\mu_2}{\varepsilon_2}} - \sqrt{\dfrac{\mu_1}{\varepsilon_1}}}{\sqrt{\dfrac{\mu_1}{\varepsilon_1}} + \sqrt{\dfrac{\mu_2}{\varepsilon_2}}} E_1 \qquad H_3 = \dfrac{\sqrt{\dfrac{\mu_2}{\varepsilon_2}} - \sqrt{\dfrac{\mu_1}{\varepsilon_1}}}{\sqrt{\dfrac{\mu_1}{\varepsilon_1}} + \sqrt{\dfrac{\mu_2}{\varepsilon_2}}} H_1$$

여기서, $\eta_1 = Z_1 = \sqrt{\dfrac{\mu_1}{\varepsilon_1}}$, $\eta_2 = Z_2 = \sqrt{\dfrac{\mu_2}{\varepsilon_2}}$ 로 환산하고

투과계수 $T = \dfrac{E_2}{E_1}$, 반사계수 $R = \dfrac{E_3}{E_1}$ 이므로 이를 정리하면

$$T = \dfrac{E_2}{E_1} = \dfrac{2\eta_2}{\eta_1 + \eta_2} = \dfrac{2Z_2}{Z_1 + Z_2}$$

$$R = \dfrac{E_3}{E_1} = \dfrac{\eta_2 - \eta_1}{\eta_1 + \eta_2} = \dfrac{Z_2 - Z_1}{Z_1 + Z_2}$$ 이다.

Chapter 11 실·전·문·제

01 유전체에서 변위전류를 발생하는 것은?

① 분극전하밀도의 시간적 변화
② 전속밀도의 시간적 변화
③ 자속밀도의 시간적 변화
④ 분극전하밀도의 공간적 변화

해설 변위전류밀도 $i_d = \dfrac{\partial D}{\partial t}$ [A/m²]이므로 전속밀도의 시간적 변화에 의해서 유전체를 통해 평행판 사이에 흐르는 전류이다.

02 변위전류는 (A)의 시간적 변화로 주위에 (B)를 만든다. (A), (B)에 맞는 말은?

① A : 자속밀도, B : 자계
② A : 자속밀도, B : 전계
③ A : 전속밀도, B : 자계
④ A : 전속밀도, B : 전계

해설 전속밀도의 시간적 변화로 변위전류가 발생하고 그 주위에 자계가 형성된다.

03 변위전류와 가장 관계가 깊은 것은?

① 반도체
② 유전체
③ 자성체
④ 도체

해설 변위전류 : 전속밀도의 시간적 변화에 의한 것으로 하전체에 의하지 않는 전류로 유전체에서 전하의 이동으로 발생하는 전류

04 전도전자나 구속전자의 이동에 의하지 않는 전류는?

① 전도전류
② 대류전류
③ 분극전류
④ 변위전류

해설 문제 3번 해설 참고

05 유전체 내의 전계의 세기가 E, 분극의 세기가 P, 유전율이 ε_0인 유전체 내의 변위전류밀도는?

① $\varepsilon \dfrac{\partial E}{\partial t} + \dfrac{\partial P}{\partial t}$
② $\varepsilon_0 \dfrac{\partial E}{\partial t} + \dfrac{\partial P}{\partial t}$
③ $\left(\dfrac{\partial E}{\partial t} + \dfrac{\partial P}{\partial t}\right)$
④ $\varepsilon \left(\dfrac{\partial E}{\partial t} + \dfrac{\partial P}{\partial t}\right)$

Answer ▶ 01 ② 02 ③ 03 ② 04 ④ 05 ②

해설 분극의 세기 $P = \varepsilon_0(\varepsilon_{s-1})E = \varepsilon_0\varepsilon_s E - \varepsilon_0 E = D - \varepsilon_0 E \, [C/m^2]$
분극시 전체 전속밀도 $D = P + \varepsilon_0 E \, [C/m^2]$
변위전류밀도 $i_D = \dfrac{\partial D}{\partial t} = \varepsilon_0 \dfrac{\partial E}{\partial t} + \dfrac{\partial P}{\partial t} \, [A/m^2]$

06 간격 d [m]인 두 개의 평형판 전극 사이에 유전율 ε의 유전체가 있을 때 전극 사이에 전압 $v = V_m \sin\omega t$를 가하면 변위전류밀도[A/m²]는?

① $\dfrac{\varepsilon}{d} V_m \cos\omega t$

② $\dfrac{\varepsilon}{d} \omega V_m \cos\omega t$

③ $\dfrac{\varepsilon}{d} \omega V_m \sin\omega t$

④ $-\dfrac{\varepsilon}{d} V_m \cos\omega t$

해설 전압 $v = V_m \sin\omega t \, [V]$, 변위전류밀도
$i_D = \dfrac{I_D}{S} = \dfrac{\partial D}{\partial t} = \varepsilon \dfrac{\partial E}{\partial t} = \dfrac{\varepsilon}{d} \dfrac{\partial V}{\partial t} \, [A/m^2]$ 이므로 이때 전속밀도
$D = \varepsilon \dfrac{V_m}{d} \sin\omega t \, [C/m^2]$를 대입하면

변위전류밀도는 $i_d = \dfrac{\partial D}{\partial t} = \dfrac{\partial}{\partial t}\left(\varepsilon \dfrac{V_m}{d} \sin\omega t\right) = \omega \dfrac{\varepsilon V_m}{d} \cos\omega t \, [A/m^2]$가 된다.

07 간격 d [m]인 두 개의 평행판 전극 사이에 유전율 ε [F/m]의 유전체가 있을 때 전극 사이에 전압 $V_m \sin\omega t$ [V]를 가하면 변위전류는 몇 [A]가 되겠는가?(단, 여기서 극판의 면적은 S [m²]이고 콘덴서의 정전용량은 C [F]라 한다.)

① $\dfrac{V_m}{\omega C} \sin(\omega t + \pi/2)$

② $\omega C V_m \sin\omega t$

③ $\omega C V_m \sin(\omega t + \pi/2)$

④ $-\omega C V_m \cos\omega t$

해설 변위전류 $I_D = i_D \times S$ [A] 문제에서 전압 $v = V_m \sin\omega t$ [V]

변위전류밀도 $i_D = \omega \dfrac{\varepsilon}{d} V_m \cos\omega t \, [A/m^2]$

$I_D = \omega \dfrac{\varepsilon S}{d} V_m \cos\omega t = \omega C V_m \cos\omega t = \omega C V_m \sin\left(\omega t + \dfrac{\pi}{2}\right)$

여기서, 평행판 콘덴서 $C = \dfrac{\varepsilon S}{d}$ [F]

06 ② 07 ③

08 전력용 유입 커패시터가 있다. 유(기름)의 유전율이 2이고 인가된 전계 $E = 200\sin\omega t\, a_x$ [V/m]일 때 커패시터 내부에서의 변위전류밀도는 몇 [A/m²]인가?

① $400\omega\cos\omega t\, a_x$
② $400\omega\sin\omega t\, a_x$
③ $200\omega\cos\omega t\, a_x$
④ $200\omega\sin\omega t\, a_x$

해설 변위전류밀도 $i_d = \dfrac{\partial D}{\partial t}$ [A/m²]이며 평행판 사이의 유전체를 통해 흐르는 전류로서 주어진 수치 $\varepsilon = 2$, $\vec{E} = 200\sin wt\,\vec{a_x}$ [V/m]를 대입하면
$$i_d = \frac{\partial D}{\partial t} = \frac{\partial \varepsilon E}{\partial t} = 2\frac{\partial}{\partial t}(200\sin\omega t\, a_x) = \omega \times 2 \times 200\cos\omega t$$
$$= 400\omega\cos\omega t\,\vec{a_x}\,[\text{A/m}^2]\text{이 된다.}$$

09 공기 중에서 E [V/m]의 전계를 i_d [A/m²]의 변위전류로 흐르게 하려면 주파수[Hz]는 얼마가 되어야 하는가?

① $f = \dfrac{i_d}{2\pi\varepsilon E}$
② $f = \dfrac{i_d}{4\pi\varepsilon E}$
③ $f = \dfrac{\varepsilon i_d}{2\pi^2 E}$
④ $f = \dfrac{i_d\, E}{4\pi^2 \varepsilon}$

해설 전계 E [V/m], 변위전류밀도 i_d [A/m²]에서
$$i_d = \omega\frac{\varepsilon}{d}V_m\cos\omega t = \omega\varepsilon E = 2\pi f \varepsilon E\,[\text{A/m}^2]\text{가 되므로 주파수 } f = \frac{i_d}{2\pi\varepsilon E}\,[\text{Hz}]\text{가 된다.}$$

10 한 공간 내의 전계의 세기가 $E = E_0\cos\omega t$일 때 이 공간 내의 변위전류밀도의 크기는?

① ωE_0에 비례한다.
② ωE_0^2에 비례한다.
③ $\omega^2 E_0$에 비례한다.
④ $\omega^2 E_0^2$에 비례한다.

해설 전압 $E = E_m\sin\omega t$ [V], 전속밀도 $D = \varepsilon\dfrac{E_m}{d}\sin\omega t$ [C/m²]이므로

변위전류밀도는 $i_D = \dfrac{\partial D}{\partial t} = \dfrac{\partial}{\partial t}\left(\varepsilon\dfrac{E_m}{d}\sin\omega t\right) = \omega\dfrac{\varepsilon E_m}{d}\cos\omega t$ [A/m²]가 된다.

Answer ● 08 ① 09 ① 10 ①

11 극판 간격 d[m], 면적 S[m²]인 평행판 콘덴서에 교류전압 $V = V_m \sin \omega t$ [V]가 가해졌을 때 이 콘덴서에서 전체의 변위전류는 몇 [A]인가?

① $\dfrac{\varepsilon S}{d} \omega V_m \cos \omega t$ ② $\dfrac{\varepsilon}{d} V_m \sin \omega t$

③ $\dfrac{d\omega}{\varepsilon S} V_m \sin \omega t$ ④ $\dfrac{\varepsilon S}{\omega d} V_m \cos \omega t$

해설 문제 7번 해설 참고

12 유전체에서 임의의 주파수 f에서의 손실각을 $\tan\delta$라 할 때, 전도전류 i_c와 변위전류 i_D의 크기가 같아지는 주파수가 f_c라 하면 $\tan\delta$는?

① $\dfrac{f_c}{f}$ ② $\dfrac{f_c}{\sqrt{f}}$ ③ $\dfrac{\sqrt{f_c}}{f}$ ④ $2f_c f$

해설
- 임계주파수(f_c) : 도체와 유전체를 구분하는 임계점에서의 주파수
$$i_c = i_D, \ kE = \omega\varepsilon E, \ k = \omega\varepsilon = 2\pi f_c \varepsilon, \ f_c = \dfrac{k}{2\pi\varepsilon} = \dfrac{\sigma}{2\pi\varepsilon} \text{[Hz]}$$
여기서, 도전율 k[℧/m]$=\sigma$[℧/m]
- 유전체 손실각 $\tan\delta = \dfrac{i_c}{i_D} = \dfrac{kE}{\omega\varepsilon E} = \dfrac{k}{2\pi\varepsilon} \times \dfrac{1}{f} = \dfrac{f_c}{f}$

13 도전율 σ, 유전율 ε인 매질에 교류전압을 가할 때 전도전류와 변위전류의 크기가 같아지는 주파수는?

① $f = \dfrac{\sigma}{2\pi\varepsilon}$ ② $f = \dfrac{\varepsilon}{2\pi\sigma}$ ③ $f = \dfrac{2\pi\varepsilon}{\sigma}$ ④ $f = \dfrac{2\pi\sigma}{\varepsilon}$

해설 문제 12번 해설 참고

14 맥스웰 방정식 중에서 전류와 자계의 관계를 직접 나타내고 있는 것은?(단, D는 전속밀도, σ는 전하밀도, B는 자속밀도, E는 전계의 세기, i_c는 전류밀도, H는 자계의 세기이다.)

① $\text{div} D = \sigma$ ② $\text{div} B = 0$

③ $\nabla \times H = i_c + \dfrac{\partial D}{\partial t}$ ④ $\nabla \times E = -\dfrac{\partial B}{\partial t}$

11 ① 12 ① 13 ① 14 ③ **Answer**

해설 1) 맥스웰의 제1의 기본방정식

$$\text{rot}\,H = \text{curl}\,H = \nabla \times H = i_c + \frac{\partial D}{\partial t} = i_c + \varepsilon \frac{\partial E}{\partial t} = i\,[\text{A/m}^2]$$

① 암페어의 주회적분법칙에서 유도한 식이다.
② 전도전류, 변위전류는 자계를 형성한다.(전류와 자계의 관계)
③ 전류의 연속성을 표현한다.

2) 맥스웰의 제2의 기본방정식

$$\text{rot}\,E = \text{curl}\,E = \nabla \times E = -\frac{\partial B}{\partial t} = -\mu \frac{\partial H}{\partial t}$$

① 자속밀도의 시간적 변화는 전계를 회전시키고 유기기전력을 형성한다.
② 패러데이의 법칙에서 유도한 전계에 관한 식이다.

3) $\text{div}\,D = \nabla \cdot D = \rho\,[\text{C/m}^3]$
① 임의의 폐곡면 내의 전하에서 전속선이 발산한다.
② 가우스 발산 정리에 의하여 유도된 식이다.

4) $\text{div}\,B = \nabla \cdot B = 0$
① N, S극이 항상 공존한다.
② 자기력선은 연속적이다.

5) $\text{rot}\,\vec{A} = \nabla \times \vec{A} = B\,[\text{Wb/m}^2]$
벡터포텐셜($\vec{A}$)의 회전은 자속밀도를 형성한다.

15 패러데이-노이만 전자유도법칙에 의하여 일반화된 맥스웰 전자방정식의 형태는?

① $\nabla \times E = i_c + \dfrac{\partial D}{\partial t}$

② $\nabla \cdot B = 0$

③ $\nabla \times E = -\dfrac{\partial B}{\partial t}$

④ $\nabla \cdot D = \rho$

해설 문제 14번 해설 참고

16 다음 중 맥스웰의 방정식으로 틀린 것은?

① $\text{rot}\,H = J + \dfrac{\partial D}{\partial t}$

② $\text{rot}\,E = -\dfrac{\partial B}{\partial t}$

③ $\text{div}\,D = \rho$

④ $\text{div}\,B = \phi$

해설 보기 ①에서 $J = i_c\,[\text{A/m}^2]$
문제 14번 해설 참고

Answer ▶ 15 ③ 16 ④

17 공간 내의 한 점의 자속밀도 B가 변화할 때 전자유도에 의하여 유기되는 전계 E에 관련된 식으로 옳은 것은?

① $\nabla \cdot E = -\dfrac{\partial B}{\partial t}$ ② $\operatorname{curl} E = -\dfrac{\partial B}{\partial t}$

③ $\nabla \cdot E = -\dfrac{\partial B}{\partial t}$ ④ $\operatorname{curl} E = \dfrac{\partial B}{\partial t}$

해설 문제 14번 해설 참고

18 다음 중 전자계에 대한 맥스웰의 기본 이론이 아닌 것은?

① 전자계의 시간적 변화에 따라 전계의 회전이 생긴다.
② 전도전류와 변위전류는 자계를 발생시킨다.
③ 고립된 자극이 존재한다.
④ 전하에서 전속선이 발산한다.

해설 문제 14번 해설 참고

19 Maxwell의 전자기파 방정식이 아닌 것은?

① $\oint_c H \cdot dl = nI$ ② $\oint_c E \cdot dl = -\int_s \dfrac{\partial B}{\partial t} \cdot ds$

③ $\oint_s D \cdot ds = \int_v \rho\, dv$ ④ $\oint_s B \cdot ds = 0$

해설 맥스웰의 제1의 기본방정식

$$\operatorname{rot} H = \operatorname{curl} H = \nabla \times H = i_c + \dfrac{\partial D}{\partial t} = i_c + \varepsilon \dfrac{\partial E}{\partial t} = i\,[\mathrm{A/m^2}]$$

암페어의 주회적분법칙에서 유도한 식이지만, 보기 ① $\left(\oint_c H \cdot dl = nI\right)$은 암페어의 주회적분을 직접적으로 표기하였으므로 보기 ①이 정답이다.

20 벡터 마그네틱 퍼텐셜(Vector Magnetic Potential) A는 다음과 같은 식을 만족하여야 한다. 옳은 것은?(단, H : 자계의 세기, B : 자속밀도이다.)

① $\nabla \times A = 0$ ② $\nabla \cdot A = 0$
③ $H = \nabla \times A$ ④ $B = \nabla \times A$

17 ② 18 ③ 19 ① 20 ④ **Answer**

[해설] 자계는 비보존성이므로 그 회전은 0이 아니다. $\text{rot} A = B$

21. 매질이 완전 절연체인 경우의 전자파동방정식을 표시하는 것은?

① $\nabla^2 E = \varepsilon\mu \dfrac{\partial E}{\partial t}$, $\nabla^2 H = k\mu \dfrac{\partial H}{\partial t}$

② $\nabla^2 E = \varepsilon\mu \dfrac{\partial^2 E}{\partial t}$, $\nabla^2 H = k\mu \dfrac{\partial^2 E}{\partial t^2}$

③ $\nabla^2 E = \varepsilon\mu \dfrac{\partial^2 E}{\partial t^2}$, $\nabla^2 H = \varepsilon\mu \dfrac{\partial^2 H}{\partial t^2}$

④ $\nabla^2 E = \varepsilon\mu \dfrac{\partial E}{\partial t}$, $\nabla^2 H = \varepsilon\mu \dfrac{\partial H}{\partial t}$

[해설] 전자파의 파동방정식(완전 절연체일 경우)

㉠ 전파방정식 $\nabla^2 E = \varepsilon\mu \dfrac{\partial^2 E}{\partial t^2}$

$\nabla^2 E + \omega^2 \varepsilon\mu \left(1 + \dfrac{k}{j\omega\varepsilon}\right) E = 0$ ➡ 헬름홀츠 페이저 방정식

㉡ 자파방정식 $\nabla^2 H = \varepsilon\mu \dfrac{\partial^2 H}{\partial t^2}$

$\nabla^2 H + \omega^2 \varepsilon\mu \left(1 + \dfrac{k}{j\omega\varepsilon}\right) H = 0$ ➡ 헬름홀츠 페이저 방정식

22. 자유공간의 고유 임피던스[Ω]는?(단, ε_0는 유전율, μ_0는 투자율이다.)

① $\sqrt{\dfrac{\varepsilon_0}{\mu_0}}$ ② $\sqrt{\dfrac{\mu_0}{\varepsilon_0}}$ ③ $\sqrt{\varepsilon_0 \mu_0}$ ④ $\sqrt{\dfrac{1}{\varepsilon_0 \mu_0}}$

[해설] 파동 고유임피던스

$Z = \dfrac{E}{H} = \sqrt{\dfrac{\mu}{\varepsilon}} = \sqrt{\dfrac{\mu_0}{\varepsilon_0} \dfrac{\mu_s}{\varepsilon_s}} = \sqrt{\dfrac{4\pi \times 10^{-7}}{\dfrac{10^{-9}}{36\pi}} \dfrac{\mu_s}{\varepsilon_s}} = 120\pi \sqrt{\dfrac{\mu_s}{\varepsilon_s}} = 377 \sqrt{\dfrac{\mu_s}{\varepsilon_s}}\ [\Omega]$

자유공간이란, 즉 공기 중이므로 $Z = \sqrt{\dfrac{\mu_0}{\varepsilon_0}}$ 가 된다.

Answer ○ 21 ③   22 ②

01 전기자기학

23 평면파 전자파의 전계 E와 자계 H 사이의 관계식은?

① $E = \sqrt{\dfrac{\varepsilon}{\mu}} H$
② $E = \sqrt{\varepsilon\mu} H$
③ $E = \sqrt{\dfrac{\mu}{\varepsilon}} H$
④ $E = \sqrt{\dfrac{1}{\varepsilon\mu}} H$

해설 파동 고유임피던스 $Z = \dfrac{E}{H} = \sqrt{\dfrac{\mu}{\varepsilon}}$ 이므로 전계 $E = \sqrt{\dfrac{\mu}{\varepsilon}} H$가 된다.

24 다음 중 전계와 자계의 관계는?

① $\sqrt{\mu} H = \sqrt{\varepsilon} E$
② $\sqrt{\mu\varepsilon} = EH$
③ $\sqrt{\varepsilon} H = \sqrt{\mu} E$
④ $\mu\varepsilon = EH$

해설 파동 고유임피던스 $Z = \dfrac{E}{H} = \sqrt{\dfrac{\mu}{\varepsilon}}$ 이므로 $\sqrt{\mu} H = \sqrt{\varepsilon} E$가 된다.

25 전계 $E = \sqrt{2} E_e \sin w(t - x/c)$[V/m]인 평면 전자파가 있을 때 자계의 실효치[A/m]는? (단, 진공 중이라 한다.)

① $5.4 \times 10^{-3} E_e$
② $4.0 \times 10^{-3} E_e$
③ $2.7 \times 10^{-3} E_e$
④ $1.3 \times 10^{-3} E_e$

해설 자계의 실효값

- 매질 $H = \sqrt{\dfrac{\varepsilon}{\mu}} E = \dfrac{1}{377} \sqrt{\dfrac{\varepsilon_s}{\mu_s}} E$[AT/m]

- 진공(공기) $H = \sqrt{\dfrac{\varepsilon_0}{\mu_0}} E = \dfrac{1}{377} E = 0.265 \times 10^{-2} E$[AT/m]

26 자유공간의 고유임피던스 $\sqrt{\dfrac{\mu_0}{\varepsilon_0}}$ 의 값은 몇 [Ω]인가?

① 60π
② 80π
③ 100π
④ 120π

해설 $Z = \sqrt{\dfrac{\mu_0}{\varepsilon_0}} = 120\pi = 377$[Ω]이 된다.

23 ③ 24 ① 25 ③ 26 ④ **Answer**

제11장 · 전자계

27 $\varepsilon_s = 81$, $\mu_s = 1$인 매질의 전자파의 고유임피던스(Intrinsic Impedance)는 얼마인가?

① 41.9[Ω]   ② 33.9[Ω]   ③ 21.9[Ω]   ④ 13.9[Ω]

해설 파동 고유임피던스
$$Z = \sqrt{\frac{\mu}{\varepsilon}} = \sqrt{\frac{\mu_0}{\varepsilon_0}}\sqrt{\frac{\mu_s}{\varepsilon_s}} = 377\sqrt{\frac{\mu_s}{\varepsilon_s}} = 377\sqrt{\frac{1}{81}} = 41.888 \fallingdotseq 41.9[\Omega]$$이 된다.

28 평면 전자파의 전계의 세기가 $E = E_m \sin\omega\left(t - \frac{Z}{V}\right)$ [V/m]일 때 수중에 있어서의 자계의 세기는 몇 [AT/m]인가?(단, 물의 ε_s는 80이고 μ_s는 1이다.)

① $1.19 \times 10^{-2} E_m \sin\omega t$
② $1.19 \times 10^{-2} E_m \cos\omega\left(t - \frac{Z}{V}\right)$
③ $2.37 \times 10^{-2} E_m \sin\omega\left(t - \frac{Z}{V}\right)$
④ $2.37 \times 10^{-2} E_m \cos\omega\left(t - \frac{Z}{V}\right)$

해설 $Z = \sqrt{\frac{\mu}{\varepsilon}} = 377\sqrt{\frac{\mu_s}{\varepsilon_s}} = 377\sqrt{\frac{1}{80}} = 42.15 = \frac{E}{H}$

$H = \frac{1}{42.15}E = \frac{1}{42.15}E_m \sin\omega\left(t - \frac{z}{v}\right) = 2.37 \times 10^{-2} E_m \sin\omega\left(t - \frac{z}{v}\right)$

29 유전율 ε, 투자율 μ의 공간을 전파하는 전자파의 전파속도 v[m/s]는?

① $v = \sqrt{\varepsilon\mu}$ ② $v = \sqrt{\frac{\varepsilon}{\mu}}$ ③ $v = \sqrt{\frac{\mu}{\varepsilon}}$ ④ $v = \frac{1}{\sqrt{\varepsilon\mu}}$

해설 전자파의 (전파)속도 v[m/sec]
$$v = \frac{1}{\sqrt{\varepsilon\mu}} = \frac{3 \times 10^8}{\sqrt{\varepsilon_s \mu_s}} = \frac{\omega}{\beta} = \frac{1}{\sqrt{LC}} = \lambda f \text{[m/s]}$$

여기서, $\beta = \omega\sqrt{LC}$: 위상정수
λ[m] : 파장
f[Hz] : 주파수

Answer ◯ 27 ① 28 ③ 29 ④

30 $\dfrac{1}{\sqrt{\varepsilon\mu}}$ 의 단위는?

① [m/sec]   ② [C/H]   ③ [Ω]   ④ [℧]

해설 문제 29번 해설 참고

31 도체 내의 전자파의 속도 v, 감쇠 정수 α, 위상 정수 β, 각속도 ω일 때 전자파의 속도 v는?

① $\dfrac{\beta}{\alpha}$ ② $\dfrac{\omega}{\beta}$ ③ $\dfrac{\alpha}{\omega}$ ④ $\dfrac{\omega}{\alpha}$

해설 문제 29번 해설 참고

32 비유전율 $\varepsilon_s = 5$인 유전체 내에서의 전자파의 전파속도[m/s]는 얼마인가?(단, $\mu_s = 1$이다.)

① 133×10^6 ② 134×10^7 ③ 133×10^7 ④ 134×10^6

해설 전자파의 전파속도 $v = \dfrac{3 \times 10^8}{\sqrt{\varepsilon_s \mu_s}} = \dfrac{3 \times 10^8}{\sqrt{5 \times 1}} = 134 \times 10^6 \text{[m/sec]}$

33 유전율 ε, 투자율 μ인 매질 중을 주파수 f[Hz]의 전자파가 전파되어 나갈 때의 파장[m]은?

① $f\sqrt{\varepsilon\mu}$ ② $\dfrac{1}{f\sqrt{\varepsilon\mu}}$ ③ $\dfrac{f}{\sqrt{\varepsilon\mu}}$ ④ $\dfrac{\sqrt{\varepsilon\mu}}{f}$

해설 전자파의 전파속도 $v = \dfrac{1}{\sqrt{\varepsilon\mu}} = \lambda f$[m/sec]에서 파장 $\lambda = \dfrac{1}{f\sqrt{\varepsilon\mu}}$[m]이 된다.

34 비유전율 4, 비투자율 4인 매질 내에서의 전자파의 전파속도는 자유공간에서의 빛의 속도의 몇 배인가?

① $\dfrac{1}{3}$ ② $\dfrac{1}{4}$ ③ $\dfrac{1}{9}$ ④ $\dfrac{1}{16}$

해설 전자파의 전파속도 $v = \dfrac{3 \times 10^8}{\sqrt{\varepsilon_s \mu_s}} = \dfrac{3 \times 10^8}{\sqrt{4 \times 4}} = \dfrac{3 \times 10^8}{4}$[m/sec]

30 ① 31 ② 32 ④ 33 ② 34 ② **Answer**

35 주파수 6[MHz]인 전자파의 파장[m]은?

① 2 ② 10 ③ 50 ④ 300

해설 진공 시 전자파의 전파속도 $v = 3 \times 10^8 = \lambda f$[m/sec]이므로

파장 $\lambda = \dfrac{3 \times 10^8}{f} = \dfrac{3 \times 10^8}{6 \times 10^6} = 50$[m]가 된다.

36 비유전율 $\varepsilon_s = 3$, 비투자율 $\mu_s = 3$인 공간이 있다고 가정할 때, 이 공간에서의 전자파 파장이 10[m]였을 때 주파수[MHz]는?

① 1 ② 3 ③ 6 ④ 10

해설 전자파의 전파속도 $v = \dfrac{3 \times 10^8}{\sqrt{\varepsilon_s \mu_s}} = \lambda f$[m/sec]에서

주파수 $f = \dfrac{3 \times 10^8}{\lambda \sqrt{\varepsilon_s \mu_s}} = \dfrac{3 \times 10^8}{10\sqrt{3 \times 3}} \times 10^{-6} = 10$[MHz]

37 전자파는?

① 전계만 존재한다.
② 자계만 존재한다.
③ 전계와 자계가 동시에 존재한다.
④ 전계와 자계가 동시에 존재하되 위상이 90° 다르다.

해설 전자파의 특징
  ㉠ 전계와 자계가 동시에 존재하고 동위상이며 파형은 서로 수직관계이다.
  ㉡ 전계에너지와 자계에너지는 같다.
  ㉢ 전자파의 진행방향 : $E \times H$의 방향이다.
  ㉣ 전자파는 진행방향에 대한 전계와 자계의 성분은 없다.
    만약 Z축으로 진행하는 전자파라고 가정한다면 X, Y축의 미분계수는 존재하지 않으며 Z축의 미분계수만 존재한다. Z축의 전계와 자계의 성분이 없다.

Answer ● 35 ③ 36 ④ 37 ③

38 전자파의 진행방향은?

① 전계 E의 방향과 같다.
② 자계 H의 방향과 같다.
③ $E \times H$의 방향과 같다.
④ $H \times E$의 방향과 같다.

해설 문제 37번 해설 참고

39 변위전류에 의하여 전자파가 발생되었을 때 전자파의 위상은?

① 변위전류보다 90° 빠르다.
② 변위전류보다 90° 늦다.
③ 변위전류보다 30° 빠르다.
④ 변위전류보다 30° 늦다.

해설 전계와 자계는 동상이고 전자파는 변위전류보다 90° 늦다.

40 전계 및 자계의 세기가 각각 E, H일 때 포인팅 벡터 R은 몇 [W/m²]인가?

① $E + H$
② $V(E \cdot H)$
③ $E \times H$
④ $\oint E \times H dl$

해설 포인팅 벡터 : 임의의 점을 통과할 때 전력밀도 또는 면적당 전력
$$R = \frac{P}{S} = E \times H = EH \sin\theta = EH \sin 90° = EH [\text{W/m}^2]$$
진공, 공기 중에서 포인팅 벡터
$$R = EH = 377H^2 = \frac{1}{377}E^2 = \frac{P}{S} [\text{W/m}^2]$$

41 자유공간에 있어서의 포인팅 벡터를 P [W/m²]이라 할 때, 전계의 세기의 실효값 E_0 [V/m]를 구하면?

① $377P$
② $\dfrac{P}{377}$
③ $\sqrt{377P}$
④ $\sqrt{\dfrac{P}{377}}$

해설 포인팅 벡터 $P = \dfrac{1}{377}E^2$ [W/m²]에서 전계 $E = \sqrt{377P}$ [V/m]가 된다.

38 ③ 39 ② 40 ③ 41 ③ **Answer**

42 자유공간에 있어서 포인팅 벡터를 $S[\text{W/m}^2]$라 할 때 전장의 세기의 실효값 $Ee[\text{V/m}]$를 구하면?

① $\sqrt{\dfrac{\mu_0}{\varepsilon_0}}S$ ② $S\sqrt{\dfrac{\varepsilon_0}{\mu_0}}$ ③ $\sqrt{S\sqrt{\dfrac{\mu_0}{\varepsilon_0}}}$ ④ $\sqrt{S\sqrt{\dfrac{\varepsilon_0}{\mu_0}}}$

해설 전자파의 포인팅 벡터 $S[\text{W/m}^2]$
전자파의 포인팅 벡터는 단위시간에 단위면적을 지나는 에너지로서

$$S = \vec{E} \times \vec{H} = EH\sin\theta = EH = E \cdot \sqrt{\dfrac{\varepsilon_0}{\mu_0}}E = \sqrt{\dfrac{\varepsilon_0}{\mu_0}}E^2[\text{W/m}^2]$$이므로

$S = \sqrt{\dfrac{\varepsilon_0}{\mu_0}}E^2[\text{W/m}^2]$에서 전계의 실효값은 $E^2 = S\sqrt{\dfrac{\mu_0}{\varepsilon_0}}$, $E = \sqrt{S\sqrt{\dfrac{\mu_0}{\varepsilon_0}}}[\text{V/m}]$가 된다.

> 파동 고유임피던스는 자계에 대한 전계의 비로서 $Z = \dfrac{E}{H} = \sqrt{\dfrac{\mu}{\varepsilon}}$ 이므로
>
> 자유공간은, 즉 공기 중이므로 $Z = \dfrac{E}{H} = \sqrt{\dfrac{\mu_0}{\varepsilon_0}} = \sqrt{\dfrac{4\pi \times 10^{-7}}{\dfrac{10^{-9}}{36\pi}}} = 120\pi = 377[\Omega]$가 된다.

43 100[kW]의 전력이 안테나에서 사방으로 균일하게 방사될 때 안테나에서 1[km]의 거리에 있는 전계의 실효값은 몇 [V/m]인가?

① 1.73 ② 2.45 ③ 3.68 ④ 6.21

해설 포인팅 벡터 $R = \dfrac{P}{S} = \dfrac{1}{377}E^2[\text{W/m}^2]$에서

전계 $E = \sqrt{\dfrac{377P}{S}} = \sqrt{\dfrac{377P}{4\pi r^2}} = \sqrt{\dfrac{377 \times 100 \times 10^3}{4\pi \times (1 \times 10^3)^2}} = 1.73[\text{V/m}]$가 된다.

44 자계 실효값이 1[mA/m]인 평면 전자파가 공기 중에서 이에 수직되는 수직 단면적 10[m²]를 통과하는 전력[W]은?

① 3.77×10^{-3} ② 3.77×10^{-4} ③ 3.77×10^{-5} ④ 3.77×10^{-6}

해설 포인팅 벡터 $R = \dfrac{P}{S} = 377H^2[\text{W/m}^2]$에

전력 $P = 377H^2S = 377 \times (10^{-3})^2 \times 10 = 3.77 \times 10^{-3}[\text{W}]$가 된다.

Answer ▶ 42 ③ 43 ① 44 ①

45 수평전파는?

① 대지에 대해서 전계가 수직면에 있는 전자파
② 대지에 대해서 전계가 수평면에 있는 전자파
③ 대지에 대해서 자계가 수직면에 있는 전자파
④ 대지에 대해서 자계가 수평면에 있는 전자파

해설 수평전파는 전계가 대지에 대해서 수평면(입사면에 수직)에 있는 전자파이고 수직전파는 전계가 대지에 대해서 수직면(입사면에 수평)에 있는 전자파를 말한다.

46 z방향으로 진행하는 평면파(Plane Wave)로 맞지 않는 것은?

① z성분이 0이다.
② x의 미분계수(도함수)가 0이다.
③ y의 미분계수가 0이다.
④ z의 미분계수가 0이다.

해설 z방향으로 진행하는 전자파는 진행성분인 z방향의 전계와 자계는 존재하지 않으며 z의 수직성분인 x, y성분의 전계와 자계는 존재한다. 또한 x, y에 대한 1차 도함수(미분계수)는 0이며 z에 대한 1차 도함수(미분계수)는 0이 아니다.

47 자계분포 $H = jxy - kxz$ [A/m]를 발생시키는 점(1, 1, 1)[m]에서의 전류밀도는 몇 [A/m²]인가?

① 2
② 3
③ $\sqrt{2}$
④ $\sqrt{3}$

해설 전류밀도 i [A/m²]
$H = xyj - xzk$ [A/m], (1, 1, 1)에서 전류밀도 i [A/m²]는

$$\text{rot } H = i = \nabla \times H = \begin{vmatrix} i & j & k \\ \frac{\partial}{\partial x} & \frac{\partial}{\partial y} & \frac{\partial}{\partial z} \\ 0 & xy & -xz \end{vmatrix} = (0-0)i - (-z-0)j + (y-0)k = zj + yk$$ 에서

(1, 1, 1)를 대입하면 $|i| = j + k = \sqrt{1^2 + 1^2} = \sqrt{2}$ [A/m²]가 된다.

45 ② 46 ④ 47 ③ Answer

48 다음에서 무손실 전송회로의 특성 임피던스를 나타낸 것은?

① $Z_0 = \sqrt{\dfrac{C}{L}}$ ② $Z_0 = \sqrt{\dfrac{L}{C}}$ ③ $Z_0 = \dfrac{1}{\sqrt{LC}}$ ④ $Z_0 = \sqrt{LC}$

해설 전송전로(무한장 분포정수회로) 특성 임피던스

$$Z_0 = \sqrt{\dfrac{Z}{Y}} = \sqrt{\dfrac{R+j\omega L}{G+j\omega C}} = \sqrt{\dfrac{L}{C}}\,[\Omega]$$

여기서, $Z[\Omega]$: 직렬임피던스, $Y[\mho]$: 병렬어드미턴스

49 안지름 1[mm] 바깥지름이 10[mm]인 동축케이블에서 내부도체와 외부도체 사이에 폴리에틸렌($\varepsilon_s = 2.3$, $\mu_s = 1$)을 채우면 특성 임피던스는 몇 [Ω]인가?

① 91 ② 115 ③ 135 ④ 161

해설 동축케이블의 특성 임피던스

$$Z_0 = \sqrt{\dfrac{L}{C}} = \sqrt{\dfrac{\dfrac{\mu}{2\pi}\ln\dfrac{b}{a}}{\dfrac{2\pi\varepsilon}{\ln\dfrac{b}{a}}}} = \dfrac{1}{2\pi}\sqrt{\dfrac{\mu}{\varepsilon}}\ln\dfrac{b}{a} = \dfrac{1}{2\pi}\sqrt{\dfrac{1}{2.3}} \times \ln\dfrac{10}{1} \times 377 = 91.09$$

50 상이한 매질의 경계면에서 전자파가 만족해야 할 조건이 아닌 것은?

① 경계면의 양측에서 전계의 세기의 접선 성분은 서로 같다.
② 경계면의 양측에서 자계의 접선 성분은 서로 같다.
③ 경계면의 양측에서 자속밀도의 접선 성분은 서로 같다.
④ 이상 도체 표면에서는 자계 세기의 접선 성분은 표면전류밀도와 같다.

해설 상이한 매질의 경계면에서 전자파는 다음과 같은 조건을 만족한다.
㉠ 경계면의 양측에서 전계의 세기의 접선 성분은 같다.($E_{t1} = E_{t2} = E$)
㉡ 경계면의 양측에서는 전속밀도의 법선 성분은 경계면에서의 진전하 밀도만이 다르다.
 ($D_{n1} - D_{n2} = \sigma$)
㉢ 경계면의 양측에서는 자계의 세기의 접선 성분이 같다.($H_{t1} = H_{t2}$)
㉣ 경계면의 양측에서는 자속밀도의 법선 성분이 같다.($B_{n1} = B_{n2}$)
㉤ 이상 도체면에서는 자계의 세기의 접선 성분은 표면전류밀도가 같다.

Answer ▶ 48 ② 49 ① 50 ③

51 그림과 같이 ε_1, μ_1의 매질 중을 진행하는 전자파 E_1, H_1이 ε_2, μ_2의 매질과 경계면에 직각으로 입사할 때 투과파 E_2는?

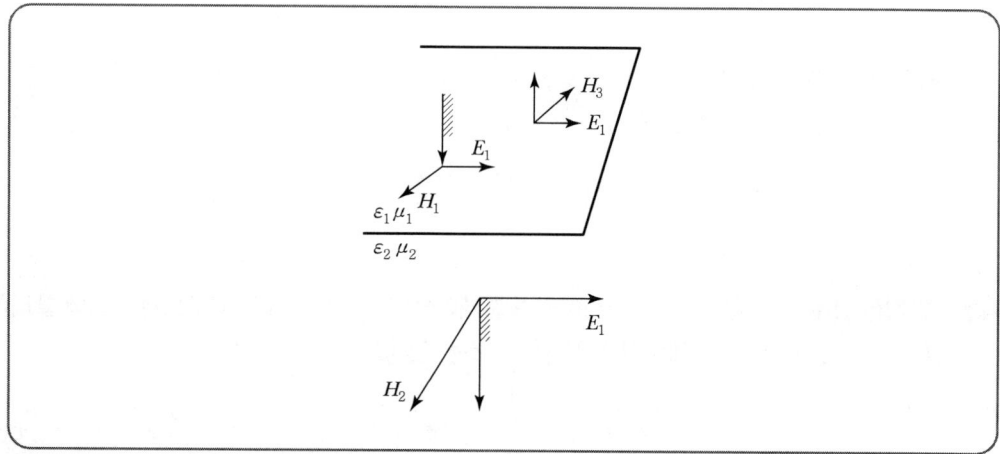

① $-\dfrac{2\sqrt{\dfrac{\mu_2}{\varepsilon_2}}\sqrt{\dfrac{\mu_1}{\varepsilon_1}}}{\sqrt{\dfrac{\varepsilon_1}{\mu_1}}+\sqrt{\dfrac{\varepsilon_2}{\mu_2}}}E_1$

② $\dfrac{2\sqrt{\dfrac{\mu_2}{\varepsilon_2}}}{\sqrt{\dfrac{\mu_1}{\varepsilon_1}}+\sqrt{\dfrac{\mu_2}{\varepsilon_2}}}E_1$

③ $\dfrac{\sqrt{\dfrac{\mu_2}{\varepsilon_2}}-\sqrt{\dfrac{\mu_1}{\varepsilon_1}}}{\sqrt{\dfrac{\mu_1}{\varepsilon_1}}+\sqrt{\dfrac{\mu_2}{\varepsilon_2}}}E_1$

④ $\dfrac{\sqrt{\dfrac{\mu_2}{\varepsilon_2}}+\sqrt{\dfrac{\mu_1}{\varepsilon_1}}}{\sqrt{\dfrac{\mu_1}{\varepsilon_1}}+\sqrt{\dfrac{\mu_2}{\varepsilon_2}}}E_1$

해설 경계면의 양측에서 전계와 자계와의 접선 성분은 각각 같으므로

$E_1 + E_2 = E_3$, $H_1 - H_3 = H_2$, $EH = \sqrt{\dfrac{\mu}{\varepsilon}}$ 또는 $\sqrt{\mu}H = \sqrt{\varepsilon}E$ 이므로

$\sqrt{\varepsilon_1}E_1 = \sqrt{\mu_1}H_1$ $\sqrt{\varepsilon_2}E_2 = \sqrt{\mu_2}H_2$ $\sqrt{\varepsilon_1}E_3 = \sqrt{\mu_1}H_3$

같은 자계와 전계의 관계를 성립할 수 있다.

투과파 $E_2 = \dfrac{2\sqrt{\dfrac{\mu_2}{\varepsilon_2}}}{\sqrt{\dfrac{\mu_1}{\varepsilon_1}}+\sqrt{\dfrac{\mu_2}{\varepsilon_2}}}E_1$ $H_2 = \dfrac{2\sqrt{\dfrac{\mu_1}{\varepsilon_1}}}{\sqrt{\dfrac{\mu_1}{\varepsilon_1}}+\sqrt{\dfrac{\mu_2}{\varepsilon_2}}}H_1$

반사파 $E_3 = \dfrac{\sqrt{\dfrac{\mu_2}{\varepsilon_2}}-\sqrt{\dfrac{\mu_1}{\varepsilon_1}}}{\sqrt{\dfrac{\mu_1}{\varepsilon_1}}+\sqrt{\dfrac{\mu_2}{\varepsilon_2}}}E_1$ $H_3 = \dfrac{\sqrt{\dfrac{\mu_2}{\varepsilon_2}}-\sqrt{\dfrac{\mu_1}{\varepsilon_1}}}{\sqrt{\dfrac{\mu_1}{\varepsilon_1}}+\sqrt{\dfrac{\mu_2}{\varepsilon_2}}}H_1$

51 ② **Answer**

52 유전율, 투자율이 각각 ε_1, μ_1, ε_2, μ_2인 두 유전체의 경계면에 평면전자파가 수직으로 입사할 때 전계의 반사계수는?(단, $\eta_1 = \sqrt{\dfrac{\mu_1}{\varepsilon_1}}$, $\eta_2 = \sqrt{\dfrac{\mu_2}{\varepsilon_2}}$ 이다.)

① $\dfrac{2\eta_1}{\eta_2 + \eta_1}$
② $\dfrac{2\eta_2}{\eta_2 - \eta_1}$
③ $\dfrac{\eta_2 - \eta_1}{\eta_2 + \eta_1}$
④ $\dfrac{\eta_2 + \eta_1}{\eta_2 - \eta_1}$

해설 문제 51번 해설 참고

53 높은 주파수의 전자파가 전파될 때 일기가 좋은 날보다 비오는 날 전자파의 감소가 심한 원인은?

① 도전율의 관계임
② 유전율 관계임
③ 투자율 관계임
④ 분극률 관계임

해설 진공이 아닌 일반 공기는 자유공간이라 하여 무시할 수 있을 정도의 도전율을 가지고 있으나 비오는 날(습도가 많은 날)은 도전성이 증가하여 감쇠가 심하게 나타난다.

Answer ● 52 ③ 53 ①

과년도 기출문제

ENGINEER ELECTRICITY

전기기사
2020년도 1·2회 시험 — 과년도 기출문제

01 면적이 매우 넓은 두 개의 도체 판을 d[m] 간격으로 수평하게 평행 배치하고, 이 평행 도체 판 사이에 놓인 전자가 정지하고 있기 위해서 그 도체 판 사이에 가하여야 할 전위차(V)는?(단, g는 중력 가속도이고, m은 전자의 질량이며, e는 전자의 전하량이다.)

① $mged$
② $\dfrac{ed}{mg}$
③ $\dfrac{mgd}{e}$
④ $\dfrac{mge}{d}$

[해설] $F = QE = mg$에서

$E = \dfrac{mg}{Q}$ 이고 ($V = Ed$ ∴ $E = \dfrac{V}{d}$)

$\dfrac{V}{d} = \dfrac{mg}{Q}$ ∴ $V = \dfrac{mgd}{Q} = \dfrac{mgd}{n \cdot e}$ (단, n은 전자의 개수 $n = 1$)

$V = \dfrac{mgd}{e}$

02 자기회로에서 자기저항의 크기에 대한 설명으로 옳은 것은?

① 자기회로의 길이에 비례
② 자기회로의 단면적에 비례
③ 자성체의 비투자율에 비례
④ 자성체의 비투자율의 제곱에 비례

[해설] $R_m = \dfrac{l}{\mu S} = \dfrac{l}{\mu_o \mu_s S}$ [AT/Wb]이므로 길이에 비례한다.

03 전위함수 $V = x^2 + y^2$[V]일 때 점(3, 4)[m]에서의 등전위선의 반지름은 몇 [m]이며, 전기력선 방정식은 어떻게 되는가?

① 등전위선의 반지름 : 3, 전기력선 방정식 : $y = \dfrac{3}{4}x$
② 등전위선의 반지름 : 4, 전기력선 방정식 : $y = \dfrac{4}{3}x$
③ 등전위선의 반지름 : 5, 전기력선 방정식 : $x = \dfrac{4}{3}y$
④ 등전위선의 반지름 : 5, 전기력선 방정식 : $x = \dfrac{3}{4}y$

Answer ▶ 01 ③ 02 ① 03 ④

해설) $E = -\text{grad}\,V = -\nabla \cdot V = -\left(\dfrac{\partial V}{\partial x}i + \dfrac{\partial V}{\partial y}j + \dfrac{\partial V}{\partial z}k\right)$

$E = -(2xi + 2yj) = -2xi - 2yj$

전기력선의 방정식 $\dfrac{dx}{Ex} = \dfrac{dy}{Ey} = \dfrac{dz}{Ez} = \dfrac{dx}{-2x} = \dfrac{dy}{-2y} \rightarrow \dfrac{1}{x}dx - \dfrac{1}{y}dy$

$\therefore \int \dfrac{1}{x}dx = \int \dfrac{1}{y}dy = \ln x = \ln y$

$\ln x - \ln y = \ln C$, $\ln \dfrac{x}{y} = \ln C = \dfrac{3}{4}$

$\therefore 3y = 4x$, $x = \dfrac{3}{4}y$, $y = \dfrac{4}{3}x$ 이고 등전위선의 반지름 $r = \sqrt{x^2 + y^2} = \sqrt{3^2 + 4^2} = 5$

04 10[mm]의 지름을 가진 동선에 50[A]의 전류가 흐르고 있을 때 단위시간 동안 동선의 단면을 통과하는 전자의 수는 약 몇 개인가?

① 7.85×10^{16}
② 20.45×10^{15}
③ 31.21×10^{19}
④ 50×10^{19}

해설) $I = \dfrac{Q}{t} = \dfrac{ne}{t}$

$n = \dfrac{It}{e} = \dfrac{50}{1.602 \times 10^{-19}} = 3.12 \times 10^{20} = 31.2 \times 10^{19}$

05 자기 인덕턴스와 상호 인덕턴스와의 관계에서 결합계수 k의 범위는?

① $0 \leq k \leq \dfrac{1}{2}$
② $0 \leq k \leq 1$
③ $1 \leq k \leq 2$
④ $1 \leq k \leq 10$

해설) 결합계수 $k = \dfrac{M}{\sqrt{L_1 \cdot L_2}}$ 이고, 범위는 $0 \leq k \leq 1$로 이루어진다.

06 면적이 $S[\text{m}^2]$이고 극간의 거리가 $d[\text{m}]$인 평행판 콘덴서에 비유전율이 ε_r인 유전체를 채울 때 정전용량[F]은?(단, ε_0는 진공의 유전율이다.)

① $\dfrac{2\varepsilon_0 \varepsilon_r S}{d}$
② $\dfrac{\varepsilon_0 \varepsilon_r S}{\pi d}$
③ $\dfrac{\varepsilon_0 \varepsilon_r S}{d}$
④ $\dfrac{2\pi \varepsilon_0 \varepsilon_r S}{d}$

04 ③ 05 ② 06 ③ Answer

해설 $C = \dfrac{\varepsilon_0 \varepsilon_r \cdot S}{d}$

07 반자성체의 비투자율(μ_r) 값의 범위는?

① $\mu_r = 1$ ② $\mu_r < 1$
③ $\mu_r > 1$ ④ $\mu_r = 0$

해설
- 상자성체 $\mu_s > 1$
- 강자성체 $\mu_s \gg 1$
- 역(반)자성체 $\mu_s < 1$

08 반지름 r[m]인 무한장 원통형 도체에 전류가 균일하게 흐를 때 도체 내부에서 자계의 세기 [AT/m]는?

① 원통 중심축으로부터 거리에 비례한다.
② 원통 중심축으로부터 거리에 반비례한다.
③ 원통 중심축으로부터 거리의 제곱에 비례한다.
④ 원통 중심축으로부터 거리의 제곱에 반비례한다.

해설 원통(원주) 도체에 의한 자계의 세기 : 전류가 균일하게 흐를 시(내부에도 전류가 존재한다)
- 외부($r > a$) : $H = \dfrac{I}{2\pi r}$ [AT/m]
- 내부($r < a$) : $H_i = \dfrac{rI}{2\pi a^2}$ [AT/m]

09 정전계 해석에 관한 설명으로 틀린 것은?

① 푸아송 방정식은 가우스 정리의 미분형으로 구할 수 있다.
② 도체 표면에서의 전계의 세기는 표면에 대해 법선 방향을 갖는다.
③ 라플라스 방정식은 전극이나 도체의 형태에 관계없이 체적전하밀도가 0인 모든 점에서 $\nabla^2 V = 0$을 만족한다.
④ 라플라스 방정식은 비선형 방정식이다.

해설 라플라스 방정식은 선형동차 방정식이다.

Answer 07 ② 08 ① 09 ④

10 비유전율 ε_r이 4인 유전체의 분극률은 진공의 유전율 ε_0의 몇 배인가?

① 1
② 3
③ 9
④ 12

[해설] 분극률 $x = \varepsilon_0(\varepsilon_r - 1)$ 이므로
$= \varepsilon_0(4-1) = 3\varepsilon_0$

11 공기 중에 있는 무한히 긴 직선 도선에 10[A]의 전류가 흐르고 있을 때 도선으로부터 2[m] 떨어진 점에서의 자속밀도는 몇 [Wb/m²]인가?

① 10^{-5}
② 0.5×10^{-6}
③ 10^{-6}
④ 2×10^{-6}

[해설] $B = \mu_0 H = 4\pi \times 10^{-7} \times \dfrac{I}{2\pi r} = 4\pi \times 10^{-7} \times \dfrac{10}{2\pi \times 2}$
$= 1 \times 10^{-6}$

12 그림에서 $N = 1,000$[회], $l = 100$[cm], $S = 10$[cm²]인 환상 철심의 자기 회로에 전류 $I = 10$[A]를 흘렸을 때 축적되는 자계 에너지는 몇 [J]인가?(단, 비투자율 $\mu_r = 100$이다.)

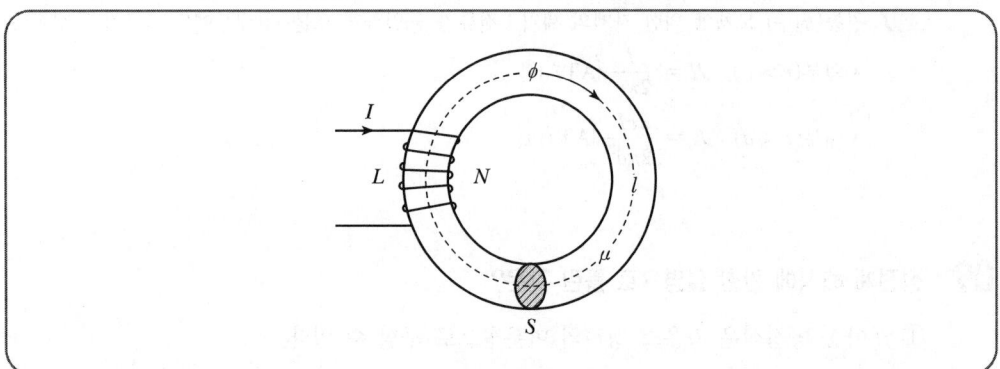

① $2\pi \times 10^{-3}$
② $2\pi \times 10^{-2}$
③ $2\pi \times 10^{-1}$
④ 2π

[해설] $w = \dfrac{1}{2} LI^2 = \dfrac{1}{2} \times \dfrac{\mu S N^2}{l} \times I^2$
$= \dfrac{1}{2} \times \dfrac{4\pi \times 10^{-7} \times 100 \times 10 \times 10^{-4} \times 1000^2}{100 \times 10^{-2}} \times 10^2$
$= 2\pi$

10 ② 11 ③ 12 ④ **Answer**

13 자기유도계수 L의 계산 방법이 아닌 것은?(단, N : 권수, ϕ : 자속[Wb], I : 전류[A], A : 벡터 퍼텐셜[Wb/m], i : 전류밀도[A/m²], B : 자속밀도[Wb/m²], H : 자계의 세기[AT/m]이다.)

① $L = \dfrac{N\phi}{I}$ 　　② $L = \dfrac{\int_v A \cdot i\, dv}{I^2}$

③ $L = \dfrac{\int_v B \cdot H\, dv}{I^2}$ 　　④ $L = \dfrac{\int_v A \cdot i\, dv}{I}$

[해설] $LI = N\phi$ 에서 $L = \dfrac{N\phi}{I}$ 이며

코일에 축적되는 에너지 $W = \dfrac{1}{2}LI^2 = \dfrac{1}{2}BHv$ [J]이므로

$L = \dfrac{BHv}{I^2} = \dfrac{\int_v BH\, dv}{I^2} = \dfrac{\int_v rot\, AH\, dv}{I^2}$

$= \dfrac{\int_v rot\, HA\, dv}{I^2} = \dfrac{\int_v Ai\, dv}{I^2}$ [H]이다.

14 20[℃]에서 저항의 온도계수가 0.002인 니크롬선의 저항이 100[Ω]이다. 온도가 60[℃]로 상승되면 저항은 몇 [Ω]이 되겠는가?

① 108 　　② 112
③ 115 　　④ 120

[해설] $R_T = R_t\{1 + \alpha_t(T - t)\}$
$= 100\{1 + 0.002(60 - 20)\}$
$= 108$ [Ω]

15 전계 및 자계의 세기가 각각 E[V/m], H[AT/m]일 때, 포인팅 벡터 P[W/m²]의 표현으로 옳은 것은?

① $P = \dfrac{1}{2}E \times H$ 　　② $P = E\, rot\, H$

③ $P = E \times H$ 　　④ $P = H\, rot\, E$

[해설] $P' = \dfrac{P}{S} = EH = \vec{E} \times \vec{H}$ [W/m²]

Answer ▶ 13 ④　14 ①　15 ③

16 평등자계 내에 전자가 수직으로 입사하였을 때 전자의 운동에 대한 설명으로 옳은 것은?

① 원심력은 전자속도에 반비례한다.
② 구심력은 자계의 세기에 반비례한다.
③ 원운동을 하고, 반지름은 자계의 세기에 비례한다.
④ 원운동을 하고, 반지름은 전자의 회전속도에 비례한다.

해설 평등자계 내 전자 수직 입사 시
- 원운동을 한다.
- 반지름(궤적) $r = \dfrac{mv}{Be} = \dfrac{mv}{\mu_o He}$ [m]
- 각속도 $\omega = \dfrac{Be}{m}$ [rad/sec]
- 주기 $T = \dfrac{2\pi m}{Be}$ [sec]

17 진공 중 3[m] 간격으로 두 개의 평행한 무한 평판 도체에 각각 $+4[C/m^2]$, $-4[C/m^2]$의 전하를 주었을 때, 두 도체 간의 전위차는 약 몇 [V]인가?

① 1.5×10^{11}
② 1.5×10^{12}
③ 1.36×10^{11}
④ 1.36×10^{12}

해설 $V = E \cdot d = \dfrac{\rho_s}{\varepsilon_0} \cdot d = \dfrac{4}{8.85 \times 10^{-12}} \times 3 = 1.355 \times 10^{12}$

18 자속밀도 $B[Wb/m^2]$의 평등 자계 내에서 길이 $l[m]$인 도체 ab가 속도 $v[m/s]$로 그림과 같이 도선을 따라서 자계와 수직으로 이동할 때, 도체 ab에 의해 유기된 기전력의 크기 e[V]와 폐회로 abcd 내 저항 R에 흐르는 전류의 방향은?(단, 폐회로 abcd 내 도선 및 도체의 저항은 무시한다.)

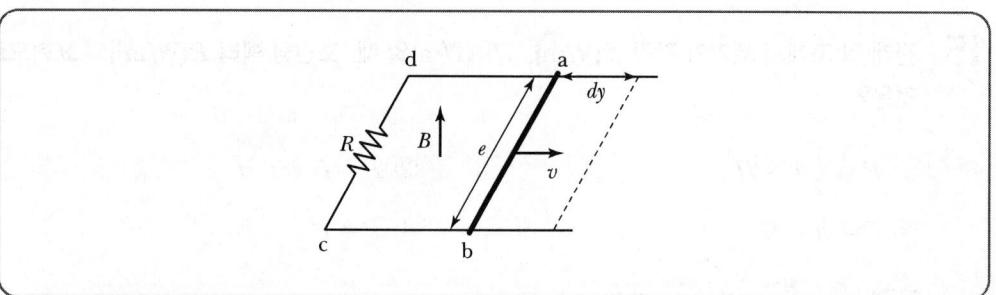

① $e = Blv$, 전류 방향 : c → d
② $e = Blv$, 전류 방향 : d → c
③ $e = Blv^2$, 전류 방향 : c → d
④ $e = Blv^2$, 전류 방향 : d → c

16 ④ 17 ④ 18 ① Answer

해설 유기 기전력 $e = Bl_v \sin\theta$ (단, $\theta = 90°$) $\therefore e = Bl_v$

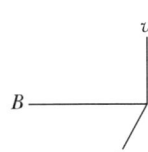
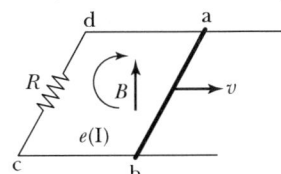

19 그림과 같이 내부 도체구 A에 $+Q$[C], 외부 도체구 B에 $-Q$[C]를 부여한 동심 도체구 사이의 정전용량 C[F]는?

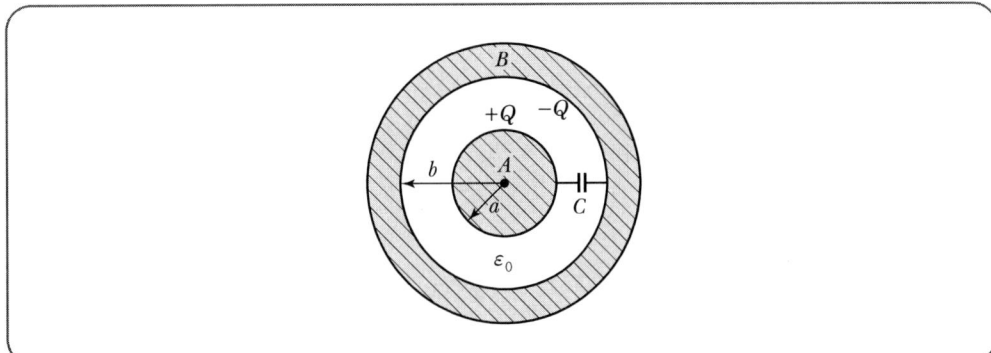

① $4\pi\varepsilon_0(b-a)$
② $\dfrac{4\pi\varepsilon_0 ab}{b-a}$
③ $\dfrac{ab}{4\pi\varepsilon_0(b-a)}$
④ $4\pi\varepsilon_0\left(\dfrac{1}{a}-\dfrac{1}{b}\right)$

해설 동심구도체의 정전용량

$$C = \dfrac{4\pi\varepsilon_0}{\dfrac{1}{a}-\dfrac{1}{b}} = \dfrac{4\pi\varepsilon_0 ab}{b-a} = \dfrac{1}{9\times 10^9}\dfrac{ab}{b-a}\,[\text{F}]$$

20 유전율이 ε_1, ε_2[F/m]인 유전체 경계면에 단위 면적당 작용하는 힘의 크기는 몇 [N/m²]인가? (단, 전계가 경계면에 수직인 경우이며, 두 유전체에서의 전속밀도는 $D_1 = D_2 = D$[C/m²]이다.)

① $2\left(\dfrac{1}{\varepsilon_1}-\dfrac{1}{\varepsilon_2}\right)D^2$
② $2\left(\dfrac{1}{\varepsilon_1}+\dfrac{1}{\varepsilon_2}\right)D^2$
③ $\dfrac{1}{2}\left(\dfrac{1}{\varepsilon_1}+\dfrac{1}{\varepsilon_2}\right)D^2$
④ $\dfrac{1}{2}\left(\dfrac{1}{\varepsilon_2}-\dfrac{1}{\varepsilon_1}\right)D^2$

Answer ● 19 ② 20 ④

해설 경계면에 작용하는 힘. 단, 전계가 수직입사 시(인장응력)

$f_1 = \dfrac{D^2}{2\varepsilon_1}$

$f_2 = \dfrac{D^2}{2\varepsilon_2}$

$\therefore \ f = f_2 - f_1 = \dfrac{1}{2}\left(\dfrac{1}{\varepsilon_2} - \dfrac{1}{\varepsilon_1}\right)D^2 \ [\text{N/m}^2]$

2020년도 3회 시험 과년도 기출문제

01 분극의 세기 P, 전계 E, 전속밀도 D의 관계를 나타낸 것으로 옳은 것은?(단, ε_0는 진공의 유전율이고, ε_r은 유전체의 비유전율이며, ε은 유전체와 유전율이다.)

① $P = \varepsilon_0(\varepsilon+1)E$
② $E = \dfrac{D+P}{\varepsilon_0}$
③ $P = D - \varepsilon_0 E$
④ $\varepsilon_0 = D - E$

[해설] 분극의 세기
$P = \varepsilon_0(\varepsilon_s - 1)E = D\left(1 - \dfrac{1}{\varepsilon_s}\right) = D - \varepsilon_o E$

02 그림과 같은 직사각형의 평면 코일이 $B = \dfrac{0.05}{\sqrt{2}}(a_x + a_y)$ [Wb/m²]인 자계에 위치하고 있다. 이 코일에 흐르는 전류가 5[A]일 때 z축에 있는 코일에서의 토크는 약 몇 [N·m]인가?

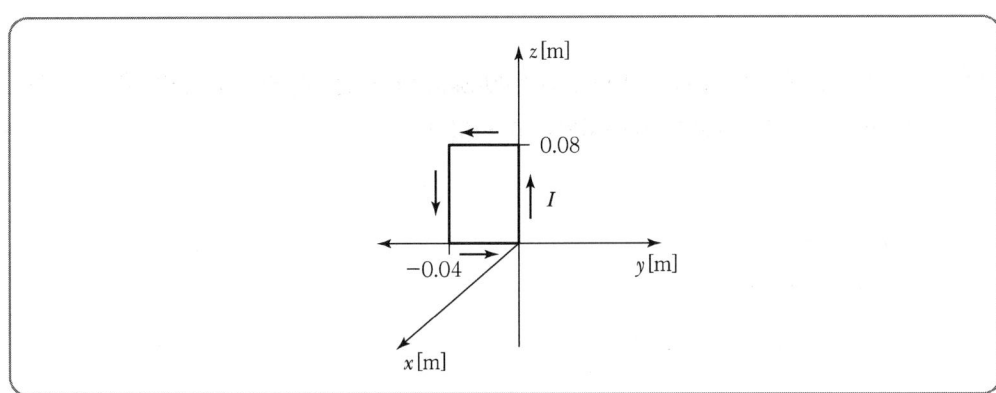

① $2.66 \times 10^{-4} a_x$
② $5.66 \times 10^{-4} a_x$
③ $2.66 \times 10^{-4} a_z$
④ $5.66 \times 10^{-4} a_z$

[해설] 토크 $T = F \cdot r$ [N·m]이고 벡터로 표현하면 $\vec{T} = \vec{r} \times \vec{F}$이다.
여기서, 자계가 있는 공간에 도선을 넣고 전류 인가 시 작용하는 힘은 플레밍의 왼손법칙을 적용 $F = BIl\sin\theta$[N]는 $\vec{F} = (\vec{I} \times \vec{B})l$이므로
$I = 5a_z$, $B = 0.05\dfrac{a_x + a_y}{\sqrt{2}} = 0.03536 a_x + 0.03536 a_y$이므로

$\vec{I} \times \vec{B} = \begin{vmatrix} a_x & a_y & a_z \\ 0 & 0 & 5 \\ 0.03536 & 0.03536 & 0 \end{vmatrix} = -0.1768 a_x + 0.1768 a_y$

Answer ▶ 01 ③ 02 ④

$$\vec{F} = (\vec{I} \times \vec{B})l = (-0.1768a_x + 0.1768a_y) \cdot 0.08 = -0.01414a_x + 0.01414a_y$$

토크 $\vec{T} = \vec{r} \times \vec{F}$

여기서, $\vec{r} = -0.04a_y$

$$\vec{r} \times \vec{F} = \begin{vmatrix} a_x & a_y & a_z \\ 0 & -0.04 & 0 \\ 0.01414 & 0.01414 & 0 \end{vmatrix} = 5.6576 \times 10^{-4} a_z [\text{N} \cdot \text{m}]$$

03 내부 장치 또는 공간을 물질로 포위시켜 외부자계의 영향을 차폐시키는 방식을 자기차폐라 한다. 다음 중 자기차폐에 가장 적합한 것은?

① 비투자율이 1보다 작은 역자성체
② 강자성체 중에서 비투자율이 큰 물질
③ 강자성체 중에서 비투자율이 작은 물질
④ 비투자율에 관계없이 물질의 두께에만 관계되므로 되도록이면 두꺼운 물질

해설 강자성체는 자석재료이며 자기차폐제로 이용된다.
자기차폐란 강자성체로 물질이나 공간을 포위시켜 외부자계의 영향을 차폐시키는 현상으로 완전 차폐되지는 않는다.

04 주파수가 100[MHz]일 때 구리의 표피 두께(Skin Depth)는 약 몇 [mm]인가?(단, 구리의 도전율은 $5.9 \times 10^7 [\mho/\text{m}]$이고, 비투자율은 0.99이다.)

① 3.3×10^{-2}
② 6.6×10^{-2}
③ 3.3×10^{-3}
④ 6.6×10^{-3}

해설 표피두께=침투깊이

$$\delta = \sqrt{\frac{2}{\omega\sigma\mu}} = \sqrt{\frac{1}{\pi f \cdot \sigma \cdot \mu_o \mu_s}}$$

$$= \sqrt{\frac{1}{\pi \cdot 100 \times 10^6 \times 5.9 \times 10^7 \times 4\pi \times 10^{-7} \times 0.99}} = 6.58 \times 10^{-6} [\text{m}]$$

∴ $6.58 \times 10^{-3} [\text{mm}]$

03 ① 04 ④ **Answer**

05 압전기 현상에서 전기 분극이 기계적 응력에 수직한 방향으로 발생하는 현상은?

① 종효과
② 횡효과
③ 역효과
④ 직접효과

해설 압전효과
- 어떤 유전체의 결정에 압력이나 인장을 가하면 그 응력으로 인하여 내부에 전기분극이 일어나고 그 단면에 분극전하가 나타나는 현상으로 이의 역현상으로는 결정에 전기를 가하면 기계적 변형이 나타나는 압전기 역효과가 있다.
- 응력과 분극방향이 동일방향인 경우를 '종효과', 응력과 분극방향이 수직방향인 경우를 '횡효과'라고 한다.

06 구리의 고유저항은 20℃에서 $1.69 \times 10^{-8}[\Omega \cdot m]$이고 온도계수는 0.00393이다. 단면적이 2[mm²]이고 100[m]인 구리선의 저항값은 40[℃]에서 약 몇 [Ω]인가?

① 0.91×10^{-3}
② 1.89×10^{-3}
③ 0.91
④ 1.89

해설 $R_t = \rho \dfrac{l}{s} = 1.69 \times 10^{-8} \times \dfrac{100}{2 \times 10^{-6}} = 0.845[\Omega]$

$R_T = R_t\{1 + \alpha_t(T - t)\} = 0.845\{1 + 0.0039(40 - 20)\} \fallingdotseq 0.91[\Omega]$

07 전위경도 V와 전계 E의 관계식은?

① $E = \text{grad} V$
② $E = \text{div} V$
③ $E = -\text{grad} V$
④ $E = -\text{div} V$

해설 전위경도 $E = -\text{grad} V$

08 정전계에서 도체에 정(+)의 전하를 주었을 때의 설명으로 틀린 것은?

① 도체 표면의 곡률 반지름이 작은 곳에 전하가 많이 분포한다.
② 도체 외측의 표면에만 전하가 분포한다.
③ 도체 표면에서 수직으로 전기력선이 출입한다.
④ 도체 내에 있는 공동면에도 전하가 골고루 분포한다.

해설 대전도체 내부에는 전하가 존재하지 않는다.

Answer ○ 05 ② 06 ③ 07 ③ 08 ④

09 평행 도선에 같은 크기의 왕복 전류가 흐를 때 두 도선 사이에 작용하는 힘에 대한 설명으로 옳은 것은?

① 흡인력이다.
② 전류의 제곱에 비례한다.
③ 주위 매질의 투자율에 반비례한다.
④ 두 도선 사이 간격의 제곱에 반비례한다.

해설 $F = \dfrac{\mu_0 I_1 I_2}{2\pi d} = \dfrac{2 I_1 I_2}{d} \times 10^{-7} [\text{N/m}]$

if 전류의 크기가 동일하면 $F' = \dfrac{2I^2}{d} \times 10^{-7} [\text{N/m}]$

∴ 전류제곱에 비례한다.

10 비유전율 3, 비투자율 3인 매질에서 전자기파의 진행속도 $v[\text{m/s}]$와 진공에서의 속도 $v_0[\text{m/s}]$의 관계는?

① $v = \dfrac{1}{9} v_0$
② $v = \dfrac{1}{3} v_0$
③ $v = 3 v_0$
④ $v = 9 v_0$

해설 $v = \dfrac{\omega}{\beta} = \dfrac{1}{\sqrt{\varepsilon\mu}} = \dfrac{n \times 10^8}{\sqrt{\varepsilon_s \mu_s}} = \dfrac{n \times 10^8}{\sqrt{n \cdot n}} = 10^8 [\text{m/s}]$

$v_0 = \dfrac{\omega}{\beta} = \dfrac{1}{\sqrt{\varepsilon_0 \mu_0}} = n \times 10^8 [\text{m/s}]$

∴ $v = \dfrac{1}{3} v_0$

11 대지의 고유저항이 $\rho[\Omega \cdot \text{m}]$일 때 반지름이 $a[\text{m}]$인 그림과 같은 반구 접지극의 접지저항$[\Omega]$은?

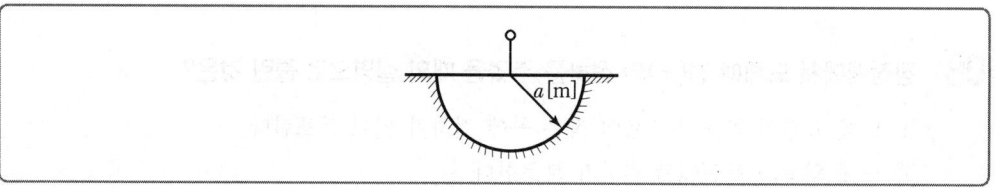

① $\dfrac{\rho}{4\pi a}$
② $\dfrac{\rho}{2\pi a}$
③ $\dfrac{2\pi\rho}{a}$
④ $2\pi\rho a$

해설 $R = \dfrac{\varepsilon\rho}{C} = \dfrac{\varepsilon\rho}{2\pi\varepsilon a} = \dfrac{\rho}{2\pi a}$

09 ② 10 ② 11 ② ● Answer

12 공기 중에서 2[V/m]의 전계의 세기에 의한 변위전류밀도의 크기를 2[A/m²]로 흐르게 하려면 전계의 주파수는 약 몇 [MHz]가 되어야 하는가?

① 9,000
② 18,000
③ 36,000
④ 72,000

해설 변위전류밀도

$$i_d = \frac{\partial D}{\partial t} = \frac{\partial E\varepsilon_o}{\partial t} = \frac{\partial}{\partial t}\left(\frac{V}{d}\right) \cdot \varepsilon_o = \omega\varepsilon_o E = 2\pi f \cdot \varepsilon_o E [\text{A/m}^2]$$

$$\therefore f = \frac{i_d}{2\pi\varepsilon_o \cdot E} = \frac{2}{2\pi \times 8.85 \times 10^{-12} \times 2} \times 10^{-6} \fallingdotseq 18{,}000 [\text{MHz}]$$

13 2장의 무한 평판 도체를 4[cm]의 간격으로 놓은 후 평판 도체 간에 일정한 전계를 인가하였더니 평판 도체 표면에 2μ[C/m²]의 전하밀도가 생겼다. 이때 평행 도체 표면에 작용하는 정전응력은 약 몇 [N/m²]인가?

① 0.057
② 0.226
③ 0.57
④ 2.26

해설 정전응력

$$f = \frac{F}{S}[\text{N/m}^2] = \frac{\rho_s^2}{2\varepsilon_o} = \frac{(2 \times 10^{-6})^2}{2 \times 8.85 \times 10^{-12}} \fallingdotseq 0.226$$

14 자성체 내의 자계의 세기가 H[AT/m]이고 자속밀도가 B[Wb/m²]일 때, 자계에너지밀도[J/m³]는?

① HB
② $\frac{1}{2\mu}H^2$
③ $\frac{\mu}{2}B^2$
④ $\frac{1}{2\mu}B^2$

해설 자계의 에너지밀도

$$W_H = \frac{\sigma^2}{2\mu} = \frac{B^2}{2\mu} = \frac{1}{2}H^2\mu = \frac{1}{2}HB[\text{J/m}^3]$$

Answer ○ 12 ② 13 ② 14 ④

15 임의의 방향으로 배열되었던 강자성체의 자구가 외부 자기장의 힘이 일정치 이상이 되는 순간에 급격히 회전하여 자기장의 방향으로 배열되고 자속밀도가 증가하는 현상을 무엇이라 하는가?

① 자기여효(Magnetic Aftereffect)
② 바크하우젠 효과(Barkthausen Effect)
③ 자기왜현상(Magneto-Striction Effect)
④ 핀치 효과(Pinch Effect)

해설 바크하우젠 효과(Barkhausen Effect)
자화력이 변할 때 나타나는 자화의 연속적이고 급격한 변화로 강자성체의 자기화가 외부자기장의 증가에 따라 연속적으로 이루어지지 않고 불연속적으로 자속(磁束)이 변화하여 유도전압이 발생하기 때문에 생긴다. 그 원인은 강자성체를 구성하는 결정(結晶)의 내부에 있는 불순물이나 격자결함 때문에 자기 구역벽(磁氣區域壁)의 이동이 방해를 받고, 외부자기장이 강해짐에 따라 방해를 받고 있던 자기 구역벽의 이동이 한꺼번에 일어나기 때문이다.

16 반지름이 5[mm], 길이가 15[mm], 비투자율이 50인 자성체 막대에 코일을 감고 전류를 흘려서 자성체 내의 자속밀도를 50[Wb/m²]로 하였을 때 자성체 내에서의 자계의 세기는 몇 [A/m]인가?

① $\dfrac{10^7}{\pi}$ ② $\dfrac{10^7}{2\pi}$ ③ $\dfrac{10^7}{4\pi}$ ④ $\dfrac{10^7}{8\pi}$

해설 자속밀도 $B = \dfrac{\phi}{s} = \dfrac{m}{s} = \dfrac{m}{4\pi r^2} = \mu \cdot H [\text{Wb/m}^2]$

∴ 자계의 세기 $H = \dfrac{B}{\mu_o \mu_s} = \dfrac{50}{4\pi \times 10^{-7} \times 50} = \dfrac{10^7}{4\pi} [\text{A/m}]$

17 반지름이 30[cm]인 원판 전극의 평행판 콘덴서가 있다. 전극의 간격이 0.1[cm]이며 전극 사이 유전체의 비유전율이 4.0이라 한다. 이 콘덴서의 정전용량은 약 몇 [μF]인가?

① 0.01 ② 0.02
③ 0.03 ④ 0.04

해설 정전용량
$C = \dfrac{\varepsilon_o \varepsilon_s \cdot s}{d}[\text{F}] = \dfrac{8.85 \times 10^{-12} \times 4 \times \pi \cdot 0.3^2}{0.1 \times 10^{-2}} \times 10^6 = 0.01 [\mu\text{F}]$

여기서, $s : \pi r^2 [\text{m}^2]$

15 ② 16 ③ 17 ① **Answer**

18 한 변의 길이가 l[m]인 정사각형 도체회로에 전류 I[A]를 흘릴 때 회로 중심점에서의 자계 세기는 몇 [AT/m]인가?

① $\dfrac{2I}{\pi l}$　　② $\dfrac{I}{\sqrt{2}\,\pi l}$　　③ $\dfrac{\sqrt{2}\,I}{\pi l}$　　④ $\dfrac{2\sqrt{2}\,I}{\pi l}$

해설 정n각형 중심자계 $H = \dfrac{NI\tan\dfrac{\pi}{n}}{2\pi a}$ (여기서, a : 반지름)

정사각형 한 변의 길이가 l이면 반지름 $a = \dfrac{\sqrt{2}}{2}l$이다.

$\therefore H = \dfrac{4I\tan\dfrac{\pi}{4}}{2\pi \cdot \dfrac{\sqrt{2}\,l}{2}} = \dfrac{4I}{\sqrt{2}\,\pi l} = \dfrac{2\sqrt{2}\,I}{\pi l}$ [AT/m]

19 정전용량이 각각 $C_1 = 1[\mu F]$, $C_2 = 2[\mu F]$인 도체에 전하 $Q_1 = -5[\mu C]$, $Q_2 = 2[\mu C]$을 각각 주고 각 도체를 가는 철사로 연결하였을 때 C_1에서 C_2로 이동하는 전하 $Q[\mu C]$는?

① -4　　② -3.5　　③ -3　　④ -1.5

해설 C_1에서 C_2로 전하가 이동하므로 이동하는 전하를 Q라고 하면
- C_1에 분포하는 전하 $Q_1' = Q_1 - Q$
- C_2에 분포하는 전하 $Q_2' = Q_2 + Q$이다.

이때 $V = \dfrac{Q}{C} = \dfrac{Q_1'}{C_1} = \dfrac{Q_2'}{C_2}$ (∵ 가는 철사 연결=병렬)

$\therefore \dfrac{Q_1 - Q}{C_1} = \dfrac{Q_2 + Q}{C_2}$

$C_1(Q_2 + Q) = C_2(Q_1 - Q)$
$C_1 Q_2 + C_1 Q = C_2 Q_1 - C_2 Q$
$C_1 Q + C_2 Q = C_2 Q_1 - C_1 Q_2$

$\therefore Q = \dfrac{C_2 Q_1 - C_1 Q_2}{C_1 + C_2} = \dfrac{2 \cdot (-5) - 1 \cdot 2}{1 + 2} = \dfrac{-12}{3} = -4[\mu C]$

20 정전용량이 0.03[μF]인 평행판 공기 콘덴서의 두 극판 사이에 절반 두께의 비유전율 10인 유리판을 극판과 평행하게 넣었다면 이 콘덴서의 정전용량은 약 몇 [μF]이 되는가?

① 1.83　　② 18.3　　③ 0.055　　④ 0.55

해설 공기콘덴서 절반만큼 유전체를 채운 경우

$C = \dfrac{2\varepsilon_s}{1 + \varepsilon_s} \cdot C_o = \dfrac{2 \cdot 10}{1 + 10} \cdot 0.03 \fallingdotseq 0.055[\mu F]$

Answer ▶ 18 ④　19 ①　20 ③

2020년도 4회 시험 과년도 기출문제

01 환상 솔레노이드 철심 내부에서 자계의 세기[AT/m]는?(단, N은 코일 권선수, r은 환상 철심의 평균 반지름, I는 코일에 흐르는 전류이다.)

① NI
② $\dfrac{NI}{2\pi r}$
③ $\dfrac{NI}{2r}$
④ $\dfrac{NI}{4\pi r}$

[해설] 환상 솔레노이드 자계
$$H = \dfrac{NI}{l} = \dfrac{NI}{2\pi r}$$

02 전류 I가 흐르는 무한 직선 도체가 있다. 이 도체로부터 수직으로 0.1[m] 떨어진 점에서 자계의 세기가 180[AT/m]이다. 도체로부터 수직으로 0.3[m] 떨어진 점에서 자계의 세기[AT/m]는?

① 20
② 60
③ 180
④ 540

[해설]
- $H = \dfrac{I}{2\pi \cdot r} = 180$ (단, $r=0.1$이면)
  $I = 180 \times 2\pi \times 0.1$
- $H' = \dfrac{I}{2\pi r}$ 에 $r=0.3$을 대입하면
  $H' = \dfrac{180 \times 2\pi \times 0.1}{2\pi \times 0.3} = 60[\text{AT/m}]$

03 길이가 l[m], 단면적의 반지름이 a[m]인 원통이 길이 방향으로 균일하게 자화되어 자화의 세기가 J[Wb/m²]인 경우, 원통 양단에서의 자극의 세기 m[Wb]은?

① alJ
② $2\pi alJ$
③ $\pi a^2 J$
④ $\dfrac{J}{\pi a^2}$

[해설] 자화의 세기
$$J = \dfrac{M}{V} = \dfrac{m \cdot l}{\pi a^2 \cdot l}$$
$\therefore m = \pi a^2 \cdot J$

Answer 01 ② 02 ② 03 ③

04
임의의 형상의 도선에 전류 I[A]가 흐를 때, 거리 r[m]만큼 떨어진 점에서의 자계의 세기 H[AT/m]를 구하는 비오-사바르의 법칙에서, 자계의 세기 H[AT/m]와 거리 r[m]의 관계로 옳은 것은?

① r에 반비례　② r에 비례　③ r^2에 반비례　④ r^2에 비례

해설 비오-사바르 법칙
$$d_H = \frac{I \cdot dl}{4\pi r^2} \cdot \sin\theta \, [\text{AT/m}]$$

05
진공 중에서 전자파의 전파속도[m/s]는?

① $C_0 = \dfrac{1}{\sqrt{\varepsilon_0 \mu_0}}$　② $C_0 = \sqrt{\varepsilon_0 \mu_0}$

③ $C_0 = \dfrac{1}{\sqrt{\varepsilon_0}}$　④ $C_0 = \dfrac{1}{\sqrt{\mu_0}}$

해설 전파속도
$$V = \frac{\omega}{\beta} = \frac{1}{\sqrt{LC}} = \frac{1}{\sqrt{\varepsilon\mu}} = \frac{3 \times 10^8}{\sqrt{\varepsilon_s \mu_s}} = \lambda f \, [\text{m/sec}]$$

06
영구자석 재료로 사용하기에 적합한 특성은?

① 잔류자기와 보자력이 모두 큰 것이 적합하다.
② 잔류자기는 크고 보자력은 작은 것이 적합하다.
③ 잔류자기는 작고 보자력은 큰 것이 적합하다.
④ 잔류자기와 보자력이 모두 작은 것이 적합하다.

해설 영구자석의 재료
- 히스테리시스 특성곡선의 면적이 클 것
- 잔류자기가 클 것
- 보자력이 클 것

07
변위전류와 관계가 가장 깊은 것은?

① 도체　② 반도체　③ 자성체　④ 유전체

해설
- 변위전류 밀도
$$i_d = \frac{\partial D}{\partial t} = \frac{\partial}{\partial t} E \cdot \varepsilon = \frac{\partial}{\partial t}\left(\frac{V}{d}\right) \cdot \varepsilon \, [\text{A/m}^2]$$
- 변위전류 $I_D = i_d \times S$ [A]이므로 유전체와 관련이 있다.

Answer ○ 04 ③　05 ①　06 ①　07 ④

08 자속밀도가 10[Wb/m²]인 자계 내에 길이 4[cm]의 도체를 자계와 직각으로 놓고 이 도체를 0.4초 동안 1[m]씩 균일하게 이동하였을 때 발생하는 기전력은 몇 [V]인가?

① 1　　　　　　　　　　　　　② 2
③ 3　　　　　　　　　　　　　④ 4

해설 $e = Blv\sin\theta$[V]이고 $v = \dfrac{거리}{시간}$ 를 이용하면

$$= 10 \times 4 \times 10^{-2} \times \dfrac{1}{0.4} \cdot \sin 90° = 1[\text{V}]$$

09 내부 원통의 반지름이 a, 외부 원통의 반지름이 b인 동축 원통 콘덴서의 내외 원통 사이에 공기를 넣었을 때 정전용량이 C_1이었다. 내외 반지름을 모두 3배로 증가시키고 공기 대신 비유전율이 3인 유전체를 넣었을 경우의 정전용량 C_2는?

① $C_2 = \dfrac{C_1}{9}$　　　　　　　② $C_2 = \dfrac{C_1}{3}$

③ $C_2 = 3C_1$　　　　　　　　④ $C_2 = 9C_1$

해설 동축케이블 정전용량

$$C_1 = \dfrac{2\pi\varepsilon}{\ln\dfrac{b}{a}}[\text{F/m}]$$

$$C_2 = \dfrac{2\pi\varepsilon_o 3}{\ln\dfrac{3b}{3a}}$$ 이므로 $C_2 = 3C_1$

10 다음 정전계에 관한 식 중에서 틀린 것은?(단, D는 전속밀도, V는 전위, ρ는 공간(체적)전하밀도, ε은 유전율이다.)

① 가우스의 정리 : $\text{div}\, D = \rho$　　　　② 푸아송의 방정식 : $\nabla^2 V = \dfrac{\rho}{\varepsilon}$

③ 라플라스의 방정식 : $\nabla^2 V = 0$　　④ 발산의 정리 : $\oint_s D \cdot ds = \oint_v \text{div}\, D\, dv$

해설 푸아송의 방정식

$$\nabla^2 \cdot V = -\dfrac{e_2}{\varepsilon_o}$$

08 ①　09 ③　10 ②　**Answer**

11
질량[m]이 10^{-10}[kg]이고, 전하량(Q)이 10^{-8}[C]인 전하가 전기장에 의해 가속되어 운동하고 있다. 가속도가 $a = 10^2 i + 10^2 j$[m/s^2]일 때 전기장의 세기 E[V/m]는?

① $E = 10^4 i + 10^5 j$
② $E = i + 10j$
③ $E = i + j$
④ $E = 10^{-6} i + 10^{-4} j$

[해설] $F = Q \cdot E = ma$

$$E = \frac{m}{Q} \cdot a = \frac{10^{-10}}{10^{-8}}(10^2 i + 10^2 j) = i + j$$

12
유전율이 ε_1, ε_2인 유전체 경계면에 수직으로 전계가 작용할 때 단위면적당 수직으로 작용하는 힘[N/m^2]은?(단, E는 전계[V/m]이고, D는 전속밀도[C/m^2]이다.)

① $2\left(\dfrac{1}{\varepsilon_2} - \dfrac{1}{\varepsilon_1}\right)E^2$
② $2\left(\dfrac{1}{\varepsilon_2} - \dfrac{1}{\varepsilon_1}\right)D^2$
③ $\dfrac{1}{2}\left(\dfrac{1}{\varepsilon_2} - \dfrac{1}{\varepsilon_1}\right)E^2$
④ $\dfrac{1}{2}\left(\dfrac{1}{\varepsilon_2} - \dfrac{1}{\varepsilon_1}\right)D^2$

[해설] 경계면에 수직으로 전계입사 시 작용하는 힘 f[N/m^2]
단, $\varepsilon_1 > \varepsilon_2$일 때

$$f = \frac{1}{2}\left(\frac{1}{\varepsilon_2} - \frac{1}{\varepsilon_1}\right)D^2 [\text{N/m}^2]$$

13
진공 중에서 2m 떨어진 두 개의 무한 평행도선에 단위길이당 10^{-7}[N]의 반발력이 작용할 때 각 도선에 흐르는 전류의 크기와 방향은?(단, 각 도선에 흐르는 전류의 크기는 같다.)

① 각 도선에 2[A]가 반대 방향으로 흐른다.
② 각 도선에 2[A]가 같은 방향으로 흐른다.
③ 각 도선에 1[A]가 반대 방향으로 흐른다.
④ 각 도선에 1[A]가 같은 방향으로 흐른다.

[해설] 평행도체 사이에 동일방향의 전류가 흐를 때=흡인력
평행도체 사이에 반대방향의 전류가 흐를 때=반발력

$$F = \frac{\mu_o I^2}{2\pi d} = \frac{2I^2}{d} \times 10^{-7} = 10^{-7}$$이고, 간격 $d = 2m$이면,

$\therefore I^2 = 1$
$I = 1$[A], 반발력

Answer ▶ 11 ③ 12 ④ 13 ③

14 자기 인덕턴스(Self Inductance) L[H]을 나타낸 식은?(단, N은 권선수, I는 전류[A], ϕ는 자속[Wb], B는 자속밀도[Wb/m²], H는 자계의 세기[AT/m], A는 벡터 퍼텐셜[Wb/m], J는 전류밀도[A/m²]이다.)

① $L = \dfrac{N\phi}{I^2}$ ② $L = \dfrac{1}{2I^2}\int B \cdot H \, dv$

③ $L = \dfrac{1}{I^2}\int A \cdot J \, dv$ ④ $L = \dfrac{1}{I}\int B \cdot H \, dv$

해설 $L = \dfrac{N}{I} \cdot \phi = \dfrac{1}{I^2}\int AJdv = \dfrac{1}{I^2}\int BHdv$ [H]

15 반지름이 a[m], b[m]인 두 개의 구 형상 도체 전극이 도전율 k인 매질 속에 거리 r[m]만큼 떨어져 있다. 양 전극 간의 저항[Ω]은?(단, $r \gg a$, $r \gg b$이다.)

① $4\pi k\left(\dfrac{1}{a}+\dfrac{1}{b}\right)$ ② $4\pi k\left(\dfrac{1}{a}-\dfrac{1}{b}\right)$

③ $\dfrac{1}{4\pi k}\left(\dfrac{1}{a}+\dfrac{1}{b}\right)$ ④ $\dfrac{1}{4\pi k}\left(\dfrac{1}{a}-\dfrac{1}{b}\right)$

해설
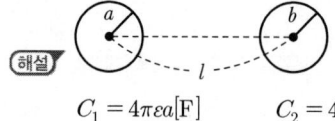

$C_1 = 4\pi\varepsilon a$[F]　　$C_2 = 4\pi\varepsilon b$[F]

$R_1 = \dfrac{\varepsilon\rho}{C_1} = \dfrac{\varepsilon\rho}{4\pi\varepsilon a}$　　$R_2 = \dfrac{\varepsilon\rho}{C_2} = \dfrac{\varepsilon\rho}{4\pi\varepsilon b}$

$\therefore R = R_1 + R_2 = \dfrac{\rho}{4\pi}\left(\dfrac{1}{a}+\dfrac{1}{b}\right) = \dfrac{1}{4\pi k}\left(\dfrac{1}{a}+\dfrac{1}{b}\right)$

16 정전계 내 도체 표면에서 전계의 세기가 $E = \dfrac{a_x - 2a_y + 2a_z}{\varepsilon_o}$[V/m]일 때 도체 표면상의 전하밀도 ρ_s[C/m²]를 구하면?(단, 자유공간이다.)

① 1 ② 2
③ 3 ④ 5

해설 $\rho_s = D = E \cdot \varepsilon_o$이므로

$= \dfrac{a_x - 2a_y + 2a_z}{\varepsilon_o} \cdot \varepsilon_o = a_x - 2a_y + 2a_z$

$= \sqrt{1^2 + 2^2 + 2^2} = 3$

14 ③　15 ③　16 ③　**Answer**

17 저항의 크기가 1[Ω]인 전선이 있다. 전선의 체적을 동일하게 유지하면서 길이를 2배로 늘였을 때 전선의 저항[Ω]은?

① 0.5
② 1
③ 2
④ 4

[해설] $R = \rho \dfrac{l}{s}$ 에서 체적이 일정하면

$$R' = \rho \dfrac{2l}{\dfrac{s}{2}} = \rho \dfrac{4l}{s}$$

18 반지름이 3[cm]인 원형 단면을 가지고 있는 환상 연철심에 코일을 감고 여기에 전류를 흘려서 철심 중의 자계 세기가 400[AT/m]가 되도록 여자할 때, 철심 중의 자속 밀도는 약 몇 [Wb/m²]인가?(단, 철심의 비투자율은 400이라고 한다.)

① 0.2
② 0.8
③ 1.6
④ 2.0

[해설] $B = \mu H = \mu_o \mu_s H = 4\pi \times 10^{-7} \times 400 \times 400 = 0.2$

19 자기회로와 전기회로에 대한 설명으로 틀린 것은?

① 자기저항의 역수를 컨덕턴스라 한다.
② 자기회로의 투자율은 전기회로의 도전율에 대응된다.
③ 전기회로의 전류는 자기회로의 자속에 대응된다.
④ 자기저항의 단위는 [AT/Wb]이다.

[해설]

전기회로	자기회로
도전율 $k = \sigma$ [℧/m]	투자율 μ [H/m]
기전력 E [V]	기자력 $F = NI$ [AT]
전류 I [A]	자속 $\phi = \dfrac{vSNI}{R_m}$ [Wb]
저항 $R = \dfrac{l}{ks}$ [Ω]	자기저항 $R_m = \dfrac{F}{\phi} = \dfrac{l}{\mu s}$ [AT/Wb]
컨덕턴스	퍼미언스

Answer ▶ 17 ④ 18 ① 19 ①

20 서로 같은 2개의 구 도체에 동일 양의 전하로 대전시킨 후 20cm 떨어뜨린 결과 구 도체에 서로 8.6×10^{-4}[N]의 반발력이 작용하였다. 구 도체에 주어진 전하는 약 몇 [C]인가?

① 5.2×10^{-8}
② 6.2×10^{-8}
③ 7.2×10^{-8}
④ 8.2×10^{-8}

[해설] $F = 9 \times 10^9 \times \dfrac{Q_1 Q_2}{r^2}$ 에서 $Q_1 = Q_2$, $r = 20\text{cm}$이면

∴ $9 \times 10^9 \times \dfrac{Q^2}{0.2^2} = 8.6 \times 10^{-4}$

$Q = \sqrt{\dfrac{8.6 \times 10^{-4} \times 0.2^2}{9 \times 10^9}} \fallingdotseq 6.2 \times 10^{-8}$[C]

20 ② **Answer**

2021년도 1회 시험 과년도 기출문제

01 평등 전계 중에 유전체 구에 의한 전속 분포가 그림과 같이 되었을 때 ε_1과 ε_2의 크기 관계는?

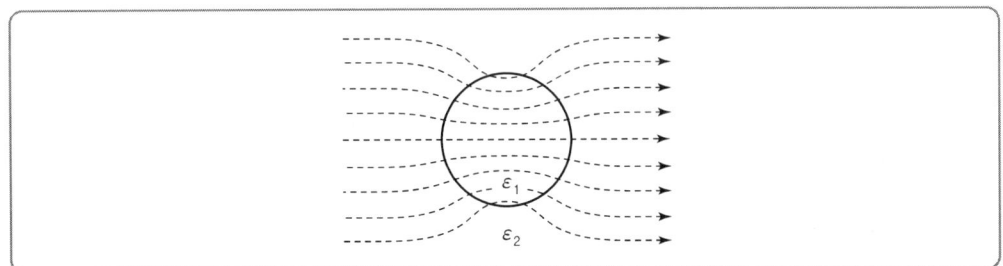

① $\varepsilon_1 > \varepsilon_2$
② $\varepsilon_1 < \varepsilon_2$
③ $\varepsilon_1 = \varepsilon_2$
④ $\varepsilon_1 \leq \varepsilon_2$

[해설] 전속은 유전율이 큰 쪽으로 모이려는 성질이 있다.
$\varepsilon_1 > \varepsilon_2$

02 커패시터를 제조하는 데 4가지(A, B, C, D)의 유전재료가 있다. 커패시터 내의 전계를 일정하게 하였을 때, 단위체적당 가장 큰 에너지 밀도를 나타내는 재료부터 순서대로 나열한 것은?(단, 유전재료 A, B, C, D의 비유전율은 각각 $\varepsilon_{rA}=8$, $\varepsilon_{rB}=10$, $\varepsilon_{rC}=2$, $\varepsilon_{rD}=4$이다.)

① C>D>A>B
② B>A>D>C
③ D>A>C>B
④ A>B>D>C

[해설] 조건 : 커패시터 내의 전계 일정
에너지 밀도 $W=\frac{1}{2}\varepsilon E^2[\text{J/m}^3]$
ε(유전율)이 클수록 에너지 밀도가 크다.
∴ B>A>D>C

03 정상전류계에서 $\nabla \cdot i = 0$에 대한 설명으로 틀린 것은?

① 도체 내에 흐르는 전류는 연속이다.
② 도체 내에 흐르는 전류는 일정하다.
③ 단위시간당 전하의 변화가 없다.
④ 도체 내에 전류가 흐르지 않는다.

Answer ○ 01 ① 02 ② 03 ④

해설 $\nabla \cdot i = 0$은 $\text{div}\, i = 0$과 같고 키르히호프 제1법칙을 의미한다.
∴ $\text{div}\, i = 0$, $\Sigma I = 0$, Σ유입$I = \Sigma$유출I이므로 전류가 흐르지 않는다는 것이 잘못되었다.

04 진공 내의 점 (2, 2, 2)에 10^{-9}[C]의 전하가 놓여 있다. 점 (2, 5, 6)에서의 전계 E는 약 몇 [V/m]인가?(단, a_y, a_z는 단위벡터이다.)

① $0.278a_y + 2.888a_z$
② $0.216a_y + 0.288a_z$
③ $0.288a_y + 0.216a_z$
④ $0.291a_y + 0.288a_z$

해설 $\vec{r} = 3a_y + 4a_z$
$|r| = \sqrt{3^2 + 4^2} = 5$
$E = 9 \times 10^9 \times \dfrac{Q}{r^2} = 9 \times 10^9 \times \dfrac{10^{-9}}{5^2} = \dfrac{9}{25}$
∴ $\vec{E} = n|\vec{E}| = \dfrac{\vec{r}}{|r|} \cdot |\vec{E}| = \dfrac{3a_y + 4a_z}{5} \cdot \dfrac{9}{25} = (0.6a_y + 0.8a_z) \cdot \dfrac{9}{25} = 0.216a_y + 0.288a_z$

05 방송국 안테나 출력이 W[W]이고 이로부터 진공 중에 r[m] 떨어진 점에서 자계의 세기의 실효치는 약 몇 [A/m]인가?

① $\dfrac{1}{r}\sqrt{\dfrac{W}{377\pi}}$
② $\dfrac{1}{2r}\sqrt{\dfrac{W}{377\pi}}$
③ $\dfrac{1}{2r}\sqrt{\dfrac{W}{188\pi}}$
④ $\dfrac{1}{r}\sqrt{\dfrac{2W}{377\pi}}$

해설 포인팅 벡터 $P' = \dfrac{P}{S} = EH[\text{W/m}^2]$
전력 $P = EHS$[W]
$E\sqrt{\varepsilon} = H\sqrt{\mu}$, $E = \sqrt{\dfrac{\mu}{\varepsilon}}\, H$
자유공간(진공) $E = \sqrt{\dfrac{\mu}{\varepsilon_0}}\, H = 377H$
∴ $P = 377H^2 \cdot S$
$H^2 = \dfrac{P}{377S}$
$H = \sqrt{\dfrac{P}{377 \cdot 4\pi r^2}} = \dfrac{1}{2r}\sqrt{\dfrac{P}{377\pi}}$ (단, $P = W$)
∴ $H = \dfrac{1}{2r}\sqrt{\dfrac{W}{377\pi}}$

04 ② 05 ② **Answer**

06 반지름이 a[m]인 원형 도선 2개의 루프가 z축상에 그림과 같이 놓인 경우 I[A]의 전류가 흐를 때 원형 전류 중심축상의 자계 H[A/m]는?(단, a_z, a_ϕ는 단위벡터이다.)

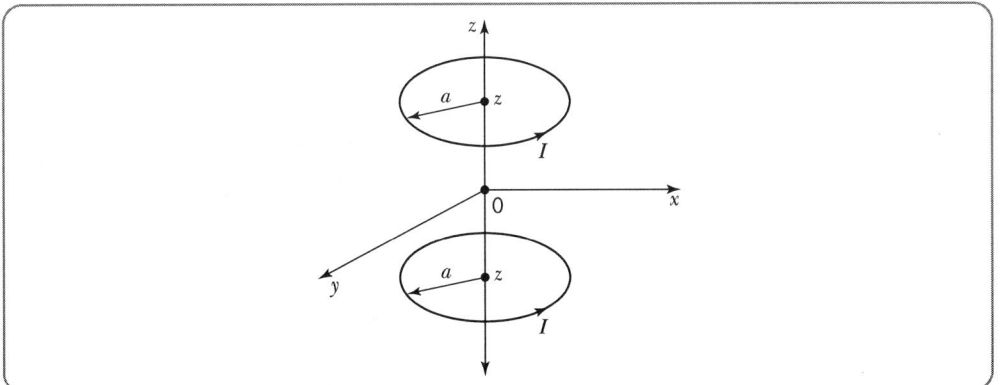

① $H = \dfrac{a^2 I}{(a^2+z^2)^{3/2}} a_\phi$ ② $H = \dfrac{a^2 I}{(a^2+z^2)^{3/2}} a_z$

③ $H = \dfrac{a^2 I}{2(a^2+z^2)^{3/2}} a_\phi$ ④ $H = \dfrac{a^2 I}{2(a^2+z^2)^{3/2}} a_z$

해설 원형 코일 중심축상 자계

$$H = \dfrac{a^2 I}{2(a^2+z^2)^{\frac{3}{2}}} [\text{AT/m}]$$임을 이용하면,

2개의 루프일 때 $H' = 2H = \dfrac{a^2 I}{(a^2+z^2)^{\frac{3}{2}}} \cdot a_z$

07 직교하는 무한 평판도체와 점전하에 의한 영상전하는 몇 개 존재하는가?

① 2   ② 3   ③ 4   ④ 5

해설 직교평면 전하의 영상전하

$n = \dfrac{360°}{\theta} - 1 = \dfrac{360°}{90°} - 1 = 3$개

08 전하 e[C], 질량 m[kg]인 전자가 전계 E[V/m] 내에 놓여 있을 때 최초에 정지하고 있었다면 t초 후에 전자의 속도[m/s]는?

① $\dfrac{meE}{t}$ ② $\dfrac{me}{E}t$

③ $\dfrac{mE}{e}t$ ④ $\dfrac{Ee}{m}t$

Answer ○ 06 ② 07 ② 08 ④

해설) $F = QE = ma$이므로 가속도 $a = \dfrac{QE}{m}[\text{m/s}^2]$

$\therefore v = at[\text{m/s}] = \dfrac{QE}{m}t = \dfrac{eE}{m}t[\text{m/s}]$

09 그림과 같은 환상 솔레노이드 내의 철심 중심에서의 자계의 세기 $H[\text{AT/m}]$는?(단, 환상 철심의 평균 반지름은 $r[\text{m}]$, 코일의 권수는 N회, 코일에 흐르는 전류는 $I[\text{A}]$이다.)

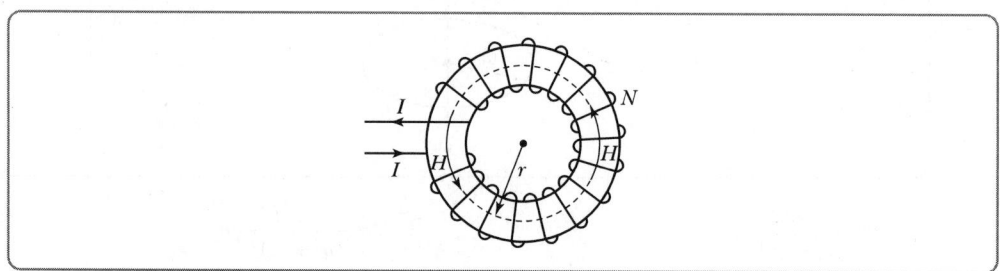

① $\dfrac{NI}{\pi r}$ ② $\dfrac{NI}{2\pi r}$

③ $\dfrac{NI}{4\pi r}$ ④ $\dfrac{NI}{2r}$

해설) 환상 솔레노이드 자계

$\int H dl = \sum NI$에서 $H = \dfrac{NI}{l} = \dfrac{NI}{2\pi r}[\text{N/Wb} = \text{AT/m}]$

10 환상 솔레노이드 단면적이 S, 평균 반지름이 r, 권선수가 N이고 누설자속이 없는 경우 자기 인덕턴스의 크기는?

① 권선수 및 단면적에 비례한다.
② 권선수의 제곱 및 단면적에 비례한다.
③ 권선수의 제곱 및 평균 반지름에 비례한다.
④ 권선수의 제곱에 비례하고 단면적에 반비례한다.

해설) 환상 솔레노이드 인덕턴스

$L = \dfrac{\mu S N^2}{l}[\text{H}]$이므로 권선수의 제곱($N^2$) 및 단면적($S$)에 비례한다.

11 다음 중 비투자율(μ_r)이 가장 큰 것은?

① 금
② 은
③ 구리
④ 니켈

해설 강자성체 $\mu_r \gg 1$: 철, 니켈, 코발트 등

12 한 변의 길이가 l[m]인 정사각형 도체에 전류 I[A]가 흐르고 있을 때 중심점 P에서의 자계의 세기는 몇 [A/m]인가?

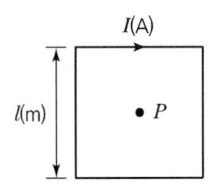

① $16\pi l I$
② $4\pi l I$
③ $\dfrac{\sqrt{3}\pi}{2l}I$
④ $\dfrac{2\sqrt{2}}{\pi l}I$

해설 정사각형 도체에 전류가 흐를 때 중심점 자계
$$H = \dfrac{2\sqrt{2}\,I}{\pi l}[\text{AT/m}]$$
여기서, I : 전류, l : 한 변의 길이

13 간격이 3[cm]이고 면적이 30[cm²]인 평판의 공기 콘덴서에 220[V]의 전압을 가하면 두 판 사이에 작용하는 힘은 약 몇 [N]인가?

① 6.3×10^{-6}
② 7.14×10^{-7}
③ 8×10^{-5}
④ 5.75×10^{-4}

해설 정전응력 $f = \dfrac{F}{s}[\text{N/m}^2] = \dfrac{1}{2}E^2 \cdot \varepsilon_o$

전계 $E = \dfrac{V}{d}[\text{V/m}]$

$\therefore$ 힘 $F = f \cdot s[\text{N}] = \dfrac{1}{2}\left(\dfrac{V}{d}\right)^2 \cdot \varepsilon_o \cdot s$

$= \dfrac{1}{2}\left(\dfrac{220}{3 \times 10^{-2}}\right)^2 \cdot 8.85 \times 10^{-12} \times 30 \times 10^{-4}$

$= 7.139 \times 10^{-7}$

Answer 11 ④   12 ④   13 ②

14 비유전율이 2이고, 비투자율이 2인 매질 내에서의 전자파의 전파속도 v[m/s]와 진공 중의 빛의 속도 v_0[m/s] 사이의 관계는?

① $v = \dfrac{1}{2}v_0$
② $v = \dfrac{1}{4}v_0$
③ $v = \dfrac{1}{6}v_0$
④ $v = \dfrac{1}{8}v_0$

[해설] 속도 $v = \dfrac{1}{\sqrt{LC}} = \dfrac{1}{\sqrt{\varepsilon\mu}} = \dfrac{3 \times 10^8}{\sqrt{\varepsilon_s\mu_s}}$[m/s]이므로

$$v = \dfrac{3 \times 10^8}{\sqrt{2 \cdot 2}} = \dfrac{1}{2} \cdot 3 \times 10^8 = \dfrac{1}{2}v_o\text{[m/s]}$$

여기서, $v_o = 3 \times 10^8$[m/s] : 빛의 속도

15 영구자석의 재료로 적합한 것은?

① 잔류 자속밀도(B_r)는 크고, 보자력(H_c)은 작아야 한다.
② 잔류 자속밀도(B_r)는 작고, 보자력(H_c)은 커야 한다.
③ 잔류 자속밀도(B_r)와 보자력(H_c) 모두 작아야 한다.
④ 잔류 자속밀도(B_r)와 보자력(H_c) 모두 커야 한다.

[해설] 영구자석 재료의 조건
- 보자력이 클 것
- 잔류자기가 클 것
- 히스테리시스 루프의 면적이 클 것

16 전계 E[V/m], 전속밀도 D[C/m²], 유전율 $\varepsilon = \varepsilon_0\varepsilon_r$[F/m], 분극의 세기 P[C/m²] 사이의 관계를 나타낸 것으로 옳은 것은?

① $P = D + \varepsilon_0 E$
② $P = D - \varepsilon_0 E$
③ $P = \dfrac{D+E}{\varepsilon_0}$
④ $P = \dfrac{D-E}{\varepsilon_0}$

[해설] 분극의 세기 P[C/m²]

$$P = \varepsilon_o(\varepsilon_s - 1)E$$
$$= D\left(1 - \dfrac{1}{\varepsilon_s}\right) = D - \dfrac{D}{\varepsilon_s} = D - E \cdot \varepsilon_o\text{[C/m}^2\text{]}$$

14 ① 15 ④ 16 ② **Answer**

17 동일한 금속 도선의 두 점 사이에 온도차를 주고 전류를 흘렸을 때 열의 발생 또는 흡수가 일어나는 현상은?

① 펠티에(Peltier) 효과　　　② 볼타(Volta) 효과
③ 제백(Seebeck) 효과　　　④ 톰슨(Thomson) 효과

해설　톰슨 효과
동종(동일)의 금속에서 각 부의 온도가 다르면 그 부분에서 열의 발생 또는 흡수가 일어난다.

18 강자성체가 아닌 것은?

① 코발트　　　② 니켈　　　③ 철　　　④ 구리

해설
- 강자성체($\mu_s \gg 1$) : 철, 니켈, 코발트
- 상자성체($\mu_s > 1$) : 알루미늄, 백금, 산소
- 역자성체($\mu_s < 1$) : 은, 구리, 비스무트, 물

19 내구의 반지름이 2[cm], 외구의 반지름이 3[cm]인 동심구 도체 간의 고유저항이 1.884×10^2 [Ω·m]인 저항 물질로 채워져 있을 때, 내외구 간의 합성저항은 약 몇 [Ω]인가?

① 2.5　　　② 5.0　　　③ 250　　　④ 500

해설　동심구 도체 정전용량 $C = \dfrac{4\pi\varepsilon ab}{b-a}$ [F]

$R = \dfrac{\varepsilon\rho}{C}$

$\therefore R = \dfrac{\varepsilon\rho}{\dfrac{4\pi\varepsilon ab}{b-a}} = \dfrac{\rho \cdot (b-a)}{4\pi ab} = \dfrac{1.884 \times 10^2 (0.03 - 0.02)}{4\pi \times 0.02 \times 0.03} \fallingdotseq 250[\Omega]$

20 비투자율 $\mu_r = 800$, 원형 단면적 $S = 10$[cm²], 평균 자로길이 $l = 16\pi \times 10^{-2}$[m]의 환상 철심에 600회의 코일을 감고 이 코일에 1[A]의 전류를 흘리면 환상 철심 내부의 자속은 몇 [Wb]인가?

① 1.2×10^{-3}　　　② 1.2×10^{-5}
③ 2.4×10^{-3}　　　④ 2.4×10^{-5}

해설　$\phi = \dfrac{\mu SNI}{l} = \dfrac{4\pi \times 10^{-7} \times 800 \times 10 \times 10^{-4} \times 600 \times 1}{16\pi \times 10^{-2}} = 1.2 \times 10^{-3}$[Wb]

Answer ● 17 ④　18 ④　19 ③　20 ①

2021년도 2회 시험

01 두 종류의 유전율(ε_1, ε_2)을 가진 유전체가 서로 접하고 있는 경계면에 진전하가 존재하지 않을 때 성립하는 경계조건으로 옳은 것은?(단, E_1, E_2는 각 유전체에서의 전계이고, D_1, D_2는 각 유전체에서의 전속밀도이고, θ_1, θ_2는 각각 경계면의 법선벡터와 E_1, E_2가 이루는 각이다.)

① $E_1\cos\theta_1 = E_2\cos\theta_2$, $D_1\sin\theta_1 = D_2\sin\theta_2$, $\dfrac{\tan\theta_1}{\tan\theta_2} = \dfrac{\varepsilon_2}{\varepsilon_1}$

② $E_1\cos\theta_1 = E_2\cos\theta_2$, $D_1\sin\theta_1 = D_2\sin\theta_2$, $\dfrac{\tan\theta_1}{\tan\theta_2} = \dfrac{\varepsilon_1}{\varepsilon_2}$

③ $E_1\sin\theta_1 = E_2\sin\theta_2$, $D_1\cos\theta_1 = D_2\cos\theta_2$, $\dfrac{\tan\theta_1}{\tan\theta_2} = \dfrac{\varepsilon_2}{\varepsilon_1}$

④ $E_1\sin\theta_1 = E_2\sin\theta_2$, $D_1\cos\theta_1 = D_2\cos\theta_2$, $\dfrac{\tan\theta_1}{\tan\theta_2} = \dfrac{\varepsilon_1}{\varepsilon_2}$

해설 유전체의 경계면 조건
㉠ 경계면의 접선(수평)성분은 양측에서 전계가 같다.
- $E_{t1} = E_{t2}$: 연속적이다.
- $D_{t1} \neq D_{t2}$: 불연속적이다.

㉡ 경계면의 법선(수직)성분의 전속밀도는 양측에서 같다.
- $D_{n1} = D_{n2}$: 연속적이다.
- $E_{n1} \neq E_{n2}$: 불연속적이다.

㉢ $E_1\sin\theta_1 = E_2\sin\theta_2$

㉣ $D_1\cos\theta_1 = D_2\cos\theta_2 \rightarrow E_1\varepsilon_1\cos\theta_1 = E_2\varepsilon_2\cos\theta_2$

㉤ $\dfrac{\tan\theta_1}{\tan\theta_2} = \dfrac{\varepsilon_1}{\varepsilon_2}$

㉥ 비례 관계
- $\varepsilon_2 > \varepsilon_1$, $\theta_2 > \theta_1$, $D_2 > D_1$: 비례 관계에 있다.
- $E_1 > E_2$: 반비례 관계에 있다.

여기서, t는 접선(수평)성분, n은 법선(수직)성분

02 공기 중에서 반지름 0.03[m]의 구 도체에 줄 수 있는 최대 전하는 약 몇 [C]인가?(단, 이 구 도체의 주위 공기에 대한 절연내력은 5×10^6[V/m]이다.)

① 5×10^{-7}
② 2×10^{-6}
③ 5×10^{-5}
④ 2×10^{-4}

01 ④ 02 ① Answer

해설 $V = \dfrac{Q}{4\pi\varepsilon_0 r} = Gr[\text{V}]$ 이므로

$Q = 4\pi\varepsilon_0 r \times Gr = \dfrac{1}{9\times 10^9} \times 5 \times 10^6 \times 0.03^2 = 5 \times 10^{-7}[\text{C}]$

03 진공 중의 평등자계 H_0 중에 반지름이 $a[\text{m}]$이고, 투자율이 μ인 구 자성체가 있다. 이 구 자성체의 감자율은?(단, 구 자성체 내부의 자계는 $H = \dfrac{3\mu_0}{2\mu_0 + \mu} H_0$ 이다.)

① 1
② $\dfrac{1}{2}$
③ $\dfrac{1}{3}$
④ $\dfrac{1}{4}$

해설 감자율 N'의 관계
- 구자성체 $N' = \dfrac{1}{3}$
- 환상 솔레노이드 $N' = 0$

04 유전율 ε, 전계의 세기 E인 유전체의 단위체적당 축적되는 정전에너지는?

① $\dfrac{E}{2\varepsilon}$
② $\dfrac{\varepsilon E}{2}$
③ $\dfrac{\varepsilon E^2}{2}$
④ $\dfrac{\varepsilon^2 E^2}{2}$

해설 단위체적당 축적된 에너지

$W = \dfrac{\sigma^2}{2\varepsilon} = \dfrac{D^2}{2\varepsilon} = \dfrac{1}{2}\varepsilon E^2 = \dfrac{1}{2}ED[\text{J/m}^3]$

05 단면적이 균일한 환상 철심에 권수 N_A인 A코일과 권수 N_B인 B코일이 있을 때, B코일의 자기인덕턴스가 $L_A[\text{H}]$라면 두 코일의 상호 인덕턴스[H]는?(단, 누설자속은 0이다.)

① $\dfrac{L_A N_A}{N_B}$
② $\dfrac{L_A N_B}{N_A}$
③ $\dfrac{N_A}{L_A N_B}$
④ $\dfrac{N_B}{L_A N_A}$

Answer ● 03 ③ 04 ③ 05 ①

해설 결합계수 $k = \dfrac{M}{\sqrt{L_1 \cdot L_2}}$ 에서 상호 인덕턴스는 $M = k\sqrt{L_1 \cdot L_2}$ 가 된다.

이때 누설자속이 0인 경우이므로 결합계수 $k=1$이 된다.
환상 솔레노이드의 자기 인덕턴스 $L \propto N^2$이므로 $L_1 : N_1^2 = L_2 : N_2^2$의 관계가 성립하지만 문제는 2차 측($B$)의 인덕턴스를 L_A로 하고, 각각의 권수를 N_A, N_B로 하고 있음에 주의한다.

$\therefore L_1 : N_A^2 = L_A : N_B^2$ 이고 $L_1 = \left(\dfrac{N_A}{N_B}\right)^2 L_A$가 된다.

결국, $M = \sqrt{L_1 \cdot L_2} = \sqrt{L_1 \cdot L_A} = \sqrt{\left(\dfrac{N_A}{N_B}\right)^2 L_A \cdot L_A} = \dfrac{N_A L_A}{N_B}$

06 비투자율이 350인 환상 철심 내부의 평균 자계의 세기가 342[AT/m]일 때 자화의 세기는 약 몇 [Wb/m²]인가?

① 0.12 ② 0.15 ③ 0.18 ④ 0.21

해설 자화의 세기
$J = \mu_0(\mu_s - 1)H = 4\pi \times 10^{-7} \times (350-1) \times 342 = 0.149 ≒ 0.15 [\text{Wb/m}^2]$

07 진공 중에 놓인 Q[C]의 전하에서 발산되는 전기력선의 수는?

① Q
② ε_0
③ $\dfrac{Q}{\varepsilon_0}$
④ $\dfrac{\varepsilon_0}{Q}$

해설 전기력선의 수

진공일 경우 $N_0 = \dfrac{Q}{\varepsilon_0}$[개]

진공이 아닌 경우 $N = \dfrac{Q}{\varepsilon} = \dfrac{Q}{\varepsilon_0 \varepsilon_s}$[개]

08 비투자율이 50인 환상 철심을 이용하여 100[cm] 길이의 자기회로를 구성할 때 자기저항을 2.0×10^7[AT/Wb] 이하로 하기 위해서는 철심의 단면적을 약 몇 [m²] 이상으로 하여야 하는가?

① 3.6×10^{-4}
② 6.4×10^{-4}
③ 8.0×10^{-4}
④ 9.2×10^{-4}

06 ②　07 ③　08 ③　**Answer**

[해설] 자기저항 $R_m = \dfrac{l}{\mu_0 \mu_s S}$ 이므로

단면적 $S = \dfrac{l}{R_m \mu_0 \mu_s} = \dfrac{100 \times 10^{-2}}{2.0 \times 10^7 \times 4\pi \times 10^{-7} \times 50} = 7.957 \times 10^{-4} \fallingdotseq 8 \times 10^{-4} [\text{m}^2]$

09 자속밀도가 10[Wb/m²]인 자계 중에 10[cm] 도체를 자계와 60°의 각도로 30[m/s]로 움직일 때, 이 도체에 유기되는 기전력은 몇 [V]인가?

① 15
② $15\sqrt{3}$
③ 1,500
④ $1{,}500\sqrt{3}$

[해설] 플레밍의 오른손 법칙
$e = Blv\sin\theta = 10 \times 10 \times 10^{-2} \times 30 \times \sin 60° = 15\sqrt{3}\,[\text{V}]$

10 전기력선의 성질에 대한 설명으로 옳은 것은?

① 전기력선은 등전위면과 평행하다.
② 전기력선은 도체 표면과 직교한다.
③ 전기력선은 도체 내부에 존재할 수 있다.
④ 전기력선은 전위가 낮은 점에서 높은 점으로 향한다.

[해설] 전기력선의 성질
- 전하가 없는 곳에서는 전기력선의 발생 및 소멸이 없다.
- 정전하(+)에서 시작해서 음전하(−)에서 끝난다.(불연속)
- 전기력선은 그 자신만으로 폐곡선을 이루지 않는다.
- 임의 점에서의 전계의 방향은 전기력선의 접선방향과 같다.
- 임의 점에서의 전계의 방향은 전기력선의 밀도와 같다.(가우스의 법칙)
- 전기력선은 전위가 높은 점에서 낮은 점으로 향한다.
- 두 개의 전기력선은 서로 반발하며 교차하지 않는다.
- 대전 평형 상태 시 도체 내부의 전하는 0이다.
- 도체 내부 전위와 표면 전위는 같다.
- 전기력선은 도체 표면(등전위면)과 외부에만 존재하며 수직으로 출입한다.
- $Q[\text{C}]$에서 발생하는 전기력선의 총수는 $\dfrac{Q}{\varepsilon_0}$개이다.
- 전하 밀도는 곡률이 큰 곳 또는 곡률 반경이 작은 곳에 밀도를 이룬다.
- 서로 다른 매질의 경계면에서는 굴절한다.

Answer ▶ 09 ② 10 ②

01 전기자기학

11 평등자계와 직각방향으로 일정한 속도로 발사된 전자의 원운동에 관한 설명으로 옳은 것은?

① 플레밍의 오른손법칙에 의한 로렌츠의 힘과 원심력의 평형 원운동이다.
② 원의 반지름은 전자의 발사속도와 전계의 세기의 곱에 반비례한다.
③ 전자의 원운동 주기는 전자의 발사속도와 무관하다.
④ 전자의 원운동 주파수는 전자의 질량에 비례한다.

해설 전자의 원운동

- 전자가 운동하는 자계의 반지름(궤적)

  구심력=원심력, $\dfrac{mv^2}{r} = Bev$, $r = \dfrac{mv}{Be}$ [m] $\propto v$

  속도와 반지름은 비례하며 항상 원운동을 한다.
  여기서, e : 전하량[C]
  v : 속도[m/s]
  B : 자속밀도[Wb/m²]

- 전자의 운동속도 $v = \dfrac{Ber}{m}$ [m/s]

- 각속도 $\omega = \dfrac{v}{r} = \dfrac{Be}{m}$ [rad/s]

- 주파수 $\omega = 2\pi f = \dfrac{Be}{m}$, $f = \dfrac{Be}{2\pi m}$ [Hz]

- 원운동 주기 $T = \dfrac{1}{f} = \dfrac{2\pi m}{Be}$ [sec]

12 전계 E[V/m]가 두 유전체의 경계면에 평행으로 작용하는 경우 경계면에 단위면적당 작용하는 힘의 크기는 몇 [N/m²]인가?(단, ε_1, ε_2는 각 유전체의 유전율이다.)

① $f = E^2(\varepsilon_1 - \varepsilon_2)$
② $f = \dfrac{1}{E^2}(\varepsilon_1 - \varepsilon_2)$
③ $f = \dfrac{1}{2}E^2(\varepsilon_1 - \varepsilon_2)$
④ $f = \dfrac{1}{2E^2}(\varepsilon_1 - \varepsilon_2)$

해설 전계가 경계면에 접선(평행)으로 진행할 때 경계면에서는 서로 밀어내는 압축응력(흡인력)이 작용한다.
유전율이 $\varepsilon_1 > \varepsilon_2$, $D_1 > D_2$이고 전계가 연속이므로 $E_{t1} = E_{t2} = E$

$$f = \dfrac{1}{2}(\varepsilon_1 - \varepsilon_2)E^2 = \dfrac{1}{2}(\varepsilon_1 - \varepsilon_2)\left(\dfrac{V}{d}\right)^2 [\text{N/m}^2]$$

전계와 수직방향으로 압축응력을 받으며 유전율이 큰 쪽에서 유전율이 작은 쪽으로 진행한다.

11 ③ 12 ③ Answer

과년도 기출문제

13 공기 중에 있는 반지름 a[m]의 독립 금속구의 정전용량은 몇 [F]인가?

① $2\pi\varepsilon_0 a$
② $4\pi\varepsilon_0 a$
③ $\dfrac{1}{2\pi\varepsilon_0 a}$
④ $\dfrac{1}{4\pi\varepsilon_0 a}$

해설 구도체의 정전용량

$$C = \frac{Q}{V} = \frac{Q}{\dfrac{Q}{4\pi\varepsilon_0 a}} = 4\pi\varepsilon_0 a\,[\text{F}]$$

14 와전류가 이용되고 있는 것은?

① 수중 음파 탐지기
② 레이더
③ 자기 브레이크(Magnetic Brake)
④ 사이클로트론(Cyclotron)

해설 와전류
도체를 관통하는 자속이 시간적으로 변화를 하거나 자속과 도체가 상대적 운동을 하여 도체 내 자속이 시간적 변화가 일어나면 이 변화를 막기 위해 국부적으로 형성되는 임의의 폐회로를 따라 전류가 유기된다. 이를 패러데이–렌츠 미분형을 이용하여 식으로 표현하면

$\text{rot}\,E = -\dfrac{\partial B}{\partial t}$ 에서 $i = kE\,[\text{A/m}^2]$를 적용하면

$\text{rot}\,\dfrac{i}{k} = -\dfrac{\partial B}{\partial t}$, $\text{rot}\,i = -k\dfrac{\partial B}{\partial t}$ 가 된다.

이는 자속밀도의 시간적 변화는 물체의 도전율에 비례하며 회전하는 전류를 만들어 낸다는 의미이며 이때 자속 ϕ[Wb]는 전류 i[A]보다 90° 빠르다.
와전류 현상을 이용한 제동방법으로는 마그네틱 브레이크가 있다.

15 전계 $E = \dfrac{2}{x}\hat{x} + \dfrac{2}{y}\hat{y}$ [V/m]에서 점(3, 5)[m]를 통과하는 전기력선의 방정식은?(단, $\hat{x}$, $\hat{y}$는 단위벡터이다.)

① $x^2 + y^2 = 12$
② $y^2 - x^2 = 12$
③ $x^2 + y^2 = 16$
④ $y^2 - x^2 = 16$

해설 전기력선의 방정식 $\dfrac{dx}{Ex} = \dfrac{dy}{Ey}$ 에서, $\dfrac{dx}{\dfrac{2}{x}} = \dfrac{dy}{\dfrac{2}{y}}$ 가 되고 이를 정리하면 $xdx = ydy$ 가 된다.

이때 양변을 적분하면 $\dfrac{1}{2}x^2 = \dfrac{1}{2}y^2 + C$ 이며, $x=3$, $y=5$ 이므로 $C = -8$이 됨을 알 수 있다.

$\therefore\ y^2 - x^2 = 16$

Answer ◐ 13 ② 14 ③ 15 ④

16 전계 $E = \sqrt{2}\,E_e \sin\omega\left(t - \dfrac{x}{c}\right)$ [V/m]의 평면 전자파가 있다. 진공 중에서 자계의 실횻값은 몇 [A/m]인가?

① $\dfrac{1}{4\pi}E_e$ ② $\dfrac{1}{36\pi}E_e$

③ $\dfrac{1}{120\pi}E_e$ ④ $\dfrac{1}{360\pi}E_e$

(해설) 자계의 실횻값

$E\sqrt{\varepsilon} = H\sqrt{\mu}$ 이므로 $H = \sqrt{\dfrac{\mu_0}{\varepsilon_0}}\,E = \dfrac{1}{377}E$ 이므로

∴ $H = \dfrac{1}{377}E_e = \dfrac{1}{120\pi}E_e$ [A/m] (∵ $377 = 120\pi$)

17 진공 중에 서로 떨어져 있는 두 도체 A, B가 있다. 도체 A에만 1[C]의 전하를 줄 때, 도체 A, B의 전위가 각각 3[V], 2[V]이었다. 지금 도체 A, B에 각각 1[C]과 2[C]의 전하를 주면 도체 A의 전위는 몇 [V]인가?

① 6   ② 7   ③ 8   ④ 9

(해설) 전위계수에 의한 전위계산

도체 1, 2의 전위를 각각 V_1, V_2라 하고 주어진 수치 A만 1[C]을 대입하면 ($Q_1 = 1$, $Q_2 = 0$)

$V_1 = P_{11}Q_1 + P_{12}Q_2 = P_{11} = 3$ [V]
$V_2 = P_{21}Q_1 + P_{22}Q_2 = P_{21} = 2$ [V]가 된다.

이때 $P_{21} = P_{12}$이므로 $P_{12} = 2$이다.

이제 두 도체에 $Q_1 = 1$[C], $Q_2 = 2$[C]을 대입하여 V_1의 전위를 구하면 아래와 같다.

$V_1 = P_{11}Q_1 + P_{12}Q_2 = 3 \times 1 + 2 \times 2 = 7$ [V]

18 한 변의 길이가 4[m]인 정사각형의 루프에 1[A]의 전류가 흐를 때, 중심점에서의 자속밀도 B는 약 몇 [Wb/m²]인가?

① 2.83×10^{-7} ② 5.65×10^{-7}
③ 11.31×10^{-7} ④ 14.14×10^{-7}

(해설) 정사각형 중심 자계 $H = \dfrac{2\sqrt{2}\,I}{\pi l}$ [AT/m]이고, 자속밀도 $B = \mu H$이므로

$B = \mu_0 H = 4\pi \times 10^{-7} \times \dfrac{2\sqrt{2} \times 1}{\pi \times 4} = 2.83 \times 10^{-7}$ [Wb/m²]

16 ③ 17 ② 18 ① Answer

19 원점에 $1[\mu C]$의 점전하가 있을 때 점 $P(2, -2, 4)[m]$에서의 전계의 세기에 대한 단위벡터는 약 얼마인가?

① $0.41a_x - 0.41a_y + 0.82a_z$
② $-0.33a_x + 0.33a_y - 0.66a_z$
③ $-0.41a_x + 0.41a_y - 0.82a_z$
④ $0.33a_x - 0.33a_y + 0.66a_z$

해설 단위벡터 $n = \dfrac{\vec{r}}{|\vec{r}|}$ 이고, 거리벡터는 나중 좌표에서 처음 좌표(원점)를 빼는 경우이므로

$\vec{r} = 2a_x - 2a_y + 4a_z$, $|\vec{r}| = \sqrt{2^2 + 2^2 + 4^2} = \sqrt{24}$

$\therefore n = \dfrac{2a_x - 2a_y + 4a_z}{\sqrt{24}} = 0.41\,a_x - 0.41\,a_y + 0.82\,a_z$

20 공기 중에서 전자기파의 파장이 $3[m]$라면 그 주파수는 몇 $[MHz]$인가?

① 100
② 300
③ 1,000
④ 3,000

해설 주파수 $f = \dfrac{1}{\lambda\sqrt{\varepsilon\mu}} = \dfrac{3 \times 10^8}{\lambda\sqrt{\varepsilon_s\mu_s}} = \dfrac{3 \times 10^8}{3\sqrt{1}} \times 10^{-6} = 100[MHz]$

Answer ▶ 19 ① 20 ①

과년도 기출문제

전기기사 2021년도 3회 시험

01 자기 인덕턴스가 각각 L_1, L_2인 두 코일의 상호 인덕턴스가 M일 때 결합계수는?

① $\dfrac{M}{L_1 L_2}$
② $\dfrac{L_1 L_2}{M}$
③ $\dfrac{M}{\sqrt{L_1 L_2}}$
④ $\dfrac{\sqrt{L_1 L_2}}{M}$

해설 결합계수 $k = \dfrac{M}{\sqrt{L_1 L_2}}$

02 정상 전류계에서 J는 전류밀도, σ는 도전율, ρ는 고유저항, E는 전계의 세기일 때, 옴의 법칙의 미분형은?

① $J = \sigma E$
② $J = \dfrac{E}{\sigma}$
③ $J = \rho E$
④ $J = \rho \sigma E$

해설 전류밀도 $J = \dfrac{I}{S} = \dfrac{\frac{V}{R}}{S} = \dfrac{V}{RS} = \dfrac{V}{\rho \frac{l}{S} \cdot S} = \dfrac{V}{\rho l} = \dfrac{E}{\rho} = \sigma E \, [\text{A/m}^2]$

이때, 전계 $E = \dfrac{V}{l}[\text{V/m}]$이며, 도전율 $\sigma = \dfrac{1}{\rho}[\mho/\text{m}]$이다.

03 길이가 10[cm]이고 단면의 반지름이 1[cm]인 원통형 자성체가 길이 방향으로 균일하게 자화되어 있을 때 자화의 세기가 0.5[Wb/m²]이라면 이 자성체의 자기모멘트[Wb·m]는?

① 1.57×10^{-5}
② 1.57×10^{-4}
③ 1.57×10^{-3}
④ 1.57×10^{-2}

해설 자화의 세기 $J = \dfrac{M}{V}[\text{Wb/m}^2]$ (단위체적당 쌍극자 모멘트)

모멘트 $M = J \cdot V = J \times \pi r^2 \times l = 0.5 \times \pi \times (1 \times 10^{-2})^2 \times 10 \times 10^{-2} \fallingdotseq 1.57 \times 10^{-5}[\text{Wb}\cdot\text{m}]$

Answer 01 ③ 02 ① 03 ①

04 그림과 같이 공기 중 2개의 동심 구도체에서 내구(A)에만 전하 Q를 주고 외구(B)를 접지하였을 때 내구(A)의 전위는?

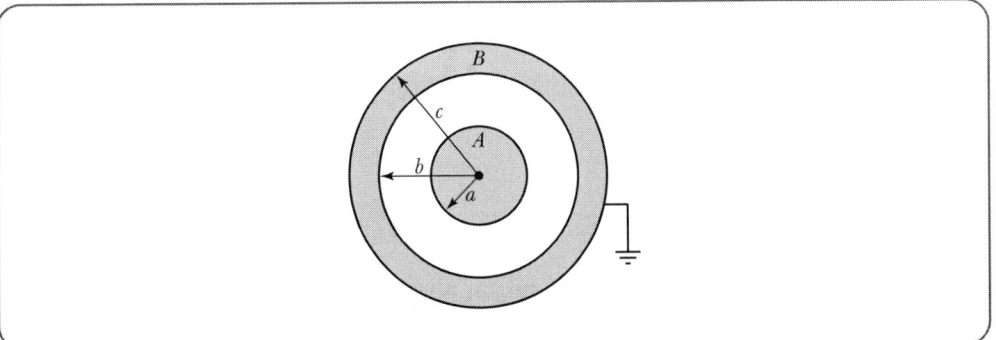

① $\dfrac{Q}{4\pi\varepsilon_0}\left(\dfrac{1}{a}-\dfrac{1}{b}+\dfrac{1}{c}\right)$
② $\dfrac{Q}{4\pi\varepsilon_0}\left(\dfrac{1}{a}-\dfrac{1}{b}\right)$
③ $\dfrac{Q}{4\pi\varepsilon_0}\cdot\dfrac{1}{c}$
④ 0

해설 도체 A에 Q, 도체 B에 $-Q$가 대전된 경우는 내구에 Q의 전하를 주고 외구를 접지한 경우와 동일하다.

$\therefore V=\dfrac{Q}{4\pi\varepsilon_0}\left(\dfrac{1}{a}-\dfrac{1}{b}\right)[\text{V}]$

05 평행판 커패시터에 어떤 유전체를 넣었을 때 전속밀도가 4.8×10^{-7}[C/m²]이고 단위체적당 정전에너지가 5.3×10^{-3}[J/m³]이었다. 이 유전체의 유전율은 약 몇 [F/m]인가?

① 1.15×10^{-11}
② 2.17×10^{-11}
③ 3.19×10^{-11}
④ 4.21×10^{-11}

해설 체적당 에너지 $W_E=\dfrac{D^2}{2\varepsilon}$ [J/m³]이므로

유전율 $\varepsilon=\dfrac{D^2}{2\cdot W_E}=\dfrac{(4.8\times10^{-7})^2}{2\times5.3\times10^{-3}}\fallingdotseq 2.17\times10^{-11}[\text{F/m}]$

Answer ○ 04 ② 05 ②

06 히스테리시스 곡선에서 히스테리시스 손실에 해당하는 것은?

① 보자력의 크기 ② 잔류자기의 크기
③ 보자력과 잔류자기의 곱 ④ 히스테리시스 곡선의 면적

해설 히스테리시스 손실
히스테리시스 곡선을 다시 일주시켜도 항상 처음과 동일하기 때문에 히스테리시스의 면적(체적당 에너지 밀도)에 해당하는 에너지는 열로 소비되고 이것을 히스테리시스 손실이라 한다.
$P_h = \eta f B_m^{1.6}$

07 그림과 같이 극판의 면적이 $S[\text{m}^2]$인 평행판 커패시터에 유전율이 각각 $\varepsilon_1 = 4$, $\varepsilon_2 = 2$인 유전체를 채우고 a, b 양단에 $V[\text{V}]$의 전압을 인가했을 때 ε_1, ε_2인 유전체 내부의 전계의 세기 E_1과 E_2의 관계식은? (단, $\sigma[\text{C/m}^2]$는 면전하밀도이다.)

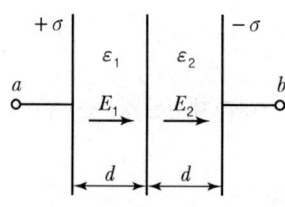

① $E_1 = 2E_2$ ② $E_1 = 4E_2$
③ $2E_1 = E_2$ ④ $E_1 = E_2$

해설 전속밀도는 경계면에 수직(법선) 성분이 연속이므로
$D_1 = D_2$의 관계가 성립하고 $E_1\varepsilon_1 = E_2\varepsilon_2$이다.
∴ $4E_1 = 2E_2$이고 $2E_1 = E_2$와 같다.

08 간격이 $d[\text{m}]$이고 면적이 $S[\text{m}^2]$인 평행판 커패시터의 전극 사이에 유전율이 ε인 유전체를 넣고 전극 간에 $V[\text{V}]$의 전압을 가했을 때, 이 커패시터의 전극판을 떼어내는 데 필요한 힘의 크기[N]는?

① $\dfrac{1}{2\varepsilon}\dfrac{V^2}{d^2 S}$ ② $\dfrac{1}{2\varepsilon}\dfrac{dV^2}{S}$ ③ $\dfrac{1}{2}\varepsilon\dfrac{V}{d}S$ ④ $\dfrac{1}{2}\varepsilon\dfrac{V^2}{d^2}S$

해설 면적당 작용하는 힘 $f = \dfrac{F}{S} = \dfrac{D^2}{2\varepsilon} = \dfrac{\rho_s^2}{2\varepsilon} = \dfrac{1}{2}E^2\varepsilon = \dfrac{1}{2}\left(\dfrac{V}{d}\right)^2\varepsilon [\text{N/m}^2]$이므로
$F = f \cdot S = \dfrac{1}{2}\left(\dfrac{V}{d}\right)^2\varepsilon \times S = \dfrac{1}{2}\varepsilon\dfrac{V^2}{d^2}S[\text{N}]$

06 ④ 07 ③ 08 ④ **Answer**

09 다음 중 기자력(Magnetomotive Force)에 대한 설명으로 틀린 것은?

① SI 단위는 암페어[A]이다.
② 전기회로의 기전력에 대응한다.
③ 자기회로의 자기저항과 자속의 곱과 동일하다.
④ 코일에 전류를 흘렸을 때 전류밀도와 코일의 권수의 곱의 크기와 같다.

[해설] 전기회로와 자기회로의 대응관계

전기회로	자기회로	기자력의 특징
기전력 $E[V]$	기자력 $F=NI[AT=A]=R_m \cdot \phi$	• SI 단위로 [A] 또는 [AT]을 사용한다.
전류 $I[A]$	자속 $\phi[Wb]$	• 전기회로의 기전력에 대응하는 요소이다.
도전율 $k=\sigma[\mho/m]$	투자율 $\mu[H/m]$	• 자기회로의 자기저항과 자속의 곱으로 나타낸다.
전기저항 $R=\dfrac{E}{I}=\dfrac{l}{kS}[\Omega]$	자기저항 $R_m=\dfrac{F}{\phi}=\dfrac{l}{\mu S}[AT/Wb]$	• 전류와 권수의 곱으로 표현한다.

10 유전율 ε, 투자율 μ인 매질 내에서 전자파의 전파속도는?

① $\sqrt{\dfrac{\mu}{\varepsilon}}$ ② $\sqrt{\mu\varepsilon}$ ③ $\sqrt{\dfrac{\varepsilon}{\mu}}$ ④ $\dfrac{1}{\sqrt{\mu\varepsilon}}$

[해설] 전자파의 전파속도

$$v=\frac{\omega}{\beta}=\frac{1}{\sqrt{LC}}=\frac{1}{\sqrt{\varepsilon\mu}}=\frac{3\times10^8}{\sqrt{\varepsilon_s\mu_s}}=\lambda f[m/sec]$$

11 평균 반지름(r)이 20[cm], 단면적(S)이 6[cm²]인 환상 철심에서 권선수(N)가 500회인 코일에 흐르는 전류(I)가 4[A]일 때 철심 내부에서의 자계의 세기(H)는 약 몇 [AT/m]인가?

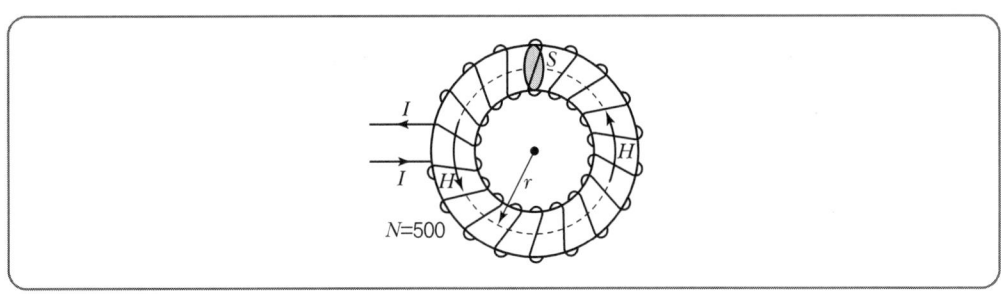

① 1,590 ② 1,700 ③ 1,870 ④ 2,120

[해설] 환상 솔레노이드 자계의 세기

$$H=\frac{NI}{l}=\frac{NI}{2\pi r}=\frac{500\times4}{2\pi\times20\times10^{-2}}\fallingdotseq 1{,}591[AT/m]$$

Answer ► 09 ④ 10 ④ 11 ①

12 패러데이관(Faraday Tube)의 성질에 대한 설명으로 틀린 것은?

① 패러데이관 중에 있는 전속수는 그 관속에 진전하가 없으면 일정하며 연속적이다.
② 패러데이관의 양단에는 양 또는 음의 단위 진전하가 존재하고 있다.
③ 패러데이관 한 개의 단위 전위차당 보유에너지는 $\frac{1}{2}J$이다.
④ 패러데이관의 밀도는 전속밀도와 같지 않다.

[해설] 패러데이관의 성질
- 진전하가 없는 점에서 패러데이관은 연속적이다.
- 패러데이관 양단에 정·부의 단위전하가 있다.
- 패러데이관 내의 전속선 수는 일정하며 패러데이관 한 개의 단위 전위차당 보유에너지는 $\frac{1}{2}J$이다.
- 패러데이관의 밀도는 전속밀도와 같다.

13 공기 중 무한 평면도체의 표면으로부터 2[m] 떨어진 곳에 4[C]의 점전하가 있다. 이 점전하가 받는 힘은 몇 [N]인가?

① $\frac{1}{\pi\varepsilon_0}$ ② $\frac{1}{4\pi\varepsilon_0}$ ③ $\frac{1}{8\pi\varepsilon_0}$ ④ $\frac{1}{16\pi\varepsilon_0}$

[해설] 전하가 하나밖에 없을 경우 작용하는 힘은 영상분 전하를 생각해야 하므로
$$F = \frac{Q^2}{16\pi\varepsilon_0 r^2} = \frac{4^2}{16\pi\varepsilon_0 2^2} = \frac{1}{4\pi\varepsilon_0}[N]$$

14 반지름이 r[m]인 반원형 전류 I[A]에 의한 반원의 중심(O)에서 자계의 세기[AT/m]는?

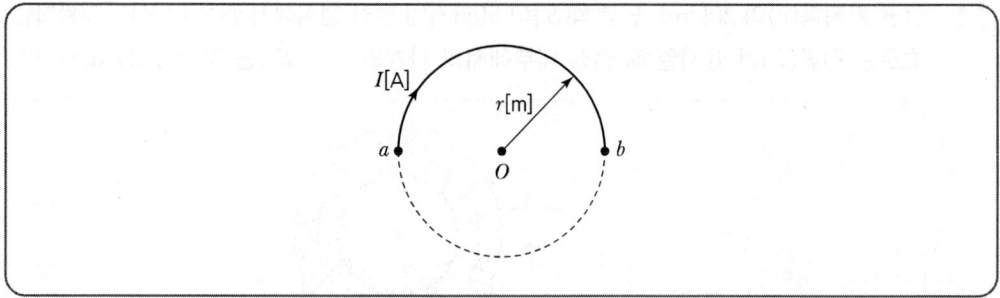

① $\frac{2I}{r}$ ② $\frac{I}{r}$ ③ $\frac{I}{2r}$ ④ $\frac{I}{4r}$

[해설] 원의 중심 자계 $H = \frac{I}{2r}$[AT/m]이므로

반원의 중심 자계 $H = \frac{I}{2r} \times \frac{1}{2} = \frac{I}{4r}$[AT/m]

15 진공 중에서 점 (0, 1)[m]의 위치에 -2×10^{-9}[C]의 점전하가 있을 때, 점 (2, 0)[m]에 있는 1[C]의 점전하에 작용하는 힘은 몇 [N]인가? (단, $\hat{x}$, $\hat{y}$는 단위 벡터이다.)

① $-\dfrac{18}{3\sqrt{5}}\hat{x}+\dfrac{36}{3\sqrt{5}}\hat{y}$ 　　② $-\dfrac{36}{5\sqrt{5}}\hat{x}+\dfrac{18}{5\sqrt{5}}\hat{y}$

③ $-\dfrac{36}{3\sqrt{5}}\hat{x}+\dfrac{18}{3\sqrt{5}}\hat{y}$ 　　④ $\dfrac{36}{5\sqrt{5}}\hat{x}+\dfrac{18}{5\sqrt{5}}\hat{y}$

[해설] 거리벡터는 나중좌표에서 처음좌표를 빼는 것으로 $\vec{r}=2\hat{x}-\hat{y}$ 이다.

이때, 거리벡터의 크기 $|\vec{r}|=\sqrt{2^2+1^2}=\sqrt{5}$ 가 된다.

두 전하 사이에 작용하는 힘 $F=\dfrac{Q_1 Q_2}{4\pi\varepsilon_0 r^2}$[N] $=9\times 10^9 \times \dfrac{-2\times 10^{-9}\times 1}{(\sqrt{5})^2}=-\dfrac{18}{5}$[N]이고

이를 벡터로 변환하면 $\vec{F}=n|\vec{F}|=\dfrac{\vec{r}}{|\vec{r}|}\cdot |\vec{F}|=\dfrac{2\hat{x}-\hat{y}}{\sqrt{5}}\cdot -\dfrac{18}{5}=-\dfrac{36}{5\sqrt{5}}\hat{x}+\dfrac{18}{5\sqrt{5}}\hat{y}$

16 내압이 2.0[kV]이고 정전용량이 각각 0.01[μF], 0.02[μF], 0.04[μF]인 3개의 커패시터를 직렬로 연결했을 때 전체 내압은 몇 [V]인가?

① 1,750　　② 2,000
③ 3,500　　④ 4,000

[해설] $Q=CV$에서 $V=\dfrac{Q}{C}=\dfrac{CV}{\dfrac{1}{\dfrac{1}{C_1}+\dfrac{1}{C_2}+\dfrac{1}{C_3}}}=\dfrac{0.01\times 10^{-6}\times 2\times 10^3}{\dfrac{1}{\dfrac{10^6}{0.01}+\dfrac{10^6}{0.02}+\dfrac{10^6}{0.04}}}=3,500$[V]

Answer ◎ 15 ②　16 ③

17 그림과 같이 단면적 S[m²]가 균일한 환상 철심에 권수 N_1인 A코일과 권수 N_2인 B코일이 있을 때, A코일의 자기 인덕턴스가 L_1[H]이라면 두 코일의 상호 인덕턴스 M[H]는? (단, 누설자속은 0이다.)

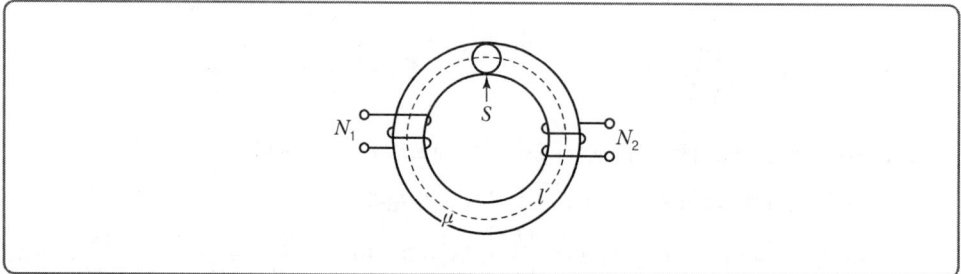

① $\dfrac{L_1 N_2}{N_1}$　　　　　　　　　　② $\dfrac{N_2}{L_1 N_1}$

③ $\dfrac{L_1 N_1}{N_2}$　　　　　　　　　　④ $\dfrac{N_1}{L_1 N_2}$

해설 상호 인덕턴스 $M = k\sqrt{L_1 L_2}$ 에서 누설자속이 0이면 $k = 1$이므로 $M = \sqrt{L_1 L_2}$ [H]이다.

이때 $L_1 : N_1^2 = L_2 : N_2^2$ 이므로 $N_1^2 L_2 = N_2^2 L_1$

∴ $L_2 = \left(\dfrac{N_2}{N_1}\right)^2 L_1$ 이고

결국 $M = \sqrt{L_1 L_2} = \sqrt{L_1 \times \left(\dfrac{N_2}{N_1}\right)^2 L_1} = \dfrac{L_1 N_2}{N_1}$ [H]

18 간격 d[m], 면적 S[m²]의 평행판 전극 사이에 유전율이 ε인 유전체가 있다. 전극 간에 $v(t) = V_m \sin \omega t$의 전압을 가했을 때, 유전체 속의 변위전류밀도[A/m²]는?

① $\dfrac{\varepsilon \omega V_m}{d} \cos \omega t$　　　　　　② $\dfrac{\varepsilon \omega V_m}{d} \sin \omega t$

③ $\dfrac{\varepsilon V_m}{\omega d} \cos \omega t$　　　　　　④ $\dfrac{\varepsilon V_m}{\omega d} \sin \omega t$

해설 변위전류밀도 $i = \dfrac{\partial D}{\partial t} = \dfrac{\partial E \varepsilon}{\partial t} = \dfrac{\partial}{\partial t}\left(\dfrac{V}{d}\right)\varepsilon = \varepsilon \dfrac{\partial}{\partial t} \cdot \dfrac{V_m}{d} \sin \omega t$ [A/m²]

∴ $i = \omega \varepsilon \dfrac{V_m}{d} \cos \omega t = \dfrac{\varepsilon \omega V_m}{d} \cos \omega t$ [A/m²]

17 ①　18 ①　**Answer**

19 속도 v의 전자가 평등자계 내에 수직으로 들어갈 때, 이 전자에 대한 설명으로 옳은 것은?

① 구면 위에서 회전하고 구의 반지름은 자계의 세기에 비례한다.
② 원운동을 하고 원의 반지름은 자계의 세기에 비례한다.
③ 원운동을 하고 원의 반지름은 자계의 세기에 반비례한다.
④ 원운동을 하고 원의 반지름은 전자의 처음 속도의 제곱에 비례한다.

[해설]
- 자계 내에 전자가 수직 입사하면 항상 원운동을 한다.
- 궤적(궤도, 반지름) $r = \dfrac{mv}{Be} = \dfrac{mv}{\mu He}$ 이므로, 자계의 세기(H)에 반비례한다.

20 쌍극자 모멘트가 $M[\text{C} \cdot \text{m}]$인 전기쌍극자에 의한 임의의 점 P에서의 전계의 크기는 전기 쌍극자의 중심에서 축방향과 점 P를 잇는 선분 사이의 각이 얼마일 때 최대가 되는가?

① 0 ② $\dfrac{\pi}{2}$ ③ $\dfrac{\pi}{3}$ ④ $\dfrac{\pi}{4}$

[해설] 쌍극자 모멘트
$E = \dfrac{M}{4\pi\varepsilon_o r^3} \sqrt{1 + 3\cos^2\theta}\,[\text{V/m}]$ 이므로
$\theta = 0°$일 때 $\cos 0° = 1$로 최대가 된다.

Answer ▶ 19 ③ 20 ①

과년도 기출문제

2022년도 1회 시험 — 전기기사

01 면적이 $0.02[m^2]$, 간격이 $0.03[m]$이고, 공기로 채워진 평행평판의 커패시터에 $1.0 \times 10^{-6}[C]$의 전하를 충전시킬 때, 두 판 사이에 작용하는 힘의 크기는 약 몇 [N]인가?

① 1.13
② 1.41
③ 1.89
④ 2.83

[해설] $F = f \times S[N]$, $f = \dfrac{\rho_s^2}{2\varepsilon_0}[N/m^2]$, $\rho_s = \dfrac{Q}{S}[C/m^2]$ 이므로

$$F = f \cdot S = \dfrac{\rho_s^2}{2\varepsilon_0} \times S = \dfrac{\left(\dfrac{Q}{S}\right)^2}{2\varepsilon_0} \times S = \dfrac{Q^2}{2\varepsilon_0 S}[N]$$

$$= \dfrac{(1 \times 10^{-6})^2}{2 \times 8.855 \times 10^{-12} \times 0.02} = 2.83[N]$$

02 자극의 세기가 $7.4 \times 10^{-5}[Wb]$, 길이가 $10[cm]$인 막대자석이 $100[AT/m]$의 평등자계 내에 자계의 방향과 30°로 놓여 있을 때 이 자석에 작용하는 회전력[N·m]은?

① 2.5×10^{-3}
② 3.7×10^{-4}
③ 5.3×10^{-5}
④ 6.2×10^{-6}

[해설] 회전력(=토크)
$T = mlH\sin\theta [N \cdot m]$
$= 7.4 \times 10^{-5} \times 10 \times 10^{-2} \times 100 \times \sin 30°$
$= 3.7 \times 10^{-4}[N \cdot m]$

03 유전율이 $\varepsilon = 2\varepsilon_0$이고 투자율이 μ_0인 비도전성 유전체에서 전자파의 전계의 세기가 $E(z, t) = 120\pi \cos(10^9 t - \beta z)\hat{y}[V/m]$일 때, 자계의 세기 $H[A/m]$는?(단, $\hat{x}$, $\hat{y}$는 단위벡터이다.)

① $-\sqrt{2}\cos(10^9 t - \beta z)\hat{x}$
② $\sqrt{2}\cos(10^9 t - \beta z)\hat{x}$
③ $-2\cos(10^9 t - \beta z)\hat{x}$
④ $2\cos(10^9 t - \beta z)\hat{x}$

01 ④   02 ②   03 ①   **Answer**

해설) $E\sqrt{\varepsilon} = H\sqrt{\mu}$ 이므로

$H = \sqrt{\dfrac{\varepsilon}{\mu}} E = \sqrt{\dfrac{\varepsilon_0 \varepsilon_s}{\mu_0 \mu_s}} E = \dfrac{1}{377}\sqrt{\dfrac{\varepsilon_s}{\mu_s}} E$ 임을 이용하면

$H = \dfrac{1}{377}\sqrt{\dfrac{2}{1}} \times 120\pi \cos(10^9 t - \beta z)\hat{y}$

$= -\sqrt{2} \cos(10^9 t - \beta z)\hat{x} \,[\text{A/m}]$

> **Reference**
> - 전자파의 진행방향은 $\vec{E} \times \vec{H}$ 임을 고려한다. 문제의 전계 방향이 $\hat{y}$ 이고 진행방향이 $\hat{z}$ 이므로 $\hat{y} \times -\hat{x} = \hat{z}$ 가 된다. 따라서 자계의 방향은 $-\hat{x}$ 가 된다.
> - $\hat{x} \times \hat{y} = \hat{z}$, $\hat{y} \times -\hat{x} = \hat{z}$ 오른나사의 진행방향이 된다.

04 자기회로에서 전기회로의 도전율 $\sigma[\mho/m]$에 대응되는 것은?

① 자속
② 기자력
③ 투자율
④ 자기저항

해설)

전기회로		자기회로	
도전율	$k = \sigma[\mho/m]$	투자율	$\mu[H/m]$
기전력	$V = IR[V]$	기자력	$F = N \cdot I = R_m \phi [AT]$
전류	$I = \dfrac{V}{R}[A]$	자속	$\phi = \dfrac{F}{R_m} = \dfrac{\mu SNI}{l}[Wb]$
전기 저항	$R = \rho\dfrac{l}{S} = \dfrac{l}{k \cdot S}[\Omega]$	자기 저항	$R_m = \dfrac{F}{\phi_m} = \dfrac{l}{\mu \cdot S}[AT/Wb]$
전류 밀도	$i_c = \dfrac{I}{S}[A/m^2]$	자속 밀도	$B = \dfrac{\phi}{S}[Wb/m^2]$

05 단면적이 균일한 환상철심에 권수 1,000회인 A코일과 권수 N_B회인 B코일이 감겨져 있다. A코일의 자기인덕턴스가 100[mH]이고, 두 코일 사이의 상호인덕턴스가 20[mH]이고, 결합계수가 1일 때, B코일의 권수[N_B]는 몇 회인가?

① 100
② 200
③ 300
④ 400

해설) • 결합계수 $k = 1$이면, 상호인덕턴스 $M = \sqrt{L_A L_B}$

$\therefore L_B = \dfrac{M^2}{L_A} = \dfrac{(20 \times 10^{-3})^2}{100 \times 10^{-3}} = 4 \times 10^{-3}[H] = 4[mH]$

Answer ▶ 04 ③ 05 ②

- $L \propto N^2$이므로 $L_A : N_A^2 = L_B : N_B^2$에서
$$N_B = \sqrt{\frac{L_B}{L_A}}\, N_A = \sqrt{\frac{4 \times 10^{-3}}{100 \times 10^{-3}}} \times 1,000 = 200\,(회)$$

06 공기 중에서 1[V/m]의 전계의 세기에 의한 변위전류밀도의 크기를 2[A/m²]으로 흐르게 하려면 전계의 주파수는 몇 [MHz]가 되어야 하는가?

① 9,000
② 18,000
③ 36,000
④ 72,000

해설 변위전류밀도
$$i_d = \frac{\partial D}{\partial t} = \frac{\partial E\varepsilon}{\partial t} = \omega\varepsilon E = 2\pi f \varepsilon E\,[\text{A/m}^2]$$
$$\therefore f = \frac{i_d}{2\pi\varepsilon_0 E} = \frac{2}{2\pi \times 8.855 \times 10^{-12} \times 1} \times 10^{-6}$$
$$\fallingdotseq 36,000\,[\text{MHz}]$$

07 내부 원통도체의 반지름이 a[m], 외부 원통도체의 반지름이 b[m]인 동축 원통도체에서 내외 도체 간 물질의 도전율이 σ[℧/m]일 때 내외 도체 간의 단위길이당 컨덕턴스[℧/m]는?

① $\dfrac{2\pi\sigma}{\ln\dfrac{b}{a}}$
② $\dfrac{2\pi\sigma}{\ln\dfrac{a}{b}}$
③ $\dfrac{4\pi\sigma}{\ln\dfrac{b}{a}}$
④ $\dfrac{4\pi\sigma}{\ln\dfrac{a}{b}}$

해설 동심 원통도체의 정전용량 $C = \dfrac{2\pi\varepsilon}{\ln\dfrac{b}{a}}\,[\text{F/m}]$이고,

$RC = \varepsilon\rho$이므로 동심 원통도체의 저항 $R = \dfrac{\varepsilon\rho}{C}$이다.

결국, 컨덕턴스
$$G = \frac{C}{\varepsilon\rho} = \frac{\dfrac{2\pi\varepsilon}{\ln\dfrac{b}{a}}}{\dfrac{\varepsilon\rho}{1}} = \frac{2\pi}{\ln\dfrac{b}{a}\,\rho} = \frac{2\pi\sigma}{\ln\dfrac{b}{a}}\,[℧/\text{m}]$$

(고유저항 $\rho = \dfrac{1}{\sigma}$, 도전율 $\sigma = \dfrac{1}{\rho}$)

06 ③ 07 ① **Answer**

08 z축상에 놓인 길이가 긴 직선도체에 10[A]의 전류가 $+z$ 방향으로 흐르고 있다. 이 도체 주위의 자속밀도가 $3\hat{x} - 4\hat{y}$ [Wb/m²]일 때 도체가 받는 단위길이당 힘[N/m]은?(단, $\hat{x}$, $\hat{y}$는 단위벡터이다.)

① $-40\hat{x} + 30\hat{y}$
② $-30\hat{x} + 40\hat{y}$
③ $30\hat{x} + 40\hat{y}$
④ $40\hat{x} + 30\hat{y}$

해설 자계 내에 놓인 도선에 받는 힘=플레밍의 왼손법칙
$F = IBl\sin\theta[\text{N}] = IB\sin\theta[\text{N/m}]$
$I = 10\hat{z}[\text{A}]$, $B = 3\hat{x} - 4\hat{y}[\text{Wb/m}^2]$로 방향이 존재하고 있으므로 $F = \hat{I} \times \hat{B}$로 계산한다.
$\therefore F = \hat{I} \times \hat{B} = \begin{vmatrix} \hat{x} & \hat{y} & \hat{z} \\ 0 & 0 & 10 \\ 3 & -4 & 0 \end{vmatrix}$
$= \begin{vmatrix} 0 & 10 \\ -4 & 0 \end{vmatrix}\hat{x} + \begin{vmatrix} 10 & 0 \\ 0 & 3 \end{vmatrix}\hat{y} + \begin{vmatrix} 0 & 0 \\ 3 & -4 \end{vmatrix}\hat{z}$
$= 40\hat{x} + 30\hat{y}$

09 진공 중 한 변의 길이가 0.1[m]인 정삼각형의 3정점 A, B, C에 각각 2.0×10^{-6}[C]의 점전하가 있을 때, 점 A의 전하에 작용하는 힘은 몇 [N]인가?

① $1.8\sqrt{2}$
② $1.8\sqrt{3}$
③ $3.6\sqrt{2}$
④ $3.6\sqrt{3}$

해설 정삼각형의 각 정점에 전하가 존재 시 주어진 두 전하의 크기와 극성이 모두 같을 때 나머지 정점에 작용하는 힘의 크기는 다음과 같다.
$F = \sqrt{F_1^2 + F_2^2 + 2F_1F_2\cos\theta}$ 에서 $F_1 = F_2$이므로
$F = \sqrt{3}F_1 = \sqrt{3} \times 9 \times 10^9 \times \frac{(2 \times 10^{-6})^2}{0.1^2} = 3.6\sqrt{3}[\text{N}]$

10 투자율이 μ[H/m], 자계의 세기가 H[AT/m], 자속밀도가 B[Wb/m²]인 곳에서의 자계에너지밀도[J/m³]는?

① $\dfrac{B^2}{2\mu}$
② $\dfrac{H^2}{2\mu}$
③ $\dfrac{1}{2}\mu H$
④ BH

해설 체적당 에너지=에너지밀도(J/m³)
$W_h = \dfrac{\sigma^2}{2\mu} = \dfrac{B^2}{2\mu} = \dfrac{1}{2}H^2\mu = \dfrac{1}{2}HB(\text{J/m}^3)$

Answer ○ 08 ④ 09 ④ 10 ①

11 진공 내 전위함수가 $V = x^2 + y^2$ [V]로 주어졌을 때, $0 \leq x \leq 1$, $0 \leq y \leq 1$, $0 \leq z \leq 1$인 공간에 저장되는 정전에너지[J]는?

① $\frac{4}{3}\varepsilon_0$ 　　　　　　　　　　② $\frac{2}{3}\varepsilon_0$

③ $4\varepsilon_0$ 　　　　　　　　　　④ $2\varepsilon_0$

[해설] • 체적당 에너지 $W_E = \frac{1}{2}E^2\varepsilon_0 [J/m^3]$에서

$W = \int_v \frac{1}{2}E^2\varepsilon_0 dv [J]$ 가 된다. 이때, 전계

$E = -\text{grad}\, V = -\nabla V = -\left(\frac{\partial V}{\partial x}i + \frac{\partial V}{\partial y}j + \frac{\partial V}{\partial z}k\right)$
$= -2xi - 2yj [V/m]$

$\therefore E^2 = (-2xi - 2yj)(-2xi - 2yj) = 4x^2 + 4y^2$

• $W = \int_v \frac{1}{2}E^2\varepsilon_0 dv [J] = \frac{1}{2}\varepsilon_0 \int_0^1 \int_0^1 (4x^2 + 4y^2) dx dy$

$= \frac{1}{2}\varepsilon_0 \int_0^1 \left[\frac{4}{3}x^3 + 4y^2 x\right]_0^1 dy = \frac{1}{2}\varepsilon_0 \int_0^1 \left(\frac{4}{3} + 4y^2\right) dy$

$= \frac{1}{2}\varepsilon_0 \left[\frac{4}{3}y + \frac{4}{3}y^3\right]_0^1 = \frac{1}{2}\varepsilon_0 \left(\frac{4}{3} + \frac{4}{3}\right) = \frac{4}{3}\varepsilon_0 [J]$

12 전계가 유리에서 공기로 입사할 때 입사각 θ_1과 굴절각 θ_2의 관계와 유리에서의 전계 E_1과 공기에서의 전계 E_2의 관계는?

① $\theta_1 > \theta_2$, $E_1 > E_2$
② $\theta_1 < \theta_2$, $E_1 > E_2$
③ $\theta_1 > \theta_2$, $E_1 < E_2$
④ $\theta_1 < \theta_2$, $E_1 < E_2$

[해설] 유리와 공기의 비유전율을 각각 ε_1, ε_2라 하면 ε_1(유리) > ε_2(공기)이므로 경계면 조건에서 전계만 반비례 관계가 있기 때문에 $\varepsilon_1 > \varepsilon_2$이면 $E_1 < E_2$이고 $\theta_1 > \theta_2$의 관계가 된다.

11 ① 　12 ③ 　**Answer**

13 진공 중 4m 간격으로 평행한 두 개의 무한평판도체에 각각 $+4[C/m^2]$, $-4[C/m^2]$의 전하를 주었을 때, 두 도체 간의 전위차는 약 몇 [V]인가?

① 1.36×10^{11}
② 1.36×10^{12}
③ 1.8×10^{11}
④ 1.8×10^{12}

해설 전위차

$$V = E \cdot d = \frac{\rho_s}{\varepsilon_0} \cdot d = \frac{4}{8.855 \times 10^{-12}} \times 4 \fallingdotseq 1.8 \times 10^{12}[V]$$

14 인덕턴스[H]의 단위를 나타낸 것으로 틀린 것은?

① $\Omega \cdot s$
② Wb/A
③ J/A^2
④ $N/(A \cdot m)$

해설
- $e = L\dfrac{di}{dt}[V]$에서 $Li = et$이고,

  $L = \dfrac{e}{i} \cdot t \left[\dfrac{V}{A} \cdot \sec = \Omega \cdot \sec\right]$

- $LI = N\phi$에서 $L = \dfrac{N}{I}\phi$이고, 권수 $N=1$이라면

  $L = \dfrac{\phi}{I}\left[\dfrac{Wb}{A}\right]$

- $W = \dfrac{1}{2}LI^2[J]$에서 $L = \dfrac{2W}{I^2}\left[\dfrac{J}{A^2} = J/A^2\right]$

15 진공 중 반지름이 a[m]인 무한길이의 원통도체 2개가 간격 d[m]로 평행하게 배치되어 있다. 두 도체 사이의 정전용량[F/m]을 나타낸 것으로 옳은 것은?

① $\pi\varepsilon_0 \ln\dfrac{d-a}{a}$
② $\dfrac{\pi\varepsilon_0}{\ln\dfrac{d-a}{a}}$
③ $\pi\varepsilon_0 \ln\dfrac{a}{d-a}$
④ $\dfrac{\pi\varepsilon_0}{\ln\dfrac{a}{d-a}}$

해설 평행도선 사이의 정전용량 $C = \dfrac{\pi\varepsilon_0}{\ln\dfrac{d-a}{a}}[F/m]$

if, 떨어진 거리 d가 도체반경 a에 비해 현저히 크면 $C = \dfrac{\pi\varepsilon_0}{\ln\dfrac{d}{a}}[F/m]$

Answer ● 13 ④ 14 ④ 15 ②

16 진공 중에 4[m]의 간격으로 놓여진 평행도선에 같은 크기의 왕복전류가 흐를 때 단위길이당 2.0×10^{-7}[N]의 힘이 작용하였다. 이때 평행도선에 흐르는 전류는 몇 [A]인가?

① 1
② 2
③ 4
④ 8

[해설] 평행도체 사이에 작용하는 힘 $F = \dfrac{\mu_0 I^2}{2\pi d} = \dfrac{2I^2}{d} \times 10^{-7}$

이므로 $I = \sqrt{\dfrac{d \cdot F}{2 \times 10^{-7}}} = \sqrt{\dfrac{4 \times 2.0 \times 10^{-7}}{2 \times 10^{-7}}} = 2$[A]

17 평행극판 사이 간격이 d[m]이고 정전용량이 0.3[μF]인 공기커패시터가 있다. 그림과 같이 두 극판 사이에 비유전율이 5인 유전체를 절반 두께만큼 넣었을 때 이 커패시터의 정전용량은 몇 [μF]이 되는가?

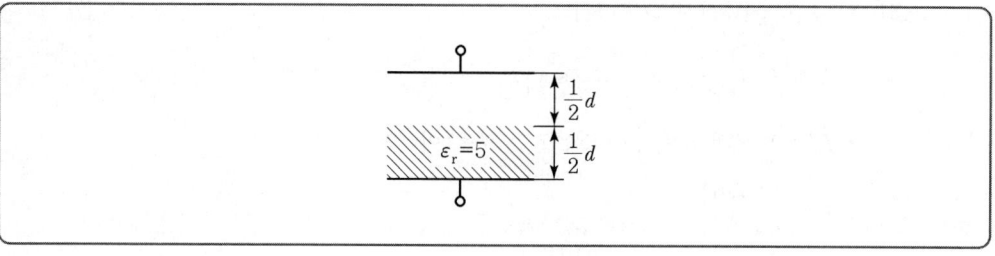

① 0.01
② 0.05
③ 0.1
④ 0.5

[해설] 공기콘덴서에 유전체를 판 간격의 반만 평행하게 채운 경우

$C = \dfrac{2\varepsilon_s}{1+\varepsilon_s} C_0 = \dfrac{2 \times 5}{1+5} \times 0.3 = 0.5 [\mu F]$

18 반지름이 a[m]인 접지된 구도체와 구도체의 중심에서 거리 d[m] 떨어진 곳에 점전하가 존재할 때, 점전하에 의한 접지된 구도체에서의 영상전하에 대한 설명으로 틀린 것은?

① 영상전하는 구도체 내부에 존재한다.
② 영상전하는 점전하와 구도체 중심을 이은 직선상에 존재한다.
③ 영상전하의 전하량과 점전하의 전하량은 크기는 같고 부호는 반대이다.
④ 영상전하의 위치는 구도체의 중심과 점전하 사이 거리(d[m])와 구도체의 반지름(a[m])에 의해 결정된다.

16 ② 17 ④ 18 ③ Answer

해설 접지구도체와 점전하에서 점전하 $Q[C]$이고,

영상전하 $Q' = -\dfrac{a}{d}Q[C]$이므로 부호는 반대지만 크기는 같지 않다.

19 평등전계 중에 유전체 구에 의한 전계 분포가 그림과 같이 되었을 때 ε_1과 ε_2의 크기 관계는?

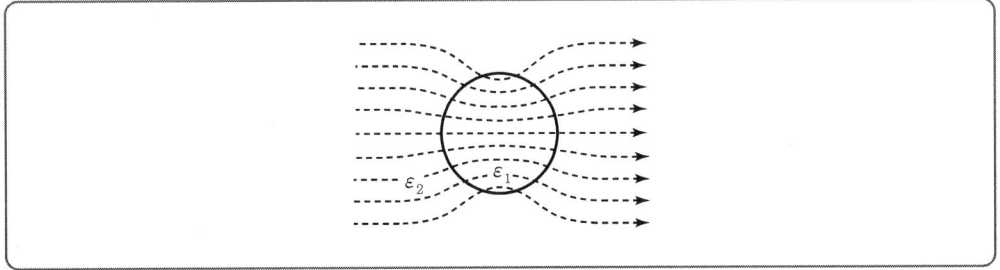

① $\varepsilon_1 > \varepsilon_2$
② $\varepsilon_1 < \varepsilon_2$
③ $\varepsilon_1 = \varepsilon_2$
④ 무관하다.

해설 유전체에 작용하는 힘(Maxwell 변형력)
- 유전율이 큰 쪽에서 작은 쪽으로 힘이 작용한다.
- 전속(밀도)선은 유전율이 큰 쪽으로 모이려는 성질이 있다.

20 어떤 도체에 교류전류가 흐를 때 도체에서 나타나는 표피효과에 대한 설명으로 틀린 것은?

① 도체 중심부보다 도체 표면부에 더 많은 전류가 흐르는 것을 표피효과라 한다.
② 전류의 주파수가 높을수록 표피효과는 작아진다.
③ 도체의 도전율이 클수록 표피효과는 커진다.
④ 도체의 투자율이 클수록 표피효과는 커진다.

해설 표피효과

도선에 교류 인가 시 전류가 도선 표피 쪽으로 집중되어 흐르려는 현상이다.

침투깊이 $\delta = \sqrt{\dfrac{2}{\omega\sigma\mu}} = \sqrt{\dfrac{1}{\pi f \sigma \mu}}\,[\mathrm{m}]$

표피효과 $= \dfrac{1}{\delta} = \sqrt{\pi f \sigma \mu}$ 이므로 주파수에 비례한다.

Answer ◯ 19 ① 20 ②

2022년도 2회 시험 과년도 기출문제

01 $\varepsilon_r = 81$, $\mu_r = 1$인 매질의 고유임피던스는 약 몇 [Ω]인가?(단, ε_r은 비유전율이고, μ_r은 비투자율이다.)

① 13.9
② 21.9
③ 33.9
④ 41.9

[해설] 고유임피던스

$$\eta = \frac{E}{H} = \sqrt{\frac{\mu}{\varepsilon}} = 377\sqrt{\frac{\mu_r}{\varepsilon_r}} = 377\sqrt{\frac{1}{81}} = 41.9[\Omega]$$

02 강자성체의 $B-H$곡선을 자세히 관찰하면 매끈한 곡선이 아니라 자속밀도가 어느 순간 급격히 계단적으로 증가 또는 감소하는 것을 알 수 있다. 이러한 현상을 무엇이라 하는가?

① 퀴리점(Curie Point)
② 자왜현상(Magneto-Striction)
③ 바크하우젠효과(Barkhausen Effect)
④ 자기여자효과(Magnetic After Effect)

[해설] 바크하우젠효과(Barkhausen Effect)
자화력이 변할 때 나타나는 자화의 연속적이고 급격한 변화로 강자성체의 자기화가 외부자기장의 증가에 따라 연속적으로 이루어지지 않고 불연속적으로 자속(磁束)이 변화하여 유도전압이 발생하기 때문에 생긴다. 그 원인은 강자성체를 구성하는 결정(結晶)의 내부에 있는 불순물이나 격자결함 때문에 자기 구역벽(磁氣區域壁)의 이동이 방해를 받고, 외부자기장이 강해짐에 따라 방해를 받고 있던 자기구역벽의 이동이 한꺼번에 일어나기 때문이다.

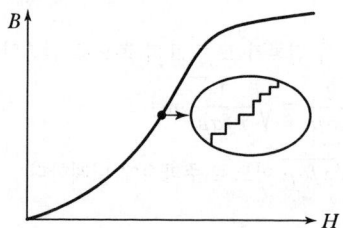

01 ④ 02 ③ **Answer**

03 진공 중에 무한평면도체와 $d[m]$만큼 떨어진 곳에 선전하밀도 $\lambda[C/m]$의 무한직선도체가 평행하게 놓여 있는 경우 직선도체의 단위길이당 받는 힘은 몇 $[N/m]$인가?

① $\dfrac{\lambda^2}{\pi\varepsilon_0 d}$ ② $\dfrac{\lambda^2}{2\pi\varepsilon_0 d}$

③ $\dfrac{\lambda^2}{4\pi\varepsilon_0 d}$ ④ $\dfrac{\lambda^2}{16\pi\varepsilon_0 d}$

해설 떨어진거리 $d[m]$와 같은 깊이에 선전하 밀도 $-\lambda[C/m]$인 영상전하를 고려하여 $F = QE$
$$= -\lambda l \cdot \dfrac{\lambda}{2\pi\varepsilon_0(2d)} = \dfrac{\lambda^2 l}{4\pi\varepsilon_0 d}[N]$$
$$\therefore |F| = \dfrac{\lambda^2}{4\pi\varepsilon_0 d}[N/m]$$

04 평행극판 사이에 유전율이 각각 ε_1, ε_2인 유전체를 그림과 같이 채우고, 극판 사이에 일정한 전압을 걸었을 때 두 유전체 사이에 작용하는 힘은?(단, $\varepsilon_1 > \varepsilon_2$)

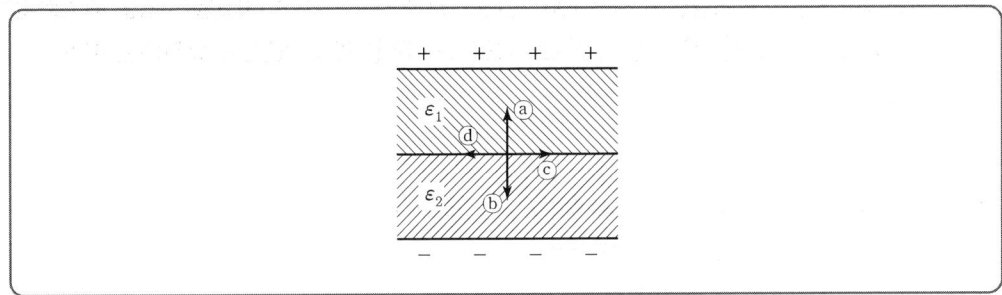

① ⓐ의 방향   ② ⓑ의 방향
③ ⓒ의 방향   ④ ⓓ의 방향

해설 경계면에 작용하는 힘은 유전율이 큰 쪽에서 작은 쪽으로 작용하므로 ε_1에서 ε_2의 방향으로 진행한다.

05 정전용량이 $20[\mu F]$인 공기의 평행판커패시터에 $0.1[C]$의 전하량을 충전하였다. 두 평행판 사이에 비유전율이 10인 유전체를 채웠을 때 유전체 표면에 나타나는 분극전하량[C]은?

① 0.009   ② 0.01
③ 0.09   ④ 0.1

Answer   03 ③   04 ②   05 ③

해설) 분극의 세기 $P = \varepsilon_0(\varepsilon_s - 1)E = D\left(1 - \dfrac{1}{\varepsilon_s}\right)$[C/m^2]에서 면적을 상쇄하면 분극전하를 구할 수 있다.

따라서 분극전하는 $Q_p = Q\left(1 - \dfrac{1}{\varepsilon_s}\right) = 0.1 \times \left(1 - \dfrac{1}{10}\right) = 0.09$[C]

06 유전율이 ε_1과 ε_2인 두 유전체가 경계를 이루어 평행하게 접하고 있는 경우 유전율이 ε_1인 영역에 전하 Q가 존재할 때 이 전하와 ε_2인 유전체 사이에 작용하는 힘에 대한 설명으로 옳은 것은?

① $\varepsilon_1 > \varepsilon_2$인 경우 반발력이 작용한다.
② $\varepsilon_1 > \varepsilon_2$인 경우 흡인력이 작용한다.
③ ε_1과 ε_2에 상관없이 반발력이 작용한다.
④ ε_1과 ε_2에 상관없이 흡인력이 작용한다.

해설) 만일, $\varepsilon_1 > \varepsilon_2$의 관계일 경우 힘은 유전율이 큰 쪽에서 작은 쪽으로 진행하고 이때 ε_1 영역에 존재하는 전하 Q는 밀려나게 되는데 이는 전하와 반발력이 작용하기 때문이다.

07 단면적이 균일한 환상철심에 권수 100회인 A코일과 권수 400회인 B코일이 있을 때 A코일의 자기인덕턴스가 4[H]라면 두 코일의 상호인덕턴스는 몇 [H]인가?(단, 누설자속은 0이다.)

① 4
② 8
③ 12
④ 16

해설) • 인덕턴스는 권선수 제곱에 비례($L \propto N^2$)하기 때문에
$L_A : N_A^2 = L_B : N_B^2$의 관계에서
$L_B = \dfrac{N_B^2}{N_A^2} \cdot L_A = \left(\dfrac{N_B}{N_A}\right)^2 L_A$

• 상호인덕턴스 $M = k\sqrt{L_1 L_2}$ (누설자속이 0이면, 결합계수 $k=1$)
$M = \sqrt{L_A L_B} = \sqrt{L_A \cdot \left(\dfrac{N_B}{N_A}\right)^2 L_A} = \dfrac{N_B}{N_A} \cdot L_A = \dfrac{400}{100} \times 4$
$ = 16$[H]

08 평균 자로의 길이가 10[cm], 평균 단면적이 2[cm²]인 환상솔레노이드의 자기인덕턴스를 5.4[mH] 정도로 하고자 한다. 이때 필요한 코일의 권선수는 약 몇 회인가?(단, 철심의 비투자율은 15,000이다.)

① 6　　② 12
③ 24　　④ 29

해설 환상솔레노이드 인덕턴스 $L = \dfrac{\mu_0 \mu_s S N^2}{l}$ 이므로

$\mu_0 \mu_s S N^2 = Ll$,

$N = \sqrt{\dfrac{Ll}{\mu_0 \mu_s S}} = \sqrt{\dfrac{5.4 \times 10^{-3} \times 10 \times 10^{-2}}{4\pi \times 10^{-7} \times 15{,}000 \times 2 \times 10^{-4}}}$

$= 12$회

09 투자율이 μ[H/m], 단면적이 S[m²], 길이가 l[m]인 자성체에 권선을 N회 감아서 I[A]의 전류를 흘렸을 때 이 자성체의 단면적 S[m²]를 통과하는 자속[Wb]은?

① $\mu \dfrac{I}{Nl} S$　　② $\mu \dfrac{NI}{Sl}$
③ $\dfrac{NI}{\mu S} l$　　④ $\mu \dfrac{NI}{l} S$

해설 자속 $\phi = BS = \mu HS = \dfrac{\mu S N I}{l}$ [Wb]

10 그림은 커패시터의 유전체 내에 흐르는 변위전류를 보여 준다. 커패시터의 전극 면적을 S[m²], 전극에 축적된 전하를 q[C], 전극의 표면전하밀도를 σ[C/m²], 전극 사이의 전속밀도를 D[C/m²]라 하면 변위전류밀도 i_d[A/m²]는?

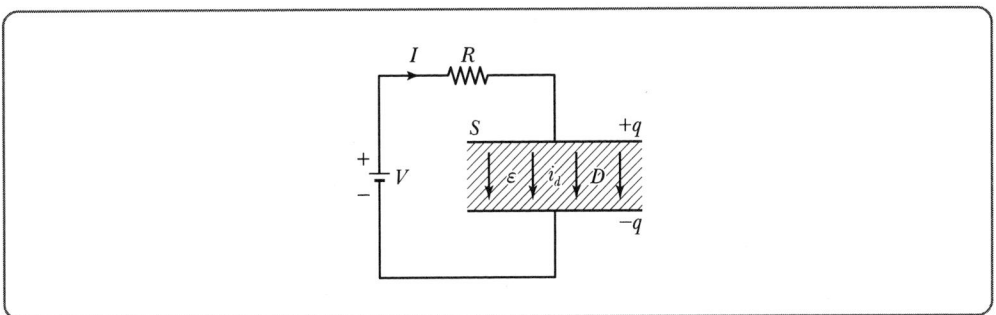

① $\dfrac{\partial D}{\partial t}$　　② $\dfrac{\partial q}{\partial t}$
③ $S \dfrac{\partial D}{\partial t}$　　④ $\dfrac{1}{S} \dfrac{\partial D}{\partial t}$

Answer ● 08 ② 09 ④ 10 ①

해설 변위전류 밀도

$$i_d = \frac{\partial D}{\partial t} = \frac{\partial E\varepsilon}{\partial t} = \varepsilon\frac{\partial}{\partial t}\left(\frac{V}{d}\right) = \omega\varepsilon E\,[\text{A/m}^2]$$

11 진공 중에서 점(1, 3)[m]의 위치에 -2×10^{-9}[C]의 점전하가 있을 때 점(2, 1)[m]에 있는 1[C]의 점전하에 작용하는 힘은 몇 [N]인가?(단, $\hat{x}$, $\hat{y}$는 단위벡터이다.)

① $-\dfrac{18}{5\sqrt{5}}\hat{x} + \dfrac{36}{5\sqrt{5}}\hat{y}$

② $-\dfrac{36}{5\sqrt{5}}\hat{x} + \dfrac{18}{5\sqrt{5}}\hat{y}$

③ $-\dfrac{36}{5\sqrt{5}}\hat{x} - \dfrac{18}{5\sqrt{5}}\hat{y}$

④ $\dfrac{18}{5\sqrt{5}}\hat{x} + \dfrac{36}{5\sqrt{5}}\hat{y}$

해설
- 거리벡터 $\hat{r} = \hat{x} - 2\hat{y}$, $|\hat{r}| = \sqrt{1^2 + 2^2} = \sqrt{5}$
- 방향벡터 $n = \dfrac{\hat{r}}{|\hat{r}|} = \dfrac{\hat{x} - 2\hat{y}}{\sqrt{5}}$
- 작용하는 힘

$$F = \frac{Q_1 Q_2}{4\pi\varepsilon_0 r^2} = 9\times10^9 \times \frac{-2\times10^{-9}\times 1}{(\sqrt{5})^2} = -\frac{18}{5}\,[\text{N}]$$

$$\therefore \hat{F} = n|\hat{F}| = \left(\frac{\hat{x}-2\hat{y}}{\sqrt{5}}\right)\cdot -\frac{18}{5} = -\frac{18}{5\sqrt{5}}\hat{x} + \frac{36}{5\sqrt{5}}\hat{y}$$

12 정전용량이 C_0[μF]인 평행판의 공기커패시터가 있다. 두 극판 사이에 극판과 평행하게 절반을 비유전율이 ε_r인 유전체로 채우면 커패시터의 정전용량[μF]은?

① $\dfrac{C_0}{2\left(1 + \dfrac{1}{\varepsilon_r}\right)}$

② $\dfrac{C_0}{1 + \dfrac{1}{\varepsilon_r}}$

③ $\dfrac{2C_0}{1 + \dfrac{1}{\varepsilon_r}}$

④ $\dfrac{4C_0}{1 + \dfrac{1}{\varepsilon_r}}$

해설 공기콘덴서에 유전체를 판 간격의 반만 평행하게 채운 경우

$$C = \frac{\varepsilon_1\varepsilon_2 S}{\varepsilon_1 d_2 + \varepsilon_2 d_1}$$

$$= \frac{\varepsilon_0\varepsilon_0\varepsilon_r S}{\varepsilon_0\dfrac{d}{2} + \varepsilon_0\varepsilon_r\dfrac{d}{2}} = \frac{2\varepsilon_0\varepsilon_r S}{d(1+\varepsilon_r)} = \frac{2\varepsilon_r}{1+\varepsilon_r}C_0 = \frac{2C_0}{\dfrac{1}{\varepsilon_r}+1}\,[\text{F}]$$

11 ①   12 ③   **Answer**

13 그림과 같이 점 O를 중심으로 반지름이 a[m]인 구도체 1과 안쪽 반지름이 b[m]이고 바깥쪽 반지름이 c[m]인 구도체 2가 있다. 이 도체계에서 전위계수 P_{11}(1/F)에 해당되는 것은?

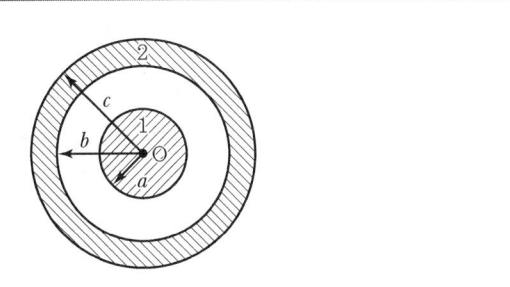

① $\dfrac{1}{4\pi\varepsilon}\dfrac{1}{a}$
② $\dfrac{1}{4\pi\varepsilon}\left(\dfrac{1}{a}-\dfrac{1}{b}\right)$
③ $\dfrac{1}{4\pi\varepsilon}\left(\dfrac{1}{b}-\dfrac{1}{c}\right)$
④ $\dfrac{1}{4\pi\varepsilon}\left(\dfrac{1}{a}-\dfrac{1}{b}+\dfrac{1}{c}\right)$

해설 전위계수는 전위를 표현하기 위해 전하에 곱해 주는 문자나 수를 의미하기 때문에 $V=PQ$에서 전위계수 $P=\dfrac{V}{Q}$이고

$$P_{11}=\dfrac{V_1}{Q_1}=\dfrac{1}{Q_1}\cdot V_1=\dfrac{1}{Q_1}\cdot\dfrac{Q_1}{4\pi\varepsilon}\left(\dfrac{1}{a}-\dfrac{1}{b}+\dfrac{1}{c}\right)$$
$$=\dfrac{1}{4\pi\varepsilon}\left(\dfrac{1}{a}-\dfrac{1}{b}+\dfrac{1}{c}\right)[\text{V/C}=1/\text{F}]$$

14 자계의 세기를 나타내는 단위가 아닌 것은?

① A/m
② N/Wb
③ (H·A)/m^2
④ Wb/(H·m)

해설 자계 H[N/Wb = AT/m = A/m]

$LI=N\phi$에서 $I=\dfrac{\phi}{L}$ (단, $N=1$) $\left[\text{A}=\dfrac{\text{Wb}}{\text{H}}\right]$를 대입하면

$$\left[\dfrac{\text{A}}{\text{m}}=\dfrac{\frac{\text{Wb}}{\text{H}}}{\text{m}}=\dfrac{\text{Wb}}{\text{H}\cdot\text{m}}=\text{Wb}/(\text{H}\cdot\text{m})\right]$$

Answer ○ 13 ④ 14 ③

15 그림과 같이 평행한 무한장 직선의 두 도선에 $I[A]$, $4I[A]$인 전류가 각각 흐른다. 두 도선 사이 점 P에서의 자계의 세기가 0이라면 $\dfrac{a}{b}$는?

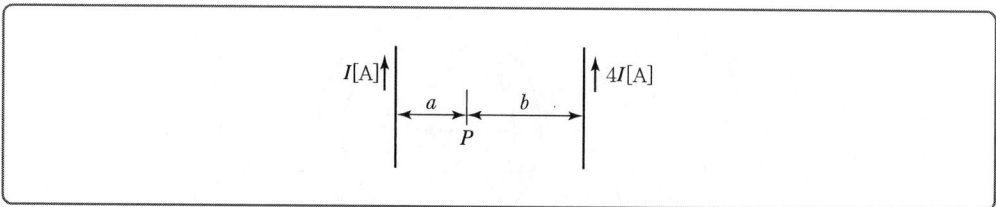

① 2
② 4
③ $\dfrac{1}{2}$
④ $\dfrac{1}{4}$

해설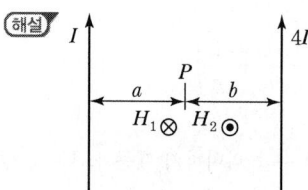

P점에 작용하는 자계의 세기는 2개이며 자계의 방향이 반대이므로 크기가 같으면 P점의 자계의 세기가 0이 된다.

$H_1 = \dfrac{I}{2\pi a}[\text{AT/m}]$, $H_2 = \dfrac{4I}{2\pi b}[\text{AT/m}]$이므로

$H_1 = H_2 \to \dfrac{I}{2\pi a} = \dfrac{4I}{2\pi b} \to \dfrac{a}{b} = \dfrac{1}{4}$ 이 된다.

16 내압 및 정전용량이 각각 $1{,}000[\text{V}] - 2[\mu\text{F}]$, $700[\text{V}] - 3[\mu\text{F}]$, $600[\text{V}] - 4[\mu\text{F}]$, $300[\text{V}] - 8[\mu\text{F}]$인 4개의 커패시터가 있다. 이 커패시터들을 직렬로 연결하여 양단에 전압을 인가한 후 전압을 상승시키면 가장 먼저 절연이 파괴되는 커패시터는?(단, 커패시터의 재질이나 형태는 동일하다.)

① $1{,}000[\text{V}] - 2[\mu\text{F}]$
② $700[\text{V}] - 3[\mu\text{F}]$
③ $600[\text{V}] - 4[\mu\text{F}]$
④ $300[\text{V}] - 8[\mu\text{F}]$

해설 콘덴서의 직렬 연결 시 전하량의 크기가 작은 것부터 절연이 파괴된다.
① $Q_1 = C_1 V_1 = 2 \times 10^{-6} \times 1{,}000 = 2{,}000[\mu\text{C}]$
② $Q_2 = C_2 V_2 = 3 \times 10^{-6} \times 700 = 2{,}100[\mu\text{C}]$
③ $Q_3 = C_3 V_3 = 4 \times 10^{-6} \times 600 = 2{,}400[\mu\text{C}]$
④ $Q_4 = C_4 V_4 = 8 \times 10^{-6} \times 300 = 2{,}400[\mu\text{C}]$

15 ④ 16 ① **Answer**

17 반지름이 2[m]이고 권수가 120회인 원형코일 중심에서의 자계의 세기를 30[AT/m]로 하려면 원형코일에 몇 [A]의 전류를 흘려야 하는가?

① 1
② 2
③ 3
④ 4

해설 원형코일 중심 자장의 세기 $H = \dfrac{NI}{2a}$[AT/m]이므로

$NI = 2aH$

$I = \dfrac{2aH}{N} = \dfrac{2 \times 2 \times 30}{120} = 1$[A]

18 내구의 반지름이 $a = 5$[cm], 외구의 반지름이 $b = 10$[cm]이고, 공기로 채워진 동심구형 커패시터의 정전용량은 약 몇 [pF]인가?

① 11.1
② 22.2
③ 33.3
④ 44.4

해설 동심구형 콘덴서의 정전용량

$C = \dfrac{4\pi\varepsilon_0}{\dfrac{1}{a} - \dfrac{1}{b}} = \dfrac{4\pi\varepsilon_0 ab}{b-a} = \dfrac{1}{9 \times 10^9} \cdot \dfrac{ab}{b-a}$[F]

$\therefore C = \dfrac{1}{9 \times 10^9} \times \dfrac{0.1 \times 0.05}{0.1 - 0.05} \times 10^{12} = 11.1$[pF]

19 자성체의 종류에 대한 설명으로 옳은 것은?(단, χ_m는 자화율이고, μ_r은 비투자율이다.)

① $\chi_m > 0$이면, 역자성체이다.
② $\chi_m < 0$이면, 상자성체이다.
③ $\mu_r > 1$이면, 비자성체이다.
④ $\mu_r < 1$이면, 역자성체이다.

해설 자화율 $\chi_m = \mu_0(\mu_s - 1)$이고 $\mu_r < 1$이면 역자성체이다.
따라서 $\mu_r < 1$인 역자성체는 $\chi_m = \mu_0(\mu_s - 1) < 0$이고,
$\mu_r > 1$ 상자성체는 $\chi_m = \mu_0(\mu_s - 1) > 0$이 된다.

Answer ▶ 17 ① 18 ① 19 ④

20 구좌표계에서 $\nabla^2 r$의 값은 얼마인가? (단, $r = \sqrt{x^2+y^2+z^2}$)

① $\dfrac{1}{r}$

② $\dfrac{2}{r}$

③ r

④ $2r$

해설 구좌표계에 의한

$$\nabla^2 r = \frac{1}{r^2} \cdot \frac{\partial}{\partial r} \cdot \left(r^2 \cdot \frac{\partial r}{\partial r}\right) + \frac{1}{r^2 \cdot \sin\theta} \cdot \frac{\partial}{\partial \theta} \cdot \left(\sin\theta \cdot \frac{\partial r}{\partial \theta}\right) + \frac{1}{r^2 \cdot \sin^2\theta} \cdot \frac{\partial^2 r}{\partial \phi^2}$$

(단, 주어진 함수 r은 θ와 ϕ 성분이 없으므로 편미분 시 0이 된다.)

$$\therefore \nabla^2 r = \frac{1}{r^2} \cdot \frac{\partial}{\partial r} \cdot \left(r^2 \cdot \frac{\partial r}{\partial r}\right) = \frac{1}{r^2} \cdot \frac{\partial}{\partial r} \cdot (r^2 \cdot 1) = \frac{1}{r^2} \cdot 2r = \frac{2}{r}$$

20 ② **Answer**

2022년도 3회 시험 과년도 기출문제

01 점전위경도 V와 전계 E의 관계식은?

① $E = \text{grad } V$
② $E = \text{div } V$
③ $E = -\text{grad } V$
④ $E = -\text{div } V$

해설 전위의 기울기(경도) : 전계와 크기는 같고 방향이 반대

$$E = -\text{grad } V = -\nabla V = -\left(\frac{\partial}{\partial x}i + \frac{\partial}{\partial y}j + \frac{\partial}{\partial z}k\right)V$$

$$= -\left(\frac{\partial V}{\partial x}i + \frac{\partial V}{\partial y}j + \frac{\partial V}{\partial z}k\right)$$

02 질량 $m = 10^{-8}$[kg], 전하량 $q = 10^{-6}$[C]의 입자가 전계 E[V/m]인 곳에 존재한다. 이 입자의 가속도가 $a = 10^2 i + 10^3 j$ [m/s²]인 것이 관측되었다면 전계의 세기 E[V/m]는?(단, i, j는 단위벡터이다.)

① $E = 10^2 i + 10^3 j$
② $E = i + 10j$
③ $E = 10^{-4} i + 10^{-3} j$
④ $E = 10i + 10^2 j$

해설 $m = 10^{-8}$[kg], $q = 10^{-6}$[C], $a = 10^2 i + 10^3 j$ [m/sec²]일 때 전계 E는 $F = QE = ma$ [N]

➡ $qE = ma$에서 전계 $E = \dfrac{ma}{q}$ [V/m]가 된다.

이에 수치를 대입하면 $E = \dfrac{10^{-8}}{10^{-6}}(10^2 i + 10^3 j) = i + 10j$ [V/m]이 된다.

03 공기 중에 고립된 금속구가 반지름 r일 때, 그 정전용량은 몇 [F]인가?

① $\dfrac{\varepsilon_0 r}{4\pi}$
② $\varepsilon_0 r$
③ $4\pi\varepsilon_0 r$
④ $8\pi\varepsilon_0 r$

해설 구도체의 정전용량

$$C = \frac{Q}{V} = \frac{Q}{\dfrac{Q}{4\pi\varepsilon_0 r}} = 4\pi\varepsilon_0 r = \frac{r}{9 \times 10^9} \text{ [F]}$$

(여기서, r [m] : 반지름)

Answer ➡ 01 ③ 02 ② 03 ③

04 진공 중에 서로 떨어져 있는 두 도체 A, B가 있을 때 도체 A에만 1[C]의 전하를 주었더니 도체 A와 B의 전위가 3[V], 2[V]이었다. 지금 도체 A, B에 각각 2[C]과 1[C]의 전하를 주면 도체 A의 전위는 몇 [V]인가?

① 6 ② 7 ③ 8 ④ 9

해설 전위계수에 의한 전위계산

전위계수에 의한 두 도체의 전위는 $V_1 = P_{11}Q_1 + P_{12}Q_2$, $V_2 = P_{21}Q_1 + P_{22}Q_2$ 이므로 주어진 수치 $Q_1 = 1[C]$, $Q_2 = 0$ 과 $V_1 = 3$, $V_2 = 2$ 를 대입하면
$3 = P_{11} \cdot 1 \Rightarrow P_{11} = 3$, $2 = P_{21} \cdot 1 \Rightarrow P_{21} = P_{12} = 2$ 가 된다.
이때 두 도체에 새로운 전하 $Q_1' = 2[C]$, $Q_2' = 1[C]$를 대전 시 V_1'는
$V_1' = P_{11}Q_1' + P_{12}Q_2' = 3 \times 2 + 2 \times 1 = 8[V]$가 된다.

05 자기모멘트 9.8×10^{-5}[Wb·m]의 막대자석을 지구자계의 수평성분 10.5[AT/m]인 곳에서 지자기 자오면으로부터 90° 회전시키는 데 필요한 일은 약 몇 [J]인가?

① 1.03×10^{-3} ② 1.03×10^{-5}
③ 9.03×10^{-3} ④ 9.03×10^{-5}

해설 $W = MH(1 - \cos\theta)$
$= 9.8 \times 10^{-5} \times 10.5 \times (1 - \cos 90°) = 1.03 \times 10^{-3}$

06 히스테리시스곡선에서 히스테리시스손실에 해당하는 것은?

① 보자력의 크기 ② 잔류자기의 크기
③ 보자력과 잔류자기의 곱 ④ 히스테리시스곡선의 면적

해설 히스테리시스곡선의 면적=히스테리시스손[J/m³]
$S = W_h = \int_{B_A}^{B} H dB [J/m^3]$
여기서, S : 면적
W_h : 히스테리시스손

07 정상전류에서 옴의 법칙에 대한 미분형은?(단, i는 전류밀도, k는 도전율, ρ는 고유저항, E는 전계의 세기이다.)

① $i = kE$ ② $i = \dfrac{E}{k}$ ③ $i = \rho E$ ④ $i = -kE$

04 ③ 05 ① 06 ④ 07 ① **Answer**

해설 전류밀도 $i = \dfrac{I}{S} = \dfrac{\frac{V}{R}}{S} = \dfrac{V}{RS}$
$= \dfrac{V}{\rho\frac{l}{S}\cdot S} = \dfrac{V}{\rho \cdot l} = \dfrac{1}{\rho} \cdot \dfrac{V}{l} = kE[\text{A/m}^2]$

08 전계 $E[\text{V/m}]$가 두 유전체의 경계면에 평행으로 작용하는 경우 경계면에 단위면적당 작용하는 힘의 크기는 몇 $[\text{N/m}^2]$인가?(단, ε_1, ε_2는 각 유전체의 유전율이다.)

① $f = E^2(\varepsilon_1 - \varepsilon_2)$
② $f = \dfrac{1}{E^2}(\varepsilon_1 - \varepsilon_2)$
③ $f = \dfrac{1}{2}E^2(\varepsilon_1 - \varepsilon_2)$
④ $f = \dfrac{1}{2E^2}(\varepsilon_1 - \varepsilon_2)$

해설 전계가 경계면에 접선(평행)으로 진행할 때 경계면에서는 서로 밀어내는 압축응력(흡인력)이 작용한다.
유전율이 $\varepsilon_1 > \varepsilon_2$, $D_1 > D_2$이고 전계가 연속이므로
$E_{t1} = E_{t2} = E$
$f = \dfrac{1}{2}(\varepsilon_1 - \varepsilon_2)E^2 = \dfrac{1}{2}(\varepsilon_1 - \varepsilon_2)\left(\dfrac{V}{d}\right)^2 [\text{N/m}^2]$
전계와 수직방향으로 압축응력을 받으며 유전율이 큰 쪽에서 유전율이 작은 쪽으로 진행한다.

09 반지름이 $r[\text{m}]$인 반원형 전류 $I[\text{A}]$에 의한 반원의 중심(O)에서 자계의 세기$[\text{AT/m}]$는?

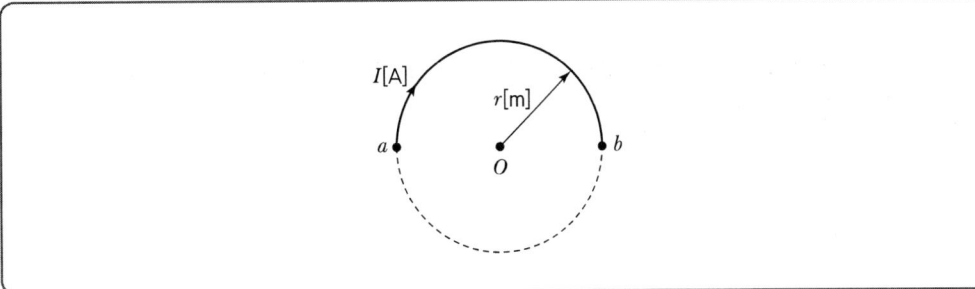

① $\dfrac{2I}{r}$
② $\dfrac{I}{r}$
③ $\dfrac{I}{2r}$
④ $\dfrac{I}{4r}$

해설 원의 중심 자계 $H = \dfrac{I}{2r}[\text{AT/m}]$이므로
반원의 중심 자계 $H = \dfrac{I}{2r} \times \dfrac{1}{2} = \dfrac{I}{4r}[\text{AT/m}]$

Answer ▶ 08 ③ 09 ④

10
동일한 금속도선의 두 점 간에 온도차를 주고 고온 쪽에서 저온 쪽으로 전류를 흘리면, 줄열 이외에 도선 속에서 열이 발생하거나 흡수가 일어나는 현상을 지칭하는 것은?

① 제벡효과
② 톰슨효과
③ 펠티에효과
④ 볼타효과

해설 ① 제벡효과 : 서로 다른 두 종류의 금속 접속면에 온도차가 있으면 기전력이 발생하는 효과
② 톰슨효과 : 하나의 도선의 두 점 간에 온도차를 주고, 고온 쪽에서 저온 쪽으로 전류를 흘리면 도선 속에서 열이 발생하거나 흡수가 일어나는 현상
③ 펠티에효과 : 서로 다른 두 종류의 금속 접속면에 전류를 흘리면 접속점에서 열의 흡수, 발생이 일어나는 효과

11
도전율 σ, 유전율 ε인 매질에 교류전압을 가할 때 전도전류와 변위전류의 크기가 같아지는 주파수는?

① $f = \dfrac{\sigma}{2\pi\varepsilon}$
② $f = \dfrac{\varepsilon}{2\pi\sigma}$
③ $f = \dfrac{2\pi\varepsilon}{\sigma}$
④ $f = \dfrac{2\pi\sigma}{\varepsilon}$

해설 임계주파수(f_c) : 도체와 유전체를 구분하는 임계점에서의 주파수
$i_c = i_D$, $kE = \omega\varepsilon E$, $k = \omega\varepsilon = 2\pi f_c \varepsilon$,
$f_c = \dfrac{k}{2\pi\varepsilon} = \dfrac{\sigma}{2\pi\varepsilon}$ [Hz]
여기서, 도전율 $k[\mho/m] = \sigma[\mho/m]$

12
진공 중에 반지름 a[m], 중심간격 d[m]인 평행 원통도체가 있다. 원통도체의 단위길이당 정전용량은 몇 [F/m]인가?

① $\dfrac{2\pi\varepsilon_0}{\ln\dfrac{d-a}{a}}$
② $\dfrac{2\pi\varepsilon_0}{\ln\dfrac{a}{d-a}}$
③ $\dfrac{\pi\varepsilon_0}{\ln\dfrac{d-a}{a}}$
④ $\dfrac{\pi\varepsilon_0}{\ln\dfrac{a}{d-a}}$

10 ② 11 ① 12 ③ **Answer**

해설 평행도선 사이의 정전용량

$$C = \frac{\pi \varepsilon_0}{\ln \frac{d}{a}} [\text{F/m}] 이며,$$

중심 간격 d가 도체 반경 a보다 대단히 크면 아래와 같다.

$$C = \frac{\pi \varepsilon_0}{\ln \frac{d-a}{a}} [\text{F/m}]$$

13 유전율이 각각 다른 두 유전체가 서로 경계를 이루며 접해 있다. 다음 중 옳지 않은 것은?(단, 이 경계면에는 진전하분포가 없다고 한다.)

① 경계면에서 전계의 접선성분은 연속이다.
② 경계면에서 전속밀도의 법선성분은 연속이다.
③ 경계면에서 전계와 전속밀도는 굴절한다.
④ 경계면에서 전계와 전속밀도는 불변이다.

해설 일반적으로 경계면에서 전계, 전속밀도는 불연속이다(다르다=변화한다).
그러나, 전속밀도는 법선성분이, 전계세기는 접선성분이 연속이다(같다). 전계와 전속밀도방향은 서로 같고, 굴절한다 $\left(\frac{\tan \theta_1}{\tan \theta_2} = \frac{\varepsilon_1}{\varepsilon_2}\right)$.

14 0.2[C]의 점전하가 전계 $E = 5a_y + a_z$[V/m] 및 자속밀도 $B = 2a_y + 5a_z$[Wb/m²] 내로 속도 $v = 2a_x + 3a_y$[m/s]로 이동할 때 점전하에 작용하는 힘 F[N]은?(단, a_x, a_y, a_z는 단위벡터이다.)

① $2a_x - a_y + 3a_z$
② $3a_x - a_y + a_z$
③ $a_x + a_y - 2a_z$
④ $5a_x + a_y - 3a_z$

해설 로렌츠의 힘
자계와 전계가 동시 존재 시 전하가 받는 힘은 $F = q(\vec{E} + \vec{v} \times \vec{B})$[N]이므로

- $\vec{v} \times \vec{B} = \begin{vmatrix} a_x & a_y & a_z \\ 2 & 3 & 0 \\ 0 & 2 & 5 \end{vmatrix}$
  $= a_x(15-0) - a_y(10-0) + a_z(4-0)$
  $= 15a_x - 10a_y + 4a_z$

- $\vec{E} + \vec{v} \times \vec{B} = 5a_y + a_z + 15a_x - 10a_y + 4a_z$
  $= 15a_x - 5a_y + 5a_z$

- $F = q(\vec{E} + \vec{v} \times \vec{B}) = 0.2 \times (15a_x - 5a_y + 5a_z)$
  $= 3a_x - a_y + a_z$[N]이 된다.

Answer ▶ 13 ④ 14 ②

15 맥스웰(Maxwell)의 전자방정식이 아닌 것은?

① $\nabla \times H = i + \dfrac{\partial D}{\partial t}$ ② $\nabla \times E = -\dfrac{\partial B}{\partial t}$

③ $\nabla \cdot i = -\dfrac{\partial \rho}{\partial t}$ ④ $\nabla \cdot D = \rho$

해설 $\nabla \cdot i = -\dfrac{\partial \rho}{\partial t}$: 전류의 연속방정식

16 권수 200회이고, 자기인덕턴스 20[mH]의 코일에 2[A]의 전류를 흘리면, 쇄교자속수[Wb]는?

① 0.04   ② 0.01
③ 4×10^{-4} ④ 2×10^{-4}

해설 쇄교자속($N\phi$)는 LI와 같기 때문에
쇄교자속 $= LI = 20 \times 10^{-3} \times 2 = 40 \times 10^{-3}$[Wb]
$= 0.04$[Wb]
[주의] 쇄교자속($N\phi$)과 코일면을 지나는 자속(ϕ)은 다름에 주의한다!!

17 유전율 ε, 전계의 세기 E인 유전체의 단위체적에 축적되는 에너지는?

① $\dfrac{E}{2\varepsilon}$ ② $\dfrac{\varepsilon E}{2}$ ③ $\dfrac{\varepsilon E^2}{2}$ ④ $\dfrac{\varepsilon^2 E^2}{2}$

해설 단위체적당 축적된 에너지
$W = \dfrac{\sigma^2}{2\varepsilon} = \dfrac{D^2}{2\varepsilon} = \dfrac{1}{2}\varepsilon E^2 = \dfrac{1}{2}ED$ [J/m³]

18 영구자석의 재료로 사용되는 철에 요구되는 사항으로 옳은 것은?

① 잔류자속밀도는 작고 보자력이 커야 한다.
② 잔류자속밀도와 보자력이 모두 커야 한다.
③ 잔류자속밀도는 크고 보자력이 작아야 한다.
④ 잔류자속밀도는 커야 하나, 보자력은 0이어야 한다.

해설 • 영구자석 : 잔류자기, 보자력, 히스테리시스곡선 면적이 모두 큰 것
• 전자석 : 잔류자기는 크고 보자력 및 히스테리시스곡선 면적이 작은 것

15 ③ 16 ① 17 ③ 18 ② Answer

19 그림과 같이 영역 $y \leq 0$은 완전도체로 위치해 있고, 영역 $y \geq 0$은 완전유전체로 위치해 있을 때, 만일 경계무한평면의 도체면상에 면전하밀도 $\rho_s = 2[\text{nC/m}^2]$가 분포되어 있다면 P점$(-4, 1, -5)[\text{m}]$의 전계의 세기$[\text{V/m}]$는?

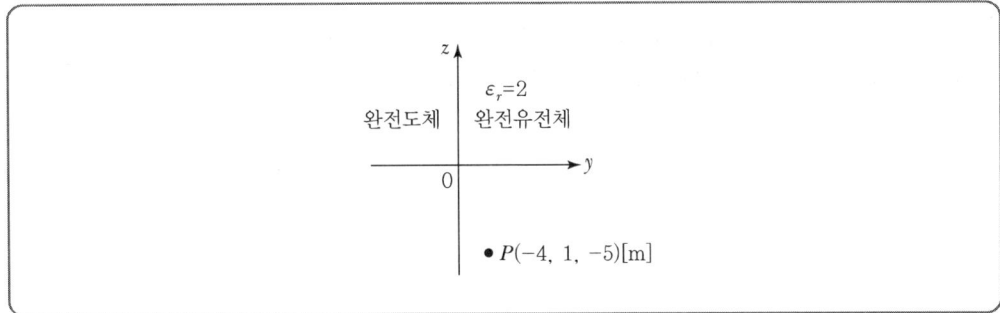

① $18\pi a_y$
② $36\pi a_y$
③ $-54\pi a_y$
④ $72\pi a_y$

[해설] $y = 0$인 평면의 면전하가 존재하므로 P점의 전계는 $+y$축의 방향을 갖는다.

면전하의 전계세기는 $E = \dfrac{\sigma}{2\varepsilon_0} = \dfrac{2 \times 10^{-9}}{2 \times \dfrac{10^{-9}}{36\pi}} = 36\pi a_y$

20 내경의 반지름이 1[mm], 외경의 반지름이 3[mm]인 동축케이블의 단위길이당 인덕턴스는 약 몇 $[\mu\text{H/m}]$인가?(단, 이때 $\mu_r = 1$이며, 내부 인덕턴스는 무시한다.)

① 0.12
② 0.22
③ 0.32
④ 0.42

[해설] 인덕턴스

$L = \dfrac{\mu}{2\pi} \ln \dfrac{b}{a} [\text{H/m}]$

$= \dfrac{4\pi \times 10^{-7} \times 1}{2\pi} \times \ln \dfrac{3 \times 10^{-3}}{1 \times 10^{-3}} \times 10^6$

$= 0.22 [\mu\text{H/m}]$

전기기사

2023년도 1회 시험 — 과년도 기출문제

01 $E = 2i + j + 4k$ [V/m]인 전계가 존재할 때 10^{-5} [C]의 전하를 원점으로부터 $r = 4i + j + 2k$ [m]까지 움직이는 데 필요한 일은 몇 [J]인가?

① 1.7×10^{-4}
② 2.0×10^{-4}
③ 2.4×10^{-4}
④ 2.7×10^{-4}

[해설] 일 $W = F \cdot r = QE \cdot r$
$= 10^{-5}(2i + j + 4k) \cdot (4i + j + 2k)$
$= 10^{-5} \cdot (8 + 1 + 8)$
$= 17 \times 10^{-5} = 1.7 \times 10^{-4}$ [J]

02 공기 중에서 평등 전계 E[V/m]에 수직으로 비유전율이 ε_s 인 유전체를 놓았더니 σ_P[C/m²]의 분극전하가 표면에 생겼다면 유전체 중의 전계강도 E[V/m]는?

① $\dfrac{\sigma_P}{\varepsilon_0 \varepsilon_s}$
② $\dfrac{\sigma_P}{\varepsilon_0 (\varepsilon_s - 1)}$
③ $\varepsilon_0 \varepsilon_s \sigma_P$
④ $\varepsilon_0 (\varepsilon_s - 1) \sigma_P$

[해설] 분극의 세기(P) = 분극 전하밀도(σ_P) = $\varepsilon_0 (\varepsilon_s - 1) E$ [C/m²]

$\therefore E = \dfrac{\sigma_P}{\varepsilon_0 (\varepsilon_s - 1)}$ [V/m]

03 전위함수에서 라플라스 방정식을 만족하지 않는 것은?

① $V = \rho \cos\theta + \Phi$
② $V = x^2 - y^2 + z^2$
③ $V = \rho \cos\theta + z$
④ $V = \dfrac{V_0}{d} x$

[해설] 라플라스 방정식 $\nabla^2 V = 0$이므로
$V = x^2 - y^2 + z^2$ 의
$\nabla^2 V = \dfrac{\partial^2 V}{\partial^2 x} + \dfrac{\partial^2 V}{\partial^2 y} + \dfrac{\partial^2 V}{\partial^2 z} = 2 - 2 + 2 = 2 \neq 0$ 이다.

Answer: 01 ① 02 ② 03 ②

04 반경 R인 원에 내접하는 정 n각형의 회로에 전류 I가 흐를 때 원 중심점에서의 자속밀도는 얼마인가?

① $\dfrac{n\mu_0 I}{2\pi R}\tan\dfrac{\pi}{n}[\text{Wb/m}^2]$ ② $\dfrac{\mu_0 I}{\pi R}\cos\dfrac{\pi}{n}[\text{Wb/m}^2]$

③ $\dfrac{I}{2\pi\mu_0 R}\tan\dfrac{2\pi}{n}[\text{Wb/m}^2]$ ④ $\dfrac{2\pi R}{\tan\dfrac{\pi}{n}}[\text{Wb/m}^2]$

[해설] 반지름 $R[\text{m}]$인 원에 내접하는 정n각형의 회로에 $I[\text{A}]$가 흐를 때 정n각형의 회로에 중심에서의 자계의 세기는

$$H = \dfrac{nI\tan\dfrac{\pi}{n}}{2\pi R}[\text{AT/m}]이다.$$

중심에서의 자속밀도는 $B = \mu_0 H = \dfrac{\mu_0 nI}{2\pi R}\tan\dfrac{\pi}{n}[\text{Wb/m}^2]$이 된다.

05 정전용량이 $C_0[\text{F}]$인 평행한 공기콘덴서가 있다. 이것의 극판에 평행으로 판간격 $d[\text{m}]$의 $\dfrac{1}{2}$ 두께인 유리판을 삽입하였을 때의 정전용량[F]은?(단, 유리판의 유전율은 $\varepsilon[\text{F/m}]$이라 한다.)

① $\dfrac{2C_0}{1+\dfrac{1}{\varepsilon}}$ ② $\dfrac{C_0}{1+\dfrac{1}{\varepsilon}}$

③ $\dfrac{2C_0}{1+\dfrac{\varepsilon_0}{\varepsilon}}$ ④ $\dfrac{C_0}{1+\dfrac{\varepsilon}{\varepsilon_0}}$

[해설] 공기콘덴서의 절반만큼 다른 유전체를 삽입한 경우 정전용량은

$$C = \dfrac{\varepsilon_1\varepsilon_2 S}{d_2\varepsilon_1 + d_1\varepsilon_2} = \dfrac{\varepsilon_0\varepsilon_0\varepsilon_s S}{\dfrac{d}{2}\varepsilon_0 + \dfrac{d}{2}\varepsilon_0\varepsilon_s} = \dfrac{2\varepsilon_s}{1+\varepsilon_s}\cdot C_0 = \dfrac{2C_0}{\dfrac{1}{\varepsilon_s}+1} = \dfrac{2C_0}{\dfrac{\varepsilon_0}{\varepsilon}+1}[\text{F}]$$

06 단면적이 균일한 환상철심에 권수 1,000회인 A코일과 권수 N_B회인 B코일이 감겨져 있다. A코일의 자기인덕턴스가 100[mH]이고, 두 코일 사이의 상호인덕턴스가 20[mH]이고 결합계수가 1일 때, B코일의 권수(N_B)는 몇 회인가?

① 100 ② 200
③ 300 ④ 400

Answer ▶ 04 ① 05 ③ 06 ②

해설 $L \propto N^2$의 관계이므로

$L_1 : N_1^2 = L_2 : N_2^2$ 에서 $N_1^2 L_2 = N_2^2 L_1$

$\therefore N_2 = \sqrt{\dfrac{L_2}{L_1}} N_1$ 임을 이용한다.

이때, $L_1 = 100$ [mH], $N_1 = 1,000$회이고, 상호인덕턴스 $M = k\sqrt{L_1 L_2}$ [H]에서 결합계수 $k = 1$임을 이용하면

$M^2 = L_1 L_2$

$\therefore L_2 = \dfrac{M^2}{L_1} = \dfrac{(20 \times 10^{-3})^2}{100 \times 10^{-3}} = 4 \times 10^{-3}$ [H]

$\therefore N_2 = \sqrt{\dfrac{L_2}{L_1}} N_1 = \sqrt{\dfrac{4 \times 10^{-3}}{100 \times 10^{-3}}} \times 1,000 = 200 (회)$

07 두 종류의 금속으로 된 폐회로에 전류를 흘리면 양 접속점에서 한쪽은 온도가 올라가고 다른 쪽은 온도가 내려가는 현상을 무엇이라 하는가?

① 볼타(Volta) 효과
② 제벡(Seebeck) 효과
③ 펠티에(Peltier) 효과
④ 톰슨(Thomson) 효과

해설
- 펠티에 효과 : 두 종류의 금속 접합부에 전류를 흘리면 전류의 방향에 줄열 이외에 흡수 또는 발산 현상이 생긴다.(전열현상)
- 제벡 효과 : 두 종류의 금속을 접속하고, 두 접속점에 온도차를 주면 기전력이 생겨 전류가 흐르게 된다. 이 기전력을 열기전력, 이 전류를 열전류, 이런 장치를 열전대(쌍), 이와 같은 효과를 제벡 효과(열전효과)라 한다.

08 반지름이 a[m]인 무한장 원통형 도체에 전류가 균일하게 흐를 시 도체 내부에 발생하는 자계의 세기에 대한 설명으로 옳은 것은?

① 원통 중심축으로부터 거리에 비례한다.
② 원통 중심축으로부터 거리에 반비례한다.
③ 원통 중심축으로부터 거리의 제곱에 비례한다.
④ 원통 중심축으로부터 거리의 제곱에 반비례한다.

해설 무한장 원통(원주)형 도체에 전류가 균일하게 흐를 경우 자계의 세기
- $r > a$(외부) $H = \dfrac{I}{2\pi r}$ [AT/m]
- $r < a$(내부) $H_i = \dfrac{rI}{2\pi a^2}$ [AT/m]

$\therefore$ 내부 자계의 세기는 떨어진 거리(r)에 비례하고 원통 반경(a)의 제곱에 반비례한다.

09 자계와 전류계의 대응으로 틀린 것은?

① 자속 ↔ 전류
② 기자력 ↔ 기전력
③ 투자율 ↔ 유전율
④ 자계의 세기 ↔ 전계의 세기

해설 전기회로와 자기회로의 대응관계

전기회로		자기회로	
도전율	$k = \sigma [\mho/m]$	투자율	$\mu [H/m]$
기전력	$V = IR [V]$	기자력	$F = NI = R_m \phi [AT]$
전류	$I = \dfrac{V}{R} [A]$	자속	$\phi = \dfrac{F}{R_m} = \dfrac{\mu SNI}{l} [Wb]$
전류밀도	$i_c = \dfrac{I}{S} [A/m^2]$	자속밀도	$B = \dfrac{\phi}{S} [Wb/m^2]$
전기저항	$R = \rho \dfrac{l}{S} = \dfrac{l}{k \cdot S} [\Omega]$	자기저항	$R_m = \dfrac{F}{\phi_m} = \dfrac{l}{\mu \cdot S} [AT/Wb]$

10 전기 쌍극자로부터 임의의 점의 거리가 r이라 할 때, 전계의 세기는 r과 어떤 관계에 있는가?

① $\dfrac{1}{r}$에 비례
② $\dfrac{1}{r^2}$에 비례
③ $\dfrac{1}{r^3}$에 비례
④ $\dfrac{1}{r^4}$에 비례

해설 전기 쌍극자에 의한 전계의 세기

$$E = \dfrac{M}{4\pi\varepsilon_0 r^3}\sqrt{1+3\cos^2\theta} = \dfrac{Ql}{4\pi\varepsilon_0 r^3}\sqrt{1+3\cos^2\theta} [V/m]$$

(단, $M = Q \cdot l [C \cdot m]$: 쌍극자 모멘트)

∴ $\dfrac{1}{r^3}$에 비례한다. (r^3에 반비례한다.)

11 다음 중 자기회로에 관한 설명으로 옳은 것은?

① 자기회로의 자기저항은 자기회로의 단면적에 비례한다.
② 자기회로의 기자력은 자기저항과 자속의 곱과 같다.
③ 자기저항 R_{m1}과 R_{m2}를 직렬 연결 시 합성 자기저항 $\dfrac{1}{R_m} = \dfrac{1}{R_{m1}} + \dfrac{1}{R_{m2}}$ 이다.
④ 자기회로의 자기저항은 자기회로의 길이에 반비례한다.

Answer ▶ 09 ③ 10 ③ 11 ②

해설
- 자기저항 $R_m = \dfrac{F}{\phi} = \dfrac{l}{\mu S}$ [AT/Wb]

  ∴ 자기저항은 단면적에 반비례(①)하고 길이에 비례(④)한다.
- 기자력 $F = R_m \phi$ [AT]

  ∴ 기자력은 자속과 자기저항의 곱과 같다.(②)
- 직렬 접속 시 합성 자기저항 $R_m = R_{m1} + R_{m2}$ (③)

12 매질 1의 비투자율 $\mu_{s1} = 300$, 매질 2의 비투자율 $\mu_{s2} = 900$이다. 매질 2에서 경계면에 대하여 45°의 각도로 자계가 입사한 경우 매질 1에서 경계면과 입사하는 자계의 각도는 약 몇 도인가?

① 30°
② 60°
③ 70°
④ 80°

해설 $\dfrac{\tan\theta_1}{\tan\theta_2} = \dfrac{\mu_{s1}}{\mu_{s2}}$ 이므로 $\dfrac{\tan\theta_1}{\tan 45°} = \dfrac{300}{900}$

∴ $\dfrac{\tan\theta_1}{1} = \dfrac{1}{3}$, $\tan\theta_1 = \dfrac{1}{3}$

∴ $\theta_1 = \tan^{-1}\dfrac{1}{3} ≒ 18.434°$

∴ $\theta = 90° - \theta_1 = 90° - 18.434° ≒ 71.56° ≒ 70°$

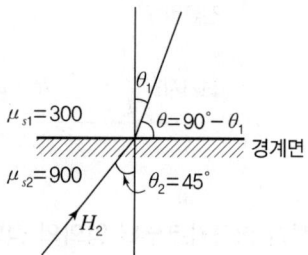

13 변위전류와 가장 관계가 깊은 것은?

① 반도체
② 유전체
③ 자성체
④ 도체

해설 변위전류란 유전체 내의 전속밀도의 시간적 변화에 의해 발생하는 전류를 말한다.

14 다음 중 정전계에서 도체의 성질을 설명한 내용으로 잘못된 것은?

① 대전된 도체 표면은 등전위면이다.
② 대전된 도체 내부의 전계는 0이다.
③ 대전된 도체에는 전하가 도체 표면에만 존재한다.
④ 대전된 도체 표면에서 발산하는 전계의 방향은 모든 점에서 표면의 접선 방향과 같다.

해설 대전도체에 출입(발산 및 흡인)하는 전계의 방향은 도체 표면(등전위면)과 직교한다.

12 ③ 13 ② 14 ④ **Answer**

15 다음과 같은 맥스웰의 미분방정식에서 의미하는 법칙은 무엇인가?

$$\nabla \times E = -\frac{\partial B}{\partial t}$$

① 암페어의 주회적분 법칙
② 가우스 법칙
③ 패러데이 법칙
④ 비오-사바르 법칙

해설 맥스웰의 제2의 기본방정식

$$\text{rot}\, E = \text{curl}\, E = \nabla \times E = -\frac{\partial B}{\partial t} = -\mu \frac{\partial H}{\partial t}$$

- 자속밀도의 시간적 변화는 전계를 회전시키고 유기기전력을 형성한다.
- 패러데이의 법칙에서 유도한 전계에 관한 식이다.

16 그림과 같이 자성체에 자계(H_0)를 주어 자화할 때 자기 감자력의 방향은?

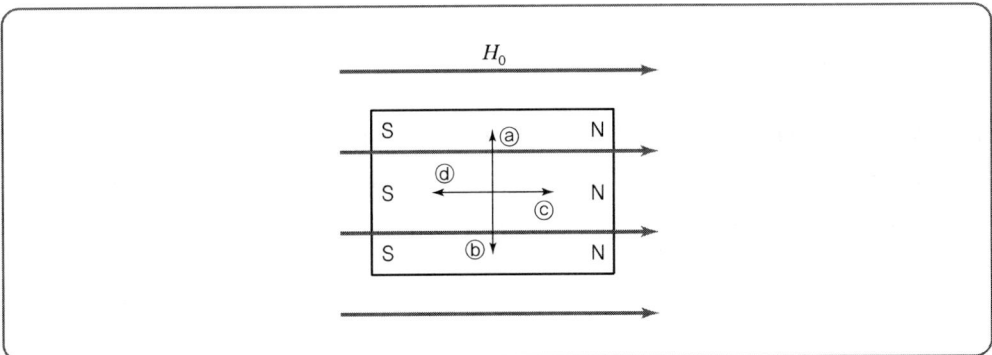

① ⓐ 방향
② ⓓ 방향
③ ⓒ 방향
④ ⓑ 방향

해설
- H_0 : 외부자계
- H' : 자화($-m, +m$)에 의한 자계(감자력)
- H : 자성체 내부자계

그림과 같이 감자력의 방향은 자계를 감소시키는 방향으로 작용한다.

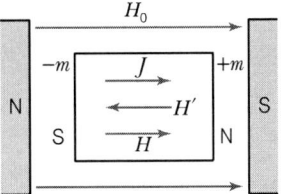

Answer ▶ 15 ③ 16 ②

01 전기자기학

17 자유공간에서 전파 $E(z,t) = 10^3 \sin(\omega t - \beta z) a_y$ [V/m]일 때 자파 $H(z,t)$ [A/m]는?

① $\dfrac{10^3}{120\pi} \sin(\omega t - \beta z) a_z$

② $\dfrac{10^3}{120\pi} \sin(\omega t - \beta z) a_x$

③ $-\dfrac{10^3}{120\pi} \sin(\omega t - \beta z) a_z$

④ $-\dfrac{10^3}{120\pi} \sin(\omega t - \beta z) a_x$

[해설] 파동의 고유임피던스 $\eta = \dfrac{E}{H} = \sqrt{\dfrac{\mu}{\varepsilon}}$ 이므로

$H = \sqrt{\dfrac{\varepsilon}{\mu}} E = \sqrt{\dfrac{\varepsilon_0}{\mu_0}} E = \dfrac{1}{377} E = \dfrac{1}{120\pi} E$ 임을 이용한다.

$\therefore H = \dfrac{1}{120\pi} E = -\dfrac{1}{120\pi} \cdot 10^3 \sin(\omega t - \beta z) a_x$

> **Reference**
> - 전자파의 진행방향은 $\vec{E} \times \vec{H}$ 임을 고려한다. 문제의 전계 방향이 $\hat{y}$이고 진행방향이 $\hat{z}$이므로 $\hat{y} \times (-\hat{x}) = \hat{z}$ 가 된다. 따라서 자계의 방향은 $-\hat{x}$ 가 된다.
> - $\hat{x} \times \hat{y} = \hat{z}$, $\hat{y} \times (-\hat{x}) = \hat{z}$ 오른나사의 진행방향이 된다.

18 면적이 매우 넓은 두 개의 도체판을 d[m] 간격으로 수평하게 평행 배치하고, 이 평행 도체판 사이에 놓인 전자가 정지하고 있기 위해서 그 도체판 사이에 가하여야 할 전위차[V]는?(단, g는 중력가속도, m은 전자의 질량, e는 전자의 전하량이다.)

① $mged$

② $\dfrac{ed}{mg}$

③ $\dfrac{mgd}{e}$

④ $\dfrac{mge}{d}$

[해설] 전자가 정지하기 위해서는 전기력과 중력이 같아야 함을 고려한다.

$F = QE = mg$ 에서

$QE = mg$, $E = \dfrac{mg}{Q}$ $\left(E = \dfrac{V}{d}\right)$ 이므로

$\dfrac{mg}{Q} = \dfrac{V}{d}$

$\therefore V = \dfrac{mgd}{Q} = \dfrac{mgd}{e}$ [V]

17 ④ 18 ③ **Answer**

19 반지름이 각각 r_1[m], r_2[m]이고 전위차가 V[V]인 동심 도체구가 있을 때 내구 표면의 전장의 세기의 최소치는 몇 [V/m]인가?

① $\dfrac{4V}{r_1}$ ② $\dfrac{2V}{r_1}$

③ $\dfrac{V}{r_1}$ ④ 0

해설 동심 도체구의 전위 및 전계

- 전위 $V = \dfrac{Q}{4\pi\varepsilon}\left(\dfrac{1}{r_1} - \dfrac{1}{r_2}\right)$[V]

- 전계 $E = \dfrac{Q}{4\pi\varepsilon r_1^2}$[V/m] $= \dfrac{Q}{4\pi\varepsilon} \cdot \dfrac{1}{r_1^2}$

전위 식에서 $\dfrac{Q}{4\pi\varepsilon} = \dfrac{V}{\dfrac{1}{r_1} - \dfrac{1}{r_2}} = \dfrac{V}{\dfrac{r_2 - r_1}{r_1 r_2}} = \dfrac{V r_1 r_2}{r_2 - r_1}$ 이므로

$E = \dfrac{Q}{4\pi\varepsilon r_1^2}$[V/m] $= \dfrac{Q}{4\pi\varepsilon} \cdot \dfrac{1}{r_1^2} = \dfrac{V r_1 r_2}{(r_2 - r_1)r_1^2} = \dfrac{V r_2}{r_1 r_2 - r_1^2}$ 가 최소치가 되기 위해서는 분모의 값이 최대가 되면 된다. 결국 $r_1 r_2 - r_1^2$이 최대가 되는 2차 방정식의 최댓값, 즉 포물선 그래프의 기울기가 0인 지점을 찾으면 $\dfrac{d}{dr_1}(r_1 r_2 - r_1^2) = r_2 - 2r_1 = 0$이 된다.

∴ $r_2 = 2r_1$이고

$E = \dfrac{Q}{4\pi\varepsilon r_1^2} = \dfrac{V r_2}{r_1 r_2 - r_1^2} = \dfrac{V \cdot 2r_1}{r_1 \cdot 2r_1 - r_1^2} = \dfrac{2r_1 \cdot V}{r_1^2} = \dfrac{2V}{r_1}$[V/m]

20 금속도체의 전기저항은 일반적으로 온도와 어떤 관계인가?

① 전기저항은 온도의 변화에 무관하다.
② 전기저항은 온도의 변화에 대해 정특성을 갖는다.
③ 전기저항은 온도의 변화에 대해 부특성을 갖는다.
④ 금속도체의 종류에 따라 전기저항의 온도특성은 일관성이 없다.

해설 전기저항과 온도의 관계
- 도체 : 온도 상승 시 저항값 증가(정특성)
- 반도체 : 온도 상승 시 저항값 감소(부특성)

Answer ▶ 19 ② 20 ②

2023년도 2회 시험 과년도 기출문제

01 동심구형 콘덴서의 내외 반지름을 각각 5배로 증가시키면 정전용량은 몇 배로 증가하는가?

① 5　　　　　　　　　　　　② 10
③ 15　　　　　　　　　　　　④ 20

해설 동심구(중공도체구)의 정전용량

$$C = \frac{Q}{V_{ab}} = \frac{Q}{\frac{Q}{4\pi\varepsilon_0}\left(\frac{1}{a} - \frac{1}{b}\right)} = \frac{4\pi\varepsilon_0}{\frac{1}{a} - \frac{1}{b}} = \frac{4\pi\varepsilon_0 ab}{b-a} = \frac{1}{9\times 10^9} \frac{ab}{b-a} [\text{F}]$$

$$C' = \frac{4\pi\varepsilon_0 \cdot 5a \cdot 5b}{5(b-a)} = \frac{4\pi\varepsilon_0 5ab}{b-a} = 5C$$

02 두 개의 자극판이 있다. 자극판 사이의 자속밀도 B [Wb/m²], 자계의 세기 H [AT/m], 투자율 μ인 곳에서 자계의 에너지 밀도[J/m³]는?

① $\frac{1}{2}HB^2$　　　　　　　　② HB
③ $\frac{1}{2\mu}H^2$　　　　　　　　④ $\frac{1}{2\mu}B^2$

해설 자화 시 필요한 단위체적당 에너지 밀도

$S = W_h = \int_0^B H dB$ [J/m³]에서 이를 정리하면

$$W = \int_0^B H dB = \int_0^B \frac{B}{\mu} dB = \frac{B^2}{2\mu} = \frac{1}{2}\mu H^2 = \frac{1}{2}BH [\text{J/m}^3]$$

03 정현파 자속으로 하여 기전력이 유기될 때 자속의 주파수가 3배로 증가하면 유기기전력은 어떻게 되는가?

① 3배 증가　　　　　　　　　② 3배 감소
③ 9배 증가　　　　　　　　　④ 9배 감소

해설 $e = \omega N\phi_m \sin(\omega t \pm \theta)$ [V]이므로 $\omega = 2\pi f$ [rad/sec]를 이용하면 $e \propto f$의 관계를 알 수 있다. 따라서 주파수가 3배 증가하면 유기기전력도 3배 증가한다.

01 ①　02 ④　03 ①　**Answer**

04 다음 중 플레밍의 오른손 법칙에서 셋째 손가락의 방향은?

① 운동방향　　　　　　　　　　② 자속밀도의 방향
③ 유도기전력의 방향　　　　　　④ 자력선의 방향

해설 플레밍의 오른손 법칙

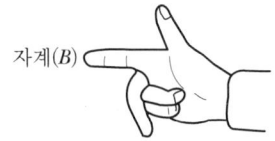

05 물의 유전율을 ε, 투자율을 μ라 할 때 물속에서의 전파속도는 몇 [m/s]인가?

① $\dfrac{1}{\sqrt{\varepsilon\mu}}$　　② $\sqrt{\varepsilon\mu}$　　③ $\sqrt{\dfrac{\mu}{\varepsilon}}$　　④ $\sqrt{\dfrac{\varepsilon}{\mu}}$

해설 전파속도
$$v = \dfrac{\omega}{\beta} = \dfrac{1}{\sqrt{LC}} = \dfrac{1}{\sqrt{\varepsilon\mu}} = \dfrac{3\times 10^8}{\sqrt{\varepsilon_s\mu_s}} = \lambda f \,[\mathrm{m/sec}]$$

06 평면도체 표면에서 d[m]의 거리에 점전하 Q[C]가 있을 때 이 전하를 무한원까지 운반하는 데 필요한 일은 몇 [J]인가?

① $\dfrac{Q^2}{4\pi\varepsilon_0 d}$　　　　　　　　　　② $\dfrac{Q^2}{8\pi\varepsilon_0 d}$

③ $\dfrac{Q^2}{16\pi\varepsilon_0 d}$　　　　　　　　　④ $\dfrac{Q^2}{32\pi\varepsilon_0 d}$

해설 전하가 무한평면으로 이동했을 때 한 일
$$W = F \cdot d = \dfrac{Q^2}{16\pi\varepsilon_0 d^2} \times d = \dfrac{Q^2}{16\pi\varepsilon_0 d}\,[\mathrm{N\cdot m = J}]$$

07 대지면에 높이 h[m]로 평행하게 가설된 매우 긴 선전하가 지면으로부터 받는 힘은?

① h에 비례한다.　　　　　　　② h에 반비례한다.
③ h^2에 비례한다.　　　　　　　④ h^2에 반비례한다.

Answer ▶ 04 ③　05 ①　06 ③　07 ②

해설 접지무한평판과 선전하 사이에 작용하는 힘은 다음과 같다.
선전하 $\rho[C/m] = \lambda[C/m]$

- 총 힘 $F = QE = -\lambda \cdot l \dfrac{\lambda}{4\pi\varepsilon_0 h} = -\dfrac{\lambda^2 l}{4\pi\varepsilon_0 h}$ [N]
- 길이당 힘 $f = -\dfrac{\lambda^2}{4\pi\varepsilon_0 h}$ [N/m] $\propto \dfrac{1}{h}$

08 자유공간에 있어서의 포인팅 벡터를 $P[W/m^2]$라 할 때, 전계의 세기의 실횻값 $E_0[V/m]$를 구하면?

① $377P$ ② $\dfrac{P}{377}$ ③ $\sqrt{377P}$ ④ $\sqrt{\dfrac{P}{377}}$

해설 포인팅 벡터 $P = \dfrac{1}{377}E^2 [W/m^2]$에서
전계 $E = \sqrt{377P}\,[V/m]$가 된다.

09 무한히 넓은 2개의 평행판 도체의 간격이 $d[m]$이며 그 전위차는 $V[V]$이다. 도체판의 단위면적에 작용하는 힘$[N/m^2]$은?(단, 유전율은 ε_0이다.)

① $\varepsilon_0 \dfrac{V}{d}$ ② $\varepsilon_0 \left(\dfrac{V}{d}\right)^2$ ③ $\dfrac{1}{2}\varepsilon_0 \dfrac{V}{d}$ ④ $\dfrac{1}{2}\varepsilon_0 \left(\dfrac{V}{d}\right)^2$

해설 대전된 도체의 면적당 작용하는 힘 = 정전응력 = 정전흡인력
$f = \dfrac{1}{2}\varepsilon_0 E^2 [N/m^2]$에서 평행판에 작용하는 전계의 세기는 $E = \dfrac{V}{d}[V/m]$이므로
이를 대입하면 $f = \dfrac{1}{2}\varepsilon_0 \left(\dfrac{V}{d}\right)^2 [N/m^2]$

10 유전율이 각각 ε_1, ε_2인 두 유전체가 접한 경계면에서 전하가 존재하지 않는다면 유전율이 ε_1인 유전체에서 유전율이 ε_2인 유전체로 전계 E_1이 입사각 $\theta_1 = 0°$로 입사할 경우 성립되는 식은?

① $E_1 = E_2$ ② $E_1 = \varepsilon_1 \varepsilon_2 E_2$
③ $\dfrac{E_1}{E_2} = \dfrac{\varepsilon_1}{\varepsilon_2}$ ④ $\dfrac{E_2}{E_1} = \dfrac{\varepsilon_1}{\varepsilon_2}$

해설 경계면에 수직으로 입사하면 전속밀도는 연속(서로 같다)이므로 $D_1 = D_2$
∴ $D = E\varepsilon$임을 이용하면 $D_1 = D_2$는 $E_1\varepsilon_1 = E_2\varepsilon_2$이므로 $\dfrac{E_2}{E_1} = \dfrac{\varepsilon_1}{\varepsilon_2}$이다.

08 ③ 09 ④ 10 ④ **Answer**

11 평등 전계 내에 수직으로 비유전율 $\varepsilon_s = 2$인 유전체 판을 놓았을 경우 판 내의 전속밀도가 $D = 4 \times 10^{-6}$[C/m²]이었다. 유전체 내의 분극의 세기 P[C/m²]는?

① 1×10^{-6}
② 2×10^{-6}
③ 4×10^{-6}
④ 8×10^{-6}

해설 분극의 세기
$$P = D\left(1 - \frac{1}{\varepsilon_s}\right) = 4 \times 10^{-6}\left(1 - \frac{1}{2}\right) = 2 \times 10^{-6}[\text{C/m}^2]가 된다.$$

12 공기 중 두 점전하 사이에 작용하는 힘이 5[N]이었다. 두 전하 사이에 유전체를 넣었더니 힘이 2[N]으로 되었다면 유전체의 비유전율은 얼마인가?

① 15
② 10
③ 5
④ 2.5

해설 공기 중 $F_0 = 5$[N], 유전체 내 $F = 2$[N]일 때 비유전율은
$$F = \frac{Q_1 \cdot Q_2}{4\pi\varepsilon_0\varepsilon_s r^2} = \frac{F_0}{\varepsilon_s}[\text{N}]이므로$$
비유전율은 $\varepsilon_s = \frac{F_0}{F} = \frac{5}{2} = 2.5$가 된다.

13 $L = 0.05$[H]의 코일에 흐르는 전류가 0.05[sec]동안에 2[A]가 변했다. 코일에 유도되는 기전력 [V]은?

① 0.5[V]
② 2[V]
③ 10[V]
④ 25[V]

해설 코일에 유도되는 기전력
$$|e| = L\frac{di}{dt}[\text{V}] = 0.05 \times \frac{2}{0.05} = 2[\text{V}]$$

14 정전용량이 20[μF]인 공기의 평행판 커패시터에 0.1[C]의 전하량을 충전하였다. 두 평행판 사이에 비유전율이 10인 유전체를 채웠을 때 유전체 표면에 나타나는 분극전하량[C]은?

① 0.1
② 0.09
③ 0.01
④ 0.009

Answer ● 11 ② 12 ④ 13 ② 14 ②

해설 분극의 세기 $P = \varepsilon_0(\varepsilon_s - 1)E = D\left(1 - \dfrac{1}{\varepsilon_s}\right)$ [C/m²]

분극전하량 $Q'[\text{C}] = P \cdot S$ [C]

$\therefore Q'[\text{C}] = D\left(1 - \dfrac{1}{\varepsilon_s}\right) \times S = \dfrac{Q}{S}\left(1 - \dfrac{1}{\varepsilon_s}\right) \times S \left(\because D = \dfrac{\psi}{S} = \dfrac{Q}{S}\right)$

$= Q\left(1 - \dfrac{1}{\varepsilon_s}\right) = 0.1\left(1 - \dfrac{1}{10}\right) = 0.09$ [C]

15 반지름이 a[m]이고 단위길이에 대한 권수가 n인 무한장 솔레노이드의 단위길이당 자기인덕턴스는 몇 [H/m]인가?

① $\mu \pi a^2 n^2$ ② $\mu \pi a n$ ③ $\dfrac{an}{2\mu\pi}$ ④ $4\mu \pi a^2 n^2$

해설 무한장 솔레노이드의 자기인덕턴스

$L = \mu S n^2 = \mu \pi a^2 n^2$ [H/m]

여기서, $S = \pi a^2$ [m²] : 단면적

n[T/m] : 단위길이당 권선수

16 다음 중 반자성체의 투자율과 공기의 투자율을 비교한 것으로 옳은 것은?

① 반자성체의 투자율 ≫ 공기의 투자율
② 반자성체의 투자율 > 공기의 투자율
③ 반자성체의 투자율 < 공기의 투자율
④ 반자성체의 투자율 ≪ 공기의 투자율

해설 투자율 $\mu = \mu_0 \mu_s$ [H/m]에서 공기의 비투자율 $\mu_s = 1$이므로
공기의 투자율 $\mu = \mu_0 \mu_s = 4\pi \times 10^{-7} \times 1$이다.
반면, 반자성체의 투자율 $\mu = \mu_0 \mu_s$에서 $\mu_s < 1$이므로
$\mu = \mu_0 \mu_s = 4\pi \times 10^{-7} \times$(1보다 작은 수)이다.
따라서 반자성체의 투자율 < 공기의 투자율이 된다.

17 도전율 σ, 유전율 ε인 매질에 교류전압을 가할 때 전도전류와 변위전류의 크기가 같아지는 주파수는?

① $f = \dfrac{\sigma}{2\pi\varepsilon}$ ② $f = \dfrac{\varepsilon}{2\pi\sigma}$

③ $f = \dfrac{2\pi\varepsilon}{\sigma}$ ④ $f = \dfrac{2\pi\sigma}{\varepsilon}$

15 ① 16 ③ 17 ① **Answer**

해설 임계주파수(f_c)

도체와 유전체를 구분하는 임계점에서의 주파수
$i_c = i_D$, $kE = \omega\varepsilon E$, $k = \omega\varepsilon = 2\pi f_c \varepsilon$이므로

$$f_c = \frac{k}{2\pi\varepsilon} = \frac{\sigma}{2\pi\varepsilon} [\text{Hz}]$$

여기서, 도전율 $k[\mho/\text{m}] = \sigma[\mho/\text{m}]$

18 그림과 같이 직각 코일이 $B = 0.05\dfrac{a_x + a_y}{\sqrt{2}}$ [T]인 자계에 위치하고 있다. 코일에 5[A]의 전류가 흐를 때 z축에서의 토크는 약 몇 [N·m]인가?

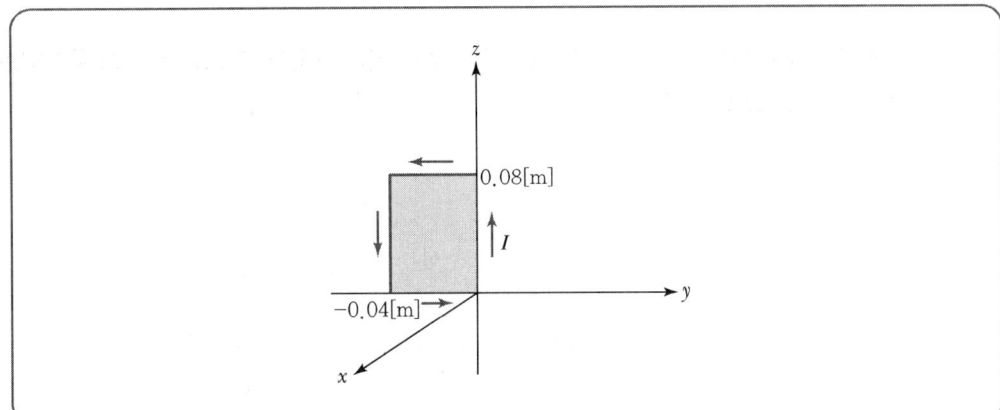

① $2.66 \times 10^{-4} a_x$　　　② $5.66 \times 10^{-4} a_x$
③ $2.66 \times 10^{-4} a_z$　　　④ $5.66 \times 10^{-4} a_z$

해설 직각 코일의 토크

$$T = (S \times B) \cdot I = \left((0.04 a_y \times 0.08 a_z) \times 0.05 \frac{a_x + a_y}{\sqrt{2}}\right) \cdot 5$$

$$= \left((3.2 \times 10^{-3}) a_x \times 0.05 \frac{a_x + a_y}{\sqrt{2}}\right) \cdot 5$$

$$= 5.656 \times 10^{-4} a_z$$

〈별해〉

$B = 0.05 \cdot \dfrac{a_x + a_y}{\sqrt{2}}$ [T], $I = 5 a_z$

z축 방향 길이 $l = 0.08$ [m]
y축 방향 길이 $\vec{r} = -0.04 a_y$
$\vec{T} = \vec{r} \times \vec{F}$ 이므로 $\vec{F} = (I \times B)l = -0.014 a_x + 0.014 a_y$
$\vec{T} = \vec{r} \times \vec{F} = -5.6576 \times 10^{-4}$ [N·m]이다.

Answer ○ 18 ④

19 강자성체의 자속밀도 B의 크기와 자화의 세기 J의 크기 사이에는 어떤 관계가 있는가?

① J는 B와 같다.
② J는 B보다 약간 작다.
③ J는 B보다 약간 크다.
④ J는 B보다 대단히 크다.

[해설] 자화의 세기 $J = B\left(1 - \dfrac{1}{\mu_s}\right)$ 이고,
자속밀도 $B = \mu H = \mu_0 \mu_s H$ 이다.
이때 강자성체는 $\mu_s \gg 1$이므로 J는 B보다 약간 작다.

20 무한 평면도체로부터 거리 a[m]의 곳에 점전하 2π[C]가 있을 때 도체 표면에 유도되는 최대 전하밀도는 몇 [C/m²]인가?

① $-\dfrac{1}{a^2}$
② $-\dfrac{1}{2a^2}$
③ $-\dfrac{1}{2\pi a}$
④ $-\dfrac{1}{4\pi a}$

[해설] 전계의 특수해법에서 접지무한평면과 점전하 사이의 전계 $E = \dfrac{-aQ}{2\pi\varepsilon_0 (a^2 + y^2)^{\frac{3}{2}}}$ [V/m]이므로,

최대전계($y = 0$인 지점) $E_{\max} = -\dfrac{Q}{2\pi\varepsilon_0 a^2}$ 이고,

$D_{\max} = E_{\max} \cdot \varepsilon_0 = -\dfrac{Q}{2\pi a^2} = -\dfrac{2\pi}{2\pi a^2} = -\dfrac{1}{a^2}$ [C/m²]

19 ② 20 ① **Answer**

2023년도 3회 시험 과년도 기출문제

01 그림과 같이 Gap의 단면적 $S\,[\text{m}^2]$의 전자석에 자속밀도 $B\,[\text{Wb/m}^2]$의 자속이 발생될 때 철편을 흡입하는 힘은 몇 [N]인가?

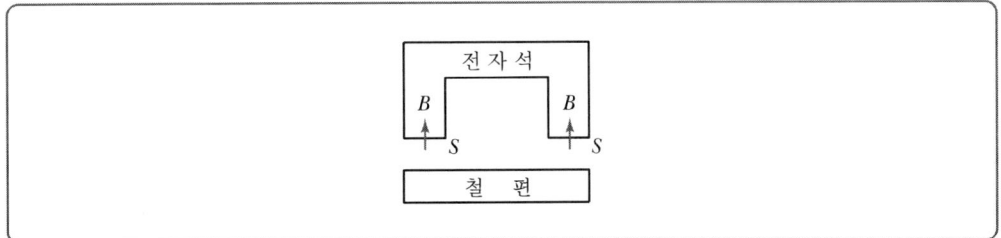

① $\dfrac{B^2 S}{2\mu_0}$
② $\dfrac{B^2 S}{\mu_0}$
③ $\dfrac{B^2 S^2}{\mu_0}$
④ $\dfrac{2B^2 S^2}{\mu_0}$

[해설] 철편을 흡입하는 힘 $F = f_m \cdot S = \dfrac{B^2}{2\mu_0} \cdot S\,[\text{N}]$이 된다.

문제의 그림상에서 작용하는 힘은 양쪽에서 작용하므로
전체적인 힘은 $F' = F \times 2 = \dfrac{B^2}{\mu_0} \cdot S\,[\text{N}]$이 된다.

02 무한평면도체로부터 거리 $a\,[\text{m}]$인 곳에 점전하 $Q\,[\text{C}]$가 있을 때 도체 표면에 유도되는 최대전하밀도는 몇 $[\text{C/m}^2]$인가?

① $\dfrac{Q}{2\pi\varepsilon_0 a^2}$
② $\dfrac{Q}{4\pi a^2}$
③ $-\dfrac{Q}{2\pi a^2}$
④ $\dfrac{Q}{4\pi\varepsilon_0 a^2}$

[해설] 무한평면의 영상전하에 의한 전기영상법
- 전계의 최대세기 $E = -\dfrac{Q}{2\pi\varepsilon_0 a^2}\,[\text{V/m}]$
- 최대전속밀도 $\sigma_{\max} = D_{\max} = \varepsilon_0 E = -\dfrac{Q}{2\pi a^2}\,[\text{C/m}^2]$

Answer ▶ 01 ② 02 ③

03 단면적 15[cm²]의 자석 근처에 같은 단면적을 가진 철편을 놓을 때 그곳을 통하는 자속이 3×10^{-4}[Wb]이면 철편에 작용하는 흡인력은 약 몇 [N]인가?

① 12.2
② 23.9
③ 36.6
④ 48.8

해설 자극면 사이에 작용하는 힘

$$F = f \cdot S = \frac{B^2}{2\mu_0} \cdot S = \frac{\left(\frac{\phi}{S}\right)^2}{2\mu_0} \cdot S$$

$$= \frac{\phi^2}{2\mu_0 S} = \frac{(3 \times 10^{-4})^2}{2 \times 4\pi \times 10^{-7} \times 15 \times 10^{-4}}$$

$$= 23.88[\text{N}]$$

04 다음 중 자기인덕턴스의 성질을 옳게 표현한 것은?

① 항상 부(負)이다.
② 항상 정(正)이다.
③ 항상 0이다.
④ 유도되는 기전력에 따라 정(正)도 되고 부(負)도 된다.

해설 자기회로에 전위전류가 흐를 때 발생되는 자속 쇄교수를 인덕턴스 또는 자기유도계수라 한다. 성질은 항상 정(+)이다.

05 정전용량이 20[μF]인 공기의 평행판 커패시터에 0.1[C]의 전하량을 충전하였다. 두 평행판 사이에 비유전율 10인 유전체를 채웠을 때 유전체 표면에 나타나는 분극전하량[C]은?

① 0.1
② 0.09
③ 0.01
④ 0.009

해설 분극의 세기 $P = D\left(1 - \frac{1}{\varepsilon_s}\right)$[C/m²]이고, 분극전하량 $Q' = P \times S$이다.

이때, 전속밀도 $D = \frac{Q}{S}$[C/m²]를 대입하면

분극전하량 $Q' = P \times S = D\left(1 - \frac{1}{\varepsilon_s}\right) \times S = \frac{Q\left(1 - \frac{1}{\varepsilon_s}\right)}{S} \times S = Q\left(1 - \frac{1}{\varepsilon_s}\right)$

∴ $Q' = Q\left(1 - \frac{1}{\varepsilon_s}\right) = 0.1\left(1 - \frac{1}{10}\right) = 0.09$[C]

06 전속밀도 $D = x^2 i + y^2 j + z^2 k$ [C/m²]를 발생시키는 점(1, 2, 3)[m]에서의 체적 전하밀도는 몇 [C/m³]인가?(단, i, j, k는 단위벡터이다.)

① 14
② 13
③ 12
④ 15

[해설] 가우스 발산 정리에 의한 $\text{div} E = \dfrac{\rho_v}{\varepsilon_0}$ 이므로,

체적전하밀도 $\rho_v = \text{div} E \varepsilon_0 = \text{div} D$ 이다.

$\rho_v = \text{div} D = \nabla D$
$= \left(\dfrac{\partial}{\partial x}i + \dfrac{\partial}{\partial y}j + \dfrac{\partial}{\partial z}k\right)(x^2 i + y^2 j + z^2 k)$
$= \dfrac{\partial x^2}{\partial x} + \dfrac{\partial y^2}{\partial y} + \dfrac{\partial z^2}{\partial z}$
$= 2x + 2y + 2z$

여기에 $x = 1, y = 2, z = 3$을 대입한다.
∴ $\rho_v = 2 + 4 + 6 = 12$ [C/m³]

07 자극의 세기가 8×10^{-6}[Wb], 길이가 3[cm]인 막대자석을 120[AT/m]의 평등자계 내에 자력선과 30°의 각도로 놓으면 이 막대자석이 받는 회전력은 몇 [N·m]인가?

① 3.02×10^{-5}
② 3.02×10^{-4}
③ 1.44×10^{-5}
④ 1.44×10^{-4}

[해설] $T = mHl\sin\theta = (8 \times 10^{-6}) \times 120 \times 0.03 \times \sin 30° = 1.44 \times 10^{-5}$ [N·m]

08 강자성체의 자속밀도 B의 크기와 자화의 세기의 J의 크기 사이에는 어떤 관계가 있는가?

① J는 B보다 약간 크다.
② J는 B보다 대단히 크다.
③ J는 B보다 약간 작다.
④ J는 B보다 대단히 작다.

[해설] 자화의 세기 J와 자속밀도 B 사이에는 $J = B\left(1 - \dfrac{1}{\mu_s}\right)$의 관계가 있고

강자성체의 비투자율 $\mu_s \gg 1$이므로

예를 들어 $\mu_s = 100$이라 하면 $J = B\left(1 - \dfrac{1}{100}\right) = 0.99B$이므로 $B = 100$이라고 가정하면 J는 99이므로 $J(99)$는 $B(100)$보다 약간 작다.

Answer ○ 06 ③ 07 ③ 08 ③

09 유전율 ε, 투자율 μ인 매질 중을 주파수 f[Hz]의 전자파가 전파되어 나갈 때의 파장[m]은?

① $f\sqrt{\varepsilon\mu}$
② $\dfrac{1}{f\sqrt{\varepsilon\mu}}$
③ $\dfrac{f}{\sqrt{\varepsilon\mu}}$
④ $\dfrac{\sqrt{\varepsilon\mu}}{f}$

해설
- 전파속도 $v = \dfrac{1}{\sqrt{\varepsilon\mu}} = \lambda f$[m/sec]
- 파장 $\lambda = \dfrac{1}{f\sqrt{\varepsilon\mu}}$ [m]

10 폐곡면을 통하는 전속과 폐곡면 내부의 전하와의 상관관계를 나타내는 법칙은?

① 가우스 법칙
② 쿨롱의 법칙
③ 푸아송의 법칙
④ 라플라스의 법칙

해설
- 대칭 정전계의 세기 계산
$\displaystyle\int_S E \cdot dS = \dfrac{Q}{\varepsilon_0}$ → 전기력선의 총수 $D = \varepsilon_0 E$[C/m²]이므로
- 폐곡면을 통과하는 전속과 폐곡면 내부 전하의 상관관계를 나타낸 식
$\displaystyle\int_S D \cdot dS = Q$ → 전속의 총수

11 코일로 감겨진 자기회로에서 철심의 투자율을 μ라 하고 회로의 길이를 l이라 할 때, 그 회로 일부에 미소 공극 l_g를 만들면 자기저항은 처음의 몇 배가 되는가?(단, $l \gg l_g$이다.)

① $1 + \dfrac{\mu l}{\mu_0 l_g}$
② $1 + \dfrac{\mu_0 l_g}{\mu l}$
③ $1 + \dfrac{\mu_0 l}{\mu l_g}$
④ $1 + \dfrac{\mu l_g}{\mu_0 l}$

해설
- 공극 발생 시 합성 자기저항
$R = R_m + R_g = \dfrac{l}{\mu \cdot S} + \dfrac{l_g}{\mu_0 \cdot S}$ [AT/Wb]
여기서, l_g[m] : 공극의 길이
- 공극 발생 시 자기저항 증가율
$\dfrac{R}{R_m} = \dfrac{R_m + R_g}{R_m} = 1 + \dfrac{\frac{l_g}{\mu_0 S}}{\frac{l}{\mu S}} = 1 + \dfrac{\mu l_g}{\mu_0 l} = 1 + \dfrac{l_g \mu_s}{l}$ 배

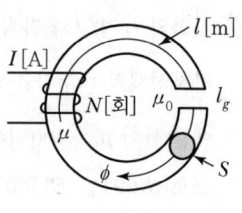

09 ② 10 ① 11 ④

12 무한대 평면도체와 d[m]만큼 떨어져 평행한 무한장 직선도체에 ρ[C/m]의 전하 분포가 주어졌을 때 직선도체의 단위길이당 받는 힘은?(단, 공간의 유전율은 ε이다.)

① 0[N/m]
② $\dfrac{\rho^2}{\pi \varepsilon d}$ [N/m]
③ $\dfrac{\rho^2}{2\pi \varepsilon d}$ [N/m]
④ $\dfrac{\rho^2}{4\pi \varepsilon d}$ [N/m]

[해설] 접지무한평판과 선전하 사이에 작용하는 힘은 다음과 같다.
선전하 ρ[C/m]$=\lambda$[C/m]
- 총 힘 $F = QE = -\lambda \cdot l \dfrac{\lambda}{4\pi \varepsilon_0 h} = -\dfrac{\lambda^2 l}{4\pi \varepsilon_0 h}$ [N]
- 길이당 힘 $f = -\dfrac{\lambda^2}{4\pi \varepsilon_0 h}$ [N/m] $\propto \dfrac{1}{h}$

13 비유전율이 10인 유전체를 5[V/m]인 전계 내에 놓으면 유전체의 표면전하밀도는 몇 [C/m²]인가?(단, 유전체의 표면과 전계는 직각이다.)

① $35\varepsilon_0$
② $45\varepsilon_0$
③ $55\varepsilon_0$
④ $65\varepsilon_0$

[해설] 유전체 표면의 세기는 분극의 세기와 같다.
P[C/m²] $= E \times \varepsilon_0(\varepsilon_r - 1) = 5 \times \varepsilon_0 \times (10-1) = 45\varepsilon_0$

14 $E = 2i + j + 4k$[V/m]인 전계가 존재할 때 10^{-5}[C]의 전하를 원점으로부터 $r = 4i + j + 2k$ [m]까지 움직이는 데 필요한 일은 몇 [J]인가?

① 1.7×10^{-4}
② 2.0×10^{-4}
③ 2.4×10^{-4}
④ 2.7×10^{-4}

[해설] 일 $W = Fr = QEr = 10^{-5}(2i+j+4k)(4i+j+2k)$
$= 10^{-5} \times (8+1+8) = 17 \times 10^{-5}$[J] $= 1.7 \times 10^{-4}$[J]

15 라디오 방송의 평면파 주파수를 710[kHz]라 할 때, 이 평면파가 $\varepsilon_s = 5$, $\mu_s = 1$ 콘크리트 벽 속을 지날 때 전파속도는 몇 [m/s]인가?

① 1.34×10^8
② 2.54×10^8
③ 4.38×10^8
④ 4.86×10^8

Answer ▶ 12 ④ 13 ② 14 ① 15 ①

해설) 전파속도 $v = \dfrac{1}{\sqrt{\varepsilon\mu}} = \dfrac{3\times 10^8}{\sqrt{\varepsilon_s \mu_s}} = \dfrac{3\times 10^8}{\sqrt{5\cdot 1}} = 134,164,078.6 ≒ 1.34\times 10^8 [\text{m/s}]$

16 공기 중에서 코로나 방전이 3.5[kV/mm] 전계에서 발생한다고 하면, 이때 도체의 표면에 작용하는 힘은 약 몇 [N/m²]인가?

① 27
② 54
③ 81
④ 108

해설) 도체 표면에 작용하는 힘

$f = \dfrac{1}{2}ED = \dfrac{1}{2}\varepsilon_0 E^2 = \dfrac{D^2}{2\varepsilon_0}[\text{N/m}] = \dfrac{1}{2}\times 8.855\times 10^{-12}\times 3.5^2 \times \left(\dfrac{10^3}{10^{-3}}\right)^2$

$= \dfrac{1}{2}\times 8.855 \times 3.5^2 = 54[\text{N/m}^2]$

17 그림과 같이 공기 중에 놓인 2×10^{-8}[C]의 전하에서 2[m] 떨어진 점 P와 1[m] 떨어진 점 Q의 전위차는?

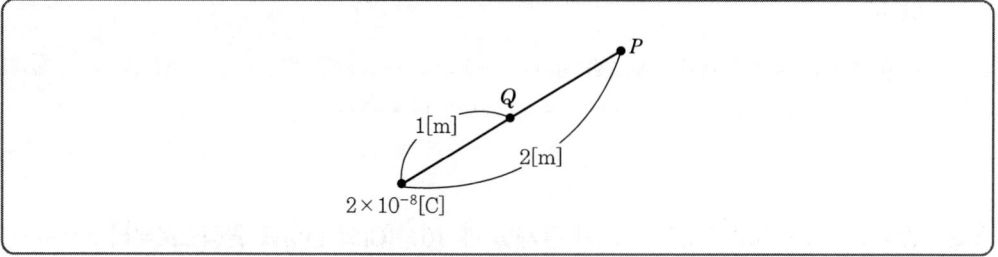

① 80[V]
② 90[V]
③ 100[V]
④ 110[V]

해설) 전위 $V = \dfrac{Q}{4\pi\varepsilon_0 r} = 9\times 10^9 \cdot \dfrac{Q}{r}[\text{V}]$

- 2[m] 위치의 전위 $V_1 = 9\times 10^9 \times \dfrac{2\times 10^{-8}}{2} = 90[\text{V}]$
- 1[m] 위치의 전위 $V_2 = 9\times 10^9 \times \dfrac{2\times 10^{-8}}{1} = 180[\text{V}]$

∴ 전위차 $V = V_2 - V_1 = 180 - 90 = 90[\text{V}]$

16 ② 17 ② **Answer**

18 그림과 같은 유전속의 분포에서 ε_1과 ε_2의 관계는?

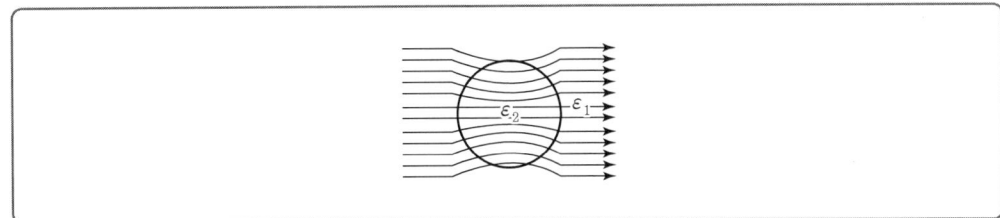

① $\varepsilon_1 > \varepsilon_2$
② $\varepsilon_2 > \varepsilon_1$
③ $\varepsilon_1 = \varepsilon_2$
④ $\varepsilon_2 \leq \varepsilon_1$

[해설] 유전체에 작용하는 힘(Maxwell 변형력)
- 유전율이 큰 쪽에서 작은 쪽으로 힘이 작용한다.
- 전속(밀도)선은 유전율이 큰 쪽으로 모이려는 성질이 있다.
∴ $\varepsilon_2 > \varepsilon_1$

19 그림과 같이 무한도체판으로부터 a [m] 떨어진 점에 $+Q$ [C] 점전하가 있을 때 $\frac{1}{2}a$ [m]인 P점의 세기[V/m]는?

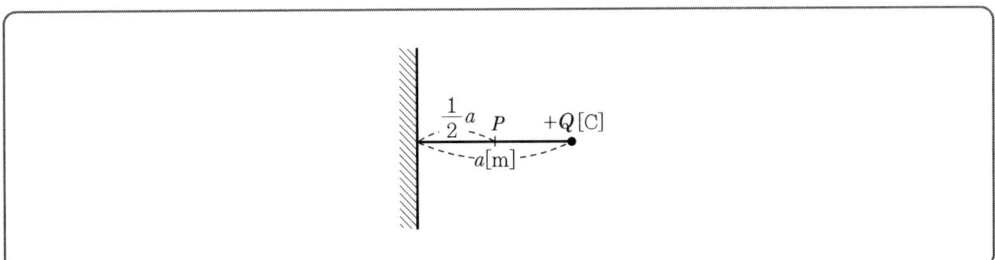

① $\dfrac{10Q}{\pi\varepsilon_0 a^2}$
② $\dfrac{10Q}{9\pi\varepsilon_0 a^2}$
③ $\dfrac{Q}{9\pi\varepsilon_0 a^2}$
④ $\dfrac{8Q}{9\pi\varepsilon_0 a^2}$

[해설] $E = E_1 + E_2 = \dfrac{Q}{4\pi\varepsilon_0 \left(\dfrac{3}{2}a\right)^2} + \dfrac{Q}{4\pi\varepsilon_0 \left(\dfrac{1}{2}a\right)^2} = \dfrac{Q}{9\pi\varepsilon_0 a^2} + \dfrac{Q}{\pi\varepsilon_0 a^2} = \dfrac{10Q}{9\pi\varepsilon_0 a^2}$ [V/m]

Answer ○ 18 ② 19 ②

20 막대자석의 회전력을 나타내는 식으로 옳은 것은?(단, 막대자석의 자기모멘트 M[Wb·m]과 균등자계 H[A/m]가 이루는 각 θ는 $0° < \theta < 90°$인 경우이다.)

① $M \times H$ [N·m/rad]
② $H \times M$ [N·m/rad]
③ $\mu_0 H \times M$ [N·m/rad]
④ $M \times \mu_0 H$ [N·m/rad]

해설 회전력 $T = mH\sin\theta = MH\sin\theta = \vec{M} \times \vec{H}$

20 ① Answer

2024년도 1회 시험 과년도 기출문제

전기기사

01 동축 원통 도체라고 가정할 때 내부 원동 도체의 반지름이 a[m], 외부 원통 도체의 반지름이 b[m]인 동축 원통 도체에서 내외 도체 간 물질의 도전율이 σ[℧/m]일 때 내외 도체 간의 단위 길이당 컨덕턴스[℧/m]는?

① $\dfrac{2\pi\sigma}{\ln\dfrac{b}{a}}$ ② $\dfrac{2\pi\sigma}{\ln\dfrac{a}{b}}$ ③ $\dfrac{4\pi\sigma}{\ln\dfrac{b}{a}}$ ④ $\dfrac{4\pi\sigma}{\ln\dfrac{a}{b}}$

[해설] 동축 원통도체의 정전용량 $C = \dfrac{2\pi\varepsilon}{\ln\dfrac{b}{a}}$[F/m]이고,

$RC = \varepsilon\rho$ 를 이용하면

$R = \dfrac{\varepsilon\rho}{C} = \dfrac{\varepsilon\rho}{\dfrac{2\pi\varepsilon}{\ln\dfrac{b}{a}}} = \dfrac{\rho\ln\dfrac{b}{a}}{2\pi}$ 이므로

$G = \dfrac{1}{R} = \dfrac{2\pi}{\rho\ln\dfrac{b}{a}} = \dfrac{2\pi\sigma}{\ln\dfrac{b}{a}}$[℧/m] $\left(\sigma = \dfrac{1}{\rho}\right)$

02 히스테리시스곡선의 기울기는 다음의 어떤 값에 해당 되는가?

① 투자율 ② 유전율 ③ 자화율 ④ 감자율

[해설] 히스테리시스곡선
- 종축 : 자속밀도
- 횡축 : 자계의 세기
- 기울기 : 투자율

03 정전용량이 일정한 콘덴서에 축적되는 에너지와 전위의 관계식을 그림으로 나타내면 무엇이 되는가?

① 원 ② 타원 ③ 쌍곡선 ④ 포물선

[해설] 축적되는 에너지 $W = \dfrac{1}{2}CV^2$[J]이므로 2차 방정식에 해당하는 포물선 그래프가 된다.

Answer ▶ 01 ① 02 ① 03 ④

04 각각 $\pm Q$[C]로 대전된 두 개의 도체 간의 전위차를 전위계수로 표시하면?(단, $P_{12} = P_{21}$이다.)

① $(P_{11} + P_{12} + P_{22})Q$
② $(P_{11} + P_{12} - P_{22})Q$
③ $(P_{11} - P_{12} + P_{22})Q$
④ $(P_{11} - 2P_{12} + P_{22})Q$

해설 전위계수 $V_1 = P_{11}Q_1 + P_{12}Q_2$, $V_2 = P_{21}Q_1 + P_{22}Q_2$에서 $Q_1 = +Q$, $Q_2 = -Q$로 대전시키고 전위계수 성질상 $P_{12} = P_{21}$임을 이용하면 전위계수는 아래와 같아진다.
$V_1 = P_{11}Q - P_{12}Q$
$V_2 = P_{21}Q - P_{22}Q$를 연립하여 빼면
$V_1 - V_2 = (P_{11} - P_{21} - P_{12} + P_{22})Q$이므로
$V_1 - V_2 = (P_{11} - 2P_{12} + P_{22})Q$가 된다.

05 $x > 0$인 영역에 $\varepsilon_{R1} = 3$인 유전체, $x < 0$인 영역에 $\varepsilon_{R2} = 5$인 유전체가 있다. 유전율 $\varepsilon_2 = \varepsilon_0 \varepsilon_{R2}$인 영역에서 전계 $E_2 = 20a_x + 30a_y - 40a_z$ [V/m]일 때, 유전율 ε_1인 영역에서의 전계 E_1 [V/m]은?

① $\dfrac{100}{3}a_x + 30a_y - 40a_z$
② $100a_x + 10a_y - 40a_z$
③ $20a_x + 90a_y - 40a_z$
④ $60a_x + 30a_y - 40a_z$

해설 경계면에 대해 a_x성분만 법선성분이고 a_y, a_z성분은 접선성분에 해당한다.
결국 경계면조건에 의해 법선성분 $D_{1a_x} = D_{2a_x}$이며, 접선성분 $E_{1a_y} = E_{2a_y}$, $E_{1a_z} = E_{2a_z}$
∴ $D_{1a_x} = D_{2a_x}$에 의해 $E_{1a_x}\varepsilon_{R1} = E_{2a_x}\varepsilon_{R2}$이므로

$E_{1a_x} = \dfrac{\varepsilon_{R2}}{\varepsilon_{R1}} E_{2a_x} = \dfrac{5}{3} \cdot 20a_x = \dfrac{100}{3}a_x$

$E_{1a_y} = 30a_y$, $E_{1a_z} = -40a_z$이다.

∴ $E_1 = E_{1a_x} + E_{1a_y} + E_{1a_z} = \dfrac{100}{3}a_x + 30a_y - 40a_z$

[Tip]
전속밀도
$D_1 = \varepsilon_0 \varepsilon_{R1} E_1 = \varepsilon_0 \times 3 \times \left(\dfrac{100}{3}a_x + 30a_y - 40a_z\right)$
$= (100a_x + 90a_y - 120a_z)\varepsilon_0$

04 ④ 05 ① **Answer**

과년도 기출문제

06 2[C]의 점전하가 전계 $E = 2a_x + a_y - 4a_z$[V/m] 및 자계 $B = -2a_x + 2a_y - a_z$[wb/m²] 내에서 $v = 4a_x - a_y - 2a_z$[m/s]의 속도로 운동하고 있을 때 점전하에 작용하는 힘 F[N]는 얼마인가?

① 15.38
② 23.15
③ 42.66
④ 31.47

해설 $F = F_E + F_H = q[\vec{E} + (\vec{V} \times \vec{B})]$

1) $\vec{V} \times \vec{B} = \begin{vmatrix} a_x & a_y & a_z \\ 4 & -1 & -2 \\ -2 & 2 & -1 \end{vmatrix}$

$= a_x \begin{vmatrix} -1 & -2 \\ 2 & -1 \end{vmatrix} + a_y \begin{vmatrix} -2 & 4 \\ -1 & -2 \end{vmatrix} + a_z \begin{vmatrix} 4 & -1 \\ -2 & 2 \end{vmatrix}$

$= 5a_x + 8a_y + 6a_z$

2) $[\vec{E} + (\vec{V} \times \vec{B})] = (2a_x + a_y - 4a_z) + (5a_x + 8a_y + 6a_z) = 7a_x + 9a_y + 2a_z$

3) $q[\vec{E} + (\vec{V} \times \vec{B})] = 2(7a_x + 9a_y + 2a_z) = 14a_x + 18a_y + 4a_z$

∴ $F = \sqrt{14^2 + 18^2 + 4^2} ≒ 23.15$[N]

07 정전계에 관한 설명으로 틀린 것은?

① 도체표면의 접선방향에서 전계의 선적분의 값은 0이 아니다.
② 도체 내에서의 전계의 세기는 0이다.
③ 도체면에서의 전계의 세기는 도체 표면에 수직이다.
④ 정전계는 전계 에너지가 최소로 되는 전하분포의 전계이다.

해설 정전계에서의 선적분은 적분경로에 관계없이 항상 0이다.

08 비유전율이 10인 유전체를 5[V/m]인 전계 내에 놓으면 유전체의 표면 전하밀도는 몇 [C/m²]인가?(단, 유전체의 표면과 전계는 직각이다.)

① $35\varepsilon_0$
② $45\varepsilon_0$
③ $55\varepsilon_0$
④ $65\varepsilon_0$

해설 유전체의 표면전하밀도는 분극의 세기와 같으므로
$P = \varepsilon_0(\varepsilon_s - 1)E = \varepsilon_0(10-1) \times 5 = 45\varepsilon_0$

Answer ● 06 ② 07 ① 08 ②

09 정전용량이 $C_0[\mu F]$인 평행판 공기 콘덴서 판의 면적 $\frac{2}{3}S$에 비유전율 ε_s인 에보나이트 판을 삽입하면 콘덴서의 정전용량은 몇 $[\mu F]$인가?(단, 비유전율은 4이다.)

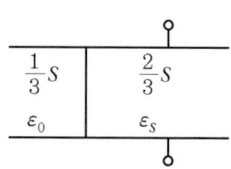

① $4C_0$ ② $2C_0$ ③ C_0 ④ $3C_0$

해설 콘덴서 병렬 접속 시 합성용량

$$C = C_1 + C_2 = \frac{\varepsilon_1 S_1}{d} + \frac{\varepsilon_2 S_2}{d} = \frac{1}{d}(\varepsilon_1 S_1 + \varepsilon_2 S_2)[F]$$

$$\therefore C = \frac{1}{d}(\varepsilon_0 \frac{1}{3}S + \varepsilon_0 4 \frac{2}{3}S) = \frac{\varepsilon_0 S}{d}(\frac{1}{3} + \frac{8}{3}) = 3C_0$$

10 전계의 세기를 주는 대전체 중 거리 r에 반비례하는 것은?

① 구전하에 의한 전계 ② 점전하에 의한 전계
③ 선전하에 의한 전계 ④ 전기쌍극자에 의한 전계

해설 구전하=점전하 $E = \frac{Q}{4\pi\varepsilon r^2}$

선전하 $E = \frac{\lambda}{2\pi\varepsilon r}$

전기쌍극자 $E = \frac{M}{4\pi\varepsilon r^3}\sqrt{1+3\cos^2\theta}$

11 같은 방향으로 감은 A, B 두 개의 원형 코일이 있다. A의 권수가 1회 반지름이 1[m], B의 권수는 2회 반지름이 2[m]이다. A, B 두 코일을 포개고 각 코일에 전류를 같은 방향으로 흘려 코일의 중심자계의 세기가 A코일만 있을 때의 2배가 될 때 A, B 코일의 전류비 $\frac{I_B}{I_A}$는?

① $\frac{1}{2}$ ② 1 ③ 2 ④ 4

해설 A, B 두 개의 원형 코일에 전류가 같은 방향으로 흐르는 경우 중심자계는 합해지고, A코일만 있을 때의 2배가 되기 때문에

09 ④ 10 ③ 11 ② Answer

$H_A + H_B = 2H_A$, 즉 $H_A = H_B$ 의 관계가 성립된다.

이때, 각 코일의 중심자계 $H = \dfrac{NI}{2a}$를 정리하면 아래와 같다.

$H_A = \dfrac{1 \cdot I_A}{2 \cdot 1} = \dfrac{1}{2} I_A$, $H_B = \dfrac{2 \cdot I_B}{2 \cdot 2} = \dfrac{1}{2} I_B$

$\therefore \dfrac{I_B}{I_A} = 1$

12 자계의 벡터 퍼텐셜을 A라 할 때 자계의 변화에 의하여 생기는 전계의 세기 E는?

① $E = rot A$ ② $rot E = A$
③ $E = -\dfrac{\partial A}{\partial t}$ ④ $rot E = -\dfrac{\partial A}{\partial t}$

(해설) 맥스웰 제5방정식 $rot A = \nabla \times A = B$와 맥스웰 제2방정식 $\nabla \times E = -\dfrac{\partial B}{\partial t}$ 의 관계에서

$\nabla \times E = -\dfrac{\partial B}{\partial t} = -\dfrac{\partial}{\partial t}(\nabla \times A) = \nabla \times -\dfrac{\partial A}{\partial t}$ 이므로 $E = -\dfrac{\partial A}{\partial t}$ 이다.

13 자유공간에서 전파 $E(z,t) = 10^3 \sin(wt - \beta z) a_y$ [V/m]일 때 자파 $H(z, t)$ [A/m]는?

① $\dfrac{10^3}{120\pi} \sin(wt - \beta z) a_z$ ② $\dfrac{10^3}{120\pi} \sin(wt - \beta z) a_x$
③ $-\dfrac{10^3}{120\pi} \sin(wt - \beta z) a_z$ ④ $-\dfrac{10^3}{120\pi} \sin(wt - \beta z) a_x$

(해설) 자유공간에서의 파동고유임피던스 $\eta = \dfrac{E}{H} = \sqrt{\dfrac{\mu_0}{\varepsilon_0}}$

$H = \sqrt{\dfrac{\varepsilon_0}{\mu_0}} E = \dfrac{1}{377} E = \dfrac{1}{120\pi} E$를 이용하면

$H = \dfrac{1}{120\pi} 10^3 \sin(wt - \beta z)$ [A/m]이며, 전파의 방향은 $+a_y$, 전자파의 진행방향은 $+a_z$이므로 자파의 진행방향은 $-a_x$일 때 $E \times H = a_y \times -a_x = a_z$가 됨을 알 수 있다.

$\therefore H = -\dfrac{10^3}{120\pi} \sin(wt - \beta z) a_x$ [A/m]

14 어떤 막대꼴 철심의 단면적이 0.5[m²], 길이가 0.8[m], 비투자율이 20이다. 이 철심의 자기저항 [AT/Wb]은?

① 6.37×10^4 ② 4.45×10^4 ③ 3.6×10^4 ④ 9.7×10^5

Answer ● 12 ③ 13 ④ 14 ①

해설 자기저항

$$R_m = \frac{l}{\mu S} = \frac{l}{\mu_0 \mu_s S} = \frac{0.8}{4\pi \times 10^{-7} \times 20 \times 0.5} = 6.37 \times 10^4 [\text{AT/Wb}]$$

15 단면적 S, 평균 반지름 r, 권회수 N인 트로이코일에 누설자속이 없는 경우, 자기인덕턴스의 크기는?

① 권선수의 자승에 비례하고 단면적에 반비례한다.
② 권선수 및 단면적에 비례한다.
③ 권선수의 자승 및 단면적에 비례한다.
④ 권선수의 자승 및 평균 반지름에 비례한다.

해설 토로이드 코일의 자기인덕턴스

$L = \dfrac{\mu S N^2}{l} = \dfrac{\mu S N^2}{2\pi r} = \dfrac{N^2}{R_m}$ [H]이므로 권선수의 자승 및 단면적에 비례하고 평균 반지름에 반비례한다.

16 자속밀도가 0.3[Wb/m²]인 평등자계 내에 5[A]의 전류가 흐르고 있는 길이 2[m]인 직선도체를 자계의 방향에 대하여 60°의 각도로 놓았을 때 이 도체가 받는 힘은 약 몇 [N]인가?

① 1.3   ② 2.6   ③ 4.7   ④ 5.2

해설 도체가 받는 힘
$F = BIl\sin\theta = 0.3 \times 5 \times 2 \times \sin 60° = 2.6[\text{N}]$

17 매질이 완전 절연체인 경우의 전자파동방정식을 표시하는 것은?

① $\nabla^2 E = \varepsilon\mu \dfrac{\partial E}{\partial t}$, $\nabla^2 H = k\mu \dfrac{\partial H}{\partial t}$

② $\nabla^2 E = \varepsilon\mu \dfrac{\partial^2 E}{\partial t}$, $\nabla^2 H = k\mu \dfrac{\partial^2 E}{\partial t^2}$

③ $\nabla^2 E = \varepsilon\mu \dfrac{\partial^2 E}{\partial t^2}$, $\nabla^2 H = \varepsilon\mu \dfrac{\partial^2 H}{\partial t^2}$

④ $\nabla^2 E = \varepsilon\mu \dfrac{\partial E}{\partial t}$, $\nabla^2 H = \varepsilon\mu \dfrac{\partial H}{\partial t}$

15 ③   16 ②   17 ③   **Answer**

해설 전자파의 파동방정식(완전 절연체일 경우)

㉠ 전파방정식 $\nabla^2 E = \varepsilon\mu \dfrac{\partial^2 E}{\partial t^2}$

$\nabla^2 E + \omega^2 \varepsilon\mu\left(1 + \dfrac{k}{j\omega\varepsilon}\right)E = 0$ ➡ 헬름홀츠 페이저 방정식

㉡ 자파방정식 $\nabla^2 H = \varepsilon\mu \dfrac{\partial^2 H}{\partial t^2}$

$\nabla^2 H + \omega^2 \varepsilon\mu\left(1 + \dfrac{k}{j\omega\varepsilon}\right)H = 0$ ➡ 헬름홀츠 페이저 방정식

18 공기 중에서 가상 자극 m_1[Wb]과 m_2[Wb]를 r[m] 떼어 놓았을 때 두 자극 간의 작용력이 F[N]이었다면, 이때의 거리 r[m]은?

① $\sqrt{\dfrac{m_1 m_2}{F}}$ ② $\dfrac{6.33 \times 10^4 m_1 m_2}{F}$

③ $\sqrt{\dfrac{6.33 \times 10^4 m_1 m_2}{F}}$ ④ $\sqrt{\dfrac{9 \times 10^9 \times m_1 m_2}{F}}$

해설 두 자극 사이에 작용하는 힘

$F = \dfrac{m_1 m_2}{4\pi\mu_0 r^2} = 6.33 \times 10^4 \dfrac{m_1 m_2}{r^2}$ [N]이므로

자극 사이의 거리 $r = \sqrt{6.33 \times 10^4 \dfrac{m_1 m_2}{F}}$ [m]가 된다.

19 평행판 콘덴서의 원형 전극의 지름이 60[cm], 극판 간격이 0.1[cm], 유전체의 비유전율이 16이다. 이 콘덴서의 정전용량[μF]은?

① 0.04   ② 0.03
③ 0.02   ④ 0.01

해설 원판, 지름 $D = 60$[cm], 극판 간격 $d = 0.1$[cm], 비유전율 $\varepsilon_s = 16$일 때 정전용량은 평행판 사이의 정전용량

$C = \dfrac{\varepsilon_0 \varepsilon_s S}{d} = \dfrac{\varepsilon_0 \varepsilon_s \pi a^2}{d}$ [F]이므로

(여기서, 반지름 $a = 0.3$[m])
주어진 수치를 대입하면

$C = \dfrac{8.855 \times 10^{-12} \times 16 \times \pi \times (0.3)^2}{0.1 \times 10^{-2}} \times 10^6 = 0.04[\mu F]$ 이 된다.

Answer ➡ 18 ③   19 ①

20 자화율 x와 비투자율 μ_r의 관계에서 상자성체로 판단할 수 있는 것은?

① $x > 0$, $\mu_r > 1$
② $x < 0$, $\mu_r > 1$
③ $x > 0$, $\mu_r < 1$
④ $x < 0$, $\mu_r < 1$

해설 상자성체는 비투자율 $\mu_s > 1$이므로
자화율 $x = \mu_0(\mu_s - 1) \geq 0$이 되고
반자성체는 비투자율 $\mu_s < 1$이므로
자화율 $x = \mu_0(\mu_s - 1) < 0$이 된다.

20 ① **Answer**

전기기사 2024년도 2회 시험 — 과년도 기출문제

01 반지름 a[m]의 구도체에 전하 Q[C]이 주어질 때, 구도체 표면에 작용하는 정전응력[N/m²]은?

① $\dfrac{Q^2}{64\pi^2\varepsilon_0 a^4}$ ② $\dfrac{Q^2}{32\pi^2\varepsilon_0 a^4}$ ③ $\dfrac{Q^2}{16\pi^2\varepsilon_0 a^4}$ ④ $\dfrac{Q^2}{8\pi^2\varepsilon_0 a^4}$

해설 단위면적당 정전응력
$$W = \frac{1}{2}\varepsilon E^2 = \frac{D^2}{2\varepsilon} = \frac{Q^2}{2\varepsilon S^2} = \frac{Q^2}{2\varepsilon(4\pi a^2)^2} = \frac{Q^2}{32\pi^2\varepsilon_0 a^4}$$

02 지름 2[mm], 길이 25[m]인 동선의 내부 인덕턴스는 몇 [μH]인가?

① 1.25   ② 2.5   ③ 5.0   ④ 25

해설 원통도체의 내부인덕턴스 $L_i = \dfrac{\mu}{8\pi}l$ [H]이므로
$$L_i = \frac{4\pi \times 10^{-7}}{8\pi} \times 25 \times 10^6 = 1.25 \,[\text{H}]$$

03 높은 주파수의 전자파가 전파될 때 일기가 좋은 날보다 비오는 날 전자파의 감소가 심한 원인은?

① 도전율 관계임   ② 유전율 관계임
③ 투자율 관계임   ④ 분극률 관계임

해설 진공이 아닌 일반 공기는 자유공간이라 하여 무시할 수 있을 정도의 도전율을 가지고 있으나 비오는 날(습도가 많은 날)은 도전성이 증가하여 감쇠가 심하게 나타난다.

04 비투자율이 350인 환상철심 내부의 평균 자계의 세기가 342[AT/m]일 때 자화의 세기는 약 몇 [wb/m²]인가?

① 0.12   ② 0.15   ③ 0.18   ④ 0.21

해설 자화의 세기
$$J = \mu_0(\mu_s - 1)H = 4\pi \times 10^{-7} \times (350-1) \times 342 = 0.1499 \,[\text{wb/m}^2]$$

Answer 01 ② 02 ① 03 ① 04 ②

01 전기자기학

05 평행판 콘덴서에 어떤 유전체를 넣었을 때 전속밀도가 $4.8 \times 10^{-7}[\text{C/m}^2]$이고 단위체적당 정전에너지가 $5.3 \times 10^{-3}[\text{J/m}^3]$이었다. 이 유전체의 유전율은 몇 [F/m]인가?

① 1.15×10^{-11} ② 2.17×10^{-11}
③ 3.19×10^{-11} ④ 4.21×10^{-11}

[해설] $W = \dfrac{1}{2}\varepsilon E^2 = \dfrac{D^2}{2\varepsilon}$

$\varepsilon = \dfrac{D^2}{2W} = \dfrac{(4.8 \times 10^{-7})^2}{2 \times 5.3 \times 10^{-3}} = 2.17 \times 10^{-11}[\text{F/m}]$

06 전속밀도 $D = x^2 i + y^2 j + z^2 k \ [\text{C/m}^2]$를 발생시키는 점(1, 2, 3)에서의 체적 전하밀도는 몇 $[\text{C/m}^3]$인가?

① 12   ② 13   ③ 14   ④ 15

[해설] 가우스발산정리에 의해

$\rho_v = div D = \nabla \cdot D = \left(\dfrac{\partial}{\partial x}i + \dfrac{\partial}{\partial y}j + \dfrac{\partial}{\partial z}k\right)(x^2 i + y^2 j + z^2 k) = 2x + 2y + 2z$이므로

$x=1, \ y=2, \ z=3$을 대입하면 $2 + 4 + 6 = 12[\text{C/m}^3]$

07 영구 자석에 관한 설명 중 옳지 않은 것은?

① 히스테리시스 현상을 가진 재료만이 영구 자석이 될 수 있다.
② 보자력이 클수록 자계가 강한 영구 자석이 된다.
③ 잔류 자속 밀도가 높을수록 자계가 강한 영구 자석이 된다.
④ 자석 재료로 폐회로를 만들면 강한 영구 자석이 된다.

[해설] 자석 주위로 자석재료, 즉 강자성체로 폐회로를 만들면 영구 자석의 자성은 서서히 잃어버린다.

08 전위함수 $V = \dfrac{10}{x^2 + y^2}$일 때, 점(2, 1)에서의 전계의 세기는?

① $\dfrac{4}{5}(2i + j)$ ② $-\dfrac{4}{5}(2i + j)$ ③ $\dfrac{5}{4}(2i + j)$ ④ $-\dfrac{5}{4}(2i + j)$

[해설] ① 전계 $E = -grad V = -\nabla V$

② 분수함수 미분공식 $= \left(\dfrac{f(x)}{g(x)}\right)' = \dfrac{f'(x)g(x) - f(x)g'(x)}{g(x)^2}$

05 ②   06 ①   07 ④   08 ①   **Answer**

$$E = -\nabla V = -\left(\frac{\partial V}{\partial x}i + \frac{\partial V}{\partial y}j + \frac{\partial V}{\partial z}k\right)$$

- $\dfrac{\partial V}{\partial x} = \dfrac{\partial}{\partial x} \cdot \dfrac{10}{x^2+y^2} = \dfrac{-20x}{(x^2+y^2)^2}$

- $\dfrac{\partial V}{\partial y} = \dfrac{\partial}{\partial y} \cdot \dfrac{10}{x^2+y^2} = \dfrac{-20y}{(x^2+y^2)^2}$

$$E = -\nabla V = -\left(\frac{\partial V}{\partial x}i + \frac{\partial V}{\partial y}j\right) = \frac{20xi + 20yj}{(x^2+y^2)^2} = \frac{40i+20j}{(4+1)^2} = \frac{4}{5}(2i+j)$$

09 모든 전기장치를 접지시키는 근본적인 이유는?

① 영상전하를 이용하기 때문에
② 지구는 전류가 잘 통하기 때문에
③ 편의상 지면의 전위를 무한대로 보기 때문에
④ 지구의 용량이 커서 전위가 거의 일정하기 때문에

[해설] 모든 전기장치를 접지시키는 근본적인 이유는 기계기구의 보호에 있으나 접지를 하는 곳이 대지라는 점을 착안하면 알 수 있다. 즉, 접지를 대지에 하는 이유는 대지의 용량이 커서 전위가 일정하기 때문이다.

10 동심구형 콘덴서의 내외 반지름을 각각 10배로 증가시키면 정전용량은 몇 배로 증가하는가?

① 5
② 10
③ 20
④ 100

[해설] 동심구의 정전용량의 반지름을 각각 n배씩 증가시키면 $C[\text{F}]$도 n배로 증가한다.
수리적으로 본다면 동심구의 정전 용량은
$C = \dfrac{4\pi\varepsilon_0 ab}{b-a}[\text{F}]$이므로
내외 반지름을 각각 10배로 하면, $b' = 10b$, $a' = 10a$이므로
$C' = \dfrac{4\pi\varepsilon_0 a'b'}{b'-a'} = \dfrac{4\pi\varepsilon_0 10a \cdot 10b}{10b-10a} = \dfrac{100(4\pi\varepsilon_0 ab)}{10(b-a)}$
$= 10C$ 가 되므로 10배가 된다.

Answer ➡ 09 ④ 10 ②

11 내압 및 정전용량이 각각 1,000[V]_2[μF], 700[V]_3[μF], 600[V]_4[μF], 300[V]_8[μF]인 4개의 커패시터가 있다. 이 커패시터들을 직렬로 연결하여 양단에 전압을 인가한 후 서서히 전압을 상승시키면 가장 먼저 절연이 파괴되는 커패시터는 무엇인가?(단, 커패시터의 재질이나 형태는 동일하다.)

① 1,000[V]_2[μF]　　② 700[V]_3[μF]
③ 600[V]_4[μF]　　　④ 300[V]_8[μF]

[해설] $Q_1 = C_1 V_1 = 2 \times 10^{-6} \times 1,000 = 2,000 \times 10^{-6}[C]$
$Q_2 = C_2 V_2 = 3 \times 10^{-6} \times 700 = 2,100 \times 10^{-6}[C]$
$Q_3 = C_3 V_3 = 4 \times 10^{-6} \times 600 = 2,400 \times 10^{-6}[C]$
$Q_4 = C_4 V_4 = 8 \times 10^{-6} \times 300 = 2,400 \times 10^{-6}[C]$ 이므로
전하량이 가장 작은 Q_1 즉, 1,000[V]_2[F]이 가장 먼저 파괴된다.

12 한 변의 길이가 l[m]인 정방형 도체 회로에 직류 I[A]를 흘릴 때 회로의 중심점 자계의 세기[A/m]는?

① $\dfrac{2I}{2\pi l}$　　② $\dfrac{\sqrt{2}\,I}{2\pi l}$　　③ $\dfrac{2I}{\pi l}$　　④ $\dfrac{2\sqrt{2}\,I}{\pi l}$

[해설] 정n각형 도체의 중심 자계의 세기 $H = \dfrac{NI}{2\pi a}\tan\dfrac{\pi}{N}$ 이고
정사각형 도체의 한 변의 길이가 l[m]이면
중심점까지의 길이 $a = \dfrac{\sqrt{2}}{2}l$ 임을 대입하면
$H = \dfrac{4I}{2\pi \dfrac{\sqrt{2}}{2}l}\tan\dfrac{\pi}{4} = \dfrac{4I}{\sqrt{2}\,\pi l} = \dfrac{2\sqrt{2}\,I}{\pi l}$

13 반지름 a[m]인 접지 도체구의 중심에서 r[m] 되는 거리에 점전하 Q[C]을 놓았을 때 도체구에 유도된 총 전하는 몇 [C]인가?

① 0　　② $-Q$　　③ $-\dfrac{a}{r}Q$　　④ $-\dfrac{r}{a}Q$

[해설] 접지도체구와 점전하에 의한 전기영상
- 영상전하 : $Q' = -\dfrac{a}{r}Q$
- 영상전하 위치 : $x = \dfrac{a^2}{d}$
- 정전력 : $F = \dfrac{QQ'}{4\pi\varepsilon_0\left(\dfrac{d^2-a^2}{d}\right)^2}$[N]

11 ①　12 ④　13 ③　**Answer**

14 다음은 초전도체에 대한 설명으로 잘못된 것은?

① 자석 위에 놓으면 뜨는 성질을 가지고 있다.
② 전류를 흘려도 열이 발생하지 않는다.
③ 임계온도 이하에서는 저항이 존재하지 않는다.
④ 도체 내부에 자기장이 형성된다.

해설 초전도체란 매우 낮은 온도에서 전기저항이 0에 가까워지는 초전도현상이 나타나는 도체를 말하며 내부에는 자기장이 들어갈 수 없고 내부에 있던 자기장도 밖으로 밀어내는 성질이 있어 자석 위에 떠 오르는 자기부상현상을 보이는 도체를 말한다.

15 자속밀도 $B[\text{Wb/m}^2]$의 평등 자계와 평행한 축 둘레에 각속도 $\omega[\text{rad/s}]$로 회전하는 반지름 $a[\text{m}]$의 도체 원판에 그림과 같이 브러시를 접촉시킬 때 저항 $R[\Omega]$에 흐르는 전류[A]는?

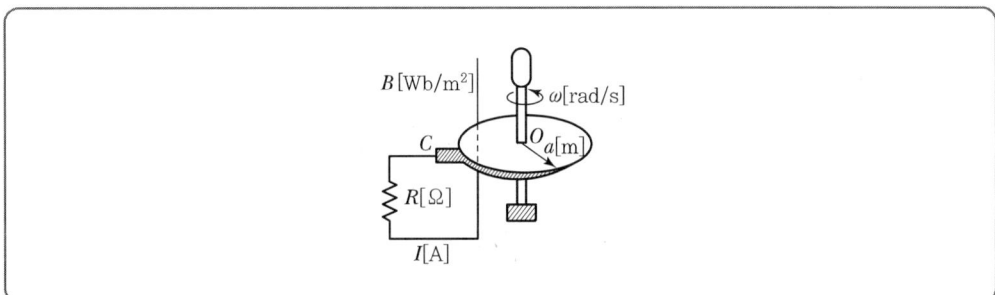

① $\dfrac{\omega B a^2}{2R}$ ② $\dfrac{\omega B a^2}{R}$

③ $\dfrac{\omega B a}{2R}$ ④ $\dfrac{\omega B a}{R}$

해설
- 원판 회전 시 유기전압 $e = \int_0^a B\omega r\, dr = \dfrac{B\omega a^2}{2} = B \times \dfrac{2\pi N}{60} \times \dfrac{a^2}{2}[\text{V}]$
- 원판 회전 시 흐르는 전류 $i = \dfrac{e}{R} = \dfrac{B\omega a^2}{2R}[\text{A}]$

여기서, $\omega : \dfrac{2\pi N}{60}[\text{rad/sec}]$인 각 속도
$N[\text{rpm}]$: 분당 회전수
$a[\text{m}]$: 판의 반지름

Answer ◯ 14 ④ 15 ①

16 $z=0$인 평면상에 중심이 원점에 있고 반경이 a[m]인 원형 도체에 그림과 같이 전류 I[A]가 흐를 때 $z=b$인 점에서 자계의 세기는?(단, a_z는 단위 벡터이다.)

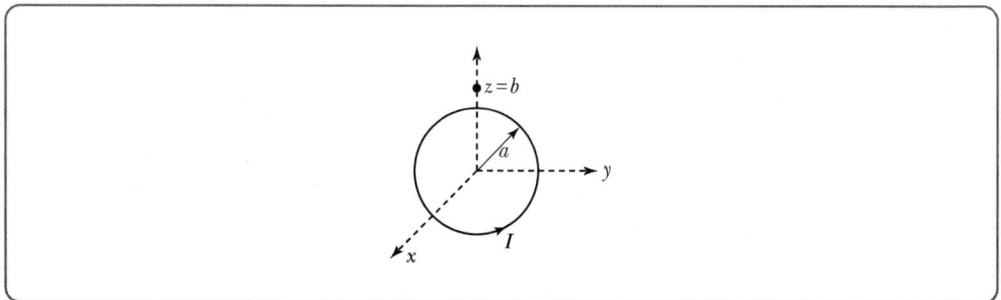

① $\dfrac{a^2 I}{2(a^2+b^2)^3} a_z [\text{AT/m}]$ ② $\dfrac{aI}{2(a^2+b^2)^{\frac{3}{2}}} a_z [\text{AT/m}]$

③ $\dfrac{a^2 I}{2(a^2+b^2)^{\frac{3}{2}}} a_z [\text{AT/m}]$ ④ $\dfrac{a^2 I}{2(a^2+b^2)^2} a_z [\text{AT/m}]$

해설
- 원형도체 중심축상 자계의 세기 $H = \dfrac{Na^2 I}{2(a^2+b^2)^{\frac{3}{2}}} [\text{AT/m}]$
- 원형도체 중심 자계의 세기 $H = \dfrac{NI}{2a} [\text{AT/m}]$

17 공기 중에서 무한 평면 도체 표면 아래의 1[m] 떨어진 곳에 1[C]의 점전하가 있다. 전하가 받는 힘의 크기는 몇 [N]인가?

① $9 \times 10^9 [\text{N}]$ ② $\dfrac{9}{2} \times 10^9 [\text{N}]$ ③ $\dfrac{9}{4} \times 10^9 [\text{N}]$ ④ $\dfrac{9}{16} \times 10^9 [\text{N}]$

해설 무한평면 도체와 전하1개 사이에 작용하는 정전응력
$$F = \dfrac{-Q^2}{16\pi\varepsilon_0 a^2} = -\dfrac{1}{16\pi \times \dfrac{10^{-9}}{36\pi} \times 1^2} = -\dfrac{9}{4} \times 10^9 [\text{N}]$$

18 0.1[s] 동안에 몇 [Wb]의 자속이 변할 때 1[V]의 전압이 인덕턴스에 유도되겠는가?

① 0.001 ② 0.1 ③ 1 ④ 10

해설 $e = -N\dfrac{d\phi}{dt}[\text{V}]$이므로 $1 = 1 \cdot \dfrac{d\phi}{0.1}$
∴ $d\phi = 0.1[\text{wb}]$

16 ③   17 ③   18 ②   **Answer**

19 하나의 철심 위에 인덕턴스가 10[H]인 두 코일을 같은 방향으로 감아서 직렬 연결한 후에 5[A]의 전류를 흘리면 여기에 축적되는 에너지는 몇 [J]인가?(단, 두 코일의 결합계수는 0.8이다.)

① 50
② 350
③ 450
④ 2,250

[해설]
- 가동결합 시 합성인덕턴스
$$L_0 = L_1 + L_2 + 2k\sqrt{L_1 L_2} = 10 + 10 + 2 \times 0.8 \sqrt{10 \times 10} = 36\,[\text{H}]$$
- 축적되는 에너지
$$W = \frac{1}{2}LI^2 = \frac{1}{2} \times 36 \times 5^2 = 450\,[\text{J}]$$

20 반지름 R인 도체구에 전하 Q가 분포되어 있다. 이에 반지름 $\frac{R}{2}$인 작은 도체구를 접촉시켰을 때 이 작은 구로 이동하는 전하[C]를 구하면?

① Q
② $\frac{1}{2}Q$
③ $\frac{1}{3}Q$
④ $\frac{1}{4}Q$

[해설] $a = R\,[\text{m}]$, $b = \frac{R}{2}\,[\text{m}]$, $Q_1 = Q[\text{C}]$, $Q_2 = 0[\text{C}]$일 때 두 구를 접촉할 경우 병렬연결로 간주하므로

구도체의 정전용량 $C_1 = 4\pi\varepsilon_0 R\,[\text{F}]$,

구도체의 정전용량 $C_2 = 4\pi\varepsilon_0 \dfrac{R}{2} = \dfrac{C_1}{2}\,[\text{F}]$이므로

전하량 분배 법칙에 의하여 작은 구 C_2로 이동한 전기량은

$$Q_2' = \frac{C_2}{C_1 + C_2}Q = \frac{C_2}{C_1 + C_2}(Q_1 + Q_2) = \frac{\frac{C_1}{2}}{C_1 + \frac{C_1}{2}}(Q + 0) = \frac{1}{3}Q[\text{C}]\text{이 된다.}$$

Answer ▶ 19 ③ 20 ③

2024년도 3회 시험 과년도 기출문제

01 액체 유전체를 넣은 콘덴서의 용량이 20[μF]이다. 여기에 500[V]의 전압을 가하면 누설 전류는 몇 [mA]인가?(단, 비유전율 $\varepsilon_s = 2.2$, 고유저항 $\rho = 10^{11}[\Omega \text{m}]$이다.)

① 4.2
② 5.13
③ 54.5
④ 61

해설 누설전류
$$I = \frac{CV}{\varepsilon\rho} = \frac{20 \times 10^{-6} \times 500}{8.855 \times 10^{-12} \times 2.2 \times 10^{11}} \times 10^3 ≒ 5.13[\text{mA}]$$

02 그림과 같은 유전속의 분포에서 ε_1과 ε_2의 관계는?

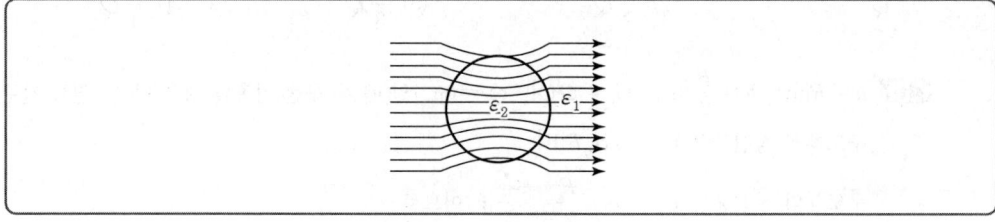

① $\varepsilon_1 > \varepsilon_2$
② $\varepsilon_1 < \varepsilon_2$
③ $\varepsilon_1 = \varepsilon_2$
④ $\varepsilon_1 \leq \varepsilon_2$

해설 유전체에 작용하는 힘(Maxwell 변형력)
- 유전율이 큰 쪽에서 작은 쪽으로 힘이 작용한다.
- 전속(밀도)선은 유전율이 큰 쪽으로 모이려는 성질이 있다.

03 비투자율 $\mu_s = 800$, 원형 단면적 $S = 10[\text{cm}^2]$, 평균자로의 길이 $l = 16\pi \times 10^{-2}[\text{m}]$의 환상철심에 코일을 600회 감고 이 코일에 1[A]의 전류를 흘리면 환상철심 내부의 자속은 몇 [Wb]인가?

① 1.2×10^{-3}
② 1.2×10^{-5}
③ 2.4×10^{-3}
④ 2.4×10^{-5}

해설 환상솔레노이드 자속
$$\phi = \frac{\mu_0 \mu_s SNI}{l} = \frac{4\pi \times 10^{-7} \times 800 \times 10 \times 10^{-4} \times 600 \times 1}{16\pi \times 10^{-2}} = 1.2 \times 10^{-3}[\text{Wb}]$$

01 ② 02 ② 03 ① **Answer**

04 무한장 직선 전류에 의한 자계의 세기[AT/m]는?

① 거리 r에 비례한다. ② 거리 r^2에 비례한다.
③ 거리 r에 반비례한다. ④ 거리 r^2에 반비례한다.

해설 무한장 직선의 자계
$$H = \frac{I}{2\pi r}[\text{AT/m}]$$

05 평형 상태에서 도체의 전하 분포와 전계에 관한 성질 중 적합하지 않은 것은?

① 도체 내부에는 전계가 0이 아니다.
② 대전된 도체의 전하는 도체 표면에만 존재한다.
③ 대전된 도체 표면은 동일 전위에 있다.
④ 대전된 도체의 표면 각 점의 전기력선은 도체 표면에 직교한다.

해설 대전도체 내부에는 전하가 존재하지 않으므로 도체 내부의 전계는 0이다.

06 2장의 무한평판 도체를 4[cm]의 간격으로 놓은 후 평판 도체 간에 일정한 전계를 인가하였더니 평판 도체 표면에 2[μC/m²]의 전하밀도가 생겼다. 이때 평행 도체 표면에 작용하는 정전응력은 약 몇 [N/m²]인가?

① 0.057 ② 0.226 ③ 0.57 ④ 2.26

해설 정전응력
$$f = \frac{F}{S} = \frac{D^2}{2\varepsilon_0} = \frac{(2 \times 10^{-6})^2}{2 \times 8.855 \times 10^{-12}} \fallingdotseq 0.226[\text{N/m}^2]$$

07 평균반지름이 20[cm], 단면적이 6[cm²]인 환상솔레노이드에서 권선수가 500회인 코일에 전류 4[A]가 흐를 경우 철심 내부의 자계의 세기는 약 얼마인가?

① 1,590[AT/m] ② 1,700[AT/m]
③ 1,870[AT/m] ④ 2,120[AT/m]

해설 환상솔레노이드 자계의 세기
$$H = \frac{NI}{l} = \frac{NI}{2\pi r} = \frac{500 \times 4}{2\pi \times 20 \times 10^{-2}} \fallingdotseq 1,590[\text{AT/m}]$$

Answer ○ 04 ③ 05 ① 06 ② 07 ①

08 자극의 세기가 8×10^{-6}[Wb], 길이가 3[cm]인 막대자석을 120[AT/m]의 평등자계 내에 자력선과 30°의 각도로 놓으면 이 막대자석이 받는 회전력은 몇 [N·m]인가?

① 3.02×10^{-5}
② 3.02×10^{-4}
③ 1.44×10^{-5}
④ 1.44×10^{-4}

해설 $T = mHl\sin\theta = (8 \times 10^{-6}) \times 120 \times 0.03 \times \sin 30° = 1.44 \times 10^{-5}$[N·m]

09 $E = \dfrac{3x}{x^2+y^2} + \dfrac{3y}{x^2+y^2}j$ [V/m]일 때 점(4, 3, 0)을 지나는 전기력선의 방정식은?

① $xy = \dfrac{4}{3}$
② $xy = \dfrac{3}{4}$
③ $x = \dfrac{4}{3}y$
④ $x = \dfrac{3}{4}y$

해설 전계의 세기가 $E = \dfrac{3x}{x^2+y^2}i + \dfrac{3y}{x^2+y^2}j$[V/m]일 때 (4, 3, 0)을 지나는 전기력선의 방정식을 구하면

전기력선의 방정식 $\dfrac{dx}{Ex} = \dfrac{dy}{Ey}$ 이므로

$\dfrac{dx}{\dfrac{3x}{x^2+y^2}} = \dfrac{dy}{\dfrac{3y}{x^2+y^2}} \rightarrow \dfrac{1}{x}dx = \dfrac{1}{y}dy$에서 양변을 적분하면

$\ln x = \ln y + \ln c$, $\ln x - \ln y = \ln c$, $\ln\dfrac{x}{y} = \ln c$, $\dfrac{x}{y} = c$가 되므로

$(x=4, y=3, z=0)$을 대입하면

$\dfrac{x}{y} = c = \dfrac{4}{3}$에서 $x = \dfrac{4}{3}y$가 된다.

10 자기회로의 자기저항이 일정할 때 코일의 권수를 $\dfrac{1}{2}$로 줄이면 자기인덕턴스는 원래의 몇 배가 되는가?

① $\dfrac{1}{\sqrt{2}}$
② $\dfrac{1}{2}$
③ $\dfrac{1}{4}$
④ $\dfrac{1}{8}$

해설 환상솔레노이드의 자기인덕턴스는 $L \propto N^2$이므로 권선수를 $\dfrac{1}{2}$배로 하면 $\dfrac{1}{4}$배가 된다.

08 ③ 09 ③ 10 ③ Answer

11 두 종류의 유전율 ε_1, ε_2를 가진 유전체 경계면에 전하가 존재하지 않을 때 경계조건이 아닌 것은?

① $\varepsilon_1 E_1 \cos\theta_1 = \varepsilon_2 E_2 \cos\theta_2$
② $\varepsilon_1 E_1 \sin\theta_1 = \varepsilon_2 E_2 \sin\theta_2$
③ $E_1 \sin\theta_1 = E_2 \sin\theta_2$
④ $\dfrac{\tan\theta_1}{\tan\theta_2} = \dfrac{\varepsilon_1}{\varepsilon_2}$

해설 ㉠ 법선(수직) 전속밀도 $D_{n1} = D_{n2}$만 존재
- $D_{n1} = D_{n2}$: 연속적이다.
- $E_{n1} \neq E_{n2}$: 불연속적이다.
  여기서, n은 법선(수직)성분을 의미한다.
- $D_1 \cos\theta_1 = D_2 \cos\theta_2$,
  $\varepsilon_1 E_1 \cos\theta_1 = \varepsilon_2 E_2 \cos\theta_2$ ··················· 식 ①

㉡ 접선(수평) = 경계면 전계 $E_{t1} = E_{t2}$만 존재
- $D_{t1} \neq D_{t2}$: 불연속적이다.
- $E_{t1} = E_{t2}$: 연속적이다.
  여기서, t는 접선(수평)성분을 의미한다.
- $E_1 \sin\theta_1 = E_2 \sin\theta_2$ ··················· 식 ②

㉢ 굴절각 : 굴절각은 $\varepsilon_1 \tan\theta_2 = \varepsilon_2 \tan\theta_1$이며 유전체에 비례한다.

※ 굴절하지 않을 경우
- $\varepsilon_1 = \varepsilon_2$
- $\theta_1 = 0$
- 전계와 전속밀도가 수직으로 입사할 때 전계는 불연속, 전속밀도는 불변

㉣ $\varepsilon_1 > \varepsilon_2$일 때 비례관계 : $\theta_1 > \theta_2$, $D_1 > D_2$, $E_1 < E_2$

12 내압이 2[kV]이고 정전용량이 각각 0.01[μF], 0.02[μF], 0.04[μF]인 3개의 커패시터를 직렬로 연결했을 때 전체 내압은 몇 [V]인가?

① 1,750   ② 2,000   ③ 3,500   ④ 4,000

해설 내압

$$V = \dfrac{Q}{C} = \dfrac{CV}{\dfrac{1}{\dfrac{1}{C_1} + \dfrac{1}{C_2} + \dfrac{1}{C_3}}} = \dfrac{0.01 \times 10^{-6} \times 2 \times 10^3}{\dfrac{1}{\dfrac{10^6}{0.01} + \dfrac{10^6}{0.02} + \dfrac{10^6}{0.04}}} = 3,500[V]$$

Answer ● 11 ②   12 ③

13 맥스웰 전자계의 기초 방정식으로 틀린 것은?

① $rot H = i_c + \dfrac{\partial D}{\partial t}$
② $rot E = -\dfrac{\partial B}{\partial t}$
③ $div D = \rho$
④ $div B = -\dfrac{\partial D}{\partial t}$

해설 ㉠ 맥스웰의 제1의 기본방정식
$$rot H = curl H = \nabla \times H = i_c + \dfrac{\partial D}{\partial t} = i_c + \varepsilon \dfrac{\partial E}{\partial t} = i [\text{A/m}^2]$$
- 암페어의 주회적분 법칙에서 유도한 식이다.
- 전도전류, 변위전류는 자계를 형성한다(전류와 자계와의 관계).
- 전류의 연속성을 표현한다.

㉡ 맥스웰의 제2의 기본방정식
$$rot E = curl E = \nabla \times E = -\dfrac{\partial B}{\partial t} = -\mu \dfrac{\partial H}{\partial t}$$
- 자속 밀도의 시간적 변화는 전계를 회전시키고 유기기전력을 형성한다.
- 패러데이의 법칙에서 유도한 전계에 관한 식이다.

㉢ $div D = \nabla \cdot D = \rho [\text{C/m}^3]$
- 임의의 폐곡면 내의 전하에서 전속선이 발산한다.
- 가우스 발산 정리에 의하여 유도된 식이다.

㉣ $div B = \nabla \cdot B = 0$
- N, S극이 항상 공존한다.
- 자기력선은 연속적이다.

㉤ $rot \vec{A} = \nabla \times \vec{A} = B [\text{Wb/m}^2]$
벡터 퍼텐셜($\vec{A}$)의 회전은 자속 밀도를 형성한다.

14 정전용량이 $C_0[\text{F}]$인 평행한 공기콘덴서가 있다. 이것의 극판에 평행으로 판간격 $d[\text{m}]$의 $\dfrac{1}{2}$ 두께인 유리판을 삽입하였을 때의 정전용량[F]은?(단, 유리판의 유전율은 $\varepsilon[\text{F/m}]$이라 한다.)

① $\dfrac{C_0}{1+\dfrac{1}{\varepsilon}}$
② $\dfrac{2C_0}{1+\dfrac{1}{\varepsilon}}$
③ $\dfrac{C}{1+\dfrac{\varepsilon}{\varepsilon_0}}$
④ $\dfrac{2C_0}{1+\dfrac{\varepsilon_0}{\varepsilon}}$

해설 공기 콘덴서에 판간격 반만 평행하게 채운 경우의 정전용량은
$$C = \dfrac{1}{\dfrac{1}{C_1}+\dfrac{1}{C_2}} = \dfrac{2C_0}{1+\dfrac{\varepsilon_0}{\varepsilon}} = \dfrac{2C_0}{1+\dfrac{1}{\varepsilon_2}} = \dfrac{2\varepsilon_s}{1+\varepsilon_s} C_0 [\text{F}]$$
여기서, $C_0[\text{F}]$: 공기콘덴서 용량

13 ④ 14 ④ **Answer**

15 두 종류의 금속으로 된 폐회로에 전류를 흘리면 양 접속점에서 한쪽은 온도가 올라가고 다른 쪽은 온도가 내려가는 현상을 무엇이라 하는가?

① 볼타(Volta) 효과
② 제벡(Seebeck) 효과
③ 펠티에(Peltier) 효과
④ 톰슨(Thomson) 효과

해설
- 펠티에 효과 : 두 종류의 금속 접합부에 흘리면 전류의 방향에 줄열 이외에 흡수 또는 발생현상이 생긴다(=전열현상).
- 제벡효과 : 두 종류의 금속을 접속하고, 두 접속점에 온도차를 주면 기전력이 생겨 전류가 흐르게 된다. 이 기전력을 열기전력, 전류를 열전류, 이런 장치를 열전대(쌍) 이와 같은 효과를 제벡효과 (=열전효과)라 한다.

16 다음 내용은 어떤 법칙을 설명한 것인가?

> 유도기전력의 크기는 코일 속을 쇄교하는 자속의 시간적 변화율에 비례한다.

① 패러데이 법칙
② 렌츠의 법칙
③ 가우스 법칙
④ 플레밍의 오른손법칙

해설 패러데이 법칙
유기기전력 크기를 결정
$e = -N\dfrac{d\phi}{dt}[\text{V}]$

17 전자파의 에너지 전달방향은?

① $\nabla \times E$의 방향과 같다.
② $E \times H$의 방향과 같다.
③ 전계 E의 방향과 같다.
④ 자계 H의 방향과 같다.

해설 전자파(=평면파)
- 전계와 자계가 동시에 존재하고, 동상이다.
- 전계 에너지와 자계 에너지는 같다.
- 전자파의 진행방향은 $E \times H$이다.

18 영구자석의 재료로 사용되는 철에 요구되는 사항으로 옳은 것은?

① 잔류자속밀도는 작고 보자력이 커야 한다.
② 잔류자속밀도와 보자력이 모두 커야 한다.
③ 잔류자속밀도는 크고 보자력이 작아야 한다.
④ 잔류자속밀도는 커야 하나, 보자력은 0이어야 한다.

Answer ○ 15 ③ 16 ① 17 ② 18 ②

해설
- 영구자석 : 잔류자기, 보자력, 히스테리시스 곡선 면적 모두 큰 것
- 전자석 : 잔류자기는 크고 보자력 및 히스테리시스 곡선 면적이 작은 것

19 그림과 같이 반지름 a[m]인 원형 전류가 흐르고 있을 때 원형 전류의 중심 O에서 중심축상 x[m] 인 점 P의 자계[AT/m]를 나타낸 식은?

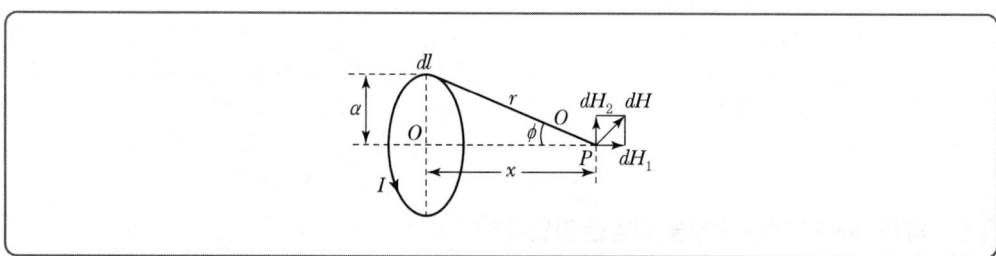

① $\dfrac{a^2 I}{2(a^2+x^2)}$

② $\dfrac{a^2 I}{2(a^2+x^2)^{\frac{3}{2}}}$

③ $\dfrac{I}{2}\left(1-\dfrac{x}{\sqrt{a^2+x^2}}\right)$

④ $\dfrac{xI}{2\sqrt{a^2+x^2}}$

해설 원형 코일 중심축상 자계의 세기 $H=\dfrac{a^2 I}{2(a^2+x^2)^{\frac{3}{2}}}$ [AT/m]이다.

20 전류 $+I$와 전하 $+Q$가 무한히 긴 직선상의 도체에 각각 주어졌고 이들 도체는 진공 속에서 각각 투자율과 유전율이 무한대인 물질로 된 무한대 평면과 평행하게 놓여 있다. 이 경우 영상법에 의한 영상전류와 영상전하는?(단, 전류는 직류이다.)

① $-I$, $-Q$
② $+I$, $+Q$
③ $+I$, $-Q$
④ $+I$, $+Q$

해설 무한평면에 의한 영상전하와 영상전류의 크기는 같고 부호가 반대이므로 $-Q$, $-I$가 된다.

19 ② 20 ① Answer

전기기사 2025년도 1회 시험 과년도 기출문제

01 직류기의 공극 단면적이 $S = 4.26 \times 10^{-2}$[m²]이고, 공극의 길이가 $l = 5.6$[mm]인 경우, 공극의 자기저항[AT/Wb]은?

① 1.05×10^5　　　　　　② 1.05×10^6
③ 3.05×10^5　　　　　　④ 3.05×10^6

해설 $R_m = \dfrac{l}{\mu S} = \dfrac{5.6 \times 10^{-3}}{4\pi \times 10^{-7} \times 4.26 \times 10^{-2}}$
$\quad\quad \fallingdotseq 1.05 \times 10^5 [\text{AT/wb}]$

02 10[mm]의 지름을 가진 동선에 50[A]의 전류가 흐를 때 단위 시간에 동선의 단면을 통과하는 전자의 수는 얼마인가?

① 약 50×10^{19}개　　　　② 약 20.45×10^{15}개
③ 약 31.25×10^{19}개　　　④ 약 7.85×10^{16}개

해설 전기량 $Q = It = ne$ [C]일 때 전류 $I = \dfrac{Q}{t} = \dfrac{ne}{t}$ [A]이고,

전자의 수 $n = \dfrac{I \cdot t}{e} = \dfrac{50 \times 1}{1.602 \times 10^{-19}}$
$\quad\quad\quad\quad\quad = 약 \ 31.25 \times 10^{19}$ [개]

03 진공 내의 점 (2, 2, 2)에 10^{-9}[C]의 전하가 놓여 있다. 점 (2, 5, 6)에서의 전계 E는 약 몇 [V/m]인가?(단, a_x, a_y, a_z는 단위벡터이다.)

① $0.278 a_y + 2.999 a_z$　　　② $0.216 a_y + 0.288 a_z$
③ $0.288 a_y + 0.216 a_z$　　　④ $0.291 a_y + 0.288 a_z$

해설 거리벡터 $\vec{r} = 3a_y + 4a_z$, 크기 $|\vec{r}| = \sqrt{3^2 + 4^2} = 5$

전계 $E = \dfrac{Q}{4\pi\varepsilon_0 r^2} = 9 \times 10^9 \times \dfrac{10^{-9}}{5^2} = \dfrac{9}{25}$ [V/m]이므로

벡터로 표현하면 $\vec{E} = n|E| = \dfrac{\vec{r}}{|\vec{r}|}|E| = \dfrac{3a_y + 4a_z}{5} \cdot \dfrac{9}{25}$
$\quad\quad\quad\quad\quad\quad\quad = 0.216 a_y + 0.288 a_z$

Answer ● 01 ①　02 ③　03 ②

04 대지면에 높이 h[m]로 평행 가설된 매우 긴 선전하(선전하 밀도[C/m])가 지면으로부터 받는 힘 [N/m]은?

① h에 비례한다.　　　　　② h에 반비례한다.
③ h^2에 비례한다.　　　　④ h^2에 반비례한다.

해설 접지무한평판과 선전하 사이에 작용하는 힘은 다음과 같다.
　선전하 ρ[C/m] $= \lambda$[C/m]

- 총힘 $F = QE = -\lambda \cdot l \dfrac{\lambda}{4\pi\varepsilon_0 h} = \dfrac{\lambda^2 l}{4\pi\varepsilon_0 h}$[N]
- 길이당 힘 $f = -\dfrac{\lambda^2}{4\pi\varepsilon_0 h}$[N/m] $\propto \dfrac{1}{h}$

05 커패시터를 제조하는데 A, B, C, D와 같은 4가지의 유전재료가 있다. 커패시터 내의 전계를 일정하게 하였을 때, 단위체적당 가장 큰 에너지 밀도를 나타내는 재료부터 순서대로 나열한 것은? (단, 유전재료 A, B, C, D의 비유전율은 각각 $\varepsilon_{rA} = 8$, $\varepsilon_{rB} = 10$, $\varepsilon_{rC} = 2$, $\varepsilon_{rD} = 4$이다.)

① C > D > A > B　　　　② B > A > D > C
③ D > A > C > B　　　　④ A > B > D > C

해설 조건 : 커패시터 내의 전계 일정
　에너지 밀도 $W = \dfrac{1}{2}\varepsilon E^2$[J/m³]
　ε(유전율)이 클수록 에너지 밀도가 크다.

06 반자성체에서 비투자율(μ_s)은 다음 중 어느 값을 갖는가?

① $\mu_s = 1$　　② $\mu_s < 1$　　③ $\mu_s > 1$　　④ $\mu_s = 0$

해설 강자성체 $\mu_s \gg 1$
　상자성체 $\mu_s > 1$
　역자성체(=반자성체) $\mu_s < 1$

07 반지름 a[m]의 구도체에 전하 Q[C]이 주어질 때, 구도체 표면에 작용하는 정전응력[N/m²]은?

① $\dfrac{Q^2}{64\pi^2\varepsilon_0 a^4}$　　　　② $\dfrac{Q^2}{32\pi^2\varepsilon_0 a^4}$
③ $\dfrac{Q^2}{16\pi^2\varepsilon_0 a^4}$　　　　④ $\dfrac{Q^2}{8\pi^2\varepsilon_0 a^4}$

04 ②　05 ②　06 ②　07 ② **Answer**

해설 단위면적당 정전응력

$$W = \frac{1}{2}\varepsilon E^2 = \frac{D^2}{2\varepsilon} = \frac{Q^2}{2\varepsilon S^2} = \frac{Q^2}{2\varepsilon(4\pi a^2)^2} = \frac{Q^2}{32\pi^2 \varepsilon_0 a^4}$$

08 쌍극자 모멘트가 $M[\text{C}\cdot\text{m}]$인 전기 쌍극자에 의한 임의의 점 P의 전계의 크기는 전기 쌍극자의 중심에서 축방향과 점 P를 잇는 선분 사이의 각 θ가 어느 때 최대가 되는가?

① 0
② $\pi/2$
③ $\pi/3$
④ $\pi/4$

해설 전기 쌍극자 전계 $E = \dfrac{M}{4\pi\varepsilon_0 r^3}\sqrt{1+3\cos^2\theta}\,[\text{V/m}]$이므로 전계가 가장 높을 때는 $\cos^2\theta = 1$일 때이다.

따라서 $\theta = 0^0$일 때이다.

09 평등 전계 내에 수직으로 비유전율이 3인 유전체 판을 놓았을 경우, 판 내의 전속밀도가 4×10^{-6} [C/m²]이었다. 이 유전체의 비분극률은?

① 1×10^{-6}
② 2×10^{-6}
③ 2
④ 3

해설 분극률 $\chi = \varepsilon_0(\varepsilon_s - 1)$

비분극률 $\dfrac{\chi}{\varepsilon_0} = \varepsilon_s - 1 = 3 - 1 = 2$

10 한 변의 길이가 $l[\text{m}]$인 정삼각형 회로에 전류 $I[\text{A}]$가 흐르고 있을 때 삼각형 중심에서의 자계의 세기[AT/m]는?

① $\dfrac{\sqrt{2}\,I}{3\pi l}$
② $\dfrac{9I}{\pi l}$
③ $\dfrac{2\sqrt{2}\,I}{3\pi l}$
④ $\dfrac{9I}{2\pi l}$

해설 정n각형 코일에 의한 중심점에 작용하는 자계

- 정삼각형 : $H = \dfrac{9I}{2\pi l}[\text{AT/m}]$
- 정사각형 : $H = \dfrac{2\sqrt{2}\,I}{\pi l}[\text{AT/m}]$
- 정육각형 : $H = \dfrac{\sqrt{3}\,I}{\pi l}[\text{AT/m}]$

Answer ● 08 ① 09 ③ 10 ④

11 투자율 μ[H/m], 자계의 세기 H[AT/m], 자속밀도 B[Wb/m²]인 곳의 자계 에너지 밀도[J/m³]는?

① $\dfrac{B^2}{2\mu}$ ② $\dfrac{H^2}{2\mu}$ ③ $\dfrac{1}{2}\mu H$ ④ BH

해설 자계 에너지 밀도
$$W = \frac{1}{2}\mu H^2 = \frac{B^2}{2\mu} = \frac{1}{2}BH[\text{J/m}^3]$$

12 그림과 같이 단면적이 균일한 환상 철심에 권수 N_1인 A코일과 권수 N_2인 B코일이 있을 때 A코일의 자기인덕턴스가 L_1[H]라면 두 코일의 상호인덕턴스 M[H]는?(단, 누설 자속은 0이다.)

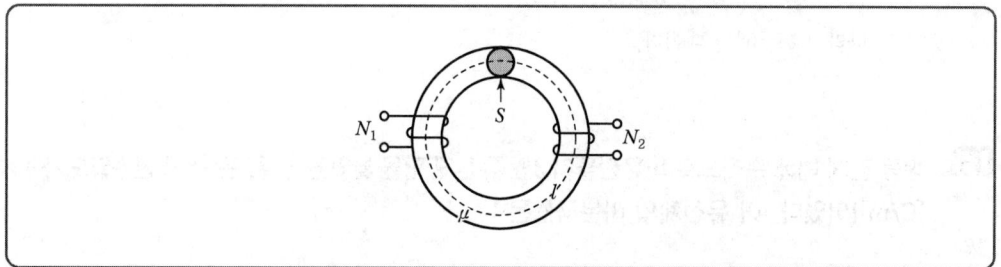

① $\dfrac{L_1 N_1}{N_2}$ ② $\dfrac{N_2}{L_1 N_1}$ ③ $\dfrac{N_1}{L_1 N_2}$ ④ $\dfrac{L_1 N_2}{N_1}$

해설 1) 상호인덕턴스 $M = k\sqrt{L_1 L_2}$
2) 자기인덕턴스와 상호인덕턴스의 관계 $k = 1$일 경우
$$M = \sqrt{L_1 L_2}, \ L_1 = \frac{\mu S N_1^2}{l}, \ L_2 = \frac{\mu S N_2^2}{l}$$ 을 대입하면
$$M = \frac{\mu S N_1 N_2}{l} = \frac{N_1 N_2}{R_m} = L_1 \frac{N_2}{N_1} = L_2 \frac{N_1}{N_2}[\text{H}]$$

13 진공 중에서 2[m] 떨어진 2개의 무한 평행 도선에 단위길이당 10^{-7}[N]의 반발력이 작용할 때 그 도선들에 흐르는 전류는?

① 각 도선에 2[A]가 반대 방향으로 흐른다.
② 각 도선에 2[A]가 같은 방향으로 흐른다.
③ 각 도선에 1[A]가 반대 방향으로 흐른다.
④ 각 도선에 1[A]가 같은 방향으로 흐른다.

11 ① 12 ④ 13 ③ Answer

해설 $F = \dfrac{\mu_0 I_1 I_2}{2\pi d} = \dfrac{2I^2}{d} \times 10^{-7}$ [N/m]에서 단위길이당 10^{-7}[N]의 반발력(=전류 방향반대)이 작용하므로
$I^2 \times 10^{-7} = 10^{-7}$
$\therefore I = \sqrt{1} = 1$[A]
반발력은 두 도선의 전류가 반대방향으로 흐른다.

14 전기력선의 설명 중 틀린 것은?

① 전기력선은 부전하에서 시작하여 정전하에서 끝난다.
② 단위 전하에서는 $1/\varepsilon_0$개의 전기력선이 출입한다.
③ 전기력선은 전위가 높은 점에서 낮은 점으로 향한다.
④ 전기력선의 방향은 그 점의 전계의 방향과 일치하며 밀도는 그 점에서의 전계의 크기와 같다.

해설 전기력선의 성질
- 전기력선은 정(+)전하에서 시작하여 부(-)전하에서 끝난다.
- 전기력선은 서로 반발하여 교차할 수 없다.
- 전기력선의 방향은 그 점의 전계의 방향과 일치한다.
- 전기력선의 밀도는 전계의 세기와 같다.
- 전기력선은 전위가 높은 점에서 낮은 점으로 향한다.
- 전기력선은 도체 표면(등전위면)에 수직으로 만난다.
- 도체에 주어진 전하는 도체 표면에만 분포한다.
- 전기력선은 대전도체 내부에는 존재하지 않는다.
- 전기력선의 수는 내부 전하량 Q[C]의 $\dfrac{1}{\varepsilon_0}$배이다.
- 전기력선은 그 자신만으로 폐곡선을 이룰 수 없다.

15 다음 중 자기회로와 전기회로의 대응관계 중 틀린 것은?

① 자속 ↔ 전류
② 기자력 ↔ 기전력
③ 투자율 ↔ 유전율
④ 자계의 세기 ↔ 전계의 세기

해설 자기회로와 전기회로의 대응관계

자기회로	전기회로
자속 ϕ[wb]	전류 I[A]
자계 H[AT/m]	전계 E[V/m]
기자력 F[AT]	기전력 E[V]
자속밀도 B[wb/m^2]	전류밀도 i[A/m^2]
투자율 μ[H/m]	도전율 $k = \sigma$[℧/m]
자기저항 R_m[AT/wb]	전기저항 R[Ω]

Answer ▶ 14 ① 15 ③

16 유전율이 각각 다른 두 유전체가 서로 경계를 이루며 접해 있다. 다음 중 옳지 않은 것은?(단, 이 경계면에는 진전하분포가 없다.)

① 경계면에서 전계의 접선성분은 연속이다.
② 경계면에서 전속밀도의 법선성분은 연속이다.
③ 경계면에서 전계와 전속밀도는 굴절한다.
④ 경계면에서 전계와 전속밀도는 불변이다.

해설 ㉠ 법선(수직) 전속밀도 $D_{n1} = D_{n2}$만 존재
 • $D_{n1} = D_{n2}$: 연속적이다.
 • $E_{n1} \neq E_{n2}$: 불연속적이다.
  여기서, n은 법선(수직) 성분을 의미한다.
 • $D_1 \cos\theta_1 = D_2 \cos\theta_2$, $\varepsilon_1 E_1 \cos\theta_1 = \varepsilon_2 E_2 \cos\theta_2$ ········· 식 (1)
㉡ 접선(수평)=경계면 전계 $E_{t1} = E_{t2}$만 존재
 • $E_{t1} = E_{t2}$: 연속적이다.
 • $D_{t1} \neq D_{t2}$: 불연속적이다.
  여기서, t는 접선(수평) 성분을 의미한다.
 • $E_1 \sin\theta_1 = E_2 \sin\theta_2$ ···································· 식 (2)
㉢ 굴절각
 굴절각은 $\varepsilon_1 \tan\theta_2 = \varepsilon_2 \tan\theta_1$이며 유전체에 비례한다.
 ※ 굴절하지 않을 경우
  • $\varepsilon_1 = \varepsilon_2$
  • $\theta_1 = 0$
  • 전계와 전속밀도가 수직으로 입사할 때 이때 전계는 불연속, 전속밀도는 불변
㉣ $\varepsilon_1 > \varepsilon_2$일 때 비례관계 : $\theta_1 > \theta_2$, $D_1 > D_2$, $E_1 < E_2$

17 기계적인 변형력을 가할 때, 결정체의 표면에 전위차가 발생되는 현상은?

① 볼타 효과 ② 전계 효과
③ 압전 효과 ④ 파이로 효과

해설 ① 볼타 효과 : 도체와 도체, 유전체와 유전체, 유전체와 도체를 접촉시키면 전자가 이동하여 양·음으로 대전되는 현상
② 전계 효과 : 전기를 흘릴 수 있는 도전성 채널을 만들어 주는 현상
③ 압전 효과 : 기계적인 변형력을 가질 때, 결정체 표면에 전위차가 발생하는 현상
④ 파이로 효과 : 열을 가하면 전기분극이 발생하는 현상

16 ④ 17 ③ Answer

18 맥스웰 전자계의 기초 방정식으로 틀린 것은?

① $\text{rot } H = i_c + \dfrac{\partial D}{\partial t}$

② $\text{rot } E = -\dfrac{\partial B}{\partial t}$

③ $\text{div } D = \rho$

④ $\text{div } B = -\dfrac{\partial D}{\partial t}$

해설 ㉠ 맥스웰의 제1의 기본방정식

$$\text{rot}H = \text{curl}H = \nabla \times H = i_c + \dfrac{\partial D}{\partial t} = i_c + \varepsilon \dfrac{\partial E}{\partial t} = i[\text{A/m}^2]$$

- 암페어의 주회적분법칙에서 유도한 식이다.
- 전도전류, 변위전류는 자계를 형성한다(전류와 자계의 관계).
- 전류의 연속성을 표현한다.

㉡ 맥스웰의 제2의 기본방정식

$$\text{rot}E = \text{curl}E = \nabla \times E = -\dfrac{\partial B}{\partial t} = -\dfrac{\partial H}{\partial t}$$

- 자속밀도의 시간적 변화는 전계를 회전시키고 유기기전력을 형성한다.
- 패러데이의 법칙에서 유도한 전계에 관한 식이다.

㉢ $\text{div}D = \nabla \cdot D = \rho[\text{C/m}^3]$
- 임의의 폐곡면 내의 전하에서 전속선이 발산한다.
- 가우스 발산 정리에 의하여 유도된 식이다.

㉣ $\text{div}B = \nabla \cdot B = 0$
- N, S극이 항상 공존한다.
- 자기력선은 연속적이다.

㉤ $\text{rot } \vec{A} = \nabla \times \vec{A} = B[\text{Wb/m}^2]$
  벡터퍼텐셜($\vec{A}$)의 회전은 자속밀도를 형성한다.

19 진공 중에 한 변의 길이가 10[cm]인 정삼각형의 3개의 정점에 각각 2×10^{-6}[C]의 점전하가 있을 경우 각각의 정점에 작용하는 힘은 몇 [N]인가?

① $1.8\sqrt{2}$

② $1.8\sqrt{3}$

③ $3.6\sqrt{2}$

④ $3.6\sqrt{3}$

해설 정삼각형 정점의 힘의 세기

전하의 부호와 같고, 크기가 동일한 경우

$$F = \sqrt{3}\, F_1$$
$$= \sqrt{3} \times 9 \times 10^9 \times \dfrac{2 \times 10^{-6} \times 2 \times 10^{-6}}{0.1^2}$$
$$= 6.23\ldots = 3.6\sqrt{3}$$

20 그림과 같이 $z=0$인 평면에 반지름 a[m]인 원형 도선이 있다. 균등 선전하밀도 λ[C/m]일 때, $z=h$[m]에서의 전위[V]는 얼마인가?

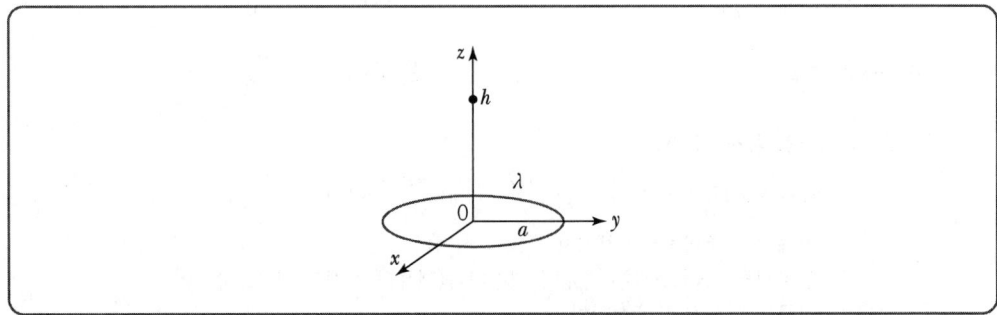

① $\dfrac{\lambda a}{2\varepsilon_0 \sqrt{a^2+h^2}}$ ② $\dfrac{\lambda h}{2\varepsilon_0 \sqrt{a^2+h^2}}$

③ $\dfrac{\lambda a}{2\varepsilon_0 (a^2+h^2)}$ ④ $\dfrac{\lambda h}{2\varepsilon_0 (a^2+h^2)}$

해설 $V = \dfrac{Q}{4\pi\varepsilon_0 r} = \dfrac{\lambda l}{4\pi\varepsilon_0 \sqrt{a^2+h^2}} = \dfrac{\lambda a}{2\varepsilon_0 \sqrt{a^2+h^2}}$ [V]

20 ① **Answer**

2025년도 2회 시험 과년도 기출문제

01 그림과 같이 평행한 무한장 직선의 두 도선에 $I[A]$, $4I[A]$인 전류가 각각 흐른다. 두 도선 사이 점 P에서의 자계의 세기가 0이라면 $\dfrac{a}{b}$는?

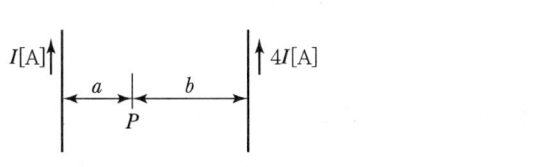

① 2　　　　② 4　　　　③ $\dfrac{1}{2}$　　　　④ $\dfrac{1}{4}$

해설

P점에 작용하는 자계의 세기는 2개이며 자계의 방향이 반대이므로 크기가 같으면 P점의 자계의 세기가 0이 된다.

$H_1 = \dfrac{I}{2\pi a}[\text{AT/m}]$, $H_2 = \dfrac{4I}{2\pi b}[\text{AT/m}]$이므로

$H_1 = H_2 \rightarrow \dfrac{I}{2\pi a} = \dfrac{4I}{2\pi b} \rightarrow \dfrac{a}{b} = \dfrac{1}{4}$ 이 된다.

02 한 공간 내의 전계의 세기가 $E = E_0 \cos \omega t$일 때 이 공간 내의 변위전류밀도의 크기는?

① ωE_0에 비례한다.　　　　② ωE_0^2에 비례한다.

③ $\omega^2 E_0$에 비례한다.　　　　④ $\omega^2 E_0^2$에 비례한다.

해설 전압 $E = E_m \sin \omega t [\text{V}]$, 전속밀도 $D = \varepsilon \dfrac{E_m}{d} \sin \omega t [\text{C/m}^2]$이므로

변위전류밀도는 $i_D = \dfrac{\partial D}{\partial t} = \dfrac{\partial}{\partial t}\left(\varepsilon \dfrac{E_m}{d} \sin \omega t\right) = \omega \varepsilon \dfrac{E_m}{d} \cos \omega t [\text{A/m}^2]$가 된다.

Answer ○ 01 ④　02 ①

03 어떤 철심의 단면적이 0.5[m²]이고 길이가 0.8[m], 비투자율이 20일 때, 이 철심의 자기저항은 약 몇[AT/Wb]인가?

① 2.56×10^4
② 3.63×10^4
③ 4.45×10^4
④ 6.37×10^4

해설 자기저항 $R_m = \dfrac{l}{\mu_0 \mu_s S} = \dfrac{0.8}{4\pi \times 10^{-7} \times 20 \times 0.5}$
$\fallingdotseq 6.37 \times 10^4 [\text{AT/Wb}]$

04 히스테리시스 곡선의 기울기가 의미하는 것은 무엇인가?

① 투자율 ② 유전율 ③ 자화율 ④ 감자율

해설 자속밀도 $B = \mu H$에서 $\mu = \dfrac{B}{H}$이므로 기울기는 투자율 μ와 같다.

05 아래와 같은 회로에서 스위치를 최초 A에 연결하여 일정한 전류 I_0[A]를 흘린 다음 스위치를 급히 B로 전환할 때 저항 R에는 1초 동안 얼마의 열량[cal]이 발생하는가?

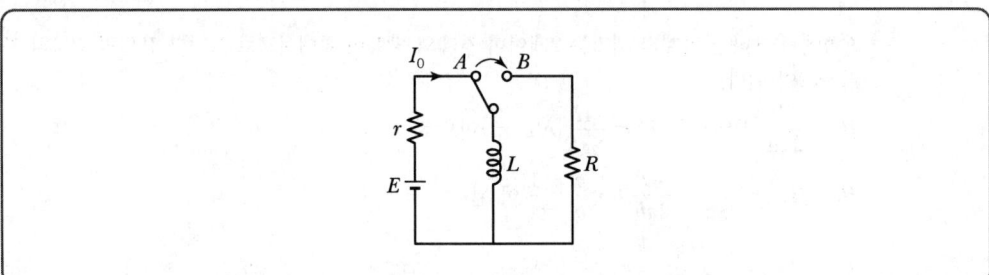

① $\dfrac{1}{8.4} L I_0^2$
② $\dfrac{1}{4.2} L I_0^2$
③ $\dfrac{1}{2} L I_0^2$
④ $L I_0^2$

해설 인덕턴스 L에 저장되는 에너지만큼 저항 R이 소비할 수 있으므로
L에 저장되는 에너지 $W_L = \dfrac{1}{2} L I_0^2 [\text{J}]$을 [cal]의 단위로 변환하면 된다.
이때 $1[\text{J}] = 0.24[\text{cal}] = \dfrac{1}{4.2}[\text{cal}]$이므로
$W_L = \dfrac{1}{2} L I_0^2 \times \dfrac{1}{4.2} = \dfrac{1}{8.4} L I_0^2 [\text{cal}]$

03 ④ 04 ① 05 ① **Answer**

과년도 기출문제

06 유전율이 ε인 유전체 내에 있는 점전하 Q에서 발산되는 전기력선의 수는 몇 개인가?

① Q ② $\dfrac{Q}{\varepsilon_0 \varepsilon_s}$ ③ $\dfrac{Q}{\varepsilon_s}$ ④ $\dfrac{Q}{\varepsilon_0}$

해설
- 진공 시 전기력선 수 $N_0 = \dfrac{Q}{\varepsilon_0}$ [개]
- 유전체 내의 전기력선 수 $N = \dfrac{Q}{\varepsilon} = \dfrac{Q}{\varepsilon_0 \varepsilon_s}$ [개]

07 공기 중 전계 $E = 3a_x + 4a_y$ [V/m] 내 수직으로 놓인 도체 표면의 전하밀도는 몇 [C/m²]인가?

① 0.78×10^{-9} ② 0.61×10^{-9}
③ 0.44×10^{-10} ④ 0.23×10^{-10}

해설 전하밀도(=전속밀도)
$$D = \frac{\psi}{S} = \frac{Q}{S} = \frac{Q}{4\pi r^2} = E\varepsilon = \rho_s = \sigma \text{ [C/m}^2\text{]}$$
$\therefore\ D = \rho_s = E\varepsilon_0$
$= \sqrt{3^2 + 4^2}\,\varepsilon_0 = 5 \times 8.855 \times 10^{-12}$
$= 4.42 \times 10^{-11} = 0.44 \times 10^{-10}$ [C/m²]

08 반경이 0.01[m]인 구도체를 접지시키고 중심으로부터 0.1[m]의 거리에 10[μC]의 점전하를 놓았다. 구도체에 유도된 총전하량은 몇 [μC]인가?

① 0 ② −1.0 ③ −10 ④ +10

해설 $Q' = -\dfrac{a}{d}Q = -\dfrac{0.01}{0.1} \times 10 = -1.0$ [μC]

09 각종 전기기기에 접지하는 이유로 가장 옳은 것은?

① 편의상 대지는 전위가 영상 전위이기 때문이다.
② 대지는 습기가 있어 전류가 잘 흐르기 때문이다.
③ 영상전하로 생각하여 땅속은 음(−)전하이기 때문이다.
④ 지구의 정전용량이 커서 전위가 거의 일정하기 때문이다.

해설 지구의 정전용량이 매우 크므로 많은 전하가 축적되더라도 표면전위와 내부전위와 같아 지구의 전위가 거의 일정하기 때문이다. 모든 전기장치를 접지시키고 대지를 실용상 등전위(0[V])로 한다.

Answer ● 06 ② 07 ③ 08 ② 09 ④

10 다음 중 유전체에서 전자분극이 나타나는 이유를 설명한 것으로 가장 옳은 것은?

① 영구 전기 쌍극자의 전계 방향의 배열에 의한다.
② 단결정 매질에서 전자운과 핵의 상대적인 변위에 의한다.
③ 화합물에서 (+)이온과 (-)이온 간의 상대적인 변위에 의한다.
④ 단결정에서 (+)이온과 (-)이온 간의 상대적인 변위에 의한다.

해설 분극현상
- 전자분극(다이아몬드 등) : 단결정체에 전계를 가하면 양전하인 핵의 위치와 음전하인 전자운의 위치가 변화하는 분극현상
- 이온분극(NaCl 등) : 이온결합의 특성을 가진 물질에 전계를 가하면 양극에 (+), (-) 이온이 나누어져 이동하여 상대적인 변위를 하는 분극현상
- 배향분극(물, 암모니아, 알코올 등) : 전기 쌍극자를 가진 유극분자들이 전계와 같이 같은 방향으로 회전하여 발생하는 분극현상

11 전속밀도 $D = x^2 i + 2y^2 j + 3zk [\text{C/m}^2]$가 주어지는 원점의 $1[\text{m}^3]$에 대한 전하량[C]은?

① 3
② 3×10^{-6}
③ 3×10^{-9}
④ 3×10^{-12}

해설 $div E = \dfrac{\rho_v}{\varepsilon_0}$, $\rho_v = div E \varepsilon_0 = div D [\text{C/m}^3]$이므로

$\rho_v = div D = \nabla \cdot D$

$= \dfrac{\partial x^2}{\partial x} + \dfrac{\partial 2y^2}{\partial y} + \dfrac{\partial 3z}{\partial z} = 2x + 4y + 3 [\text{C/m}^3]$

여기에 원점의 좌표(0,0,0)을 각각 대입하면 3이 된다.

12 한 변의 길이가 $l[\text{m}]$인 정사각형 도체에 전류 $I[\text{A}]$가 흐르고 있을 때 중심점 P에서의 자계의 세기는 몇 [A/m]인가?

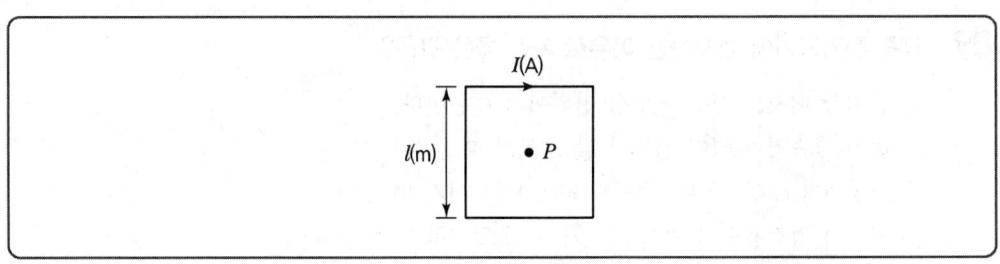

① $16\pi l I$
② $4\pi l I$
③ $\dfrac{\sqrt{3}\pi}{2l} I$
④ $\dfrac{2\sqrt{2}}{\pi l} I$

10 ② 11 ① 12 ④ Answer

해설 정사각형 도체에 전류가 흐를 때 중심점 자계
$$H = \frac{2\sqrt{2}\,I}{\pi l}[\text{AT/m}]$$
여기서, I : 전류
l : 한 변의 길이

13 평행판 콘덴서에 어떤 유전체를 넣었을 때 전속밀도가 $2.4 \times 10^{-7}[\text{C/m}^2]$이고, 단위체적당의 에너지가 $2 \times 10^{-3}[\text{J/m}^3]$이었다. 이 유전체의 유전율은 몇 [F/m]인가?

① 2.17×10^{-11}
② 7.17×10^{-11}
③ 5.43×10^{-11}
④ 1.44×10^{-11}

해설 체적당 에너지 $W_E = \dfrac{D^2}{2\varepsilon}$ 이므로

$$\varepsilon = \frac{D^2}{2W_E} = \frac{(2.4 \times 10^{-7})^2}{2 \times 2 \times 10^{-3}} = 1.44 \times 10^{-11}[\text{F/m}]$$

14 전하 $q[\text{C}]$가 진공 중의 자계 $H[\text{AT/m}]$에 수직 방향으로 $v[\text{m/s}]$의 속도로 움직일 때 받는 힘의 크기는 몇 [N]인가?

① $\dfrac{qH}{\mu_0 v}$
② qvH
③ $\dfrac{1}{\mu_0}qvH$
④ $\mu_0 qvH$

해설 로렌츠의 힘
$F = qBv\sin\theta[\text{N}]$
$\sin 90 = 1$과 자속밀도 $B = \mu_0 H$를 대입하면
$F = q\mu_0 Hv = \mu_0 qvH[\text{N}]$

15 인덕턴스의 단위[H]와 같지 않은 것은?

① $\text{J/A}\cdot\text{s}$
② $\Omega \cdot s$
③ Wb/A
④ J/A^2

해설 자기인덕턴스의 단위 $L = \dfrac{N\phi}{I}[\text{Wb/A} = \text{H}]$에서 유기기전력을 이용하면

$$L = e\frac{dt}{di}\left[\text{V}\cdot\frac{\sec}{\text{A}} = \Omega \cdot \sec = \frac{\text{V}\cdot\text{A}\sec}{\text{A}^2} = \text{J/A}^2\right]$$

Answer ● 13 ④ 14 ④ 15 ①

16 다음 중 기자력에 대한 설명으로 틀린 것은?

① SI 단위는 암페어[A]이다.
② 전기회로의 기전력에 대응한다.
③ 자기회로의 자기저항과 자속의 곱과 동일하다.
④ 코일에 전류를 흘렸을 때 전류밀도와 코일의 권수의 곱의 크기와 같다.

[해설] 기자력 F[AT]은 전기회로의 기전력 E[V]에 대응하는 자기회로의 요소로 자속을 발생하는 힘이라고 볼 수 있다. 기자력의 단위인 [AT]은 권선수를 1로 보면 [A]와 같으며, 자속 $\phi = \dfrac{F}{R_m}$의 관계에서 $F = R_m \phi$로 정의할 수도 있다.

17 평균 반지름 $r = 20$[cm], 단면적 $S = 6$[cm²]인 환상철심에 500회 감은 권선에 4[A]의 전류가 흐를 때 철심 내부에서의 자계의 세기는 약 몇 [AT/m]인가?

① 1,590
② 1,700
③ 1,870
④ 2,120

[해설] 환상철심(=환상솔레노이드) 내부 자계의 세기

$$H = \frac{NI}{l} = \frac{NI}{2\pi r} = \frac{500 \times 4}{2\pi \times 20 \times 10^{-2}} \fallingdotseq 1{,}590 \text{[AT/m]}$$

18 어떤 철심에 단면적 4.26×10^{-2}[m²]인 공극이 있다. 이 공극의 길이가 5.66[mm]일 때 공극의 자기저항[AT/Wb]은?

① 1.05×10^5
② 5.1×10^5
③ 5.1×10^{-5}
④ 1.05×10^{-5}

[해설] 공극의 자기저항

$$R_m = \frac{l_g}{\mu_0 S} = \frac{5.66 \times 10^{-3}}{4\pi \times 10^{-7} \times 4.26 \times 10^{-2}}$$
$$= 105{,}729.69\ldots \fallingdotseq 1.05 \times 10^5$$

(단, μ_0는 진공 시 투자율, S는 단면적, l_g는 공극길이이다.)

16 ④ 17 ① 18 ① **Answer**

19 유전율 ε_1, ε_2인 두 유전체 경계면에서 전계가 경계면에 수직일 때 경계면에 작용하는 힘은 몇 [N/m²]인가?(단, $\varepsilon_1 > \varepsilon_2$이다.)

① $\left(\dfrac{1}{\varepsilon_1} + \dfrac{1}{\varepsilon_2}\right)D$ ② $2\left(\dfrac{1}{\varepsilon_1^2} + \dfrac{1}{\varepsilon_2^2}\right)D^2$

③ $\dfrac{1}{2}\left(\dfrac{1}{\varepsilon_2} - \dfrac{1}{\varepsilon_1}\right)D$ ④ $\dfrac{1}{2}\left(\dfrac{1}{\varepsilon_2} - \dfrac{1}{\varepsilon_1}\right)D^2$

[해설] 전계가 경계면에 수직(법선)으로 진행하면 $D_1 = D_2 = D$이며
$\varepsilon_1 > \varepsilon_2$라면 $f = \dfrac{1}{2}\left(\dfrac{1}{\varepsilon_2} - \dfrac{1}{\varepsilon_1}\right)D^2\,[\text{N/m}^2]$

20 회로에서 단자 $a-b$ 간에 V의 전위차를 인가할 때 C_1의 에너지는?

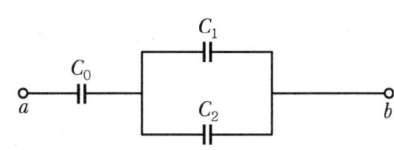

① $\dfrac{C_1^2 V^2}{2}\left(\dfrac{C_1 + C_2}{C_0 + C_1 + C_2}\right)^2$ ② $\dfrac{C_1 V^2}{2}\left(\dfrac{C_0}{C_0 + C_1 + C_2}\right)^2$

③ $\dfrac{C_1 V^2}{2}\dfrac{C_0(C_1 + C_2)}{(C_0 + C_1 + C_2)^2}$ ④ $\dfrac{C_1 V^2}{2}\dfrac{C_0^2 C_2}{(C_0 + C_1 + C_2)}$

[해설] $W_1 = \dfrac{1}{2}C_1 V_1^2$
$= \dfrac{C_1}{2}\left(\dfrac{C_0}{C_0 + (C_1 + C_2)}V\right)^2$
$= \dfrac{C_1 V^2}{2}\left(\dfrac{C_0}{C_0 + C_1 + C_2}\right)^2\,[\text{J}]$

Answer ○ 19 ④ 20 ②

전기기사 2025년도 3회 시험 — 과년도 기출문제

01 자극의 세기가 16[Wb]의 점자극으로부터 4[m] 떨어진 점의 자계[AT/m]의 세기는 얼마인가?

① 6.33×10^4
② 3.17×10^4
③ 1.58×10^4
④ 4.75×10^4

[해설] 자계의 세기

$$H = \frac{m}{4\pi\mu_0 r^2} = 6.33 \times 10^4 \times \frac{m}{r^2}$$

$$= 6.33 \times 10^4 \times \frac{16}{4^2} = 6.33 \times 10^4 [\text{AT/m}]$$

02 어떤 막대꼴 철심이 있다. 단면적이 0.5[m²], 길이가 0.8[m], 비투자율이 20이다. 이 철심의 자기저항[AT/Wb]은?

① 6.37×10^4
② 4.45×10^4
③ 3.6×10^4
④ 9.7×10^5

[해설] 자기저항

$$R_m = \frac{l}{\mu S} = \frac{l}{\mu_0 \mu_s S}$$

$$= \frac{0.8}{4\pi \times 10^{-7} \times 20 \times 0.5}$$

$$= 6.37 \times 10^4 [\text{AT/Wb}]$$

03 0.2[Wb/m²]의 평등 자계 속에 자계와 직각방향으로 놓인 길이 30[cm]의 도선을 자계와 30° 각의 방향으로 30[m/s]의 속도로 이동시킬 때 도체 양단의 유기되는 기전력은 몇 [V]인가?

① $0.9\sqrt{3}$ ② 0.9 ③ 1.8 ④ 90

[해설] 플레밍의 오른손 법칙

자계 내 도체 이동 시 도체에 전압이 유기되는 현상으로 자계 내 도체의 운동으로 인하여 발생되는 유기기전력의 방향을 결정

$$e = Blv\sin\theta = (\vec{v} \times \vec{B})l = \frac{F}{I}v [\text{V}]$$

여기서, B : 자속밀도[Wb/m²], l : 도체의 길이[m]
v : 이동속도[m/s], F : 전자력[N], I : 전류[A]

01 ① 02 ① 03 ② **Answer**

손가락 방향 → v : 엄지[m/s], B : 검지[Wb/m²]
e : 중지[V]
$e = Blv\sin\theta = 0.2 \times 0.3 \times 30 \times \sin 30° = 0.9[V]$

04 N회 감긴 환상코일의 단면적이 S[m²]이고 평균 길이가 l[m]이다. 이 코일의 권수를 2배로 늘이고 인덕턴스를 일정하게 하려면?

① 길이를 2배로 한다.
② 단면적을 1/4배로 한다.
③ 비투자율을 1/2배로 한다.
④ 전류의 세기를 4배로 한다.

해설 환상솔레노이드 $L = \dfrac{\mu S N^2}{l}$[H]이므로 권수를 2배로 늘이면 $L' = \dfrac{\mu S(2N)^2}{l} = \dfrac{\mu S 4N^2}{l}$[H]이므로 기존 값과 일정하게 하기 위해서는 길이를 4배로 하거나, 단면적을 1/4배 또는 비투자율을 1/4배로 하면 된다.

05 전기력선의 성질에 대한 설명으로 옳은 것은?

① 전기력선은 등전위면과 평행하다.
② 전기력선은 도체 표면과 직교한다.
③ 전기력선은 도체 내부에 존재할 수 있다.
④ 전기력선은 전위가 낮은 점에서 높은 점으로 향한다.

해설 전기력선의 성질
- 전하가 없는 곳에서는 전기력선의 발생 및 소멸이 없다.
- 정전하(+)에서 시작해서 음전하(-)에서 끝난다(불연속).
- 전기력선은 그 자신만으로 폐곡선을 이루지 않는다.
- 임의 점에서의 전계의 방향은 전기력선의 접선방향과 같다.
- 임의 점에서의 전계의 방향은 전기력선의 밀도와 같다(가우스의 법칙).
- 전기력선은 전위가 높은 점에서 낮은 점으로 향한다.
- 두 개의 전기력선은 서로 반발하며 교차하지 않는다.
- 대전 평형 상태 시 도체 내부의 전하는 0이다.
- 도체 내부 전위와 표면 전위는 같다.
- 전기력선은 도체 표면(등전위면)과 외부에만 존재하며 수직으로 출입한다.
- Q[C]에서 발생하는 전기력선의 총수는 $\dfrac{Q}{\varepsilon_0}$개이다.
- 전하 밀도는 곡률이 큰 곳 또는 곡률 반경이 작은 곳에 밀도를 이룬다.
- 서로 다른 매질의 경계면에서는 굴절한다.

Answer ○ 04 ② 05 ②

06 유전율이 9이고, 전계의 세기가 100[V/m]인 유전체 내부에 저장되는 에너지 밀도는 몇 [J/m³]인가?

① 5.5×10^2
② 4.5×10^4
③ 9×10^4
④ 4.5×10^5

해설 에너지 밀도(=체적당 에너지)
$$W_E = \frac{1}{2}E^2\varepsilon = \frac{1}{2} \times 100^2 \times 9 = 4.5 \times 10^4 \,[\text{J/m}^3]$$

07 다음 중 폐회로에 유도되는 기전력에 관한 설명 중 가장 알맞은 것은?

① 렌츠의 법칙은 유도기전력의 크기를 결정하는 법칙이다.
② 패러데이 법칙은 유도기전력의 방향에 관련된 법칙이다.
③ 유도기전력은 권선수의 제곱에 비례한다.
④ 자계가 일정한 공간 내에서 폐회로가 운동하면 기전력이 유도된다.

해설 렌츠의 법칙
$e = -N\frac{d\phi}{dt}$ [V]에서 유도기전력은 자속의 증감을 방해하는 방향으로 유도됨을 의미한다.

패러데이 법칙
$e = -N\frac{d\phi}{dt}$ [V]에서 유도기전력의 크기는 시간의 변화에 따른 자속의 변화에 비례하는 크기로 결정됨을 의미한다.

전자유도 현상에 따른 유도기전력
$e = -N\frac{d\phi}{dt}$ [V]이므로 $e \propto N$의 관계가 있다.

플레밍의 오른손 법칙에 따른 유도기전력
$e = Blv\sin\theta$ [V]이므로 자계가 일정한 공간이라도 폐회로가 v의 속도로 운동하면 기전력이 유도된다.

08 히스테리시스 곡선의 기울기는 다음의 어떤 값에 해당하는가?

① 투자율
② 유전율
③ 자화율
④ 감자율

해설 기울기는 x축(횡축)의 증가량 분에 y축(종축)의 증가량으로 히스테리시스 곡선에서는 횡축에 해당하는 자계의 세기와 종축에 해당하는 자속밀도의 비로 표현된다.
이때 자속밀도 $B = \mu H$이므로, 투자율 $\mu = \frac{B}{H}$로 기울기와 같다.

06 ② 07 ④ 08 ① Answer

09 전계의 세기를 주는 대전체 중 거리 r에 반비례하는 것은?

① 구전하에 의한 전계
② 점전하에 의한 전계
③ 선전하에 의한 전계
④ 전기쌍극자에 의한 전계

해설
- 구전하(=점전하) : $E = \dfrac{Q}{4\pi\varepsilon r^2}$
- 선전하 : $E = \dfrac{\lambda}{2\pi\varepsilon r}$
- 전기쌍극자 : $E = \dfrac{M}{4\pi\varepsilon r^3}\sqrt{1+3\cos^2\theta}$

10 진공 중에 있는 구도체에 일정 전하를 대전시켰을 때 정전에너지가 존재하는 것으로 다음 중 옳은 것은?

① 도체 내에만 존재한다.
② 도체 표면에만 존재한다.
③ 도체 내외에 모두 존재한다.
④ 도체 표면과 외부 공간에 존재한다.

해설 도체 내부에는 전하가 존재하지 않으므로 내부 정전에너지는 없으며 정전에너지는 도체 표면과 외부 공간에만 존재한다.

11 자유공간에서 전파 $E(z, t) = 10^3 \sin(wt - \beta z)a_y$ [V/m]일 때 자파 $H(z, t)$ [A/m]는?

① $\dfrac{10^3}{120\pi}\sin(wt-\beta z)a_z$
② $\dfrac{10^3}{120\pi}\sin(wt-\beta z)a_x$
③ $-\dfrac{10^3}{120\pi}\sin(wt-\beta z)a_z$
④ $-\dfrac{10^3}{120\pi}\sin(wt-\beta z)a_x$

해설
㉠ 전자파의 진행방향 ($E \times H$)으로 자파의 방향을 찾을 수 있다. 전파의 방향은 a_y이고, 전자파의 진행방향이 a_z 방향 이므로 $E \times H = a_y \times (-a_x) = a_z$를 이용하면 자파의 방향은 $-a_x$ 임을 알 수 있다.
㉡ $E\sqrt{\varepsilon} = H\sqrt{\mu}$

∴ 자계의 크기 $H = \sqrt{\dfrac{\varepsilon_0}{\mu_0}}\, E = \dfrac{1}{377}E$
$= \dfrac{10^3}{120\pi}\sin(wt-\beta z)$

㉢ 방향을 추가한 자계는 $H(z, t) = -\dfrac{10^3}{120\pi}\sin(wt-\beta z)a_x$

Answer ○ 09 ③ 10 ④ 11 ④

12 비유전율이 10인 유전체를 5[V/m]인 전계 내에 놓으면 유전체의 표면 전하밀도는 몇 [C/m²]인가?(단, 유전체의 표면과 전계는 직각이다.)

① $35\varepsilon_0$
② $45\varepsilon_0$
③ $55\varepsilon_0$
④ $65\varepsilon_0$

[해설] 유전체의 표면 전하밀도(=분극의 세기)
$P = \varepsilon_0(\varepsilon_s - 1)E = \varepsilon_0(10-1)5 = 45\varepsilon_0 [\text{C/m}^2]$

13 자기회로의 자기저항에 대한 설명으로 옳은 것은?

① 자기회로의 길이에 반비례한다.
② 자기회로의 단면적에 비례한다.
③ 비투자율에 반비례한다.
④ 길이의 제곱에 비례하고 단면적에 반비례한다.

[해설] 자기저항 $R_m = \dfrac{F}{\phi_m} = \dfrac{l}{\mu \cdot S} = \dfrac{l}{\mu_0 \mu_s S}$ [AT/Wb]

14 자극의 세기가 8×10^{-6}[Wb], 길이가 3[cm]인 막대자석을 120[AT/m]의 평등자계 내에 자력선과 30°의 각도로 놓으면 이 막대자석이 받는 회전력은 몇 [N·m]인가?

① 3.02×10^{-5}
② 3.02×10^{-4}
③ 1.44×10^{-5}
④ 1.44×10^{-4}

[해설] $T = mHl\sin\theta$
$= (8 \times 10^{-6}) \times 120 \times 0.03 \times \sin 30°$
$= 1.44 \times 10^{-5}$ [N·m]

12 ② 13 ③ 14 ③ **Answer**

15 맥스웰 전자계의 기초 방정식으로 틀린 것은?

① $\text{rot } H = i_c + \dfrac{\partial D}{\partial t}$
② $\text{rot } E = -\dfrac{\partial B}{\partial t}$
③ $\text{div } D = \rho$
④ $\text{div } B = -\dfrac{\partial D}{\partial t}$

해설 ㉠ 맥스웰의 제1의 기본방정식

$$\text{rot} H = \text{curl} H = \nabla \times H = i_c + \frac{\partial D}{\partial t} = i_c + \varepsilon \frac{\partial E}{\partial t} = i[\text{A/m}^2]$$

- 암페어의 주회적분법칙에서 유도한 식이다.
- 전도전류, 변위전류는 자계를 형성한다(전류와 자계의 관계).
- 전류의 연속성을 표현한다.

㉡ 맥스웰의 제2의 기본방정식

$$\text{rot} E = \text{curl} E = \nabla \times E = -\frac{\partial B}{\partial t} = -\mu \frac{\partial H}{\partial t}$$

- 자속밀도의 시간적 변화는 전계를 회전시키고 유기기전력을 형성한다.
- 패러데이의 법칙에서 유도한 전계에 관한 식이다.

㉢ $\text{div} D = \nabla \cdot D = \rho[\text{C/m}^3]$
- 임의의 폐곡면 내의 전하에서 전속선이 발산한다.
- 가우스 발산 정리에 의하여 유도된 식이다.

㉣ $\text{div} B = \nabla \cdot B = 0$
- N, S극이 항상 공존한다.
- 자기력선은 연속적이다.

㉤ $\text{rot} \vec{A} = \nabla \times \vec{A} = B[\text{Wb/m}^2]$
벡터퍼텐셜($\vec{A}$)의 회전은 자속밀도를 형성한다.

Answer ● 15 ④

16 면적 $S[\text{m}^2]$, 간격 $d[\text{m}]$인 평행판 콘덴서에 전하 $Q[\text{C}]$을 충전하였을 때 정전용량 $C[\text{F}]$와 정전에너지 $W[\text{J}]$는?

① $C = \dfrac{\varepsilon_0}{d^2}$, $W = \dfrac{dQ^2}{2\varepsilon_0 S}$

② $C = \dfrac{2\varepsilon_0 S}{d}$, $W = \dfrac{Q^2}{4\varepsilon_0 S}$

③ $C = \dfrac{\varepsilon_0 S}{d}$, $W = \dfrac{dQ^2}{2\varepsilon_0 S}$

④ $C = \dfrac{2\varepsilon_0}{d^2}$, $W = \dfrac{Q^2}{\varepsilon_0 S}$

해설
- 평행한 콘덴서의 정전용량 $C = \dfrac{\varepsilon_0 S}{d}[\text{F}]$
- 충전 후 정전에너지 $W = \dfrac{Q^2}{2C} = \dfrac{Q^2}{2 \cdot \dfrac{\varepsilon_0 S}{d}} = \dfrac{Q^2 d}{2\varepsilon_0 S}[\text{J}]$

17 $\phi = \phi_m \sin \omega t [\text{Wb}]$인 정현파로 변화하는 자속이 권수 N인 코일과 쇄교할 때의 유기기전력의 위상은 자속에 비해 어떠한가?

① $\dfrac{\pi}{2}$만큼 빠르다.

② $\dfrac{\pi}{2}$만큼 늦다.

③ π만큼 빠르다.

④ 동위상이다.

해설 $e = -\omega N \phi_m \cos \omega t = -\omega N B_m S \cos \omega t$

$\qquad = \omega N B_m S \sin\left(\omega t - \dfrac{\pi}{2}\right)[\text{V}]$

여기서, $\omega = 2\pi f = \dfrac{2\pi N'}{60}[\text{rad/sec}]$

$\qquad N'$: 분당 회전수[rpm]

- 유기기전력 e는 자속 ϕ에 지하여 위상이 $\dfrac{\pi}{2}$만큼 뒤진다.
- 유기기전력의 최댓값 $e_{\max} = \omega N \phi_m [\text{V}]$
- 유기기전력은 주파수 $f[\text{Hz}]$, 자속밀도 $B[\text{Wb/m}^2]$에 비례한다.

16 ③ 17 ② **Answer**

18 그림과 같이 정전용량이 C_0[F]이 되는 평행판 공기 콘덴서에 판면적의 1/3이 되는 공간에 비유전율 4인 유전체를 채웠을 때 정전용량은 몇 [F]인가?

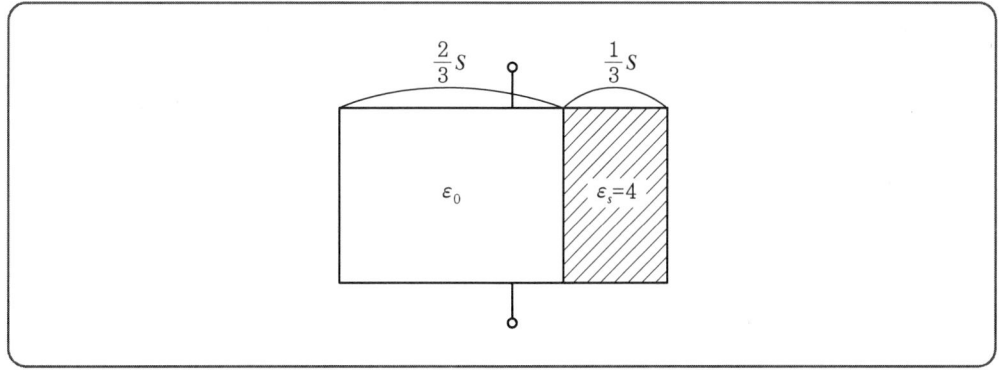

① $4C_0$ ② $2C_0$ ③ C_0 ④ $\dfrac{1}{2}C_0$

[해설] 합성정전용량

$$C_t = \dfrac{\varepsilon_0 \dfrac{2}{3}s}{d} + \dfrac{\varepsilon_0 4 \dfrac{1}{3}s}{d} = \dfrac{\varepsilon_0 s}{d}\left(\dfrac{2}{3} + \dfrac{4}{3}\right) = 2C_0$$

19 각각 $\pm Q$[C]로 대전된 두 개의 도체 간의 전위차를 전위계수로 표시하면?(단, $P_{12} = P_{21}$이다.)

① $(P_{11} + P_{12} + P_{22})Q$ ② $(P_{11} + P_{12} - P_{22})Q$
③ $(P_{11} - P_{12} + P_{22})Q$ ④ $(P_{11} - 2P_{12} + P_{22})Q$

[해설] $V_1 = P_{11}Q_1 + P_{12}Q_2 = P_{11}Q - P_{12}Q$
$V_2 = P_{21}Q_1 + P_{22}Q_2 = P_{21}Q - P_{22}Q$
$P_{12} = P_{21}$이므로 $V_1 - V_2$를 하면
전위차이므로 $V = V_1 - V_2 = (P_{11} - 2P_{12} + P_{22})Q = PQ$[V]

- 전위계수 $P = P_{11} - 2P_{12} + P_{22}$
- 정전용량 $C = \dfrac{1}{P} = \dfrac{1}{P_{11} - 2P_{12} + P_{22}}$[F]

Answer ▶ 18 ②   19 ④

20 자장 $B = 3a_x - 5a_y - 6a_z$ [Wb/m²] 내에서 점전하 0.5[C]이 $v = 4a_x - 2a_y + 3a_z$ [m/s²]로 움직일 때, 이 점전하에 작용하는 힘의 크기는 몇 [N]이 되는가?

① $\dfrac{1}{2}(-6a_x - 18a_y + 9a_z)$

② $\dfrac{1}{2}(27a_x + 33a_y - 14a_z)$

③ $-\dfrac{1}{2}(22a_x + 31a_y + 15a_z)$

④ $-\dfrac{1}{2}(14a_x - 8a_y - 2a_z)$

[해설] $F = qBv\sin\theta = q(\vec{v} \times \vec{B})$ [N]

$$\vec{v} \times \vec{B} = \begin{vmatrix} a_x & a_y & a_z \\ 4 & -2 & 3 \\ 3 & -5 & -6 \end{vmatrix}$$

$\qquad = (12+15)a_x + (9+24)a_y + (-20+6)a_z$

$\qquad = 27a_x + 33a_y - 14a_z$

$\therefore F = qBv\sin\theta = q(\vec{v} \times \vec{B})$

$\qquad = \dfrac{1}{2}(27a_x + 33a_y - 14a_z)$ [N]

20 ② Answer

과년도 기출문제

2020년도 1·2회 시험 — 전기산업기사

01 유전율이 각각 다른 두 종류의 유전체 경계면에 전속이 입사될 때 이 전속은 어떻게 되는가?(단, 경계면에 수직으로 입사하지 않는 경우이다.)

① 굴절
② 반사
③ 회절
④ 직진

[해설] 유전율이 각각 다른 종류의 유전체 경계면에 전속이 입사되면 입사각 및 굴절각이 발생한다. 단, 수직으로 입사하는 경우는 굴절하지 않는다.

02 반지름이 9[cm]인 도체구 A에 8[C]의 전하가 균일하게 분포되어 있다. 이 도체구에 반지름 3[cm]인 도체구 B를 접촉시켰을 때 도체구 B로 이동한 전하는 몇 [C]인가?

① 1
② 2
③ 3
④ 4

[해설] 도체구를 접촉시키면 병렬로 간주하고, 이때 이동하는 전하량은 다음과 같다.

$$Q_2' = \frac{C_2}{C_1 + C_2} Q = \frac{4\pi\varepsilon_0(0.03)}{4\pi\varepsilon_0(0.09 + 0.03)} \times 8 = 2[C]$$

03 내구의 반지름 a[m], 외구의 반지름 b[m]인 동심구 도체 간에 도전율이 k[S/m]인 저항물질이 채워져 있을 때의 내외구간의 합성저항[Ω]은?

① $\dfrac{1}{8\pi k}\left(\dfrac{1}{a} - \dfrac{1}{b}\right)$
② $\dfrac{1}{4\pi k}\left(\dfrac{1}{a} - \dfrac{1}{b}\right)$
③ $\dfrac{1}{2\pi k}\left(\dfrac{1}{a} - \dfrac{1}{b}\right)$
④ $\dfrac{1}{\pi k}\left(\dfrac{1}{a} + \dfrac{1}{b}\right)$

[해설] 동심구 도체 정전용량 $C = \dfrac{4\pi\varepsilon}{\dfrac{1}{a} - \dfrac{1}{b}}$[F]이고, $R = \dfrac{\varepsilon\rho}{C}$이므로

$$R = \frac{\varepsilon\rho}{\dfrac{4\pi\varepsilon}{\dfrac{1}{a} - \dfrac{1}{b}}} = \frac{\rho}{4\pi}\left(\frac{1}{a} - \frac{1}{b}\right) = \frac{1}{4\pi k}\left(\frac{1}{a} - \frac{1}{b}\right)$$

Answer ▶ 01 ① 02 ② 03 ②

04 대전된 도체 표면의 전하밀도를 $\sigma[\text{C/m}^2]$이라고 할 때, 대전된 도체 표면의 단위면적이 받는 정전응력[N/m²]은 전하밀도 σ와 어떤 관계에 있는가?

① $\sigma^{\frac{1}{2}}$에 비례
② $\sigma^{\frac{3}{2}}$에 비례
③ σ에 비례
④ σ^2에 비례

해설 $f = \dfrac{F}{S}[\text{N/m}^2] = \dfrac{\rho_s^2}{2\varepsilon} = \dfrac{D^2}{2\varepsilon} = \dfrac{1}{2}E^2\varepsilon = \dfrac{1}{2}ED$ 이므로
$\rho_s = \sigma$임을 이용하면 $f \propto \rho_s^2 \propto \sigma^2$

05 양극판의 면적이 $S[\text{mm}^2]$, 극판 간의 간격이 $d[\text{m}]$, 정전용량이 $C_1[\text{F}]$인 평행판 콘덴서가 있다. 양극판 면적을 각각 $3S[\text{m}^2]$로 늘이고 극판 간격을 $\dfrac{1}{3}d[\text{m}]$로 줄였을 때의 정전용량 $C_2[\text{F}]$는?

① $C_2 = C_1$
② $C_2 = 3C_1$
③ $C_2 = 6C_1$
④ $C_2 = 9C_1$

해설 $C_1 = \dfrac{\varepsilon s}{d}$ 이고, $C_2 = \dfrac{\varepsilon \cdot 3s}{\dfrac{d}{3}} = \dfrac{9\varepsilon s}{d}$ ∴ $C_2 = 9C_1$

06 투자율이 각각 μ_1, μ_2인 두 자성체의 경계면에서 자기력선의 굴절의 법칙을 나타낸 식은?

① $\dfrac{\mu_1}{\mu_2} = \dfrac{\sin\theta_1}{\sin\theta_2}$
② $\dfrac{\mu_1}{\mu_2} = \dfrac{\sin\theta_2}{\sin\theta_1}$
③ $\dfrac{\mu_1}{\mu_2} = \dfrac{\tan\theta_1}{\tan\theta_2}$
④ $\dfrac{\mu_1}{\mu_2} = \dfrac{\tan\theta_2}{\tan\theta_1}$

해설 자성체의 경계면 조건
㉠ 경계면의 접선(수평)성분은 양측에서 자계의 세기가 같다.
 • $H_{t1} = H_{t2}$: 연속적이다. • $B_{t1} \neq B_{t2}$: 불연속적이다.
㉡ 경계면의 법선(수직)성분의 자속밀도는 양측에서 같다.
 • $B_{n1} = B_{n2}$: 연속적이다. • $H_{n1} \neq H_{n2}$: 불연속적이다.
㉢ $H_1\sin\theta_1 = H_2\sin\theta_2$ ㉣ $B_1\cos\theta_1 = B_2\cos\theta_2$
㉤ $\dfrac{\tan\theta_1}{\tan\theta_2} = \dfrac{\mu_1}{\mu_2}$
㉥ 비례 관계
 • $\mu_2 > \mu_1$, $\theta_2 > \theta_1$, $B_2 > B_1$: 비례 관계에 있다.
 • $H_1 > H_2$: 반비례 관계에 있다.

04 ④ 05 ④ 06 ③ ● Answer

07 전계 내에서 폐회로를 따라 단위 전하가 일주할 때 전계가 한 일은 몇 [J]인가?

① ∞
② π
③ 1
④ 0

해설
- 폐회로를 따라 전하가 일주 시 하는 일 $W=0$
- 등전위면을 따라 전하가 일주 시 하는 일 $W=0$

08 진공 중에서 멀리 떨어져 있는 반지름이 각각 a_1[m], a_2[m]인 두 도체구를 V_1[V], V_2[V]인 전위를 갖도록 대전시킨 후 가는 도선으로 연결할 때 연결 후의 공통 전위 V[V]는?

① $\dfrac{V_1}{a_1} + \dfrac{V_2}{a_2}$

② $\dfrac{V_1 + V_2}{a_1 a_2}$

③ $a_1 V_1 + a_2 V_2$

④ $\dfrac{a_1 V_1 + a_2 V_2}{a_1 + a_2}$

해설 가는 도선 연결=병렬
병렬 연결 시 $C = C_1 + C_2$, $Q = Q_1 + Q_2$이다.
이때 $C_1 = 4\pi\varepsilon a_1$, $C_2 = 4\pi\varepsilon a_2$이며
$Q_1 = C_1 V_1 = 4\pi\varepsilon a_1 V_1$, $Q_2 = C_2 V_2 = 4\pi\varepsilon a_2 V_2$임을 적용하면
$V = \dfrac{Q}{C} = \dfrac{Q_1 + Q_2}{C_1 + C_2} = \dfrac{4\pi\varepsilon(a_1 V_1 + a_2 V_2)}{4\pi\varepsilon(a_1 + a_2)} = \dfrac{a_1 V_1 + a_2 V_2}{a_1 + a_2}$이다.

09 그림과 같이 도체 1을 도체 2로 포위하여 도체 2를 일정 전위로 유지하고 도체 1과 도체 2의 외측에 도체 3이 있을 때 용량계수 및 유도계수의 성질로 옳은 것은?

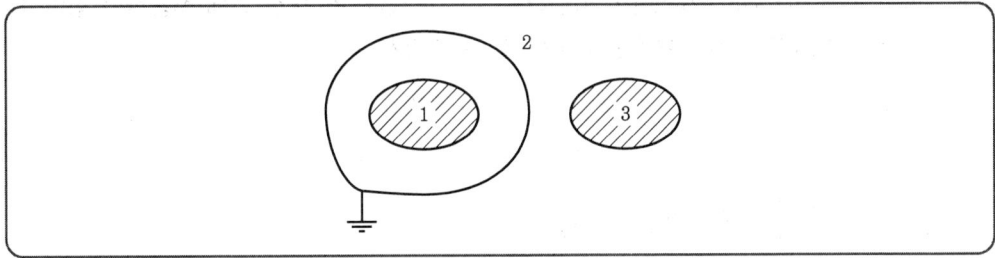

① $q_{23} = q_{11}$
② $q_{13} = -q_{11}$
③ $q_{31} = q_{11}$
④ $q_{21} = -q_{11}$

Answer ➡ 07 ④ 08 ④ 09 ④

해설 유도계수 및 용량계수의 성질
- 용량계수 : $q_{rr} > 0$
- 유도계수 : $q_{rs} = q_{sr} \leq 0$
- $q_{rr} \geq -q_{rs}$
- $q_{rr} = -q_{rs}$ (s도체는 r도체를 포함한다.)
∴ 1도체가 2도체에 포함되어 있는 경우는 $q_{11} = -q_{12} = -q_{21}$ 또는 $q_{21} = -q_{11}$이 된다.

10 와전류(eddy current)손에 대한 설명으로 틀린 것은?

① 주파수에 비례한다.
② 저항에 반비례한다.
③ 도전율이 클수록 크다.
④ 자속밀도의 제곱에 비례한다.

해설 와류손 $P_h = \eta(fB_m)^2 [\text{W/m}^2]$이므로 주파수의 제곱에 비례한다.

11 전계 $E[\text{V/m}]$ 및 자계 $H[\text{AT/m}]$의 에너지가 자유공간 사이를 $C[\text{m/s}]$의 속도로 전파될 때 단위시간에 단위 면적을 지나는 에너지$[\text{W/m}^2]$는?

① $\dfrac{1}{2}EH$
② EH
③ EH^2
④ E^2H

해설 포인팅벡터 $P' = \dfrac{P}{s} = EH = E \times H [\text{W/m}^2]$

12 공기 중에 선간거리 10[cm]의 평행왕복 도선이 있다. 두 도선 간에 작용하는 힘이 4×10^{-6} [N/m]이었다면 도선에 흐르는 전류는 몇 [A]인가?

① 1
② 2
③ $\sqrt{2}$
④ $\sqrt{3}$

해설 $F = \dfrac{\mu_0 I^2}{2\pi d} = \dfrac{2I^2 \times 10^{-7}}{d} [\text{N/m}]$임을 이용하면

$4 \times 10^{-6} = \dfrac{2I^2 \times 10^{-7}}{10 \times 10^{-2}}$

$4 \times 10^{-6} = 2I^2 \times 10^{-6}$

$2I^2 = 4 \quad I^2 = 2$

∴ $I = \sqrt{2}$

10 ① 11 ② 12 ③ **Answer**

13 자기 인덕턴스가 L_1, L_2이고 상호 인덕턴스가 M인 두 회로의 결합계수가 1일 때, 성립되는 식은?

① $L_1 \cdot L_2 = M$
② $L_1 \cdot L_2 < M^2$
③ $L_1 \cdot L_2 > M^2$
④ $L_1 \cdot L_2 = M^2$

해설 $k = \dfrac{M}{\sqrt{L_1 L_2}}$ 이므로 $M = k\sqrt{L_1 L_2}$
이때 $k = 1$이면 $M = \sqrt{L_1 L_2}$이고, $M^2 = L_1 L_2$이다.

14 어떤 콘덴서가 비유전율 ε_s인 유전체로 채워져 있을 때의 정전용량 C와 공기로 채워져 있을 때의 정전용량 C_0의 비 $\left(\dfrac{C}{C_0}\right)$는?

① ε_s
② $\dfrac{1}{\varepsilon_s}$
③ $\sqrt{\varepsilon_s}$
④ $\dfrac{1}{\sqrt{\varepsilon_s}}$

해설 $\dfrac{C}{C_0} = \dfrac{\dfrac{\varepsilon_0 \varepsilon_s S}{d}}{\dfrac{\varepsilon_0 \cdot S}{d}} = \varepsilon_s$

15 유전체에서의 변위전류에 대한 설명으로 틀린 것은?

① 변위전류가 주변에 자계를 발생시킨다.
② 변위전류의 크기는 유전율에 반비례한다.
③ 전속밀도의 시간적 변화가 변위전류를 발생시킨다.
④ 유전체 중의 변위전류는 진공 중의 전계 변화에 의한 변위전류와 구속전자의 변위에 의한 분극전류와의 합이다.

해설 변위전류밀도 $i_d = \dfrac{\partial D}{\partial t}$ [A/m²] $= \dfrac{\partial E \varepsilon}{\partial t}$ 이므로 유전율에 비례한다.

Answer ▶ 13 ④ 14 ① 15 ②

16 환상 솔레노이드의 자기 인덕턴스[H]와 반비례하는 것은?

① 철심의 투자율　　　　　② 철심의 길이
③ 철심의 단면적　　　　　④ 코일의 권수

해설 환상 솔레노이드 자기 인덕턴스 $L = \dfrac{\mu S N^2}{l}$ [H]이므로 길이에 반비례한다.

17 자성체에 대한 자화의 세기를 정의한 것으로 틀린 것은?

① 자성체의 단위 체적당 자기모멘트　　② 자성체의 단위 면적당 자화된 자하량
③ 자성체의 단위 면적당 자화선의 밀도　④ 자성체의 단위 면적당 자기력선의 밀도

해설 자화의 세기 $J = \dfrac{M}{V}$ = 체적당 모멘트로 정의할 수 있으며

$J = \dfrac{M}{V}[\text{wb/m}^2] = \dfrac{m \cdot l}{s \cdot l} = \dfrac{m}{s}$ 이므로

면적당 자하(극)량 또는 면적당 자화선의 밀도로 표기 가능하다.

18 두 전하 사이 거리의 세제곱에 비례하는 것은?

① 두 구전하 사이에 작용하는 힘　　　② 전기쌍극자에 의한 전계
③ 직선 전하에 의한 전계　　　　　　④ 전하에 의한 전위

해설 ① $F = \dfrac{Q_1 Q_2}{4\pi \varepsilon r^2}$　　② $E = \dfrac{M}{4\pi \varepsilon r^3}\sqrt{1 + 3\cos^2\theta}$

　　③ $E = \dfrac{\rho_l}{2\pi \varepsilon r}$　　④ $V = \dfrac{Q}{4\pi \varepsilon r}$

19 정사각형 회로의 면적을 3배로, 흐르는 전류를 2배로 증가시키면 정사각형의 중심에서의 자계의 세기는 약 몇 [%]가 되는가?

① 47　　　　　　　　　　② 115
③ 150　　　　　　　　　　④ 225

해설 정사각형 중심자계 $H = \dfrac{2\sqrt{2}\,I}{\pi l}$ 이고(단, l은 한 변의 길이)

면적이 3배이면 정사각형 $s = l^2$이므로 길이 $l = \sqrt{3}$ 배이다.

∴ $H' = \dfrac{2\sqrt{2} \cdot I \cdot 2}{\pi l \cdot \sqrt{3}} \rightarrow \dfrac{2}{\sqrt{3}} = 1.15$이고 $H' \times 100 = 115[\%]$가 된다.

20 그림과 같이 권수가 1이고 반지름이 a[m]인 원형 코일에 전류 I[A]가 흐르고 있다. 원형 코일 중심에서의 자계의 세기[AT/m]는?

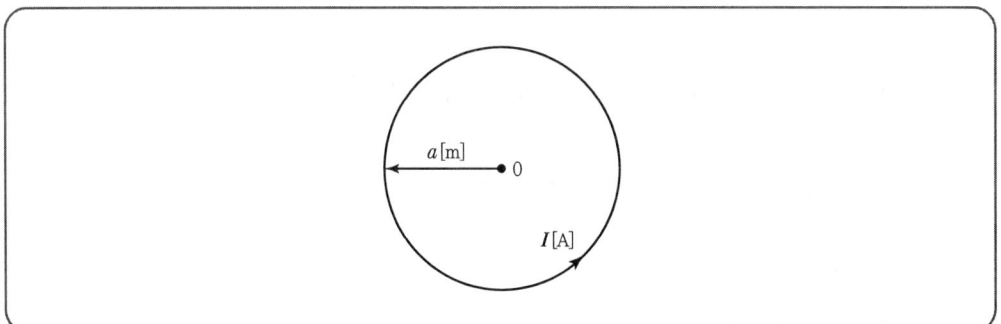

① $\dfrac{I}{a}$
② $\dfrac{I}{2a}$
③ $\dfrac{I}{3a}$
④ $\dfrac{I}{4a}$

해설 원형 코일 중심자계 $H = \dfrac{NI}{2a}$ (단, 권수 $N=1$)이므로 $H = \dfrac{I}{2a}$

Answer ➔ 20 ②

2020년도 3회 시험

01 맥스웰(Maxwell) 전자방정식의 물리적 의미 중 틀린 것은?

① 자계의 시간적 변화에 따라 전계의 회전이 발생한다.
② 전도전류와 변위전류는 자계를 발생시킨다.
③ 고립된 자극이 존재한다.
④ 전하에서 전속선이 발산한다.

해설 자극은 항상 N, S극이 공존한다. 따라서 고립된 자극이 존재할 수 없다.

02 무한 평면 도체로부터 d[m]인 곳에 점전하 Q[C]이 있을 때 도체 표면상에 최대로 유도되는 전하밀도는 몇 [C/m²]인가?

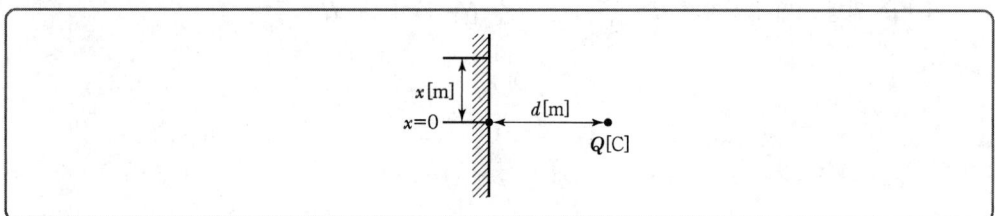

① $-\dfrac{Q}{2\pi d^2}$
② $-\dfrac{Q}{2\pi\varepsilon_0 d^2}$
③ $-\dfrac{Q}{4\pi d^2}$
④ $-\dfrac{Q}{4\pi\varepsilon_0 d^2}$

해설 접지무한평판
- 영상전하 $Q' = -Q$
- 전계 $E = \dfrac{-dQ}{2\pi\varepsilon_o (\chi^2 + d^2)^{\frac{3}{2}}}$ [V/m]
- 최대전계 $E_{\max} = \dfrac{-Q}{2\pi\varepsilon_o d^2}$ [V/m]
- 최대전하밀도 $D_{\max} = E_{\max} \cdot \varepsilon_o = -\dfrac{Q}{2\pi d^2}$ [C/m²]

01 ③ 02 ① Answer

03 자기회로에 대한 설명으로 틀린 것은?(단, S는 자기회로의 단면적이다.)

① 자기저항의 단위는 H(Henry)의 역수이다.
② 자기저항의 역수를 퍼미언스(Permeance)라고 한다.
③ "자기저항=(자기회로의 단면을 통과하는 자속)/(자기회로의 총 기자력)"이다.
④ 자속밀도 B가 모든 단면에 걸쳐 균일하다면 자기회로의 자속은 BS이다.

[해설] 자기저항 $R_m = \dfrac{F}{\phi} = \dfrac{l}{\mu s}$[At/Wb]
∴ 자기저항=기자력÷자속

04 전계의 세기가 5×10^2[V/m]인 전계 중에 8×10^{-8}[C]의 전하가 놓일 때 전하가 받는 힘은 몇 [N]인가?

① 4×10^{-2}
② 4×10^{-3}
③ 4×10^{-4}
④ 4×10^{-5}

[해설] 전하가 받는 힘
$F = Q \cdot E = 8 \times 10^{-8} \times 5 \times 10^2 = 4 \times 10^{-5}$

05 진공 중에 판간 거리가 d[m]인 무한 평판 도체 간의 전위차[V]는?(단, 각 평판 도체에는 면전하밀도 $+\sigma$[C/m²], $-\sigma$[C/m²]가 각각 분포되어 있다.)

① σd
② $\dfrac{\sigma}{\varepsilon_0}$
③ $\dfrac{\varepsilon_0 \sigma}{d}$
④ $\dfrac{\sigma d}{\varepsilon_0}$

[해설] 전위차 $V = E \cdot d = \dfrac{\rho_s}{\varepsilon_0} \cdot d$[V]

06 어떤 자성체 내에서의 자계의 세기가 800[AT/m]이고 자속밀도가 0.05[Wb/m²]일 때 이 자성체의 투자율은 몇 [H/m]인가?

① 3.25×10^{-5}
② 4.25×10^{-5}
③ 5.25×10^{-5}
④ 6.25×10^{-5}

[해설] 자속밀도 $B = \mu H$
∴ 투자율 $\mu = \dfrac{B}{H} = \dfrac{0.05}{800} = 6.25 \times 10^{-5}$

Answer ➤ 03 ③   04 ④   05 ④   06 ④

07 비유전율이 2.8인 유전체에서의 전속밀도가 $D = 3.0 \times 10^{-7} [\text{C/m}^2]$일 때 분극의 세기 P는 약 몇 $[\text{C/m}^2]$인가?

① 1.93×10^{-7}
② 2.93×10^{-7}
③ 3.50×10^{-7}
④ 4.07×10^{-7}

해설 분극의 세기
$$P = \varepsilon_o(\varepsilon_s - 1)E = D\left(1 - \frac{1}{\varepsilon_s}\right) = 3.0 \times 10^{-7} \cdot \left(1 - \frac{1}{2.8}\right)$$
$$\fallingdotseq 1.93 \times 10^{-7}$$

08 자기 인덕턴스의 성질을 설명한 것으로 옳은 것은?

① 경우에 따라 정(+) 또는 부(−)의 값을 갖는다.
② 항상 정(+)의 값을 갖는다.
③ 항상 부(−)의 값을 갖는다.
④ 항상 0이다.

해설 자기 인덕턴스는 $L[\text{H}]$이며 항상 정(+)의 값을 갖는다.

09 반지름이 $a[\text{m}]$인 도체구에 전하 $Q[\text{C}]$을 주었을 때, 구 중심에서 $r[\text{m}]$ 떨어진 구외부($r > a$)의 한 점에서의 전속밀도 $D[\text{C/m}^2]$는?

① $\dfrac{Q}{4\pi a^2}$
② $\dfrac{Q}{4\pi r^2}$
③ $\dfrac{Q}{4\pi \varepsilon a^2}$
④ $\dfrac{Q}{4\pi \varepsilon r^2}$

해설 전속밀도 $D = \dfrac{\psi}{s} = \dfrac{Q}{s} = \dfrac{Q}{4\pi r^2} = E \cdot \varepsilon [\text{C/m}^2]$

10 1[Ah]의 전기량은 몇 [C]인가?

① $\dfrac{1}{3,600}$
② 1
③ 60
④ 3,600

해설 $Q = I \cdot t [\text{A} \cdot \sec = \text{C}]$
$1[\text{Ah}] = 3,600 [\text{A} \cdot \sec = \text{C}]$ ($\because 1[\text{h}] = 3,600 \sec$)

07 ① 08 ② 09 ② 10 ④ **Answer**

11 공기 중에 있는 무한 직선 도체에 전류 I[A]가 흐르고 있을 때 도체에서 r[m] 떨어진 점에서의 자속밀도는 몇 [Wb/m²]인가?

① $\dfrac{I}{2\pi r}$ ② $\dfrac{2\mu_0 I}{\pi r}$ ③ $\dfrac{\mu_0 I}{r}$ ④ $\dfrac{\mu_0 I}{rpir}$

해설 무한장 직선도체에 전류가 흐르면 자계
$H = \dfrac{I}{2\pi r}$ [N/Wb = AT/m]

이때 자속밀도 $B = \mu_0 H = \dfrac{\mu_0 I}{2\pi r}$ [Wb/m²]

12 2[Wb/m²]인 평등 자계 속에 길이가 30[cm]인 도선이 자계와 직각 방향으로 놓여 있다. 이 도선이 자계와 30°의 방향으로 30[m/s]의 속도로 이동할 때, 도체 양단에 유기되는 기전력(V)의 크기는?

① 3 ② 9 ③ 30 ④ 90

해설 유기기전력
$e = Bl_2 \sin\theta$
$= 2 \times 30 \times 10^{-2} \times 30 \times \sin 30 = 9$[V]

13 무손실 유전체에서 평면 전자파의 전계 E와 자계 H 사이 관계식으로 옳은 것은?

① $H = \sqrt{\dfrac{\varepsilon}{\mu}} E$ ② $H = \sqrt{\dfrac{\mu}{\varepsilon}} E$

③ $H = \dfrac{\varepsilon}{\mu} E$ ④ $H = \dfrac{\mu}{\varepsilon} E$

해설 파동고유임피던스 $\eta = \dfrac{E}{H} = \sqrt{\dfrac{\mu}{\varepsilon}}$

$\therefore E \cdot \sqrt{\varepsilon} = H\sqrt{\mu}$

$H = \sqrt{\dfrac{\varepsilon}{\mu}} \cdot E$

14 강자성체가 아닌 것은?

① 철 ② 구리 ③ 니켈 ④ 코발트

해설
- 강자성체($\mu_s \gg 1$) : Fe, Ni, Co 등
- 상자성체($\mu_s > 1$) : Al, Pt, O_2 등
- 역반자성체($\mu_s < 1$) : Ag, Cu, Bi, H_2, O 등

Answer ● 11 ④ 12 ② 13 ① 14 ②

15 2[μF], 3[μF], 4[μF]의 커패시터를 직렬로 연결하고 양단에 가한 전압을 서서히 상승시킬 때의 현상으로 옳은 것은?(단, 유전체의 재질 및 두께는 같다고 한다.)

① 2[μF]의 커패시터가 제일 먼저 파괴된다.
② 3[μF]의 커패시터가 제일 먼저 파괴된다.
③ 4[μF]의 커패시터가 제일 먼저 파괴된다.
④ 3개의 커패시터가 동시에 파괴된다.

[해설] 축적되는 전하량이 가장 작은 콘덴서부터 파괴된다.

16 패러데이관의 밀도와 전속밀도는 어떠한 관계인가?

① 동일하다.
② 패러데이관의 밀도가 항상 높다.
③ 전속밀도가 항상 높다.
④ 항상 틀리다.

[해설] 패러데이관의 특징
- 패러데이관 내의 전속선 수는 일정하다.
- 진전하가 없는 점에서 패러데이관은 연속적이다.
- 패러데이관 양단에 정부의 단위 전하가 있다.
- 패러데이관의 밀도는 전속밀도와 같다.
- 패러데이관=전속선수

17 표의 ㉠, ㉡과 같은 단위로 옳게 나열한 것은?

㉠	$\Omega \cdot s$
㉡	s/Ω

① ㉠ H, ㉡ F
② ㉠ H/m, ㉡ F/m
③ ㉠ F, ㉡ H
④ ㉠ F/m, ㉡ E/m

[해설]
- $L\left[H = \dfrac{Wb}{A} = \dfrac{V}{A} \cdot sec = \Omega \cdot sec\right]$
- $C\left[F = C/V = \dfrac{A}{V} \cdot sec = \dfrac{1}{\Omega} \cdot sec\right]$

[참고] $LI = N\phi$, $V = L\dfrac{di}{dt}$
$i = \left(\dfrac{dv}{dt}, Q = CV\text{에서 유추 가능}\right)$

15 ① 16 ① 17 ①   Answer

18 선간전압이 66,000[V]인 2개의 평행 왕복도선에 10[kA]의 전류가 흐르고 있을 때 도선 1[m]마다 작용하는 힘의 크기는 몇 [N/m]인가?(단, 도선 간의 간격은 1[m]이다.)

① 1
② 10
③ 20
④ 200

해설 평행 도선 사이에 작용하는 힘

$$F = \frac{\mu_0 I^2}{2\pi d} = \frac{2I^2}{d} \times 10^{-7} [\text{N/m}]$$
$$= \frac{2 \times (10 \times 10^3)^2}{1} \times 10^{-7} = 20 [\text{N/m}]$$

19 지름 2mm의 동선에 π[A]의 전류가 균일하게 흐를 때 전류밀도는 몇 [A/m²]인가?

① 10^3
② 10^4
③ 10^5
④ 10^6

해설 $i = \dfrac{I}{S} = \dfrac{I}{\pi r^2} = \dfrac{\pi}{\pi(1 \times 10^{-3})^2} = 10^6 [\text{A/m}^2]$

20 대전 도체 표면의 전하밀도는 도체 표면의 모양에 따라 어떻게 되는가?

① 곡률이 작으면 작아진다.
② 곡률 반지름이 크면 커진다.
③ 평면일 때 가장 크다.
④ 곡률 반지름이 작으면 작다.

해설

곡률	대(大)	소(小)
곡률반경	소(小)	대(大)
모양	뾰족	완만
전하밀도	대(大)	소(小)

Answer ○ 18 ③ 19 ④ 20 ①

전기산업기사 2021년도 1회 시험 — 과년도 기출문제

01 정전계 내에 있는 도체 표면에서 전계의 방향은 어떻게 되는가?

① 임의 방향
② 표면과 접선방향
③ 표면과 45° 방향
④ 표면과 수직방향

(해설) 전기력선은 도체 표면(등전위면)과 외부에만 존재하며 수직으로 출입한다.

02 지구의 표면에 있어서 대지로 향하여 $E = 300\,[\text{V/m}]$의 전계가 있다고 가정하면 지표면의 전하밀도는 몇 $[\text{C/m}^2]$인가?

① 1.65×10^{-9}
② -1.65×10^{-9}
③ 2.65×10^{-9}
④ -2.65×10^{-9}

(해설) 지구로 향하여 (−)전계가 들어오므로 지구 표면의 전하밀도
$D = -\varepsilon_0 E = -8.855 \times 10^{-12} \times 300 = -2.65 \times 10^{-9}\,[\text{C/m}^2]$

03 점전하 $Q[\text{C}]$에 의한 무한평판 도체의 영상전하에 대한 설명으로 옳은 것은?

① $-Q$보다 작다.
② $-Q$보다 크다.
③ $-Q$와 같다.
④ $-Q$보다 작을 수도 있고 클 수도 있다.

(해설) 무한평면 도체에 의한 영상전하는 크기가 같고 부호는 반대이므로 $Q' = -Q[\text{C}]$이 된다.

04 그림과 같은 x, y, z의 직각 좌표계에서 z축상에 있는 무한 길이 직선 도선에 $+z$방향으로 직류전류가 흐를 때, $y > 0$인 $+y$축상의 임의의 점에서의 자계의 방향은?

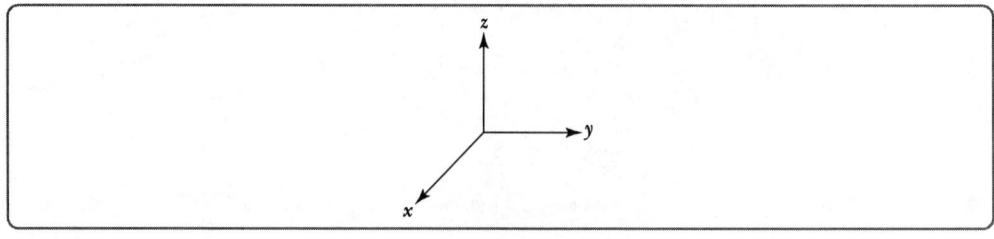

① $-x$축 방향
② $-y$축 방향
③ $+x$축 방향
④ $+y$축 방향

01 ④ 02 ④ 03 ③ 04 ① **Answer**

해설 암페어의 오른나사를 적용하면 $y-z$면상에 자계가 들어가는 지점의 합성이므로 $-x$축 방향이라 할 수 있다.

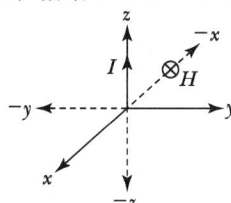

05 길이 l[m], 한 변의 길이가 a[m]인 정사각형 도체가 길이방향으로 균일하게 자화되어 자화의 세기가 P_m[Wb/m²]인 경우 전자극의 세기는 몇 [Wb]인가?

① $P_m a^2$
② $\dfrac{P_m}{a^2}$
③ $P_m \pi a^2$
④ $\dfrac{P_m}{\pi a^2}$

해설 자화의 세기 $P_m = \dfrac{M}{V} = \dfrac{모멘트}{체적} = \dfrac{ml}{a^2 l}$ 이므로 $m = P_m a^2$

06 직류 500[V] 절연저항계로 절연저항을 측정하니 2[MΩ]이 되었다면 누설전류[μA]는?

① 25
② 250
③ 1,000
④ 1,250

해설 $I = \dfrac{V}{R} = \dfrac{500}{2 \times 10^6} = 10^6 = 250[\mu A]$

07 공기 중에서 무한평면 도체로부터 수직으로 1[m] 떨어진 점에 1[C]의 전하가 있을 때 이 전하에 작용하는 힘은 약 몇 [N]인가?

① $\dfrac{4}{9} \times 10^{-9}$
② $\dfrac{9}{4} \times 10^{-9}$
③ $\dfrac{4}{9} \times 10^9$
④ $\dfrac{9}{4} \times 10^9$

해설 $F = \dfrac{Q^2}{16\pi\varepsilon_0 r^2} = \dfrac{1^2}{16\pi \times \dfrac{10^{-9}}{36\pi} \times 1^2} = \dfrac{9}{4} \times 10^9 [N]$

Answer ● 05 ① 06 ② 07 ④

08 정전용량이 4[μF], 5[μF], 6[μF]이고, 각각의 내압이 순서대로 500[V], 450[V], 350[V]인 콘덴서 3개를 직렬로 연결하고 전압을 서서히 증가시키면 콘덴서의 상태는 어떻게 되겠는가?(단, 유전체의 재질이나 두께는 같다.)

① 동시에 모두 파괴된다.
② 4[μF]가 가장 먼저 파괴된다.
③ 5[μF]가 가장 먼저 파괴된다.
④ 6[μF]가 가장 먼저 파괴된다.

해설 정전용량이 $C_1 = 4[\mu F]$, $C_2 = 5[\mu F]$, $C_3 = 6[\mu F]$이고 내압이 $V_1 = 500[V]$, $V_2 = 450[V]$, $V_3 = 350[V]$이므로 각 콘덴서의 전하량은 $Q_1 = C_1 V_1 = 2,000[\mu C]$, $Q_2 = C_2 V_2 = 2,250[\mu C]$, $Q_3 = C_3 V_3 = 2,100[\mu C]$이므로 전하량이 가장 작은 C_1인 4[μF] 콘덴서가 가장 먼저 파괴된다.

09 반지름 a [m]인 원통 도체가 있다. 이 원통 도체의 길이가 l [m]일 때 내부 인덕턴스[H]는 얼마인가?(단, 원통 도체의 투자율은 μ [H/m]이다.)

① $\dfrac{\mu}{4\pi}$
② $\dfrac{\mu}{4\pi} l$
③ $\dfrac{\mu}{8\pi}$
④ $\dfrac{\mu}{8\pi} l$

해설
• 원주도체 내부의 자기인덕턴스 $L_i = \dfrac{\mu l}{8\pi}$ [H]
• 원주도체 내부의 단위길이당 자기인덕턴스 $L_i' = \dfrac{L_i}{l} = \dfrac{\mu}{8\pi}$ [H/m]
• 원주도체 내부에 축적되는 에너지 $W_i = \dfrac{1}{2} L_i I^2 = \dfrac{\mu l I^2}{16\pi}$ [J]

10 1[μF]의 콘덴서를 80[V], 2[μF]의 콘덴서를 50[V]로 충전하고 이들을 병렬로 연결할 때의 전위차는 몇 [V]인가?

① 75
② 70
③ 65
④ 60

해설 $C_1 = 1[\mu F]$, $V_1 = 80[V]$, $C_2 = 2[\mu F]$, $V_2 = 50[V]$일 때 병렬연결 시 전위차 V'는
$V' = \dfrac{\text{합성 전하량}}{\text{합성 정전용량}} = \dfrac{Q_1 + Q_2}{C_1 + C_2} = \dfrac{C_1 V_1 + C_2 V_2}{C_1 + C_2} = \dfrac{1 \times 80 + 2 \times 50}{1 + 2} = 60[V]$가 된다.

08 ② 09 ④ 10 ④ **Answer**

11 공간 도체 내의 한 점에 있어서 자속이 시간적으로 변화하는 경우에 성립하는 식은?

① $\text{rot}\,E = \dfrac{\partial H}{\partial t}$
② $\text{rot}\,E = -\dfrac{\partial B}{\partial t}$
③ $\text{div}\,E = \dfrac{\partial B}{\partial t}$
④ $\text{div}\,E = -\dfrac{\partial H}{\partial t}$

해설 $\text{rot}\,E = \nabla \times E = -\dfrac{\partial B}{\partial t}$

12 다음 내용은 어떤 법칙을 설명한 것인가?

> 유도 기전력의 크기는 코일 속을 쇄교하는 자속의 시간적 변화율에 비례한다.

① 패러데이 법칙
② 렌츠의 법칙
③ 가우스 법칙
④ 플레밍의 오른손법칙

해설 패러데이 법칙
유기 기전력 크기를 결정
$e = -N\dfrac{d\phi}{dt}\,[\text{V}]$

13 다음 중 $\text{grad}\,V$와 전계에 대한 설명으로 옳은 것은?

① 전계와 방향은 같고 크기는 다르다.
② 전계와 방향은 반대이고 크기는 같다.
③ 전계와 방향과 크기가 모두 같다.
④ 전계와 방향과 크기가 모두 다르다.

해설 $E = -\text{grad}\,V$이므로 $\text{grad}\,V$는 전계와 크기는 같고 방향은 반대이다.

14 $1[\mu\text{F}]$의 콘덴서를 $30[\text{kV}]$로 충전하면 콘덴서에 저장되는 에너지는 몇 $[\text{J}]$인가?

① 450
② 900
③ 1,350
④ 1,800

해설 콘덴서에 저장되는 에너지
$W = \dfrac{1}{2}CV^2 = \dfrac{1}{2} \times 1 \times 10^{-6} \times (30 \times 10^3)^2 = 450\,[\text{J}]$

Answer ▶ 11 ② 12 ① 13 ② 14 ①

15 다음 중 정전응력에 대한 설명으로 옳은 것은?

① σ^2에 비례
② σ에 비례
③ $\sigma^{\frac{1}{2}}$에 반비례
④ $\sigma^{\frac{3}{2}}$에 비례

[해설] 대전된 도체의 면적당 작용하는 힘=정전응력=정전흡인력
$$f = \frac{\sigma^2}{2\varepsilon_0} = \frac{D^2}{2\varepsilon_0} = \frac{1}{2}\varepsilon_0 E^2 = \frac{1}{2}ED\,[\text{N/m}^2]$$
$$f \propto \sigma^2 \propto D^2 \propto E^2$$

16 도체계에서 임의의 도체를 일정 전위의 도체로 완전 포위하면 내외공간의 전계를 완전히 차단할 수 있다. 이것을 무엇이라 하는가?

① 전자차폐
② 정전차폐
③ 홀(Hall) 효과
④ 핀치(Pinch) 효과

[해설] 정전차폐
도체계에서 임의의 도체를 일정 전위의 도체로 완전 포위하면 내외공간의 전계를 완전 차단하는 것을 말한다. 실드선(도체 사이의 전계의 간섭을 차단하는 것을 목적) 뇌운에서 낙뢰를 피하기 위하여 건물에 피뢰침을 설치하고 철탑 정상을 연결하는 가공지선 등이 이 원리를 이용한 것이다.

17 다음 중 자유공간에서의 파동임피던스[Ω]는?

① 60π
② 90π
③ 120π
④ 150π

[해설] 파동고유임피던스 $\eta = \dfrac{E}{H} = \sqrt{\dfrac{\mu}{\varepsilon}}$ 이므로

자유공간상의 파동임피던스 $\eta = \sqrt{\dfrac{\mu_0}{\varepsilon_0}} = 377 = 120\pi\,[\Omega]$

18 지름이 1[m]인 반원에 전류가 2[A]가 흐를 경우 반원의 중심점 자계[AT/m]는 얼마인가?

① 1
② 2
③ 3
④ 4

[해설] 원형코일 중심점 자계 $H = \dfrac{NI}{2a}\,[\text{AT/m}]$이므로 반원코일의 중심점 자계

$$H = \frac{NI}{2a} \times \frac{1}{2} = \frac{1 \times 2}{2 \times \frac{1}{2}} \times \frac{1}{2} = 1\,[\text{AT/m}]$$

여기서, a : 반지름, N : 권선수, I : 전류

15 ① 16 ② 17 ③ 18 ① Answer

19 다음과 같은 환상솔레노이드의 자계의 세기는?

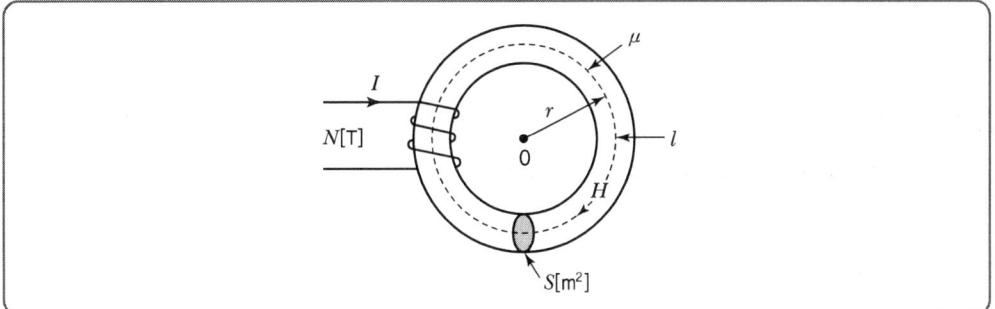

① $\dfrac{2\pi r}{NI}$ ② $\dfrac{NI}{2\pi r}$

③ $\dfrac{NI}{\pi a}$ ④ $\dfrac{NI}{4\pi a}$

[해설] 환상솔레노이드 자계 $H = \dfrac{NI}{l} = \dfrac{NI}{2\pi r}$ [AT/m]

20 전류와 자속에 관한 설명 중 옳은 것은?

① 전류와 자속은 항상 폐회로를 이룬다.
② 전류와 자속은 항상 폐회로를 이루지 않는다.
③ 전류는 폐회로이나 자속은 아니다.
④ 자속은 폐회로이나 전류는 아니다.

[해설] 전류와 자속은 항상 폐회로를 이룬다.

Answer ▶ 19 ② 20 ①

2021년도 2회 시험

01 점전하 Q_1, Q_2 사이에 작용하는 쿨롱의 힘을 F, 이 부근에 Q_3를 놓을 경우 Q_1과 Q_2 사이의 쿨롱의 힘을 F'라고 할 때 두 힘의 크기는?

① $F > F'$
② $F < F'$
③ $F = F'$
④ Q_3에 따라 다르다.

해설 두 전하 사이에 작용하는 힘은 일직선상의 전하 사이에 존재하므로 힘의 변화는 없다.

02 환상의 철심에 일정한 권선이 감긴 권수 N회, 단면 $S[\text{m}^2]$, 평균 자로의 길이 $l[\text{m}]$인 환상솔레노이드에 전류 $i[\text{A}]$를 흘렸을 때 이 환상솔레노이드의 자기인덕턴스를 옳게 표현한 식은?

① $\dfrac{\mu^2 SN}{l}$
② $\dfrac{\mu S^2 N}{l}$
③ $\dfrac{\mu SN}{l}$
④ $\dfrac{\mu SN^2}{l}$

해설 환상솔레노이드의 인덕턴스
$$L = \dfrac{N\phi}{I} = \dfrac{N}{I} \times \dfrac{\mu SNI}{l} = \dfrac{\mu SN^2}{l} = \dfrac{N^2}{R_m} \propto N^2 [\text{H}]$$
여기서, $S = \pi a^2$: 철심의 단면적[m²]
$l = 2\pi r$: 자로의 길이[m]
$R_m = \dfrac{l}{\mu S}$: 자기저항[AT/m]

03 직류 500[V] 절연저항계로 절연저항을 측정하니 2[MΩ]이 되었다면 누설전류[μA]는?

① 25
② 250
③ 1,000
④ 1,250

해설 $I_l = \dfrac{V}{R} = \dfrac{500}{2 \times 10^6} \times 10^6 = 250[\mu\text{A}]$

01 ③ 02 ④ 03 ② **Answer**

04 펠티에 효과에 대한 설명으로 틀린 것은?

① 펠티에 효과는 제백효과의 반대현상이다.
② $H = I \int_0^t P dt \, [\text{cal}]$
③ 전자냉동의 원리가 된다.
④ 서로 다른 금속에서 다른 쪽 금속에 전류를 흘리면 열의 발생 또는 흡수가 일어난다.

[해설] $H = P \int_0^t I dt \, [\text{cal}]$

05 자심재료로 규소강판을 사용하는 이유는?

① 히스테리시스손을 방지하기 위해
② 와류손을 방지하기 위해
③ 제작을 용이하게 하기 위해
④ 가격을 경제적으로 하기 위해

[해설]
- 규소강판 : 히스테리시스손 방지
- 성층결선 : 와류손 방지

06 길이 l인 동축 원통에서 내부 원통의 반지름 a, 외부 원통의 안 반지름 b, 바깥 반지름 c이고 내외 원통 간에 저항률 ρ인 도체로 채워져 있다. 도체 간의 저항은 얼마인가?(단, 도체 자체의 저항은 0으로 한다.)

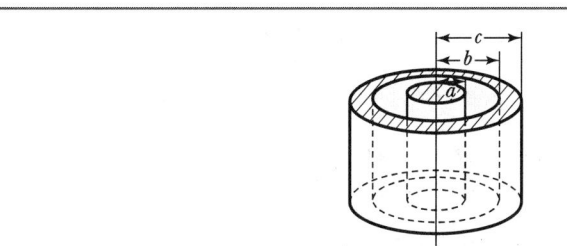

① $\dfrac{\rho}{\pi l} \log_{10} \dfrac{b}{a}$
② $\dfrac{\rho}{2\pi l} \log_{10} \dfrac{b}{a}$
③ $\dfrac{\rho}{\pi l} \log_e \dfrac{b}{a}$
④ $\dfrac{\rho}{2\pi l} \log_e \dfrac{b}{a}$

[해설] 동축 및 원주형 도체 $C = \dfrac{2\pi \varepsilon l}{\ln \dfrac{b}{a}} \, [\text{F}]$

$R = \dfrac{\rho \varepsilon}{C} = \dfrac{\rho \varepsilon}{2\pi \varepsilon l} \ln \dfrac{b}{a} = \dfrac{\rho}{2\pi l} \ln \dfrac{b}{a} \, [\Omega]$

단, $\ln = \log_e$

Answer ● 04 ② 05 ① 06 ④

07 간격 $d = 2[\text{cm}]$인 2개의 평행한 도선에 각각 전류 2,000[A]가 흐르며, 선로공급전압이 6,000[V]일 때 도선의 단위 길이당 작용하는 힘[N/m]은?

① 40　　　② 50　　　③ 60　　　④ 80

해설 평행도선 사이에 작용하는 힘
$$F = \frac{2I^2}{d} \times 10^{-7} = \frac{2 \times 2{,}000^2}{2 \times 10^{-2}} \times 10^{-7} = 40[\text{N/m}]$$

08 다음 중 맥스웰의 방정식으로 틀린 것은?

① $\text{rot}\,H = J + \dfrac{\partial D}{\partial t}$　　　② $\text{rot}\,E = \dfrac{\partial B}{\partial t}$

③ $\text{div}\,D = \rho$　　　④ $\text{div}\,B = 0$

해설 맥스웰의 제2방정식
$$\text{rot}\,E = \nabla \times E = -\frac{\partial B}{\partial t}$$

09 간격 $d[\text{m}]$인 두 개의 평형판 전극 사이에 유전율 ε의 유전체가 있을 때 전극 사이에 전압 $v = V_m \sin \omega t$를 가하면 변위전류밀도[A/m²]는?

① $\dfrac{\varepsilon}{d} V_m \cos \omega t$　　　② $\dfrac{\varepsilon}{d} \omega V_m \cos \omega t$

③ $\dfrac{\varepsilon}{d} \omega V_m \sin \omega t$　　　④ $-\dfrac{\varepsilon}{d} V_m \cos \omega t$

해설 전압 $v = V_m \sin \omega t[\text{V}]$

변위전류밀도 $i_D = \dfrac{I_D}{S} = \dfrac{\partial D}{\partial t} = \varepsilon \dfrac{\partial E}{dt} = \dfrac{\varepsilon}{d} \dfrac{\partial V}{\partial t}[\text{A/m}^2]$이므로

이때 전속밀도 $D = \varepsilon \dfrac{V_m}{d} \sin \omega t[\text{C/m}^2]$를 대입하면

변위전류밀도는 $i_d = \dfrac{\partial D}{\partial t} = \dfrac{\partial}{\partial t}\left(\varepsilon \dfrac{V_m}{d} \sin \omega t\right) = \omega \dfrac{\varepsilon V_m}{d} \cos \omega t\, [\text{A/m}^2]$가 된다.

10 구도체 표면의 전계의 세기로 옳은 것은?

① $\dfrac{\sigma}{2\varepsilon_0}$　　　② $\dfrac{\sigma}{\varepsilon_0}$

③ σ　　　④ $\dfrac{Q}{\varepsilon}$

07 ①　08 ②　09 ②　10 ②

해설
- 무한평판 전계 $E = \dfrac{\rho_s}{2\varepsilon_0}$
- 무한평판 사이, 구도체 표면 $E = \dfrac{\rho_s}{\varepsilon_0}$

여기서, $\rho_s = \sigma\,[\text{C/m}^2]$

11 비투자율 $\mu_s = 400$인 환상 철심 내의 평균 자계의 세기가 $H = 3,000\,[\text{AT/m}]$이다. 철심 중 자화의 세기 $J\,[\text{Wb/m}^2]$는?

① 0.15   ② 1.5
③ 0.75   ④ 7.5

해설 자화의 세기
$$J = \mu_0(\mu_s - 1)H = 4\pi \times 10^{-7}(400-1) \times 3,000 = 1.5\,[\text{Wb/m}^2]$$

12 다음의 관계식 중 성립할 수 없는 것은?(단, μ는 투자율, μ_o는 진공의 투자율, χ는 자화율, J는 자화의 세기이다.)

① $\mu = \mu_o + \chi$ ② $J = \chi B$
③ $\mu_s = 1 + \dfrac{\chi}{\mu_o}$ ④ $B = \mu H$

해설 자화의 세기
$$J = \mu_o(\mu_s - 1)H = B\left(1 - \dfrac{1}{\mu_s}\right) = \chi H\,[\text{Wb/m}^2]$$

13 반지름이 2[m], 3[m]인 절연 도체구의 전위를 각각 5[V], 6[V]로 한 후 가는 도선으로 두 도체구를 연결하면 공통 전위는 몇 [V]가 되는가?

① 5.2   ② 5.4
③ 5.6   ④ 5.8

해설 가는 도선으로 연결 = 병렬접속
$$V = \dfrac{Q}{C} = \dfrac{Q_1 + Q_2}{C_1 + C_2} = \dfrac{C_1 V_1 + C_2 V_2}{C_1 + C_2}$$
$$= \dfrac{4\pi\varepsilon_0(r_1 V_1 + r_2 V_2)}{4\pi\varepsilon_0(r_1 + r_2)} = \dfrac{r_1 V_1 + r_2 V_2}{r_1 + r_2} = \dfrac{2 \times 5 + 3 \times 6}{2 + 3} = 5.6\,[\text{V}]$$

Answer ● 11 ②   12 ②   13 ③

14 동일한 두 전하 사이에 작용하는 힘이 자유공간 시 15[N]이고, 어떠한 유전체 속에서 3[N]일 때 이 유전체의 비유전율은?

① 5
② 10
③ 15
④ 20

해설) $Q_1 = Q_2 = Q$이므로

자유공간 속 $F_o = \dfrac{Q^2}{4\pi\varepsilon_o r^2} = 15$이고, 유전체 속 $F = \dfrac{Q^2}{4\pi\varepsilon_o \varepsilon r^2} = 3$

결국 $\dfrac{15}{\varepsilon_s} = 3$ ∴ $\varepsilon_s = 5$

15 유전체에서 변위전류를 발생시키는 것은?

① 분극전하밀도의 시간적 변화
② 전속밀도의 시간적 변화
③ 자속밀도의 시간적 변화
④ 분극전하밀도의 공간적 변화

해설) 변위전류밀도 $i_d = \dfrac{\partial D}{\partial t}$ [A/m²]이므로 전속밀도의 시간적 변화에 의해서 유전체를 통해 평행판 사이에 흐르는 전류이다.

16 전류에 의한 자속의 방향을 알 수 있는 법칙은?

① 앙페르 오른나사 법칙
② 가우스 법칙
③ 비오사바르 법칙
④ 플레밍의 오른손 법칙

해설) 앙페르 오른나사 법칙
도체에 전류를 흘려주었을 때 도체 주변에 생기는 회전하는 자장(자계)의 방향을 결정한다.

17 다음 중 강자성체의 특징이 아닌 것은?

① 와전류특성
② 히스테리시스특성
③ 고투자율특성
④ 포화특성

해설) **강자성체의 특징**
- 고투자율을 가진다.
- 자기포화특성이 있다.
- 히스테리시스 곡선을 그릴 수 있다.
- 자구를 갖는다.

18 공기 중에 놓인 도체구의 전위가 60[kV]일 때 도체표면의 전계의 세기는 4[kV/cm]였다면 도체구에 대전된 전하량은 몇 [μC]인가?

① 1
② 10^5
③ 10^{-4}
④ 10^{-6}

[해설] $V = \dfrac{Q}{4\pi\varepsilon_0 r} = 60[\text{kV}]$ 이고 $E = \dfrac{Q}{4\pi\varepsilon_0 r^2} = 4[\text{kV/cm}]$ 이므로

전위 V에서 Q를 구하면 $Q = 4\pi\varepsilon_0 r \times 60 \times 10^3 [\text{C}]$

이때 $V = Er$에서 $r = \dfrac{V}{E}$ 이므로

$Q = \dfrac{1}{9 \times 10^9} \times \dfrac{V}{E} \times 60 \times 10^3 = \dfrac{1}{9 \times 10^9} \times \dfrac{60 \times 10^3}{4 \times \dfrac{10^3}{10^{-2}}} \times 60 \times 10^3 = 1 \times 10^{-6} [\text{C}]$

∴ $Q = 1[\mu\text{C}]$

19 다음 설명의 (㉠), (㉡)에 들어갈 내용으로 옳은 것은?

> 히스테리시스 곡선에서 종축과 만나는 점은 (㉠)이고, 횡축과 만나는 점은(㉡)이다.

① ㉠ 보자력, ㉡ 잔류자기
② ㉠ 잔류자기, ㉡ 보자력
③ ㉠ 자속밀도, ㉡ 자기저항
④ ㉠ 자기저항, ㉡ 자속밀도

[해설] 히스테리시스 곡선(B-H 곡선)
- 종축 : B ← 종축과 만남(잔류자기)
- 횡축 : H ← 횡축과 만남(보자력)

20 전압계 및 전류계의 측정범위를 넓히기 위하여 사용하는 배율기와 분류기의 접속방법은?

① 배율기는 전압계와 병렬접속, 분류기는 전류계와 직렬접속
② 배율기는 전압계와 직렬접속, 분류기는 전류계와 병렬접속
③ 배율기 및 분류기 모두 전압계와 전류계에 직렬접속
④ 배율기 및 분류기 모두 전압계와 전류계에 병렬접속

[해설]
- 배율기 : 전압계의 측정범위를 넓히기 위하여 저항과 직렬접속한 것
- 분류기 : 전류계의 측정범위를 넓히기 위하여 저항과 병렬접속한 것

Answer ● 18 ① 19 ② 20 ②

2021년도 3회 시험 과년도 기출문제

01 유전율이 각각 ε_1, ε_2인 두 유전체가 접해 있는 경우 전기력선의 방향을 그림과 같이 표시할 때 $\varepsilon_1 > \varepsilon_2$이면 다음 중 옳은 것은?

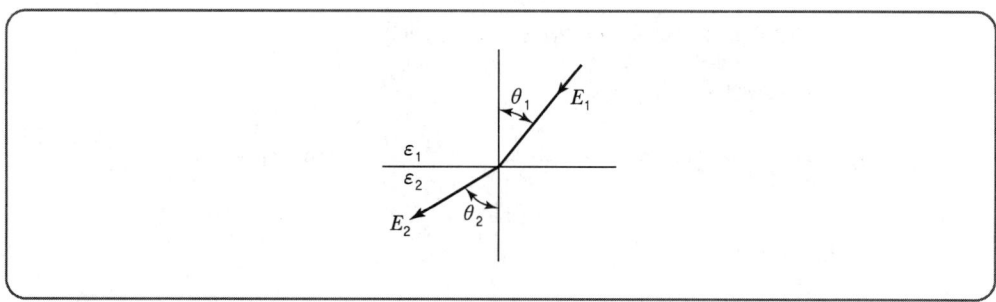

① $\theta_1 = \theta_2$
② $\theta_1 < \theta_2$
③ $E_1 < E_2$
④ $E_1 > E_2$

해설 경계면 조건에서 $\varepsilon_1 > \varepsilon_2$이면 전계만 반비례 성질이 있으므로 아래와 같다.
- $\theta_1 > \theta_2$
- $D_1 > D_2$
- $E_1 < E_2$

02 공기 중 두 점전하 사이에 작용하는 힘이 15[N]이었다. 두 전하 사이에 유전체를 넣었더니 힘이 3[N]으로 되었다면 유전체의 비유전율은 얼마인가?

① 15 ② 10 ③ 5 ④ 2.5

해설 공기 중 힘 $F_0 = \dfrac{Q_1 Q_2}{4\pi\varepsilon_0 r^2} = 15[\text{N}]$

유전체 속 힘 $F = \dfrac{Q_1 Q_2}{4\pi\varepsilon_0 \varepsilon_s r^2} = 3[\text{N}]$ 이므로

$\dfrac{15}{\varepsilon_s} = 3$ ∴ $\varepsilon_s = 5$

03 동심구형 콘덴서의 내외 반지름을 각각 10배로 증가시키면 정전용량은 몇 배로 증가하는가?

① 5 ② 10 ③ 20 ④ 100

Answer 01 ③ 02 ③ 03 ②

해설 동심구의 정전용량의 반지름을 각각 n배씩 증가시키면 $C[\mathrm{F}]$도 n배로 증가한다.

수리적으로 본다면 동심구의 정전용량은 $C = \dfrac{4\pi\varepsilon_0 ab}{b-a}[\mathrm{F}]$이므로

내외 반지름을 각각 10배로 하면, $b' = 10b$, $a' = 10a$이므로

$C' = \dfrac{4\pi\varepsilon_0 a' b'}{b' - a'} = \dfrac{4\pi\varepsilon_0 10a \cdot 10b}{10b - 10a} = \dfrac{100(4\pi\varepsilon_0 ab)}{10(b-a)} = 10C$가 되므로 10배가 된다.

04 자기 인덕턴스가 각각 L_1, L_2인 두 코일을 서로 간섭이 없도록 병렬로 연결했을 때 그 합성 인덕턴스는?

① $L_1 L_2$ ② $\dfrac{L_1 + L_2}{L_1 L_2}$ ③ $L_1 + L_2$ ④ $\dfrac{L_1 L_2}{L_1 + L_2}$

해설 인덕턴스의 병렬 접속

- 가극성 $L_0 = \dfrac{L_1 L_2 - M^2}{L_1 + L_2 - 2M}$
- 감극성 $L_0 = \dfrac{L_1 L_2 - M^2}{L_1 + L_2 + 2M}$

서로 간섭이 없을 경우 상호 인덕턴스 $M = 0$이므로 합성인덕턴스 $L_0 = \dfrac{L_1 L_2}{L_1 + L_2}$

05 내구의 반지름이 6[cm], 외구의 반지름이 8[cm]인 동심구 콘덴서의 외구를 접지하고 내구에 전위 1,800[V]를 가했을 경우 내구에 충전된 전기량은 몇 [C]인가?

① 2.8×10^{-8} ② 3.8×10^{-8} ③ 4.8×10^{-8} ④ 5.8×10^{-8}

해설 전기량 $Q = CV[\mathrm{C}]$

동심구 도체의 정전용량 $C = \dfrac{4\pi\varepsilon_0 ab}{b-a}[\mathrm{F}]$이므로

$Q = CV = \dfrac{4\pi\varepsilon_0 ab}{b-a} \times V = \dfrac{4\pi \times 8.85 \times 10^{-12} \times 0.06 \times 0.08}{0.08 - 0.06} \times 1,800 ≒ 4.8 \times 10^{-8}[\mathrm{C}]$

06 전기기기의 철심재료로 규소강판을 사용하는 이유는?

① 동손을 줄이기 위해 ② 와전류손을 줄이기 위해
③ 히스테리시스손을 줄이기 위해 ④ 제작을 용이하게 하기 위해

해설
- 규소강판 : 히스테리시스손 감소
- 성층결선 : 와류손 감소

Answer ▶ 04 ④ 05 ③ 06 ③

07 투자율이 다른 두 자성체의 경계면에서 굴절각과 입사각의 관계가 옳은 것은?(단, μ : 투자율, θ_1 : 입사각, θ_2 : 굴절각이다.)

① $\dfrac{\sin\theta_1}{\sin\theta_2} = \dfrac{\mu_1}{\mu_2}$

② $\dfrac{\tan\theta_2}{\tan\theta_1} = \dfrac{\mu_1}{\mu_2}$

③ $\dfrac{\cos\theta_1}{\cos\theta_2} = \dfrac{\mu_1}{\mu_2}$

④ $\dfrac{\tan\theta_1}{\tan\theta_2} = \dfrac{\mu_1}{\mu_2}$

[해설] 굴절각과 입사각의 관계

$\dfrac{\mu_1}{\mu_2} = \dfrac{\tan\theta_1}{\tan\theta_2}$

08 그림과 같이 반지름 r[m]인 원의 임의의 2점 A, B 각 θ 사이에 전류 I[A]가 흐른다. 원의 중심 O의 자계의 세기는 몇 [A/m]인가?

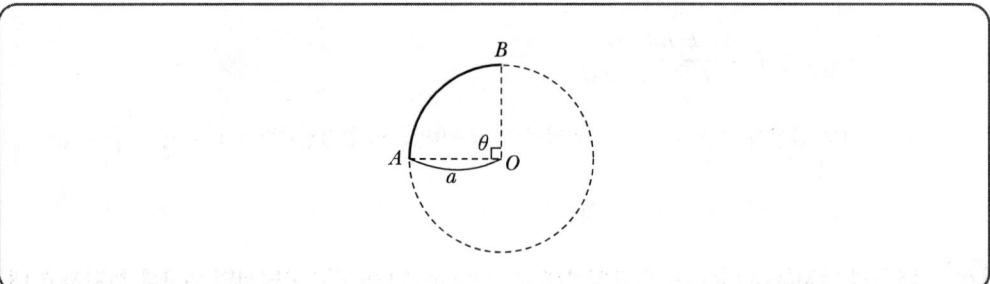

① $\dfrac{I\theta}{4\pi a^2}$

② $\dfrac{I\theta}{4\pi a}$

③ $\dfrac{I\theta}{2\pi a^2}$

④ $\dfrac{I\theta}{2\pi a}$

[해설] 원형 코일 중심자계 $H = \dfrac{I}{2a} \times \dfrac{\theta}{2\pi} = \dfrac{I\theta}{4\pi a}$[AT/m]

09 자화의 세기 P_m[Wb/m²]을 자속밀도 B[Wb/m²]와 비투자율 μ_r로 나타내면?

① $P_m = (1 - \mu_r)B$

② $P_m = \left(1 - \dfrac{1}{\mu_r}\right)B$

③ $P_m = (\mu_r - 1)B$

④ $P_m = \left(\dfrac{1}{\mu_r} - 1\right)B$

[해설] $J = \dfrac{dm}{dS} = \dfrac{dm \times l}{dS \times l} = \dfrac{dM}{dv}$[Wb/m²]

$J = \sigma_s = \dfrac{dM}{dv} = \mu_0(\mu_s - 1)H = B\left(1 - \dfrac{1}{\mu_s}\right) = xH$[Wb/m²]

07 ④　08 ②　09 ②

10 권수가 N인 철심이 든 환상 솔레노이드가 있다. 철심의 투자율은 일정하다고 하면, 이 솔레노이드의 자기 인덕턴스 L은?(단, 여기서 R_m은 철심의 자기저항이고 솔레노이드에 흐르는 전류를 I라 한다.)

① $L = \dfrac{R_m}{N^2}$ ② $L = \dfrac{N^2}{R_m}$ ③ $L = R_m N^2$ ④ $L = \dfrac{N}{R_m}$

해설 환상 솔레노이드의 인덕턴스
$$L = \frac{N\phi}{I} = \frac{N}{I} \times \frac{\mu S N I}{l} = \frac{\mu S N^2}{l} = \frac{N^2}{R_m} \propto N^2 [\mathrm{H}]$$
여기서, $S = \pi a^2$: 철심의 단면적[m²]
$l = 2\pi r$: 자로의 길이[m]
$R_m = \dfrac{l}{\mu S}$: 자기저항[AT/m]

11 비유전율 $\varepsilon_s = 5$인 유전체 내에서의 전자파의 전파속도[m/s]는 얼마인가?(단, $\mu_s = 1$이다.)

① 133×10^6 ② 134×10^7 ③ 133×10^7 ④ 134×10^6

해설 전자파의 전파속도 $v = \dfrac{3 \times 10^8}{\sqrt{\varepsilon_s \mu_s}} = \dfrac{3 \times 10^8}{\sqrt{5 \times 1}} = 134 \times 10^6 [\mathrm{m/sec}]$

12 다음 설명 중 잘못된 것은?

① 전계에 유전율을 나누면 전속밀도가 된다.
② 대전 도체 내부에는 전계가 0이다.
③ 곡률이 크면 전하밀도가 높다.
④ 전기력선은 도체표면에 수직으로 교차한다.

해설 $D = \dfrac{\psi}{S} = \dfrac{Q}{S} = E\varepsilon [\mathrm{C/m^2}]$이므로 전계에 유전율을 곱하면 전속밀도가 된다.

13 와류손 및 히스테리시스손과 최대자속밀도의 비례관계에 대한 설명으로 옳은 것은?

① 와류손은 1.6승에 비례하고 히스테리시스손은 2승에 비례한다.
② 와류손은 2승에 비례하고 히스테리시스손은 1.6승에 비례한다.
③ 와류손은 2승에 비례하고 히스테리시스손은 2승에 비례한다.
④ 와류손은 1.6승에 비례하고 히스테리시스손은 1.6승에 비례한다.

해설 • 와류손 $P_h = \eta(fB_m)^2$
• 히스테리시스손 $P_h = \eta f B_m^{1.6}$

Answer ▶ 10 ② 11 ④ 12 ① 13 ②

14 그림과 같은 동축원통의 왕복 전류회로가 있다. 도체 단면에 고르게 퍼진 일정 크기의 전류가 내부도체로 흘러 들어가고 외부도체로 흘러나올 때 전류에 의하여 생기는 자계에 대하여 틀린 것은?

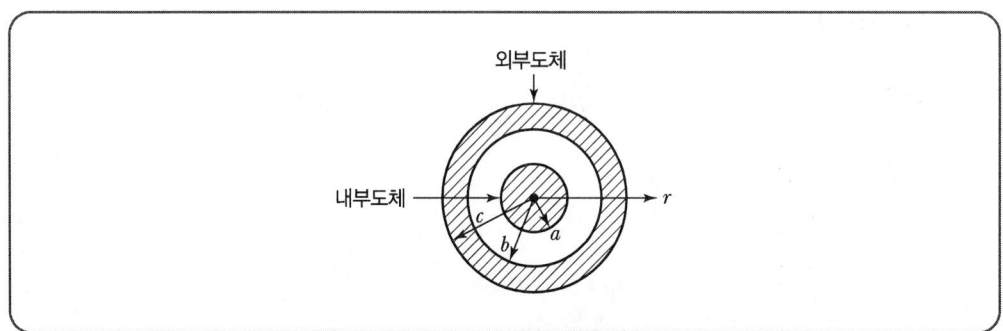

① 외부공간($r > c$)의 자계는 영(0)이다.
② 내부도체 내($r < a$)에 생기는 자계의 크기는 중심으로부터 거리에 비례한다.
③ 외부도체 내($b < r < c$)에 생기는 자계의 크기는 중심으로부터 거리에 관계없이 일정하다.
④ 두 도체 사이(내부공간)($a < r < b$)에 생기는 자계의 크기는 중심으로부터 거리에 반비례한다.

해설 내부도체에 흐르는 전류를 $+I$[A]라 하고 외부도체에 흐르는 전류를 $-I$[A]라 할 때
㉠ 내부도체의 자계
  • 도체 내부(균일한 전류) : $H = \dfrac{+Ir}{2\pi a^2}$ ($r < a$) ······ ⓐ
  • 외부 : $H = \dfrac{+I}{2\pi r}$ ($r > a$) ······ ⓑ

㉡ 외부도체의 자계
  • 공심 : $H = 0$ ($r < b$) ······ ⓒ
  • 내부 : $H = \dfrac{-Ir}{2\pi c^2}$ ($b < r < c$) ······ ⓓ
  • 외부 : $H = \dfrac{-I}{2\pi r}$ ($r > c$) ······ ⓔ

$r < a$(ⓐ+ⓒ) : $H = \dfrac{+Ir}{2\pi a^2} + 0$ (거리에 비례)

$a < r < b$(ⓑ+ⓒ) : $H = \dfrac{+I}{2\pi r} + 0$ (거리에 반비례)

$b < r < c$(ⓑ+ⓓ) : $H = \dfrac{+I}{2\pi r} + \dfrac{-Ir}{2\pi c^2} = \dfrac{+Ic^2 - Ir^2}{2\pi rc^2} = \dfrac{+I(c^2 - r^2)}{2\pi c^2 r}$ (거리에 반비례)

$r > c$(ⓑ+ⓔ) : $H = \dfrac{+I}{2\pi r} + \dfrac{-I}{2\pi r} = 0$

14 ③ **Answer**

15 다음 중 식이 틀린 것은?

① 발산의 정리 : $\int_s E \cdot dS = \int_v \text{div} E dv$

② Poisson의 방정식 : $\nabla^2 V = \dfrac{\varepsilon}{\rho}$

③ Gauss의 정리 : $\text{div} D = \rho$

④ Laplace의 방정식 : $\nabla^2 V = 0$

[해설] Poisson(푸아송)의 방정식 : $\nabla^2 V = -\dfrac{\rho}{\varepsilon}$

16 무한장 원주형 도체에 전류 I가 표면에만 흐른다면 원주 내부의 자계의 세기는 몇 [AT/m]인가? (단, r[m]는 원주의 반지름이고, N은 권선수이다.)

① 0   ② $\dfrac{NI}{2\pi r}$ ③ $\dfrac{I}{2r}$ ④ $\dfrac{I}{2\pi r}$

[해설] 무한장 원주형 도체(전류가 도체 표면에만 흐르면)
- 외부자계 $H_o = \dfrac{NI}{2\pi r}$
- 내부자계 $H_i = 0$

17 두 유전체의 경계면에서 정전계가 만족하는 것은?

① 전계의 법선성분이 같다.
② 전계의 접선성분이 같다.
③ 전속밀도의 접선성분이 같다.
④ 분극 세기의 접선성분이 같다.

[해설]
- 전계(E)는 경계면에 수평(접선) 성분이 연속이다.(서로 같다.)
  $E_1 \sin\theta_1 = E_2 \sin\theta_2$
- 전속밀도(D)는 경계면에 수직(법선) 성분이 연속이다.(서로 같다.)
  $D_1 \cos\theta_1 = D_2 \cos\theta_2$

Answer ➔ 15 ②   16 ①   17 ②

18 각각 ± Q[C]로 대전된 두 개의 도체 간의 전위차를 전위계수로 표시하면?(단, $P_{12} = P_{21}$이다.)

① $(P_{11} + P_{12} + P_{22})Q$
② $(P_{11} + P_{12} - P_{22})Q$
③ $(P_{11} - P_{12} + P_{22})Q$
④ $(P_{11} - 2P_{12} + P_{22})Q$

해설 $V_1 = P_{11}Q_1 + P_{12}Q_2 = P_{11}Q - P_{12}Q$
$V_2 = P_{21}Q_1 + P_{22}Q_2 = P_{21}Q - P_{22}Q$
$P_{12} = P_{21}$이므로 $V_1 - V_2$를 하면 전위차이므로
$V = V_1 - V_2 = (P_{11} - 2P_{12} + P_{22})Q = PQ$[V]

• 전위계수 $P = P_{11} - 2P_{12} + P_{22}$
• 정전용량 $C = \dfrac{1}{P} = \dfrac{1}{P_{11} - 2P_{12} + P_{22}}$ [F]

19 단면적 S[m²], 자로의 길이 l[m], 투자율 μ[H/m]의 환상 철심에 1[m]당 N회 코일을 균등하게 감았을 때 자기 인덕턴스[H]는?

① μNlS
② $\mu N^2 lS$
③ $\dfrac{\mu N^2 l}{S}$
④ $\dfrac{\mu N^2 S}{l}$

해설 환상 철심
$L = \dfrac{\mu S N_o^2}{l}$ [H]
1m당 N회일 경우 $N_o = Nl$이므로
$L = \dfrac{\mu S (Nl)^2}{l} = \mu S N^2 l$ [H]

20 반지름 a[m]인 두 개의 무한장 도선이 d[m]의 간격으로 평행하게 놓여 있을 때 $a \ll d$인 경우, 단위 길이당 정전용량[F/m]은?

① $\dfrac{2\pi\varepsilon_0}{\ln\dfrac{d}{a}}$
② $\dfrac{\pi\varepsilon_0}{\ln\dfrac{d}{a}}$
③ $\dfrac{4\pi\varepsilon_0}{\dfrac{1}{a} - \dfrac{1}{d}}$
④ $\dfrac{2\pi\varepsilon_0}{\dfrac{1}{a} - \dfrac{1}{d}}$

해설 반지름 a인 무한장 도선 = 원통도체
$C = \dfrac{\pi\varepsilon_o}{\ln\dfrac{d}{a}}$ [F/m]

18 ④ 19 ② 20 ②

전기산업기사
2022년도 1회 시험 — 과년도 기출문제

01 반지름 a인 접지도체구의 중심에서 $d > a$ 되는 곳에 점전하 Q가 있다. 구도체에 유기되는 영상전하 및 그 위치(중심에서의 거리)는 각각 얼마인가?

① $+\dfrac{a}{d}Q$이며 $\dfrac{a^2}{d}$이다.
② $-\dfrac{a}{d}Q$이며 $\dfrac{a^2}{d}$이다.
③ $+\dfrac{d}{a}Q$이며 $\dfrac{a^2}{d}$이다.
④ $-\dfrac{d}{a}Q$이며 $\dfrac{d^2}{a}$이다.

해설 접지구도체와 점전하에서 영상전하 $Q' = -\dfrac{a}{d}Q$ 및 영상전하위치 $x = \dfrac{a^2}{d}$이다.

02 유전체 중의 전계의 세기를 $E[\text{V/m}]$, 유전율을 $\varepsilon[\text{F/m}]$이라고 할 때 전기변위 $[\text{C/m}^2]$는?

① εE ② εE^2 ③ $\dfrac{\varepsilon}{E}$ ④ $\dfrac{E}{\varepsilon}$

해설 전기변위 $[\text{C/m}^2]$ = 전속밀도 $D[\text{C/m}^2]$이므로
$$D = \dfrac{\psi}{S} = \dfrac{Q}{S} = \dfrac{Q}{4\pi r^2} = \varepsilon E\,[\text{C/m}^2]$$

03 진공 중에 한 변이 $a[\text{m}]$인 정삼각형 꼭짓점에 각각 서로 같은 점전하 $Q[\text{C}]$가 있을 때 각 전하 사이에 작용하는 힘 F는 몇 $[\text{N}]$인가?

① $\dfrac{Q^2}{4\pi\varepsilon_0 a^2}$ ② $\dfrac{Q^2}{2\pi\varepsilon_0 a^2}$ ③ $\dfrac{\sqrt{2}\,Q^2}{4\pi\varepsilon_0 a^2}$ ④ $\dfrac{\sqrt{3}\,Q^2}{4\pi\varepsilon_0 a^2}$

해설 정삼각형의 각 정점에 전하 존재 시 주어진 전하의 극성과 전하량(크기)이 같은 경우
$$F = \sqrt{F_1^2 + F_2^2 + 2F_1 F_2 \cos 60} = \sqrt{3}\,F_1 \text{이므로}$$
$$= \sqrt{3} \cdot \dfrac{Q^2}{4\pi\varepsilon_0 a^2}\,[\text{N}]$$

04 권수가 1이고 반지름이 $a[\text{m}]$인 원형전류 $I[\text{A}]$가 만드는 중심의 자계의 세기는 몇 $[\text{AT/m}]$인가?

① $\dfrac{I}{a}$ ② $\dfrac{I}{2a}$ ③ $\dfrac{I}{3a}$ ④ $\dfrac{I}{4a}$

Answer ► 01 ② 02 ① 03 ④ 04 ②

해설 원형코일 중심점자계의 세기
$$H = \frac{NI}{2a} = \frac{I}{2a} [\text{AT/m}]$$

05 변압기의 철심으로 규소강판을 사용하는 주된 이유는 무엇인가?

① 와전류손을 적게 하기 위함
② 부하손(동손)을 적게 하기 위함
③ 히스테리시스손을 적게 하기 위함
④ 제작 및 가공이 용이하게 하기 위함

해설 히스테리시스손은 $P_h = \eta f b_m^{1.6}$이며 방지책으로 규소강판을 사용한다. 와류손은 $P_h = \eta (f b_m)^2$이며 방지책으로 성층결선을 한다.

06 다음 중 직선도선에 전류가 흐를 경우 주위에 발생하는 자계의 방향으로 맞는 것은?

① 오른나사의 회전방향
② 오른나사의 진행방향
③ 전류의 방향
④ 전류의 반대방향

해설 앙페르의 오른손법칙 = 앙페르의 오른나사법칙
전류에 의한 자기장의 방향을 나타내는 법칙으로, 직선운동하는 전류를 오른손의 엄지로 결정하면 나머지 손가락의 방향이 자기장의 방향(=자계의 방향)이 된다. 따라서 자계의 방향은 오른나사의 회전방향이 되며 주의할 점은 오른나사의 진행방향은 나사가 들어가는 직선방향을 의미함을 알아야 한다.

07 서로 다른 금속으로 폐회로를 만들고 여기에 전류를 흘리면 두 금속의 접속점에서 한쪽 금속은 온도가 올라가고 다른 금속 쪽은 온도가 내려가서 열의 발생 및 흡수가 생기며, 전류를 반대방향으로 변화시키면 열의 발생부와 흡수부가 바뀌는 현상이 생긴다. 이와 같은 현상을 무엇이라고 하는가?

① 핀치효과
② 펠티어효과
③ 톰슨효과
④ 제어백효과

해설 펠티어효과
서로 다른 금속에 전류를 흘리면 열의 흡수 및 발생이 생기는 현상이다.

08 비유전율 $\varepsilon_s = 4$인 유전체 내에서의 전자파의 전파속도로 알맞은 것은?(단, $\mu_s = 1$이다.)

① $0.5 \times 10^8 [\text{m/s}]$
② $1.0 \times 10^8 [\text{m/s}]$
③ $1.5 \times 10^8 [\text{m/s}]$
④ $2.0 \times 10^8 [\text{m/s}]$

05 ③ 06 ① 07 ② 08 ③ **Answer**

해설 전파속도

$$v = \frac{\omega}{\beta} = \frac{1}{\sqrt{LC}} = \frac{1}{\sqrt{\varepsilon\mu}} = \frac{3\times10^8}{\sqrt{\varepsilon_s\mu_s}} = \lambda f [\text{m/s}] \text{이므로}$$

$$v = \frac{3\times10^8}{\sqrt{\varepsilon_s\mu_s}} = \frac{3\times10^8}{\sqrt{4\cdot 1}} = 1.5\times10^8 [\text{m/s}]$$

09 자기인덕턴스가 각각 L_1, L_2인 두 코일을 서로 간섭이 없도록 병렬로 연결하였을 때 합성인덕턴스로 옳은 것은?

① $L_1 L_2$
② $\dfrac{L_1+L_2}{L_1 L_2}$
③ $L_1 + L_2$
④ $\dfrac{L_1 L_2}{L_1 + L_2}$

해설 병렬합성인덕턴스

$L_0 = \dfrac{L_1 L_2 - M^2}{L_1 + L_2 \pm 2M}[\text{H}]$, 단 $+$: 차동결합, $-$: 가동결합

일 때 서로 간섭이 없는 경우는 상호인덕턴스 $M = 0$이므로

$L_0 = \dfrac{L_1 L_2}{L_1 + L_2}[\text{H}]$

10 도체의 단면적이 $5[\text{m}^2]$인 곳을 3초 동안에 30[C]의 전하가 통과하였다면 이때의 전류는 몇 [A]인가?

① 5　　　② 10　　　③ 30　　　④ 90

해설 $I = \dfrac{Q}{t}[\text{C/sec} = \text{A}] = \dfrac{30}{3} = 10[\text{A}]$

11 두 개의 코일이 있다. 각각의 자기인덕턴스가 0.4[H], 0.9[H]이고, 상호인덕턴스가 0.36[H]일 때 결합계수는?

① 0.5　　　② 0.6　　　③ 0.7　　　④ 0.8

해설 $k = \dfrac{M}{\sqrt{L_1 L_2}} = \dfrac{0.36}{\sqrt{0.4\times 0.9}} = 0.6$

Answer ○ 09 ④　10 ②　11 ②

12 환상철심에 감은 코일에 5[A]의 전류를 흘려 2,000[AT]의 기자력을 발생시키고자 한다면, 코일의 권수는 몇 회가 되는가?

① 100   ② 200   ③ 300   ④ 400

해설 기자력 $F = NI[\text{AT}]$에서 $N = \dfrac{F}{I} = \dfrac{2,000}{5} = 400$회

13 도체계에서 임의의 도체를 일정 전위의 도체로 완전포위하면 내외공간의 전계를 완전히 차단할 수 있다. 이것을 무엇이라고 하는가?

① 전자차폐   ② 정전차폐
③ 홀(Hall)효과   ④ 핀치(Pinch)효과

해설 정전차폐
정전유도현상에 의한 전하의 이동을 완벽하게 차단하는 현상

14 면전하밀도 $\sigma[\text{C/m}^2]$의 대전도체가 진공 중에 놓여 있을 때 도체 표면에 작용하는 정전응력은?

① σ에 비례한다.   ② σ^2에 비례한다.
③ σ에 반비례한다.   ④ σ^2에 반비례한다.

해설 정전응력＝면적당 작용하는 힘 $f[\text{N/m}^2]$

$$f = \frac{\rho_s^2}{2\varepsilon_0} = \frac{D^2}{2\varepsilon_0} = \frac{1}{2}E^2\varepsilon_0 = \frac{1}{2}ED \ [\text{N/m}^2]$$ 이므로 ρ_s^2에 비례한다.

단, 면전하밀도 $\sigma[\text{C/m}^2] = \rho_s = \dfrac{Q}{S}[\text{C/m}^2]$

15 다음 중 자기쌍극자에 의한 자위 $U[\text{A}]$에 해당되는 것은?(단, 자기쌍극자의 자기모멘트는 M [Wb·m]이며, 쌍극자의 중심으로부터의 거리는 $r[\text{m}]$이고, 쌍극자의 정방향과의 각도는 θ라 한다.)

① $6.33 \times 10^4 \times \dfrac{M\sin\theta}{r^3}$ ② $6.33 \times 10^4 \times \dfrac{M\sin\theta}{r^2}$
③ $6.33 \times 10^4 \times \dfrac{M\cos\theta}{r^3}$ ④ $6.33 \times 10^4 \times \dfrac{M\cos\theta}{r^2}$

12 ④   13 ②   14 ②   15 ④   **Answer**

해설 자기쌍극자에 의한 자계 및 자위
- 자계

$$\vec{H} = \frac{2M\cos\theta}{4\pi\mu_0 r^3}r_0 + \frac{M\sin\theta}{4\pi\mu_0 r^3}\theta_0$$

$$|H| = \frac{M}{4\pi\mu_0 r^3}\sqrt{1+3\cos^2\theta}\,[\text{N/Wb}=\text{AT/m}]$$

- 자위

$$U = \frac{M\cos\theta}{4\pi\mu_0 r^2} = 6.33\times 10^4 \times \frac{M\cos\theta}{r^2}[\text{A}]$$

단, 쌍극자모멘트 $M = ml[\text{Wb}\cdot\text{m}]$이다.

16 유전율 ε의 유전체 내에 있는 전하 $Q[\text{C}]$에서 발생하는 전속선의 수는 얼마인가?

① $\dfrac{Q}{\varepsilon_0}$ ② $\dfrac{Q}{\varepsilon_0\varepsilon_s}$ ③ $\dfrac{Q}{\varepsilon_s}$ ④ Q

해설 전속(수) $\Psi = \Psi_0 = Q[\text{C}]$이므로 진공이든 진공상태가 아니든 매질에 상관 없이 항상 $Q[\text{C}]$으로 일정하다.

17 x축상에서 $x=1, 2, 3, 4[\text{m}]$인 각 점에 $2, 4, 6, 8[\mu\text{C}]$의 점전하가 존재할 때 이들에 의한 전계 내에 저장되는 정전에너지는 몇 [mJ]인가?

① 483 ② 644 ③ 725 ④ 966

해설
$$V_1 = \sum\frac{Q_{1-4}}{4\pi\varepsilon_0 r_{1-4}} = \frac{1}{4\pi\varepsilon_0}\left(\frac{4}{1}+\frac{6}{2}+\frac{8}{3}\right)\times 10^{-6}$$
$$= 9\times 10^9 \times\left(\frac{4}{1}+\frac{6}{2}+\frac{8}{3}\right)\times 10^{-6} = 87,000[\text{V}]$$

$$V_2 = \sum\frac{Q_{1-4}}{4\pi\varepsilon_0 r_{1-4}} = \frac{1}{4\pi\varepsilon_0}\left(\frac{2}{1}+\frac{6}{1}+\frac{8}{2}\right)\times 10^{-6}$$
$$= 9\times 10^9 \times\left(\frac{2}{1}+\frac{6}{1}+\frac{8}{2}\right)\times 10^{-6} = 108,000[\text{V}]$$

$$V_3 = \sum\frac{Q_{1-4}}{4\pi\varepsilon_0 r_{1-4}} = \frac{1}{4\pi\varepsilon_0}\left(\frac{2}{2}+\frac{4}{1}+\frac{8}{1}\right)\times 10^{-6}$$
$$= 9\times 10^9 \times\left(\frac{2}{2}+\frac{4}{1}+\frac{8}{1}\right)\times 10^{-6} = 117,000[\text{V}]$$

Answer 16 ④ 17 ④

$$V_4 = \sum \frac{Q_{1-4}}{4\pi\varepsilon_0 r_{1-4}} = \frac{1}{4\pi\varepsilon_0}\left(\frac{2}{3} + \frac{4}{2} + \frac{6}{1}\right) \times 10^{-6}$$

$$= 9 \times 10^9 \times \left(\frac{2}{3} + \frac{4}{2} + \frac{6}{1}\right) \times 10^{-6} = 78{,}000 \, [\text{V}]$$

축적되는 에너지 총량

$$W = \sum \frac{1}{2} Q_t V_t = \frac{1}{2}(Q_1 V_1 + Q_2 V_2 + Q_3 V_3 + Q_4 V_4)$$

$$= \frac{1}{2}(2 \times 10^{-6} \times 87{,}000 + 4 \times 10^{-6} \times 108{,}000 + 6 \times 10^{-6} \times 117{,}000 + 8 \times 10^{-6} \times 78{,}000) \times 10^3$$

$$= 966 \, [\text{mJ}]$$

18 권수 1회의 코일에 5[Wb]의 자속이 쇄교하고 있을 때 0.1초 사이에 자속이 0으로 변하였다면 이 때 코일에 유도되는 기전력의 크기는 몇 [V]인가?

① 10 ② 20 ③ 30 ④ 50

해설 유도기전력 $|e| = N\dfrac{d\phi}{dt} = 1 \times \dfrac{5}{0.1} = 50\,[\text{V}]$

19 평행판콘덴서에 어떤 유전체를 넣었을 때 전속밀도가 $2.4 \times 10^{-7}[\text{C/m}^2]$이고, 단위체적당 에너지가 $5.3 \times 10^{-3}[\text{J/m}^3]$이었다. 이 유전체의 유전율은 약 몇 [F/m]인가?

① 5.17×10^{-11}
② 5.43×10^{-11}
③ 5.17×10^{-12}
④ 5.43×10^{-12}

해설 단위체적당 에너지

$$W_e = \frac{\rho_s^2}{2\varepsilon} = \frac{D^2}{2\varepsilon} = \frac{1}{2}E^2\varepsilon = \frac{1}{2}ED\,[\text{J/m}^3]\text{에서}$$

전속밀도 $D = 2.4 \times 10^{-7}[\text{C/m}^2]$, 체적당 에너지 $W_e = 5.3 \times 10^{-3}[\text{J/m}^3]$를 대입한다.

∴ $2\varepsilon W_e = D^2$ 이므로

$$\varepsilon = \frac{D^2}{2W_e} = \frac{(2.4 \times 10^{-7})^2}{2 \times 5.3 \times 10^{-3}} \fallingdotseq 5.43 \times 10^{-12}\,[\text{F/m}]$$

20 다음 방정식에서 전자계의 기초방정식이 아닌 것은?

① $\text{div} B = i + \dfrac{\partial D}{\partial t}$

② $\text{rot} H = i + \dfrac{\partial D}{\partial t}$

③ $\text{rot} E = -\dfrac{\partial B}{\partial t}$

④ $\text{rot} E = -\mu \dfrac{\partial H}{\partial t}$

해설 맥스웰 방정식

- $\text{rot} H = \text{curl} H = \nabla \times H \cdot i + \dfrac{\partial D}{\partial t}$
- $\text{rot} E = \text{curl} E = \nabla \times E = -\dfrac{\partial B}{\partial t} = -\mu \dfrac{\partial H}{\partial t}$
- $\text{div} D = \nabla \cdot D = \rho$
- $\text{div} B = \nabla \cdot B = O$
- $\text{rot} \vec{A} = \nabla \times \vec{A} = B$

Answer ○ 20 ①

2022년도 2회 시험 과년도 기출문제

01 한 변의 길이가 2[m]되는 정삼각형의 3정점 A, B, C에 10^{-4}[C]의 점전하가 있다. 점 B에 작용하는 힘은 몇 [N]인가?

① 29 ② 39 ③ 45 ④ 49

[해설] 정삼각형에 작용하는 힘
- 각 전하의 부호가 모두 동일하고 크기가 같을 경우
  $F = \sqrt{3} F_1$
- 각 전하의 부호가 반대이고 크기는 동일할 경우 $F = F_1$

$\therefore F = \sqrt{3} F_1 = \sqrt{3} \times 9 \times 10^9 \times \dfrac{10^{-4} \times 10^{-4}}{2^2} \fallingdotseq 38.97[\text{N}]$

02 무한히 넓은 평행평판이 $+\rho_s[\text{C/m}^2]$와 $-\rho_s[\text{C/m}^2]$로 대전되어 $d[\text{m}]$만큼 떨어져 있을 때 이 무한평판 사이의 전위차[V]는 얼마인가?

① $\dfrac{\rho_s}{\varepsilon_0}$ ② $\dfrac{\rho_s}{\varepsilon_0} d$ ③ $\rho_s d$ ④ $\dfrac{\varepsilon_0 \rho_s}{d}$

[해설] 무한평판 사이의 전위는 $V = Ed[\text{V}]$이고, 무한평판 사이의 전계는 $E = \dfrac{\rho_s}{\varepsilon_0}$ 이므로

전위는 $V = Ed = \dfrac{\rho_s}{\varepsilon_0} d[\text{V}]$

03 그림과 같이 등전위면이 존재하는 경우 전계의 방향은?

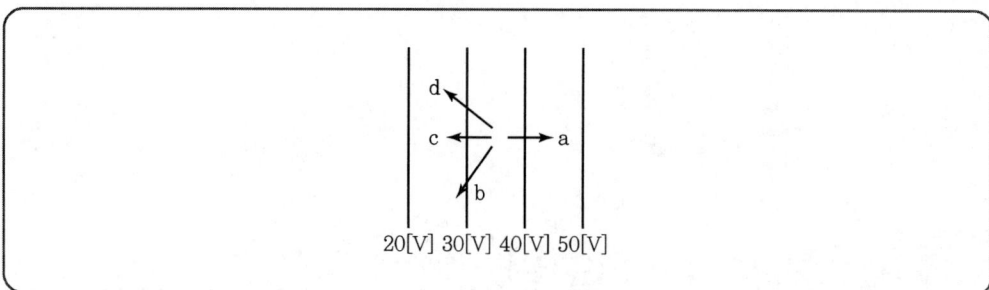

① a의 방향
② b의 방향
③ c의 방향
④ d의 방향

01 ② 02 ② 03 ③ Answer

해설 전계는 전위가 높은 곳에서 낮은 곳으로 진행하며 등전위면에 수직이다.

04 다음 물질 중 비유전율이 가장 큰 것은?

① 산화티탄자기 ② 종이
③ 운모 ④ 변압기 기름

해설

유전체	비유전율 ε_s	유전체	비유전율 ε_s
진공	1	운모	5.5~6.7
공기	1.00058	유리	3.5~10
종이	1.2~1.6	물(증류수)	80
폴리에틸렌	2.3	산화티탄	100
변압기유	2.2~2.4	로셀염	100~1,000
고무	2.0~3.5	티탄산바륨 자기	1,000~3,000

05 유전체 중의 전계의 세기를 $E[\mathrm{V/m}]$, 유전율을 $\varepsilon[\mathrm{F/m}]$이라 할 때 전기변위$[\mathrm{C/m^2}]$는 다음 중 어느 것인가?

① $\dfrac{\varepsilon}{E}$ ② $\dfrac{E}{\varepsilon}$ ③ εE^2 ④ εE

해설 전기변위$[\mathrm{C/m^2}]$=전속밀도 $D[\mathrm{C/m^2}]$
$$D=\frac{\Psi}{S}=\frac{Q}{S}=\frac{Q}{4\pi r^2}=E\varepsilon\,[\mathrm{C/m^2}]$$

06 자기인덕턴스가 각각 L_1, L_2인 두 코일이 유도결합이 없도록 병렬로 연결되었을 때의 합성인덕턴스는?

① $L_1 L_2$ ② $\dfrac{L_1 L_2}{L_1 + L_2}$

③ $L_1 + L_2$ ④ $\dfrac{L_1 + L_2}{L_1 L_2}$

해설 병렬접속 시 합성인덕턴스
$L_0 = \dfrac{L_1 L_2 - M^2}{L_1 + L_2 \pm 2M}[\mathrm{H}]$에서 가동결합은 $-$를, 차동결합은 $+$를 사용하지만 유도결합이 없는 경우에는 상호인덕턴스 $M=0$이 되므로 $L_0 = \dfrac{L_1 L_2}{L_1 + L_2}[\mathrm{H}]$

Answer ○ 04 ① 05 ④ 06 ②

07 반지름이 a[m]인 원주도체의 단위길이당 내부 인덕턴스[H/m]는?

① $\dfrac{\mu}{4\pi}$ ② $\dfrac{\mu}{8\pi}$ ③ $4\pi\mu$ ④ $8\pi\mu$

해설 원통도체의 내부 인덕턴스 $L_i = \dfrac{\mu l}{8\pi}$[H] $= \dfrac{\mu}{8\pi}$[H/m]

08 비유전율이 $\varepsilon_s = 9$, 비투자율이 $\mu_s = 1$인 공간에서의 파동고유임피던스는 약 몇 [Ω]인가?

① 125   ② 314   ③ 377   ④ 471

해설 파동고유임피던스
$$\eta = \dfrac{E}{H} = \sqrt{\dfrac{\mu}{\varepsilon}} = 377\sqrt{\dfrac{\mu_s}{\varepsilon_s}} = 377 \times \sqrt{\dfrac{1}{9}} \fallingdotseq 125\,(\Omega)$$

09 매 초마다 S면을 통과하는 전자에너지를 $W = \displaystyle\int_s P \cdot n\,ds$[W]로 표시하는데 다음 중 틀린 설명은?

① 벡터 P를 포인팅벡터라 한다.
② n이 내향일 때는 S면 내에 공급되는 총 전력이다.
③ n이 외향일 때는 S면에서 나오는 총 전력이 된다.
④ P의 방향은 전자계의 에너지 흐름의 진행방향과 다르다.

해설 전자파의 진행방향은 $E \times H$가 되고, 전자장에서 에너지의 흐름을 나타내는 포인팅벡터 또한 $E \times H$이므로 전자계의 에너지 흐름의 진행방향과 동일하다.

10 자기회로에 대한 설명 중 틀린 것은?(단, S는 자기회로의 단면적이다.)

① 자기저항의 단위는 H(Henry)의 역수이다.
② 자기저항의 역수를 퍼미언스라고 한다.
③ 자기저항=자기회로의 단면을 통과하는 자속/자기회로의 총 기자력이다.
④ 자속밀도 B가 모든 단면에 걸쳐 균일하다면 자기회로의 자속은 BS이다.

해설 자기저항 $R_m = \dfrac{F}{\phi} = \dfrac{l}{\mu S}$[AT/Wb=A/Wb]이고 $L = \dfrac{N\phi}{I}$[Wb/A]의 관계가 있으므로 자기저항은 총 기자력을 자속으로 나눈 것이며 인덕턴스 단위의 역수가 된다.

07 ② 08 ① 09 ④ 10 ③ **Answer**

11 간격 $d[\text{m}]$인 무한히 넓은 평형판의 단위면적당 정전용량[F/m²]은?(단, 매질은 공기라 한다.)

① $\dfrac{1}{4\pi\varepsilon_0 d}$
② $\dfrac{4\pi\varepsilon_0}{d}$
③ $\dfrac{\varepsilon_0}{d}$
④ $\dfrac{\varepsilon_0}{d^2}$

해설 평행판 사이의 정전용량 $C = \dfrac{\varepsilon_0 S}{d}[\text{F}] = \dfrac{\varepsilon_0}{d}[\text{F/m}^2]$

12 10[mm]의 지름을 가진 동선에 50[A]의 전류가 흐를 때 단위시간에 동선의 단면을 통과하는 전자의 수는 얼마인가?

① 약 50×10^{19}개
② 약 20.45×10^{15}개
③ 약 31.25×10^{19}개
④ 약 7.85×10^{16}개

해설 전기량 $Q = It = ne[\text{C}]$ 이때 전류 $I = \dfrac{Q}{t} = \dfrac{ne}{t}[\text{A}]$이고, 전자의 수 $n = \dfrac{I \cdot t}{e} = \dfrac{50 \times 1}{1.602 \times 10^{-19}} = $ 약 31.25×10^{19}[개]

13 도체계에서 임의의 도체를 일정 전위의 도체로 완전포위하면 내외공간의 전계를 완전히 차단할 수 있다. 이것을 무엇이라 하는가?

① 전자차폐
② 정전차폐
③ 홀(Hall)효과
④ 핀치(Pinch)효과

해설 정전차폐
도체계에서 임의의 도체를 일정 전위의 도체로 완전포위하면 내외공간의 전계를 완전차단하는 것을 말한다. 실드선(도체 사이의 전계의 간섭을 차단하는 것을 목적) 뇌운에서 낙뢰를 피하기 위하여 건물에 피뢰침을 설치하고 철탑 정상을 연결하는 가공지선 등이 이 원리를 이용한 것이다.

14 권수 1회의 코일에 5[Wb]의 자속이 쇄교하고 있을 때 10^{-1}[초] 사이에 자속이 0[Wb]로 변하였다면 코일에 유도되는 기전력은 몇 [V]가 되는가?

① 5
② 25
③ 50
④ 100

해설 유도기전력 $e = -N\dfrac{d\phi}{dt} = -1 \cdot \dfrac{5-0}{10^{-1}} = -50[\text{V}]$이므로 크기는 50[V]로 간주한다.

Answer ▶ 11 ③ 12 ③ 13 ② 14 ③

15 대전도체 표면의 전하밀도를 $\sigma[\text{C/m}^2]$라 할 때, 대전도체 표면의 단위면적이 받는 정전응력은 전하밀도 σ와 어떤 관계에 있는가?

① $\sigma^{\frac{1}{2}}$에 비례
② $\sigma^{\frac{3}{2}}$에 비례
③ σ에 비례
④ σ^2에 비례

해설 대전된 도체의 면적당 작용하는 힘=정전응력=정전흡인력

$$f = \frac{\sigma^2}{2\varepsilon_0} = \frac{D^2}{2\varepsilon_0} = \frac{1}{2}\varepsilon_0 E^2 = \frac{1}{2}ED[\text{N/m}^2]$$

$$f \propto \sigma^2 \propto D^2 \propto E^2$$

16 다음 중 자기회로와 전기회로의 대응관계로 옳지 않은 것은?

① 자속 – 전속
② 자계 – 전계
③ 투자율 – 도전율
④ 기자력 – 기전력

해설 자기회로의 자속에 대응되는 전기회로 요소는 전류이다.
전기회로와 자기회로의 대응관계

전기회로		자기회로	
기전력	$V = IR[\text{V}]$	기자력	$F = N \cdot I = R_m \phi[\text{AT}]$
전류	$I = \dfrac{V}{R}[\text{A}]$	자속	$\phi = \dfrac{F}{R_m} = \dfrac{\mu SNI}{l}[\text{Wb}]$
전기저항	$R = \rho\dfrac{l}{S} = \dfrac{l}{k \cdot S}[\Omega]$	자기저항	$R_m = \dfrac{F}{\phi_m} = \dfrac{l}{\mu \cdot S}[\text{AT/Wb}]$
도전율	$k = \sigma[\mho/\text{m}]$	투자율	$\mu[\text{H/m}]$
전류밀도	$i_c = \dfrac{I}{S}[\text{A/m}^2]$	자속밀도	$B = \dfrac{\phi}{S}[\text{Wb/m}^2]$

17 공기 중에서 $E[\text{V/m}]$의 전계를 $i_d[\text{A/m}^2]$의 변위전류로 흐르게 하려면 주파수[Hz]는 얼마가 되어야 하는가?

① $f = \dfrac{i_d}{2\pi\varepsilon E}$
② $f = \dfrac{i_d}{4\pi\varepsilon E}$
③ $f = \dfrac{\varepsilon i_d}{2\pi^2 E}$
④ $f = \dfrac{i_d E}{4\pi^2 \varepsilon}$

해설 전계 $E[\text{V/m}]$, 변위전류 밀도 $i_d[\text{A/m}^2]$에서

$$i_d = \omega\frac{\varepsilon}{d}V_m\cos\omega t = \omega\varepsilon E = 2\pi f\varepsilon E[\text{A/m}^2]$$ 가 되므로 주파수 $f = \dfrac{i_d}{2\pi\varepsilon E}[\text{Hz}]$가 된다.

15 ④ 16 ① 17 ① Answer

18 히스테리시스손실과 히스테리시스곡선과의 관계는?

① 히스테리시스곡선의 면적이 클수록 히스테리시스손실이 적다.
② 히스테리시스곡선의 면적이 작을수록 히스테리시스손실이 적다.
③ 히스테리시스곡선의 잔류자기값이 클수록 히스테리시스손실이 적다.
④ 히스테리시스곡선의 보자력이 클수록 히스테리시스손실이 적다.

해설 히스테리시스곡선의 면적은 히스테리시스손실과 비례하므로 면적이 작을수록 손실이 적다.

19 10[mH]의 두 가지 인덕턴스가 있다. 결합계수를 0.1로부터 0.9까지 변화시킬 수 있다면 이것을 접속시켜 얻을 수 있는 합성인덕턴스의 최댓값과 최솟값의 비는?

① 9 : 1
② 13 : 1
③ 16 : 1
④ 19 : 1

해설 $L_{\max}$ (최댓값) $= L_1 + L_2 + 2M$ (가동접속)
$= L_1 + L_2 + 2k\sqrt{L_1 L_2}$
(k가 0.9일 때 $L_{\max}$값이 최대)
$= 10 + 10 + (2 \times 0.9\sqrt{10 \times 10})$[mH]
$= 38$[mH]
$L_{\min}$ (최솟값) $= L_1 + L_2 - 2M$ (차동접속)
$= L_1 + L_2 - 2k\sqrt{L_1 L_2}$
$= 10 + 10 - (2 \times 0.9\sqrt{10 \times 10})$
(k가 0.9일 때 $L_{\min}$값이 최소)
$L_{\max} : L_{\min} = 38 : 2 = 19 : 1$

20 표면 전하밀도가 σ[C/m²]로 대전된 도체 내부의 전속밀도는 몇 [C/m²]인가?

① σ
② $\varepsilon_0 \sigma$
③ $\dfrac{\sigma}{\varepsilon_0}$
④ 0

해설 대전도체의 내부 전하는 $Q = 0$이므로 내부의 전속밀도는 $D = 0$이 된다.

Answer ▶ 18 ② 19 ④ 20 ④

전기산업기사 2022년도 3회 시험 — 과년도 기출문제

01 지구의 표면에 있어서 대지로 향하여 $E = 300$ [V/m]의 전계가 있다고 가정하면 지표면의 전하밀도는 몇 [C/m²]인가?

① 1.65×10^{-9}
② -1.65×10^{-9}
③ 2.65×10^{-9}
④ -2.65×10^{-9}

[해설] 지구로 향하여 ($-$)전계가 들어오므로 지구 표면의 전하밀도,
$D = -\varepsilon_0 E = -8.855 \times 10^{-12} \times 300$
$= -2.65 \times 10^{-9}$ [C/m²]

02 도체계에서 각 도체의 전위를 $V_1, V_2, \cdots\cdots$ 으로 하기 위한 각 도체의 유도계수와 용량계수에 대한 설명으로 옳은 것은?

① q_{11}, q_{22}, q_{33} 등을 유도계수라 한다.
② q_{21}, q_{31}, q_{41} 등을 용량계수라 한다.
③ 일반적으로 유도계수 ≤ 0이다.
④ 용량계수와 유도계수의 단위는 모두 [V/C]이다.

[해설] 용량계수, 유도계수의 일반적인 성질

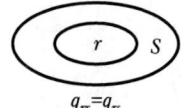

$q_{rr} = q_{rs}$

- 용량계수 $q_{11}, q_{22}, q_{33}, \cdots q_{rr} > 0$
- 유도계수 $q_{12} = q_{21}, q_{13} = q_{31}, \cdots q_{rs} = q_{sr} \leq 0$
- $q_{rr} \geq -(q_{12} + q_{13} + \cdots + q_{1r})$: $s(2)$도체가 $r(1)$도체를 완전포위(포함)한다.

03 전류와 자계 사이의 힘의 효과를 이용한 것으로, 자유로이 구부릴 수 있는 도선에 대전류를 통하면 도선 상호 간의 반발력에 의하여 도선이 원을 형성하는데 이와 같은 현상은?

① 스트레치효과
② 핀치효과
③ 홀효과
④ 스킨효과

[해설] ① 스트레치효과 : 전류와 자계 사이의 힘을 이용한 것으로, 자유로이 구부릴 수 있는 가요성 도선에 대전류를 인가 시 도선 상호 간 반발력에 의해 가요성 도선이 원형에 가까워지는 현상

Answer 01 ④ 02 ③ 03 ①

② 핀치효과 : 도체에 직류를 인가하면 전류와 수직방향으로 원형 자계가 생겨 전류에 구심력이 작용하여 도체 단면이 수축하면서 도체 중심쪽으로 전류가 몰리는 현상
③ 홀효과 : 전류가 흐르고 있는 도체에 자계를 가하면 도체 측면에 정부의 전하가 나타나 전위차가 발생하는 현상
④ 스킨(표피)효과 : 도체에 교류를 인가하면 전자유도현상에 의해 도선 중심의 전류밀도는 작아지고 도체 표면의 전류밀도가 증가하는 현상

04 내압과 용량이 각각 200[V], 5[μF], 500[V], 4[μF], 500[V], 3[μF]인 3개의 콘덴서를 직렬연결하고 양단에 직류전압을 가하여 서서히 상승시키면 최초로 파괴되는 콘덴서는 어느 것이며, 이 때 양단에 가해진 전압은 몇 [V]인가?(단, 3개의 콘덴서의 재질이나 형태는 동일한 것으로 간주한다.)

① 4[μF], 468
② 3[μF], 533
③ 5[μF], 783
④ 4[μF], 1,050

해설 최초에 파괴되는 콘덴서는 충전되는 전하량이 가장 작은 것이 제일 먼저 파괴된다.
$Q_1 = C_1 V_1 = 5 \times 10^{-6} \times 200 = 1,000 \times 10^{-6}$[C]
$Q_2 = C_2 V_2 = 4 \times 10^{-6} \times 500 = 2,000 \times 10^{-6}$[C]
$Q_3 = C_3 V_3 = 3 \times 10^{-6} \times 500 = 1,500 \times 10^{-6}$[C]이므로
C_1이 최초로 파괴된다.
또한 콘덴서 3개가 직렬접속 시 합성정전용량
$C_t = \dfrac{1}{\dfrac{10^6}{5} + \dfrac{10^6}{4} + \dfrac{10^6}{3}} \fallingdotseq 1.2765 \times 10^{-6}$ [F]이고,
콘덴서가 최초에 파괴되는 전기량
$Q = 1,000 \times 10^{-6}$[C]이므로
$V_t = \dfrac{Q}{C_t} = \dfrac{1,000 \times 10^{-6}}{1.2765 \times 10^{-6}} \fallingdotseq 783$[V]

05 두 유전체의 경계면에서 정전계가 만족하는 것은?

① 전계의 법선성분이 같다.
② 분극의 세기의 접선성분이 같다.
③ 전계의 접선성분이 같다.
④ 전속밀도의 접선성분이 같다.

해설 ㉠ 법선(수직)전속밀도 $D_{n1} = D_{n2}$만 존재
  • $D_{n1} = D_{n2}$: 연속적이다.
  • $E_{n1} \neq E_{n2}$: 불연속적이다.
    여기서, n은 법선(수직)성분을 의미한다.
  • $D_1 \cos \theta_1 = D_2 \cos \theta_2$,
    $\varepsilon_1 E_1 \cos \theta_1 = \varepsilon_2 E_2 \cos \theta_2$ ····· 식 (1)

Answer ➡ 04 ③ 05 ③

© 접선(수평)=경계면전계 $E_{t1} = E_{t2}$만 존재
- $E_{t1} = E_{t2}$: 연속적이다.
- $D_{t1} \neq D_{t2}$: 불연속적이다.
  여기서 t는 접선(수평)성분을 의미한다.
- $E_1 \sin\theta_1 = E_2 \sin\theta_2$ ········· 식 (2)

© 굴절각
굴절각은 $\varepsilon_1 \tan\theta_2 = \varepsilon_2 \tan\theta_1$이며 유전체에 비례한다.

※ 굴절하지 않을 경우
- $\varepsilon_1 = \varepsilon_2$
- $\theta_1 = 0$
- 전계와 전속밀도가 수직으로 입사할 때 이때 전계는 불연속, 전속밀도는 불변

② $\varepsilon_1 > \varepsilon_2$일 때 비례관계 : $\theta_1 > \theta_2$, $D_1 > D_2$, $E_1 < E_2$

06 점전하 Q[C]에 의한 무한평면도체의 영상전하는?

① $-Q$[C]보다 작다.
② Q[C]보다 크다.
③ $-Q$[C]과 같다.
④ Q[C]과 같다.

해설 무한평면도체에 의한 영상전하는 크기가 같고 부호는 반대이므로
$Q' = -Q$[C]이 된다.

07 대지면에 높이 h[m]로 평행가설된 매우 긴 선전하(선전하밀도[C/m])가 지면으로부터 받는 힘 [N/m]은?

① h에 비례한다.
② h에 반비례한다.
③ h^2에 비례한다.
④ h^2에 반비례한다.

해설 접지무한평판과 선전하 사이에 작용하는 힘은 다음과 같다.
선전하 ρ[C/m]=λ[C/m]
- 총 힘 $F = QE = -\lambda \cdot l \dfrac{\lambda}{4\pi\varepsilon_0 h} = -\dfrac{\lambda^2 l}{4\pi\varepsilon_0 h}$ [N]
- 길이당 힘 $f = -\dfrac{\lambda^2}{4\pi\varepsilon_0 h}$ [N/m] $\propto \dfrac{1}{h}$

06 ③ 07 ② Answer

08 $\text{div}\, i = 0$에 대한 설명이 아닌 것은?

① 도체 내에 흐르는 전류는 연속적이다.
② 도체 내에 흐르는 전류는 일정하다.
③ 단위시간당 전하의 변화는 없다.
④ 도체 내에 전류가 흐르지 않는다.

[해설] 임의의 도체 단면에 유입하는 전류의 총합은 유출하는 전류의 총합과 같다. 입력전류(I_{IN})=출력전류(I_{out})일 때, 즉 들어간 전류와 나간 전류가 같을 때(Kirchhoff의 제1법칙)를 전류의 연속성이라 한다.
즉, 전류가 연속적으로 도체의 단면을 흐른다면 키르히호프의 전류법칙은
$\sum I = 0 = \int_s i \cdot dS = \int_v \text{div}\, i\, dv$가 되어 $\text{div}\, i = 0$이다.
즉, 단위체적당 전류의 발산은 없다.

09 어떤 막대꼴 철심이 있다. 단면적이 $0.5[\text{m}^2]$, 길이가 $0.8[\text{m}]$, 비투자율이 20이다. 이 철심의 자기저항[AT/Wb]은?

① 6.37×10^4
② 4.45×10^4
③ 3.6×10^4
④ 9.7×10^5

[해설] 자기저항 $R_m = \dfrac{l}{\mu S} = \dfrac{l}{\mu_0 \mu_s S}$
$= \dfrac{0.8}{4\pi \times 10^{-7} \times 20 \times 0.5}$
$= 6.37 \times 10^4 [\text{AT/Wb}]$

10 솔레노이드의 자기인덕턴스 권수를 N이라 하면 어떻게 되는가?

① N에 비례
② $\sqrt{N}$에 비례
③ N^2에 비례
④ $\dfrac{1}{N^2}$에 비례

[해설] 환상솔레노이드의 자기인덕턴스
$L = \dfrac{\mu S N^2}{l} = \dfrac{\mu S N^2}{2\pi a} = \dfrac{N^2}{R_m}[\text{H}]$이므로 권선수 N^2에 비례한다.

11 비유전율 $\varepsilon_s = 9$, 비투자율 $\mu_s = 1$인 매질의 전자파 고유임피던스는 얼마인가?

① 약 126
② 약 41.9
③ 약 8.84×10^{-4}
④ 약 7.96×10^{-3}

Answer ○ 08 ④ 09 ① 10 ③ 11 ①

해설) 파동고유임피던스 $\eta = \dfrac{E}{H} = \sqrt{\dfrac{\mu}{\varepsilon}} = 377\sqrt{\dfrac{\mu_s}{\varepsilon_s}}$

$= 377 \times \sqrt{\dfrac{1}{9}} \fallingdotseq 126[\Omega]$

12 도체2를 Q [C]으로 대전된 도체1에 접속하면 도체2가 얻는 전하는 몇 [C]이 되는지를 전위계수로 표시하면?(단, P_{11}, P_{12}, P_{21}, P_{22}는 전위계수이다.)

① $\dfrac{P_{11} - P_{12}}{P_{11} - 2P_{12} + P_{22}} Q$ ② $\dfrac{Q}{P_{11} - 2P_{12} + P_{22}}$

③ $\dfrac{P_{11} - P_{12}}{P_{11} + 2P_{12} + P_{22}} Q$ ④ $\dfrac{Q}{P_{11} + 2P_{12} + P_{22}}$

해설) $V_1 = P_{11}Q_1 + P_{12}Q_2$, $V_2 = P_{21}Q_1 + P_{22}Q_2$에서
$P_{12} = P_{21}$이고, 접속은 병렬로 간주하여 $V_1 = V_2$,
$Q = Q_1 + Q_2$, $Q_1 = Q - Q_2$이므로
$P_{11}(Q - Q_2) + P_{12}Q_2 = P_{21}(Q - Q_2) + P_{22}Q_2$
$(P_{11} - P_{12})Q = (P_{11} + P_{22} - 2P_{12})Q_2$
$\therefore Q_2 = \dfrac{P_{11} - P_{12}}{P_{11} - 2P_{12} + P_{22}} Q$

13 아래 그림과 같이 도체구 내부 공동의 중심에 점전하 Q [C]가 있을 때 이 도체구의 외부로 발산되어 나오는 전기력선의 수는 몇 개인가?(단, 도체 내외의 공간은 진공이라 한다.)

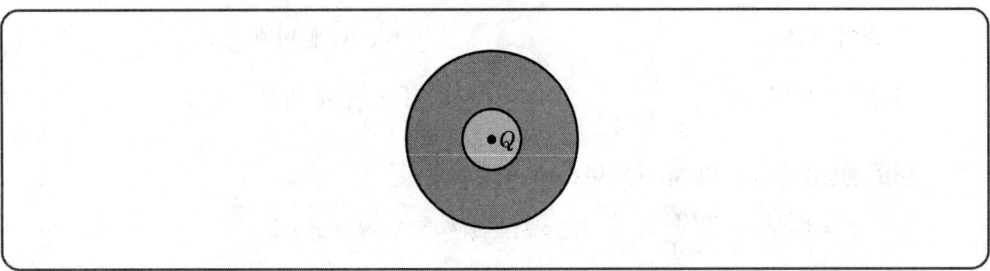

① 4π ② $\dfrac{Q}{\varepsilon_0}$ ③ Q ④ $\varepsilon_0 Q$

해설) 전기력선의 수 $N = \dfrac{Q}{\varepsilon}$ 개이고, 진공상태의 경우 $N_0 = \dfrac{Q}{\varepsilon_0}$ 개이다.

12 ① 13 ② Answer

14 다음 중 변위전류에 관한 설명으로 가장 옳은 것은?

① 변위전류밀도는 전속밀도의 시간적 변화율이다.
② 자유공간에서 변위전류가 만드는 것은 전계이다.
③ 변위전류는 도체와 가장 관계가 깊다.
④ 시간적으로 변화하지 않는 계에서도 변위전류는 흐른다.

해설 변위전류 : 유전체의 전속밀도의 시간적 변화에 의한 전류 $i_d = \dfrac{\partial D}{\partial t}\,[\text{A}/\text{m}^2]$

15 자기인덕턴스와 상호인덕턴스와의 관계에서 결합계수 k에 영향을 주지 않는 것은?

① 코일의 형상
② 코일의 크기
③ 코일의 재질
④ 코일의 상대위치

해설 자기적 결합정도를 나타내는 결합계수 k는 코일의 형상, 크기, 상대 위치 등으로 결정되며 코일의 재질과는 관계가 없다.

16 전류 I가 흐르는 반지름 $a\,[\text{m}]$인 원형 코일의 중심으로부터 $x\,[\text{m}]$인 점의 자계의 세기는 몇 $[\text{AT}/\text{m}]$인가?

① $\dfrac{I}{2a}\cos^2\theta$
② $\dfrac{I}{2a}\sin^3\theta$
③ $\dfrac{I}{2a}\cos^3\theta$
④ $\dfrac{I}{2a}\sin^2\theta$

해설 원형 코일 중심축상 자계의 세기 $H = \dfrac{a^2 I}{2(a^2+x^2)^{\frac{3}{2}}}$ (단, 권수가 1회일 때)

이므로 $H = \dfrac{a^2 I}{2(a^2+x^2)^{\frac{3}{2}}} = \dfrac{I}{2a}\cdot\sin^3\theta\,[\text{AT}/\text{m}]$

17 평등자계 내에 놓여 있는 전류가 흐르는 직선도선이 받는 힘에 대한 설명으로 틀린 것은?

① 힘은 전류에 비례한다.
② 힘은 자장의 세기에 비례한다.
③ 힘은 도선의 길이에 반비례한다.
④ 힘은 전류의 방향과 자장의 방향과의 사이각의 정현에 관계된다.

해설 전류가 흐르는 도선을 자계 안에 놓으면 이 도선에 힘이 작용한다. 이처럼 자계와 전류 간에 작용하는 힘을 전자력이라 하며 그 세기는 플레밍의 왼손법칙을 이용한다.(플레밍의 왼손 법칙 : 전동기원리 및 회전방향 결정)

Answer ○ 14 ① 15 ③ 16 ② 17 ③

$$F = BIl\sin\theta = \mu_0 HIl\sin\theta = \oint (Idl) \times B \text{ [N]}$$

- 엄지 : F[N](힘의 방향=전자력의 방향)
- 검지 : B [Wb/m^2](자속밀도, 자장의 방향)
- 중지 : I[A](전류의 방향)

18 여러 가지 도체의 전하분포에 있어서 각 도체의 전하를 N배 할 경우 중첩의 원리가 성립하기 위해서는 그 전위는 어떻게 되는가?

① $\frac{1}{2}N$배가 된다.   ② N배가 된다.

③ $2N$배가 된다.   ④ N^2배가 된다.

[해설] $V = \frac{Q}{4\pi\varepsilon r}$[V]에서 Q가 N배이면,
변화된 전위 $V'' = \frac{NQ}{4\pi\varepsilon r}$[V]이다.

19 직렬로 연결한 2개의 코일에 있어서 합성자기인덕턴스는 80[mH]가 되고 한쪽 코일의 연결을 반대로 하면 합성자기인덕턴스는 50[mH]가 된다. 두 코일 사이의 상호인덕턴스는 얼마인가?

① 2.5[mH]   ② 6[mH]   ③ 7.5[mH]   ④ 9[mH]

[해설] L(가동) $= L_1 + L_2 + 2M = 80$[mH]
L'(차동) $= L_1 + L_2 - 2M = 50$[mH]에서 M에 관해 풀면
$L - L' = 4M$
$\therefore M = \frac{L - L'}{4} = \frac{80 - 50}{4} = 7.5$[mH]

20 1,000회의 코일을 감은 환상솔레노이드의 단면적이 3[cm^2], 평균길이 4π[cm]이고, 철심의 비투자율이 500일 때 이 솔레노이드의 자기인덕턴스[H]는 얼마인가?

① 1.5   ② 15

③ $\frac{15}{4\pi} \times 10^6$ ④ $\frac{15}{4\pi} \times 10^{-5}$

[해설] 환상솔레노이드 인덕턴스
$L = \frac{\mu_0 \mu_s S N^2}{l} = \frac{4\pi \times 10^{-7} \times 500 \times 3 \times 10^{-4} \times 1,000^2}{4\pi \times 10^{-2}}$
$= 1.5$[H]

18 ②　19 ③　20 ①　**Answer**

2023년도 1회 시험 과년도 기출문제

01 정전계 내에 있는 도체 표면에서 전계의 방향은 어떻게 되는가?

① 임의 방향
② 표면과 접선방향
③ 표면과 45° 방향
④ 표면과 수직방향

해설 전기력선은 도체 표면(등전위면)과 외부에만 존재하며 수직으로 출입한다.

02 접지된 구도체와 점전하 사이에 발생하는 영상전하에 대한 설명으로 틀린 것은?

① 영상전하는 구도체 내부에 존재한다.
② 영상전하는 점전하와 도체 중심축을 연결할 수 있는 직선상에 존재한다.
③ 영상전하는 점전하와 크기는 같지만 부호는 반대이다.
④ 영상전하가 놓인 위치는 도체 중심과 점전하와의 거리와 도체 반경에 의해 결정된다.

해설 접지구도체의 영상전하 $Q' = -\dfrac{a}{d}Q$로 구도체 반경(a)에 비례하고, 도체구 중심과 점전하와의 떨어진 거리(d)에 반비례하며, 접지무한평판의 영상전하 $Q' = -Q$로 점전하와 크기는 같고 부호는 반대이다.

03 직류 500[V] 절연저항계로 절연저항을 측정하니 2[MΩ]이 되었다면 누설전류[μA]는?

① 25
② 250
③ 1,000
④ 1,250

해설 $I = \dfrac{V}{R} = \dfrac{500}{2 \times 10^6} = 250 \times 10^{-6} = 250[\mu A]$

04 진공 중을 통과하는 전자파의 전파속도 v[m/s]는?(단, ε_0는 진공에서의 유전율이며, μ_0는 진공에서의 투자율이다.)

① $\sqrt{\dfrac{\varepsilon_0}{\mu_0}}$
② $\sqrt{\varepsilon_0 \mu_0}$
③ $\sqrt{\dfrac{\mu_0}{\varepsilon_0}}$
④ $\dfrac{1}{\sqrt{\varepsilon_0 \mu_0}}$

Answer ● 01 ④ 02 ③ 03 ② 04 ④

해설 전파속도 $v = \dfrac{\omega}{\beta} = \dfrac{1}{\sqrt{LC}} = \dfrac{1}{\sqrt{\varepsilon\mu}}$ [m/s]이므로

진공상태의 전파속도 $v = \dfrac{1}{\sqrt{\varepsilon_0 \mu_0}}$ [m/s]

05 도체계에서 임의의 도체를 일정 전위의 도체로 완전 포위하면 내외공간의 전계를 완전히 차단할 수 있다. 이것을 무엇이라 하는가?

① 전자차폐 ② 정전차폐
③ 홀(Hall) 효과 ④ 핀치(Pinch) 효과

해설 정전차폐
도체계에서 임의의 도체를 일정 전위의 도체로 완전 포위하면 내외공간의 전계를 완전 차단하는 것을 말한다. 실드선(도체 사이의 전계의 간섭을 차단하는 것을 목적) 뇌운에서 낙뢰를 피하기 위하여 건물에 피뢰침을 설치하고 철탑 정상을 연결하는 가공지선 등이 이 원리를 이용한 것이다.

06 다음 중 grad V에 대한 설명으로 옳은 것은?(단, V는 전위이다.)

① 전계의 방향이다. ② 스칼라양이다.
③ 전계와 같은 방향이다. ④ 전계와 반대 방향이다.

해설 전계 $E = -\text{grad}\,V$이므로 전위와 반대 방향이다. 문제에서는 grad V(전위의 기울기)만 언급하고 있으므로 전계의 방향과는 반대 방향이 된다.

07 5[μF]의 평행판 콘덴서에 5[V]의 전압을 공급하면, 이 평행판 콘덴서에 축적되는 에너지[J]는 얼마인가?

① 6.25×10^{-5} [J] ② 3.25×10^{-5} [J]
③ 6.25×10^{5} [J] ④ 3.25×10^{5} [J]

해설 콘덴서에 저장되는 에너지
$W_c = \dfrac{1}{2}CV^2 = \dfrac{1}{2} \times 5 \times 10^{-6} \times 5^2 = 6.25 \times 10^{-5}$[J]

08 내압 1,000[V] 정전용량 1[μF], 내압 750[V] 정전용량 2[μF], 내압 500[V] 정전용량 5[μF]인 콘덴서 3개를 직렬로 접속하고 인가 전압을 서서히 높이면 최초로 파괴되는 콘덴서[μF]는?

① 1 ② 2
③ 5 ④ 동시에 파괴된다.

05 ② 06 ④ 07 ① 08 ① **Answer**

해설) $Q_1 = C_1 V_1 = 1 \times 10^{-6} \times 1{,}000 = 1 \times 10^3 = 1{,}000 [\text{C}]$
$Q_2 = C_2 V_2 = 2 \times 10^{-6} \times 750 = 1.5 \times 10^3 = 1{,}500 [\text{C}]$
$Q_3 = C_3 V_3 = 5 \times 10^{-6} \times 500 = 2.5 \times 10^3 = 2{,}500 [\text{C}]$
이므로 전하(전기)량이 가장 작은 $1[\mu\text{F}]$의 콘덴서가 가장 먼저 파괴된다.

09 다음 중 점전하에 의한 전계의 세기를 구하는 식으로 옳은 것은?(단, Q는 전기량, σ는 표면전하밀도)

① $\dfrac{1}{4\pi\varepsilon_0} \cdot \dfrac{Q}{r^2} [\text{V/m}]$
② $\dfrac{1}{4\pi\varepsilon_0} \cdot \dfrac{\sigma}{r^2} [\text{V/m}]$
③ $\dfrac{1}{2\pi\varepsilon_0} \cdot \dfrac{Q}{r^2} [\text{V/m}]$
④ $\dfrac{1}{2\pi\varepsilon_0} \cdot \dfrac{\sigma}{r^2} [\text{V/m}]$

해설) 점전하의 전계의 세기 $E = \dfrac{Q}{4\pi\varepsilon_0 r^2} [\text{V/m}]$로 전기량 Q에 비례하고 떨어진 거리의 제곱(r^2)에 반비례한다.

10 비투자율 800의 환상 철심으로 600회의 권선을 감은 환상 솔레노이드의 평균 반지름은 20[cm]이고 단면적이 10[cm²]일 때 권선에 1[A]의 전류가 흐를 경우 발생하는 자속[Wb]은?

① 2.7×10^{-4} ② 4.8×10^{-4} ③ 6.7×10^{-4} ④ 9.8×10^{-4}

해설) 환상 솔레노이드의 자속
$\phi = \dfrac{\mu S N I}{l} = \dfrac{\mu S N I}{2\pi r} = \dfrac{4\pi \times 10^{-7} \times 800 \times 10 \times 10^{-4} \times 600 \times 1}{2\pi \times 20 \times 10^{-2}} = 4.8 \times 10^{-4} [\text{Wb}]$

11 그림과 같은 x, y, z의 직각 좌표계에서 z축상에 있는 무한 길이 직선 도선에 $+z$방향으로 직류 전류가 흐를 때, $y > 0$인 $+y$축상의 임의의 점에서의 자계의 방향은?

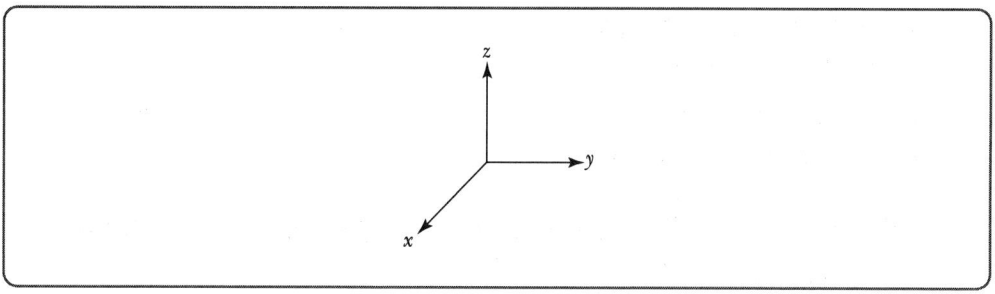

① $-x$축 방향
② $-y$축 방향
③ $+x$축 방향
④ $+y$축 방향

Answer ▶ 09 ① 10 ② 11 ①

해설 암페어의 오른나사 법칙을 적용하면 $+z$축으로 전류가 흐를 때 아래 그림처럼 자계는 회전하게 된다. 이때 회전하는 자계를 $+y$축에서 확인하면 $-x$축 방향으로 진행함을 알 수 있다.

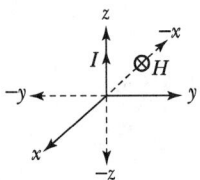

12 그림과 같이 반지름 a[m]인 원의 임의의 두 점 A, B 각 θ 사이에 전류 I[A]가 흐른다면 원의 중심 O의 자계의 세기는 몇 [A/m]인가?

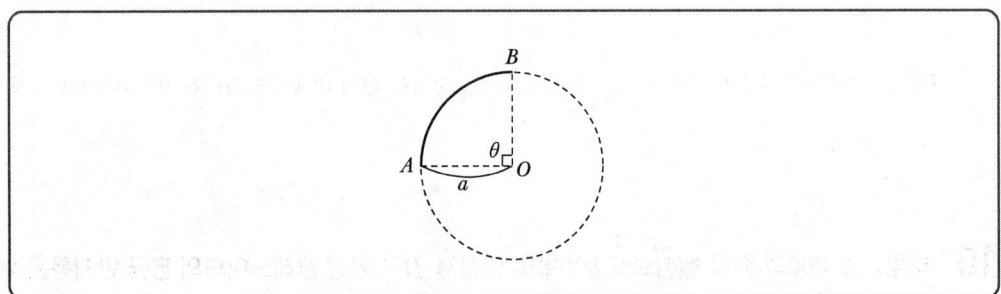

① $\dfrac{I\theta}{4\pi a^2}$ ② $\dfrac{I\theta}{4\pi a}$

③ $\dfrac{I\theta}{2\pi a^2}$ ④ $\dfrac{I\theta}{2\pi a}$

해설 원형 코일 중심자계 $H = \dfrac{I}{2a} \times \dfrac{\theta}{2\pi} = \dfrac{I\theta}{4\pi a}$ [AT/m]

13 유전체에서 변위전류를 발생하는 것은?

① 분극전하밀도의 시간적 변화
② 전속밀도의 시간적 변화
③ 자속밀도의 시간적 변화
④ 분극전하밀도의 공간적 변화

해설 변위전류밀도 $i_d = \dfrac{\partial D}{\partial t}$ [A/m²]이므로 전속밀도의 시간적 변화에 의해서 유전체를 통해 평행판 사이에 흐르는 전류이다.

12 ② 13 ② Answer

14 한 변의 길이가 l[m]인 정사각형 도체 회로에 전류 I[A]를 흘릴 때 회로의 중심점에서 자계의 세기는 몇 [AT/m]인가?

① $\dfrac{2I}{\pi l}$ ② $\dfrac{I}{\sqrt{2}\,\pi l}$

③ $\dfrac{\sqrt{2}\,I}{\pi l}$ ④ $\dfrac{2\sqrt{2}\,I}{\pi l}$

[해설] 도체 모양에 따른 자계의 세기(중심)
- 정삼각형 : $H = \dfrac{9I}{2\pi l}$ [AT/m] (l : 한 변의 길이)
- 정사각형 : $H = \dfrac{2\sqrt{2}\,I}{\pi l}$ [AT/m]
- 정육각형 : $H = \dfrac{\sqrt{3}\,I}{\pi l}$ [AT/m]
- 정n각형 : $H = \dfrac{nI}{2\pi a}\tan\dfrac{\pi}{n}$ [AT/m]
 여기서, n : 각형
  a : 반지름

15 다음 중 맥스웰 방정식의 모양으로 틀린 것은?

① $\oint B ds = \rho_s$ ② $\oint D ds = \int \rho\, dv$

③ $\oint E dl = -\int \dfrac{\partial B}{\partial t} ds$ ④ $\oint H dl = i_c + \int \dfrac{\partial D}{\partial t} ds$

[해설] 맥스웰 방정식의 미분형과 적분형의 비교

구분	미분형	적분형
앙페르 주회적분법칙	$\text{rot}\, H = \nabla \times H = i_c + \dfrac{\partial D}{\partial t}$	$\oint H dl = i_c + \int \dfrac{\partial D}{\partial t} ds$
패러데이 전자유도법칙	$\text{rot}\, E = \nabla \times E = -\dfrac{\partial B}{\partial t}$	$\oint E dl = -\int \dfrac{\partial B}{\partial t} ds$
가우스 발산 정리(전계)	$\text{div}\, D = \nabla \cdot D = \rho$	$\oint D ds = \int \rho\, dv = Q$
가우스 발산 정리(자계)	$\text{div}\, B = \nabla \cdot B = 0$	$\oint B ds = 0$

Answer ○ 14 ④ 15 ①

16 전기영상법을 통한 무한 평면도체의 표면 아래 2[m] 떨어진 곳에 1[C]의 점전하가 있다. 이 점전하가 받는 힘은 몇 [N]인가?(단, $\varepsilon_s = 1$이다.)

① $\dfrac{9}{4} \times 10^9$ ② $\dfrac{1}{4} \times 10^9$ ③ $\dfrac{9}{16} \times 10^9$ ④ $\dfrac{1}{16} \times 10^9$

해설 무한 평면도체의 영상법에 의한 힘

$$F = \frac{-Q^2}{16\pi\varepsilon r^2} = -\frac{1^2}{16\pi \times 8.855 \times 10^{-12} \times 2^2} = -561{,}670{,}465.5 \text{이므로}$$

위 식을 정리하여 해석하는 것이 편리하다.

$$F = \frac{-Q^2}{16\pi\varepsilon r^2} = -\frac{1}{4\pi\varepsilon_0} \times \frac{Q^2}{4\varepsilon_s r^2} = -9 \times 10^9 \times \frac{1^2}{4 \times 1 \times 2^2} = -\frac{9}{16} \times 10^9 [\text{N}]$$

단, "$-$"는 흡인력을 의미하므로 생략 가능하다.

17 극판의 면적이 10[cm²], 극판 간의 간격이 1[mm], 극판 간에 채워진 유전체의 비유전율이 2.5인 평행판 콘덴서에 100[V]의 전압을 가할 때 극판의 전하[C]는?

① 1.2×10^{-9} ② 1.25×10^{-12}
③ 2.21×10^{-9} ④ 4.25×10^{-10}

해설 $Q = CV = \dfrac{\varepsilon_0 \varepsilon_s S}{d} \cdot V = \dfrac{8.855 \times 10^{-12} \times 2.5 \times 10 \times 10^{-4}}{1 \times 10^{-3}} \times 100 = 2.21 \times 10^{-9} [\text{C}]$

18 그림과 같이 반지름 a[m], 중심간격 d[m]인 평행원통도체가 공기 중에 있다. 원통도체의 선전하 밀도가 각각 $\pm \rho_L$[C/m]일 때 두 원통도체 사이의 단위 길이당 정전용량은 약 몇 [F/m]인가?(단, $d \gg a$이다.)

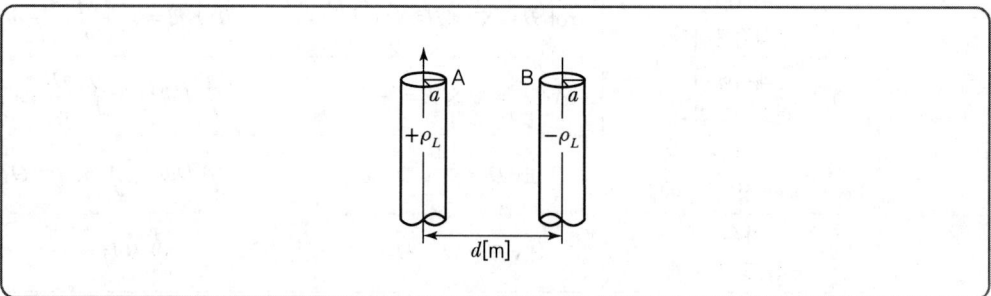

① $\dfrac{\pi\varepsilon_0}{\ln\dfrac{d}{a}}$　② $\dfrac{\pi\varepsilon_0}{\ln\dfrac{a}{d}}$　③ $\dfrac{2\pi\varepsilon_0}{\ln\dfrac{d}{a}}$　④ $\dfrac{4\pi\varepsilon_0}{\ln\dfrac{a}{d}}$

해설 평행왕복도선 사이의 정전용량 $C_{AB} = \dfrac{\pi\varepsilon_0}{\ln\dfrac{d-a}{a}}$ [F/m]에서

$d \gg a$인 일반적인 경우 $C'_{AB} = \dfrac{\pi\varepsilon_0}{\ln\dfrac{d}{a}}$ [F/m]이다.

19 비유전율이 10인 유리 콘덴서와 동일한 크기의 비유전율 1인 공기 콘덴서가 있다. 유리 콘덴서에 380[V]의 전압을 가할 때 동일한 전하를 축적하기 위하여 공기 콘덴서에 필요한 전압은 몇 [kV]인가?

① 1.8
② 3.8
③ 5.4
④ 7.6

해설 콘덴서의 정전용량 $C = \dfrac{\varepsilon_0 \varepsilon_s S}{d}$ [F]이고, 축적되는 전하량 $Q = CV$ [C]임을 이용하면, 동일한 전하를 축적하기 위함이면 $Q_1 = Q_2$이므로 $C_1 V_1 = C_2 V_2$가 된다.

$\therefore V_2 = \dfrac{C_1}{C_2} V_1 = \dfrac{\dfrac{\varepsilon_0 \cdot 10 \cdot S}{d}}{\dfrac{\varepsilon_0 \cdot 1 \cdot S}{d}} \times 380 \times 10^{-3} = 3.8[\text{kV}]$

20 -1.2[C]의 점전하가 $5a_x + 2a_y - 3a_z$ [m/s]인 속도로 운동한다. 이 전하가 $B = -4a_x + 4a_y + 3a_z$ [Wb/m²]인 자계에서 운동하고 있을 때 이 전하에 작용하는 힘은 약 몇 [N]인가?(단, a_x, a_y, a_z는 단위벡터이다.)

① 10
② 20
③ 30
④ 40

해설 전하 q[C]이 속도 v[m/s]로 자계 B[Wb/m²] 내에서 운동할 때 받는 힘 F는
$F = q(v \times B)$
$= -1.2\{(5a_x + 2a_y - 3a_z) \times (-4a_x + 4a_y + 3a_z)\}$
$= -1.2 \begin{vmatrix} a_x & a_y & a_z \\ 5 & 2 & -3 \\ -4 & 4 & 3 \end{vmatrix} = -1.2(18a_x - 3a_y + 28a_z)$
$= -21.6a_x + 3.6a_y - 33.6a_z$
$\therefore F = \sqrt{21.6^2 + 3.6^2 + 33.6^2} \fallingdotseq 40[\text{N}]$

Answer ▶ 19 ② 20 ④

2023년도 2회 시험 과년도 기출문제

01 표면전하밀도 $\sigma[\text{C/m}^2]$로 대전된 도체 내부의 전속밀도는 몇 $[\text{C/m}^2]$인가?

① ε_0
② 0
③ σ
④ $E\varepsilon_0$

해설 대전도체 내부에는 전하가 존재하지 않기 때문에 내부 전속밀도 또한 0이다.

02 그림과 같은 동심구에서 도체 A에 $Q[\text{C}]$를 줄 때 도체 A의 전위는 몇 $[\text{V}]$인가?(단, 도체 B의 전하는 0이다.)

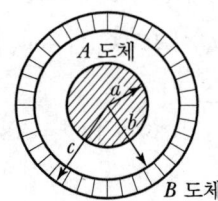

① $\dfrac{Q}{4\pi\varepsilon_0 C}$
② $\dfrac{Q}{4\pi\varepsilon_0}\left(\dfrac{1}{a}-\dfrac{1}{b}\right)$
③ $\dfrac{Q}{4\pi\varepsilon_0}\left(\dfrac{1}{a}+\dfrac{1}{b}\right)$
④ $\dfrac{Q}{4\pi\varepsilon_0}\left(\dfrac{1}{a}-\dfrac{1}{b}+\dfrac{1}{c}\right)$

해설
• A도체가 $+Q[\text{C}]$, B도체가 $Q=0[\text{C}]$인 경우의 A도체의 전위 V_A

$$V_A = \dfrac{Q}{4\pi\varepsilon_0}\left(\dfrac{1}{a}-\dfrac{1}{b}+\dfrac{1}{c}\right)[\text{V}]$$

• A도체가 $+Q[\text{C}]$, B도체가 $-Q[\text{C}]$인 경우의 A도체와 B도체 사이의 전위차 V_{AB}

$$V_{AB} = V_A - V_B = \dfrac{Q}{4\pi\varepsilon_0}\left(\dfrac{1}{a}-\dfrac{1}{b}\right)[\text{V}]$$

03 다음 중 감자율이 0인 것은?

① 가늘고 짧은 막대 자성체
② 굵고 짧은 막대 자성체
③ 가늘고 긴 막대 자성체
④ 환상 솔레노이드

Answer 01 ② 02 ④ 03 ④

해설 감자율(N)
- 가늘고 긴 막대 $N ≒ 0$
- 환상(솔레노이드) 철심 $N = 0$
- 굵고 짧은 막대 $N = 1$
- 구 자성체 $N ≒ \dfrac{1}{3}$

04 전자석의 재료(연철)로 적당한 것은?

① 잔류자속밀도가 크고, 보자력이 작아야 한다.
② 잔류자속밀도와 보자력이 모두 작아야 한다.
③ 잔류자속밀도와 보자력이 모두 커야 한다.
④ 잔류자속밀도가 작고, 보자력이 커야 한다.

해설 영구자석은 잔류자속밀도, 보자력 모두 커야 하고 전자석은 잔류자속밀도는 크고, 보자력은 작아야 한다.

05 철심이 들어 있는 환상코일이 있다. 1차 코일의 권수 $N_1 = 100$회일 때 자기인덕턴스는 0.01[H] 였다. 이 철심에 2차 코일 $N_2 = 200$회를 감았을 때 1, 2차 코일의 상호인덕턴스는 몇 [H]인가? (단, 이 경우 결합계수 $k = 1$로 한다.)

① 0.01   ② 0.02   ③ 0.03   ④ 0.04

해설 $\begin{cases} N_1 = 100회, \ L_1 = 0.01[\text{H}] \\ N_2 = 200회, \ M = ? \end{cases}$

$M = K\sqrt{L_1 L_2}$

$L \propto N^2$이므로

$L_2 = \left(\dfrac{200}{100}\right)^2 = 4배$

$L_2 = 0.01 \times 4 = 0.04$

∴ $M = \sqrt{0.01 \times 0.04} = 0.02[\text{H}]$

06 접지 구도체와 점전하 간의 작용력은?

① 항상 반발력이다.   ② 항상 흡인력이다.
③ 조건적 반발력이다.   ④ 조건적 흡인력이다.

해설 접지 구도체의 영상전하 $Q' = -\dfrac{a}{d}Q[\text{C}]$으로 항상 흡인력이 작용한다.

Answer ▶ 04 ① 05 ② 06 ②

07 비유전율 ε_s에 대한 설명으로 옳은 것은?

① 진공의 비유전율은 0이고, 공기의 비유전율은 1이다.
② ε_s는 항상 1보다 작은 값이다.
③ ε_s는 절연물의 종류에 따라 다르다.
④ ε_s의 단위는 [C/m]이다.

해설
- 진공 중의 비유전율과 공기 중의 비유전율 $\varepsilon_s = 1$
- 유전체의 비유전율 $\varepsilon_s = \dfrac{\varepsilon}{\varepsilon_0} > 1$
- 비유전율은 매질의 상태와 종류에 따라 다르다.

08 여러 가지 도체의 전하 분포에 있어서 각 도체의 전하를 n배할 경우 중첩의 원리가 성립하기 위해서는 그 전위는 어떻게 되는가?

① $\dfrac{1}{2}n$배가 된다.
② n배가 된다.
③ $2n$배가 된다.
④ n^2배가 된다.

해설 $V_i = P_{i1}Q_1 + P_{i2}Q_2 + \cdots + P_{in}Q_n$에서 각 전하를 n배하면 V_i는 n배가 된다.

09 정전용량이 4[μF], 5[μF], 6[μF]이고, 각각의 내압이 순서대로 500[V], 450[V], 350[V]인 콘덴서 3개를 직렬로 연결하고 전압을 서서히 증가시키면 콘덴서의 상태는 어떻게 되겠는가?(단, 유전체의 재질이나 두께는 같다.)

① 동시에 모두 파괴된다.
② 4[μF]가 가장 먼저 파괴된다.
③ 5[μF]가 가장 먼저 파괴된다.
④ 6[μF]가 가장 먼저 파괴된다.

해설 정전용량이 $C_1 = 4[\mu F]$, $C_2 = 5[\mu F]$, $C_3 = 6[\mu F]$이고
내압이 $V_1 = 500[V]$, $V_2 = 450[V]$, $V_3 = 350[V]$이므로
각 콘덴서의 전하량은 $Q_1 = C_1 V_1 = 2,000[\mu C]$,
$Q_2 = C_2 V_2 = 2,250[\mu C]$, $Q_3 = C_3 V_3 = 2,100[\mu C]$
따라서 전하량이 가장 작은 C_1인 4[μF] 콘덴서가 가장 먼저 파괴된다.

07 ③ 08 ② 09 ② Answer

10 자유공간의 고유임피던스 $\sqrt{\dfrac{\mu_0}{\varepsilon_0}}$ 의 값은 몇 [Ω]인가?

① 60π
② 80π
③ 100π
④ 120π

해설 $Z = \sqrt{\dfrac{\mu_0}{\varepsilon_0}} = 120\pi = 377[\Omega]$이 된다.

11 대전된 도체 표면의 전하밀도는 도체 표면의 모양에 따라 어떻게 되는가?

① 곡률이 크면 작아진다.
② 곡률이 크면 커진다.
③ 평면일 때 가장 크다.
④ 표면 모양에 무관하다.

해설 전하밀도는 곡률이 큰 곳 또는 곡률반경이 작은 곳에 밀도를 이룬다.

12 진공 중에서 어떤 대전체의 전속이 Q였다. 이 대전체를 비유전율 2.2인 유전체 속에 넣었을 경우의 전속은?

① Q
② εQ
③ $2.2Q$
④ 0

해설 전속선은 매질과 관계가 없고 전하량만큼 발생하므로 유전체 내 전속선은 $\psi = Q$가 된다.

13 다음 중 유전체의 초전효과(Pyroelectric Effect)에 대한 설명으로 틀린 것은?

① 온도변화에 관계없이 일어난다.
② 분극을 가진 유전체에서 생긴다.
③ 초전효과가 있는 유전체를 공기 중에 놓으면 중화된다.
④ 열에너지를 전기에너지로 변화시키는 데 이용된다.

해설 Pyro 전기효과(초전효과)
전기석이나 티탄산바륨의 결정을 가열하거나 냉각시키면 결정의 한쪽 면에는 (+)전하, 다른 쪽 면에는 (-)전하가 나타나 분극을 일으키며 반대로 냉각하면 역의 분극이 일어나는 현상

Answer ▶ 10 ④ 11 ② 12 ① 13 ①

14 유전율이 각각 다른 두 종류의 유전체 경계면에 전속이 입사될 때 이 전속은 어떻게 되는가?(단, 경계면에 수직으로 입사하지 않는 경우이다.)

① 굴절
② 반사
③ 회절
④ 직진

해설 경계면에 전속이 입사되면 전속은 굴절한다. 단, 수직으로 입사하는 경우는 굴절하지 않는다.

※ 회절 : 음파나 전파 등이 장애물과 같은 좁은 틈을 통과할 때 파동이 그 뒤 틈이나 장애물 뒤편까지 전파되는 현상

15 간격 d[m]인 무한히 넓은 평형판의 단위면적당 정전용량[F/m²]은?(단, 매질은 공기이다.)

① $\dfrac{1}{4\pi\varepsilon_0 d}$
② $\dfrac{4\pi\varepsilon_0}{d}$
③ $\dfrac{\varepsilon_0}{d}$
④ $\dfrac{\varepsilon_0}{d^2}$

해설 평행판 사이의 정전용량 $C = \dfrac{\varepsilon_0 S}{d}$ [F]이므로

단위면적당 정전용량 $C' = \dfrac{C}{S} = \dfrac{\varepsilon_0}{d}$ [F/m²]이 된다.

16 한 변의 길이가 a[m]인 정육각형의 각 정점에 각각 Q[C]의 전하를 놓았을 때 정육각형의 중심 O의 전계의 세기는 몇 [V/m]인가?

① 0
② $\dfrac{Q}{2\pi\varepsilon_o a}$
③ $\dfrac{Q}{4\pi\varepsilon_o a}$
④ $\dfrac{Q}{8\pi\varepsilon_o a}$

해설 정육각형에서 중심전계(E)

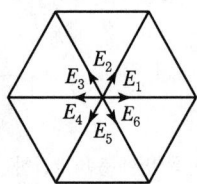

$E = E_1 + E_2 + E_3 + E_4 + E_5 + E_6$
$ = E_1 + E_2 + E_3 + (-E_1) + (-E_2) + (-E_3)$
$ = 0$

14 ① 15 ③ 16 ① **Answer**

과년도 기출문제

17 점전하 $+Q$의 무한 평면도체에 대한 영상전하는?

① $+Q$
② $-Q$
③ $+2Q$
④ $-2Q$

해설 무한평면에 의한 영상전하는 크기는 같고 부호가 반대이므로 $-Q$가 된다.

18 내도체의 반지름이 a[m]이고, 외도체의 내반지름이 b[m], 외반지름이 c[m]인 동축 케이블의 단위길이당 자기인덕턴스는 몇 [H/m]인가?

① $\dfrac{\mu_0}{2\pi} \ln \dfrac{b}{a}$

② $\dfrac{\mu_0}{\pi} \ln \dfrac{b}{a}$

③ $\dfrac{2\pi}{\mu_0} \ln \dfrac{b}{a}$

④ $\dfrac{\pi}{\mu_0} \ln \dfrac{b}{a}$

해설 동축 케이블(원통) 사이의 자기인덕턴스

$L = \dfrac{\mu_0}{2\pi} \ln \dfrac{b}{a}$ [H/m]이다.

19 대전된 구도체를 반지름이 2배가 되는 무대전구(無帶電球) 도체에 가는 도선으로 연결할 때 에너지의 손실비는 얼마나 되겠는가?(단, 두 도체는 충분히 떨어져 있는 것으로 본다.)

① $\dfrac{2}{3}$

② $\dfrac{5}{9}$

③ $\dfrac{3}{2}$

④ $\dfrac{9}{5}$

해설 대전구도체의 정전용량 $C = 4\pi\varepsilon_0 r$ [F]이고 무대전구(전하가 분포하지 않는 구도체) 도체의 정전용량 $C' = 8\pi\varepsilon_0 r$ [F] $= 2C$이다. 이때 두 도체를 가는 선으로 연결하여도 전체 전하는 변하지 않으므로 연결 전후의 에너지는

$W = \dfrac{Q^2}{2C}$ 과 $W' = \dfrac{Q^2}{2(C+C')} = \dfrac{Q^2}{6C}$

결국 가는 선 연결 후의 에너지는 연결 전의 $\dfrac{1}{3}$ 배가 되므로

에너지 손실비는 $1 - \dfrac{1}{3} = \dfrac{2}{3}$ 가 된다.

Answer ▶ 17 ② 18 ① 19 ①

20 맥스웰 전자계의 기초 방정식으로 틀린 것은?

① $\mathrm{rot}\, H = i_c + \dfrac{\partial D}{\partial t}$

② $\mathrm{rot}\, E = -\dfrac{\partial B}{\partial t}$

③ $\mathrm{div}\, D = \rho$

④ $\mathrm{div}\, B = -\dfrac{\partial D}{\partial t}$

해설 ㉠ 맥스웰의 제1의 기본방정식

$$\mathrm{rot}\, H = \mathrm{curl}\, H = \nabla \times H = i_c + \dfrac{\partial D}{\partial t} = i_c + \varepsilon \dfrac{\partial E}{\partial t} = i\,[\mathrm{A/m^2}]$$

- 암페어의 주회적분법칙에서 유도한 식이다.
- 전도전류, 변위전류는 자계를 형성한다.(전류와 자계의 관계)
- 전류의 연속성을 표현한다.

㉡ 맥스웰의 제2의 기본방정식

$$\mathrm{rot}\, E = \mathrm{curl}\, E = \nabla \times E = -\dfrac{\partial B}{\partial t} = -\mu \dfrac{\partial H}{\partial t}$$

- 자속밀도의 시간적 변화는 전계를 회전시키고 유기기전력을 형성한다.
- 패러데이의 법칙에서 유도한 전계에 관한 식이다.

㉢ $\mathrm{div}\, D = \nabla \cdot D = \rho\,[\mathrm{C/m^3}]$
- 임의의 폐곡면 내의 전하에서 전속선이 발산한다.
- 가우스 발산 정리에 의하여 유도된 식이다.

㉣ $\mathrm{div}\, B = \nabla \cdot B = 0$
- N, S극이 항상 공존한다.
- 자기력선은 연속적이다.

㉤ $\mathrm{rot}\, \vec{A} = \nabla \times \vec{A} = B\,[\mathrm{Wb/m^2}]$
벡터퍼텐셜($\vec{A}$)의 회전은 자속밀도를 형성한다.

2023년도 3회 시험 과년도 기출문제

01 다음 유전체 중에서 비유전율이 가장 작은 것은?

① 유리
② 고무
③ 운모
④ 물

해설

유전체	비유전율(ε_s)	유전체	비유전율(ε_s)
진공	1	운모	5.5~6.7
공기	1.00058	유리	3.5~10
종이	1.2~1.6	물(증류수)	80
폴리에틸렌	2.3	산화티탄	100
변압기유	2.2~2.4	로셀염	100~1,000
고무	2.0~3.5	티탄산바륨 자기	1,000~3,000

02 유전율이 각각 다른 두 종류의 유전체 경계면에 전속이 입사될 때 이 전속은 어떻게 되는가?(단, 경계면에 수직으로 입사하지 않는 경우이다.)

① 굴절
② 반사
③ 회절
④ 직진

해설 전속은 경계면에 수직(법선)성분이 서로 같다.(연속이다.) 따라서 전속이 수직으로 입사하지 않는 경우는 굴절한다.

03 비유전율이 9인 유전체 중에 1[cm]의 거리를 두고 1[μC]과 2[μC]의 두 점전하가 있을 때 서로 작용하는 힘은 약 몇 [N]인가?

① 18
② 20
③ 180
④ 200

해설 정전력

$$F = \frac{Q_1 Q_2}{4\pi\varepsilon_o\varepsilon_s r^2} = 9 \times 10^9 \times \frac{10^{-6} \times 2 \times 10^{-6}}{9 \times 0.01^2} = 20[\text{N}]$$

Answer ○ 01 ② 02 ① 03 ②

04 표면 전하밀도 $\sigma[C/m^2]$로 대전된 도체 내부의 전속밀도는 몇 $[C/m^2]$인가?

① ε_0 　　　　　　　　　　　　② 0
③ σ 　　　　　　　　　　　　④ E/ε_0

해설 도체 내부에는 전하가 존재하지 않기($Q=0$) 때문에 전속밀도 $\psi = \dfrac{Q}{S}$ 또한 0이다.

05 대지 중의 두 전극 사이에 있는 어떤 점의 전계의 세기가 $E=6\,[V/cm]$, 지면의 도전율이 $K=10^{-4}$ $[\mho/cm]$일 때 이 점의 전류밀도는 몇 $[A/cm^2]$인가?

① 6×10^{-4} 　　　　　　　　② 6×10^{-6}
③ 6×10^{-5} 　　　　　　　　④ 6×10^{-7}

해설 전도전류밀도는 $i_c = kE\,[A/m^2]$에서 $K=10^{-4}\,[\mho/cm]$, $E=6\,[V/cm]$이므로
　　　$i_c = 6\times 10^{-4}\,[A/cm^2]$

06 정전용량이 $4[\mu F]$, $5[\mu F]$, $6[\mu F]$이고, 각각의 내압이 순서대로 $500[V]$, $450[V]$, $350[V]$인 콘덴서 3개를 직렬로 연결하고 전압을 서서히 증가시키면 콘덴서의 상태는 어떻게 되겠는가?(단, 유전체의 재질이나 두께는 같다.)

① 동시에 모두 파괴된다.
② $4[\mu F]$가 가장 먼저 파괴된다.
③ $5[\mu F]$가 가장 먼저 파괴된다.
④ $6[\mu F]$가 가장 먼저 파괴된다.

해설 정전용량이 $C_1 = 4[\mu F]$, $C_2 = 5[\mu F]$, $C_3 = 6[\mu F]$이고
　　　내압이 $V_1 = 500[V]$, $V_2 = 450\,[V]$, $V_3 = 350[V]$이므로
　　　각 콘덴서의 전하량은 $Q_1 = C_1 V_1 = 2{,}000[\mu C]$, $Q_2 = C_2 V_2 = 2{,}250[\mu C]$, $Q_3 = C_3 V_3 = 2{,}100[\mu C]$
　　　따라서 전하량이 가장 작은 C_1인 $4[\mu F]$ 콘덴서가 가장 먼저 파괴된다.

07 점전하 $Q[C]$에 의한 무한 평면도체의 영상전하는?

① $-Q[C]$보다 작다. 　　　　　② $Q[C]$보다 크다.
③ $-Q[C]$과 같다. 　　　　　　④ $Q[C]$과 같다.

해설 무한 평면도체에 의한 영상전하는 크기가 같고 부호는 반대이므로 $Q' = -Q[C]$이 된다.

04 ②　05 ①　06 ②　07 ①　**Answer**

과년도 기출문제

08 유전율 ε, 투자율 μ의 공간을 전파하는 전자파의 전파속도 v[m/s]는?

① $v = \sqrt{\varepsilon\mu}$
② $v = \sqrt{\dfrac{\varepsilon}{\mu}}$
③ $v = \sqrt{\dfrac{\mu}{\varepsilon}}$
④ $v = \dfrac{1}{\sqrt{\varepsilon\mu}}$

해설 전자파의 (전파)속도 v[m/sec]

$$v = \frac{1}{\sqrt{\varepsilon\mu}} = \frac{3\times 10^8}{\sqrt{\varepsilon_s \mu_s}} = \frac{\omega}{\beta} = \frac{1}{\sqrt{LC}} = \lambda f \text{[m/s]}$$

여기서, $\beta = \omega\sqrt{LC}$: 위상정수
λ[m] : 파장
f[Hz] : 주파수

09 균등하게 자화된 구(球) 자성체가 자화될 때의 감자율은?

① $\dfrac{1}{2}$
② $\dfrac{1}{3}$
③ $\dfrac{2}{3}$
④ $\dfrac{3}{4}$

해설 자성체 모양에 따른 감자율
- 가늘고 긴 막대 $N \fallingdotseq 0$
- 환상(솔레노이드) 철심 $N = 0$
- 굵고 짧은 막대 $N = 1$
- 구 자성체 $N = \dfrac{1}{3}$

10 내도체의 반지름이 a[m]이고, 외도체의 내반지름이 b[m], 외반지름이 c[m]인 동축 케이블의 단위길이당 자기인덕턴스는 몇 [H/m]인가?

① $\dfrac{\mu_0}{2\pi}\ln\dfrac{b}{a}$
② $\dfrac{\mu_0}{\pi}\ln\dfrac{b}{a}$
③ $\dfrac{2\pi}{\mu_0}\ln\dfrac{b}{a}$
④ $\dfrac{\pi}{\mu_0}\ln\dfrac{b}{a}$

해설 동축 케이블(원통) 사이의 자기인덕턴스 $L = \dfrac{\mu_0}{2\pi}\ln\dfrac{b}{a}$ [H/m]이다.

Answer 08 ④ 09 ② 10 ①

11 대전도체 표면전하밀도는 도체 표면의 모양에 따라 어떻게 분포하는가?

① 표면전하밀도는 뾰족할수록 커진다.
② 표면전하밀도는 평면일 때 가장 크다.
③ 표면전하밀도는 곡률이 크면 작아진다.
④ 표면전하밀도는 표면의 모양과 무관하다.

[해설] 대전도체 표면전하밀도
- 도체 표면이 뾰족한 부분에 전하밀도가 크다.
- 반경이 작을수록, 곡률이 클수록 전하밀도가 크다.

12 그림과 같이 평행 왕복 도선에 $\pm I$[A]가 흐르고 있을 때 점 $P(\theta = 90°)$의 자계의 세기는 몇 [AT/m]인가?

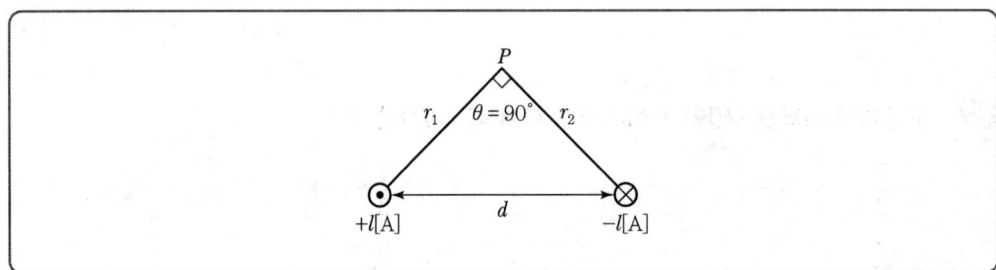

① $\dfrac{I}{2\pi d}$
② $\dfrac{I}{2\pi r_1 r_2}$
③ $\dfrac{I\sqrt{r_1 + r_2}}{2\pi d}$
④ $\dfrac{Id}{2\pi r_1 r_2}$

[해설] 무한장 직선 도체에 의한 자계의 세기 H[AT/m] 그림에서 P점의 자계의 세기는 두 개가 존재하고 같은 방향이므로 각각 구하여 벡터 합으로 계산하면 된다.

$$H = \dot{H}_1 + \dot{H}_2 = \sqrt{H_1^2 + H_2^2}$$
$$= \sqrt{\left(\frac{I}{2\pi r_1}\right)^2 + \left(\frac{I}{2\pi r_2}\right)^2} = \sqrt{\left(\frac{I}{2\pi}\right)^2 \left(\frac{1}{r_1^2} + \frac{1}{r_2^2}\right)}$$
$$= \frac{I}{2\pi}\sqrt{\frac{r_1^2 + r_2^2}{(r_1 r_2)^2}} = \frac{I\sqrt{r_1^2 + r_2^2}}{2\pi r_1 r_2} = \frac{Id}{2\pi r_1 r_2}\text{[AT/m]}$$

13 다음 중 맥스웰의 방정식으로 틀린 것은?

① $\text{rot}\, H = J + \dfrac{\partial D}{\partial t}$
② $\text{rot}\, E = -\dfrac{\partial B}{\partial t}$
③ $\text{div}\, D = \rho$
④ $\text{div}\, B = \phi$

11 ① 12 ④ 13 ④ **Answer**

해설 ㉠ 맥스웰의 제1의 기본방정식

$$\text{rot}\,H = \text{curl}\,H = \nabla \times H$$
$$= i_c + \frac{\partial D}{\partial t} = i_c + \varepsilon\frac{\partial E}{\partial t} = i\,[\text{A/m}^2]$$

- 암페어의 주회적분법칙에서 유도한 식이다.
- 전도전류, 변위전류는 자계를 형성한다.(전류와 자계의 관계)
- 전류의 연속성을 표현한다.

㉡ 맥스웰의 제2의 기본방정식

$$\text{rot}\,E = \text{curl}\,E = \nabla \times E = -\frac{\partial B}{\partial t} = -\mu\frac{\partial H}{\partial t}$$

- 자속밀도의 시간적 변화는 전계를 회전시키고 유기기전력을 형성한다.
- 패러데이의 법칙에서 유도한 전계에 관한 식이다.

㉢ $\text{div}\,D = \nabla \cdot D = \rho\,[\text{C/m}^3]$
- 임의의 폐곡면 내의 전하에서 전속선이 발산한다.
- 가우스 발산 정리에 의하여 유도된 식이다.

㉣ $\text{div}\,B = \nabla \cdot B = 0$
- N, S극이 항상 공존한다.
- 자기력선은 연속적이다.

㉤ $\text{rot}\,\vec{A} = \nabla \times \vec{A} = B\,[\text{Wb/m}^2]$
벡터포텐셜($\vec{A}$)의 회전은 자속밀도를 형성한다.

14 어떤 자성체 내에서의 자계의 세기가 800[AT/m]이고 자속밀도가 0.05[Wb/m²]일 때 자성체의 투자율은 몇 [H/m]인가?

① 3.25×10^{-5}
② 4.25×10^{-5}
③ 5.25×10^{-5}
④ 6.25×10^{-5}

해설 자속밀도 $B = \mu H$에서,
투자율 $\mu = \dfrac{B}{H} = \dfrac{0.05}{800} = 6.25 \times 10^{-5}\,[\text{H/m}]$

15 자기인덕턴스가 각각 L_1, L_2인 두 코일을 서로 간섭이 없도록 병렬로 연결했을 때 그 합성인덕턴스는?

① $L_1 L_2$
② $\dfrac{L_1 + L_2}{L_1 L_2}$
③ $L_1 + L_2$
④ $\dfrac{L_1 L_2}{L_1 + L_2}$

Answer ◯ 14 ④ 15 ④

해설 인덕턴스 병렬접속 시

$$L = \frac{L_1 L_2 - M^2}{L_1 + L_2 \pm 2M}$$ ($M=0$인 이유는 두 코일의 간섭이 없도록 접속)

$$= \frac{L_1 L_2}{L_1 + L_2}[\text{H}]$$

16 강자성체의 자속밀도 B의 크기와 자화의 세기의 J의 크기 사이에는 어떤 관계가 있는가?

① J는 B보다 약간 크다.
② J는 B보다 대단히 크다.
③ J는 B보다 약간 작다.
④ J는 B보다 대단히 작다.

해설 자화의 세기 J와 자속밀도 B 사이에는 $J = B\left(1 - \dfrac{1}{\mu_s}\right)$의

관계가 있고 강자성체의 비투자율 $\mu_s \gg 1$이므로
예를 들어 $\mu_s = 100$이라 하면

$J = B\left(1 - \dfrac{1}{100}\right) = 0.99B$이므로

$B = 100$이라고 가정하면 J는 99이므로 $J(99)$는 $B(100)$보다 약간 작다.

17 자기회로의 자기저항에 대한 설명으로 옳은 것은?

① 자기회로의 길이에 반비례한다.
② 자기회로의 단면적에 비례한다.
③ 비투자율에 반비례한다.
④ 길이의 제곱에 비례하고 단면적에 반비례한다.

해설 자기저항 $R_m = \dfrac{F}{\phi_m} = \dfrac{l}{\mu \cdot S} = \dfrac{l}{\mu_0 \mu_s S}$ [AT/Wb]

18 진공 중에서 $1[\mu\text{F}]$의 정전용량을 갖는 구의 반지름은 몇 [km]인가?

① 0.9　　　　　　　　　　　② 9
③ 90　　　　　　　　　　　④ 900

해설 구의 정전용량 $C = 4\pi\varepsilon_o r$ [F]

$$r = \frac{C}{4\pi\varepsilon_o} = \frac{1 \times 10^{-6}}{4\pi \times 8.855 \times 10^{-12}} \times 10^{-3} = 9\,[\text{km}]$$

16 ③　17 ③　18 ②　**Answer**

19 $A = -7i - j$, $B = -3i - 4j$ 의 두 벡터가 이루는 각은 몇 도인가?

① 30
② 45
③ 60
④ 90

[해설] $A = -i7 - j$, $B = -3i - 4j$ 일 때 벡터가 이루는 각은 내적의 정의식에 의해서 구한다.

- 벡터 A의 크기 $|A| = \sqrt{(-7)^2 + (-1)^2} = 5\sqrt{2}$
- 벡터 B의 크기 $|B| = \sqrt{(-3)^2 + (-4)^2} = 5$
- 내적의 계산 $A \cdot B = (-i7 - j) \cdot (-3i - 4j) = 25$ 이므로
  내적의 정의식 $A \cdot B = |A||B|\cos\theta$ 에서
  $\cos\theta = \dfrac{A \cdot B}{|A||B|} = \dfrac{25}{5\sqrt{2} \times 5} = \dfrac{1}{\sqrt{2}}$ 가 된다.

그러므로 $\theta = \cos^{-1}\left(\dfrac{1}{\sqrt{2}}\right) = 45°$ 가 된다.

20 권수 n, 가로 a[m], 세로 b[m]인 구형 코일이 자속밀도 B[Wb/m²] 되는 평등자계 내에서 각속도 ω[rad/s]로 회전할 때 발생하는 유기기전력의 최댓값[V]은?

① ωnB
② ωabB^2
③ $\omega nabB$
④ $\omega nabB^2$

[해설] 최대 유기전압
$e_{\max} = \omega N \phi_{\max} = \omega nBS = \omega nBab$ [V]이 된다.

Answer ◯ 19 ② 20 ③

2024년도 1회 시험 과년도 기출문제

01 변위전류에 의하여 전자파가 발생되었을 때 전자파의 위상은?

① 변위전류보다 90° 빠르다.
② 변위전류보다 90° 늦다.
③ 변위전류보다 30° 빠르다.
④ 변위전류보다 30° 늦다.

해설 전계와 자계는 동상이고 전자파는 변위전류보다 90° 늦다.

02 도체계에서 각 도체의 전위를 V_1, V_2, …… 으로 하기 위한 각 도체의 유도계수와 용량 계수에 대한 설명으로 옳은 것은?

① q_{11}, q_{22}, q_{33} 등을 유도계수라 한다.
② q_{21}, q_{31}, q_{41} 등을 용량계수라 한다.
③ 일반적으로 유도계수≤0이다.
④ 용량계수와 유도계수의 단위는 모두 V/C이다.

해설 용량계수, 유도계수의 일반적인 성질
- 용량계수 q_{11}, q_{22}, q_{33}, … $q_{rr} > 0$
- 유도계수 $q_{12} = q_{21}$, $q_{13} = q_{31}$, … $q_{rs} = q_{se} \leq 0$
- $q_{rr} \geq -(q_{12} + q_{13} + \cdots + q_{1r})$: $s(2)$도체가 $r(1)$도체를 완전 포위(포함)한다.

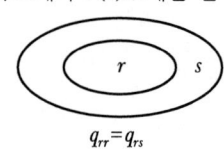

$q_{rr} = q_{rs}$

03 어떤 막대꼴 철심이 있다. 단면적이 0.5[m²], 길이가 0.8[m], 비투자율이 20이다. 이 철심의 자기 저항[AT/Wb]은?

① 6.34×10^4
② 4.45×10^4
③ 3.6×10^4
④ 9.7×10^5

해설 자기저항
$$R_m = \frac{l}{\mu S} = \frac{l}{\mu_0 \mu_s S} = \frac{0.8}{4\pi \times 10^{-7} \times 20 \times 0.5} = 6.37 \times 10^4 [\text{AT/Wb}]$$

Answer 01 ② 02 ③ 03 ①

04 그림과 같이 전류 $I[\text{A}]$가 흐르는 반지름 $a[\text{m}]$인 원형 코일의 중심으로부터 $x[\text{m}]$인 점 P의 자계의 세기는 몇 $[\text{AT/m}]$인가?(단, θ는 각 APO라 한다.)

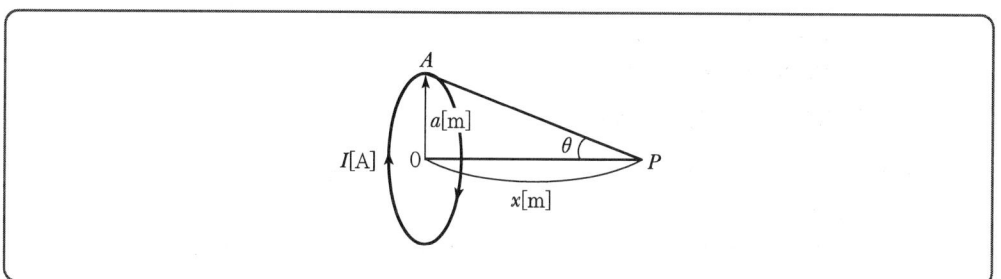

① $\dfrac{I}{2a}\cos^2\theta$　　　　② $\dfrac{I}{2a}\sin^3\theta$

③ $\dfrac{I}{2a}\cos^3\theta$　　　　④ $\dfrac{I}{2a}\sin^2\theta$

해설 원형코일 중심축상 자계

$$H = \dfrac{a^2 I}{2(a^2+x^2)^{\frac{3}{2}}}[\text{AT/m}] \text{이므로}$$

$$H = \dfrac{I}{2a} \cdot \dfrac{a^3}{(a^2+x^2)^{\frac{3}{2}}} = \dfrac{I}{2a} \cdot \left(\dfrac{a}{(a^2+x^2)^{\frac{1}{2}}}\right)^3 = \dfrac{I}{2a} \cdot \left(\dfrac{a}{\sqrt{a^2+x^2}}\right)^3 = \dfrac{I}{2a}\sin^3\theta[\text{AT/m}]$$

05 다음 중 전자계에 대한 맥스웰의 기본 이론이 잘못된 것은?

① 자계의 시간적 변화에 따라 전계의 회전이 생긴다.
② 전도전류는 자계를 발생시키지만 변위전류는 자계를 발생시키지 않는다.
③ 자극은 N, S극이 항상 공존한다.
④ 전하에서는 전속선이 발산된다.

해설 ① 맥스웰의 제2방정식

　　$rot\,E = \nabla \times E = -\dfrac{\partial B}{\partial t}$ 이므로 자계의 시간적 변화에 따라 전계의 회전이 생긴다.

② 맥스웰의 제1방정식

　　$rot\,H = \nabla \times H = i_c + \dfrac{\partial D}{\partial t}$ 이므로 전도전류(i_c) 및 변위전류(밀도)(i_d)는 자계를 발생시킨다.

③ 맥스웰의 제4방정식

　　$div\,B = 0$에 의해 독립된 자극은 존재하지 않는다. 자극은 항상 N, S극이 공존한다.

④ 맥스웰의 제3방정식

　　$div\,D = \rho$에 의해 전하에서는 전속밀도(전속)이 발산한다.

06 두 유전체의 경계면에서 정전계가 만족하는 것은?

① 전계의 법선성분이 같다.
② 전계의 접선성분이 같다.
③ 전속밀도의 접선성분이 같다.
④ 분극 세기의 접선성분이 같다.

[해설]
- 전계(E)는 경계면에 수평(=접선) 성분이 연속(=서로 같다)이다.
  $E_1 \sin\theta_1 = E_2 \sin\theta_2$
- 전속밀도(D)는 경계면에 수직(=법선) 성분이 연속(=서로 같다)이다.
  $D_1 \cos\theta_1 = D_2 \cos\theta_2$

07 점전하 $Q[\text{C}]$에 의한 무한평면도체의 영상전하는?

① $-Q[\text{C}]$보다 작다.
② $Q[\text{C}]$보다 크다.
③ $-Q[\text{C}]$과 같다.
④ $Q[\text{C}]$과 같다.

[해설] 무한평면도체에 의한 영상전하는 크기가 같고 부호는 반대이므로 $Q' = -Q[\text{C}]$이 된다.

08 코일에 있어서 자기인덕턴스는 다음의 어떤 매질 상수에 비례하는가?

① 저항률
② 유전율
③ 투자율
④ 도전율

[해설] 자기인덕턴스 $L = \dfrac{\mu S N^2}{l}[\text{H}]$이므로 투자율 μ와 관계있다.

09 히스테리시스 곡선에서 히스테리시스 손실에 해당하는 것은?

① 보자력의 크기
② 잔류자기의 크기
③ 보자력과 잔류자기의 곱
④ 히스테리시스 곡선의 면적

[해설] 히스테리시스 곡선의 면적=히스테리시스손[J/m³]
$$S = W_h = \int_{B_A}^{B} H dB\,[\text{J/m}^3]$$
여기서, S : 면적
W_h : 히스테리시스손

06 ② 07 ③ 08 ③ 09 ④ **Answer**

과년도 기출문제

10 동일 용량 $C[\mu F]$의 콘덴서 n개를 병렬로 연결하였다면 합성용량은 얼마인가?

① $n^2 C$ ② nC ③ $\dfrac{C}{n}$ ④ C

해설
- 콘덴서 n개 직렬 시 $C_s = \dfrac{C}{n}[\mu F]$
- 콘덴서 n개 병렬 시 $C_p = nC[\mu F]$

11 도체 1을 Q가 되도록 대전시키고, 여기에 도체 2를 접촉했을 때 도체 2가 얻은 전하를 전위계수로 표시하면?(단, P_{11}, P_{12}, P_{21}, P_{22}는 전위계수이다.)

① $\dfrac{Q}{P_{11} - 2P_{12} + P_{22}}$ ② $\dfrac{(P_{11} - P_{12})Q}{P_{11} - 2P_{12} + P_{22}}$

③ $\dfrac{(P_{11}P_{12} + P_{22})Q}{P_{11} + 2P_{12} + P_{22}}$ ④ $\dfrac{(P_{11} - P_{12})Q}{P_{11} + 2P_{12} + P_{22}}$

해설 $V_1 = P_{11}Q_1 + P_{12}Q_2$, $V_2 = P_{21}Q_1 + P_{22}Q_2$
- 접속 후 전위 $V_1 = V_2$
- 접속 후 도체 1에 남아 있는 전하 $Q_1 = Q - Q_2$

$P_{11}(Q - Q_2) + P_{12}Q_2 = P_{21}(Q - Q_2) + P_{22}Q_2$

$P_{11}Q - P_{11}Q_2 + P_{12}Q_2 = P_{21}Q - P_{21}Q_2 + P_{22}Q_2$

$Q(P_{11} - P_{21}) = Q_2(P_{11} - 2P_{12} + P_{22})$

$P_{12} = P_{21}$이므로

$\therefore Q_2 = \dfrac{(P_{11} - P_{12})Q}{P_{11} - 2P_{12} + P_{22}}$

12 유전체에서 임의의 주파수 f에서의 손실각을 $\tan\delta$라 할 때, 전도전류 i_c와 변위전류 i_d의 크기가 같아지는 주파수가 f_c라 하면 $\tan\delta$는?

① $\dfrac{f_c}{f}$ ② $\dfrac{f_c}{\sqrt{f}}$ ③ $\dfrac{\sqrt{f_c}}{f}$ ④ $2f_c f$

해설
- 임계주파수(f_c) : 도체와 유전체를 구분하는 임계점에서의 주파수

$i_c = i_d$, $kE = \omega\varepsilon E$, $k = \omega\varepsilon = 2\pi f\varepsilon$, $f_c = \dfrac{k}{2\pi\varepsilon} = \dfrac{\sigma}{2\pi\varepsilon}[\text{Hz}]$

여기서, 도전율 $k[\mho/m] = \sigma[\mho/m]$

- 유전체 손실각 $\tan\delta = \dfrac{i_c}{i_D} = \dfrac{kE}{\omega\varepsilon E} = \dfrac{k}{2\pi\varepsilon} \times \dfrac{1}{f} = \dfrac{f_c}{f}$

Answer 10 ② 11 ② 12 ①

13 다음 중 $\nabla \cdot i = 0$에 대한 설명이 아닌 것은?

① 도체 내에 흐르는 전류는 연속이다.
② 도체 내에 흐르는 전류는 일정하다.
③ 단위 시간당 전하의 변화가 없다.
④ 도체 내에 전류가 흐르지 않는다.

[해설] 전류의 연속성(전류 평형의 법칙)
임의의 도체 단면에 유입하는 전류의 총합은 유출하는 전류의 총합과 같다.
키르히호프의 전류 법칙은 $\sum I = 0 = \int_s i \cdot dS = \int_v div\,i\,dv$가 되어 $div\,i = 0$이다.
즉, 전류가 흘러도 단위 체적당 전류의 발산은 없으므로 내부의 전하량은 변함이 없다.

14 비유전율 2.4인 유전체 내의 전계의 세기가 100[mV/m]이다. 유전체에 축적되는 단위체적당 정전에너지는 몇 [J/m³]인가?

① 1.06×10^{-13} ② 1.77×10^{-13}
③ 2.32×10^{-13} ④ 2.32×10^{-11}

[해설] 단위체적당 정전에너지
$W = \frac{1}{2}\varepsilon E^2 [\text{J/m}^3] = \frac{1}{2} \times 8.855 \times 10^{-12} \times 2.4 \times (100 \times 10^{-3})^2 = 1.06 \times 10^{-13}[\text{J/m}^3]$

15 철심이 들어 있는 환상 코일이 있다. 1차 코일의 권수 $N_1 = 100$회일 때, 자기인덕턴스는 0.01[H]였다. 이 철심에 2차 코일 $N_2 = 200$회를 감았을 때 1, 2차 코일의 상호인덕턴스는 몇 [H]인가? (단, 결합계수 $k = 1$로 한다.)

① 0.01 ② 0.02
③ 0.03 ④ 0.04

[해설] 결합계수가 $k = 1$인 경우의 $M = L_1 \cdot \frac{N_2}{N_1} = 0.01 \times \frac{200}{100} = 0.02[\text{H}]$가 된다.

16 그림과 같이 도체구 내부 공동의 중심에 점전하 $Q[\text{C}]$가 있을 때 이 도체구로부터 외부로 발산되어 나오는 전기력선의 수는 몇 개인가?(단, 도체 내외의 공간은 진공상태이다.)

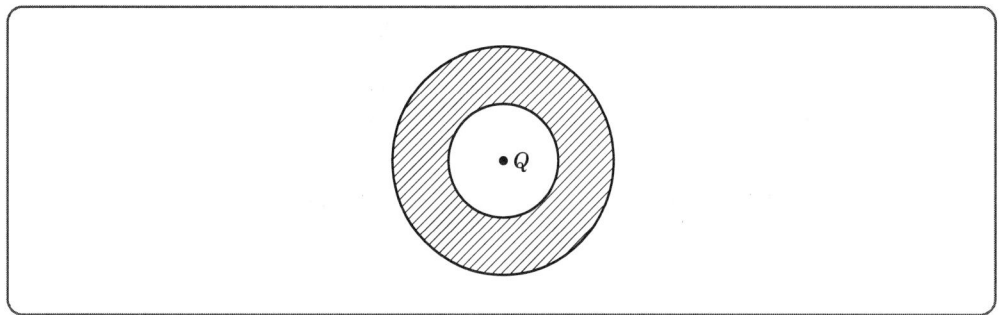

① 4π ② $\dfrac{Q}{\varepsilon_0}$ ③ Q ④ $\varepsilon_0 Q$

해설 전기력선의 수
$N = Q \times \dfrac{1}{\varepsilon_0} = \dfrac{Q}{\varepsilon_0}[\text{C}]$

17 전류와 자계 사이의 힘의 효과를 이용한 것으로 자유로이 구부릴 수 있는 도선에 대전류를 통하면 도선 상호 간에 반발력에 의하여 도선이 원을 형성하는데 이와 같은 현상을 무엇이라 하는가?

① 스트레치 효과   ② 핀치효과   ③ 홀효과   ④ 스킨효과

해설
- 스트레치 효과 : 잘 구부러지는 가요성의 코일을 사각형으로 하고 큰 전류를 흘려주면 도선 간의 반발력이 작용하여 원형을 이루는 현상
- 핀치효과 : 도체에 직류를 인가하면 전류와 수직방향으로 원형 자계가 생겨 전류에 구심력이 작용하여 도체 단면이 수축하면서 도체 중심 쪽으로 전류가 몰리는 현상
- 홀효과 : 전류가 흐르고 있는 도체에 자계를 가하면 도체 측면에 정부의 전하가 나타나 전위차가 발생하는 현상
- 스킨효과 : 도선에 교류전류가 흐를 때 도체 내부로 갈수록 교번자속에 의해 전류와 반대방향의 유도기전력이 커져 전류가 잘 흐르지 못한다. 이때 도체 표면으로 전류가 모여 흐르는 현상을 말하며 표피효과라고도 한다.

18 자기인덕턴스 $L[\text{H}]$인 코일에 $I[\text{A}]$의 전류를 흘렸을 때 코일에 축적되는 에너지 $W[\text{J}]$ 사이의 관계를 그래프로 표시하면 어떤 모양이 되는가?

① 포물선   ② 직선   ③ 원   ④ 타원

해설 코일에 축적되는 에너지 $W = \dfrac{1}{2}LI^2[\text{J}]$이므로 2차 방정식 그래프인 포물선이 된다.

Answer ▶ 16 ②   17 ①   18 ①

19 콘덴서 사이의 유전율 ε, 도전율 k인 도전성 물질이 있을 때, 정전용량 C와 컨덕턴스 G는 어떤 관계가 있는가?

① $\dfrac{C}{G} = \dfrac{k}{\varepsilon}$

② $\dfrac{C}{G} = \dfrac{\varepsilon}{k}$

③ $GC = \varepsilon k$

④ $\dfrac{C}{G} = \varepsilon k$

해설 $RC = \rho\varepsilon$에서 $R = \dfrac{1}{G}$, $\rho = \dfrac{1}{k}$를 대입하면 $\dfrac{C}{G} = \dfrac{\varepsilon}{k}$이 된다.

20 여러 가지 도체의 전하 분포에 있어서 각 도체의 전하를 n배 할 경우 중첩의 원리가 성립하기 위해서는 그 전위는 어떻게 되는가?

① $\dfrac{1}{2}n$배가 된다.

② n배가 된다.

③ $2n$배가 된다.

④ n^2배가 된다.

해설 $V_i = P_{i1}Q_1 + P_{i2}Q_2 + \cdots + P_{in}Q_n$에서 각 전하를 n배 하면 V_i는 n배가 된다.

19 ① 20 ② **Answer**

전기산업기사
2024년도 2회 시험 — 과년도 기출문제

01 액체 유전체를 포함한 콘덴서 용량이 $C[F]$인 것에 $V[V]$의 전압을 가했을 경우에 흐르는 누설전류[A]는?(단, 유전체의 유전율은 $\varepsilon[F/m]$, 고유저항은 $\rho[\Omega \cdot m]$이다.)

① $\dfrac{\rho\varepsilon}{CV}$
② $\dfrac{C}{\rho\varepsilon V}$
③ $\dfrac{CV}{\rho\varepsilon}$
④ $\dfrac{\rho\varepsilon V}{C}$

해설 누설전류
$I = \dfrac{V}{R}$, $R = \dfrac{\rho\varepsilon}{C}$ 이므로 $I = \dfrac{V}{\frac{\rho\varepsilon}{C}} = \dfrac{CV}{\rho\varepsilon}[A]$

02 정전유도에 의해서 고립 도체에 유기되는 전하는?

① 정전하만 유기되며 도체는 등전위이다.
② 정·부 동량의 전하가 유기되며 도체는 등전위이다.
③ 부전하만 유기되며 도체는 등전위가 아니다.
④ 정·부 동량의 전하가 유기되며 도체는 등전위가 아니다.

해설 정전유도현상
중성상태인 도체 가까이 대전된 도체를 놓으면 이 도체로 인하여 중성상태의 도체가 대전된 도체의 전하량만큼 동량이면서 부호가 반대인 도체와 가까운 쪽에 몰리며, 반대쪽에는 동량이면서 같은 극성의 전하가 몰리는 현상이다.

03 자기회로의 자기저항이 일정할 때 코일의 권수를 $\dfrac{1}{2}$로 줄이면 자기인덕턴스는 원래의 몇 배가 되는가?

① $\dfrac{1}{\sqrt{2}}$
② $\dfrac{1}{2}$
③ $\dfrac{1}{4}$
④ $\dfrac{1}{8}$

해설 환상솔레노이드 자기인덕턴스 $L \propto N^2$이므로 권선수를 $\dfrac{1}{2}$배로 하면 $\dfrac{1}{4}$배가 된다.

Answer ▶ 01 ③ 02 ② 03 ③

01 전기자기학

04 매질이 공기인 경우에 방전이 10[kV/mm]의 전계에서 발생한다고 할 때 도체 표면에 작용하는 힘은 몇 [N/m²]인가?

① 4.43×10^2
② 5.5×10^{-3}
③ 4.83×10^{-3}
④ 7.5×10^3

해설 전계가 $E = 10$[kV/mm]이므로 단위면적당 받는 힘은
$$f = \frac{1}{2}\varepsilon_0 E^2 = \frac{1}{2} \times 8.855 \times 10^{-12} \times (10 \times 10^6)^2 = 4.43 \times 10^2 [\text{N/mm}^2]$$가 된다.

05 강자성체의 자속밀도 B의 크기와 자화의 세기 J의 크기 사이에는 어떤 관계가 있는가?

① J가 B보다 약간 크다.
② J가 B보다 대단히 크다.
③ J가 B보다 약간 작다.
④ J와 B는 같다.

해설 자화의 세기 $J = \mu_0(\mu_s - 1)H = B\left(1 - \frac{1}{\mu_s}\right)$에서,

강자성체 $(\mu_s \gg 1)$이므로 $\mu_s = 100$으로 가정하면 $J = B\left(1 - \frac{1}{100}\right) = 0.99B$가 된다.

이때, $B = 100$이라면 $J = 99$이므로 J가 B보다 약간 작다.

06 전기 쌍극자 모멘트 M[C·m]인 전기 쌍극자에 의한 임의의 점의 전위는 몇 [V]인가?(단, 전기 쌍극자 간의 중심점에서 임의의 점까지의 거리는 R[m], 이들 간에 이루어진 각은 θ이다.)

① $9 \times 10^9 \dfrac{M\cos\theta}{R}$
② $9 \times 10^9 \dfrac{M\cos\theta}{R^2}$
③ $9 \times 10^9 \dfrac{M\sin\theta}{R}$
④ $9 \times 10^9 \dfrac{M\sin\theta}{R^2}$

해설 전기 쌍극자 전위
$$V = \frac{M\cos\theta}{4\pi\varepsilon_0 R^2} = 9 \times 10^9 \frac{M\cos\theta}{R^2}[\text{V}]$$

07 두 종류의 금속 접합면에 전류를 흘리면 접속점에서 열의 흡수 또는 발생이 일어나는 현상은?

① 제벡 효과
② 펠티에 효과
③ 톰슨 효과
④ 파이로 효과

해설 • 제벡 효과(Seebeck Effect) : 서로 다른 금속을 접속(열전대)하고 접속점을 서로 다른 온도로 유지하면 기전력이 생겨 일정한 방향으로 전류가 흐르는 현상을 제벡 효과라 한다.

04 ① 05 ③ 06 ② 07 ② **Answer**

- 펠티에 효과(Peltier Effect) : 서로 다른 금속에서 다른 쪽 금속으로 전류를 흘리면 열의 발생 또는 흡수가 일어나는 현상을 펠티에 효과라 한다.
- 톰슨 효과(Thomson Effect) : 동종의 금속에서 각부의 온도가 다르면 그 부분에서 열의 발생 또는 흡수가 일어나는 현상을 톰슨 효과라 한다.
- 홀 효과 : 전류가 흐르고 있는 도체에 자계를 가하면 도체 측면에 정부의 전하가 나타나 전위차가 발생하는 현상을 홀 효과라 한다.
- 핀치(Pinch) 효과 : 도체에 직류를 인가하면 전류와 수직방향으로 원형 자계가 생겨 전류에 구심력이 작용하여 도체 단면이 수축하면서 도체 중심 쪽으로 전류가 몰리는 현상을 핀치 효과라 한다.

08 지면에 평행하게 높이 $h[\text{m}]$에 가설된 반지름 $a[\text{m}]$의 직선 도체가 있다. 대지정전용량은 몇 [F/m]인가?(단, $h > a$이다.)

① $\dfrac{\pi\varepsilon_0}{\ln\dfrac{2h}{a}}$

② $\dfrac{2\pi\varepsilon_0}{\ln\dfrac{2h}{a}}$

③ $\dfrac{4\pi\varepsilon_0}{\ln\dfrac{a}{2h}}$

④ $\dfrac{2\pi\varepsilon_0}{\ln\dfrac{a}{2h}}$

[해설]

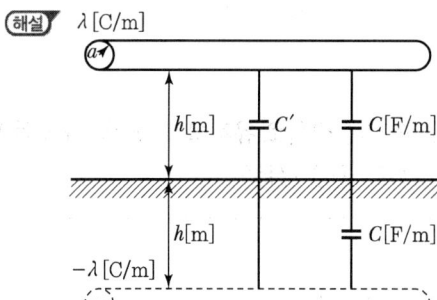

평행한 두 도선 사이의 정전용량 $C' = \dfrac{\pi\varepsilon_0}{\ln\dfrac{d}{a}}[\text{F/m}]$

여기서, $d = 2h$이므로 $C' = \dfrac{\pi\varepsilon_0}{\ln\dfrac{2h}{a}}[\text{F/m}]$가 된다.

이때 대지면과 도선 사이에는 $C[\text{F/m}]$ 2개가 직렬연결 상태이므로 $C' = \dfrac{C}{2}$이다.

따라서, 도체와 대지 사이의 정전용량은 $C = 2C' = \dfrac{2\pi\varepsilon_0}{\ln\dfrac{2h}{a}}[\text{F/m}]$이다.

Answer ▶ 08 ②

09
반지름 a인 접지 도체구의 중심에서 $d>a$되는 곳에 점전하 Q가 있다. 구도체에 유기되는 영상전하 및 그 위치(중심에서의 거리)는 각각 얼마인가?

① $+\dfrac{a}{d}Q$이며 $\dfrac{a^2}{d}$이다.
② $-\dfrac{a}{d}Q$이며 $\dfrac{a^2}{d}$이다.
③ $+\dfrac{d}{a}Q$이며 $\dfrac{a^2}{d}$이다.
④ $-\dfrac{d}{a}Q$이며 $\dfrac{a^2}{d}$이다.

[해설] 접지구도체와 점전하에서 영상전하 $Q'=-\dfrac{a}{d}Q$이며, 영상전하위치 $x=\dfrac{a^2}{d}$이다.

10
전위경도 V와 전계 E의 관계식은?

① $E = grad\,V$
② $E = div\,V$
③ $E = -grad\,V$
④ $E = -div\,V$

[해설] 전위의 기울기(경도)
전계와 크기는 같고 방향이 반대이다.
$$E = -grad\,V = -\nabla V = -\left(\dfrac{\partial}{\partial x}i + \dfrac{\partial}{\partial y}j + \dfrac{\partial}{\partial z}k\right)V = -\left(\dfrac{\partial V}{\partial x}i + \dfrac{\partial V}{\partial y}j + \dfrac{\partial V}{\partial z}k\right)$$

11
그림과 같이 도체1을 도체2로 완전포위하여 도체2를 일정전위로 유지하고, 도체1과 도체2의 외측에 도체3이 있을 때 용량계수 및 유도계수의 성질로 옳은 것은?

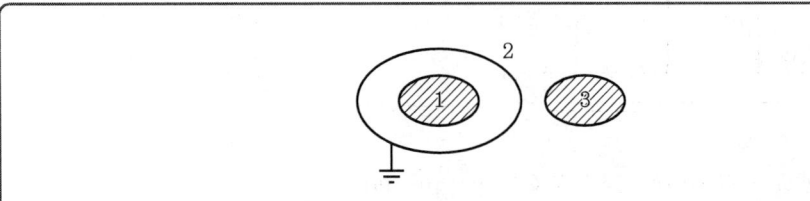

① $q_{23} = q_{11}$
② $q_{13} = -q_{11}$
③ $q_{31} = q_{11}$
④ $q_{21} = -q_{11}$

[해설] 용량 및 유도계수의 성질 $q_{rr} \geq -q_{rs}$에서
$q_{rr} = -q_{rs}$이면 s도체가 r도체를 완전 포위하기 때문에 $q_{21} = -q_{11}$이다.

12 평행판 콘덴서에서 전극 간에 $V[\text{V}]$의 전위차를 가할 때 전계의 세기가 $E[\text{V/m}]$(공기의 절연내력)를 넘지 않도록 하기 위한 콘덴서의 단위면적당 최대용량은 몇 $[\text{F/m}^2]$인가?

① $\dfrac{\varepsilon_0 V}{E}$ ② $\dfrac{\varepsilon_0 E}{V}$ ③ $\dfrac{\varepsilon_0 V^2}{E}$ ④ $\dfrac{\varepsilon_0 E^2}{V}$

해설 $C=\dfrac{\varepsilon_0 S}{d}[\text{F}]$에서 면적당 $C=\dfrac{\varepsilon_0}{d}[\text{F/m}^2]$
이때 평행판 사이의 전위 $V=Ed[\text{V}]$
$C=\dfrac{\varepsilon_0}{\dfrac{V}{E}}=\dfrac{\varepsilon_0 E}{V}[\text{F/m}^2]$

13 그림과 같이 균일한 자계의 세기 $H[\text{AT/m}]$ 내에 자극의 세기가 $\pm m[\text{Wb}]$, 길이 $l[\text{m}]$인 막대 자석을 그 중심 주위에 회전할 수 있도록 놓는다. 이때 자석과 자계의 방향이 이룬 각을 θ라 하면 자석이 받는 회전력$[\text{N}\cdot\text{m}]$은?

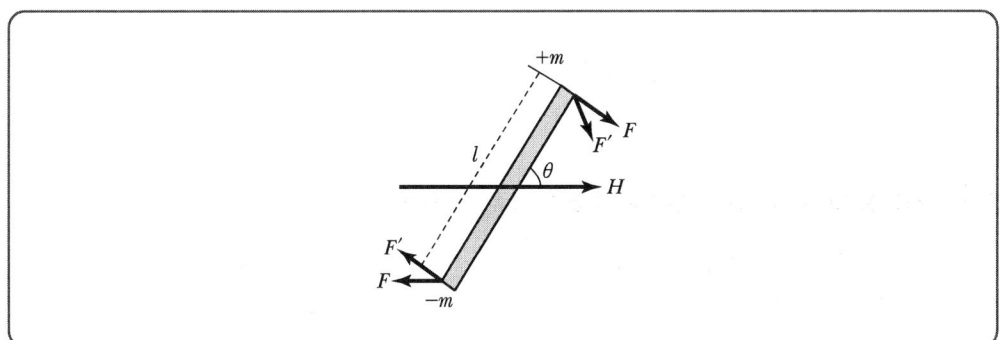

① $mHl\cos\theta$ ② $mHl\sin\theta$
③ $2mHl\sin\theta$ ④ $2mHl\tan\theta$

해설 막대자석에 의한 회전력
$T=mHl\sin\theta=MH\sin\theta=M\times H[\text{N}\cdot\text{m}]$

14 두 자성체의 경계면에서 경계 조건을 설명한 것 중 옳은 것은?

① 자계의 성분은 서로 같다.   ② 자계의 법선성분은 서로 같다.
③ 자속밀도의 법선성분은 서로 같다.   ④ 자속밀도의 접선성분은 서로 같다.

해설 자성체의 경계면 조건
• 경계면의 접선(수평)성분은 양측에서 자계의 세기가 같다.
• 경계면의 법선(수직)성분의 자속밀도는 양측에서 같다.

Answer ▶ 12 ②   13 ②   14 ③

15 히스테리시스손과 와류손은 주파수 및 최대자속밀도와 관계가 있다. 히스테리시스손과 와류손은 최대자속밀도의 몇 승에 비례하는가?

① 1.6 , 2
② 2 , 1.6
③ 1.2 , 1.6
④ 2 , 2

해설 히스테리시스손 $p_e = \eta f B_m^{1.6}$ (방지책 : 규소강판 사용)
와(전)류손 $p_e = \eta (f B_m)^2$ (방지책 : 성층결선 사용)

16 자기회로의 자기저항에 대한 설명으로 옳은 것은?

① 자기회로의 길이에 반비례한다.
② 자기회로의 단면적에 비례한다.
③ 비투자율에 반비례한다.
④ 길이의 제곱에 비례하고 단면적에 반비례한다.

해설 자기저항
$$R_m = \frac{F}{\phi_m} = \frac{l}{\mu \cdot S} = \frac{l}{\mu_0 \mu_s S} [\text{AT/Wb}]$$

17 전류와 자계 사이에 직접적인 관련이 없는 법칙은?

① 앙페르의 오른나사법칙
② 비오사바르의 법칙
③ 플레밍의 왼손법칙
④ 쿨롱의 법칙

해설 쿨롱의 법칙은 두 자하 사이에 작용하는 힘이다.

18 다음 중 맥스웰의 방정식으로 틀린 것은?

① $rot H = J + \frac{\partial D}{\partial t}$
② $rot E = -\frac{\partial B}{\partial t}$
③ $div D = \rho$
④ $div B = \phi$

해설 ⊙ 맥스웰의 제1의 기본방정식
$$rot H = curl H = \nabla \times H = i_c + \frac{\partial D}{\partial t} = i_c + \varepsilon \frac{\partial E}{\partial t} = i [\text{A/m}^2]$$

- 암페어의 주회적분 법칙에서 유도한 식이다.
- 전도전류, 변위전류는 자계를 형성한다(전류와 자계와의 관계).
- 전류의 연속성을 표현한다.

15 ① 16 ③ 17 ④ 18 ④ **Answer**

ⓛ 맥스웰의 제2의 기본방정식

$$rot\ E = curl\ E = \nabla \times E = -\frac{\partial B}{\partial t} = -\mu\frac{\partial H}{\partial t}$$

- 자속밀도의 시간적 변화는 전계를 회전시키고 유기기전력을 형성한다.
- 패러데이의 법칙에서 유도한 전계에 관한 식이다.

ⓒ $div\ D = \nabla \cdot D = \rho\,[\text{C/m}^3]$
- 임의의 폐곡면 내의 전하에서 전속선이 발산한다.
- 가우스 발산 정리에 의하여 유도된 식이다.

ⓔ $div\ B = \nabla \cdot B = 0$
- N, S극이 항상 공존한다.
- 자기력선은 연속적이다.

ⓜ $rot\ \vec{A} = \nabla \times \vec{A} = B\,[\text{wb/m}^2]$
벡터 포텐셜($\vec{A}$)의 회전은 자속밀도를 형성한다.

19 그림과 같이 평행한 무한장 직선도선에 $I\,[\text{A}]$, $2I\,[\text{A}]$인 전류가 흐른다. 두 선 사이의 점 P에서 자계의 세기가 0이라고 하면 $\frac{a}{b}$는?

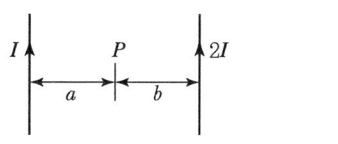

① 2　　　　　　　　　　　② 0.5
③ 1　　　　　　　　　　　④ 0.25

해설 P점에 작용하는 자계의 세기는 I와 $2I$에 의한 2개이며 자계의 방향이 서로 반대이므로 크기가 같으면 자계의 세기는 0이 된다.
$H_1 = \dfrac{I}{2\pi a}$, $H_2 = \dfrac{2I}{2\pi b}$ 이므로
$\dfrac{I}{2\pi a} = \dfrac{2I}{2\pi b}$, $\dfrac{1}{a} = \dfrac{2}{b}$ 이고 $2a = b$이므로
$\dfrac{a}{b} = \dfrac{1}{2} = 0.5$

Answer ● 19 ②

20 다음 그림에서 전자석 공극의 면적이 10[cm²]이고, 5,000[Gauss]의 자속이 발생한다. 이때 철편에 작용하는 흡인력[N]은?

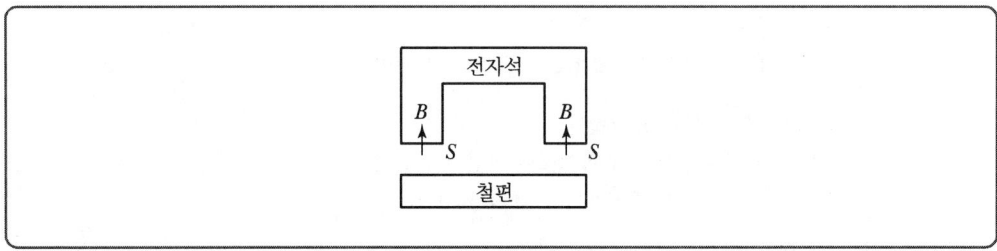

① 0.19894   ② 1.9894
③ 19.894   ④ 198.94

해설 철편을 흡입하는 힘 $F = f_m \cdot S = \dfrac{B^2}{2\mu_o} \cdot S$[N]이 된다.

그림상에서 작용하는 힘은 양쪽에서 작용하므로
전체적인 힘은 $F' = F \times 2 = \dfrac{B^2}{\mu_o} \cdot S$[N]이 된다.

이때, $1[\text{wb/m}^2] = 10^4[\text{Gauss}]$이므로 $1[\text{Gauss}] = 10^{-4}[\text{wb/m}^2]$을 대입하면
$F' = \dfrac{B^2 S}{\mu_0} = \dfrac{(5{,}000 \times 10^{-4})^2 \times 10 \times 10^{-4}}{4\pi \times 10^{-7}} = 198.9436[\text{N}]$

2024년도 3회 시험 과년도 기출문제

01 자속밀도 $B[\text{Wb/m}^2]$의 평등 자계와 평행한 축 둘레의 각속도 $\omega[\text{rad/s}]$로 회전하는 반지름 $a[\text{m}]$의 도체 원판에 그림과 같이 브러시를 접촉시킬 때 저항 $R[\Omega]$에 흐르는 전류[A]는?

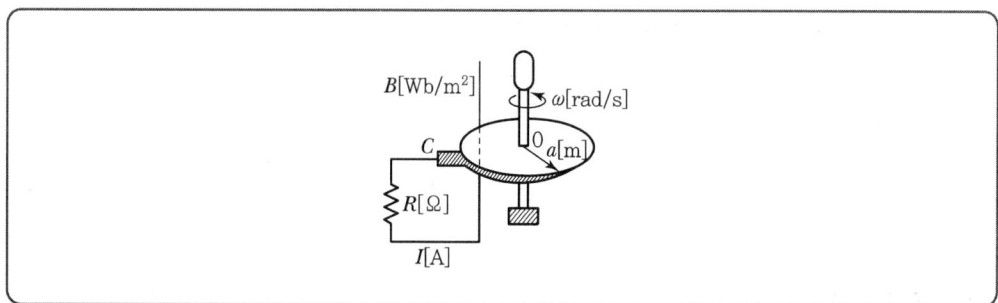

① $\dfrac{\omega B^2 a}{2R}$ ② $\dfrac{\omega B a^2}{R}$

③ $\dfrac{\omega B a}{2R}$ ④ $\dfrac{\omega B a}{R}$

해설
- 원판 회전 시 유기전압
$$e = \int_0^a B\omega r\, dr = \frac{B\omega a^2}{2} = B \times \frac{2\pi N}{60} \times \frac{a^2}{2} [\text{V}]$$

- 원판 회전 시 흐르는 전류
$$i = \frac{e}{R} = \frac{B\omega a^2}{2R} [\text{A}]$$

여기서, $\omega : \dfrac{2\pi N}{60}[\text{rad/sec}]$인 각속도

N : 분당 회전수[rpm]
a : 원판의 반지름[m]

02 진공 중의 도체계에서 임의의 도체를 일정 전위의 도체로 완전 포위하면 내외공간의 전계를 완전 차단시킬 수 있는데 이것을 무엇이라 하는가?

① 홀효과 ② 정전차폐
③ 핀치효과 ④ 전자차폐

해설 정전차폐
도체계에서 임의의 도체를 일정 전위의 도체로 완전포위하면 내외공간의 전계를 완전차단시킬 수 있는 것을 말한다.

Answer ● 01 ① 02 ②

03 6.28[A]가 흐르는 무한장 직선 도선상에서 1[m] 떨어진 점의 자계의 세기[A/m]는?

① 0.5 ② 1 ③ 2 ④ 3

[해설] $H = \dfrac{I}{2\pi r} = \dfrac{6.28}{2\pi \times 1} = 1[\text{A/m}]$

04 변위전류는 (A)의 시간적 변화로 주위에 (B)를 만든다. (A), (B)에 맞는 말은?

① A : 자속밀도, B : 자계
② A : 자속밀도, B : 전계
③ A : 전속밀도, B : 자계
④ A : 전속밀도, B : 전계

[해설] 전속밀도의 시간적 변화로 변위전류가 발생하고 그 주위에 자계가 형성된다.

05 자속 ϕ[Wb]가 주파수 f[Hz]로 $\phi = \phi_m \sin 2\pi ft$[Wb]일 때, 이 자속과 쇄교하는 권수 N회인 코일에 발생하는 기전력은 몇 [V]인가?

① $-2\pi f N \phi_m \cos 2\pi ft$
② $-2\pi f N \phi_m \sin 2\pi ft$
③ $2\pi f N \phi_m \tan 2\pi ft$
④ $2\pi f N \phi_m \sin 2\pi ft$

[해설] 코일에 유기되는 기전력 e[V]
자속 $\phi = \phi_m \sin 2\pi ft$[Wb]일 때 코일에 유기되는 기전력은 전자유도현상에 의한 패러데이법칙을 이용하면

$e = -N\dfrac{d\phi}{dt} = -N\dfrac{d}{dt}\phi_m \sin 2\pi ft = -N\phi_m \dfrac{d}{dt}\sin 2\pi ft$

$= -N\phi_m (\cos 2\pi ft) \cdot 2\pi f = -2\pi f N \phi_m \cos 2\pi ft$[V]가 된다.

06 각종 전기기기에 접지하는 이유로 가장 옳은 것은?

① 편의상 대지는 전위가 영상 전위이기 때문이다.
② 대지는 습기가 있어 전류가 잘 흐르기 때문이다.
③ 영상전하로 생각하여 땅속은 음(−) 전하이기 때문이다.
④ 지구의 정전용량이 커서 전위가 거의 일정하기 때문이다.

[해설] 지구의 정전용량이 매우 크므로 많은 전하가 축적되더라도 표면전위와 내부전위가 같아 지구의 전위가 거의 일정하기 때문이다. 모든 전기장치를 접지시키고 대지를 실용상 등전위(0[V])로 한다.

03 ② 04 ③ 05 ① 06 ④ Answer

07 정전계에 대한 설명으로 옳은 것은?

① 전계에너지가 최소로 되는 전하 분포의 전계이다.
② 전계에너지가 최대로 되는 전하 분포의 전계이다.
③ 전계에너지가 항상 0인 전기장을 말한다.
④ 전계에너지가 항상 ∞인 전기장을 말한다.

해설 정전계의 정의(Thomson의 정의)
정지한 두 전하 사이에 작용하는 힘의 영역으로서 전계에너지가 최소가 되는 전하 분포의 전계이다.

08 전계의 세기 1,500[V/m]의 전장에 5[μC]의 전하를 놓으면 얼마의 힘[N]이 작용하는가?

① 4.5×10^{-3}
② 5.5×10^{-3}
③ 6.5×10^{-3}
④ 7.5×10^{-3}

해설 전계 내 전하를 놓았을 때 작용하는 힘 $F = QE$[N]이므로
$F = 5 \times 10^{-6} \times 1,500 = 7.5 \times 10^{-3}$[N]

09 정전계 내에 있는 도체 표면에서 전계의 방향은 어떻게 되는가?

① 임의 방향
② 표면과 접선방향
③ 표면과 45° 방향
④ 표면과 수직방향

해설 전기력선은 도체 표면(등전위면)과 외부에만 존재하며 수직으로 출입한다.

10 맥스웰 방정식 중에서 전류와 자계의 관계를 직접 나타내고 있는 것은?(단, D는 자속밀도, σ는 전하밀도, B는 자속밀도, E는 전계의 세기, i_c는 전류밀도, H는 자계의 세기이다.)

① $div D = \sigma$
② $div B = 0$
③ $\nabla \times H = i_c + \dfrac{\partial D}{\partial t}$
④ $\nabla \times E = -\dfrac{\partial B}{\partial t}$

해설 ㉠ 맥스웰의 제1의 기본방정식
$$rot\,H = curl\,H = \nabla \times H = i_c + \frac{\partial D}{\partial t} = i_c + \varepsilon\frac{\partial E}{\partial t} = i\,[\text{A/m}^2]$$

• 암페어의 주회적분 법칙에서 유도한 식이다.
• 전도전류, 변위전류는 자계를 형성한다(전류와 자계와의 관계).
• 전류의 연속성을 표현한다.

Answer ▶ 07 ① 08 ④ 09 ④ 10 ③

ⓒ 맥스웰의 제2의 기본방정식

$$rot\,E = curl\,E = \nabla \times E = -\frac{\partial B}{\partial t} = -\mu\frac{\partial H}{\partial t}$$

- 자속밀도의 시간적 변화는 전계를 회전시키고 유기기전력을 형성한다.
- 패러데이의 법칙에서 유도한 전계에 관한 식이다.

ⓒ $div\,D = \nabla \cdot D = \rho\,[\mathrm{C/m^3}]$
- 임의의 폐곡면 내의 전하에서 전속선이 발산한다.
- 가우스 발산 정리에 의하여 유도된 식이다.

ⓔ $div\,B = \nabla \cdot B = 0$
- N, S극이 항상 공존한다.
- 자기력선은 연속적이다.

ⓜ $rot\,\vec{A} = \nabla \times \vec{A} = B\,[\mathrm{Wb/m^2}]$
벡터 퍼텐셜($\vec{A}$)의 회전은 자속밀도를 형성한다.

11 그림과 같은 동심구에서 도체 A에 $Q[\mathrm{C}]$를 줄 때 도체 A의 전위는 몇 $[\mathrm{V}]$인가?(단, 도체 B의 전하는 0이다.)

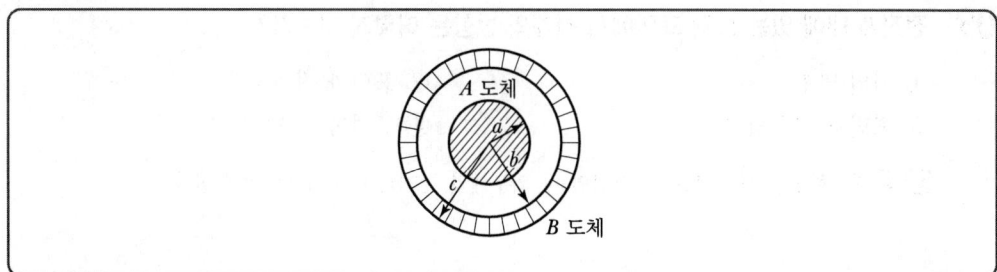

① $\dfrac{Q}{4\pi\varepsilon_0 C}$

② $\dfrac{Q}{4\pi\varepsilon_0}\left(\dfrac{1}{a} - \dfrac{1}{b}\right)$

③ $\dfrac{Q}{4\pi\varepsilon_0}\left(\dfrac{1}{a} + \dfrac{1}{b}\right)$

④ $\dfrac{Q}{4\pi\varepsilon_0}\left(\dfrac{1}{a} - \dfrac{1}{b} + \dfrac{1}{c}\right)$

해설
- A 도체에 $+Q[\mathrm{C}]$, B 도체 $Q = 0\,[\mathrm{C}]$인 경우
  A 도체의 전위 $V_A = \dfrac{Q}{4\pi\varepsilon_0}\left(\dfrac{1}{a} - \dfrac{1}{b} + \dfrac{1}{c}\right)[\mathrm{V}]$
- A 도체에 $+Q[\mathrm{C}]$, B 도체 $-Q[\mathrm{C}]$인 경우
  A도체와 B도체 사이의 전위차는 $V_{AB} = V_A - V_B = \dfrac{Q}{4\pi\varepsilon_0}\left(\dfrac{1}{a} - \dfrac{1}{b}\right)[\mathrm{V}]$이다.

11 ④

12 무한평면도체로부터 거리 a[m]인 곳에 점전하 Q[C]가 있을 때 Q[C]와 무한평면도체 간의 작용력[N]은?(단, 공간 매질의 유전율은 ε[F/m]이다.)

① $\dfrac{Q^2}{2\pi\varepsilon_0 a^2}$ ② $\dfrac{-Q^2}{16\pi\varepsilon_0 a^2}$ ③ $\dfrac{Q^2}{4\pi\varepsilon a^2}$ ④ $\dfrac{-Q^2}{16\pi\varepsilon a^2}$

[해설] 두 전하에 작용하는 힘(쿨롱의 힘=정전력=영상력)

공간 매질의 유전율은 ε[F/m]= $\dfrac{Q_1 Q_2}{4\pi\varepsilon r^2}$ =$-\dfrac{Q^2}{4\pi\varepsilon(2a)^2}$ =$-\dfrac{Q^2}{16\pi\varepsilon a^2}$[N]

여기서, (−)는 항상 흡인력이 발생한다는 의미이다.

13 공기 중에서 E[V/m]의 전계를 i_d[A/m²]의 변위전류로 흐르게 하려면 주파수[Hz]는 얼마가 되어야 하는가?

① $f=\dfrac{i_d}{2\pi\varepsilon E}$ ② $f=\dfrac{i_d}{4\pi\varepsilon E}$ ③ $f=\dfrac{\varepsilon i_d}{2\pi^2 E}$ ④ $f=\dfrac{i_d E}{4\pi^2 \varepsilon}$

[해설] 전계 E[V/m], 변위전류밀도 i_d[A/m²]

$i_d = \omega\dfrac{\varepsilon}{d}V_m \cos\omega t = \omega\varepsilon E = 2\pi f\varepsilon E$[A/m²]가 되므로

주파수 $f=\dfrac{i_d}{2\pi\varepsilon E}$[Hz]가 된다.

14 한 변의 길이가 l[m]인 정방형 도체 회로에 직류 I[A]를 흘릴 때 회로의 중심점 자계의 세기[A/m]는?

① $\dfrac{2I}{2\pi l}$ ② $\dfrac{\sqrt{2}I}{2\pi l}$ ③ $\dfrac{2I}{\pi l}$ ④ $\dfrac{2\sqrt{2}I}{\pi l}$

[해설] 정사각형 코일에 의한 중심점에 작용하는 자계는 $H=\dfrac{2\sqrt{2}I}{\pi l}$[AT/m]가 된다.

15 평균 반지름이 50[cm]이고 권수가 100회인 환상 솔레노이드 내부의 자계가 200[A/m]로 되도록 하기 위해서 코일에 흐르는 전류는 몇 [A]로 하여야 되는가?

① 6.28 ② 12.15 ③ 15.8 ④ 18.6

[해설] 환상 솔레노이드에 의한 자계의 세기는 $H=\dfrac{NI}{l}=\dfrac{NI}{2\pi a}$[AT/m]이므로

코일에 흐르는 전류는 $I=\dfrac{2\pi a H}{N}=\dfrac{2\pi\times 50\times 10^{-2}\times 200}{100}=6.28$[A]가 된다.

Answer ◎ 12 ④ 13 ① 14 ④ 15 ①

16 다음 설명 중 틀린 것은?

① 저항의 역수는 컨덕턴스이다.
② 저항률의 역수는 도전율이다.
③ 도체의 저항은 온도가 올라가면 그 값이 증가한다.
④ 저항률의 단위는 [Ω/m^2]이다.

해설 저항률은 고유저항과 같으며 고유저항의 단위는 [Ωm]=10^6[$\Omega mm^2/m$]와 같다.

17 반지름 a[m]인 원통 도체가 있다. 이 원통 도체의 길이가 l[m]일 때 내부 인덕턴스[H]는 얼마인가?(단, 원통 도체의 투자율은 μ[H/m]이다.)

① $\dfrac{\mu}{4\pi}$ 　　　　　② $\dfrac{\mu l}{4\pi}$

③ $\dfrac{\mu}{8\pi}$ 　　　　　④ $\dfrac{\mu l}{8\pi}$

해설
- 원주도체 내부의 자기인덕턴스
$$L_i = \frac{\mu l}{8\pi}[\text{H}]$$
- 원주도체 내부의 단위길이당 자기인덕턴스
$$L_i' = \frac{L_i}{l} = \frac{\mu}{8\pi}[\text{H/m}]$$
- 원주도체 내부에 축적되는 에너지
$$W_i = \frac{1}{2}L_i I^2 = \frac{\mu l I^2}{16\pi}[\text{J}]$$

18 유전체에 가한 전계 E[V/m]와 분극의 세기 P[C/m²], 전속밀도 D[C/m²] 간의 관계식으로 옳은 것은?

① $P = \varepsilon_0(\varepsilon_s - 1)E$　　　② $P = \varepsilon_0(\varepsilon_s + 1)E$
③ $D = \varepsilon_0 E - P$　　　　　④ $D = \varepsilon_0 \varepsilon_s E + P$

해설 $P = D - \varepsilon_0 E = \varepsilon_0(\varepsilon_s - 1)E$[C/m²]

16 ④　17 ④　18 ①　**Answer**

19 그림과 같이 d[m] 떨어진 두 평행 도선에 I[A]의 전류가 흐를 때 도선 단위길이당 작용하는 힘 F[N]은?

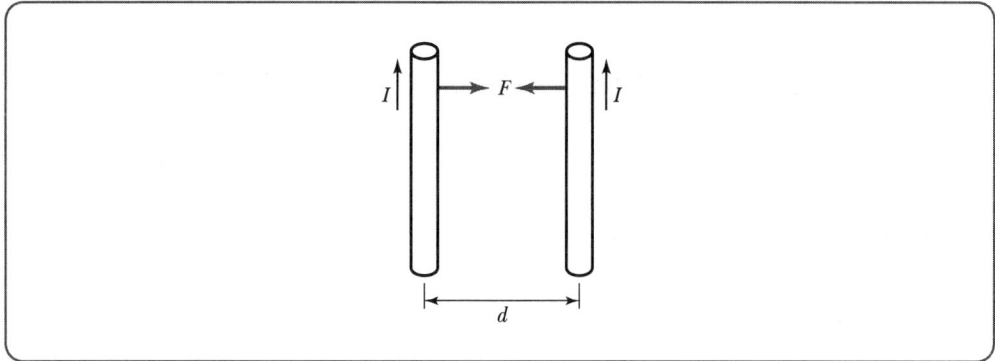

① $\dfrac{\mu_0 I}{2\pi d}$

② $\dfrac{\mu_0 I^2}{2\pi d^2}$

③ $\dfrac{\mu_0 I^2}{2\pi d}$

④ $\dfrac{\mu_0 I^2}{2d^2}$

해설 • 평행도선 사이에 작용하는 힘 F[N/m]

$$F_1 = F_2 = \dfrac{\mu_0 I_1 I_2}{2\pi d} = \dfrac{2 I_1 I_2}{d} \times 10^{-7} [\text{N/m}]$$

• 두 전류의 방향이 같을 경우 : 흡인력
두 전류의 방향이 반대일 경우 : 반발력

그림상에서 전류의 크기가 같거나 왕복선로라면 $F_1 = F_2 = \dfrac{\mu_0 I^2}{2\pi d} = \dfrac{2 I^2}{d} \times 10^{-7} \propto I^2 \propto \dfrac{1}{d}$ [N/m]

20 $Ql = \pm 200\pi\varepsilon_0 \times 10^3$[C·m]인 전기쌍극자에서 l과 r의 사이 각이 $\dfrac{\pi}{3}$이고, $r = 1$[m]인 점의 전위[V]는?

① $50\pi \times 10^4$

② 50×10^3

③ 25×10^3

④ $5\pi \times 10^4$

해설 전기쌍극자

$$V = \dfrac{M}{4\pi\varepsilon_0 r^2}\cos\theta = \dfrac{200\pi\varepsilon_0 \times 10^3}{4\pi\varepsilon_0 \times 1^2}\cos\left(\dfrac{\pi}{3}\right) = 25 \times 10^3[\text{V}]$$

Answer ▶ 19 ③ 20 ③

전기산업기사
2025년도 1회 시험
과년도 기출문제

01 간격 d[m]인 무한히 넓은 평형판의 단위면적당 정전용량[F/m²]은?(단, 매질은 공기라 한다.)

① $\dfrac{1}{4\pi\varepsilon_0 d}$ ② $\dfrac{4\pi\varepsilon_0}{d}$ ③ $\dfrac{\varepsilon_0}{d}$ ④ $\dfrac{\varepsilon_0}{d^2}$

[해설] 평행판 사이의 정전용량 $C = \dfrac{\varepsilon_0 S}{d}$ [F]이므로

단위면적당 정전용량 $C' = \dfrac{C}{S} = \dfrac{\varepsilon_0}{d}$ [F/m²]이 된다.

02 그림과 같이 접지된 반지름 a[m]의 도체구 중심 O에서 d[m] 떨어진 점 A에 Q[C]의 점전하가 존재할 때, A'점에 Q'의 영상전하를 생각하면 구도체와 점전하 간에 작용하는 힘[N]은?

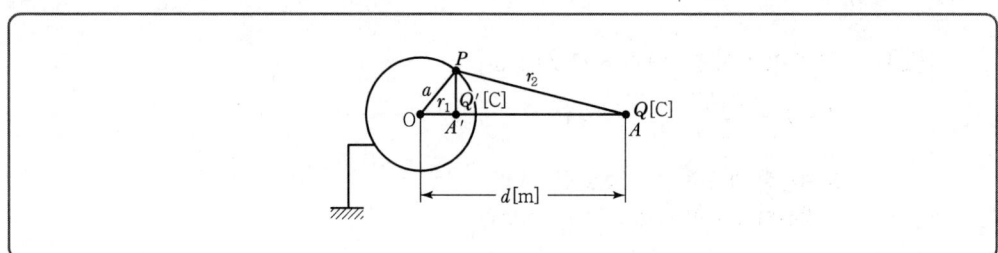

① $F = \dfrac{QQ'}{4\pi\varepsilon_0 \left(\dfrac{d^2 - a^2}{d}\right)}$ ② $F = \dfrac{QQ'}{4\pi\varepsilon_0 \left(\dfrac{d}{d^2 - a^2}\right)}$

③ $F = \dfrac{QQ'}{4\pi\varepsilon_0 \left(\dfrac{d^2 + a^2}{d}\right)^2}$ ④ $F = \dfrac{QQ'}{4\pi\varepsilon_0 \left(\dfrac{d^2 - a^2}{d}\right)^2}$

[해설] 쿨롱의 힘을 이용 $F = \dfrac{Q \cdot Q'}{4\pi\varepsilon_0 r^2}$, 이때 영상전하와 점전하 사이의 거리는 $d - x$

$F = \dfrac{Q \cdot Q'}{4\pi\varepsilon_0 (d-x)^2}$ 여기서, 영상전하의 위치 $x = \dfrac{a^2}{d}$ [m]를 대입 정리하면 $F = \dfrac{Q \cdot Q'}{4\pi\varepsilon_0 \left(\dfrac{d^2 - a^2}{d}\right)^2}$

영상전하 $Q' = -\dfrac{a}{d} Q$[C]을 대입하면 $F = \dfrac{-adQ^2}{4\pi\varepsilon_0 (d^2 - a^2)^2}$ [N]이 된다.

또한 항상 흡인력이 작용한다.

01 ③ 02 ④ **Answer**

03 자극의 세기가 8×10^{-6}[Wb], 길이가 3[cm]인 막대자석을 120[AT/m]의 평등자계 내에 자력선과 30°의 각도로 놓으면 이 막대자석이 받는 회전력은 몇 [N·m]인가?

① 3.02×10^{-5}
② 3.02×10^{-4}
③ 1.44×10^{-5}
④ 1.44×10^{-4}

[해설] $T = mHl\sin\theta$
$= (8 \times 10^{-6}) \times 120 \times 0.03 \times \sin 30°$
$= 1.44 \times 10^{-5}$[N·m]

04 철심이 들어 있는 환상 코일이 있다. 1차 코일의 권수 $N_1 = 100$회일 때, 자기인덕턴스는 0.01[H]였다. 이 철심에 2차 코일 $N_2 = 200$회를 감았을 때 1, 2차 코일의 상호인덕턴스는 몇 [H]인가? (단, 결합계수 $k = 1$로 한다.)

① 0.01   ② 0.02   ③ 0.03   ④ 0.04

[해설] 결합계수가 $k=1$인 경우의 $M = L_1 \cdot \dfrac{N_2}{N_1} = 0.01 \times \dfrac{200}{100} = 0.02$[H]

05 반지름 a인 접지 도체구의 중심에서 $d(>a)$되는 곳에 점전하 Q가 있다. 구도체에 유기되는 영상전하 및 그 위치(중심에서의 거리)는 각각 얼마인가?

① $+\dfrac{a}{d}Q$이며 $\dfrac{a^2}{d}$이다.
② $-\dfrac{a}{d}Q$이며 $\dfrac{a^2}{d}$이다.
③ $+\dfrac{d}{a}Q$이며 $\dfrac{a^2}{d}$이다.
④ $-\dfrac{d}{a}Q$이며 $\dfrac{a^2}{d}$이다.

[해설] 접지구도체와 점전하에서 영상전하 $Q' = -\dfrac{a}{d}Q$ 및 영상전하위치 $x = \dfrac{a^2}{d}$이다.

06 평면파 전자파의 전계 E와 자계 H 사이의 관계식은?

① $E = \sqrt{\dfrac{\varepsilon}{\mu}}\,H$
② $E = \sqrt{\varepsilon\mu}\,H$
③ $E = \sqrt{\dfrac{\mu}{\varepsilon}}\,H$
④ $E = \sqrt{\dfrac{1}{\varepsilon\mu}}\,H$

[해설] 파동 고유임피던스 $Z = \dfrac{E}{H} = \sqrt{\dfrac{\mu}{\varepsilon}}$ 이므로 전계 $E = \sqrt{\dfrac{\mu}{\varepsilon}}\,H$가 된다.

Answer ◯ 03 ③ 04 ② 05 ② 06 ③

07 한 변의 길이가 a[m]인 정육각형의 각 정점에 각각 Q[C]의 전하를 놓았을 때 정육각형의 중심 O의 전계의 세기는 몇 [V/m]인가?

① 0
② $\dfrac{Q}{2\pi\varepsilon_0 a}$
③ $\dfrac{Q}{4\pi\varepsilon_0 a}$
④ $\dfrac{Q}{8\pi\varepsilon_0 a}$

해설 정육각형 중심에 단위전하를 두고 각 꼭짓점에 같은 크기 Q[C]의 전하로부터 같은 거리만큼의 반발력이 모두 작용하므로 중심도체의 전계의 세기는 0이 된다.

08 전자석에 사용하는 연철(Soft Iron)은 다음 중 어떤 성질을 가지는가?

① 잔류자기, 보자력이 모두 크다.
② 보자력이 크고 히스테리시스 곡선의 면적이 작다.
③ 보자력과 히스테리시스 곡선의 면적이 모두 작다.
④ 보자력이 크고 잔류자기가 작다.

해설
• 영구자석 : 잔류자기, 보자력, 히스테리시스곡선 면적 모두가 큰 것
• 전자석 : 잔류자기는 크고 보자력 및 히스테리시스곡선의 면적이 작은 것

09 그림에서 2[μF]에 100[μC]의 전하가 충전되어 있었다면 3[μF]의 양단의 전위차는 몇 [V]인가?

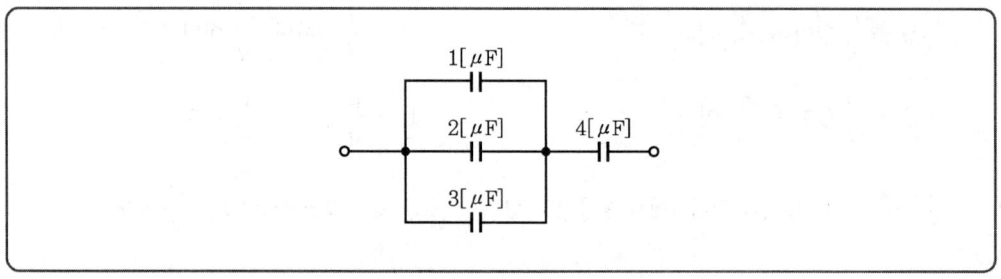

① 50
② 100
③ 200
④ 260

해설 병렬은 전압이 일정하고 2[μF]에 100[μC]이 충전되어 있으면 $V_2 = \dfrac{Q}{C} = \dfrac{100 \times 10^{-6}}{2 \times 10^{-6}} = 50$[V]의 전위차가 발생하므로 V_1, V_2, V_3의 전위는 모두 50[V]로 같다.

07 ① 08 ③ 09 ① **Answer**

10 그림과 같은 동심구에서 도체 A에 $Q[C]$를 줄 때 도체 A의 전위는 몇 [V]인가?(단, 도체 B의 전하는 0이다.)

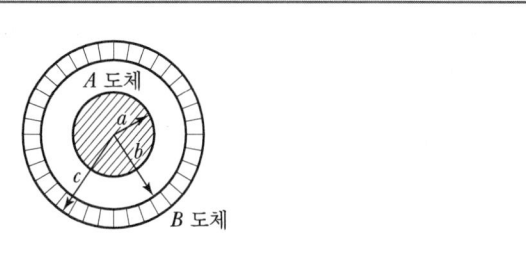

① $\dfrac{Q}{4\pi\varepsilon_0 C}$
② $\dfrac{Q}{4\pi\varepsilon_0}\left(\dfrac{1}{a}-\dfrac{1}{b}\right)$
③ $\dfrac{Q}{4\pi\varepsilon_0}\left(\dfrac{1}{a}+\dfrac{1}{b}\right)$
④ $\dfrac{Q}{4\pi\varepsilon_0}\left(\dfrac{1}{a}-\dfrac{1}{b}+\dfrac{1}{c}\right)$

[해설]
- A 도체에 $+Q[C]$, B 도체 $Q=0[C]$인 경우
  A 도체의 전위 $V_A = \dfrac{Q}{4\pi\varepsilon_0}\left(\dfrac{1}{a}-\dfrac{1}{b}+\dfrac{1}{c}\right)$ [V]
- A 도체에 $+Q[C]$, B 도체 $-Q[C]$인 경우
  A 도체와 B 도체 사이의 전위차 $V_{AB} = V_A - V_B = \dfrac{Q}{4\pi\varepsilon_0}\left(\dfrac{1}{a}-\dfrac{1}{b}\right)$ [V]

11 모든 전기장치에 접지시키는 근본적인 이유는?

① 지구의 용량이 커서 전위가 거의 일정하기 때문이다.
② 편의상 지면을 영전위로 보기 때문이다.
③ 영상 전하를 이용하기 때문이다.
④ 지구는 전류를 잘 통하기 때문이다.

[해설] 지구의 정전용량이 매우 크므로 많은 전하가 축적되더라도 표면전위와 내부전위가 같아 지구의 전위가 거의 일정하기 때문이다. 모든 전기장치를 접지시키고 대지를 실용상 등전위(0[V])로 한다.

Answer ▶ 10 ④   11 ①

12 비투자율 μ_s가 1인 자성체 내에서 주파수 2[GHz]인 전자기파의 파장[m]은?

① 0.1   ② 0.15   ③ 0.25   ④ 0.4

[해설] 비투자율 $\mu_s=1$인 경우는 자유공간(=공기) 중이며, 이때는 비유전율 $\varepsilon_s=1$이다.
∴ 전자파의 파장 λ
$$= \frac{1}{f\sqrt{\varepsilon\mu}} = \frac{3\times 10^8}{f\sqrt{\varepsilon_s\mu_s}} = \frac{3\times 10^8}{2\times 10^9} = 1.5\times 10^{-1} = 0.15 [\text{m}]$$

13 액체 유전체를 포함한 콘덴서 용량이 C[F]인 것에 V[V]전압을 가했을 경우에 흐르는 누설 전류는 몇 [A]인가?(단, 유전체의 비유전율은 ε_s이며 고유저항은 ρ[Ω]이라 한다.)

① $\dfrac{CV}{\rho\varepsilon}$ ② $\dfrac{CV^2}{\rho\varepsilon}$

③ $\dfrac{\rho\varepsilon_s V}{C}$ ④ $\dfrac{\rho\varepsilon_s}{C}$

[해설] 누설전류 $I = \dfrac{V}{R} = \dfrac{V}{\dfrac{\rho\varepsilon}{C}} = \dfrac{CV}{\rho\varepsilon}$ [A]가 된다.

14 지름이 5[mm], 10[mm]인 두 개의 도체구에 같은 전기량을 인가하면 작은 구의 도체 표면 전위 $V_{5\text{mm}}$와 큰 구의 도체 표면 전위 $V_{10\text{mm}}$ 사이의 관계로 옳은 것은?

① $V_{5\text{mm}} = \dfrac{1}{4} V_{10\text{mm}}$ ② $V_{5\text{mm}} = 4 V_{10\text{mm}}$

③ $V_{5\text{mm}} = \dfrac{1}{2} V_{10\text{mm}}$ ④ $V_{5\text{mm}} = 2 V_{10\text{mm}}$

[해설] 구도체의 전위 $V = \dfrac{Q}{4\pi\varepsilon_0 r}$ [V]를 이용하면

$V_{5\text{mm}} = \dfrac{Q}{4\pi\varepsilon_0 2.5\times 10^{-3}}$ [V]

$V_{10\text{mm}} = \dfrac{Q}{4\pi\varepsilon_0 5\times 10^{-3}}$ [V]

$\dfrac{1}{2} V_{5\text{mm}} = V_{10\text{mm}}$

∴ $V_{5\text{mm}} = 2 V_{10\text{mm}}$

12 ②　13 ①　14 ④　Answer

과년도 기출문제

15 두 종류의 금속선으로 된 회로에 전류를 통하면 각 접속점에서 열의 흡수 또는 발생이 일어나는 것을 무엇이라 하는가?

① 톰슨 효과
② 제벡 효과
③ 볼타 효과
④ 펠티어 효과

해설
- 제벡 효과(Seebeck Effect) : 서로 다른 금속을 접속(열전대)하고 접속점을 서로 다른 온도로 유지하면 기전력이 생겨 일정한 방향으로 전류가 흐르는 현상이다.
- 펠티어 효과(Peltier Effect) : 서로 다른 금속에서 다른 쪽 금속으로 전류를 흘리면 열의 발생 또는 흡수가 일어나는 현상이다.
- 톰슨 효과(Thomson Effect) : 동종의 금속에서 각 부의 온도가 다르면 그 부분에서 열의 발생 또는 흡수가 일어나는 현상이다.
- 홀 효과(Hole Effect) : 전류가 흐르고 있는 도체에 자계를 가하면 도체 측면에 정부의 전하가 나타나 전위차가 발생하는 현상이다.
- 핀치 효과(Pinch Effect) : 도체에 직류를 인가하면 전류와 수직방향으로 원형 자계가 생겨 전류에 구심력이 작용하여 도체 단면이 수축하면서 도체 중심 쪽으로 전류가 몰리는 현상이다.
- 볼타 효과(접촉전기) : 도체와 도체, 유전체와 유전체, 유전체와 도체를 접촉시키면 전자가 이동하여 양·음으로 대전되는 현상이다.

16 공극을 가진 환상 솔레노이드에서 총권수 N, 철심의 비투자율 μ_r, 단면적 A, 길이 l이고 공극이 δ일 때, 공극부에 자속밀도 B를 얻기 위해서는 얼마의 전류를 몇 [A] 흘려야 하는가?

① $\dfrac{10^7 B}{2\pi N}\left(\dfrac{l}{\mu_r}+\delta\right)$
② $\dfrac{10^7 B}{2\pi N}\left(\dfrac{\delta}{\mu_r}+l\right)$
③ $\dfrac{10^7 B}{4\pi N}\left(\dfrac{l}{\mu_r}+\delta\right)$
④ $\dfrac{10^7 B}{4\pi N}\left(\dfrac{\delta}{\mu_r}+l\right)$

해설
$$\phi = \frac{F}{R_m} = \frac{NI}{R_m + R_g} = BS$$
$$I = \frac{BS}{N}(R_m + R_g) = \frac{B}{N}\left(\frac{l}{\mu_0 \mu_r} + \frac{\delta}{\mu_0}\right)$$
$$= \frac{B}{N \cdot 4\pi \times 10^{-7}}\left(\frac{l}{\mu_r} + \frac{\delta}{1}\right) = \frac{10^7 B}{4\pi N}\left(\frac{l}{\mu_r} + \delta\right) [A]$$

Answer ➡ 15 ④ 16 ③

01 전기자기학

17 전기력선의 설명 중 틀린 것은?

① 전기력선은 부전하에서 시작하여 정전하에서 끝난다.
② 단위전하에서는 $1/\varepsilon_0$ 개의 전기력선이 출입한다.
③ 전기력선은 전위가 높은 점에서 낮은 점으로 향한다.
④ 전기력선의 방향은 그 점의 전계의 방향과 일치하며 밀도는 그 점에서의 전계의 크기와 같다.

[해설] 전기력선의 성질
- 전기력선은 정(+)전하에서 시작하여 부(−)전하에서 끝난다.
- 전기력선은 서로 반발하며 교차할 수 없다.
- 전기력선의 방향은 그 점의 전계의 방향과 일치한다.
- 전기력선의 밀도는 전계의 세기와 같다.
- 전기력선은 전위가 높은 점에서 낮은 점으로 향한다.
- 전기력선은 도체 표면(등전위면)에 수직으로 만난다.
- 도체에 주어진 전하는 도체 표면에만 분포한다.
- 전기력선은 대전도체 내부에는 존재하지 않는다.
- 전기력선의 수는 내부 전하량 $Q[C]$의 $\dfrac{1}{\varepsilon_0}$ 배이다.
- 전기력선은 그 자신만으로 폐곡선을 이룰 수 없다.

18 자기인덕턴스 $L[H]$인 코일에 전류 $I[A]$를 흘렸을 때, 자계의 세기가 $H[A/m]$이다. 이 코일에 전류 $\dfrac{I}{2}[A]$를 흘리면 저장되는 자기에너지[J]는 얼마인가?

① $\dfrac{1}{2}\mu_0 H^2$
② $\dfrac{1}{8}\mu_0 H^2$
③ $\dfrac{1}{2}LI^2$
④ $\dfrac{1}{8}LI^2$

[해설] 저장되는 자기에너지 W
$$= \dfrac{1}{2}LI^2 = \dfrac{1}{2}\times L \times \left(\dfrac{I}{2}\right)^2 = \dfrac{1}{8}LI^2 [J]$$

17 ① 18 ④ Answer

19 그림과 같이 반지름 a[m], 중심간격 d[m]인 평행원통도체가 공기 중에 있다. 원통도체의 선전하 밀도가 각각 $\pm\rho_L$[C/m]일 때 두 원통도체 사이의 단위길이당 정전용량은 약 몇 [F/m]인가?(단, $d \gg a$이다.)

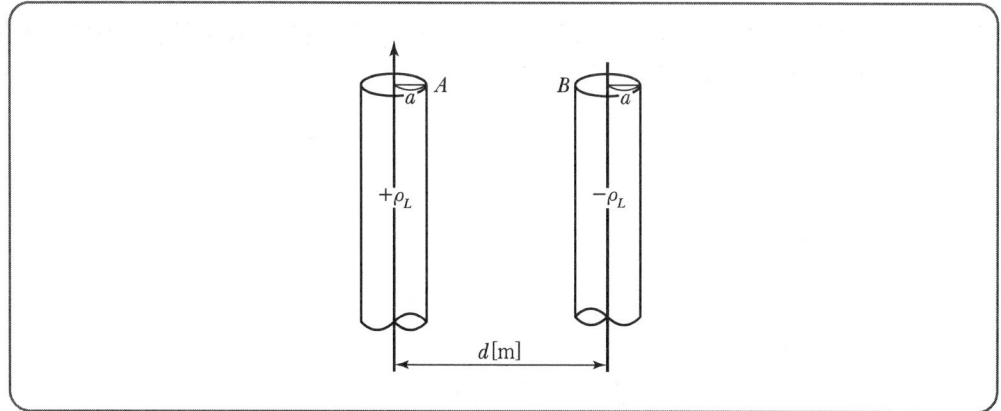

① $\dfrac{\pi\varepsilon_0}{\ln\dfrac{d}{a}}$
② $\dfrac{\pi\varepsilon_0}{\ln\dfrac{a}{d}}$
③ $\dfrac{4\pi\varepsilon_0}{\ln\dfrac{d}{a}}$
④ $\dfrac{4\pi\varepsilon_0}{\ln\dfrac{a}{d}}$

해설 원통 사이의 단위길이당 정전용량은 $b > a$, $C' = \dfrac{2\pi\varepsilon_0}{\ln\dfrac{b}{a}}$ [F/m]가 되고,

평행 두 도선(원통) 사이 단위길이당 정전용량은 $d \gg a(x > r)$, $C' = \dfrac{\pi\varepsilon_0}{\ln\dfrac{d(x)}{a(r)}}$ [F/m]가 된다.

20 권수 200회인 자기인덕턴스 20[mH]의 코일에 2[A]의 전류를 흘리면 자속[Wb]은?

① 0.04
② 0.01
③ 4×10^{-4}
④ 2×10^{-4}

해설 $N\phi = L \cdot I$에서 $\phi = \dfrac{L \cdot I}{N} = \dfrac{20 \times 10^{-3} \times 2}{200} = 2 \times 10^{-4}$[Wb]가 된다.

Answer ▸ 19 ① 20 ④

전기산업기사
2025년도 2회 시험
과년도 기출문제

01 내구의 반지름이 6[cm], 외구의 반지름이 8[cm]인 동심구 콘덴서의 외구를 접지하고 내구에 전위 1,800[V]를 가했을 경우 내구에 충전된 전기량은 몇 [C]인가?

① 2.8×10^{-8}
② 3.8×10^{-8}
③ 4.8×10^{-8}
④ 5.8×10^{-8}

[해설] 동심구도체의 정전용량 C
$$= \frac{4\pi\varepsilon_0}{\frac{1}{a} - \frac{1}{b}} = \frac{4\pi\varepsilon_0 ab}{b-a} = \frac{1}{9 \times 10^9} \times \frac{ab}{b-a} \quad (\text{단, } b > a)$$

$$\therefore Q = CV = \frac{1}{9 \times 10^9} \times \frac{0.06 \times 0.08}{0.08 - 0.06} \times 1,800$$
$$= 4.8 \times 10^{-8} [\text{C}]$$

02 평행판 콘덴서의 판 사이에 비유전율 ε_s의 유전체를 삽입하였을 때의 정전용량은 진공일 때의 용량에 몇 배인가?

① ε_s
② $\varepsilon_s - 1$
③ $\frac{1}{\varepsilon_s}$
④ $\varepsilon_s + 1$

[해설]
- 진공 시 콘덴서 용량 : $C_0 = \frac{\varepsilon_0 S}{d}$
- 유전체 삽입 시 콘덴서 용량 : $C = \frac{\varepsilon_0 \varepsilon_s S}{d}$

$$\therefore \frac{C}{C_0} = \frac{\frac{\varepsilon_0 \varepsilon_s S}{d}}{\frac{\varepsilon_0 S}{d}} = \varepsilon_s$$

03 어떤 TV 방송의 전자파의 주파수를 190[MHz]의 평면파로 보고 $\mu_s = 1$, $\varepsilon_s = 64$인 물속에서의 전파속도 v[m/s]와 파장 λ[m]은 얼마인가?

① $v = 0.375 \times 10^8$, $\lambda = 0.19$
② $v = 2.33 \times 10^8$, $\lambda = 0.21$
③ $v = 0.87 \times 10^8$, $\lambda = 0.17$
④ $v = 0.425 \times 10^8$, $\lambda = 1.2$

01 ③ 02 ① 03 ① **Answer**

해설 전자파의 전파속도 v

$$= \frac{w}{\beta} = \frac{1}{\sqrt{LC}} = \frac{1}{\sqrt{\varepsilon\mu}}$$

$$= \frac{3 \times 10^8}{\sqrt{\varepsilon_s \mu_s}} = \frac{3}{\sqrt{64 \times 1}} \times 10^8 = 0.375 \times 10^8 [\text{m/s}] = \lambda f$$

$$\therefore \lambda = \frac{v}{f} = \frac{0.375 \times 10^8}{190 \times 10^6} = 0.197 [\text{m}]$$

04 유전체 내의 전계의 세기 E와 분극의 세기 P의 관계를 나타내는 식은?

① $P = \varepsilon_0(\varepsilon_s - 1)E$
② $P = \varepsilon_0 \varepsilon_s E$
③ $P = \varepsilon_0(1 - \varepsilon_s)E$
④ $P = (1 - \varepsilon_s)E$

해설 분극의 세기 P

$$= D - \varepsilon_0 E = D - \frac{D}{\varepsilon_s} = D\left(1 - \frac{1}{\varepsilon_s}\right)$$

$$= \varepsilon_0 \varepsilon_s E - \varepsilon_0 E = \varepsilon_0(\varepsilon_s - 1)E \,[\text{C/m}^2]$$

- 분극률 $x = \varepsilon_0(\varepsilon_s - 1)$
- 비분극률(전기감수율) $x_m = \frac{x}{\varepsilon_0} = \varepsilon_s - 1$

05 정전계에서 도체에 정(+)의 전하를 주었을 때의 설명으로 틀린 것은?

① 도체 표면의 곡률 반지름이 작은 곳에 전하가 많이 분포한다.
② 도체 외측의 표면에만 전하가 분포한다.
③ 도체 표면에서 수직으로 전기력선이 출입한다.
④ 도체 내에 있는 공동면에도 전하가 골고루 분포한다.

해설 대전도체 내부에는 전하가 존재하지 않는다.

06 유도기전력의 크기가 폐회로에 쇄교하는 자속의 시간적 변화율에 비례한다는 법칙은?

① 패러데이 법칙
② 렌츠의 법칙
③ 암페어 오른손 법칙
④ 쿨롱의 법칙

해설 패러데이 법칙

$e = -N\frac{d\phi}{dt}$ [V]이므로 유도기전력은 자속의 시간적 변화율에 비례한다.

Answer ▶ 04 ① 05 ④ 06 ①

01 전기자기학

07 자기회로에서 자기저항의 크기에 대한 설명으로 옳은 것은?

① 자기회로의 길이에 비례
② 자기회로의 단면적에 비례
③ 자성체의 비투자율에 비례
④ 자성체의 비투자율의 제곱에 비례

해설 $R_m = \dfrac{l}{\mu S} = \dfrac{l}{\mu_0 \mu_s S}$ [AT/Wb]이므로 길이에 비례한다.

08 10[mH]인 2개의 인덕턴스가 있다. 결합계수를 0.1부터 0.9까지 변화시킬 수 있다면 이것을 직렬 접속시켜 얻을 수 있는 합성인덕턴스의 최댓값은?

① 19
② 24
③ 38
④ 48

해설 $L_{\max}$(최댓값) $= L_1 + L_2 + 2M$(가동접속)
$= L_1 + L_2 + 2k\sqrt{L_1 L_2}$
(k가 0.9일 때 $L_{\max}$값이 최대)
$= 10 + 10 + (2 \times 0.9 \sqrt{10 \times 10})$[mH]
$= 38$[mH]

09 히스테리시스 곡선에서 히스테리시스 손실에 해당하는 것은?

① 보자력의 크기
② 잔류자기의 크기
③ 보자력과 잔류자기의 곱
④ 히스테리시스 곡선의 면적

해설 히스테리시스 손실
히스테리시스 곡선을 다시 일주시켜도 항상 처음과 동일하기 때문에 히스테리시스의 면적(체적당 에너지 밀도)에 해당하는 에너지는 열로 소비되고 이것을 히스테리시스 손실이라 한다.
$P_h = \eta f B_m^{1.6}$

07 ① 08 ③ 09 ④ ● Answer

10 그림과 같이 환상의 철심에 일정한 권선이 감겨진 권수 N 회, 단면 $S[\text{m}^2]$, 평균자로의 길이 $l[\text{m}]$인 환상솔레노이드에 전류 $i[\text{A}]$를 흘렸을 때 이 환상솔레노이드의 자기인덕턴스를 옳게 표현한 식은?

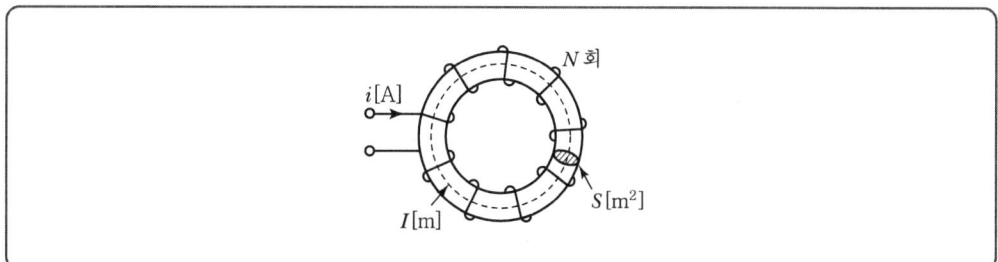

① $\dfrac{\mu^2 SN}{l}$

② $\dfrac{\mu S^2 N}{l}$

③ $\dfrac{\mu SN}{l}$

④ $\dfrac{\mu SN^2}{l}$

해설 환상솔레노이드의 인덕턴스

$$L = \frac{N\phi}{I} = \frac{N}{I} \times \frac{\mu SNI}{l} = \frac{\mu SN^2}{l} = \frac{N^2}{R_m} \propto N^2 [\text{H}]$$

여기서, $S = \pi a^2 [\text{m}^2]$: 철심의 단면적

$l = 2\pi r [\text{m}]$: 자로의 길이

$R_m = \dfrac{l}{\mu S} [\text{AT/m}]$: 자기저항

11 일반적으로 도체를 관통하는 자속이 변화하거나 자속과 도체가 상대적으로 운동하여 도체 내의 자속이 시간적 변화를 일으키면, 이 변화를 막기 위하여 도체 내에 국부적으로 형성되는 임의의 폐회로를 따라 전류가 발생되는데 이러한 전류를 무엇이라 하는가?

① 변위전류

② 대칭전류

③ 와전류

④ 도전전류

해설 와전류(=맴돌이 전류)는 도체 주변의 자기장이 급격히 변화할 때 이 변화를 막기 위하여 도체 내에 형성되는 전자기 유도로 발생하는 소용돌이 형태의 전류로, 렌츠의 법칙에 따라 자기장 변화를 방해하는 방향으로 흐른다.

Answer ▶ 10 ④ 11 ③

12 맥스웰 전자계의 기초방정식으로 틀린 것은?

① $\operatorname{rot} H = i_c + \dfrac{\partial D}{\partial t}$
② $\operatorname{rot} E = -\dfrac{\partial B}{\partial t}$
③ $\operatorname{div} D = \rho$
④ $\operatorname{div} B = -\dfrac{\partial D}{\partial t}$

해설 ㉠ 맥스웰의 제1의 기본방정식

$$\operatorname{rot} H = \operatorname{curl} H = \nabla \times H = i_c + \dfrac{\partial D}{\partial t} = i_c + \varepsilon \dfrac{\partial E}{\partial t} = i\,[\text{A/m}^2]$$

- 암페어의 주회적분 법칙에서 유도한 식이다.
- 전도전류, 변위전류는 자계를 형성한다(전류와 자계와의 관계).
- 전류의 연속성을 표현한다.

㉡ 맥스웰의 제2의 기본방정식

$$\operatorname{rot} E = \operatorname{curl} E = \nabla \times E = -\dfrac{\partial B}{\partial t} = -\mu \dfrac{\partial H}{\partial t}$$

- 자속 밀도의 시간적 변화는 전계를 회전시키고 유기기전력을 형성한다.
- 패러데이의 법칙에서 유도한 전계에 관한 식이다.

㉢ $\operatorname{div} D = \nabla \cdot D = \rho\,[\text{C/m}^3]$
- 임의의 폐곡면 내의 전하에서 전속선이 발산한다.
- 가우스 발산 정리에 의하여 유도된 식이다.

㉣ $\operatorname{div} B = \nabla \cdot B = 0$
- N, S극이 항상 공존한다.
- 자기력선은 연속적이다.

㉤ $\operatorname{rot} \vec{A} = \nabla \times \vec{A} = B\,[\text{Wb/m}^2]$
벡터퍼텐셜($\vec{A}$)의 회전은 자속 밀도를 형성한다.

13 그림과 같은 유전속의 분포에서 ε_1과 ε_2의 관계는?

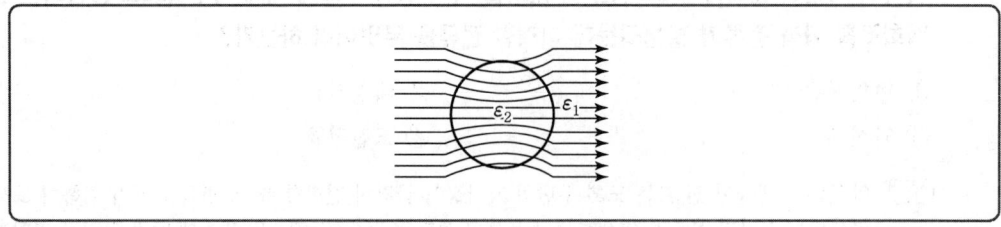

① $\varepsilon_1 > \varepsilon_2$
② $\varepsilon_2 > \varepsilon_1$
③ $\varepsilon_1 = \varepsilon_2$
④ $\varepsilon_2 < \varepsilon_1$

해설 유전체에 작용하는 힘(Maxwell 변형력)
- 유전율이 큰 쪽에서 작은 쪽으로 힘이 작용한다.
- 전속(밀도)선은 유전율이 큰 쪽으로 모이려는 성질이 있다.

14 자극의 세기가 7.4×10^{-5}[Wb], 길이가 10[cm]인 막대자석이 100[AT/m]의 평등자계 내에 자계의 방향과 30°로 놓여 있을 때 이 자석에 작용하는 회전력[N·m]은?

① 2.5×10^{-3}
② 3.7×10^{-4}
③ 5.3×10^{-5}
④ 6.2×10^{-6}

해설 회전력(=토크)
$T = mlH\sin\theta$
$= 7.4 \times 10^{-5} \times 10 \times 10^{-2} \times 100 \times \sin 30°$
$= 3.7 \times 10^{-4}$[N·m]

15 대전 도체 표면의 전하밀도는 도체 표면의 모양에 따라 어떻게 되는가?

① 곡률이 작으면 작아진다.
② 곡률 반지름이 크면 커진다.
③ 평면일 때 가장 크다.
④ 곡률 반지름이 작으면 작다.

해설

곡률	대(大)	소(小)
곡률반경	소(小)	대(大)
모양	뾰족	완만
전하밀도	대(大)	소(小)

16 두 유전체의 경계면에서 정전계가 만족하는 것은?

① 전계의 법선성분이 같다.
② 전계의 접선성분이 같다.
③ 전속밀도의 접선성분이 같다.
④ 분극 세기의 접선성분이 같다.

해설
- 전계(E)는 경계면에 수평(접선) 성분이 연속이다(서로 같다).
  $E_1 \sin\theta_1 = E_2 \sin\theta_2$
- 전속밀도(D)는 경계면에 수직(법선) 성분이 연속이다(서로 같다).
  $D_1 \cos\theta_1 = D_2 \cos\theta_2$

17 전위경도 V와 전계 E의 관계식은?

① $E = \text{grad}\, V$
② $E = \text{div}\, V$
③ $E = -\text{grad}\, V$
④ $E = -\text{div}\, V$

Answer ● 14 ② 15 ① 16 ② 17 ③

해설 전위의 기울기(경도)

전계와 크기는 같고 방향이 반대이다.

$E = -\text{grad}V = -\nabla V$

$= -\left(\dfrac{\partial}{\partial x}i + \dfrac{\partial}{\partial y}j + \dfrac{\partial}{\partial z}k\right)V$

$= -\left(\dfrac{\partial V}{\partial x}i + \dfrac{\partial V}{\partial y}j + \dfrac{\partial V}{\partial z}k\right)$

18 비유전율 ε_s에 대한 설명으로 옳은 것은?

① 진공의 비유전율은 0이고, 공기의 비유전율은 1이다.

② ε_s는 항상 1보다 작은 값이다.

③ ε_s는 절연물의 종류에 따라 다르다.

④ ε_s의 단위는 [C/m]이다.

해설
- 진공 중의 비유전율과 공기 중의 비유전율 $\varepsilon_s = 1$
- 유전체의 비유전율 $\varepsilon_s = \dfrac{\varepsilon}{\varepsilon_0} > 1$
- 비유전율은 매질의 상태와 종류에 따라 다르다.

19 $E = \dfrac{3x}{x^2+y^2}i + \dfrac{3y}{x^2+y^2}j$ [V/m]일 때 점(4, 3, 0)을 지나는 전기력선의 방정식은?

① $xy = \dfrac{4}{3}$ ② $xy = \dfrac{3}{4}$

③ $x = \dfrac{4}{3}y$ ④ $x = \dfrac{3}{4}y$

해설 전계의 세기 $E = \dfrac{3x}{x^2+y^2}i + \dfrac{3y}{x^2+y^2}j$ [V/m]일 때 점(4, 3, 0)을 지나는 전기력선의 방정식을 구하면

전기력선의 방정식 $\dfrac{dx}{Ex} = \dfrac{dy}{Ey}$ 이므로

$\dfrac{dx}{\frac{3x}{x^2+y^2}} = \dfrac{dy}{\frac{3y}{x^2+y^2}} \rightarrow \dfrac{1}{x}dx = \dfrac{1}{y}dy$에서 양변을 적분하면

$\ln x = \ln y + \ln c$, $\ln x - \ln y = \ln c$, $\ln \dfrac{x}{y} = \ln c$, $\dfrac{x}{y} = c$가 된다.

$x = 4$, $y = 3$, $z = 0$을 대입하면 $\dfrac{x}{y} = c = \dfrac{4}{3}$에서 $x = \dfrac{4}{3}y$가 된다.

18 ③ 19 ③ Answer

20 다음 설명 중 옳은 것은?

① 상자성체는 자화율이 0보다 크고, 반자성체는 자화율이 0보다 작다.
② 상자성체는 투자율이 1보다 작고, 반자성체는 투자율이 1보다 크다.
③ 반자성체에서는 자화율이 0보다 크고, 투자율이 1보다 크다.
④ 상자성체에서는 자화율이 0보다 작고, 투자율이 1보다 크다.

해설
- 상자성체 $\mu_s > 1$
  $\therefore$ 자화율 $\chi = \mu_0(\mu_s - 1) > 0$
- 반자성체 $\mu_s < 1$
  $\therefore$ 자화율 $\chi = \mu_0(\mu_s - 1) < 0$

Answer ○ 20 ①

2025년도 3회 시험 과년도 기출문제

전기산업기사

01 그림과 같이 단면적이 균일한 환상 철심에 권수 N_1인 A코일과 권수 N_2인 B코일이 있을 때 A코일의 자기인덕턴스가 L_1[H]라면 두 코일의 상호인덕턴스 M[H]는?(단, 누설 자속은 0이다.)

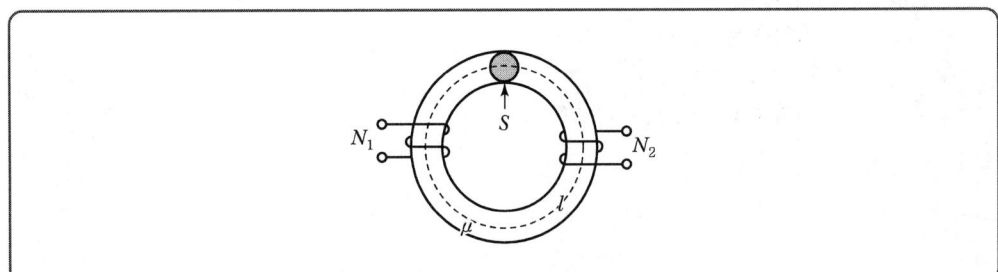

① $\dfrac{L_1 N_1}{N_2}$ ② $\dfrac{N_2}{L_1 N_1}$

③ $\dfrac{N_1}{L_1 N_2}$ ④ $\dfrac{L_1 N_2}{N_1}$

해설 결합계수 $k=1$일 때 상호인덕턴스 $M = k\sqrt{L_1 L_2} = \sqrt{L_1 L_2}$ [H]이고

$L_1 : N_1^2 = L_2 : N_2^2$의 관계에서 $L_2 = \left(\dfrac{N_2}{N_1}\right)^2 L_1$을 대입하면

$M = \sqrt{L_1 L_2} = \sqrt{L_1 \left(\dfrac{N_2}{N_1}\right)^2 L_1} = L_1 \dfrac{N_2}{N_1}$

02 $\phi = \phi_m \sin \omega t$[Wb]인 정현파로 변화하는 자속이 권수 N인 코일과 쇄교할 때 유기기전력의 위상은 자속에 비해 어떠한가?

① $\dfrac{\pi}{2}$ 만큼 빠르다. ② $\dfrac{\pi}{2}$ 만큼 늦다.

③ π만큼 빠르다. ④ 동위상이다.

해설 $e = -\omega N \phi_m \cos \omega t = -\omega N B_m S \cos \omega t = \omega N B_m S \sin\left(\omega t - \dfrac{\pi}{2}\right)$ [V]

여기서, $\omega = 2\pi f = \dfrac{2\pi N'}{60}$ [rad/sec]

N' : 분당 회전수[rpm]

01 ④ 02 ② **Answer**

- 유기기전력 e는 자속 ϕ에 비하여 위상이 $\dfrac{\pi}{2}$ 만큼 뒤진다.
- 유기기전력의 최댓값 $e_{\max} = \omega N \phi_m [\text{V}]$
- 유기기전력은 주파수 $f[\text{Hz}]$, 자속밀도 $B[\text{Wb/m}^2]$에 비례한다.

03 전계의 세기 1,500[V/m]의 전장에 5[μC]의 전하를 놓으면 얼마의 힘[N]이 작용하는가?

① 4.5×10^{-3}
② 5.5×10^{-3}
③ 6.5×10^{-3}
④ 7.5×10^{-3}

해설 전계 내 전하를 놓았을 때 작용하는 힘 $F = QE[\text{N}]$이므로
$F = 5 \times 10^{-6} \times 1,500 = 7.5 \times 10^{-3} [\text{N}]$

04 점전하 $Q[\text{C}]$에 의한 무한평면도체의 영상전하는?

① $-Q[\text{C}]$보다 작다.
② $Q[\text{C}]$보다 크다.
③ $-Q[\text{C}]$과 같다.
④ $Q[\text{C}]$과 같다.

해설 무한평면도체에 의한 영상전하는 크기가 같고 부호는 반대이므로 $Q' = -Q[\text{C}]$이 된다.

05 전계 내에서 폐회로를 따라 단위 전하가 일주할 때 전계가 한 일은 몇 [J]인가?

① ∞
② π
③ 1
④ 0

해설
- 폐회로를 따라 전하가 일주 시 하는 일 $W = 0$
- 등전위면을 따라 전하가 일주 시 하는 일 $W = 0$

06 비투자율 4,000인 철심을 자화하여 자속밀도가 0.1[Wb/m²]으로 되었을 때 철심의 단위체적에 저축된 에너지는 약 몇 [J/m³]인가?

① 1
② 2.5
③ 3
④ 4

해설 단위체적당 에너지
$W_H = \dfrac{B^2}{2\mu_0 \mu_s} = \dfrac{0.1^2}{2 \times 4\pi \times 10^{-7} \times 4,000} = 0.995 [\text{J/m}^3] \fallingdotseq 1 [\text{J/m}^3]$

Answer ○ 03 ④ 04 ③ 05 ④ 06 ①

01 전기자기학

07 동일한 금속 도선의 두 점 사이에 온도차를 주고 전류를 흘렸을 때 열의 발생 또는 흡수가 일어나는 현상은?

① 펠티에(Peltier) 효과
② 볼타(Volta) 효과
③ 제백(Seebeck) 효과
④ 톰슨(Thomson) 효과

해설 톰슨 효과
동종(동일)의 금속에서 각 부의 온도가 다르면 그 부분에서 열의 발생 또는 흡수가 일어난다.

08 전류에 의한 자속의 방향을 알 수 있는 법칙은?

① 앙페르 오른나사 법칙
② 가우스 법칙
③ 비오-사바르 법칙
④ 플레밍의 오른손 법칙

해설 앙페르 오른나사 법칙
도체에 전류를 흘려주었을 때 도체 주변에 생기는 회전하는 자장(자계)의 방향을 결정한다.

09 비유전율 $\varepsilon_s = 4$인 유전체 내에서의 전자파의 전파속도로 알맞은 것은?(단, $\mu_s = 1$이다.)

① $0.5 \times 10^8 [\text{m/s}]$
② $1.0 \times 10^8 [\text{m/s}]$
③ $1.5 \times 10^8 [\text{m/s}]$
④ $2.0 \times 10^8 [\text{m/s}]$

해설 전파속도
$$v = \frac{\omega}{\beta} = \frac{1}{\sqrt{LC}} = \frac{1}{\sqrt{\varepsilon\mu}} = \frac{3 \times 10^8}{\sqrt{\varepsilon_s\mu_s}} = \frac{3 \times 10^8}{\sqrt{4 \times 1}} = 1.5 \times 10^8 [\text{m/s}]$$

10 권수가 1이고 반지름이 $a[\text{m}]$인 원형전류 $I[\text{A}]$가 만드는 중심의 자계의 세기는 몇 [AT/m]인가?

① $\dfrac{I}{a}$
② $\dfrac{I}{2a}$
③ $\dfrac{I}{3a}$
④ $\dfrac{I}{4a}$

해설 원형코일 중심점 자계의 세기
$$H = \frac{NI}{2a} = \frac{I}{2a} [\text{AT/m}]$$

07 ④ 08 ① 09 ③ 10 ② **Answer**

과년도 기출문제

11 합성수지의 절연체에 5×10^3[V/m]의 전계를 가했을 때, 전속밀도는 약 몇 [C/m²]이 되는가?(단, 이 절연체의 비유전율은 10으로 한다.)

① 40.28×10^{-5}
② 41.28×10^{-8}
③ 43.52×10^{-4}
④ 44.28×10^{-8}

해설 전속밀도
$$D = E\varepsilon = E\varepsilon_0 \varepsilon_s$$
$$= 5 \times 10^3 \times 8.855 \times 10^{-12} \times 10$$
$$= 4.4275 \times 10^{-7} \fallingdotseq 44.28 \times 10^{-8} [\text{C/m}^2]$$

12 면전하 밀도가 σ[C/m²]인 무한히 넓은 도체판에서 r[m] 떨어진 점의 전계의 세기[V/m]는?

① $\dfrac{\sigma}{\varepsilon_0}$
② $\dfrac{\sigma}{2\varepsilon_0}$
③ $\dfrac{\sigma}{4\pi r^2}$
④ $\dfrac{\sigma}{2r}$

해설 • 무한평판 전계 : $E = \dfrac{\sigma}{2\varepsilon_0}$

• 무한평판 사이 및 내부 전계 : $E = \dfrac{\sigma}{\varepsilon_0}$

13 다음 ㉠, ㉡에 대한 법칙으로 알맞은 것은?

전자유도에 의하여 회로에 발생되는 기전력은 쇄교 자속수의 시간에 대한 감소비율에 비례한다는 (㉠)에 따르고 특히, 유도된 기전력의 방향은 (㉡)에 따른다.

① ㉠ 패러데이 법칙   ㉡ 렌츠의 법칙
② ㉠ 렌츠의 법칙   ㉡ 패러데이 법칙
③ ㉠ 플레밍의 왼손 법칙 ㉡ 노이만의 법칙
④ ㉠ 가우스 법칙   ㉡ 비오-사바르 법칙

해설 ㉠ 패러데이 법칙 $e = -N\dfrac{d\phi}{dt}$ [V]에서 전자유도 현상에 의해 발생하는 기전력은 자속 쇄교수의 시간에 대한 감소비율에 비례한다.

㉡ 렌츠의 법칙 $e = -N\dfrac{d\phi}{dt}$ [V]에서 전자유도 현상에 의해 발생하는 기전력은 자속의 변화를 방해하는 방향으로 발생한다.

Answer 11 ④ 12 ② 13 ①

14 전기저항 R과 정전용량 C, 고유저항 ρ 및 유전율 ε 사이의 관계로 옳은 것은?

① $RC = \varepsilon\rho$ ② $R\rho = C\varepsilon$ ③ $C = R\rho\varepsilon$ ④ $R = \varepsilon\rho C$

해설 전기저항 $R = \rho\dfrac{l}{S}$ 이고, 정전용량 $C = \dfrac{\varepsilon S}{d}$ 이므로
$RC = \dfrac{\rho l}{S} \times \dfrac{\varepsilon S}{d} = \varepsilon\rho$ 가 된다.

15 1,000[AT/m]의 자계 중에 어떤 자극을 놓았을 때 3×10^2[N]의 힘을 받았다고 한다. 자극의 세기[Wb]는?

① 0.1   ② 0.2   ③ 0.3   ④ 0.4

해설 자계 내 자극을 놓았을 때 작용하는 힘 $F = mH$[N]이므로 자극의 세기 $m = \dfrac{F}{H} = \dfrac{3 \times 10^2}{1,000} = 0.3$[Wb]

16 MKS 단위계로 고유저항의 단위는?

① [$\Omega \cdot$ m]   ② [$\Omega \cdot$ mm^2/m]
③ [$\mu\Omega \cdot$ cm]   ④ [$\Omega \cdot$ cm]

해설 고유저항의 단위
MKS 1[$\Omega \cdot$ m]=CGS 10^6[$\Omega \cdot$ mm^2/m] → 1[$\Omega \cdot$ mm^2/m]=10^{-6}[$\Omega \cdot$ m]

17 동일 용량 C[μF]의 콘덴서 n개를 병렬로 연결하였다면 합성용량은 얼마인가?

① $n^2 C$ ② nC ③ $\dfrac{C}{n}$ ④ C

해설
- 콘덴서 n개 직렬 시 $C_s = \dfrac{C}{n}$[μF]
- 콘덴서 n개 병렬 시 $C_p = nC$[μF]

18 맥스웰 전자계의 기초 방정식으로 틀린 것은?

① $\text{rot}H = i_c + \dfrac{\partial D}{\partial t}$ ② $\text{rot}E = -\dfrac{\partial B}{\partial t}$
③ $\text{div}D = \rho$ ④ $\text{div}B = -\dfrac{\partial D}{\partial t}$

14 ①   15 ③   16 ①   17 ②   18 ④   Answer

해설 ㉠ 맥스웰의 제1의 기본방정식

$$\operatorname{rot} H = \operatorname{curl} H = \nabla \times H = i_c + \frac{\partial D}{\partial t} = i_c + \varepsilon \frac{\partial E}{\partial t} = i \, [\mathrm{A/m^2}]$$

- 암페어의 주회적분 법칙에서 유도한 식이다.
- 전도전류, 변위전류는 자계를 형성한다(전류와 자계와의 관계).
- 전류의 연속성을 표현한다.

㉡ 맥스웰의 제2의 기본방정식

$$\operatorname{rot} E = \operatorname{curl} E = \nabla \times E = -\frac{\partial B}{\partial t} = -\mu \frac{\partial H}{\partial t}$$

- 자속 밀도의 시간적 변화는 전계를 회전시키고 유기기전력을 형성한다.
- 패러데이의 법칙에서 유도한 전계에 관한 식이다.

㉢ $\operatorname{div} D = \nabla \cdot D = \rho \, [\mathrm{C/m^3}]$
- 임의의 폐곡면 내의 전하에서 전속선이 발산한다.
- 가우스 발산 정리에 의하여 유도된 식이다.

㉣ $\operatorname{div} B = \nabla \cdot B = 0$
- N, S극이 항상 공존한다.
- 자기력선은 연속적이다.

㉤ $\operatorname{rot} \vec{A} = \nabla \times \vec{A} = B \, [\mathrm{Wb/m^2}]$
벡터퍼텐셜($\vec{A}$)의 회전은 자속 밀도를 형성한다.

19 자기인덕턴스가 L_1, L_2이고 상호인덕턴스가 M인 두 회로의 결합계수가 1일 때, 성립되는 식은?

① $L_1 \cdot L_2 = M$
② $L_1 \cdot L_2 < M^2$
③ $L_1 \cdot L_2 > M^2$
④ $L_1 \cdot L_2 = M^2$

해설 $k = \dfrac{M}{\sqrt{L_1 L_2}}$ 이므로 $M = k\sqrt{L_1 L_2}$

이때 $k=1$이면 $M = \sqrt{L_1 L_2}$ 이고, $M^2 = L_1 L_2$ 이다.

20 무손실 유전체에서 평면 전자파의 전계 E와 자계 H 사이의 관계식으로 옳은 것은?

① $H = \sqrt{\dfrac{\varepsilon}{\mu}} \, E$
② $H = \sqrt{\dfrac{\mu}{\varepsilon}} \, E$
③ $H = \dfrac{\varepsilon}{\mu} E$
④ $H = \dfrac{\mu}{\varepsilon} E$

해설 파동 고유임피던스 $\eta = \dfrac{E}{H} = \sqrt{\dfrac{\mu}{\varepsilon}}$

$E \cdot \sqrt{\varepsilon} = H\sqrt{\mu}$ 이므로 $H = \sqrt{\dfrac{\varepsilon}{\mu}} \cdot E$

Answer ▶ 19 ④ 20 ①

전기시리즈 1
전기자기학

발행일	2014. 1. 15	초판 발행
	2015. 2. 10	개정 1판1쇄
	2016. 3. 20	개정 2판1쇄
	2017. 1. 20	개정 3판1쇄
	2018. 1. 20	개정 4판1쇄
	2019. 1. 10	개정 5판1쇄
	2020. 1. 10	개정 6판1쇄
	2020. 7. 20	개정 7판1쇄
	2021. 1. 10	개정 8판1쇄
	2022. 1. 10	개정 9판1쇄
	2023. 1. 10	개정 10판1쇄
	2024. 1. 10	개정 11판1쇄
	2024. 5. 10	개정 11판2쇄
	2025. 1. 10	개정 12판1쇄
	2026. 1. 20	개정 13판1쇄

저 자 | 인천대산전기직업학교
발행인 | 정용수
발행처 | 예문사

주 소 | 경기도 파주시 직지길 460(출판도시) 도서출판 예문사
TEL | 031) 955-0550
FAX | 031) 955-0660
등록번호 | 11-76호

• 이 책의 어느 부분도 저작권자나 발행인의 승인 없이 무단 복제하여 이용할 수 없습니다.
• 파본 및 낙장은 구입하신 서점에서 교환하여 드립니다.
• 예문사 홈페이지 http://www.yeamoonsa.com

정가 : 21,000원

ISBN 978-89-274-6068-8 13560